A. Vieillefond

PRÉCIS DE GÉOMÉTRIE

HACHETTE & C^{IL}

3 fr. 50

Cours Complet de Mathématiques

CARLO BOURLET

PRÉCIS
DE GÉOMÉTRIE

COURS COMPLET DE MATHÉMATIQUES
À L'USAGE DE L'ENSEIGNEMENT SECONDAIRE ET DES DIVERS ENSEIGNEMENTS
Publié sous la direction de M. Carlo BOURLET

André VIEILLEFOND
Professeur de Mathématiques au Lycée Buffon

PRÉCIS

DE

GÉOMÉTRIE

RÉDIGÉ CONFORMÉMENT AU PROGRAMME OFFICIEL DU 4 MAI 1912

SUIVANT LA

MÉTHODE CLASSIQUE

CONTENANT 756 EXERCICES ET PROBLÈMES ET 345 FIGURES

AVEC LA COLLABORATION DE

P. TURMEL
Professeur de Mathématiques au Lycée Buffon

Garçons — 1ᵉʳ et 2ᵉ Cycles A et B
J. Filles — 3ᵉ, 4ᵉ et 5ᵉ années

PARIS

LIBRAIRIE HACHETTE ET Cⁱᵉ

79, BOULEVARD SAINT-GERMAIN, 79

1913

AVERTISSEMENT

Le présent ouvrage est conforme aux derniers programmes pour les classes de 5e B, 4e B, 3e B, 4e A, 3e A, 2e A et B des lycées de garçons et pour les classes de 3e, 4e et 5e année des lycées de jeunes filles.

Certaines questions qui ne figurent pas formellement dans tous ces programmes sont précédées d'un astérisque.

Les axiomes traditionnels de la Géométrie et la définition classique des parallèles ont été conservés.

J'ai fait un appel très fréquent à la notion de déplacement. Notamment, la Géométrie dans l'Espace a été établie en utilisant la Rotation autour d'une droite et la Translation rectiligne, en portant principalement l'attention sur les lignes ou surfaces qui paraissent immobiles pendant le mouvement.

La division traditionnelle en Livres a été maintenue sans grandes modifications.

Les deux premiers Livres contiennent les matières des programmes des classes de 5e B et de 4e A. Il est recommandé de réaliser toutes les expériences indiquées. Il est facile d'en imaginer d'autres, car un grand nombre de démonstrations se prêtent à une illustration expérimentale immédiate.

Les 3e et 4e Livres contiennent les matières des programmes des classes de 4e B et 3e A.

Enfin les derniers livres constituent la Géométrie dans l'Espace qui est étudiée en 3e B et en 2e A et B. J'ai voulu que le début de la Géométrie dans l'Espace (5e Livre) et celui de la Géométrie Plane (1er Livre) ne soient pas rédigés indépendamment l'un de l'autre. On pourra de la sorte faire facilement une revision très utile en ne séparant pas la géométrie plane de la géométrie dans l'espace. Ainsi, après avoir revu en géométrie plane les théorèmes relatifs aux droites perpendiculaires, on pourra étudier le chapitre des droites et plans perpendiculaires, sans attendre l'étude du 3e cas d'égalité des triangles ou même celle du triangle isocèle. De même, après avoir étudié les droites parallèles en Géométrie Plane, on étudiera le chapitre du parallélisme en Géométrie dans l'Espace qui a été rédigé de manière à mettre en évidence les analogies des deux théories.

Chaque chapitre est accompagné d'un grand nombre d'exercices, tant théoriques que pratiques; beaucoup sont nouveaux. C'est mon collègue M. Turmel qui s'est chargé du soin de les rassembler; qu'il reçoive ici mes remercîments pour toute la peine qu'il s'est donnée.

A la fin du volume on trouvera des sujets d'exercices graphiques et de lavis dus aussi à M. Turmel; ils sont destinés aux classes du 1ᵉʳ cycle B. Leur nombre est suffisant pour occuper les séances de dessin graphique pendant l'année scolaire.

Il m'est difficile de citer tous les auteurs auxquels je suis redevable des quelques nouveautés que peut renfermer cet ouvrage. Mes collègues reconnaîtront facilement ce que je dois à MM. Hadamard, Niewenglowski, Gérard, Borel, Fontené...

Je dois une particulière gratitude à M. C. Bourlet qui m'a spontanément autorisé à puiser dans son "Cours abrégé de Géométrie". J'en ai largement profité. Notamment, le chapitre de l'arpentage est entièrement emprunté à son ouvrage.

J'accueillerai avec reconnaissance les observations que voudront bien me transmettre mes collègues. Je fais appel à leur concours bienveillant pour améliorer ce "Précis de Géométrie".

A. VIEILLEFOND

PROGRAMMES OFFICIELS

DU 4 MAI 1912

ENSEIGNEMENT SECONDAIRE

DANS LES LYCÉES ET COLLÈGES DE GARÇONS

CLASSE DE CINQUIÈME B

Usage de la règle, de l'équerre, du compas et du rapporteur.

Ligne droite et plan. Angles. Symétrie par rapport à une droite. Triangle. Triangle isocèle. Cas d'égalité des triangles.

Perpendiculaire et obliques. Cas d'égalité des triangles rectangles.

Droites parallèles. Somme des angles d'un triangle, d'un polygone convexe.

Parallélogramme. Rectangle. Losange. Carré.

Cercle. Diamètre. Cordes et arcs. Tangente.

Positions relatives de deux cercles.

Constructions d'angles et de triangles.

Tracé des perpendiculaires et des parallèles.

Constructions de cercles, de tangentes.

Exécution, avec les instruments, des constructions expliquées dans le cours de géométrie. — Problèmes et exercices simples se rapportant également au cours de géométrie; exécution graphique de la solution trouvée.

CLASSE DE QUATRIÈME A

Usage de la règle, de l'équerre, du compas et du rapporteur.

Ligne droite et plan. Angles.

Triangles. Triangle isocèle. Cas d'égalité des triangles.

Perpendiculaires et obliques. Cas d'égalité des triangles rectangles.

Droites parallèles. Somme des angles d'un triangle, d'un polygone convexe.

Parallélogramme. Rectangle. Losange. Carré.

Cercle. Cordes et arcs. Tangente.

Positions relatives de deux cercles.

Constructions élémentaires sur la droite et cercle.

CLASSE DE QUATRIÈME B

Points qui divisent une droite dans un rapport donné.

Lignes proportionnelles. Propriété des bissectrices d'un triangle.

Triangles semblables. Définition du sinus, du cosinus et de la tangente d'un angle.

Définition des figures homothétiques. Polygones semblables.

Relations métriques dans un triangle rectangle.

Constructions de la quatrième proportionnelle et de la moyenne géométrique.

Polygones réguliers : carré, hexagone et triangle équilatéral.

Mesure de la circonférence du cercle (énoncé).

Mesure des aires du rectangle, du parallélogramme, du triangle, du trapèze, des polygones.

Rapport des aires de deux polygones semblables.

Aire du cercle.

Exécution, avec les instruments, des constructions expliquées dans le cours de géométrie. Problèmes et exercices simples se rapportant également au cours de géométrie ; exécution graphique de la solution trouvée.

Construction graphique de lieux géométriques. Tracé des courbes à la plume.

CLASSE DE TROISIÈME A

Problèmes et interrogations sur le programme de la classe précédente.
Points qui partagent une droite dans un rapport donné.
Lignes proportionnelles.
Triangles semblables. Définitions du sinus, du cosinus, de la tangente et la cotangente d'un angle.
Définition des figures homothétiques. Polygones semblables.
Relations métriques dans un triangle rectangle.
Propriétés des sécantes dans le cercle.
Constructions de la quatrième proportionnelle et de la moyenne proportionnelle.
Polygones réguliers, carré, hexagone et triangle équilatéral.
Mesure de la circonférence du cercle (énoncé).
Mesure des aires du rectangle, du parallélogramme, du triangle, du trapèze, des polygones, du cercle.
Rapport des aires de deux polygones semblables.

CLASSE DE TROISIÈME B

Du plan et de la droite dans l'espace.
Angle dièdre. Droites et plans parallèles. Droite et plan perpendiculaires.
Projection d'un polygone.
Définition des angles polyèdres, du prisme, de la pyramide.
Surfaces et volumes du prisme et de la pyramide.
Cône, cylindre, plan tangent.
Sphère. Sections planes de la sphère. Pôles.
Surfaces et volumes du cône et du cylindre de révolution. Surface et volume de la sphère (énoncé).
Levé des plans, arpentage, nivellement.

Exemples d'ombres usuelles et pratique raisonnée du lavis. Dessins géométriques, dans lesquels entreront des lignes droites et des cercles, empruntés à des motifs de décoration des surfaces planes : parquetages, dallages; mosaïques; vitraux; lavis à l'encre de Chine et à la couleur de quelques-uns de ces dessins.

CLASSE DE SECONDE A ET B

Du plan et de la droite dans l'espace.
Angle dièdre. Droites et plans parallèles. Droite et plan perpendiculaires.
Définition du parallélipipède, du prisme, de la pyramide.
Sections parallèles dans un prisme et une pyramide.
Cône et cylindre de révolution ; sections parallèles à la base.
Sphère ; grands cercles, petits cercles ; pôles.
Surface et volume du prisme, de la pyramide, du cylindre, du cône et de la sphère.

CLASSE DE PREMIÈRE A ET B

Mesure des angles ; degrés, grades ; radians.
Triangles semblables. Définition du sinus, du cosinus et de la tangente d'un angle compris entre 0 et 2 droits.
Sinusoïde.
Relations métriques dans le triangle et dans le cercle.
Résolution des triangles rectangles.
Mesure des aires planes.
Notions élémentaires sur la symétrie.
Exercices numériques sur les règles relatives aux surfaces et aux volumes du prisme, de la pyramide, du cylindre, du cône et de la sphère.

PRÉCIS DE GÉOMÉTRIE

PRÉLIMINAIRES

1. — Point. — Un grain de poussière extrèmement ténu nous donne la notion de *point*.

2. — Ligne. — Un fil très fin nous donne la notion de *ligne*.

3. — Surface. — Une feuille de papier très mince nous donne la notion de *surface*.

4. — Observons toutefois qu'un grain de poussière, aussi petit qu'il soit, n'est pas *véritablement* un *point*.

De même, un fil, aussi fin qu'il soit, n'est pas *rigoureusement* une *ligne*; une feuille de papier, aussi mince qu'elle soit, n'est pas *rigoureusement* une *surface*.

Pour se représenter les choses sans rencontrer cette difficulté, on peut procéder de la manière suivante :

5. — Surface limitant un corps. — Considérons un corps matériel quelconque, une table, une boule. Ce qui limite un tel corps est sa *surface*. Nous concevons clairement la surface de la table, la surface de la boule.

Une surface n'a pas d'*épaisseur*.

6. — Ligne limitant une surface. — Supposons qu'une partie de la surface d'un corps soit peinte en blanc, toute l'autre partie en noir. Ce qui sépare la partie noire de la partie blanche est une *ligne*.

Une ligne n'a ni *largeur*, ni *épaisseur*.

7. — Point limitant une ligne. — L'extrémité d'une portion de ligne est un *point*.

Un point n'a ni *longueur*, ni *largeur*, ni *épaisseur*.

Suivons maintenant l'ordre inverse.

8. — Génération d'une ligne par un point. — Si un point se meut, il donne naissance à une ligne.

C'est ainsi qu'en déplaçant un morceau de craie, on trace une ligne sur un tableau noir.

9. — Génération d'une surface par une ligne. — Si une ligne se meut, elle engendre généralement une surface.

Ainsi lorsqu'on a coupé en deux une motte de beurre en déplaçant un mince fil de métal à travers sa masse, la surface qui *sépare* les deux morceaux a été *engendrée* par le *fil* dans son *déplacement*.

10. — Figure géométrique. — Un ensemble de *points*, de *lignes*, de *surfaces*, forme ce qu'on appelle une *figure géométrique*.

Pour désigner un point, on emploie une lettre. Pour désigner une figure, on emploie quelquefois une seule lettre; le plus souvent, on désigne par des lettres un certain nombre de points de cette figure.

11. — Figure invariable. — Prenons un objet en bois ou en fer. Nous avons la notion nette que si on déplace un tel objet, il conservera la même forme et les mêmes dimensions. Considéré en lui-même, il ne subira aucune modification d'aucune sorte. Seule sa position par rapport aux objets environnants changera.

Une figure qui, en se déplaçant, ne subit aucune modification est dite *invariable*.

Le changement de position d'une figure invariable s'appelle **un déplacement.**

PREMIÈRE PARTIE

GÉOMÉTRIE PLANE

LIVRE I

CHAPITRE I

LES FIGURES FONDAMENTALES
LES INSTRUMENTS DE DESSIN ET DE MESURE

§ 1. — La ligne droite.

12. — Segment rectiligne. — Un fil très fin bien tendu entre un point A et un point B nous donne la notion de portion de ligne droite ou de *segment rectiligne* (fig. 1).

Fig. 1. — Segment rectiligne.

Les deux points A et B sont les *extrémités du segment rectiligne*.

En déplaçant un fil extensible maintenu tendu, on a toujours un segment rectiligne, mais on ne réalise pas *nécessairement* le déplacement d'un segment rectiligne invariable, car le fil peut s'allonger ou se raccourcir.

Une aiguille métallique bien *rectiligne* et *rigide* permet de réaliser un tel déplacement.

13. — Prolongement d'un segment rectiligne. — Soient deux points A et B. Prenons un fil suffisamment long, tendons-le en le faisant passer par les deux points A et B.

Nous obtenons le *segment rectiligne* CD (fig. 2). Le seg-

ment BD *prolonge* le segment AB dans le *sens* AB; le segment AC pro-
longe le seg-
ment AB dans
le *sens* BA.

Comme le fil
peut être aussi long qu'on veut, on conçoit qu'on peut
prolonger *indéfiniment* dans les *deux sens* un segment
rectiligne.

Fig. 2. — Prolongement d'un segment rectiligne.

14. — Ligne droite. — On arrive ainsi à se représenter
une ligne *illimitée* dans les deux sens qu'on appelle une
ligne droite.

15. — Demi-droite. — Soit un segment rectiligne AB,
prolongeons-le indéfiniment d'un *seul côté*, dans le sens
AB par exem-
ple (fig. 3).

Nous obte-
nons une ligne
illimitée d'un

Fig. 3.

côté, *limitée* de l'autre côté par le point A. Cette ligne
s'appelle une *demi-droite*. Le point A est l'*origine* de la
demi-droite.

16. — Propriété fondamentale de la ligne droite. —
Prenons un premier fil; tendons-le et faisons-le passer
par deux points A et B.

Nous tendons un *second fil* et nous le faisons passer par
les mêmes points A et B.

Si les deux fils sont très fins, ils deviennent *indiscernables*.

Nous sommes amenés ainsi à énoncer la propriété suivante.

*Deux lignes droites qui ont deux points communs coïn-
cident dans toute leur étendue*

Cela veut dire que *chaque* point de *l'une* est un point de *l'autre*.

En particulier : *Deux segments rectilignes de mêmes extrémités coïncident dans toute leur étendue.*

Pour désigner une droite, on nomme habituellement deux de ses points. La droite AB est la droite indéfinie passant par les deux points A et B. Cette manière de désigner une droite est tout à fait précise puisque par deux points il ne passe qu'une droite.

. 17. — Glissement d'une droite sur elle-même. — *Une droite mobile peut glisser sur une droite fixe sans cesser de coïncider entièrement avec elle.*

Soient deux points *fixes* A et B (ce seront par exemple deux trous percés dans deux parois opposées d'une boîte, fig. 4). Faisons passer

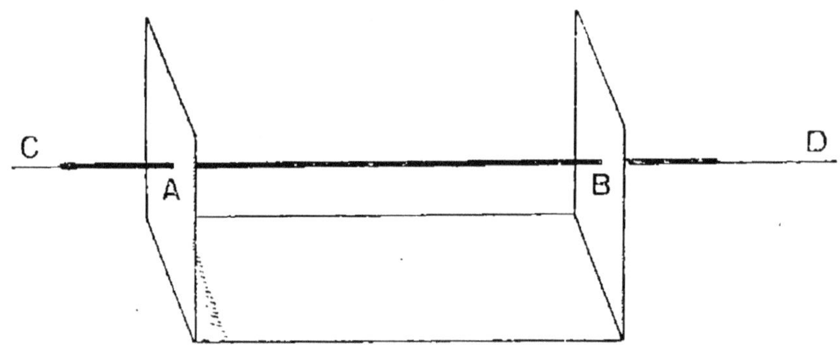

Fig. 4. — Glissement d'une droite sur elle-même.

par ces deux points une première droite représentée par un fil tendu CD et maintenu *immobile*. Prenons une aiguille *rectiligne* et faisons-la passer, elle aussi, par les deux trous A et B. Elle *coïncidera* avec le fil dans toute son étendue. Il ne *cessera pas* d'en être ainsi si l'on fait *mouvoir* l'aiguille (puisque par deux points il ne passe qu'une droite).

18. — Pivotement d'une droite sur elle-même. — *Lorsqu'on fixe deux points A et B d'une figure invariable, on peut encore déplacer cette figure. Dans ce déplacement, tout point du corps non situé sur la droite AB change de position, mais tous les points de la droite AB restent immobiles : la droite pivote sur elle-même.*

Prenons un objet solide quelconque, traversons-le avec une aiguille *rigide* et *rectiligne* qui fera corps avec lui.

Maintenons *fixes* les deux extrémités A et B de l'aiguille.

Nous pouvons malgré cela faire *mouvoir* le corps.

L'aiguille rectiligne AB ayant *deux points fixes*, il n'y a pour elle qu'*une position possible*, puisque par deux points il ne passe qu'*une* droite.

Pendant le mouvement elle *paraîtra* donc *immobile*.

La ligne droite est la *seule ligne* qui puisse *pivoter sur elle-même*.

19. — Résumé. — *Par deux points, on peut faire passer une droite et une seule.*

Une droite peut glisser sur elle-même.

Une droite peut pivoter sur elle-même.

§ 2. — Le Plan.

20. — La surface d'une nappe d'eau immobile, celle d'une table ou d'une glace, nous donne la notion de *plan*. De telles surfaces sont toujours limitées, mais un plan est une surface qui doit être considérée comme s'étendant *indéfiniment* dans *toutes les directions*.

21. — Propriété fondamentale du plan. — *Si une droite indéfinie passe par deux points d'un plan, tous les points de cette droite appartiennent au plan.*

Fixons en un point d'une table bien plane une des extrémités d'un fil, et en tendant le fil déplaçons l'autre extrémité de manière à l'amener dans le plan.

Nous constatons qu'au *moment précis* où cette extrémité est amenée dans le plan le fil tout entier vient s'appliquer sur le plan.

22. — Demi-plan. — Une *droite indéfinie* tracée sur un plan le partage en deux portions *distinctes*. Chacune d'elles s'appelle un *demi-plan*.

23. — Planche à dessin. — Le géomètre dessine presque toujours sur un plan. La planche à dessin est faite d'un assemblage de planchettes maintenu par un cadre en bois dur. La surface en est soigneusement rabotée.

24. — Vérification d'une planche à dessin. — La surface d'une planche à dessin doit être une *portion* de plan.

Pour s'assurer qu'il en est ainsi, on peut prendre une aiguille métallique *longue* et *rigide*. On s'est assuré d'abord en la superposant à un fil tendu, qu'elle est bien *rectiligne*.

On place l'aiguille sur la planche en lui donnant des positions variées. Dans chacune d'elles, l'aiguille doit s'appliquer *exactement* et *d'un bout à l'autre* sur la planche.

25. — Application d'un plan sur un autre plan. — *On peut faire coïncider deux plans quelconques dans toute leur étendue.*

Ainsi deux plaques de verre bien planes peuvent s'appliquer exactement l'une sur l'autre.

L'application d'un plan sur un autre plan peut être faite de **deux manières différentes**.

Soit par exemple une feuille de carton que l'on veut appliquer sur une table. Un des côtés de la feuille est peint en blanc, l'autre en noir. On pourra appliquer sur la table ou bien le côté **blanc**, ou bien le côté **noir**.

26. — Glissement d'un plan sur lui-même. — *Lorsque deux plans coïncident, on peut déplacer l'un d'eux en le faisant glisser sur l'autre, sans qu'il cesse de coïncider exactement avec lui.*

Ainsi, dans l'expérience précédente, on peut faire glisser la feuille de carton sur la table.

27. — Résumé. — *Si deux points d'une droite appartiennent à un plan, tous les points de la droite appartiennent au plan.*

Deux plans peuvent être appliqués l'un sur l'autre.
Un plan peut glisser sur lui-même.

28. — La Règle. — *La règle sert à tracer des lignes
droites.*

La règle utilisée dans le dessin géométrique est *large* et
mince. Les deux faces de la règle doivent être *planes* et
ses bords bien *rectilignes*.

29. — Vérification de la règle. — On commence par
s'assurer que ses faces peuvent être appliquées exactement sur une planche à dessin bien plane.

Pour *vérifier* qu'un bord est *rectiligne*, on trace sur la
planche à dessin une ligne d'extrémités A et B en *sui-*
vant avec soin le
bord de la règle
maintenue im-
mobile. On fait
pivoter la règle
autour de AB

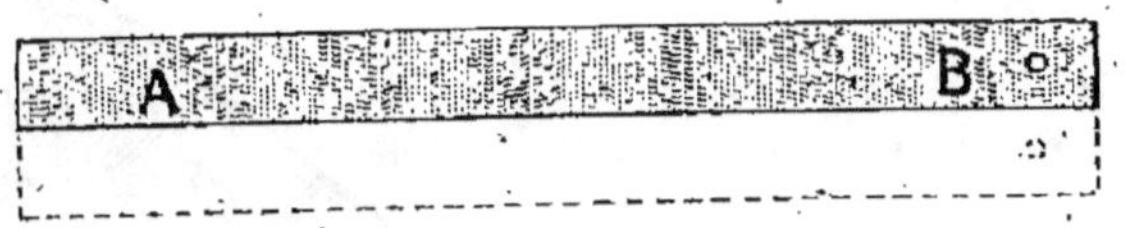

Fig. 5. — Vérification de la règle.

(fig. 5), on l'applique sur le plan en la retournant, puis on
trace en suivant toujours le bord de la règle une *seconde*
ligne passant par A et B.

Cette ligne doit *coïncider* avec la première (par *deux*
points il ne passe qu'une droite).

En outre, la règle doit pouvoir *s'appliquer exactement*

Fig. 6.

contre *n'importe quelle partie* de la ligne tracée (fig. 6)
(glissement de la droite sur elle-même).

30. — EXPÉRIENCES A FAIRE AVEC UNE PLANCHE ET DES RÈGLES :

1° Constater qu'un plan peut glisser sur un autre ;
2° Constater qu'une droite peut glisser le long d'une autre droite.

Figures planes formées avec des lignes droites.

31. — La *géométrie plane* est l'étude des figures qu'on peut tracer sur un plan.

32. — **Angle**. — *Un angle est une portion de plan limitée par deux demi-droites ayant pour origine le même point (fig. 7).*

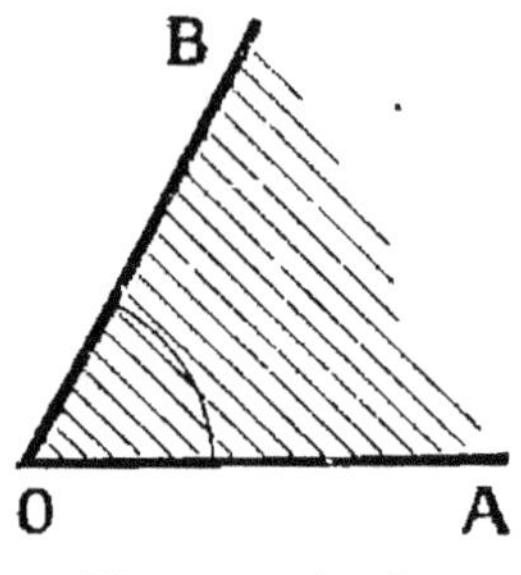

Fig. 7. — Angle.

Ce point est le sommet de l'angle ; les demi-droites en sont les *côtés*.

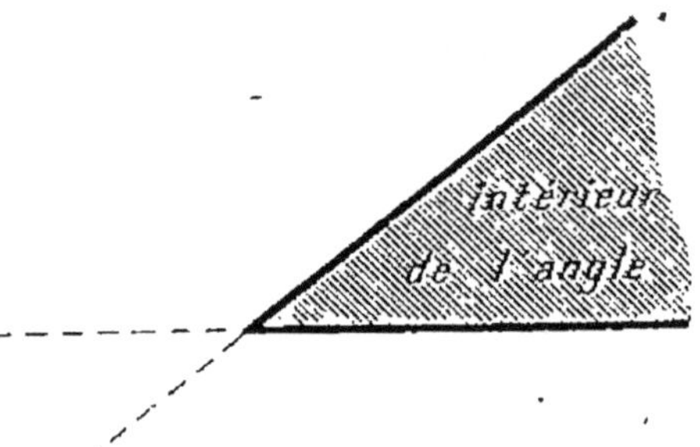

Fig. 8. — Angle saillant.

33. — **Angle saillant.** — **Angle rentrant.** — Deux demi-droites issues d'un même point *forment deux angles* ; l'un de ces angles est dit saillant, l'autre rentrant.

L'angle saillant est *celui qui ne contient pas les prolongements des deux demi-droites* (fig. 8) ; *l'angle rentrant est celui qui les contient* (fig. 9).

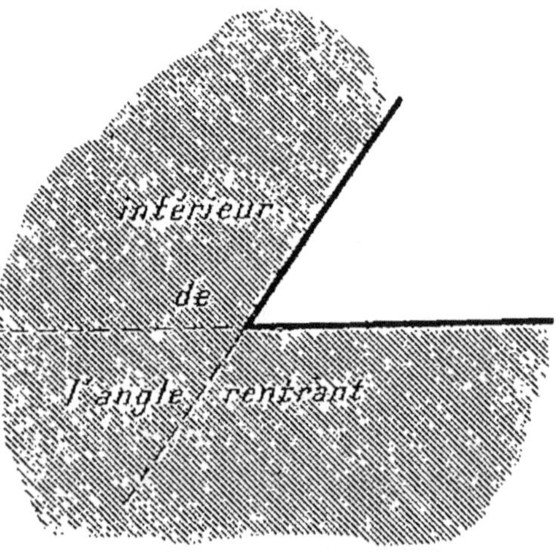

Fig. 9. — Angle rentrant.

Un *demi-plan* peut être considéré comme un *angle* ayant pour *sommet* un point *arbitraire* O de la droite qui le limite; il n'est *ni saillant ni rentrant*.

34. — Un point appartenant à l'angle et non situé sur les côtés est dit *intérieur* à l'angle.

Un point qui n'est ni sur les côtés de l'angle, ni à l'intérieur de l'angle est dit *extérieur* à l'angle.

35. — Nous considérerons surtout des *angles saillants*. Un tel angle est complètement défini par ses *deux côtés*. On le désigne le plus souvent par *trois* lettres.

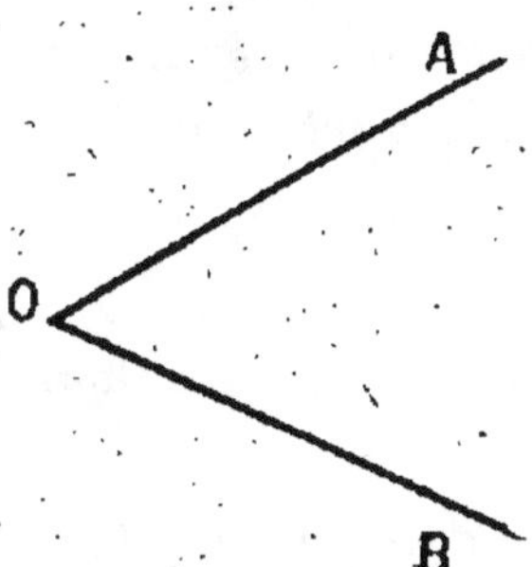

L'angle désigné par $\widehat{AOB}$ a pour *sommet* le point O, et pour *côtés* les deux *demi-droites* OA et OB (fig. 10).

Fig. 10.

36. — **Ligne brisée.** — Une **ligne brisée** *est une ligne formée de plusieurs segments rectilignes* (fig. 11).

37. — **Ligne courbe.** — *C'est une ligne qui n'est ni droite ni composée de lignes droites* (fig. 12).

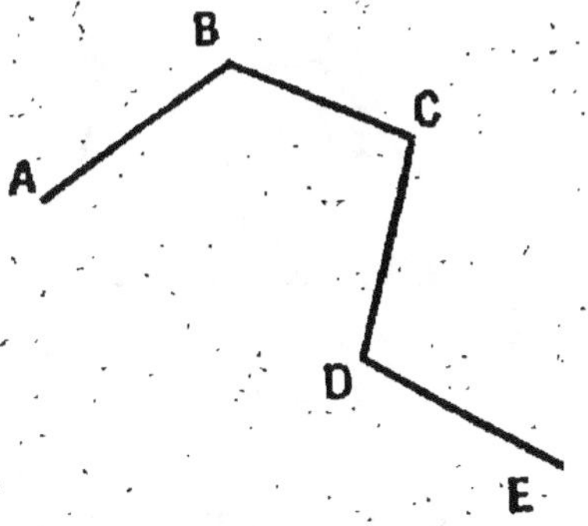

Fig. 11. — Ligne brisée.

Fig 12. — Ligne courbe.

38. — **Triangle.** — *Un* **triangle** *est la figure formée par* trois segments rectilignes joignant trois points non en ligne droite (fig. 13).

Les *segments rectilignes* AB, BC, CA, sont les *côtés* du triangle ABC.

Les *angles* $\widehat{CAB}$, $\widehat{ABC}$, $\widehat{BCA}$ sont les *angles* du *triangle* ABC.

39. — Ligne fermée. — Une ligne est dite *fermée* lorsqu'on peut la décrire avec la pointe d'un crayon, *sans lever le crayon* et en *revenant* au *point de départ* après l'avoir décrite tout entière (fig. 14).

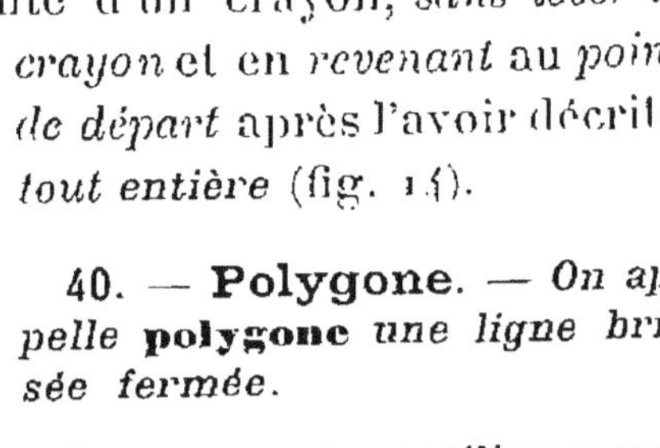

Fig. 13. — Triangle.

40. — Polygone. — On appelle **polygone** une *ligne brisée fermée.*

Les *segments rectilignes* qui forment le *polygone* en sont les *côtés*. Leurs *extrémités* sont les *sommets* du polygone.

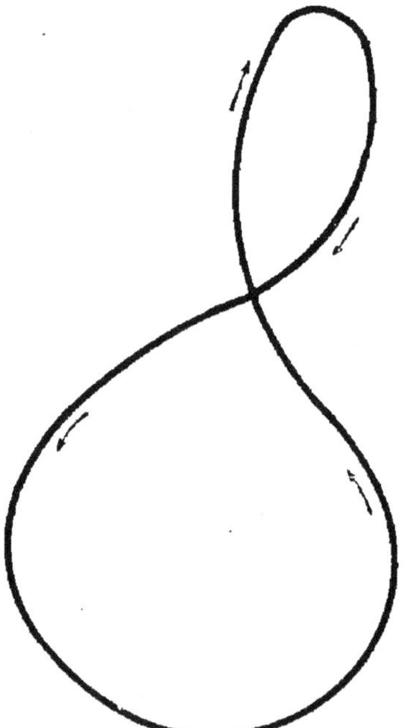

Fig. 14. — Ligne fermée.

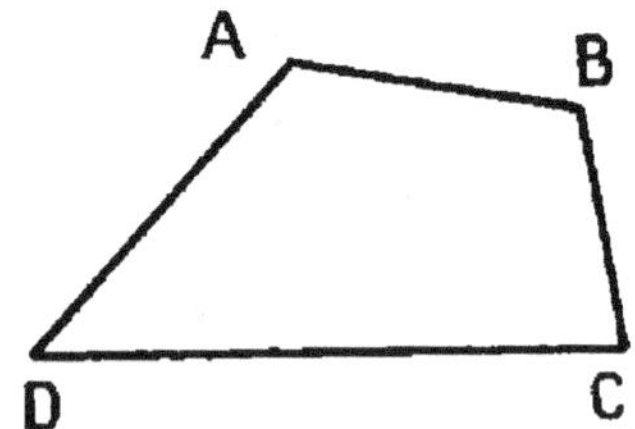

Fig. 15. — Polygone.

On désigne un *polygone* en nommant ses *sommets* dans l'ordre où on les rencontre en parcourant le polygone *dans un sens déterminé*. Ainsi le polygone représenté (fig. 15) est désigné par ABCD.

41. — Les *polygones* ont reçu des noms qui indiquent le *nombre de leurs côtés* qui est aussi celui de leurs sommets.

Un *triangle*   est un polygone ayant 3 côtés.
Un *quadrilatère*   —   4 côtés (fig. 15).
Un *pentagone*   —   5 côtés (fig. 16).
Un *hexagone*   —   6 côtés.
Un *octogone*   —   8 côtés.
Un *décagone*   —   10 côtés.

42. — **Polygone convexe.** — *Un polygone est dit* **convexe** *si, en prolongeant indéfiniment tous ses côtés, aucun d'eux ne traverse le polygone.*

La figure 16 représente un *polygone convexe.*

Les figures 17 et 18 représentent des *polygones non convexes.*

Il y a des polygones dans lesquels les côtés ont d'autres points communs que les sommets (fig. 18).

Nous ne considérerons pas de polygones de cette sorte.

43. — *Un polygone limite une portion de plan d'un seul tenant qu'on appelle l'intérieur du polygone (fig. 19 et 20).*

Les angles marqués sur les figures sont les angles des deux polygones.

Si un polygone est **convexe**, il n'a que des angles *saillants*.

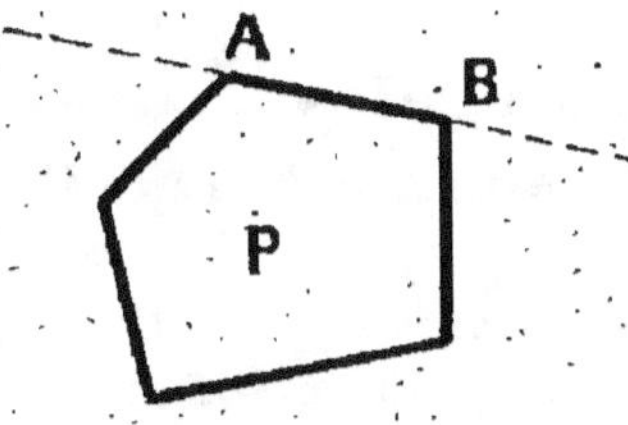
Fig. 16. — Polygone convexe.

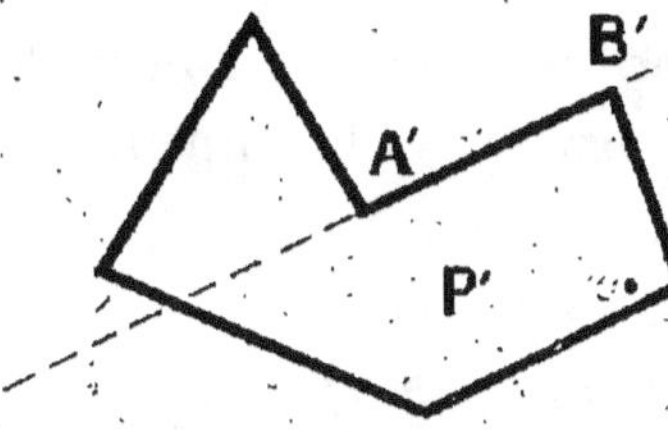
Fig. 17. — Polygone non convexe.

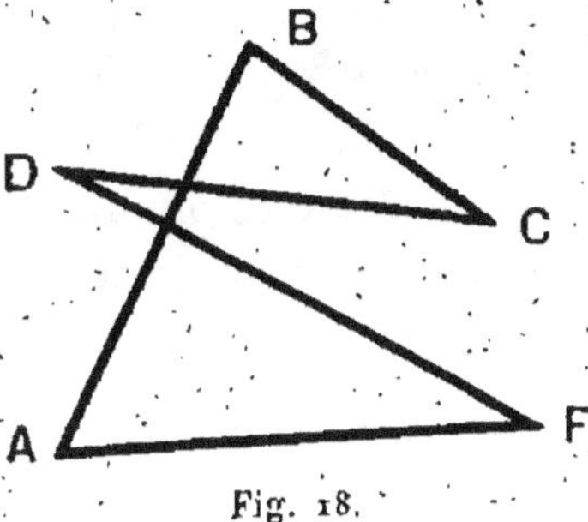
Fig. 18.
Polygone non convexe.

Si un polygone a un ou plusieurs angles *rentrants*, il est *non convexe* (fig. 20).

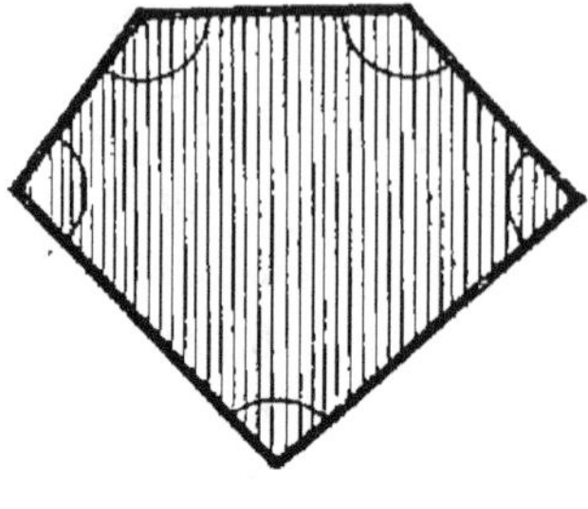

Fig. 19.

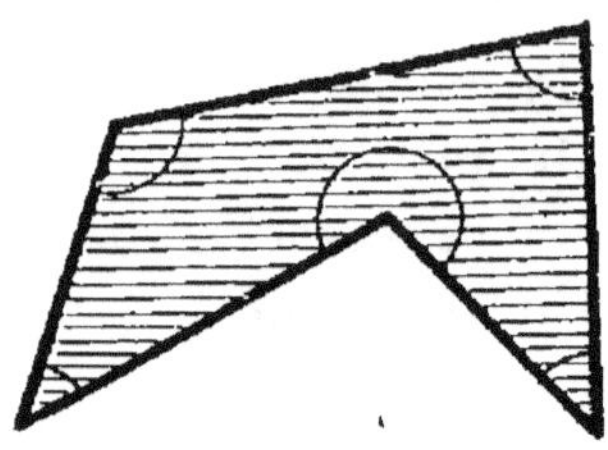

Fig. 20.

§ 3. — Figures égales.
Transport et mesure d'un segment rectiligne.

44. —Figures égales. — *Deux figures sont dites égales lorsqu'en déplaçant l'une d'elles sans la modifier, on peut l'amener à coïncider avec l'autre.*

Cette notion d'égalité est *fondamentale*.

45. — Exemples de figures égales. — *Deux* droites *indéfinies* sont deux figures *égales*. Cela signifie qu'on peut les faire coïncider.

Deux *demi-droites* sont deux figures *égales*.

Deux *plans indéfinis* sont deux figures *égales*.

Deux *demi-plans* sont deux figures *égales*.

46. — Segments égaux. — *D'après ce qui précède, deux* segments *AB et A'B' sont dits* égaux *lorsqu'on peut les superposer en déplaçant l'un d'eux.*

Il y a *deux manières* de superposer deux *segments rectilignes égaux* AB et A'B'. On pourra faire coïncider A avec A' et B avec B'; ou bien A avec B' et B avec A'.

47. — Il peut être *impossible* de réaliser *directement la superposition de deux figures égales.*

Soient par exemple deux figures F et F' dessinées sur la *même planche* à dessin. Pour constater si elles sont *égales*, on pourra se servir d'une feuille de papier *transparent*.

On calquera la figure F', ce qui donnera une figure F_1 *égale* à F' et tracée sur la feuille de papier. En déplaçant la feuille de papier on cherchera à *superposer* la figure F_1 à la figure F. Si c'est possible F et F' sont *égales*.

Nous utilisons ici un fait évident; c'est que :

48. — *Deux figures égales à une troisième sont égales entre elles.*

49. — Dans la pratique, le géomètre ne transporte presque jamais autre chose que des *segments rectilignes.*

L'instrument qui sert à ce transport joue un *rôle essentiel* à côté du plan et de la règle; c'est le *compas.*

50. — **Le compas à pointes sèches.** — Le compas considéré comme *transporteur de segments* a ses deux

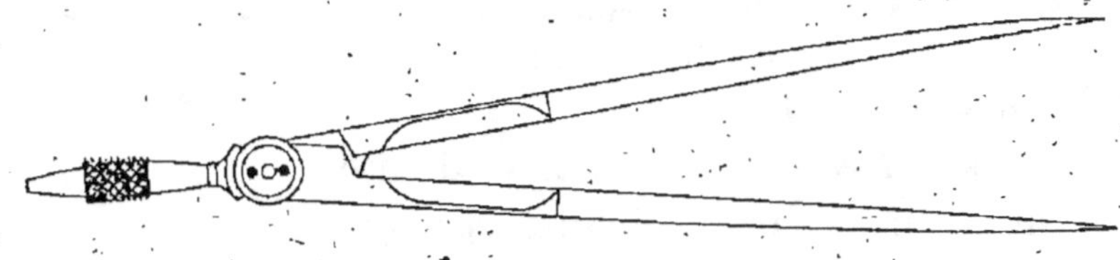

Fig. 21.

branches *identiques* (il est dit à pointes sèches). Chaque branche se termine par une pointe d'acier (fig. 21).

Quand l'instrument est fermé, les deux pointes doivent se rejoindre exactement.

51. — **Comparaison de deux segments rectilignes.** — Soient deux *segments rectilignes* AB et CD. Plaçons une pointe du compas au point C, l'autre pointe au point D ; puis, *sans modifier l'écart* des deux pointes, plaçons une des pointes au point A, et l'autre pointe *sur la demi-droite* AB *d'origine* A. Elle tombe en un point F.

Si F coïncide avec B, les deux segments sont *égaux*.

AB = CD   (fig. 22).

Fig. 22. — Segments égaux.

Si F est *entre* A et B (fig. 23), on dit que AB est *plus grand* que CD, ou que CD est *plus petit* que AB; on écrit indifféremment :

ou
$$AB > CD$$
$$CD > AB$$

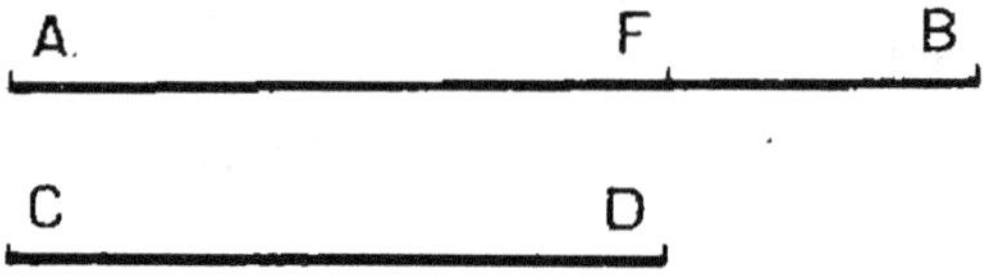

Si F est sur le *prolongement* de AB (fig. 24), AB *est plus petit* que CD, CD *est plus grand* que AB.

Fig. 23.

Fig. 24.

52. — Somme de deux ou plusieurs segments. — On les transporte avec le compas *à la suite les uns des autres* sur une même droite.

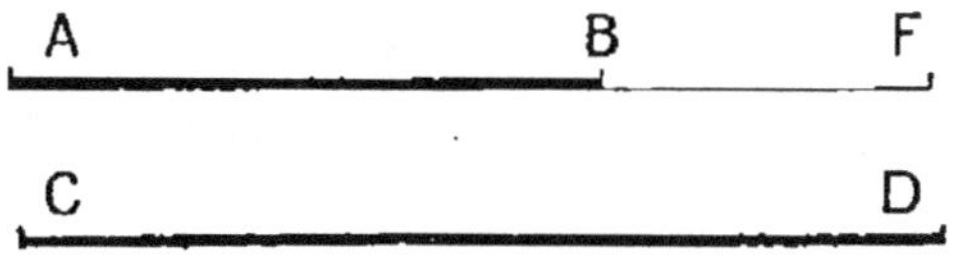

On a pris sur la droite xy (fig. 25)

PQ = AB   QR = CD   RS = EF

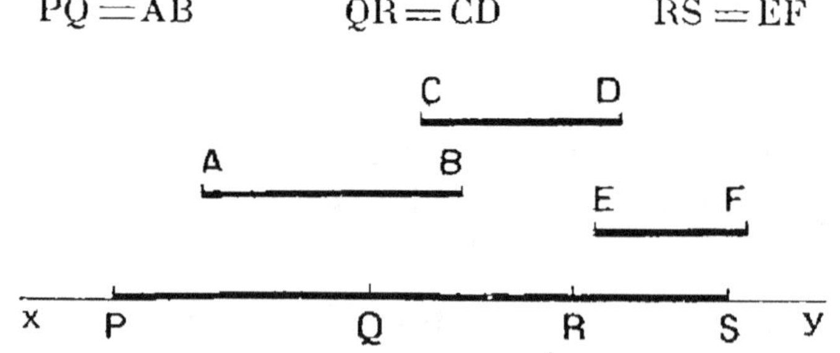

Fig. 25. — Addition des segments rectilignes.

PS est la *somme des trois* segments AB, CD, EF. On écrit :

$$PS = PQ + QR + RS$$

53. — En *particulier*, on peut faire la *somme* de plusieurs *segments égaux.*

Si AB, BC, CD sont trois segments égaux en ligne

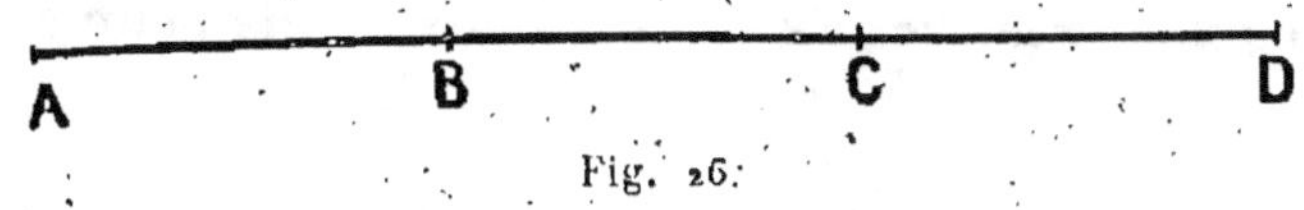

Fig. 26.

droite, e segment total AD est partagé en trois segments égaux (fig. 26).

Étant donné un segment, on conçoit qu'on puisse le partager en un *nombre quelconque de segments égaux.*

54. — **Milieu d'un segment rectiligne.** — *Il existe un point qui partage un segment rectiligne en deux segments égaux : c'est le* **milieu** *du segment.*

55. — **Double décimètre.** — *Pour mesurer les segments rectilignes, on prend comme* **unité** *un segment choisi une fois pour toutes :* cette unité est le *mètre*, dont on connaît les multiples et les sous-multiples.

On peut prendre aussi comme unité un multiple ou un sous-multiple du mètre.

Dans le dessin géométrique, on prend généralement le *centimètre* comme unité.

L'instrument de mesure effectif est le *double décimètre.*

Le *double-décimètre* est en *bois dur ou en os.* Il porte sur un *bord biseauté* une division en *centimètres* et *millimètres,* souvent même en *demi-millimètres.*

56. — **Mesure d'un segment rectiligne.** — *Supposons que le segment AB soit la somme de 3 segments égaux à l'unité : on dit que sa mesure est le nombre entier 3.*

Supposons que l'unité de longueur ayant été partagée en 7 parties égales, AB soit la somme de 3 de ces parties : on dit que sa mesure est la fraction $\frac{3}{7}$.

57. — Longueur d'un segment. — *Le nombre qui mesure un segment rectiligne s'appelle la* **longueur** *de ce segment*.

58. — Distance de deux points. — *C'est la longueur du segment rectiligne qui a ces deux points pour extrémités*.

§ 4. — Le Cercle.

59. — Le *compas* sert aussi à tracer des lignes appelées *cercles*.

Pour cet usage, l'une des pointes du compas est une *aiguille*, l'autre pointe un *crayon* ou un *tire-lignes* (fig. 27).

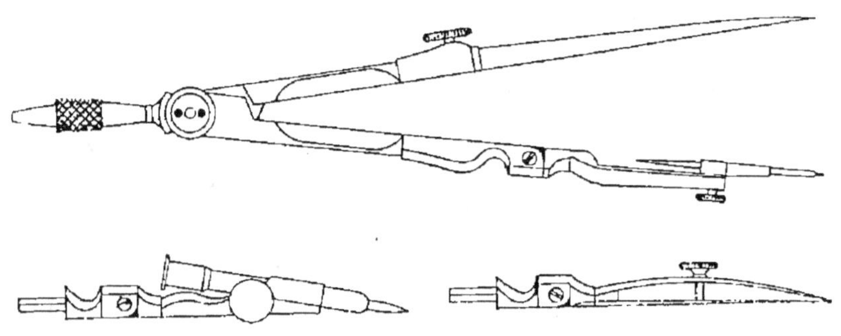

Fig. 27.

60. — Tracé d'un cercle. — Fixons la pointe de l'aiguille en un point O d'un plan ; et, sans faire varier l'écart des deux branches, déplaçons le compas en maintenant la pointe du crayon ou du tire-lignes appuyée sur le plan, elle tracera une ligne fermée qu'on appelle *cercle* (fig. 28).

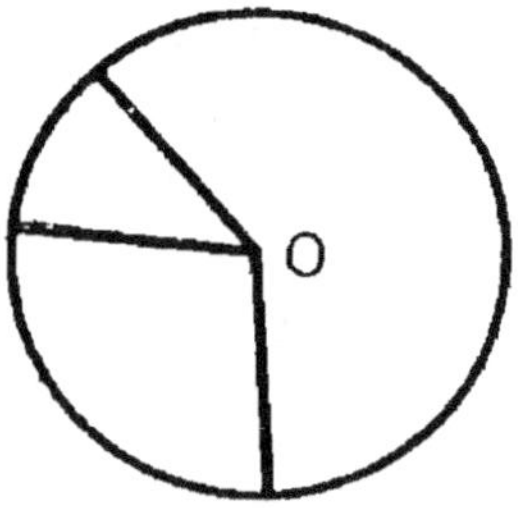

61. — Centre. — Le point O est le *centre* du cercle.

62. — Rayon. — Le segment de droite qui joint le centre à un point quelconque du cercle s'appelle un *rayon* (fig. 28).

Fig. 28.
Rayons d'un cercle.

Il résulte du tracé que *tous les rayons d'un cercle sont égaux.* Leur longueur commune est le *rayon du cercle.*

63. — Définition précise du cercle. — En traçant un cercle de centre O, il est bien évident que la pointe du crayon a passé *successivement* par *tous les points* du plan dont la distance au centre est *égale au rayon.*

Un cercle est donc *constitué par* l'**ensemble** *des points du plan dont la distance au centre est égale au rayon.*

Ainsi, lorsqu'un point est *sur le cercle,* sa distance au centre est *égale au rayon*; et si la *distance d'un point au centre est égale au rayon,* ce point est *sur le cercle.*

64. — Intérieur et extérieur d'un cercle. — *Un cercle partage le plan en deux régions distinctes.*

L'une contient le centre; on l'appelle l'**intérieur** *du cercle.* *L'autre est* l'**extérieur** *du cercle.*

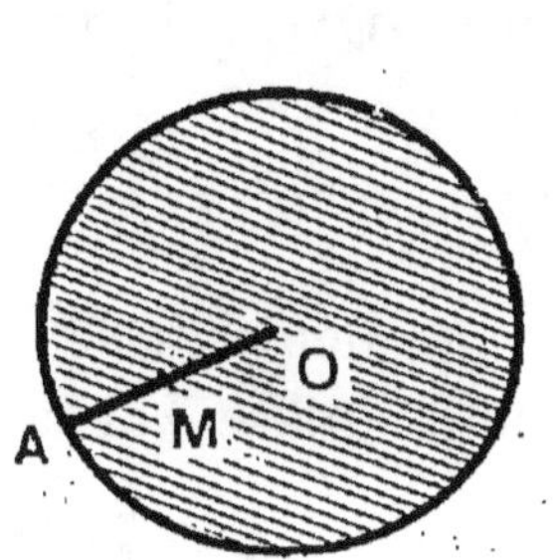

Fig. 29.
Intérieur d'un cercle.

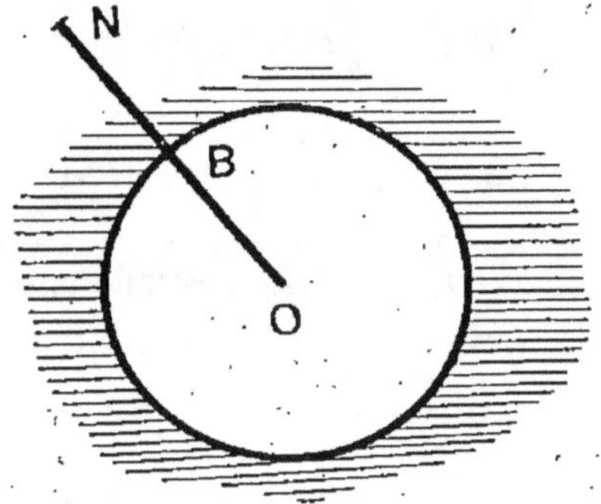

Fig. 30. — Extérieur d'un cercle.

Tout point M de *l'intérieur* du cercle est à une *distance du centre plus petite que le rayon,* car

$$OM < OA \text{ (fig. 29).}$$

Tout point N de *l'extérieur* du cercle est à une *distance du centre plus grande que le rayon,*

car $ON > OB$ (fig. 30).

65. — Égalité de deux cercles. — *Deux cercles de même rayon sont égaux et réciproquement.*

66. — Glissement d'un cercle sur lui-même dans un mouvement de rotation. — Marquons sur une *planche à dessin* un point O, et sur une feuille de *papier transparent* un point O'.

Appliquons la feuille de papier sur le plan de manière à amener le point O' au point O.

À l'aide d'une épingle, *fixons* sur le plan le *point O' de la feuille de papier.*

Malgré cela, on peut encore déplacer la feuille de papier en la faisant *glisser* sur le plan fixe.

Le mouvement qu'elle prend dans ces conditions s'appelle un **mouvement de rotation de centre O.**

Supposons qu'on ait tracé sur le plan et sur la feuille de papier deux cercles de centres O et O' ayant le même rayon. Pendant le mouvement de rotation, le cercle O' tracé sur la feuille de papier se **déplace en ne cessant pas de coïncider** avec le **cercle fixe** de centre O tracé sur le plan.

Ainsi, *un cercle glisse sur lui-même dans un mouvement de rotation de son plan autour de son centre.*

67. — Remarque. — Le cercle peut glisser sur lui-même, tandis que la droite peut glisser et aussi pivoter sur elle-même.

68. — Arc de cercle. — *Une portion de cercle limitée par deux points s'appelle un* **arc de cercle** (fig. 31).

69. — *Deux points* d'un cercle partagent ce cercle en *deux arcs.*

Pour désigner un arc de cercle, on nomme *d'abord une de ses extrémités,* puis un *point de l'arc,* enfin *l'autre extrémité.*

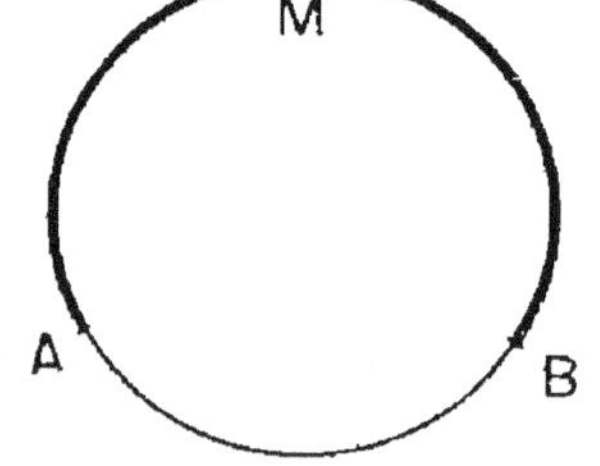

Fig. 31.
Arc de cercle.

Ainsi on désigne par $\overset{\frown}{AMB}$ l'arc d'extrémités A et B et qui contient le point M (fig. 31).

70. — Corde d'un arc. — *Le segment rectiligne qui a mêmes extrémités qu'un arc est la* **corde de** *cet arc* (fig. 3₂).

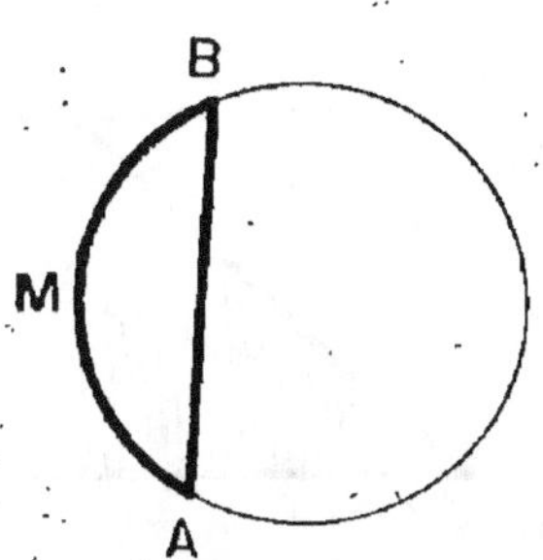

Fig. 3₂. — Corde d'un arc.

71. — Diamètre. — *On appelle* **diamètre** *un segment de droite passant par le centre et limité par deux points du cercle* (fig. 33).

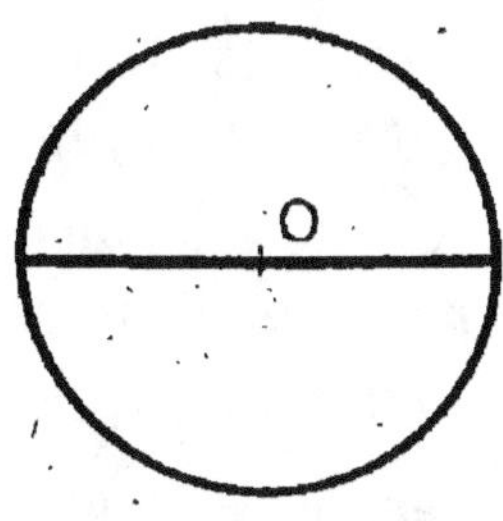

Fig. 33.
Diamètre d'un cercle.

Tous les *diamètres* sont égaux au *double* du rayon.

§ 5. — Angle droit. — Équerre.
Rapporteur.

72. — Comparaison des angles. — Soient deux *angles* $\widehat{AOB}$, $\widehat{A'O'B'}$. Transportons l'un d'eux $\widehat{A'O'B'}$, sans le modifier, de manière à faire coïncider le sommet O' avec le sommet O, le côté O'A' avec le côté OA, et en *appliquant* l'*intérieur* de cet angle sur l'*intérieur* de l'autre. Soit $\widehat{AOC}$ la position prise par l'angle $\widehat{A'O'B'}$.

Trois cas sont possibles après ce transport :

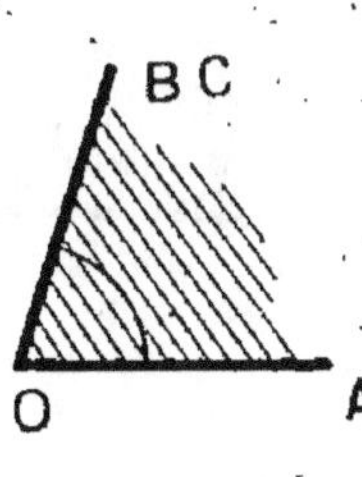

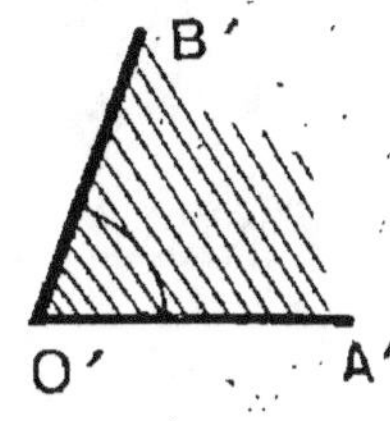

Fig. 34.

1° Les *deux angles* se superposent exactement (fig. 34). Dans ce cas ils sont égaux. On écrit :

$$\widehat{AOB} = \widehat{A'O'B'}.$$

2° *L'angle* $\widehat{AOC}$ *est tout entier à l'intérieur de l'angle* $\widehat{AOB}$ (fig. 35).

On dit alors que l'angle $\widehat{A'O'B'}$ est plus petit que l'angle $\widehat{AOB}$ ou que l'angle $\widehat{AOB}$ est plus grand que l'angle $\widehat{A'O'B'}$.

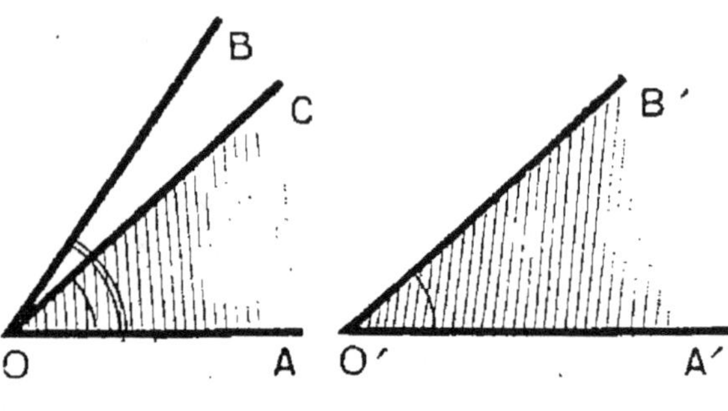

Fig. 35.

On écrit indifféremment :

$$\widehat{A'O'B'} < \widehat{AOB} \quad \text{ou} \quad \widehat{AOB} > \widehat{A'O'B'}.$$

3° *L'angle* $\widehat{AOB}$ *est tout entier à l'intérieur de l'angle* $\widehat{AOC}$ (fig. 36).

Dans ce cas, on dit que l'angle $\widehat{A'O'B'}$ est *plus grand* que l'angle $\widehat{AOB}$, ou que l'angle $\widehat{AOB}$ est *plus petit* que l'angle $\widehat{A'O'B'}$.

Ceci s'applique aussi bien aux *angles rentrants* qu'aux *angles saillants*.

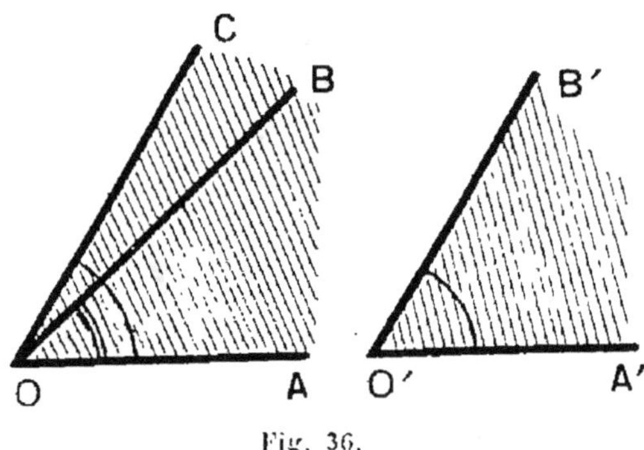

Fig. 36.

73. — *Un angle saillant est un angle plus petit qu'un demi-plan.*

Un angle rentrant est un angle plus grand qu'un demi-plan.

74. — **Angles adjacents**. — *On dit que deux angles sont* **adjacents** (fig. 37), *lorsqu'ils ont même sommet, un côté* commun, et qu'ils sont situés de part et d'autre de ce côté commun.

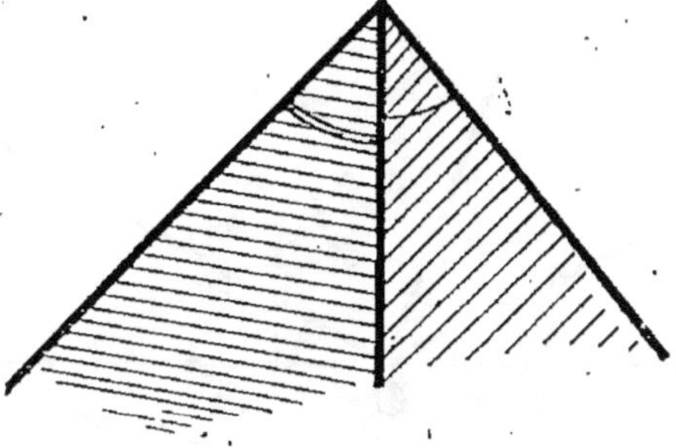

Fig. 37. — Angles adjacents.

75. — Somme de deux angles.—Soient deux *angles* $\widehat{AOB}$ et $\widehat{A'O'B'}$ (fig. 38). Transportons l'un d'eux sans le modifier, de manière à le rendre *adjacent* à l'autre.

Par exemple, transportons l'angle $\widehat{A'O'B'}$ dans la position BOC (fig. 38).

L'angle $\widehat{AOC}$ formé par l'assemblage des deux angles considérés s'appelle leur **somme.**

On pourra faire la somme *d'autant d'angles que l'on voudra pourvu que les angles ajoutés successivement ne viennent pas empiéter sur le premier.*

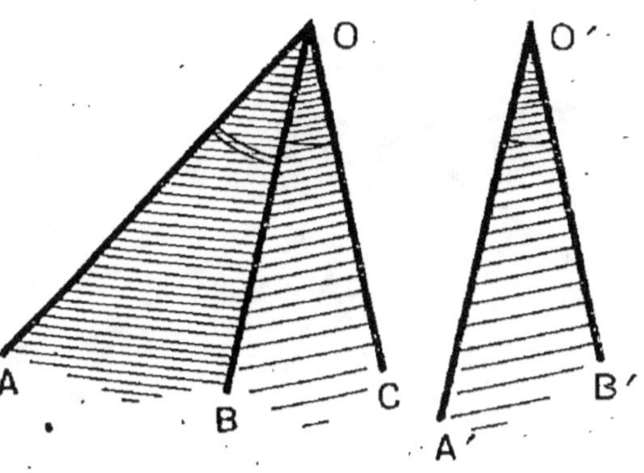

Fig. 38. — Somme de deux angles.

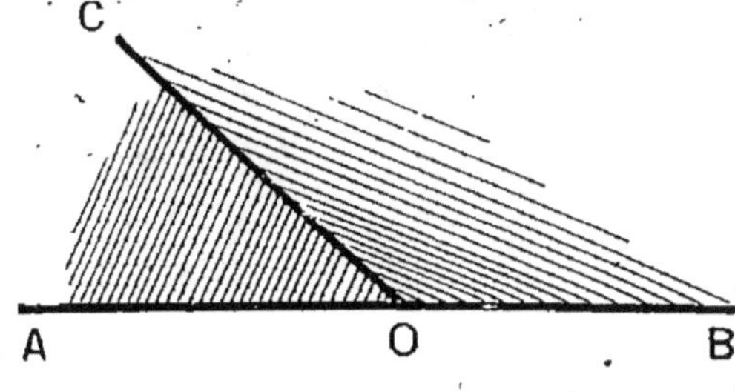

Fig. 39. — Angles supplémentaires.

76. — Angles supplémentaires. — *Deux angles sont dits* **supplémentaires** *lorsque leur somme est un demi-plan.*

Ainsi les deux angles saillants

$\widehat{AOC}$ et $\widehat{BOC}$ dont les côtés OA et OB sont *dans les pro-longements l'un de l'autre* sont *supplémentaires* (fig. 39).

77. — La somme des angles *adjacents consécu-tifs* α, β, γ, δ,

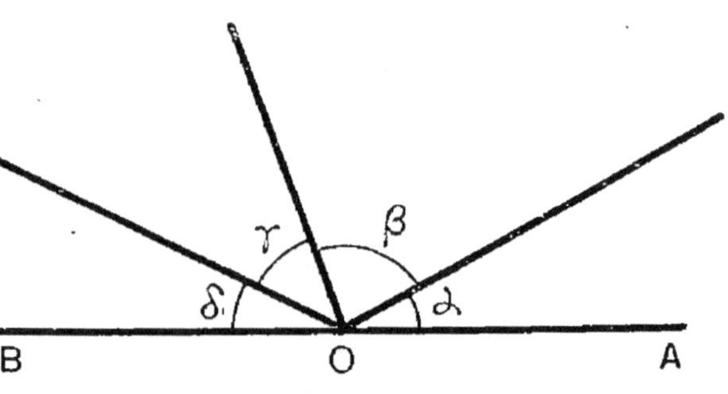

Fig. 40.

formés par des demi-droites de même origine O, d'un même côté d'une droite indéfinie AB, est un *demi-plan* (fig. 40).

La somme des angles *adjacents consécutifs* α, β, γ, δ, λ, μ, formés autour d'un point par des demi-droites issues de ce point, est un *plan* (fig. 41).

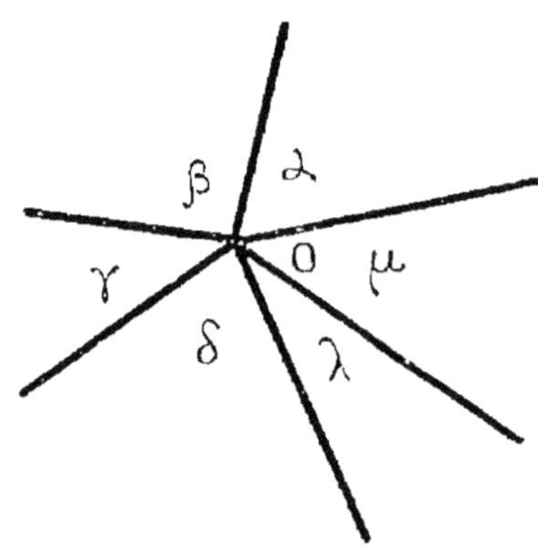

Fig. 41.

78. — On peut faire la somme de plusieurs angles égaux entre eux.

Si, par exemple, on forme la somme de quatre angles égaux entre eux, on a, par le fait même, obtenu un angle $\widehat{AOB}$ qui se trouve partagé en *quatre angles égaux* (fig. 42).

On conçoit qu'on puisse *parta-ger un angle en un nombre quel-conque d'angles égaux.*

En particulier, on peut par-tager un angle *en deux angles égaux.*

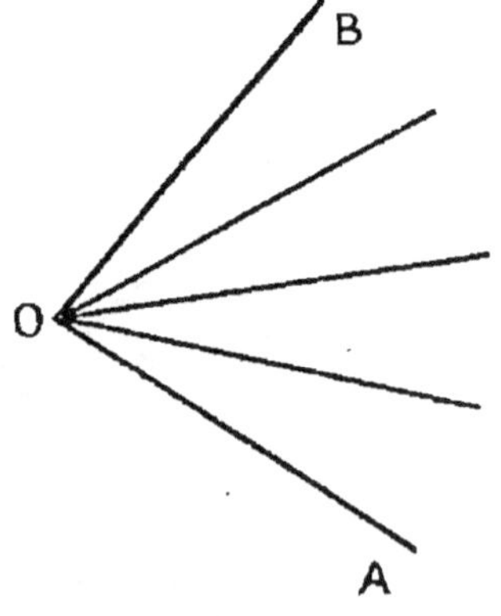

Fig. 42.

79. — Bissectrice. — *On appelle* **bissectrice** *d'un angle*

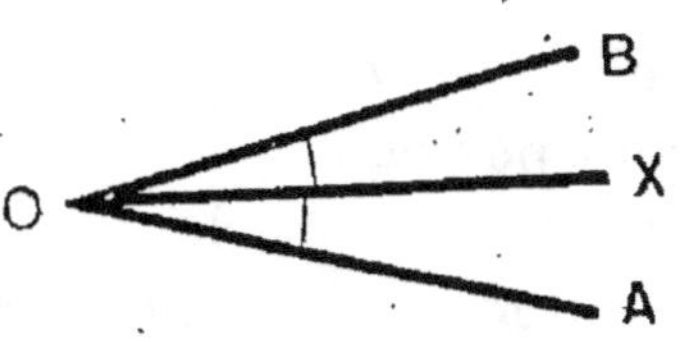

Fig. 43. — Bissectrice d'un angle.

$\widehat{AOB}$, *la demi-droite OX issue de son sommet qui partage cet angle en deux angles égaux* (fig. 43).

80. — Angle droit. — Considérons un demi plan limité par la droite AB. Par un point O de la droite AB, on *peut mener une demi-droite* OC *qui partage ce demi-plan en deux angles égaux* $\widehat{AOC}$ *et* $\widehat{BOC}$ (fig. 44).

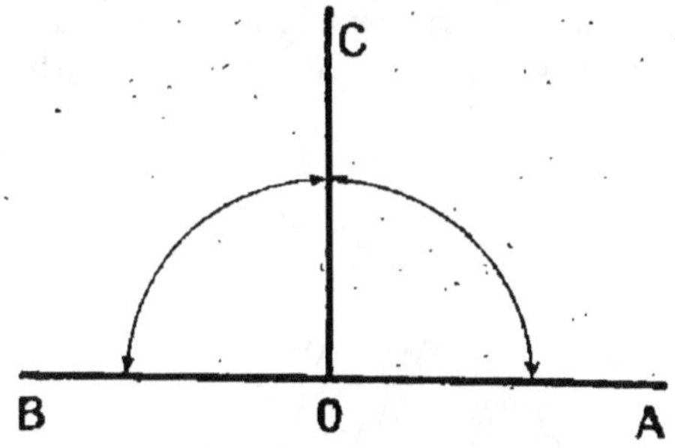

Chacun de ces angles est dit droit.

En d'autres termes :

Un angle est **droit** (fig. 45) *lorsque la somme de deux angles qui lui sont égaux est un demi-plan.*

Fig. 44.

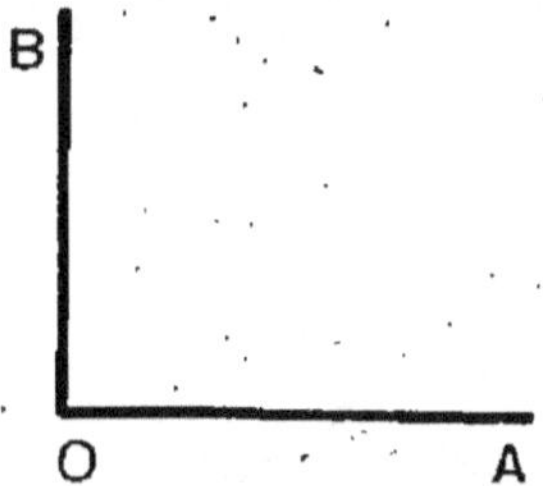

Fig. 45. — Angle droit.

Pour obtenir un angle *droit,* on peut *plier en deux* une feuille de papier limitée par un bord *rectiligne* AB, de façon que O étant un point arbitrairement choisi sur AB, la demi-droite OA vienne s'appliquer sur la demi-droite OB. La feuille *double* ainsi obtenue représente un **angle droit.**

En la *dépliant* on constate que l'on a bien *deux angles égaux* ayant pour somme un *demi-plan.*

On peut aussi plier d'abord en deux une feuille de papier suivant la droite AB, puis plier de nouveau en deux la *feuille double* ainsi obtenue.

On obtient alors une feuille *pliée en quatre* qui figure un *angle droit.*

En la *dépliant* on a *quatre angles droits dont la somme est un plan.*

81. — Remarque. — *Tous les angles droits sont égaux.*

Soient deux angles droits $\widehat{A}$ et $\widehat{B}$. S'ils *n'étaient pas égaux*, la somme de deux angles *égaux* à $\widehat{A}$ ne serait *pas égale* à la somme de deux angles *égaux* à $\widehat{B}$, c'est-à-dire que deux demi-plans ne seraient pas égaux.

Tous les angles droits étant égaux, il y a lieu de comparer un angle saillant quelconque à un angle droit.

82. — Angle aigu. — *On dit qu'un angle saillant* $\widehat{AOB}$ *est* **aigu** *s'il est plus petit qu'un angle droit* (fig. 46).

83. — Angle obtus. — *On dit qu'un angle saillant* $\widehat{AOB}$ *est* **obtus** (fig. 47) *s'il est plus grand qu'un angle droit.*

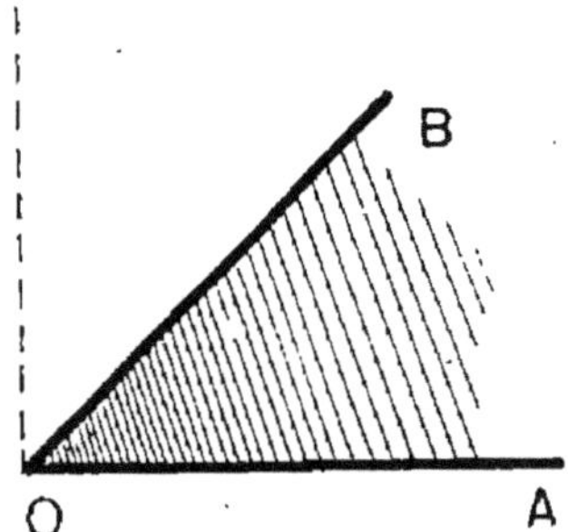

Fig. 46. — Angle aigu.

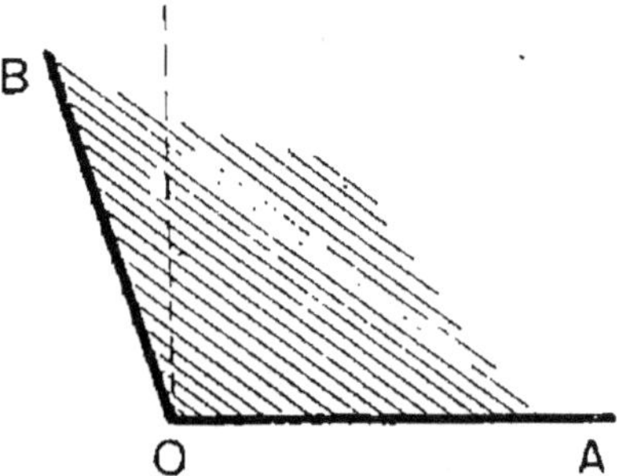

Fig. 47. — Angle obtus.

84. — Angles complémentaires. — *Deux angles sont dits* **complémentaires** *lorsque leur somme est un angle droit.*

Ainsi les deux angles $\widehat{AOB}$, $\widehat{BOC}$ (fig. 48) sont complémentaires.

Deux angles complémentaires sont tous les deux *aigus*.

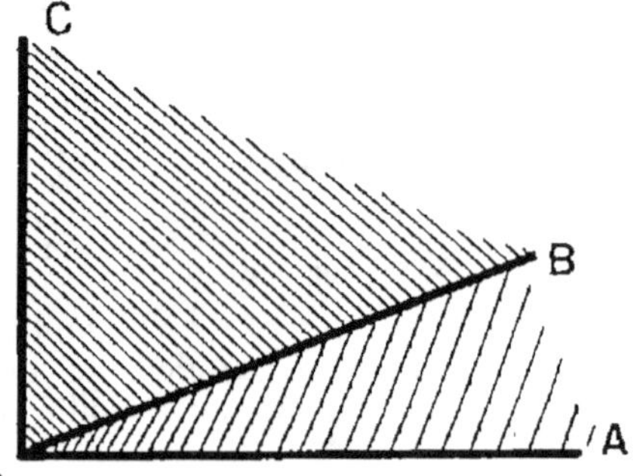

Fig. 48. — Angles complémentaires.

85. — Angles supplémentaires. — On peut dire indifféremment que deux angles *supplémentaires* sont deux angles dont la somme est égale à un *demi-plan* ou bien deux angles dont la somme est égale à *deux angles droits*.

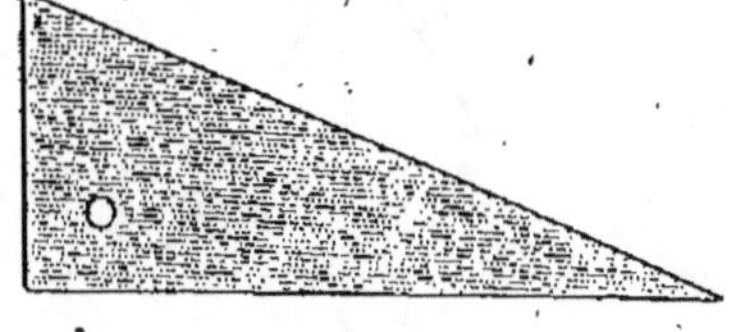

Fig. 49. — Équerre.

86. — Equerre. — C'est une planchette triangulaire dont un angle est *droit* (fig. 49).

Elle *peut* servir à tracer des *angles droits*.

Vérification de l'équerre. — On prend une *règle* avec laquelle on trace la droite AB. Et, sans *bouger la règle*, on applique le *petit côté* de *l'équerre* sur AB. En *suivant l'autre côté*, on trace la demi-droite OC.

L'angle $\widehat{AOC}$ est égal à l'angle de l'équerre.

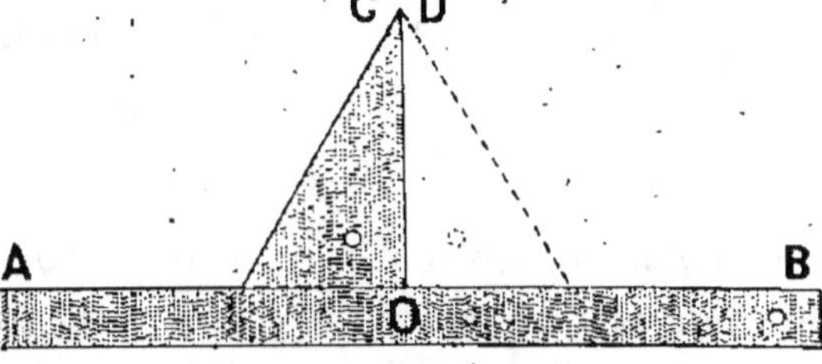

Fig. 50. — Équerre juste.

On *retourne* l'équerre et en appliquant toujours sur AB le petit côté de l'équerre on trace la *demi-droite* $\widehat{OD}$.

L'angle $\widehat{BOD}$ est égal à l'angle de l'équerre.

Si OC et OD *coïncident* (fig. 50) la somme des deux angles égaux à l'angle de l'équerre est un demi-plan. L'angle de l'équerre est donc *droit, l'équerre est juste*.

Si OC et OD ne *coïncident pas* l'équerre est fausse.

Deux cas peuvent alors se présenter.

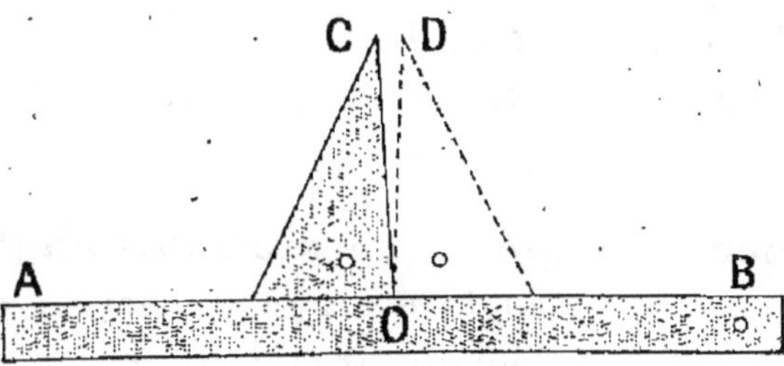

Fig. 51. — Équerre fausse.

Dans le cas de la figure (51) la somme de deux angles égaux à l'angle de l'équerre est *plus petit qu'un demi-plan*.

L'angle de l'équerre est aigu.

Dans le cas de la figure (52) la somme de deux angles égaux à l'angle de l'équerre est *plus grande qu'un demi-plan.*

L'angle de l'équerre est obtus.

87. — Mesure des angles. — Pour mesurer un angle on choisit une fois pour toutes un angle que

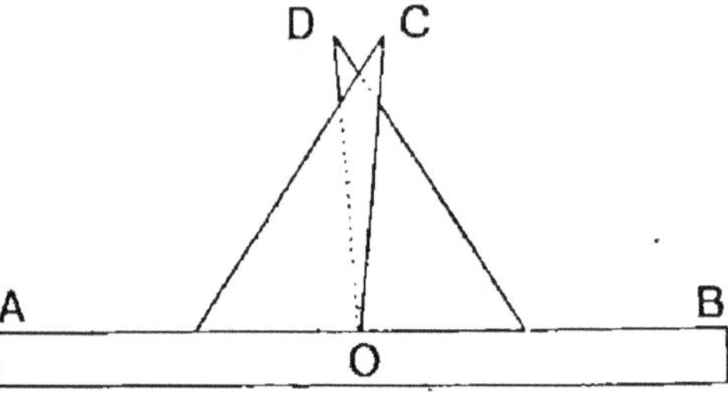

Fig. 52. — Équerre fausse.

l'on appelle *l'unité d'angle.* Une condition de ce choix est qu'on puisse obtenir facilement un angle égal à l'unité d'angle.

Si un angle $\widehat{AOB}$ est, par exemple, la *somme* de 3 *angles égaux* à l'unité d'angle, on dira que la *mesure de* $\widehat{AOB}$ *est le nombre entier* 3.

Si l'unité d'angle ayant été partagée en 7 *parties égales,* l'angle $\widehat{AOB}$ est, par exemple, la *somme* de 3 *de ces parties,* on dira que la *mesure de l'angle* $\widehat{AOB}$ *est la fraction* $\frac{3}{7}$.

Comme *unité d'angle* on emploie quelquefois l'*angle droit,* ce qui est possible puisque tous les angles droits sont égaux entre eux. Cette unité a l'inconvénient d'être trop grande. Dans la pratique on préfère employer le *grade* ou le *degré.*

88. — Premier système de mesure des angles. — Grades. — On partage l'*angle droit* en 100 *parties égales.* Chacune d'elles est appelée un *grade*; le *grade* est *pris comme unité d'angle.*

Les sous-multiples du grade sont établis d'après le système décimal.

La *minute* de grade est la 100ᵉ partie du *grade.*

La *seconde* — 100ᵉ partie de la *minute.*

On écrit la mesure d'un angle en grades à la manière d'un nombre décimal ordinaire :

Ainsi $185^{\mathrm{G}},28793$ désigne la somme

$$185 \text{ grades} + 28 \text{ minutes} + 79 \text{ secondes} + \frac{3}{10} \text{ de seconde.}$$

Dans ce système l'angle droit a pour mesure 100 grades.

Deux angles *complémentaires* ont pour somme 100 grades.

Deux angles *supplémentaires* ont pour somme 200 grades.

La somme de tous les angles adjacents consécutifs qu'on peut former d'un même côté d'une droite indéfinie est 200 grades.

La somme de tous les angles adjacents consécutifs qu'on peut former autour d'un point est 400 grades.

Ce système de mesure a été établi lors de la création du système métrique. Il n'est pas parvenu à remplacer complètement le système du *degré* employé préalablement.

89. — Deuxième système de mesure. — Degré. —
On partage l'*angle droit* en 90 *parties égales*. Chacune d'elles est appelée *degré* ; le degré est pris pour unité d'angle.

Il a comme sous-multiples la minute et la seconde

L'angle d'une minute est la 60ᵉ partie de l'angle de 1 degré.

L'angle d'une seconde est la 60ᵉ partie de l'angle de 1 minute.

On désigne les *degrés, minutes, secondes* par les signes

$$^{0} \qquad ^{\prime} \qquad ^{\prime\prime}$$

$$136^{0}\ 28'\ 45'',\ 5$$

représente la somme

$$136 \text{ degrés} + 28 \text{ minutes} + 45 \text{ secondes} + \frac{5}{10} \text{ de seconde.}$$

Dans ce système l'angle droit vaut 90°.

Deux angles complémentaires ont pour somme 90°.

Deux angles supplémentaires ont pour somme 180°. La somme de tous les angles adjacents consécutifs qu'on peut former d'un même côté d'une droite indéfinie est 180°.

La somme de tous les angles qu'on peut former autour d'un point est 360°.

90. — Calcul du complément d'un angle. — Soit l'angle $\widehat{A} = 37°28'33''$.

Pour avoir son complément, on doit le retrancher de 90°, on aura :

$$
\begin{array}{rrrr}
90° = & 89° & 59' & 60'' \\
\widehat{A} = & 37° & 28' & 33'' \\
\hline
\text{Complément de } \widehat{A} = & 52° & 31' & 27''
\end{array}
$$

91. — Calcul du supplément d'un angle. — On doit retrancher l'angle donné évalué en degrés de 180°.

$$
\begin{array}{rrrr}
180° = & 179° & 59' & 60'' \\
\widehat{A} = & 37° & 28' & 33'' \\
\hline
\text{Supplément de } \widehat{A} = & 142° & 31' & 27''
\end{array}
$$

92. — Rapporteur. — Dans le dessin géométrique on mesure les angles à l'aide du *rapporteur* (fig. 53).

C'est une feuille transparente de corne ou de celluloïd sur laquelle sont tracés 180 angles adjacents de 1° chacun. Leur sommet commun o s'appelle le centre du rapporteur. Les côtés extérieurs sont en ligne droite. Les autres côtés des angles ne sont pas tracés dans le voisinage du sommet.

On peut construire aussi le rapporteur en laiton et dans ce cas il est évidé. Le rapporteur a généralement deux graduations de 0° à 180° établies dans des sens différents.

93. — **Emploi du rapporteur.** — Soit à mesurer

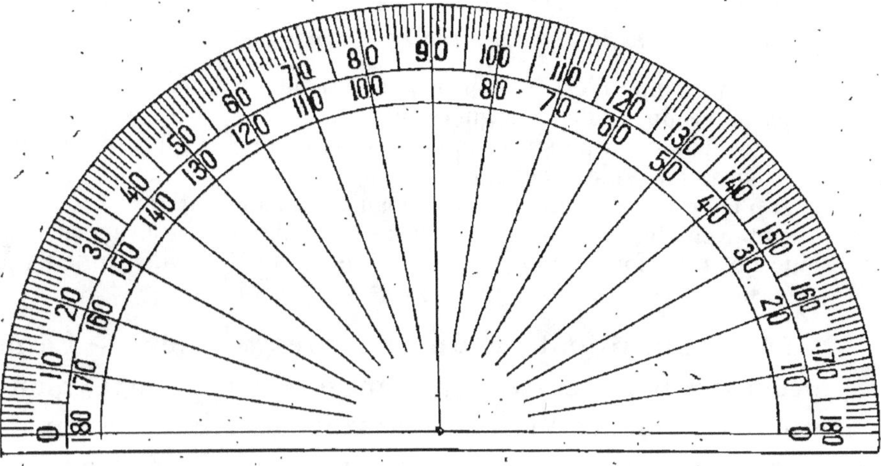

Fig. 53. — Rapporteur.

l'angle $\widehat{AOB}$ (fig. 54). Transportons le rapporteur sur
l'angle de façon que le centre du rapporteur tombe

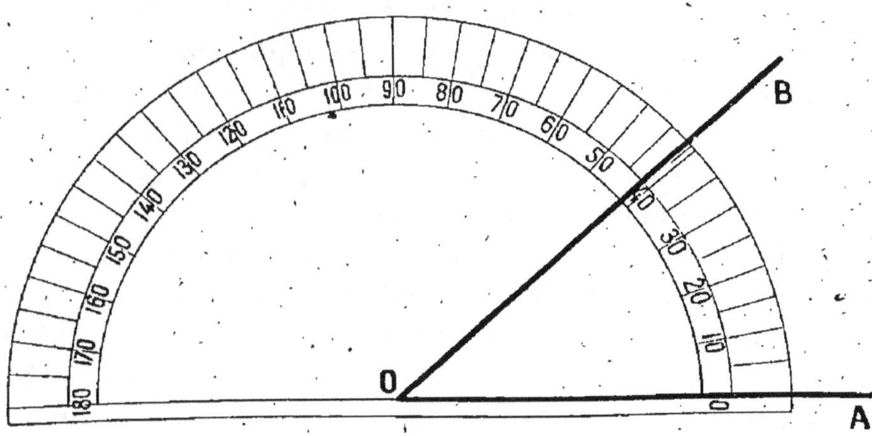

Fig. 54.

exactement au sommet de l'angle et que la ligne OA
passe par le zéro du rapporteur.

Si le côté OB passe par la division 42 du rapporteur l'angle $\widehat{AOB}$ a pour mesure 42°.

Inversement le rapporteur peut servir à *construire un angle connaissant sa mesure en degrés.*

Le rapporteur n'est pas un instrument de précision.

Sa précision ne dépasse guère le demi-degré.

Il suffit dans le dessin géométrique parce que la mesure des angles n'y joue qu'un rôle accessoire.

Il n'en est pas de même dans beaucoup d'applications.

Par exemple, en géodésie et en astronomie, la mesure des angles joue un rôle fondamental, on y a recours à des instruments plus précis.

94. — Signification de quelques termes. — Le mot *géométrie* (en grec γεωμετρία, mesure de la terre) montre qu'à l'origine cette science avait pour but principal la mesure de l'étendue d'un terrain, ce que nous appelons aujourd'hui l'arpentage.

Ceci est d'accord avec la tradition suivant laquelle les Grecs auraient reçu des Égyptiens leurs premières connaissances en géométrie. Les Égyptiens étaient en effet un peuple agriculteur; la recherche de l'étendue d'un terrain avait chez eux une grande importance.

Les notions de géométrie qu'ils possédaient ne formaient pas un système bien coordonné. C'étaient des règles sans lien entre elles résumant l'expérience acquise par leurs arpenteurs et aussi par leurs architectes.

Par exemple, les Égyptiens savaient qu'un triangle de côtés 3, 4, 5 a un angle droit et ils utilisaient cette propriété pour tracer des angles droits sur le terrain. Trois cordes de longueur 3, 4, 5 étaient attachées à trois piquets. On enfonçait les piquets en terre de manière à tendre les trois cordes; on obtenait un angle droit. Cet instrument primitif remplaçait l'équerre d'arpenteur utilisée de nos jours.

Les Grecs développèrent beaucoup ces connaissances. La raison de ce progrès, c'est qu'ils surent mettre de

l'ordre en géométrie ; ils ont ainsi créé la science géométrique.

Ils virent que les propriétés des figures peuvent se déduire les unes des autres par le raisonnement et que pour pouvoir développer toute la géométrie, il suffisait d'admettre un petit nombre de propriétés bien choisies, dont la *vérité n'est pas douteuse*, mais devant lesquelles toute *tentative de démonstration échoue*.

Ces vérités fondamentales, point de départ de la géométrie, reçurent le nom d'*axiomes* (en grec ἀξίωμα, principe évident de soi- même).

95. — Axiomes. — *Un axiome est une vérité que l'on admet comme évidente sans chercher à la démontrer par le raisonnement, c'est-à-dire sans chercher à la déduire d'une autre vérité antérieurement établie.*

Exemples d'axiomes. — *Si deux lignes droites ont deux points communs elles coïncident.*

Si deux points d'une droite appartiennent à un plan, toute la droite appartient au plan.

96. — Théorèmes. — Un *théorème* (en grec θεώρημα, objet d'étude) est une vérité mathématique que l'on peut établir par le *seul raisonnement.*

Le raisonnement qui montre la vérité d'un théorème en est la *démonstration.*

Dans l'énoncé d'un théorème on distingue en général deux parties : l'*hypothèse* qui précise la figure sur laquelle on raisonne et les suppositions que l'on fait sur cette figure ; la *conclusion* qui est ce qu'on veut démontrer en supposant l'hypothèse vérifiée.

Exemples de théorèmes. — Si dans un triangle deux côtés sont égaux les angles opposés le sont aussi.

L'hypothèse est que l'on considère un triangle dans lequel deux côtés sont égaux.

La conclusion est que les angles opposés sont égaux.

97. — **Réciproque d'un théorème**. — *On appelle* **réciproque** *d'un théorème un nouveau théorème dont l'hypothèse et la conclusion sont respectivement la conclusion et l'hypothèse du premier.*

Ainsi le théorème réciproque du précédent a pour énoncé : Si dans un triangle deux angles sont égaux les côtés opposés le sont aussi.

Lorsqu'un théorème est exact sa réciproque ne l'est pas nécessairement. Ex. :

Tous les angles droits sont égaux, — est l'énoncé d'un théorème que nous avons démontré.

La réciproque : Si deux angles sont égaux, ils sont droits, — est fausse.

98. — On appelle *corollaire* d'un théorème un théorème qui est une conséquence immédiate d'un théorème analogue.

On appelle *lemme* un théorème préliminaire destiné à faciliter la démonstration d'un autre théorème.

EXERCICES PRATIQUES

1. Tracer par un point A trois droites concourantes Ax, Ay, Az et par un autre point A′ trois autres droites concourantes $A'x'$, $A'y'$, $A'z'$ coupant chacune toutes les premières. Joindre ensuite : 1° le point de rencontre de $A'x'$ et de Az au point de rencontre de $A'z'$ et de Ay; 2° le point de rencontre de Ax et de $A'z'$ au point de rencontre de $A'y'$ et de Az et 3° le point de rencontre de Ay et de $A'y'$, au point de rencontre de Ax et de $A'x'$, vérifier alors que les trois droites ainsi tracées sont concourantes.

2. Étant donné sur une droite xy trois points A, B, C et sur une droite $x'y'$ trois points A′, B′, C′, joindre A à A′, A′ à B, B à B′, B′ à C, C à C′ et C′ à A et vérifier que les points d'intersection des droites AA′ et B′C, A′B et C′C, BB′ et C′A sont trois points en ligne droite.

3. Tracer une droite indéfinie xy, prendre deux points A et B dans la même région du plan par rapport à la droite xy et deux points C et D dans deux régions différentes; joindre A à B par un tracé continu rectiligne, brisé ou courbe quelconque et constater que la ligne ainsi tracée ne coupe pas xy ou la coupe en un nombre **pair** de points. Recommencer l'opération en se servant des deux points C et D et vérifier que les lignes tracées coupent xy en un nombre **impair** de points.

4. Marquer au hasard sur une feuille de papier trois points A, B, C. puis les joindre deux à deux par des lignes droites de toutes les manières possibles. Dire quel est le nombre des droites ainsi tracées, énumérer les régions du plan limitées par ces droites et indiquer les différentes formes de ces régions.

5. Tracer une ligne brisée de six côtés sans angles rentrants et une autre ligne brisée de six côtés également mais présentant des angles rentrants; joindre ensuite par une droite l'origine et l'extrémité de chacune de ces lignes et vérifier que pour la première le segment de jonction ne coupe pas la ligne, mais que le segment qui ferme la deuxième ligne peut ou non la couper. Faire la figure dans ces deux cas.

6. Tracer une ligne brisée convexe fermée de douze côtés (dodécagone convexe), puis numéroter les douze sommets de 1 à 12 et les joindre ensuite d'abord de 2 en 2, puis de 3 en 3, puis de 4 en 4 et vérifier qu'on obtient ainsi d'abord un hexagone, puis un quadrilatère, enfin un triangle.

7. Tracer deux triangles ABC, A'B'C' dont les sommets A et A', B et B', C et C' soient deux à deux sur trois droites concourantes ox, oy, oz; vérifier que les points d'intersection des côtés AB et A'B', BC et B'C', CA et C'A' sont trois points en ligne droite.

8. Tracer deux quadrilatères ABCD et A'B'C'D' de façon que leurs sommets A et A', B et B', C et C', D et D' soient sur quatre droites concourantes en un point O et tels de plus que les droites AB et A'B', BC et B'C', CD et C'D' se coupent deux à deux en trois points en ligne droite. Vérifier alors que le point d'intersection des quatrièmes côtés DA et D'A' est en ligne droite avec les trois premiers points d'intersection des côtés deux à deux.

9. Tracer deux triangles ABC et A'B'C' de telle façon que les côtés AB et A'B', BC et B'C', CA et C'A' se coupent deux à deux en trois points en ligne droite. Vérifier que les droites AA', BB', CC' sont alors concourantes.

10. Tracer une droite de 72 millimètres, la diviser en six parties égales à l'aide du décimètre; voir ensuite si les six divisions sont bien égales en prenant l'une d'elles au compas à pointes sèches et en la reportant sur les autres.

11. Tracer une droite indéfinie xy et marquer sur cette droite un point quelconque A. Prendre au compas à pointes sur le décimètre une longueur de 18 millimètres; puis posant une pointe en A, porter bout à bout sur xy 8 longueurs égales à 18 mm. en faisant culbuter le compas alternativement autour des deux pointes, *pour qu'il ne quitte pas le papier.* Voir si la longueur totale obtenue a 144 millimètres.

Reprendre le même exercice en prenant des longueurs non plus de 18 millimètres mais de 9 millimètres, puis de 6 millimètres, puis de 3 millimètres en les portant bout à bout un nombre de fois suffisant pour retrouver à chaque fois un total de 144 millimètres.

12. Tracer un angle quelconque xOy, porter sur Ox les segments OA = 20 millimètres, AB = 15 millimètres, BC = 21 millimètres, porter sur Oy les segments OA' = 112 millimètres, OB' = 42 millimètres, OC' = 32 millimètres, puis joindre AA', BB', CC' et vérifier que ces trois droites sont concourantes.

13. Tracer un triangle ABC quelconque, en mesurer les longueurs des côtés à l'aide du décimètre, marquer alors les milieux des côtés de ce triangle, les joindre entre eux. Vérifier 1° que les longueurs des côtés de ce nouveau triangle sont la moitié des longueurs des côtés du triangle ABC ; 2° que les droites qui joignent chaque sommet au milieu du côté opposé sont concourantes en un point G situé au tiers de chacune d'elles à partir des milieux des côtés.

14. Tracer un angle xoy et un deuxième angle $x'o'y'$ dont chacun des côtés rencontre les deux côtés du premier angle. Joindre ensuite en croix les points d'intersection des côtés ainsi que les sommets des deux angles.

Mesurer les longueurs des segments rectilignes ainsi tracés, en prendre les milieux et vérifier que ces milieux sont trois points en ligne droite.

15. Tracer deux demi-droites OX et OY, porter bout à bout à partir de O des longueurs OA, AB, BC, CD... égales chacune à 7 millimètres, puis sur OY à partir de O porter bout à bout des longueurs OA′, A′B′, B′C′, C′D′... égales chacune à 11 millimètres ; joindre AA′, BB′, CC′, DD′... et tracer une droite quelconque passant en O et coupant les droites AA′, BB′, CC′... respectivement en A″, B″, C″, D″.... : 1° Vérifier, à l'aide du compas à pointes sèches, que $OA'' = A''B'' = B''C'' = C''D''$....; 2° refaire la vérification en mesurant chacune de ces longueurs avec le décimètre ; 3° vérifier que BB′ est le double de AA′ ; CC′ le triple de AA′ ; DD′ le quadruple de AA′...

16. Tracer un cercle de centre O et de 50 mm de rayon. Marquer avec le compas à pointes sèches des points A, B, C, D, E, F, sur des rayons différents et tels que OA = 15 millimètres, OB = 60 millimètres, OC = 45 millimètres, OD = 82 millimètres, OE = 37 millimètres, OF = 56 millimètres ; constater que tous les points dont la distance à O est plus grande que le rayon sont à l'extérieur du cercle et qu'au contraire les points dont la distance au centre est moindre que le rayon sont à l'intérieur du cercle. Tracer ensuite la ligne brisée ABCDEF et constater : 1° que pour joindre un point intérieur à un cercle à un point extérieur on doit couper ce cercle un nombre *impair* de fois ; 2° que pour joindre deux points situés dans la même région par rapport au cercle on ne doit couper le cercle en aucun point ou le couper en un nombre *pair* de points.

17. Tracer un cercle de 40 millimètres de rayon et de centre O et sans changer l'ouverture du compas mettre la pointe sèche en un point A du cercle et tracer l'arc de cercle de centre A intérieur au premier cercle, puis recommencer cette construction en remplaçant le point A par une des extrémités de l'arc qu'on vient de tracer et ainsi de suite. Vérifier que les arcs de deux en deux se coupent sur le cercle primitif et que par suite on retrouve comme centre le point de départ A après avoir tracé un certain nombre d'arcs de cercle dont l'ensemble forme une rosace à 6 branches.

18. Refaire le tracé de l'exercice précédent mais en dessinant les arcs des cercles extérieurs au premier cercle au lieu de tracer les arcs intérieurs.

19. Refaire le tracé de l'exercice **18** mais en limitant les arcs extérieurs à leurs intersections mutuelles. Puis des mêmes centres tracer de nouveaux arcs de cercles, analogues aux premiers, de rayon 36 millimètres, en les limitant eux aussi à leurs intersections de façon à obtenir une bande curviligne brisée en forme de rosace.

20. Refaire à nouveau le tracé de l'exercice **17** mais en traçant entièrement les cercles. Prendre les points d'intersection de ces cercles, qui ne sont ni le centre ni les points du premier cercle, comme centres de nouveaux cercles toujours de même rayon et les tracer eux aussi en entier ; remarquer qu'on peut alors continuer indéfiniment et couvrir tout le plan par un *réseau* de rosaces à 6 branches toutes égales.

21. Tracer trois cercles concentriques de rayons 20, 40, 60 millimètres, puis tracer trois rayons divisant ces circonférences en trois arcs égaux (voir ex. 17) et numéroter les extrémités de ces arcs 1, 2, 3 pour le grand, 4, 5, 6 pour le moyen, et 7, 8, 9 pour le petit cercle de façon que les points 1, 4, 7 ; 2, 5, 8 ; 3, 6, 9 soient sur les mêmes rayons. Joindre ensuite de proche en proche par des droites ces extrémités en suivant l'ordre des numéros de 4 en 4. Vérifier qu'on revient ainsi au point de départ après avoir employé tous les points et que les droites tracées se coupent en six points 3 à 3 sur deux cercles concentriques aux premiers.

22. Tracer un cercle de 50 millimètres de rayon ; d'un point A du cercle avec 60 millimètres de rayon décrire un arc qui coupe le cercle en B_1 et B_2. On obtient ainsi deux cordes AB_1 et AB_2 de 60 millimètres. Marquer leurs milieux à l'aide du décimètre. Répéter cette construction pour un grand nombre de points du cercle tels que A : vérifier que les milieux des cordes égales ainsi obtenues sont sur un cercle concentrique au premier de rayon 40 millimètres et constater que les cordes ne pénètrent pas à l'intérieur de ce cercle.

23. Tracer un cercle de centre O et de rayon 60 millimètres et, par un point P distant du centre de 40 millimètres, mener des cordes de ce cercle. Marquer les milieux de ces cordes et constater que ces milieux sont sur un cercle de diamètre OP. Inversement constater que tout point de ce dernier cercle est le milieu d'une corde du premier cercle passant en P.

24. Refaire la construction précédente en gardant le même cercle, mais en prenant un point Q situé à 70 millimètres du centre O : seuls les points du cercle de diamètre OQ intérieurs au cercle O sont milieux de cordes de ce cercle passant en Q. Constater que dans ce cas le cercle de diamètre OQ coupe le cercle O en deux points T et T' tels que les droites QT et QT' touchent le cercle O en T et T' sans y pénétrer (on nomme ces droites des *tangentes*).

25. Tracer un cercle de rayon égal à 40 millimètres et prendre un point P distant du centre de 70 millimètres ; mener par ce point deux droites PAB et PCD qui coupent le cercle l'une en A et B, l'autre en C et D : tracer les droites AD et BC qui se coupent en I et les droites AC et BD qui se coupent en J, tracer enfin la droite IJ et vérifier qu'elle coupe le cercle tracé. Prendre alors deux nouvelles droites PA'B' et PC'D' issues encore du point P et coupant à nouveau le cercle et vérifier que les points I' et J' obtenus en refaisant la construction précédente avec ces nouvelles droites sont situés sur la droite IJ. Tracer les droites qui joignent le point P aux deux points T et T' où la droite IJ coupe le cercle et constater que ces droites PT et PT' ne pénètrent pas à l'intérieur du cercle quoique le touchant en T et T'.

26. Recommencer les constructions de l'exercice précédent en prenant le même cercle, mais un point P distant du centre de 20 millimètres seulement. Constater les mêmes résultats que précédemment à cela près que la droite IJ ne coupe plus le cercle et que par suite il n'existe plus de points T et T′ ni de droites PT et PT′.

27. Tracer un angle saillant de 65⁰ en employant le rapporteur et constater en prenant des points à l'intérieur de cet angle que les segments rectilignes qui joignent deux quelconques de ces points sont entièrement à l'intérieur de l'angle; constater d'autre part qu'il n'en est pas toujours ainsi quand on joint deux points extérieurs à l'angle. Les mêmes essais vérifient les résultats contraires pour l'angle rentrant ayant mêmes côtés que l'angle saillant dessiné.

28. Dessiner un pentagone ne présentant : 1⁰ que des angles saillants, 2⁰ possédant un angle rentrant et quatre angles saillants; 3⁰ possédant deux angles rentrants et trois angles saillants. Mesurer au rapporteur les angles de ces différents polygones.

29. Tracer un cercle O de 60 millimètres de rayon et le diviser en 6 arcs égaux (ex. **17**). Joindre les points de division de deux en deux et tracer la ligne brisée fermée obtenue en ne gardant des côtés des deux triangles ainsi formés que les portions extérieures à l'autre. Indiquer sur cette ligne les angles rentrants et les angles saillants et donner leurs mesures à l'aide du rapporteur.

30. Calculer en grades les mesures des angles suivants donnés en degrés 171⁰, 33⁰20′. 37⁰12′48″, 120⁰, 151⁰5′36″. .

31. Calculer en degrés, minutes et secondes les mesures des angles suivants donnés en grades : 60ᵍ; 41ᵍ,4375.; 115ᵍ,8487; 32ᵍ,3073.

32. Étant donnés les angles 35⁰47′08″ et 44⁰ 36′ 15″ trouver leurs complémentaires; 1⁰ en degrés, 2⁰ en grades.

33. Étant donnés les angles 132ᵍ,2748 et 41ᵍ,6389 trouver leurs supplémentaires; 1⁰ en grades, 2⁰ en degrés.

34. Tracer deux segments rectilignes AB et CD se coupant en leurs milieux en un point O donné faisant entre eux un angle de 35⁰, la longueur de AB étant 48 millimètres et celle de CD 66 millimètres. Former le quadrilatère dont les sommets sont A, B, C, D et vérifier que les côtés opposés sont deux à deux égaux, qu'il en est de même des angles opposés et que deux angles consécutifs sont supplémentaires. Donner les mesures de ces différentes longueurs et de ces différents angles.

35. Tracer un angle $x\widehat{O}y$ de 58⁰ et porter à partir du sommet O sur les deux côtés des longueurs OA et OB égales toutes deux à 45 millimètres.

Vérifier au rapporteur que les deux angles $\widehat{OAB}$ et $\widehat{OBA}$ sont égaux. Quelles sont leurs mesures en degrés et en grades.

36. Tracer un angle droit XOY et prolonger ses côtés en OX′ et OY′, porter sur les quatre demi-droites obtenues des longueurs OA, OB, OC, OD égales toutes à 52 millimètres, joindre ABCD et vérifier que le quadrilatère obtenu a ses quatre angles droits et ses quatre côtés égaux.

37. Construire un quadrilatère ABCD dans lequel AB = 50 millimètres,

BC = 37 millimètres, CD = 50 millimètres et dont les angles $\widehat{ABC}$ et $\widehat{BCD}$

sont droits. Vérifier que les deux autres angles de ce quadrilatère sont droits aussi.

38. Tracer un quadrilatère ABCD ayant trois côtés consécutifs égaux et les deux angles compris entre ces côtés supplémentaires. Vérifier que le quatrième côté est égal aux trois premiers et que les deux autres angles sont respectivement égaux aux premiers.

39. Étant tracé un segment $AB = 40$ millimètres, former avec le rapporteur un angle $\widehat{BAX}$ égal à 37^0 et un angle $\widehat{ABY}$ égal à 53^0. Appelant alors C le point de rencontre des droites AX et BY, vérifier que l'angle $\widehat{BCA}$ est droit.

40. Tracer un demi-cercle de diamètre $AB = 60$ millimètres, prendre sur ce demi-cercle différents points arbitraires M, N, P, Q... et vérifier à l'aide du rapporteur que les angles AMB, ANB... sont droits.

41. Sur un cercle O de rayon 40 millimètres prendre deux points fixes A et B qui divisent le cercle en deux arcs, l'un $\widehat{AMB}$, l'autre $\widehat{AM'B}$. Vérifier que quel que soit le point P choisi sur l'arc $\widehat{AMB}$ l'angle $\widehat{APB}$ a toujours même mesure; que de même, quel que soit le point P' pris sur l'arc $\widehat{AM'B}$ l'angle $\widehat{AP'B}$ a toujours même mesure et que cette mesure est supplémentaire de celle de $\widehat{APB}$.

42. Tracer un cercle O de rayon 40 millimètres et marquer au hasard sur ce cercle 4 points A, B, C, D; les joindre deux à deux de toutes les façons possibles et mesurer au rapporteur les angles formés par les droites ainsi tracées. En supposant qu'on rencontre les points A, B, C, D dans l'ordre alphabétique en tournant toujours dans le même sens sur le cercle, vérifier par les mesures faites : 1^0 que les angles $\widehat{ABC}$ et $\widehat{CDA}$ sont supplémentaires ainsi que les angles $\widehat{DAB}$ et $\widehat{BCD}$; 2^0 que les angles $\widehat{ABD}$ et $\widehat{ACD}$, $\widehat{CBD}$ et $\widehat{CAD}$, $\widehat{BAC}$ et $\widehat{BDC}$, $\widehat{ADB}$ et $\widehat{ACB}$ sont égaux deux à deux.

43. Tracer un segment AB de longueur 50 millimètres, puis du point A comme centre tracer un cercle ayant 40 millimètres pour rayon et du point B comme centre tracer un cercle ayant 30 millimètres pour rayon. Soit C un des points d'intersection de ces deux cercles, mesurer les angles du triangle ABC et vérifier que l'angle C est droit.

44. Tracer à l'aide du rapporteur, de la règle et du compas à pointes sèches une figure égale à une figure exclusivement formée de portions de droites.

Application. Construire des figures égales à celles des exercices 1, 2, 7, 9 et 14.

CHAPITRE II

SYMÉTRIE PAR RAPPORT A UNE DROITE

§ 1. — Définition de la symétrie par rapport à une droite.

99. — Définition. — Soit dans un plan P une droite indéfinie xy. Elle partage le plan en deux demi-plans P_1 et P_2.

Soit une figure quelconque F_1 *tracée sur le plan* P (fig. 55).

Faisons *pivoter* le plan P autour de xy jusqu'à ce que *le demi-plan P_1 vienne coïncider avec la position occupée précédemment par le demi-plan P_2*. Le demi-plan P_1 vient alors occuper la position occupée précédemment par le demi-plan P_2.

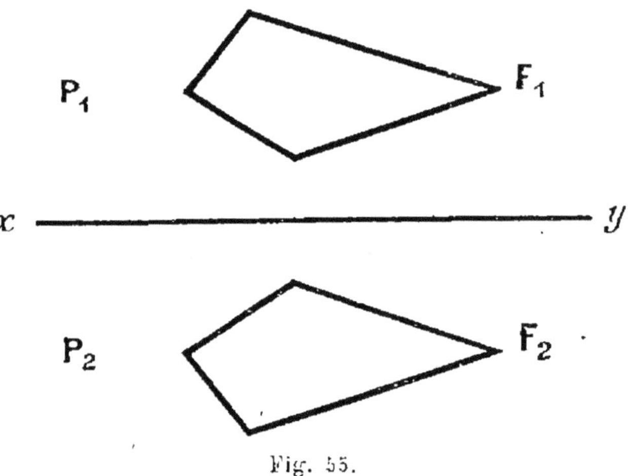

Fig. 55.

Figures symétriques par rapport à une droite.

La figure tracée sur le plan P qui occupait d'abord la position F_1 vient occuper une position F_2.

Les figures F_1 et F_2 sont dites **symétriques** par rapport à xy.

Par exemple prenons une feuille de papier qu'une droite xy partage en deux parties.

Sur l'une d'elles traçons à l'encre une figure quelconque F_1 et avant que l'encre ait séché *plions* la feuille suivant *xy*. Le dessin s'imprimera sur l'autre partie de la feuille.

En *étalant* la feuille sur un plan on aura *deux figures* F₁ et F₂ *symétriques par rapport à xy*.

La droite *xy* est dite *axe de symétrie*.

100. — Égalité de deux figures symétriques. — *Deux figures symétriques par rapport à une droite sont égales*, puisqu'elles sont *superposables* par un *déplacement*.

Ainsi la figure symétrique d'une *droite* est une figure égale, c'est-à-dire une droite.

La figure symétrique d'une *demi-droite* est une demi-droite.

La figure symétrique d'un *segment rectiligne* est un segment rectiligne égal.

La figure symétrique d'un *angle* est un angle égal.

La figure symétrique d'un *cercle* est un cercle égal.

101. — Définition. — *On dit qu'une figure F admet une droite xy comme axe de symétrie lorsque F coïncide avec sa propre symétrique par rapport à xy.*

Soit une figure quelconque F₁ et F₂ sa symétrique par rapport à l'axe *xy*. La figure formée par l'ensemble de F₁ et F₂ admet *xy* comme axe de symétrie (fig. 55).

§ 2. — Axe de symétrie d'un angle. Droites perpendiculaires.

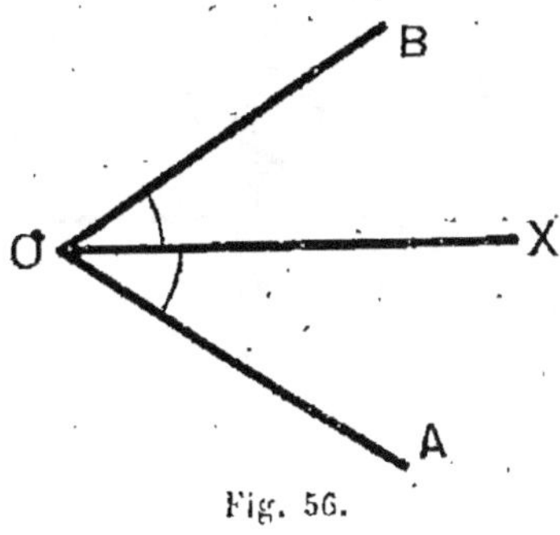

Fig. 56.

102. — Théorème. — *Les deux côtés d'un angle sont symétriques par rapport à la bissectrice de cet angle.*

Car si on *replie* le plan de l'angle $\widehat{AOB}$ autour de la *bissectrice* OX de cet angle (fig. 56), les deux angles $\widehat{AOX}$

et $\widehat{BOX}$ étant *égaux*, les deux *demi-droites* OA et OB viennent *coïncider*.

103. — Remarque.
— Si deux *segments* AB et A'B', sont *symétriques* par rapport à *xy* (fig. 57), les *droites indéfinies* AB, A'B' sont *symétriques* par rapport à *xy*.

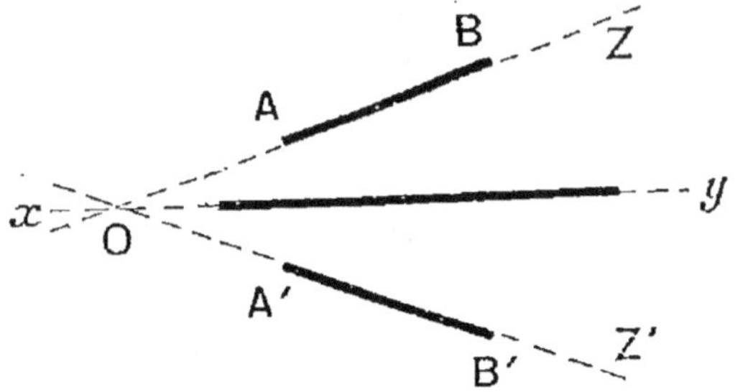

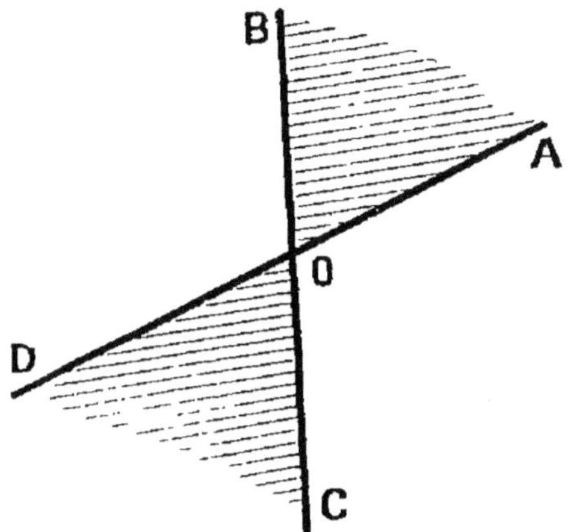

Fig. 57.

De même si deux *demi-droites* AZ et A'Z' sont *symétriques* par rapport à *xy*, les *droites indéfinies* AZ et A'Z' sont *symétriques* par rapport à *xy* (fig. 57).

104. — Définition. — *Deux angles sont dits* **opposés par le sommet** *lorsque les côtés de l'un sont les prolongements des côtés de l'autre.*

Fig. 58. — Angles opposés par le sommet.

Ainsi (fig. 58) les angles $\widehat{AOB}$ et $\widehat{COD}$ sont *opposés par le sommet*.

105. — Théorème. — *Deux angles opposés par le sommet* $\widehat{AOB}$ *et* $\widehat{COD}$ *sont égaux* (fig. 59).

Menons la *bissectrice* OX de l'angle $\widehat{AOC}$. Les

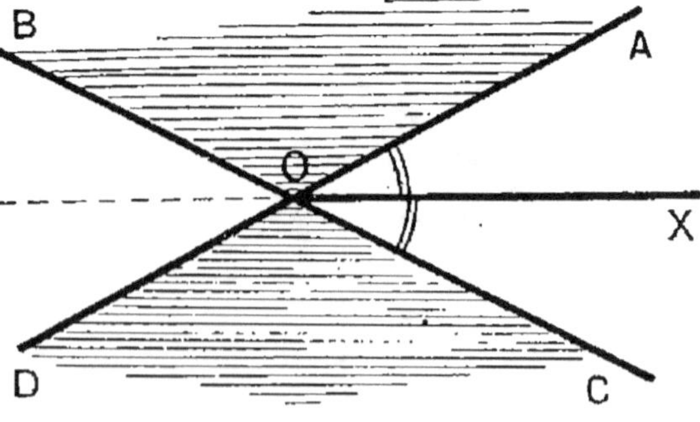

Fig. 59.

demi-droites OA et OC sont *symétriques par rapport à* OX. Donc (§ 103) leurs *prolongements* OD et OB sont *symétriques par rapport à* OX.

Donc les *deux côtés* de l'angle $\widehat{AOB}$ sont *symétriques des deux côtés de l'angle* $\widehat{COD}$.

Un pivotement autour de OX fait donc coïncider ces deux angles.

106. — Corollaire. — *Si deux angles sont opposés par le sommet, la bissectrice de l'un est le prolongement de la bissectrice de l'autre.*

On vient de voir que OB et OD *sont symétriques* par rapport à OX. Le *prolongement* de OX est donc *bissectrice de l'angle* $\widehat{BOD}$ *opposé par le sommet à l'angle* $\widehat{AOC}$ (fig. 59).

107. — Droites perpendiculaires. — *Deux droites indéfinies* qui se coupent forment *quatre* angles *égaux entre eux deux à deux* comme opposés par le sommet.

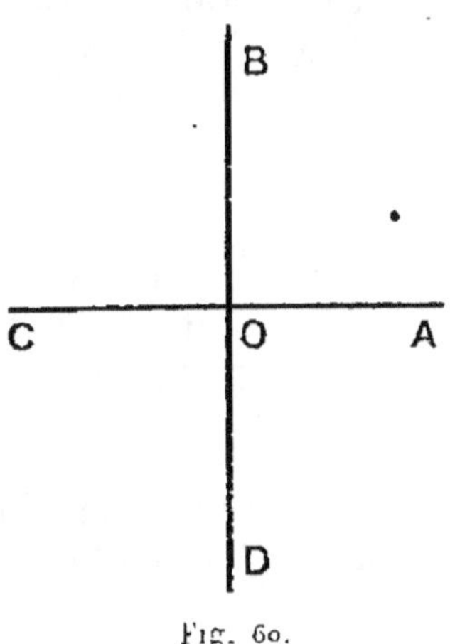

Fig. 60.
Droites perpendiculaires.

Il *peut* arriver que *deux angles consécutifs* soient égaux : alors *les quatre angles sont égaux.*

On dit que deux droites indéfinies qui se coupent sont **perpendiculaires** si elles forment quatre angles égaux entre eux.

108. — Deux des angles formés par deux droites perpendiculaires ayant pour somme un demi-plan, *chacun d'eux est droit.*

Ce que nous avons appelé angle droit est un angle dont les deux côtés sont perpendiculaires.

Rappelons que *tous les angles droits sont égaux.*

109. — Théorème. — *Lorsque deux points A et A' sont symétriques par rapport à une droite xy, cette droite est perpendiculaire à la droite AA' et elle passe par le milieu du segment AA'* (fig. 61).

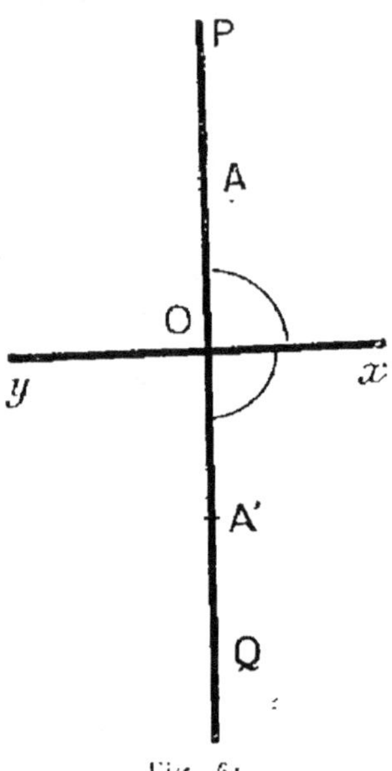

Fig. 61.

La droite AA' joignant deux points situés de part et d'autre de *xy* la *coupe* en un point O.

En faisant *pivoter* le plan autour de *xy*, on peut *amener le point A à coïncider avec son symétrique* A'.

Dans ce *pivotement* le point O ne *bouge pas*. Le *segment* OA vient donc coïncider avec le *segment* OA'.

Comme O*x* ne *bouge pas*, l'angle $\widehat{xOA}$ *vient coïncider* avec l'angle $\widehat{xOA'}$.

Ces deux angles étant égaux, AA' et *xy* sont *perpendiculaires*.

De plus OA $=$ OA'.

110. — Réciproquement. — *Si une droite PQ perpendiculaire à xy passe par un point A, elle passe aussi par le symétrique du point A par rapport à xy* (fig. 61).

En effet, par *pivotement autour de xy* on peut appliquer la *demi-droite* OP sur la *demi-droite* OQ puisque les deux angles $\widehat{xOP}$ et $\widehat{xOQ}$ sont *égaux*.

Dans ce *pivotement* le point A de la demi-droite OP vient donc coïncider *avec un point* de la demi-droite OQ.

Le *symétrique de A est donc bien sur* PQ.

111. — Théorème. — *Par un point A pris hors d'une*

droite *xy* on peut mener une droite perpendiculaire à *xy* et on n'en peut mener qu'une (fig. 62).

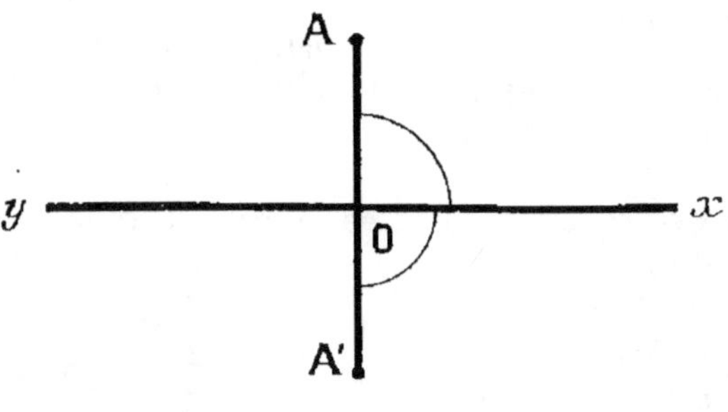

Fig. 62.

1° On peut en *mener une*, car la droite qui joint le point A à son symétrique A′ par rapport à *xy* est perpendiculaire à *xy* (§ 109).

2° On n'en *peut mener qu'une*, car toute perpendiculaire à *xy passant par* A *passe aussi* par le *symétrique* A′ de A par rapport à *xy* (§ 110). Or, par deux points *distincts* il ne passe qu'*une droite*.

REMARQUE. — On peut réaliser ce qui précède de la manière suivante :

Prenons une feuille de papier sur laquelle nous traçons une droite *xy*. Soit A un point pris *hors* de *xy*. *Plions* la feuille le long de *xy*. Le point A vient coïncider avec un point A′ que nous marquons sur la feuille.

Étalons de nouveau cette feuille sur un plan et *traçons la droite* AA′. La droite AA′ est *perpendiculaire à xy*.

Car si on plie de nouveau la feuille le long de *xy* l'angle $\widehat{xOA}$ vient coïncider avec l'angle $\widehat{xOA'}$.

112. — **Théorème**. — *Par un point O pris sur une droite xy on peut mener une droite perpendiculaire à xy et on n'en peut mener qu'une.*

On peut admettre cela comme évident.

DÉMONSTRATION. — Prenons une feuille de papier transparent sur laquelle nous traçons une droite *x′y′*. Par un point M *extérieur* à *x′y′* nous pouvons mener une droite MM′ perpendiculaire à *x′y′* en un point O′.

Appliquons la feuille de papier sur le plan du dessin de façon que *x′y′* coïncide avec *xy*, puis déplaçons la feuille de manière que *x′y′* glisse sur *xy*. Lorsque le point O′ est venu coïncider avec le point O, à droite MM' est venue prendre la position PQ. PQ est une droite *perpendiculaire à xy et passant par le point O.*

Par le point O il ne passe qu'une seule perpendiculaire à *xy*. En effet PQ et *xy* forment quatre angles droits. Toute droite PQ' menée par P et *distincte* de PQ formera avec *xy* quatre angles dont les uns seront plus petits, les autres plus grands qu'un angle droit. Elle ne sera *donc pas perpendiculaire à xy.*

113. — Distance d'un point à une droite. — *On appelle* **distance** *d'un point M à une droite AB la longueur de la perpendiculaire MO abaissée du point M sur la droite AB (fig. 63).*

114. — Définition. — *Si une droite rencontrant AB ne lui est pas perpendiculaire, elle est dite* **oblique** *à AB.*

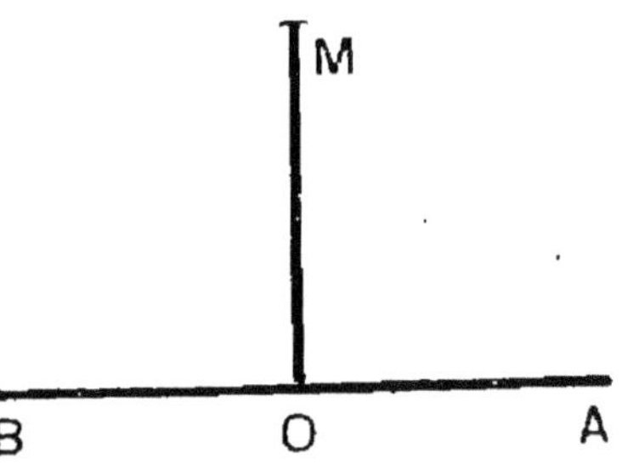

Fig. 63.
Distance d'un point à une droite.

115. — Axe d'un segment rectiligne. — *La perpendiculaire xy menée à un segment rectiligne AB (fig. 64) par son milieu O s'appelle* **l'axe du segment AB.**

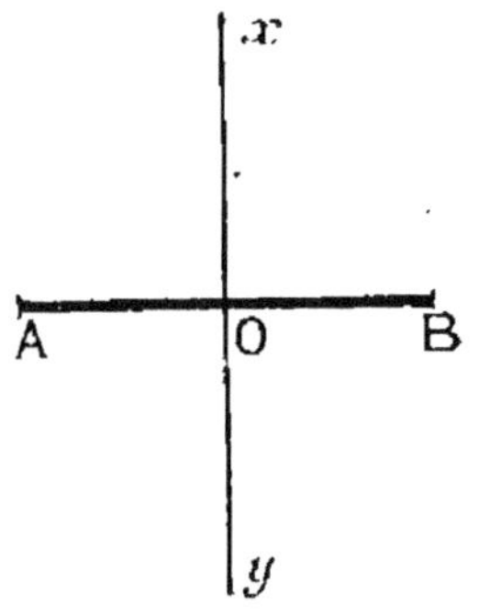

Fig. 64.
Axe d'un segment
rectiligne.

116. — *L'axe d'un segment rectiligne est un axe de symétrie pour ce segment.*

De même : lorsque deux droites indéfinies sont perpendiculaires, chacune d'elles est un axe de symétrie pour l'autre.

117. — Exemple de droites perpendiculaires. — Théorème. — *Les bissectrices des quatre angles formés par deux droites indéfinies qui se coupent forment deux droites perpendiculaires.*

Considérons les deux droites indéfinies AB et CD qui forment quatre angles de sommet O (fig. 65).

Nous savons déjà que les *bissectrices* Ox et Oy des angles $\widehat{AOC}$ et $\widehat{BOD}$ sont dans le prolongement l'une de

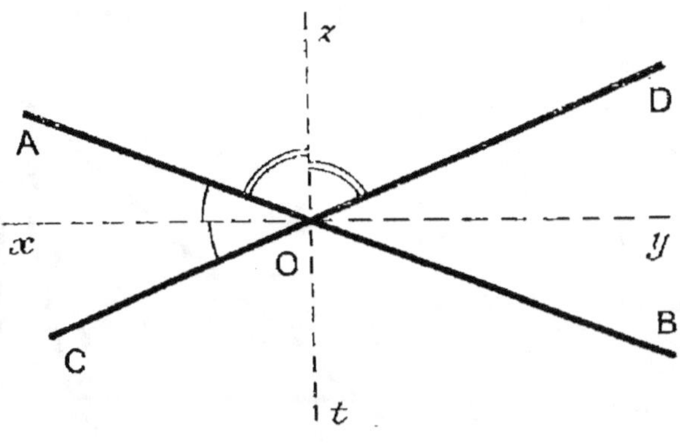

Fig. 65.

l'autre, ainsi que les *bissectrices* Oz et Ot des deux angles $\widehat{AOD}$ et $\widehat{COB}$.

Il suffit de montrer que l'un des angles formés par xy et zt est droit.

Or
$$\widehat{xOz} = \widehat{AOx} + \widehat{AOz}$$

$$\widehat{AOx} = \frac{\widehat{AOC}}{2}$$

$$\widehat{AOz} = \frac{\widehat{AOD}}{2}$$

Donc
$$\widehat{xOz} = \frac{\widehat{AOC} + \widehat{AOD}}{2} = \frac{2 \text{ droits}}{2} = 1 \text{ dr.}$$

118. — **Corollaire.** — La figure formée par deux droites indéfinies qui se coupent AB et CD a deux axes de symétrie perpendiculaires l'un à l'autre xy et zt qui sont les bissectrices des angles des deux droites (fig. 65).

§ 3. — Triangle isoscèle.

119. — **Définition.** — Dans un triangle ABC il y a trois droites remarquables issues de chaque sommet.

Par le sommet A passent (fig. 66) :

1° la *bissectrice* AD de l'angle $\widehat{BAC}$;

2° la *perpendiculaire* AH abaissée du point A sur le côté opposé BC. Cette droite AH est dite *hauteur* du triangle ;

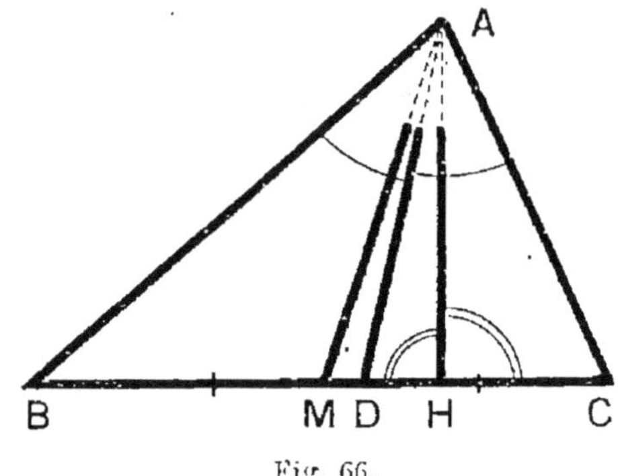

Fig. 66.

3° la droite qui joint le *point* A *au milieu* M *du côté opposé* BC. Cette droite AM est dite *médiane* du triangle.

Un triangle a donc trois bissectrices, trois hauteurs et trois médianes.

Comme autres droites remarquables, signalons les *axes des trois côtés* (§ 115).

120. — **Définition.** — *Un triangle* **isoscèle** *est un triangle qui a deux côtés égaux.*

Le triangle ABC (fig. 67) dans lequel $AB = AC$ est isoscèle.

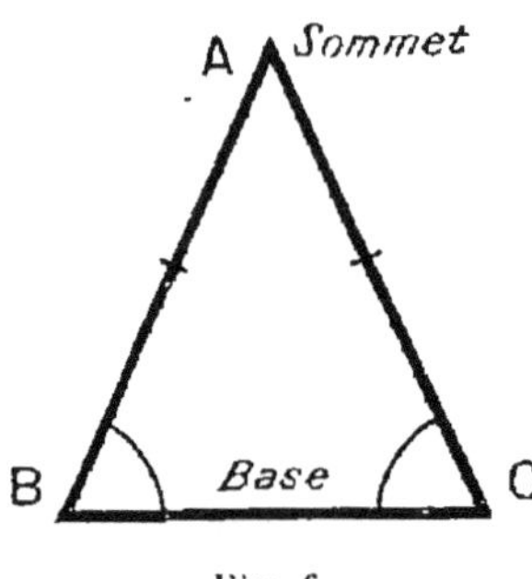

Fig. 67.
Triangle isoscèle.

REMARQUE I. — Lorsque *sans préciser davantage* on parle du *sommet* d'un triangle isoscèle, il s'agit du point de concours des côtés égaux.

De même lorsqu'on parle, sans préciser davantage, de la *bissectrice*, de la *médiane*, de la *hauteur* d'un *triangle isoscèle*, il s'agit des droites portant ces noms issues du *sommet*. Le *côté opposé au sommet* s'appelle la *base*.

REMARQUE 2. — D'importantes propriétés du triangle isoscèle résultent de la considération de l'*axe de symétrie de son angle au sommet* ou de l'*axe de sa base*.

121. — **Théorème.** — *Un triangle isoscèle admet un axe de symétrie qui est la bissectrice de son angle au sommet.*

Soit le triangle ABC dans lequel AB = AC.

Menons la *bissectrice* AO de l'angle $\widehat{BAC}$ (fig. 68).

Les *demi-droites* Ax et Ay sont *symétriques* par rapport à cette bissectrice (§ 102).

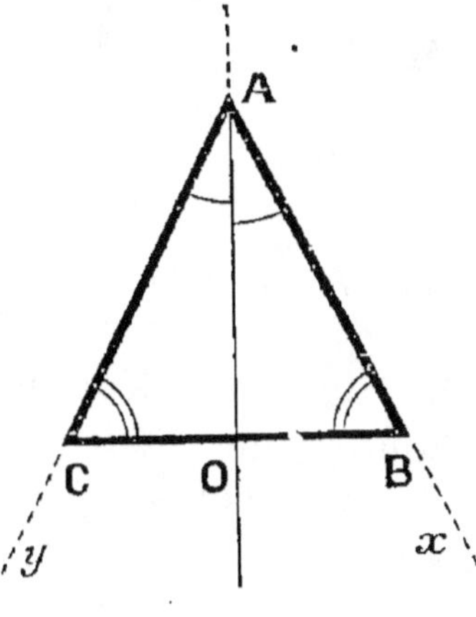

Fig. 68.

Puisque AB = AC les points B et C sont eux-mêmes *symétriques* par rapport à AO. Donc AO est *axe de symétrie* du triangle.

122. — **Corollaire.** — *Dans un triangle isoscèle, la bissectrice, la médiane, la hauteur, l'axe de symétrie de la base sont une seule et même droite qui est l'axe de symétrie du triangle.*

L'*axe de symétrie* AO est la *bissectrice* (Th. précédent). Puisque B et C sont symétriques par rapport à AO, cette droite est aussi l'*axe du côté* BC, elle est *médiane* et *hauteur*.

123. — **Théorème.** — *Dans un triangle isoscèle les angles* $\widehat{B}$ *et* $\widehat{C}$ *opposés aux côtés égaux sont égaux* (fig. 68).

En effet, ils sont *symétriques* par rapport à l'axe de symétrie du triangle.

124. — **Réciproquement.** — *Si un triangle a deux angles égaux, les côtés opposés le sont aussi.*

Soit le triangle ABC dans lequel $\widehat{B} = \widehat{C}$ (fig. 69).

Menons l'*axe* MN du côté BC.

Les points B et C sont *symétriques* par rapport à cet axe. Puisque $\widehat{B} = \widehat{C}$, les *demi-droites* Bx et Cy sont *symétriques* par rapport à MN.

Le point A où Bx coupe sa symétrique Cy est à lui-même son propre *symétrique*.

Donc les côtés AB et AC sont *symétriques* et par suite *égaux*.

Le triangle ABC est donc *isoscèle*.

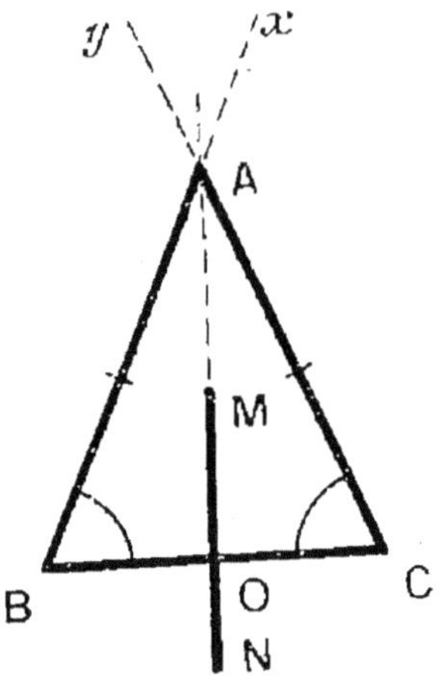

Fig. 69.

125. — Triangle équilatéral. — *Un triangle **équilatéral** est un triangle dont les trois côtés sont égaux* (fig. 70).

126. — Théorème. — *Un triangle équilatéral a ses trois angles égaux.*

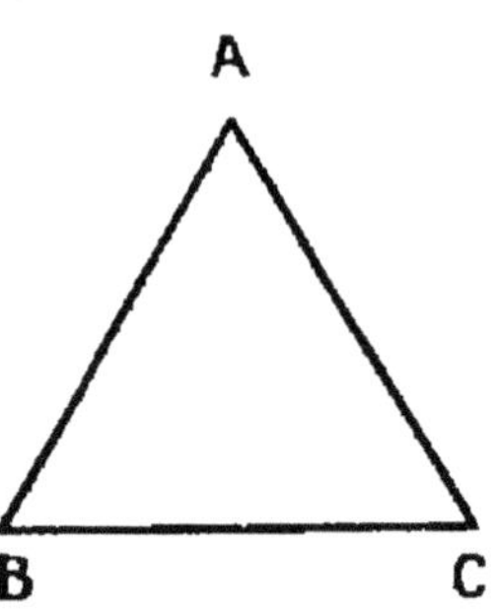

A

B C

Fig. 70.
Triangle équilatéral.

En effet, deux quelconques des angles d'un triangle *équilatéral*, étant opposés à deux côtés égaux, sont égaux.

127. — Réciproque. — *Un triangle dont les trois angles sont égaux est équilatéral.*

En effet, deux quelconques de ses côtés sont opposés à des angles égaux et sont par suite égaux.

PROPRIÉTÉ DE L'AXE D'UN SEGMENT.

128. — Théorème. — *Tout point P de l'axe xy d'un segment rectiligne AB est équidistant des deux extrémités de ce segment* (fig. 71).

En effet, les segments PA et PB sont *égaux* comme symétriques par rapport à xy.

129. — Réciproquement. — *Si un point* P *est équidistant des deux extrémités d'un segment rectiligne* AB, *il est sur l'axe de ce segment* (fig. 71).

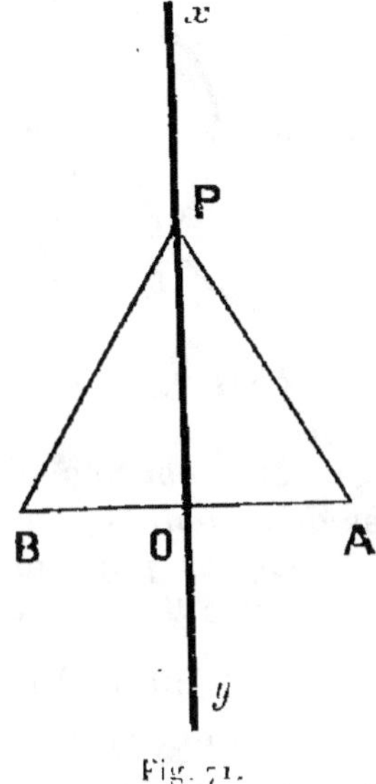

Fig. 71.

En effet, si PA = PB, le triangle isocèle PAB admet un *axe de symétrie* PO qui est l'*axe* du segment rectiligne AB (§ 122).

130. — Ainsi *les points de l'axe du segment rectiligne* AB *sont équidistants de* A *et de* B *et ce sont les seuls points du plan qui possèdent cette propriété.*

On peut donc dire que

L'ensemble de tous les points du plan équidistants de A *et de* B *constitue l'axe du segment rectiligne* AB.

§ 4. — Axes de symétrie dans le cercle.

131. — Théorème. — *Tout diamètre d'un cercle est un axe de symétrie de ce cercle.*

En effet, le *symétrique* du centre O par rapport au diamètre *xy* est le *point* O lui-même (fig. 72).

Le *cercle symétrique* du cercle donné par rapport à *xy* est donc un *cercle égal* et de même centre que le premier. Il *coïncide* donc avec lui.

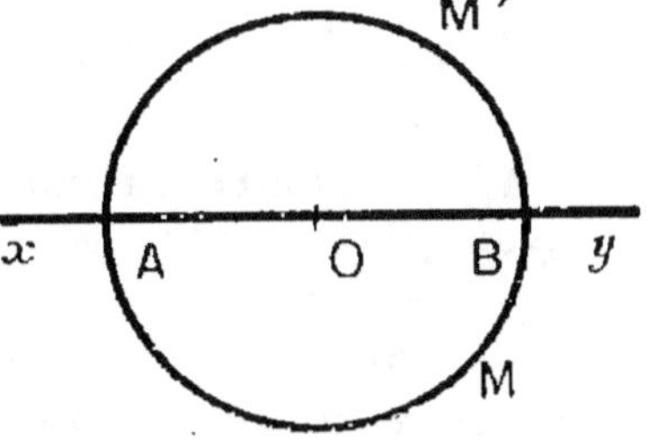

Fig. 72.

132. — Corollaire — *Tout diamètre d'un cercle partage ce cercle en deux arcs égaux appelés demi-cercles.*

En effet, les arcs $\widehat{AMB}$ et $\widehat{AM'B}$ étant *symétriques* par rapport à *xy* sont *égaux* (fig. 72).

133. — Théorème. — *Si deux cercles de centre O et O'*
passent par un point A,
ils passent aussi par le
symétrique du point A
par rapport à la droite
OO'.

En effet, la droite OO'
est *axe de symétrie* de
la figure formée par les
deux cercles (fig. 73).

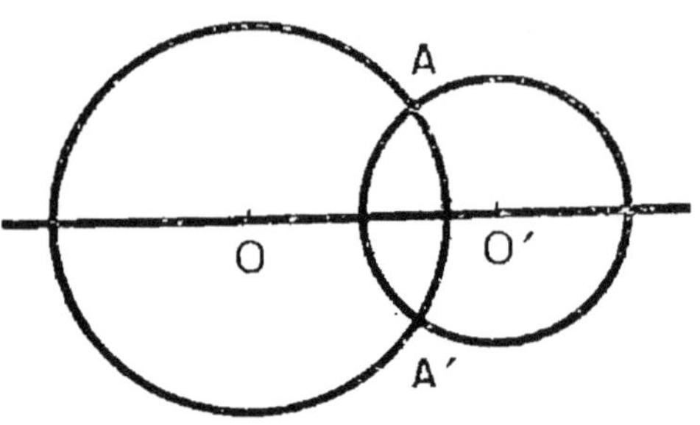

Fig. 73.

134. — Réciproquement. — *Si deux cercles O et O'*
ont deux points communs A et A' ces deux points sont symé-
triques par rapport à
la droite OO' (fig. 74).

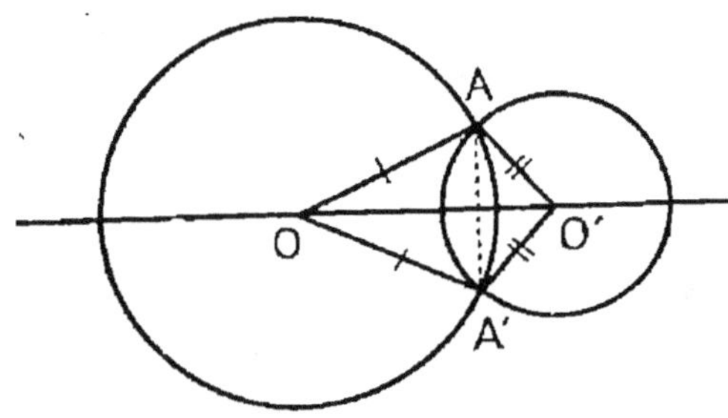

En effet OA = OA'.
Donc (§ 129) O se
trouve sur l'*axe* du
segment AA'.
De même

$$O'A = O'A'.$$

Donc O' se trouve
aussi sur l'*axe* AA'.

Fig. 74.

L'axe du segment AA' est donc OO'.

135. — Corollaire. — *Deux cercles distincts ne peuvent*
avoir plus de deux points communs.

Car si les deux cercles O et O' avaient *trois* points *dis-*
tincts communs A, B et C, les points B et C seraient tous
deux *symétriques* du *même point* A par rapport à OO', ce
qui est *impossible*, puisque le point A n'a qu'*un symétrique*
par rapport à OO'.

136. — Théorème. — *Si une droite D et un cercle O*
passent par un point A, ils passent aussi par le symétrique

du point A par rapport au diamètre *xy* perpendiculaire à D (fig. 75).

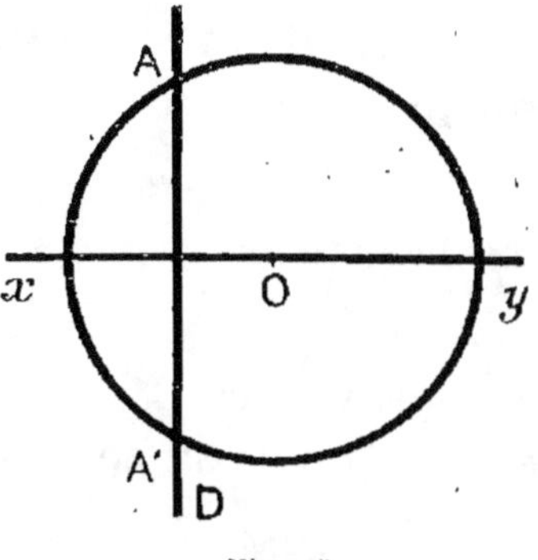

Fig. 75.

En effet la droite *xy* est *axe de symétrie* pour le *cercle* O et pour la *droite* D.

137. — Réciproquement.

— *Si une droite* D *et un cercle* O *ont deux points communs* A *et* A′, *ces deux points sont symétriques par rapport au diamètre perpendiculaire à* D (fig. 76).

En effet OA = OA′, donc la *hauteur xy* du triangle soscèle OAA′ est l'*axe de symétrie* du segment de base AA′.

138. — Corollaire. —

Une droite D *et un cercle* O *ne peuvent avoir plus de deux points communs.*

On peut l'admettre comme *évident.*

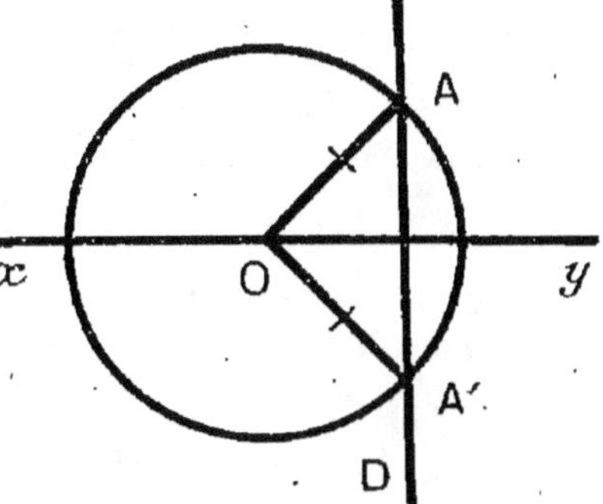

Fig. 76.

DÉMONSTRATION. — Si la droite D et le cercle O avaient *trois* points *distincts* communs A, B, C, les points B et C seraient *tous deux symétriques* du point A par rapport au diamètre perpendiculaire à la droite D.

§ 5. – Construction de l'axe d'un segment rectiligne.

139. — **Problème.** — *Mener l'axe d'un segment rectiligne AB (fig. 77).*

On tracera deux cercles de centre A et B, de rayons *égaux* et *suffisamment grands* pour qu'ils se coupent en *deux* points M et M'.

Comme AM = BM', M *est sur l'axe du segment AB.*

De même M' *est sur l'axe du segment AB.* Cet axe est donc MM'.

140. — **Application I.** — *Trouver le milieu d'un segment rectiligne.*

Dans la construction précédente le point O où MM' rencontre AB est le *milieu* de AB.

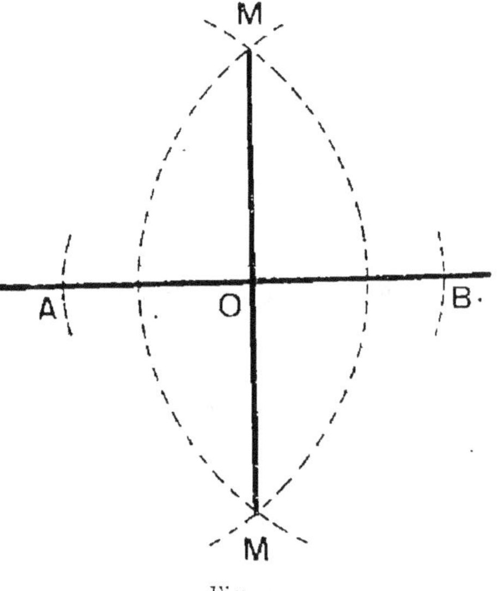

Fig. 77.

On pourra donc par ce procédé trouver le *milieu* d'un segment.

141. — **Application II.** — *Élever la perpendiculaire en un point O d'une droite D (fig. 77).*

Du point O comme *centre* avec un rayon *arbitraire*, traçons un cercle qui *coupe* D en *deux points* A *et* B.

Construisons l'axe MM' *du segment* AB (§ 139) : cet axe sera la *perpendiculaire* cherchée.

142. — **Application III.** — *Par un point O pris hors d'une* *droite D mener la perpendiculaire à cette droite* (fig. 78).

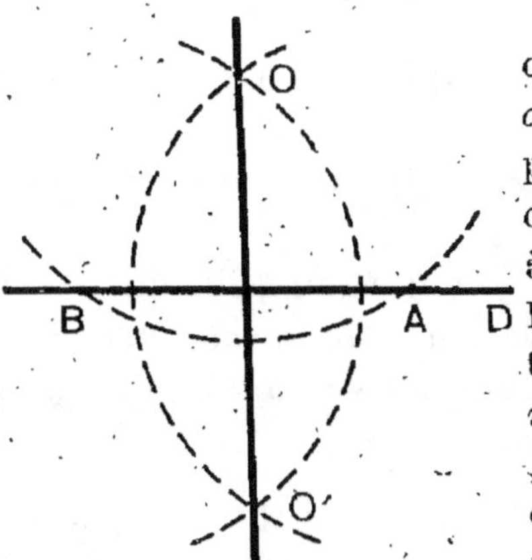

Fig. 78

Du point O comme *centre*, on décrit un *cercle* de rayon *arbitraire* suffisamment grand pour qu'il *coupe* la droite D en deux points A et B. Il reste à tracer l'*axe* du segment AB. De A et B comme centres, traçons deux cercles ayant le *même rayon* que le précédent.

Ils passent par le point O et par le *symétrique* O′ de O par rapport à BA.

Donc la *droite OO′* est la *perpendiculaire cherchée*.

143. — Application IV. — *Mener la bissectrice d'un angle.*

Du point O comme centre avec un *rayon arbitraire* (fig. 79), traçons un cercle qui coupe en A et B les deux

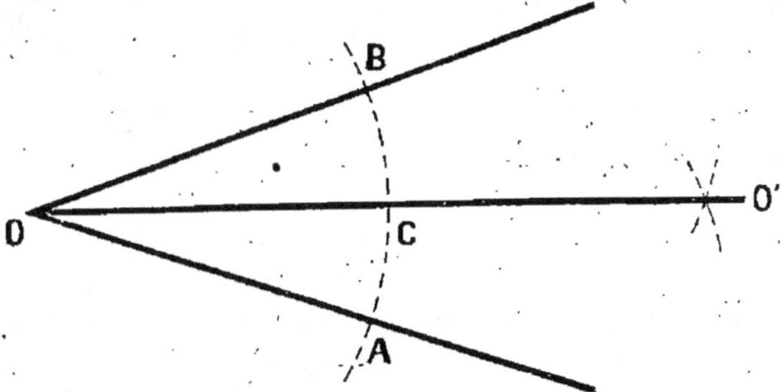

Fig. 79. — Construction de la bissectrice d'un angle.

côtés de l'angle. Il reste à tracer l'axe du segment AB. De A et B comme centres traçons deux cercles ayant le *même rayon que le précédent*. Ils se *couperont au point* O et au *symétrique* O′ du point O par rapport à la droite AB. La droite OO′ est l'axe du segment AB (§ 139).

C'est donc la *bissectrice* du *triangle isoscèle* AOB.

§ 6. — Les cas d'égalité des triangles.

144. — Un triangle a trois angles et trois côtés qui sont les six éléments du triangle.

Lorsque deux triangles sont égaux leurs six éléments sont respectivement *égaux*.

Pour que deux triangles soient égaux, il *suffit que trois de leurs éléments convenablement choisis soient égaux*.

Cela va résulter des théorèmes suivants qu'on appelle les cas d'égalité des triangles.

145. — **Théorème.** — (1ᵉʳ cas d'égalité des triangles). *Si deux triangles ont un côté égal adjacent à deux angles respectivement égaux, ils sont égaux.*

Soient en effet les deux *triangles* ABC et A'B'C' (fig. 80) dans lesquels :

$$B'C' = BC$$
$$\widehat{B'} = \widehat{B}$$
$$\widehat{C'} = \widehat{C}$$

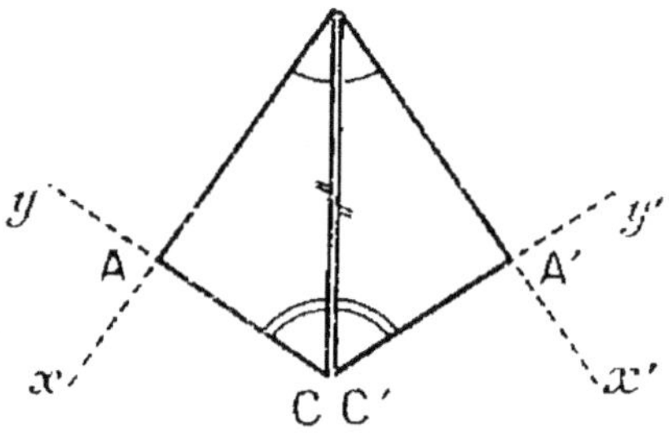

Fig. 80.

Nous pouvons supposer qu'on ait déplacé le triangle A'B'C' de façon que son plan *coïncide* avec celui du triangle ABC, que les côtés *égaux* B'C' et BC *coïncident*, B' étant en B et C' en C, et qu'enfin les deux triangles *soient de part et d'autre de leur côté commun*.

Les angles $\widehat{B}$ et $\widehat{B'}$ étant égaux, les *demi-droites* Bx et B'x' *sont symétriques* par rapport à BC.

Les angles $\widehat{C}$ et $\widehat{C'}$ étant égaux, les *demi-droites* Cy et C'y' *sont symétriques* par rapport à BC.

Les deux triangles sont donc symétriques par rapport à BC. En faisant pivoter l'un d'eux autour de BC, on peut les faire coïncider : ils sont donc *égaux*.

146. — **Théorème**. — (2ᵉ cas d'égalité des triangles).
Si deux triangles ont un angle éga compris entre deux côtés respectivement égaux, ils sont égaux.

Soient en effet les deux triangles ABC et A'B'C' dans lesquels

$$\widehat{A} = \widehat{A}'$$
$$AB = A'B'$$
$$AC = A'C'$$

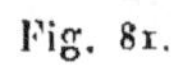

Fig. 81.

Nous pouvons supposer (fig. 81) qu'on ait déplacé le triangle A'B'C' de façon que son plan coïncide avec celui du triangle ABC, que les côtés *égaux* AB et A'B' *coïncident*, le point A' étant en A, le point B' en B, et qu'enfin les deux triangles *soient de part et d'autre de leur côté commun* AB.

Comme $\widehat{A} = \widehat{A}'$, les demi-droites A$x$ et A'x' sont *symétriques* par rapport à AB.

Comme de plus AC = A'C', les *deux points* C *et* C' sont *symétriques par rapport* à A'B'.

Les deux triangles sont donc *symétriques* par rapport à AB. En faisant pivoter l'un d'eux autour de AB on peut les faire coïncider, ils sont donc égaux.

147. — **Théorème**. — (3ᵉ cas d'égalité des triangles). *Si deux triangles ont leurs trois côtés respectivement égaux, ils sont égaux.*

Soient en effet les deux triangles ABC et A'B'C' dans lesquels

$$BC = B'C'$$
$$CA = C'A'$$
$$AB = A'B'$$

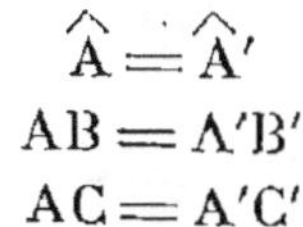

Fig. 82.

Nous pouvons supposer (fig. 82) qu'on ait déplacé le triangle A'B'C' de façon que son plan coïncide avec celui du triangle ABC; que les *côtés égaux* BC et B'C' coïncident, le point B' étant en B, le point C' en C, et qu'enfin les *deux triangles soient de part et d'autre du côté commun* BC.

Puisque BA = B'A', le point B *est sur l'axe du segment* AA'.

Puisque CA = C'A', le point C *est sur l'axe du segment* AA'.

Donc BC est *l'axe du segment* AA'.

Les deux points A et A' *sont donc symétriques par rapport* à BC et par suite les deux triangles sont *symétriques par rapport* à BC. Ils sont donc égaux.

CONSTRUCTIONS.

148. — Problème. — *Construire un triangle connaissant* les trois côtés a, b, c.

Soient a, b, c, les trois segments donnés (fig. 83).

Prenons avec le *compas* un segment BC = a. Puis de B comme *centre* avec c comme *rayon* et de C comme *centre* avec b comme *rayon* traçons deux *cercles*.

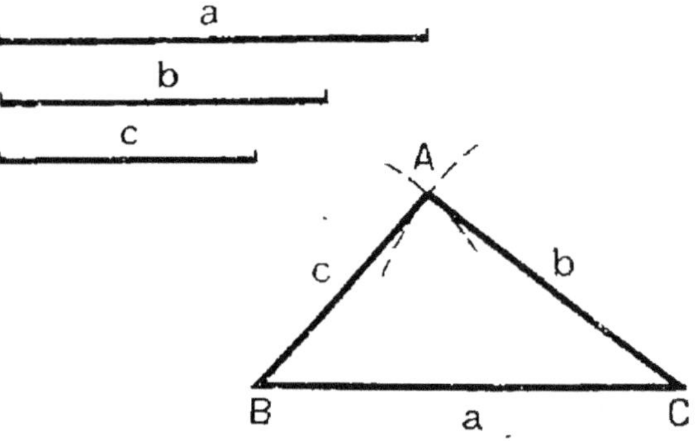

Fig. 83. — Construction d'un triangle (1er cas).

Supposons qu'ils se coupent et que A soit un point d'intersection. Le triangle ABC est une solution du problème.

REMARQUE 1. — *Si les cercles ne se coupent pas, le triangle cherché n'existe pas.*

Nous verrons plus tard comment les côtés doivent être choisis pour que le problème soit possible (le plus grand côté doit être plus petit que la somme des deux autres) (§ 299).

REMARQUE 2. — Lorsque le problème est possible, il admet une *infinité de solutions*, car on peut placer *arbitrairement* le côté BC et en outre à chaque position de BC correspondent pour le point A *deux* positions possibles symétriques par rapport à BC. Mais les triangles ainsi obtenus sont *égaux entre eux* comme ayant leurs trois côtés égaux (§ 147).

149. — Problème. — *Construire un angle de côté donné Ox et égal à un angle donné* $\widehat{BAC}$.

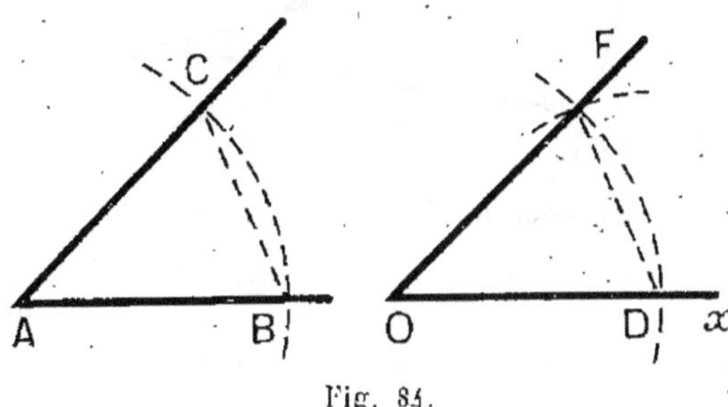

Fig. 84.

On trace un cercle de rayon arbitraire ayant pour *centre* A (fig. 84) et rencontrant les côtés de l'angle $\widehat{BAC}$ aux points B et C.

Nous allons construire *un triangle égal* au triangle ABC et ayant pour sommet O.

Avec le *même* rayon, traçons un *cercle de centre* O, rencontrant Ox au point D. Prenons une *ouverture de compas égale* à BC et traçons un cercle de centre D. Il coupe le cercle O au point F. Menons la droite OF. L'angle $\widehat{DOF}$ *est l'angle cherché*.

En effet, les deux triangles ABC et ODF *sont égaux* comme ayant leurs *trois côtés égaux* (§ 147).

150. — Problème. — *Construire un triangle connaissant deux côtés b et c et l'angle α qu'ils comprennent.*

On tracera une demi-droite quelconque Ax (fig. 85) et on construira (§ 149) un angle $x\,\widehat{A}\,y = \alpha$.

Sur Ax on prendra *avec le compas* AB = c.

Sur Ay on prendra AB = b.

Le triangle ABC est une *solution* du problème.

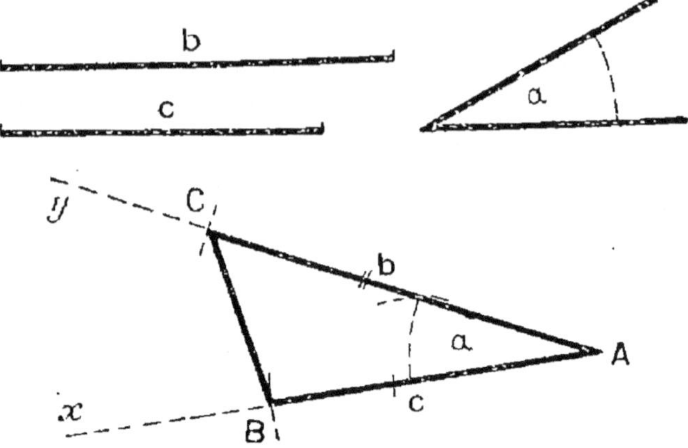

Fig. 85. — Construction d'un triangle (2ᵉ cas).

REMARQUE. — Le problème admet une *infinité* de solutions, car on peut prendre *arbitrairement* la demi-droite Ax et à chaque position de Ax correspondent *deux* positions possibles pour Ay. Mais tous les triangles ainsi obtenus sont *égaux entre eux* comme ayant un angle égal compris entre côtés respectivement égaux (§ 146).

151. — Problème. — *Construire un triangle connaissant un côté a et les angles β et γ adjacents à ce côté.*

Prenons avec le *compas* (fig. 86) un segment BC $= a$ et

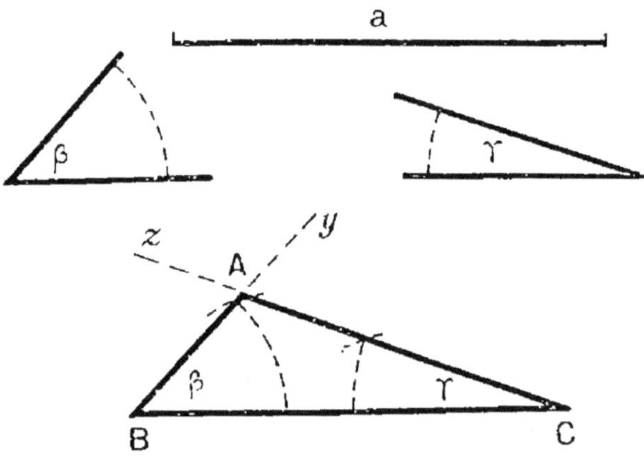

Fig. 86. — Construction d'un triangle (3ᵉ cas).

du même côté de BC construisons un angle $\widehat{CBy} = \beta$ et un angle $\widehat{BCz} = \gamma$.

Si les demi-droites By *et* Cz *ont un point commun* A, *le triangle* ABC *est une solution du problème.*

REMARQUE 1. — Il peut arriver que les demi-droites By et Cz n'aient pas de point commun : dans ce cas le triangle cherché *n'existe pas.* Nous verrons plus tard comment doivent être choisis les deux angles β et γ pour que le problème soit possible (leur somme doit être inférieure à deux droits, § 247).

REMARQUE 2. — Le problème, lorsqu'il est possible, admet une infinité de solutions parce qu'on peut placer *arbitrairement* BC, et qu'ensuite les demi-droites By et Cz peuvent être tracées de *deux côtés différents* par rapport à BC. Mais tous les triangles obtenus ainsi sont *égaux* entre eux comme ayant un côté égal adjacent à deux angles respectivement égaux (§ 147).

§ 7. — Les deux cas d'égalité des triangles rectangles.

152. — Définition. — *Un triangle rectangle est un triangle qui a un angle droit.*

Le côté opposé à l'angle droit s'appelle l'*hypoténuse.*

Ainsi le triangle ABC (fig. 87) est un triangle *rectangle* dans lequel l'angle A est droit, l'*hypoténuse* est BC.

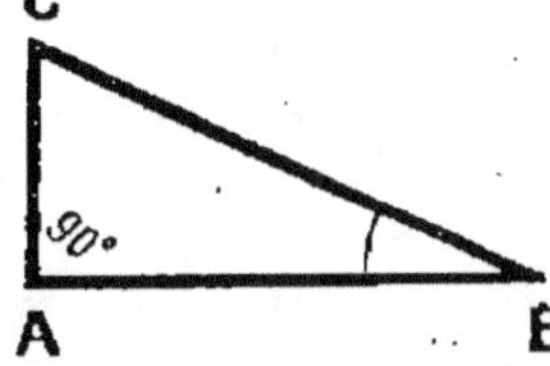

Fig. 87. — Triangle rectangle.

153. — Remarque. — *L'axe de symétrie d'un triangle isoscèle le partage en deux triangles rectangles égaux.*

Inversement : Si ABC *est un triangle rectangle d'angle droit* BAC (fig. 88) *et si* BAC′ *est le triangle symétrique par rapport à* AB, *l'assemblage des deux triangles rectangles forme un triangle isoscèle de sommet* CBC′.

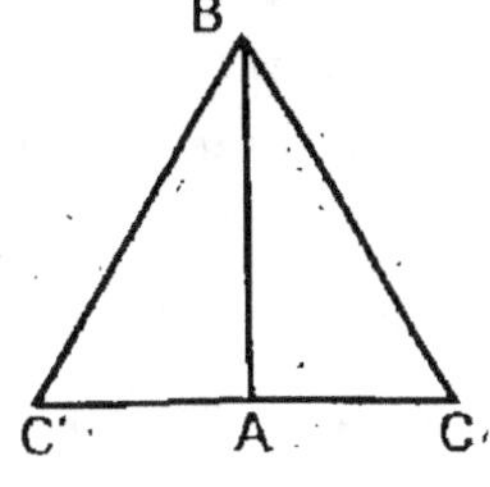

Fig. 88.

Un triangle rectangle est un demi-triangle isoscèle.

L'angle $\widehat{ABC}$ du triangle rectangle étant la *moitié* de l'angle saillant $\widehat{CBC'}$ est *aigu*.

Dans un triangle rectangle les deux angles autres que l'angle droit sont aigus.

154. — Théorème. — (Cas d'égalité des triangles rectangles).

Deux triangles rectangles sont égaux lorsqu'ils ont l'hypoténuse égale et un côté de l'angle droit égal.

Soient en effet (fig. 89) les deux triangles *rectangles* ABC, A'B'C' d'angles droits A et A' dans lesquels

$$BC = B'C'$$
$$AB = A'B'$$

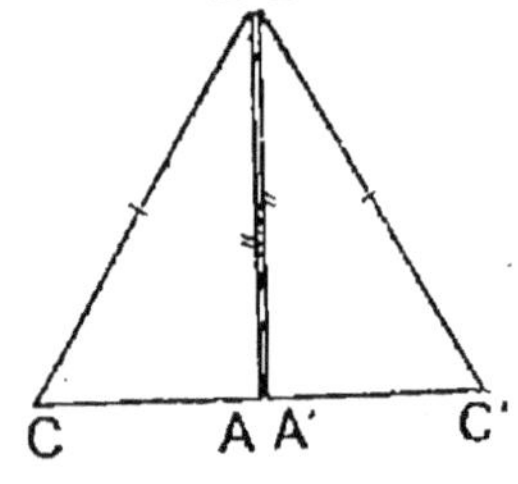

Fig. 89.

Supposons qu'on ait *déplacé* le triangle A'B'C' de manière à faire *coïncider* A'B' avec AB, A' étant en A, B' en B, les deux triangles étant de *part et d'autre* du côté commun.

Les angles adjacents $\widehat{BAC}$ et $\widehat{B'A'C'}$ étant *droits* recouvrent le demi-plan ; les trois points A, C et C' sont donc en *ligne droite* et *les deux triangles rectangles forment un triangle* BCC'.

Puisque BC = B'C', ce triangle est isocèle. BA qui est la *hauteur* de ce triangle isocèle est aussi son *axe de symétrie*.

Les deux triangles A'B'C' et ABC sont donc *symétriques* par rapport à AB et par suite *égaux*.

155. — Problème. — *Construire un triangle rectangle connaissant l'hypoténuse a et un côté de l'angle droit b.*

Traçons une demi-droite Ax (fig. 90) et au point A élevons la perpendiculaire Ay à Ax (§ 141).

Sur Ax prenons AC $= b$. Puis du point C comme centre avec un rayon égal à a, traçons un cercle. Supposons qu'il *coupe* Ay en un point B. Le triangle CAB est une *solution* du problème.

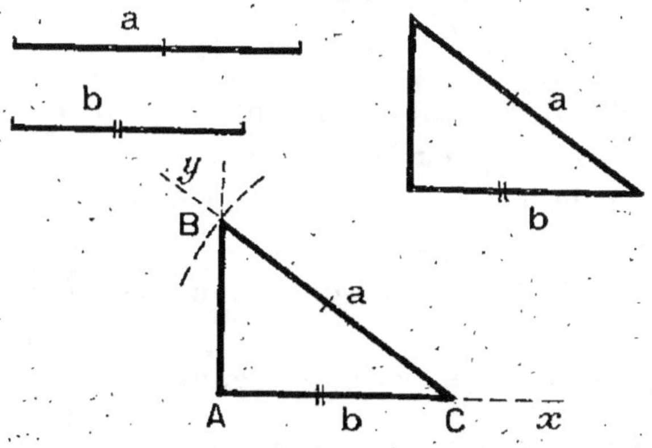

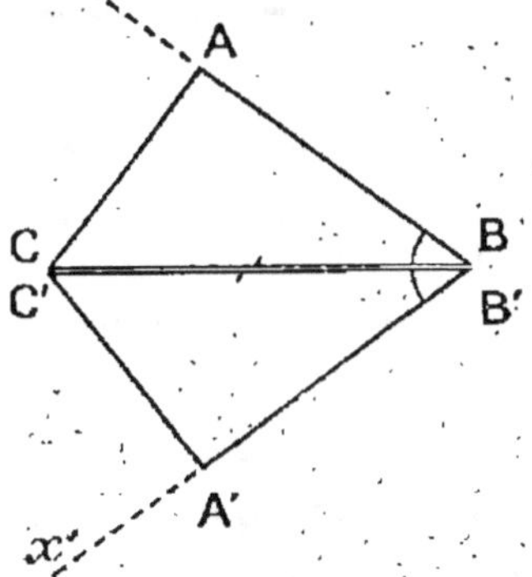

Fig. 90.
Construction d'un triangle rectangle (1ᵉʳ cas).

REMARQUE 1. — Si le cercle ne *coupe pas* Ay le problème est *impossible*. Nous verrons et on peut prévoir que la condition de possibilité est

$$a > b$$

REMARQUE 2. — Si le problème est possible, il a une *infinité* de solutions. Mais tous les triangles obtenus sont *égaux* comme triangles rectangles ayant l'hypoténuse égale et un côté de l'angle droit égal (§ 154).

156. — Théorème. — (Cas d'égalité des triangles rectangles).

Deux triangles rectangles sont égaux lorsqu'ils ont l'hypoténuse égale et un angle aigu égal.

Soient les deux triangles rectangles ABC et A'B'C' (fig. 91) d'angles droits A et A', dans lesquels

$$BC = B'C'$$
$$\widehat{B} = \widehat{B'}$$

Fig. 91.

Supposons qu'on ait *déplacé* le triangle A'B'C' de façon

que les *hypoténuses coïncident*, B' étant au point B, C' au point C et que les angles aigus égaux $\widehat{B}$ e $\widehat{B'}$ *soient adjacents*.

Les angles $\widehat{CBx}$ et $\widehat{C'B'x'}$ étant égaux, les demi- droites Bx et B'x' *sont symétriques* par rapport à BC.

Donc la *symétrique* de la *perpendiculaire* CA à Bx est la *perpendiculaire* C'A' à B'x'.

Les deux triangles CBA et C'B'A' sont donc *symétriques* par rapport à BC.

Ils sont donc *superposables* et par suite égaux.

157. — Problème. — *Construire un triangle rectangle connaissant l'hypoténuse a et un angle aigu β.*

Nous formons un angle $\widehat{xBy}=\beta$ (fig. 92). Sur By nous

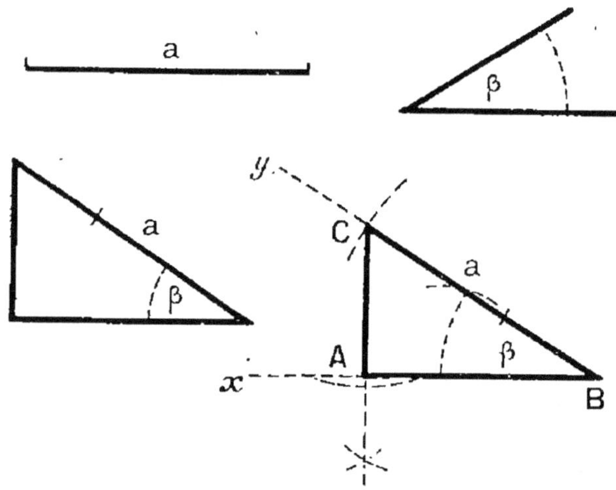

Fig. 92. — Construction d'un triangle rectangle (2ᵉ cas).

prenons $BC = a$ et du point C nous abaissons CA *perpendiculaire* sur Bx (§ 142).

Le triangle ABC est le triangle cherché.

REMARQUE. — Le problème est *toujours possible*. Il a une *infinité* de solutions. Tous les triangles trouvés sont *égaux* entre eux comme triangles rectangles ayant l'hypoténuse égale et un angle aigu égal (§ 156).

PROPRIÉTÉ DE LA BISSECTRICE D'UN ANGLE.

Rappelons qu'on appelle *distance* d'un point à une droite la longueur de la perpendiculaire abaissée du point sur la droite.

158. — Théorème. — *Tout point M situé sur une bissectrice des angles formés par deux droites concourantes AB et CD est équidistant de ces deux droites.*

Nous savons que les bissectrices des quatre angles formés par AB et CD forment deux droites perpendicu-

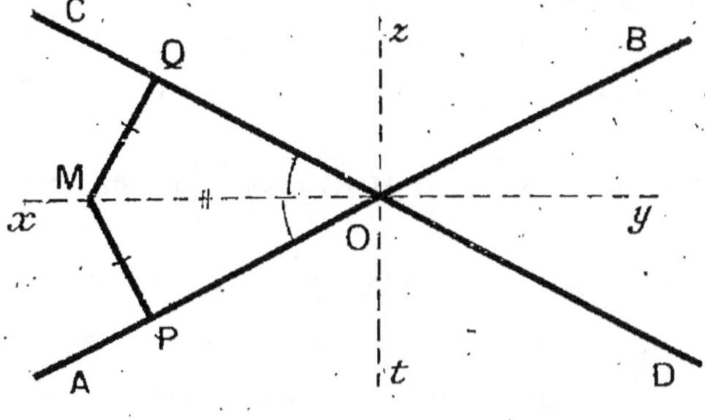

Fig. 93.

laires qui sont des axes de symétrie de la figure. Soit M un point de l'une d'elles, *xy* par exemple (fig. 93).

Les deux droites OA et OC sont symétriques par rapport à *xy*. Donc les perpendiculaires MP et MQ abaissées du point M de *xy* sur OA et OC sont symétriques par rapport à *xy*. Donc MP = MQ.

159. — Réciproquement. — *Si les distances MP et MQ d'un point M aux deux droites concourantes AB et CD sont égales, le point M est sur une des deux bissectrices des angles de ces droites.*

Supposons pour fixer les idées que M soit à *l'intérieur*
de l'angle $\widehat{AOC}$ (fig. 94). Menons la droite MO.

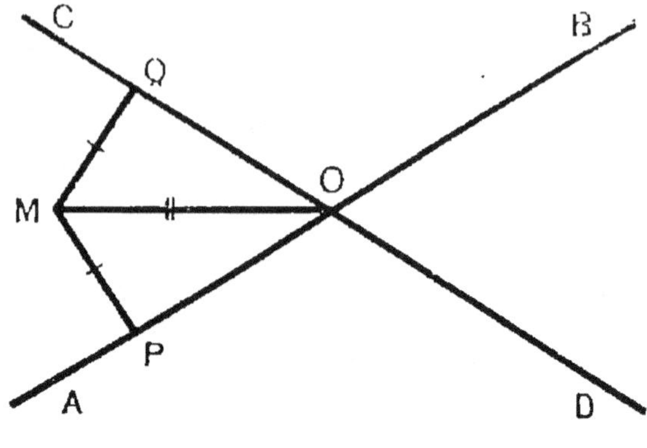

Fig. 94.

Les deux triangles MOP et MOQ sont *rectangles*, ils ont *l'hypoténuse* MO commune, et les côtés de l'angle droit, MP et MQ *égaux* par hypothèse.

Ces deux triangles sont donc *égaux* comme triangles
rectangles ayant *l'hypoténuse égale* et un *côté* de l'angle
droit égal.

Donc les *angles* $\widehat{MOP}$ et $\widehat{MOQ}$ *opposés à deux côtés égaux*
sont égaux.

Le point M est donc sur la bissectrice de l'angle $\widehat{AOC}$.

REMARQUE. — Il résulte des deux théorèmes précédents que les *points des deux bissectrices sont équidistants des deux droites* AB *et* CD *et que ce sont les seuls points du plan possédant cette propriété.*

On peut donc dire que

L'ensemble des points du plan équidistants de deux droites qui se coupent constitue les deux bissectrices des angles de ces droites.

EXERCICES PRATIQUES

45. Tracer un polygone quelconque ABCDEF et une droite xy qui coupe
ce polygone, plier la feuille de papier suivant xy et piquer les différents
sommets du polygone de façon à les marquer dans cette position sur le
demi-plan où ils n'ont pas été dessinés, puis rouvrir la feuille et joindre

les nouveaux points obtenus; on dessine ainsi un polygone A'B'C'D'E'F' qui est symétrique du premier par rapport à xy, constater que les côtés qui coupent xy rencontrent leurs symétriques sur l'axe xy et que les côtés qui ne coupent pas xy ont leurs prolongements concourant avec les prolongements de leurs symétriques sur l'axe xy.

46. Indiquer quelles sont les lettres majuscules d'imprimerie qui admettent un axe de symétrie. Quelles sont celles qui en admettent deux qui sont rectangulaires.

47. Le cercle étant divisé en six arcs égaux joindre les points de division de proche en proche et vérifier que la figure obtenue possède six axes de symétrie.

48. Le cercle étant divisé en huit arcs égaux joindre les points de division de proche en proche et vérifier que la figure obtenue possède huit axes de symétrie.

49. Prendre sur les côtés d'un angle XOY de 36° deux longueurs OA = 20 millimètres, OB = 35 millimètres et joindre A et B. Prendre alors le symétrique OAB' du triangle OAB par rapport à OA, puis le symétrique OB'A' de OAB' par rapport à OB', puis le symétrique OA'B' de OA'B' par rapport à OA' et ainsi de suite, vérifier qu'on revient au triangle de départ après dix symétries, l'ensemble des triangles tracés formant une étoile à dix branches.

50. Tracer deux droites xy, $x'y'$ indéfinies se coupant en un point O sous un angle de 38°; 1° vérifier que le deuxième angle aigu est égal au premier; 2° que les deux angles obtus sont égaux entre eux et supplémentaires des angles aigus ; 3° mener les bissectrices des quatre angles et vérifier qu'elles sont deux à deux en prolongement et deux à deux perpendiculaires.

51. Tracer un angle de 60° XOY et porter sur les deux côtés à partir du sommet deux longueurs égales OA et OB; joindre A à B, vérifier que le triangle OAB est équilatéral et que ses angles en A et B sont égaux à 60°.

52. Tracer un triangle isocèle ABC d'angle au sommet A = 120° AB = AC = 60 millimètres, mener les bissectrices, les médianes de ce triangle issues des sommets B et C et vérifier que ces droites sont deux à deux égales.

53. Tracer l'axe d'un segment AB = 50 millimètres et prendre sur cet axe des points distants du milieu O de AB de 5, 10, 15, 20 millimètres, vérifier que tous ces points sont équidistants de A et de B.

54. Tracer un triangle quelconque ABC et abaisser de chaque sommet la perpendiculaire sur le côté opposé; vérifier que les trois droites obtenues sont concourantes.

55. Tracer un triangle quelconque ABC et élever au milieu des côtés les perpendiculaires à ces côtés (axes des côtés), vérifier que ces trois droites sont concourantes en un point O qui est équidistant des trois sommets.

56. Tracer dans un même triangle ABC les trois médianes, les trois hauteurs et les trois axes des côtés et vérifier que le point de concours G des trois médianes, le point de concours O des trois axes et le point de concours H des trois hauteurs sont trois points en ligne droite.

57. Diviser, à l'aide d'un compas, un segment AB ayant 64 millimètres de longueur en deux, puis quatre, huit et seize parties égales et vérifier ensuite au décimètre l'égalité de ces parties.

58. Tracer un cercle O de 80 millimètres de rayon, le diviser en six arcs égaux et joindre les points de division au centre, mener les bissectrices des six angles obtenus, vérifier que ces droites coupent le cercle en six nouveaux points, qui, avec les six premiers, divisent le cercle en douze arcs égaux. Reprendre à nouveau cette construction sur les nouveaux angles obtenus pour diviser le cercle en vingt-quatre heures parties égales.

59. Tracer deux diamètres rectangulaires d'un cercle de rayon 60 millimètres et vérifier qu'ils divisent le cercle en quatre arcs égaux, mener les bissectrices des angles droits et diviser par là le cercle en huit parties égales. Opérer ensuite la division en seize parties égales.

60. Sur une droite indéfinie $x'x$, marquer un point O ; et tracer à l'aide du rapporteur un angle de $45°$, prendre le symétrique OZ du côté OX par rapport au côté OY et vérifier : 1° au rapporteur que l'angle $\widehat{YOZ} = 45°$; 2° à l'aide de l'équerre que l'angle $\widehat{XOZ}$ est droit.

61. Tracer un triangle quelconque ABC, mener les bissectrices des trois angles à l'aide du rapporteur et vérifier que ces trois droites concourent en un même point.

62. Reprendre les exercices (**50**) (**52**) (**58**) (**59**) (**61**) où on doit construire des bissectrices à l'aide du rapporteur et construire ces bissectrices à l'aide du compas, refaire alors les vérifications indiquées.

63. Tracer, à l'aide d'un papier calque, le même polygone dans deux positions différentes et construire avec la règle et le compas les axes des segments qui réunissent les sommets homologues. Vérifier que ces axes concourent en un même point.

64. Élever aux extrémités d'un segment AB deux perpendiculaires AA' et BB', de longueur égale à AB, joindre A'B' et vérifier avec le compas que le quadrilatère AA'B'B a ses quatre côtés égaux et ses quatre angles droits.

65. Tracer un cercle de centre O de rayon 40 millimètres et marquer sur ce cercle quatre points A, B, C, D, joindre le centre O aux milieux des cordes AB, BC, CD, DA, AC, BD et vérifier ainsi plusieurs fois que l'axe de symétrie d'un cercle et d'une corde de ce cercle est le diamètre perpendiculaire sur la corde.

66. Tracer un cercle O de 25 millimètres de rayon, puis marquer sur lui une corde AB égale au rayon et former le cercle O' symétrique du cercle O par rapport à AB. Prendre ensuite la figure symétrique de l'ensemble des deux cercles O et O' d'abord par rapport à la droite OA, puis par rapport à la droite AO', constater qu'on obtient dans les deux cas la même figure et qu'il n'y a qu'un nouveau cercle à tracer ; l'ensemble des trois cercles obtenus admet comme axes de symétrie OA, AO' et AB.

67. Construire en deux endroits différents d'une feuille de papier deux triangles ABC et A'B'C' tels que $\widehat{A} = \widehat{A'} = 57°$, AB = A'B' = 45 millimètres et AC = A'C' = 52 millimètres ; vérifier alors que BC = B'C', en donner la longueur ; vérifier que $\widehat{B} = \widehat{B'}$, $\widehat{C} = \widehat{C'}$ et en donner les mesures.

68. Construire en deux endroits différents d'une feuille de papier deux triangles ABC et A'B'C' tels que $BC = B'C' = 47$ millimètres, $\widehat{B} = \widehat{B'}$ $= 45^0$, $\widehat{C} = \widehat{C'} = 70^0$; vérifier alors que $\widehat{A} = \widehat{A'}$ et en donner la mesure et que $AB = A'B'$, $AC = A'C'$ et en donner les longueurs.

69. Construire en deux endroits différents d'une feuille de papier deux triangles ABC et A'B'C', tels que $AB = A'B' = 25$ millimètres, $BC = B'C' = 32$ millimètres, $CA = C'A' = 48$ millimètres et vérifier que les angles de ces triangles sont égaux deux à deux, en donner les mesures.

70. Tracer un cercle O de rayon 60 millimètres et deux cordes AB et CD de ce cercle égales toutes deux à 70 millimètres et qui se coupent en I, joindre IO qui rencontre le cercle en E et F, vérifier l'égalité des triangles ABE et CDE, ABF et CDF.

71. Construire en deux endroits différents d'une feuille de papier deux triangles ABC, A'B'C' rectangles en A et A' et tels que $BC = B'C' = 50$ millimètres et $CA = C'A' = 25$ millimètres, vérifier l'égalité des autres éléments de ces triangles.

72. Construire en deux endroits différents d'une feuille de papier deux triangles ABC, A'B'C' rectangles en A et A' et tels que $BC = B'C' = 50$ millimètres, $\widehat{C} = \widehat{C'} = 30^0$, vérifier l'égalité des autres éléments de ces triangles.

73. Mener dans un cercle O de rayon 60 millimètres plusieurs cordes égales à 75 millimètres et former les divers triangles rectangles ayant chacun un sommet en O, un autre sommet à l'extrémité d'une des cordes et le troisième au milieu de cette corde; vérifier que tous ces triangles ont tous leurs éléments égaux et par suite sont égaux.

74. Tracer deux segments AB, CD égaux à 60 millimètres et se coupant mutuellement en leur milieu O, vérifier que les triangles ABC, ABD, CBD CAD sont des triangles rectangles égaux.

EXERCICES THÉORIQUES

§ 1.

75. Les angles que font deux segments symétriques AB et A'B' par rapport à un axe XY avec une perpendiculaire à cet axe sont égaux.

76. Étant donné un angle $\widehat{AOB}$ où A et B sont équidistants du sommet O, démontrer que tout point M de la bissectrice de cet angle est équidistant de A et de B.

77. Deux points A et A' étant symétriques par rapport à la bissectrice OZ d'un angle XOY, on abaisse de A une perpendiculaire sur OX et de A' une perpendiculaire sur OY et on joint les pieds B et B' de ces perpendiculaires : montrer que la droite BB' est perpendiculaire à la bissectrice OZ.

78. Étant donné un angle XOY, sur OX deux points A et A' et sur OY deux points B et B' tels que $OA = OB$, $OA' = OB'$; on joint AB' et A'B qui se coupent en I; montrer que OI est la bissectrice de XOY, et que les triangles OAB' et OA'B sont égaux.

79. Étant donnés deux points A et B d'un même côté d'une droite XY, tracer un angle AOB dont le sommet O soit sur XY et dont la bissectrice soit perpendiculaire à XY. [*Prendre le symétrique A′ de A par rapport à XY.*]

80. Un rayon lumineux tombe sur une droite (miroir) mobile autour du point d'incidence et prend ensuite une nouvelle direction définie par ce fait que le rayon réfléchi fait avec la perpendiculaire à la droite (miroir) un angle (angle de réflexion) égal à l'angle (angle d'incidence) du rayon direct avec la même perpendiculaire. Montrer que le rayon réfléchi tourne d'un angle double de l'angle de rotation de la droite.

81. Étant donné un angle $\widehat{AOB}$, sa bissectrice OD et OX une demi-droite quelconque issue de O à l'extérieur de l'angle $\widehat{AOB}$, démontrer que :
$$2\,\widehat{XOD} = \widehat{XOA} + \widehat{XOB}.$$

82. Étant donné un angle AOB, sa bissectrice OD et OX une demi-droite quelconque issue de O à l'intérieur de l'angle $\widehat{AOB}$ telle que $\widehat{AOX} < \widehat{XOB}$, démontrer que : $2\,\widehat{XOD} = \widehat{XOB} - \widehat{XOA}$.

83. Étant donnés deux angles adjacents $\widehat{XOY}$, $\widehat{YOZ}$ ($\widehat{XOY} > \widehat{YOZ}$) on mène les bissectrices OC de $\widehat{XOY}$, OA de $\widehat{YOZ}$, OB de $\widehat{XOZ}$; démontrer que la bissectrice OM de $\widehat{BOY}$ est aussi bissectrice de $\widehat{COA}$.

84. Quatre droites OX, OY, OZ, OT concourantes forment entre elles des angles $\widehat{XOY}$, $\widehat{YOZ}$, $\widehat{ZOT}$ égaux. On prend le symétrique M_1 d'un point M par rapport à OX, M étant choisi à l'intérieur de l'angle $\widehat{XOY'}$ symétrique de l'angle XOY par rapport à OX, puis le symétrique M_2 de M_1 par rapport à OY, puis le symétrique M_3 de M_2 par rapport à OZ, enfin le symétrique M_4 de M_3 par rapport à OT : sachant que l'angle $\widehat{MOM_4}$ vaut 120°, calculer la valeur des trois angles égaux $\widehat{XOY}$, $\widehat{YOZ}$ et $\widehat{ZOT}$.

85. Étant donnés deux segments AB et A′B′ ayant même axe; on joint AB′ et BA′ d'une part qui se coupent en I, puis AA′ et BB′ d'autre part qui se coupent en J, démontrer que I et J sont deux points de l'axe commun.

86. Soit un quadrilatère ABCD qui admet ses deux diagonales AC et BD comme axes de symétrie, démontrer : 1° que les quatre côtés sont égaux; 2° que les diagonales sont perpendiculaires et qu'elles se coupent en leurs milieux.

§ 2 et 3.

87. Dans un triangle isocèle les hauteurs, les médianes, les bissectrices issues des extrémités de la base sont égales.

88. Dans un triangle rectangle un des angles aigus est double de l'autre, démontrer que l'hypoténuse est le double du petit côté de l'angle droit.

39. Étant donné un triangle isocèle ABC (AB — AC), on mène en A les perpendiculaires aux côtés égaux qui coupent la base en I et J; démontrer que le triangle AIJ est isocèle.

90. Les trois axes des côtés d'un triangle ABC sont concourants.

91. Sur les trois côtés d'un triangle équilatéral ABC on construit à l'extérieur du triangle trois triangles isocèles égaux BCA', CAB', ABC', démontrer : 1° que les trois droites AA', BB', CC' sont concourantes; 2° que le triangle A'B'C' est équilatéral.

92. On considère deux angles $\widehat{AOB}$, $\widehat{A'OB'}$, $OA = OA'$, $OB = OB'$ tels de plus que la bissectrice OZ de l'angle $\widehat{AOA'}$ soit confondue avec la bissectrice de l'angle $\widehat{BOB'}$, démontrer : 1° que ces angles sont égaux; 2° que les axes des segments AB et A'B' se coupent sur la bissectrice commune de $\widehat{AOA'}$ et $\widehat{BOB'}$.

93. Trouver sur une droite XY un point équidistant de deux points donnés A et B.

94. Indiquer les axes de symétrie d'un quadrilatère dont les quatre côtés sont égaux.

95. Tracer une corde AB d'un cercle de centre O telle que le quadrilatère OAO'B (O' étant le symétrique de O par rapport à AB) ait ses quatre côtés égaux.

§ 4 et 5.

96. Deux cordes égales AB et AC issues d'un même point A d'un cercle sont ou confondues ou symétriques par rapport au diamètre AO [*Utiliser le cercle de centre A et ayant pour rayon la longueur de la corde*].

97. Deux cordes égales d'un cercle sont symétriques par rapport au diamètre qui passe par leur point de rencontre [*Utiliser le diamètre perpendiculaire à AC*].

98. Étant données dans un cercle O deux cordes égales AB et CD qui se coupent en I, démontrer que IA = IB et IC = ID [*Utiliser l'exercice précédent*].

99. Comment doivent être placés trois cercles égaux pour que la figure formée par ces trois cercles possède des axes de symétrie.

100. A quelle condition l'ensemble d'un cercle, d'une droite et d'un point admet-il un axe de symétrie, et quel est cet axe?

101. A quelle condition la figure formée par un cercle et deux droites admet-elle un axe de symétrie, quel est cet axe?

102. Les diamètres d'un cercle sont les seules cordes qui se coupent mutuellement en leurs milieux.

103. Construire un triangle isocèle connaissant la base et la hauteur.

104. Construire un quadrilatère ayant quatre côtés égaux, connaissant les diagonales.

§ 6.

105. Démontrer, à l'aide du 1er cas d'égalité des triangles, que la bissectrice d'un triangle isocèle est aussi médiane en hauteur et que les angles a la base sont égaux.

106. Démontrer, au moyen d'un déplacement autre qu'une symétrie, que deux triangles qui ont un angle égal compris entre côtés respectivement égaux sont égaux.

107. Démontrer, au moyen d'un déplacement autre qu'une symétrie, que deux triangles qui ont un côté égal adjacent à deux angles égaux respectivement sont égaux.

108. Construire un triangle connaissant un côté $AB = 40$ millimètres, un angle adjacent de 30^0 et la longueur de la bissectrice issue de cet angle égale à 35 millimètres.

109. Construire un triangle connaissant deux côtés $AB = 50$ millimètres, $AC = 40$ millimètres et la hauteur $BB' = 30$ millimètres qui tombe sur l'un de ces côtés.

110. Construire un triangle connaissant la hauteur $AA' = 30$ millimètres et les deux côtés issus d'un même sommet A, $AB = 40$ millimètres, $AC = 50$ millimètres.

111. Dans un triangle équilatéral ABC on prend sur les côtés AB, BC, CA les points A', B', C' tels que $AA' = BB' = CC'$. Démontrer que $A'B'C'$ est équilatéral.

112. Dans une rotation tous les points d'une figure tournent du même angle autour du centre de rotation.

113. Construire un triangle ABC connaissant le côté AB, l'angle $\widehat{B}$ et l'angle $\widehat{BAM}$ que fait la médiane AM avec le côté AB.

114. Construire un triangle ABC connaissant l'angle $\widehat{A}$, le côté AB et la bissectrice intérieure AL.

115. Construire un triangle ABC connaissant les deux côtés AB et BC et la médiane AM issue de A.

§ 7.

116. Démontrer, par un déplacement autre qu'une symétrie, que deux triangles rectangles qui ont l'hypoténuse égale et un angle aigu égal sont égaux.

117. Démontrer, par un déplacement autre qu'une symétrie, que deux triangles rectangles qui ont l'hypoténuse égale et un côté de l'angle droit égal sont égaux.

118. Démontrer que, dans un triangle rectangle, l'hypoténuse est supérieure à l'un quelconque des côtés de l'angle droit.

119. Dans un triangle ABC les hauteurs issues de A et de C sont égales, démontrer que le triangle est isocèle.

120. Les pieds des perpendiculaires abaissées d'un point M de la bissectrice d'un angle sur les côtés de cet angle sont équidistants du sommet.

121. Étant donné un triangle équilatéral ABC, on mène par A la perpendiculaire à AB, par B la perpendiculaire à BC et par C la perpendiculaire à CA; démontrer que ces trois droites forment un triangle $A'B'C'$ équilatéral.

122. On considère un quadrilatère $ABCD$ dont les quatre côtés sont égaux, et les quatre angles droits. On prend sur chacun des côtés et dans le même sens des longueurs $AA' = BB' = CC' = DD'$, démontrer que la figure A'B'C'D' a, elle aussi, les quatre côtés égaux et les quatre angles égaux.

123. Construire un triangle ABC connaissant l'angle A, la hauteur AA' et la bissectrice intérieure AL supposée donnée plus grande que AA'.

124. Construire un triangle quelconque ABC connaissant un côté BC, la hauteur AA' et la médiane AM issues du sommet opposé A. On suppose $AM > AA'$.

125. Construire un triangle isocèle connaissant la hauteur et l'angle au sommet

126. Trouver sur une droite AB un point M équidistant du point A et d'une droite donnée D qui coupe AB.

127. Construire un triangle quelconque ABC connaissant l'angle A et les deux hauteurs BB' et CC' issues de B et de C.

128. Construire un triangle quelconque ABC connaissant le côté BC et les deux hauteurs BB' et CC' issues de B et de C, BB' et CC' étant plus petites que BC.

129. Démontrer que dans un triangle les trois bissectrices intérieures sont concourantes et qu'il en est de même de deux bissectrices extérieures et de la bissectrice intérieure du troisième angle.

130. Par un point donné, mener une droite qui passe à égale distance de deux points donnés en les laissant de part et d'autre d'elle.

131. Dans un triangle ABC, de hauteurs AA' et BB' les triangles ABA' et BCB' sont égaux, que peut-on dire du triangle ABC?

CHAPITRE III

SYMÉTRIE PAR RAPPORT A UN POINT.
DROITES PARALLÈLES

§ 1. — Symétrie par rapport à un point.

160. — Rotation d'une demi-droite. — Soit un angle α de côtés OA et OB (fig. 95).
Déplaçons la demi-droite OA de façon qu'elle décrive l'angle α, ce qui l'amène en coïncidence avec la demi-droite OB. *On dit que la demi-droite OA a tourné de l'angle α autour du point O.*

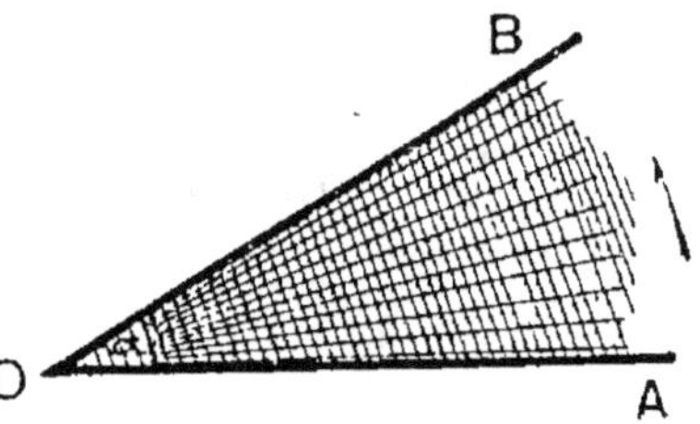

Fig. 95.

Si on fait tourner une demi-droite Ox de 180° autour du point O, elle vient se superposer à son prolongement Ox' (fig. 96).

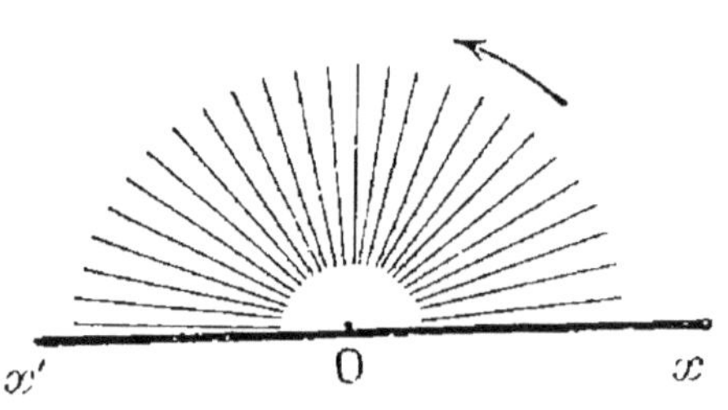

Fig. 96.

161. — Rappelons que si un plan P ayant un point fixe O glisse sur lui-même, on dit qu'il a un mouvement de rotation de centre O.

162. — Théorème. —
Lorsque dans un mouvement de rotation de centre O une demi-droite Ox du plan P a tourné de 180°, toute autre demi-droite Oy menée par O dans le plan P a tourné de 180° (fig. 97).

Par hypothèse la demi-droite Ox est venue coïncider

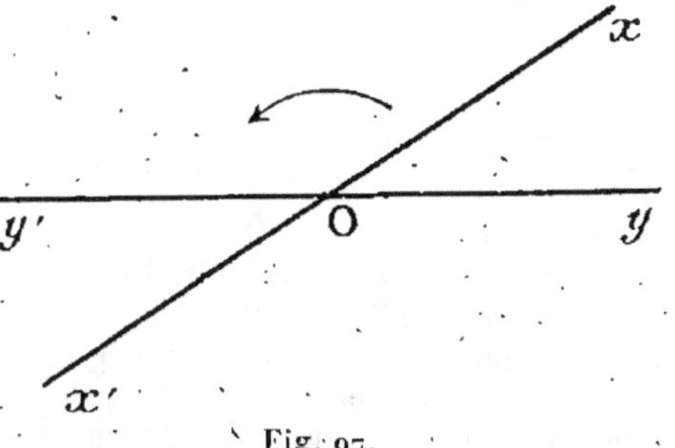
Fig. 97.

avec son *prolongement* Ox'.

Soit Oy' le prolongement de Oy.

Les angles $\widehat{xOy}$, et $\widehat{x'Oy'}$ sont *égaux* comme opposés par le sommet.

Par suite, lorsque Ox sera venu coïncider avec Ox', les deux angles coïncideront, et Oy sera venu *coïncider avec son prolongement* Oy'. Oy a donc tourné de 180°.

163. — **Définition.** — *On dit qu'un plan qui a un mouvement de rotation de centre O a tourné de 180° autour du point O lorsque toute demi-droite menée par O dans le plan a tourné de 180°.*

D'après le théorème précédent, il suffira pour cela qu'une seule demi-droite Ox tourne de 180°.

164. — **Corollaire.** — *Dans une rotation de 180° autour du point O, tout point décrit un demi-cercle de centre O.*

165. — **Définition.** — *Soit une figure F tracée sur un*

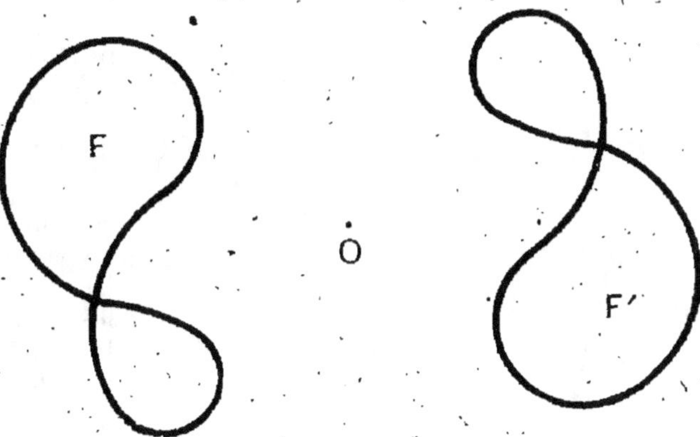
Fig. 98.

plan P (fig. 98). Faisons subir à ce plan P une rotation de 180° ayant pour centre O.

La figure F devient une figure F′ égale à F qui s'appelle la *figure transformée de la figure F par la rotation considérée*.

RÉALISATION EXPÉRIMENTALE. — Traçons dans le plan P une figure quelconque F et une droite xx' passant par le point O.

Appliquons sur le plan P une feuille de papier transparent. Calquons la figure F et la demi-droite Ox : nous obtenons une figure F_1 et une demi-droite Ox_1 *tracées sur la feuille de papier*.

Fixons une épingle au point O de façon à immobiliser le point correspondant de la feuille de papier et faisons-la glisser sur le plan jusqu'à ce que la demi-droite Ox_1 vienne coïncider avec la demi-droite Ox'. A ce moment la feuille a tourné de 180° et la figure F_1 est venue occuper une position F′ qui est la *figure transformée de F par la rotation de 180° ayant pour centre O*.

166. — Définition. — *On dit que deux points A et A′ sont* **symétriques par rapport au point** O, *si O est le milieu du segment rectiligne AA′* (fig. 99).

On dit que deux *figures* sont symétriques par rapport à un point O, lorsque les points de l'une sont *symétriques* des points de l'autre par rapport au point O.

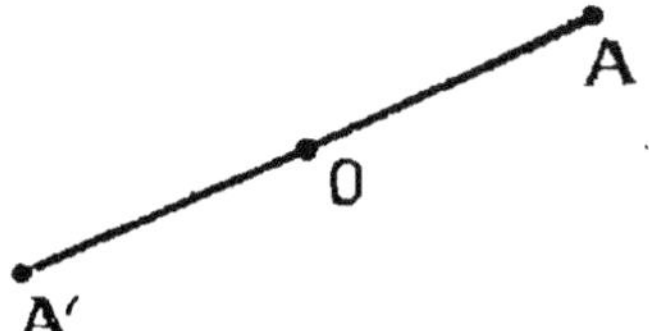

Fig. 99. — Points symétriques par rapport à O.

Le point O s'appelle *centre de symétrie* des deux figures.

Soit par exemple la figure formée par les points A, B, C, D. La figure formée par les points A′, B′, C′, D′ *symétriques* des premiers par rapport au point O est la *figure symétrique* de la première par rapport au centre de symétrie O.

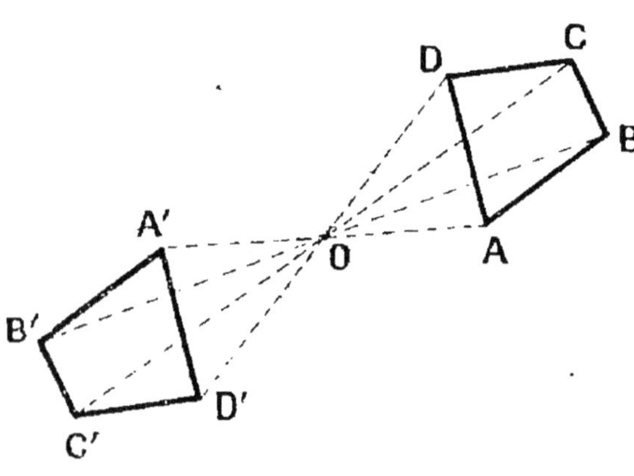

Fig. 100.

Polygones symétriques par rapport à O.

167. — *On dit qu'une figure F admet un point O comme centre de symétrie si la figure symétrique de F par rapport au point O est la figure F elle-même.*

EXEMPLES. 1° Une *droite indéfinie* admet l'un quelconque de ses points comme centre de symétrie.

2° La figure formée par *deux droites indéfinies* qui se coupent au point O admet le *point O comme centre de symétrie.*

3° Un *cercle* admet son *centre* comme *centre* de symétrie.

4° Soit une figure *quelconque* F. Soit F' la figure *symétrique* de F par rapport au point O.

La figure formée par la *réunion* des *deux figures* F et F' admet le point O comme centre de symétrie.

168. — **Théorème.** — *La figure symétrique d'une figure F par rapport à un point O n'est autre chose que la figure transformée de F par la rotation de* 180° *ayant pour centre* O.

En effet :

Dans une *rotation* de 180° ayant O pour centre, tout point A du plan P vient coïncider avec son *symétrique* A' par rapport au point O.

De là résulte la conséquence suivante :

169. — **Égalité de deux figures symétriques.** — *Deux figures* F *et* F' *symétriques par rapport à un point O sont égales.*

En effet, on peut les superposer par une rotation de centre O, c'est-à-dire par un déplacement.

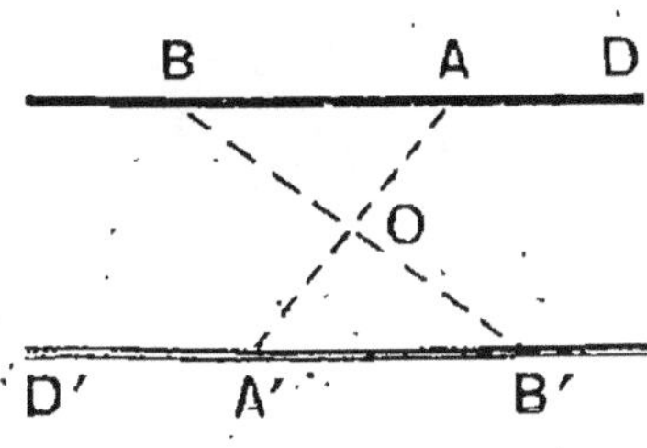

Fig. 101.
Droites indéfinies symétriques
par rapport à O.

170. — APPLICATIONS. — 1° La figure symétrique d'une *droite indéfinie* D par rapport au centre O est une figure égale à D, c'est-à-dire une *droite indéfinie.*

Pour l'obtenir, on en construira deux points A' et B' (fig. 101).

2° La figure symétrique d'une *demi-droite AX* est une *demi-droite A'X'*.

Pour l'obtenir, on construira le symétrique A' du point A, et le symétrique d'un point quelconque B de AX (fig. 102).

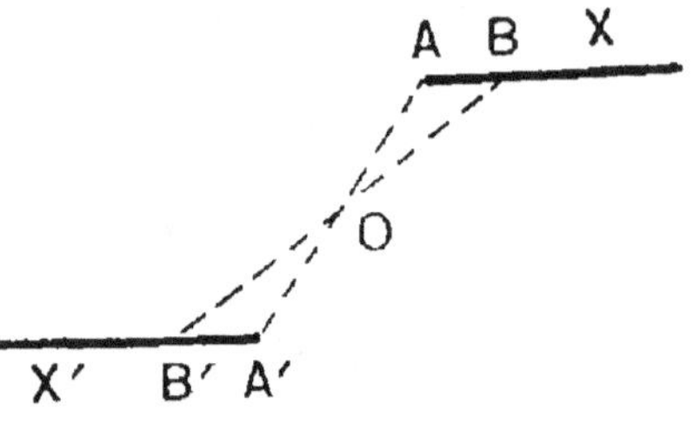

Fig. 102.
Demi-droites symétriques par rapport à O.

3° La figure symétrique d'un *segment rectiligne* AB est un *segment rectiligne égal* A'B'.

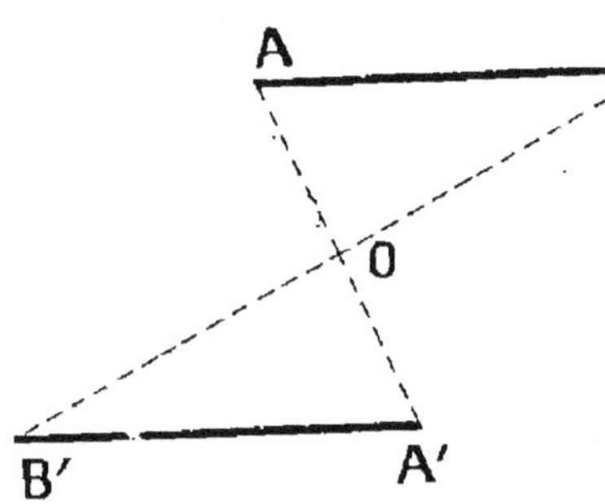

Fig. 103.
Segments symétriques par rapport à O.

Pour l'obtenir on construira ses deux *extrémités* (fig. 103).

4° La figure symétrique d'un *angle* est un *angle égal* (fig. 104).

5° La figure symétrique d'un *cercle* de centre C est un *cercle égal*.

Pour l'obtenir on construira le symétrique C' du point C et on tracera le

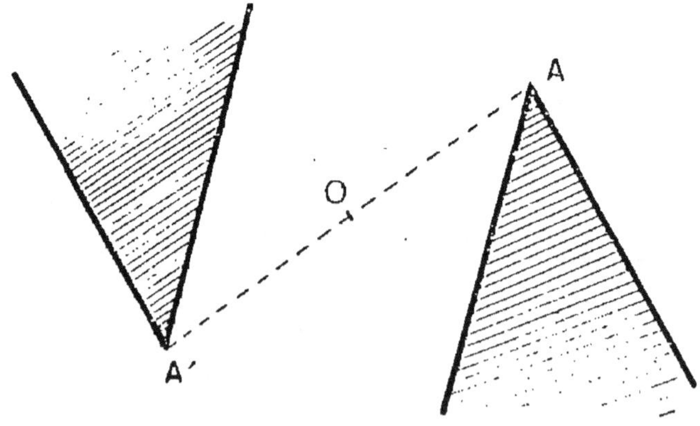

Fig. 104. — Angles symétriques par rapport à O.

cercle de centre C' ayant le même rayon que le

cercle donné de même rayon que le premier (fig. 105).

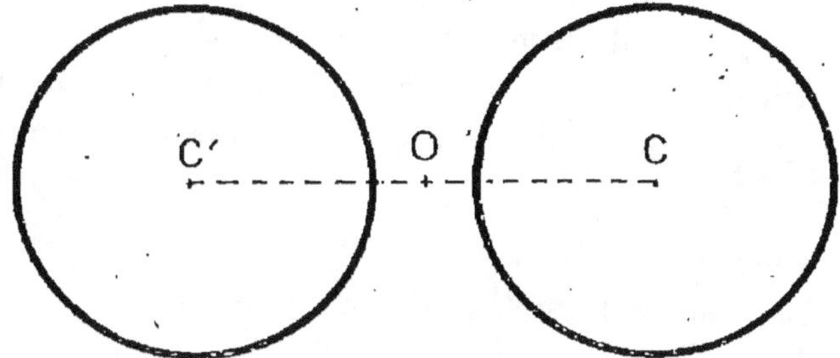

Fig. 105. — Cercles symétriques par rapport à 0.

171. — Remarque sur les deux modes de symétrie. — Deux figures symétriques par rapport à une droite sont égales.

Deux figures symétriques par rapport à un point sont égales.

Mais il y a entre les deux cas une *différence importante*.

Pour superposer deux figures symétriques par rapport à un point on fera subir à l'une d'elles une rotation de 180°, elle *glissera* dans le plan *sans sortir du plan*.

Au contraire, pour superposer deux figures symétriques par rapport à une droite on fera *sortir* l'une d'elles du plan et on la *retournera* avant de la replacer sur le plan.

Ceci nous amène à faire la distinction suivante :

172. — Figures directement égales. Figures inversement égales. — Considérons deux figures égales *situées dans le même plan*.

Il pourra arriver qu'on puisse les superposer en faisant *glisser* l'une d'elles dans le plan.

On dira dans ce cas que les deux figures sont *directement égales*.

Il pourra aussi arriver qu'on puisse les superposer après avoir *retourné* l'une d'elles.

On dira dans ce cas que les deux figures sont *inversement égales*.

Deux figures symétriques par rapport à un point sont directement égales, deux figures symétriques par rapport à une droite sont inversement égales.

Remarque 1. — Il peut arriver que deux figures d'un même plan soient *à la fois* directement et inversement égales.

Deux *cercles* égaux, deux *triangles isoscèles* égaux peuvent être superposés, soit par glissement, soit par retournement.

Ceci tient à la présence d'axe de symétrie dans ces figures.

Remarque 2. — Lorsque deux figures planes égales sont placées dans des plans différents, la distinction des figures directement égales ou inversement égales *n'a plus de sens*.

§ 2. — Droites symétriques par rapport à un point. — Parallèles.

173. — **Définition.** — Deux droites indéfinies rencontrées par une *sécante AB* forment différents angles (fig. 106).

Angles alternes internes. — Les angles $\hat{A}_1$ et $\hat{B}_6$ sont dits alternes internes.

Les angles $\hat{A}_4$ et $\hat{B}_5$ sont aussi alternes internes.

Angles correspondants. — Les angles $\hat{A}_2$ et $\hat{B}_5$ sont dits correspondants.

Les angles $\quad \hat{A}_1$ et $\hat{B}_7 \quad \hat{A}_3$ et $\hat{B}_6 \quad \hat{A}_4$ et $\hat{B}_8$ sont aussi correspondants.

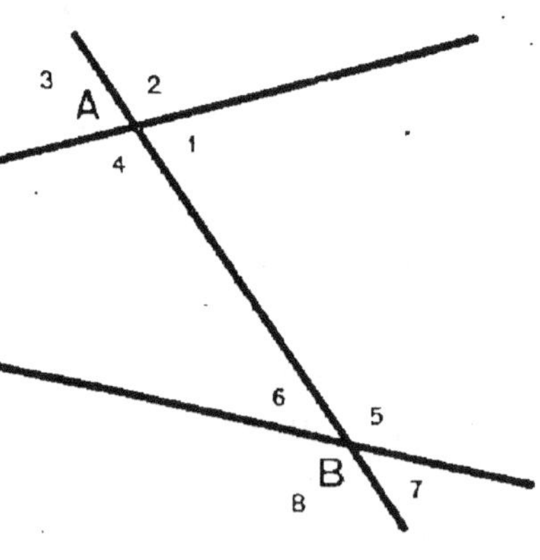

Fig. 106.

Angles intérieurs d'un même côté. — Les angles $\widehat{A}_1$ et $\widehat{B}_3$ sont dits intérieurs d'un même côté.

Les angles $\widehat{A}_4$ et $\widehat{B}_6$ sont aussi intérieurs d'un même côté.

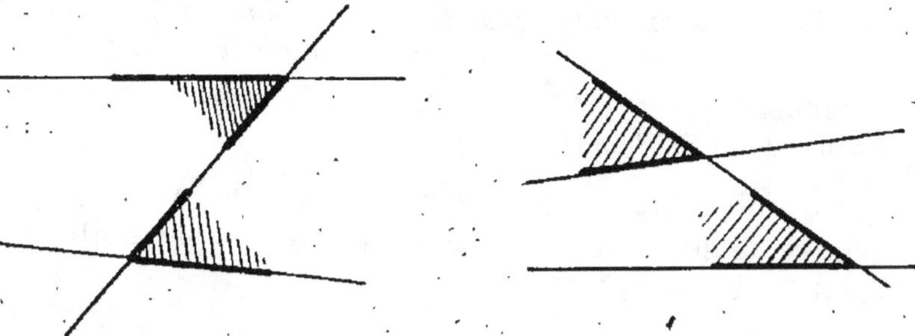

Angles alternes internes.   Angles correspondants.

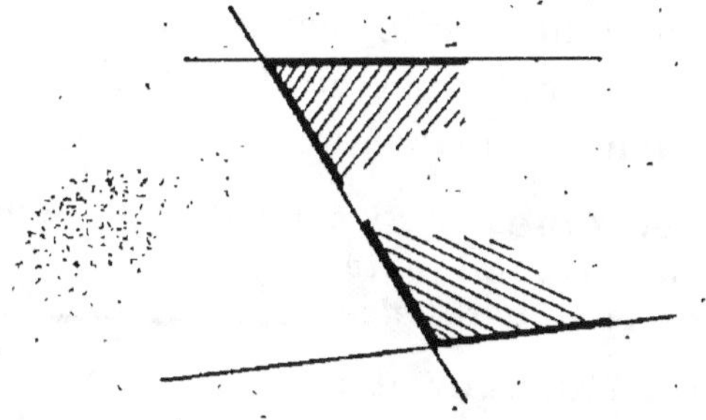

Angles intérieurs d'un même côté de la sécante.

174. — **Théorème.** — *Deux droites symétriques par rapport à un point O forment des angles alternes internes égaux avec toute sécante passant par O.*

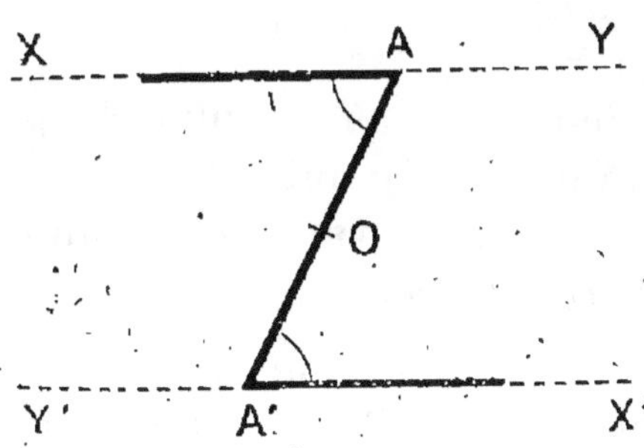

Fig. 107.

Soient deux droites XY et X'Y' symétriques par rapport au point O. Menons une sécante quelconque passant par O, rencontrant au point A la droite XY (fig. 107), elle rencontre la droite symétrique X'Y' en un point A' symétrique de A.

Les *deux angles OAX et OA'X' sont symétriques par rapport au point O et par suite égaux.*

175. — Réciproquement. — *Si deux droites XY et X'Y' coupées par une sécante AA' forment des angles alternes internes égaux A'ÂX et AÂ'X, elles sont symétriques par rapport au milieu O de AA'.*

En effet (fig. 107), une rotation de 180° ayant pour centre O superpose les deux angles et par suite les deux droites AX et A'X'.

176. — Droites parallèles. — *On dit que deux droites indéfinies sont* **parallèles** *lorsqu'elles n'ont aucun point commun.*

Deux portions de droite seront dites parallèles si les droites indéfinies obtenues en les prolongeant indéfiniment n'ont aucun point commun.

177. — Théorème. — *Si deux droites sont symétriques par rapport à un point extérieur O, elles sont parallèles.*

Soit XY et X'Y' deux droites *symétriques* par rapport au *point extérieur* O (fig. 108). Il s'agit de démontrer que XY et X'Y' *n'ont aucun point commun.* Si elles avaient un *point commun* A, elles auraient aussi en commun le point A' *symétrique* de A par rapport au point O.

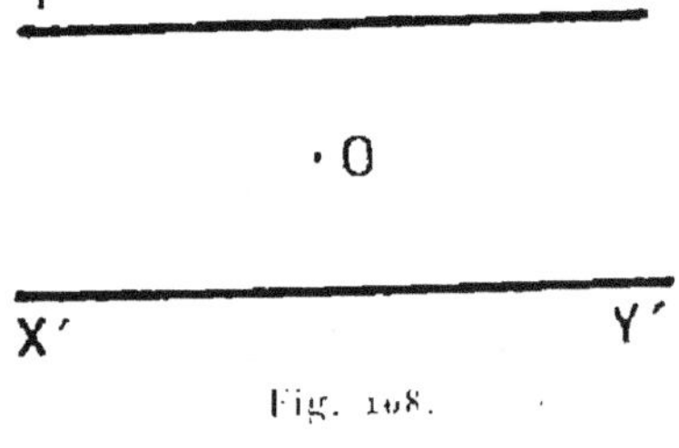

Fig. 108.

Les deux droites XY et X'Y' ayant deux points communs *distincts* A et A' *coïncideraient.*

178. — Théorème. — *Par un point A pris hors d'une droite XY on peut mener une parallèle à cette droite.*

En effet (fig. 109), prenons un point *quelconque* B sur XY. Soit O le *milieu* de AB.

La droite ZT symétrique de XY par rapport au point O passe par le point A et elle est *parallèle* à XY d'après le théorème précédent.

179. — Axiome des parallèles. — *Par un point A pris hors d'une droite XY, on ne peut mener qu'une parallèle à XY.*

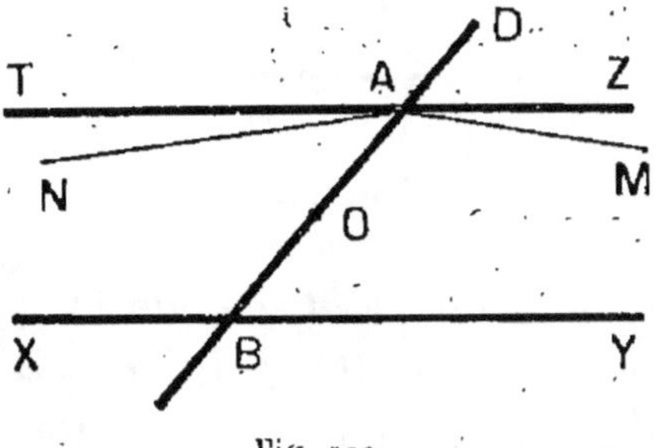

Fig. 109.

Nous venons de voir qu'on peut mener par le point A une parallèle ZT à XY (fig. 109).

Nous admettons comme *évident* qu'une demi-droite AM tombant à l'intérieur de l'angle $\widehat{BAZ}$ *rencontre* BY et qu'une demi-droite AN tombant à l'intérieur de l'angle $\widehat{BAT}$ *rencontre* BX.

180. — Corollaire I. — *Si deux droites sont parallèles toute droite qui rencontre l'une rencontre l'autre.*

Soient deux parallèles XY et ZT et une droite D qui rencontre XY au point A (fig. 110). Nous devons démontrer que D rencontre aussi ZT.

Si, en effet, D ne rencontrait pas ZT, c'est-à-

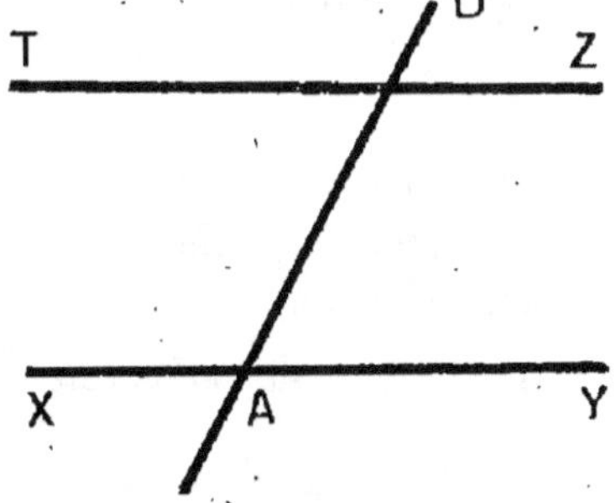

Fig. 110.

dire était *parallèle* à ZT, par le point A on pourrait mener *deux droites distinctes* XY et D *toutes les deux parallèles* à ZT, ce qui est impossible (axiome des parallèles).

181. — Corollaire II. — *Deux droites distinctes parallèles à une même troisième sont parallèles.*

Soient, en effet, deux droites *distinctes* D et D' toutes les deux *parallèles* à XY (fig. 111). Nous devons démontrer que D et D' sont parallèles.

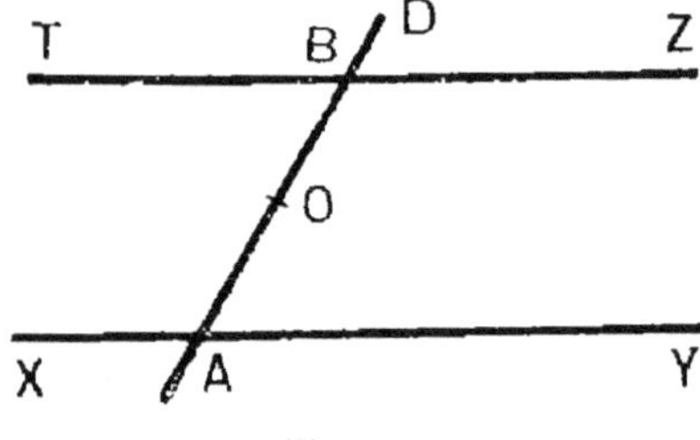

Fig. 111.

Si, en effet, D et D' avaient un *point commun* A, par ce point on pourrait mener deux parallèles *distinctes* D et D' à la même droite XY, ce qui est impossible (axiome des parallèles).

182. — Théorème. —*Si deux droites sont parallèles, elles sont symétriques par rapport au milieu de toute sécante.*

Soient les deux *parallèles* XY et ZT (fig. 112) et une droite D *coupant* XY en un point A, elle *coupe* aussi ZT en un point B.

Soit O le *milieu* de AB.

Fig. 112.

Prenons la droite symétrique de XY par rapport au point O. Elle passe par B et elle est *parallèle* à XY (§ 177). Elle *coïncide donc avec* ZT, puisque par le point B il ne passe *qu'une parallèle* à XY (axiome des parallèles).

183. — Remarque. — Il y a *équivalence complète* entre la notion de *droites qui ne se rencontrent pas* (droites parallèles) et la notion de droites *symétriques par rapport à un point.*

184. — Pour reconnaître si deux droites sont parallèles, on considère le plus souvent les angles alternes internes, ou les angles correspondants, ou les angles intérieurs d'un même côté qu'elles forment avec une sécante.

185. — Théorème. — *Si deux droites coupées par une sécante forment deux angles alternes internes égaux, elles sont parallèles.*

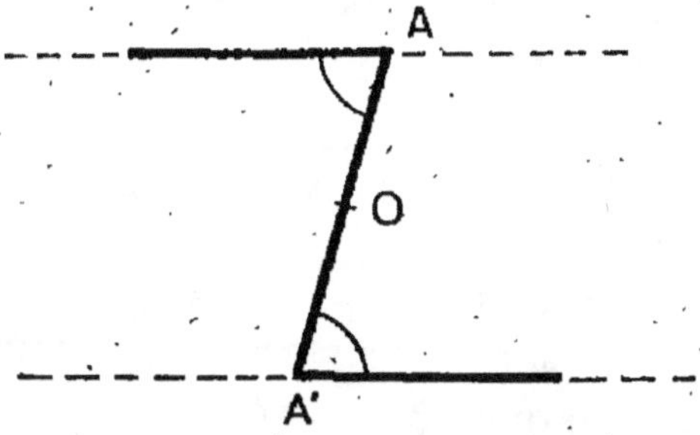

En effet (fig. 113), elles sont *symétriques* par rapport au milieu O de la sécante et par suite (§ 177) sont *parallèles*.

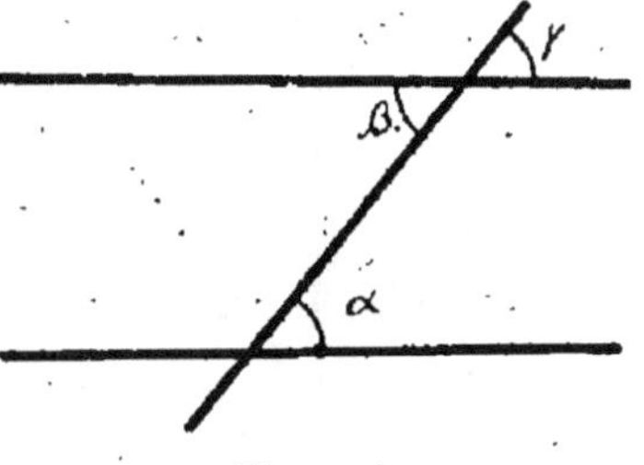

Fig. 113.

Ce théorème est *indépendant* de l'axiome des parallèles. Le théorème *réciproque, au contraire, en dépend.*

186. — Réciproquement. — *Deux droites parallèles coupées par une sécante forment des angles alternes internes égaux.*

En effet (fig. 113) elles sont *symétriques* par rapport au milieu de la sécante (§ 182), elles forment donc avec AA' des angles *alternes internes égaux* (§ 174).

187. — Emploi des angles correspondants. — Les angles opposés par le sommet β et γ sont égaux (fig. 114).

Il *revient donc au même* de supposer que les angles *correspondants α et γ sont égaux,* ou de supposer que les angles *alternes internes α et β sont égaux.*

Fig. 114.

Les deux théorèmes précédents prennent ainsi la forme suivante :

188. — Théorème. — *Si deux droites coupées par une sécante forment deux angles correspondants égaux, elles sont parallèles.*

189. — Réciproquement. — *Si deux droites sont parallèles elles forment avec toute sécante des angles correspondants égaux.*

190. — Emploi des angles intérieurs d'un même côté. — Les angles adjacents β et δ sont supplémentaires (fig. 115).

Il *revient donc au même de supposer que les angles intérieurs d'un même côté* α *et* δ *sont supplémentaires ou de supposer que les angles alternes internes* α *et* β *sont égaux*.

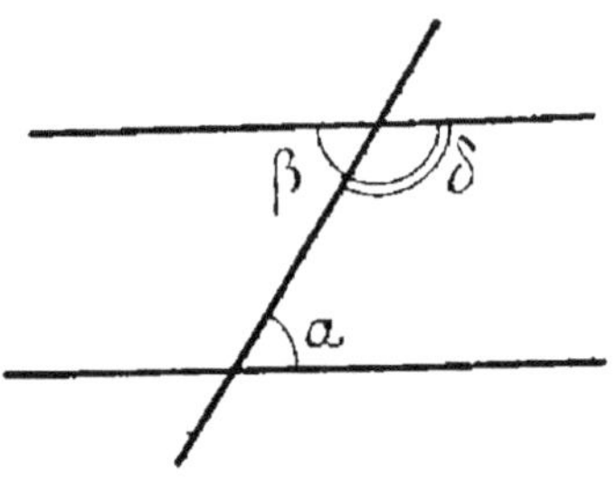

Fig. 115.

Donc les deux théorèmes précédents prennent la nouvelle forme :

191. — Théorème. — *Si deux droites coupées par une sécante forment des angles intérieurs d'un même côté supplémentaires elles sont parallèles.*

192. — Réciproquement. — *Si deux droites sont parallèles elles forment avec toute sécante des angles intérieurs d'un même côté supplémentaires.*

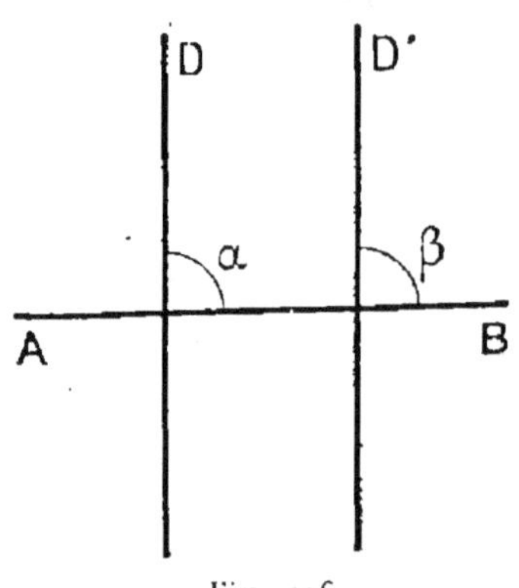

Fig. 116.

193. — Théorème. — *Deux droites perpendiculaires à une troisième sont parallèles.*

Car elles forment des angles correspondants α et β égaux comme droits (fig. 116).

AUTRE DÉMONSTRATION. — Les deux droites distinctes D et D′ toutes les deux perpendiculaires à AB sont *parallèles*, car si elles avaient un point commun M, par ce point on pourrait mener *deux* perpendiculaires à AB.

194. — Réciproquement. — *Si deux droites* D *et* D′

sont parallèles toute perpendiculaire à l'une l'est à l'autre.

Par hypothèse AB *rencontre* D (fig. 116) et fait avec elle un angle α qui est droit; elle *rencontre aussi* la parallèle D′ (§ 180) en faisant un angle β qui est *égal* à α comme correspondant et qui par suite est *droit*.

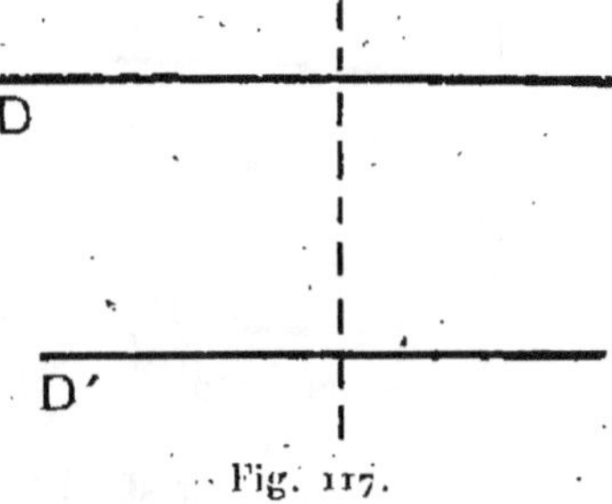

Fig. 117.

195. — Corollaire. — *Si deux droites D et D′ sont parallèles toute perpendiculaire à l'une est axe de symétrie de la figure qu'elles forment (fig. 117).*

196. — Théorème. — *Deux parallèles sont partout équidistantes.*

Soient deux parallèles AB et CD (fig. 118), M et M′ deux points quelconques de l'une. Nous allons montrer que les *perpendiculaires* MP et M′P′ abaissées de ces deux points sur l'autre sont *égales*.

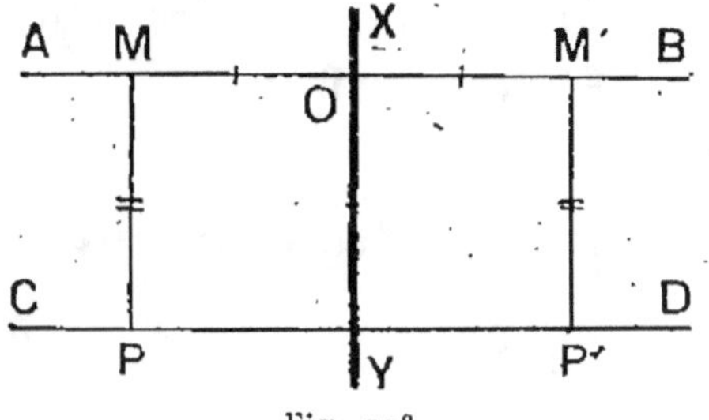

Fig. 118.

Soit en effet O le milieu de MM′. Par O menons la *perpendiculaire* XY à AB.

XY est *axe de symétrie* de la figure formée par AB et CD. M et M′ sont *symétriques* par rapport à XY. Donc les perpendiculaires MP et M′P′ sont *symétriques* par rapport à XY et sont par suites *égales*.

197. — Définition. — *On appelle distance de deux parallèles la distance d'un point de l'une à l'autre parallèle.*

198. — Corollaire. — *L'ensemble des points situés à une même distance d'une droite AB constitue deux droites parallèles à AB situées de part et d'autre de AB.*

Sur une perpendiculaire à AB (fig. 119) prenons $OC = l$
$$OD = l;$$

par C et D menons les parallèles à AB.

Tout point de ces deux parallèles est à la même distance de AB que le point C ou le point D (§ 196), sa distance à AB est donc égale à l.

De plus *un point non situé sur ces deux parallèles n'est pas à une distance de AB égale à l,* car si un tel point *est*

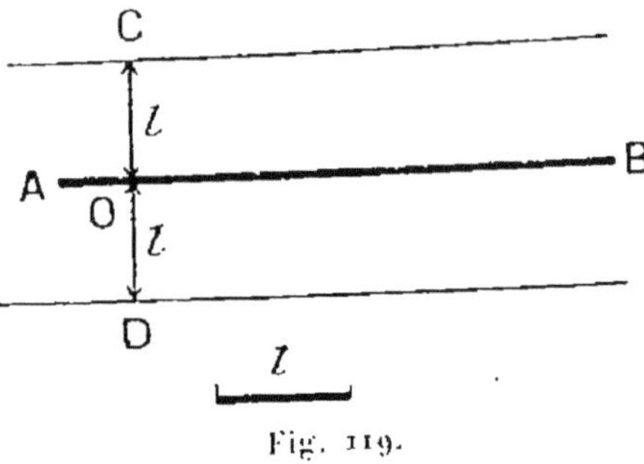

Fig. 119.

entre les deux parallèles, sa distance à AB est plus petite que l; *s'il n'est pas entre* les deux parallèles, sa distance à AB est plus grande que l.

Remarque. — Les deux droites sont symétriques par rapport à AB.

§ 3. — Mouvement de translation rectiligne.

199. — Sur un *plan* P plaçons une *règle* que nous maintenons *fixe.* — Posons sur le plan une *équerre* de façon qu'un de ses côtés s'appuie sur le bord de la règle. Nous pourrons faire *glisser l'équerre le long de la règle* (fig. 120).

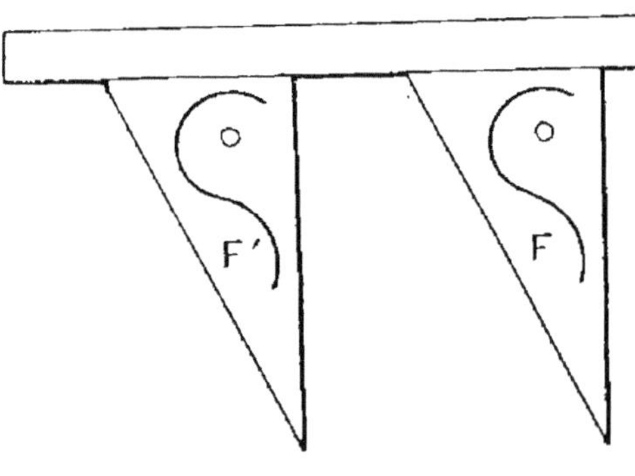

Fig. 120.

Ce mouvement s'appelle un *mouvement de translation rectiligne.*

D'une manière générale :

Soit un *plan fixe* P et une *droite fixe* XY tracée sur le plan P (fig. 121).

Soit un *plan mobile* Q sur lequel est tracée une *droite* AB et que l'on applique sur le plan P de façon que AB coïncide avec XY.

Nous pourrons faire glisser le plan mobile Q sur le plan P de façon que la droite mobile AB glisse sur la droite fixe XY.

Le mouvement ainsi réalisé est un *mouvement de translation rectiligne.*

La droite AY est la *glissière fixe.*

La droite XB est la *glissière mobile.*

200. — Soit une figure tracée sur le plan mobile Q et qui occupe d'abord la position F (fig. 120). Supposons que le plan mobile Q prenne un mouvement de translation rectiligne.

Soit F′ l'une quelconque des positions prises par la figure mobile.

On dit que les deux figures F et F′ *dérivent l'une de l'autre par une translation rectiligne.*

201. — *Deux figures dérivant l'une de l'autre par une translation rectiligne sont directement égales.*

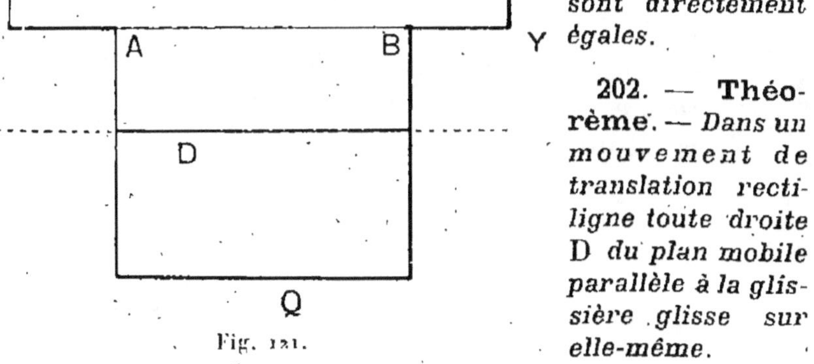

Fig. 121.

202. — **Théorème**. — *Dans un mouvement de translation rectiligne toute droite D du plan mobile parallèle à la glissière glisse sur elle-même.*

La droite D forme avec la glissière mobile AB une *figure invariable* (fig. 121).

Comme D est parallèle à AB, elle reste *parallèle à la glissière* fixe qui coïncide avec AB.

Si D ne glissait pas sur elle-même, sa distance à la glissière fixe *augmenterait* ou *diminuerait*, ce qui est impossible puisque sa distance à la glissière mobile est constante.

203. — Théorème. — *Si une droite rencontre la glissière elle devient par une translation rectiligne une droite D' parallèle à D.*

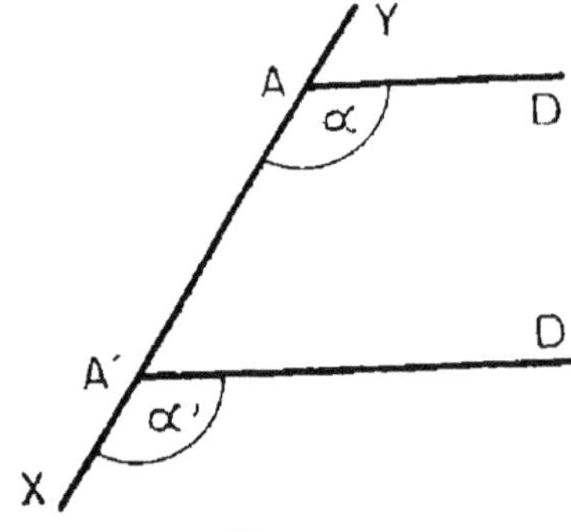

En effet (fig. 122) D et D' font avec la glissière des angles *correspondants* α et α' qui sont évidemment *égaux.*

204.—Réciproquement. — *Si deux droites sont parallèles elles sont superposables par translation rectiligne.*

En effet (fig. 122) *toute sécante* AA' forme avec les deux droites des angles *correspondants* égaux α et α': par suite une translation de *glissière* AA' amenant A en A' superpose les deux droites.

205. — Remarque. — On voit qu'il y a *équivalence complète* entre la notion de *droites superposables par translation rectiligne* et la notion de *droites ne se rencontrant pas* (droites parallèles).

TRACÉ DES PARALLÈLES.

206. — Problème. — *Mener par un point M la parallèle à une droite D.*

1° *Avec l'équerre.*

Appliquons un des côtés AC de l'équerre sur la droite

D (fig. 123). Puis appliquons le bord d'une règle contre le bord AB de l'équerre.

Maintenons la règle immobile et faisons glisser l'équerre le long de la règle jusqu'à ce que AC passe par M.

Il suffit alors de suivre avec un crayon le bord de l'équerre pour avoir la parallèle cherchée D'.

Cette construc-

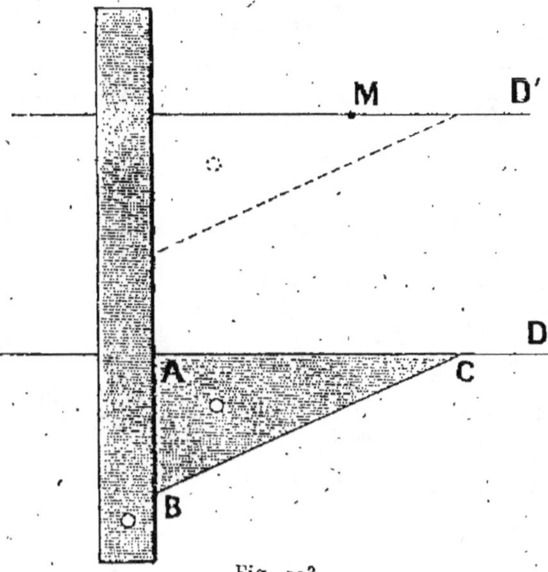

Fig. 123.

tion *ne suppose pas que l'équerre soit juste.*

L'équerre est avant tout utilisée pour le tracé des parallèles.

2° *Avec la règle et le compas.*

Il est intéressant de résoudre le problème précédent, avec la *règle et le compas.*

Du point M (fig. 124) comme centre avec une ouverture de compas suffisante on décrit un arc de cercle *rencontrant* la droite D au point A.

Du point A comme centre, avec la *même ouverture* de compas on trace un

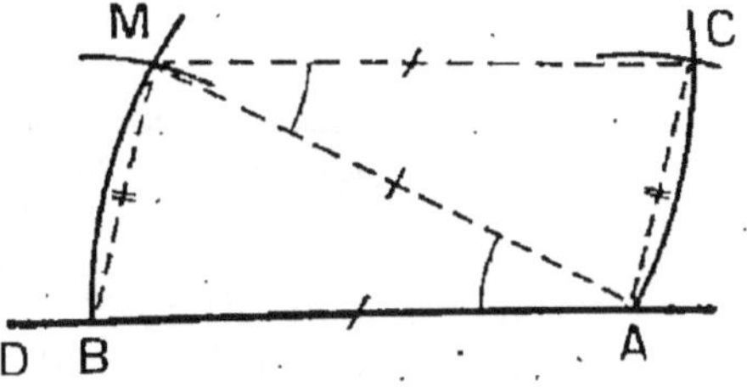

Fig. 124.

arc de cercle qui passe par M et *rencontre* D en un point B.

De A comme centre traçons un arc de cercle ayant la longueur BM pour rayon.

Il rencontre en C *l'arc de centre* **M**.

MC est la parallèle cherchée.

En effet, les deux triangles isocèles AMB et MAC ont leurs trois côtés respectivement égaux.

Ils sont donc égaux (3ᵉ cas d'égalité des triangles).

Par suite les angles au sommet CMA et BAM sont égaux.

Les droites D et MC formant avec la sécante MA deux angles *alternes internes* égaux $\widehat{CMA}$ et $\widehat{BAM}$, ces deux droites sont *parallèles*.

ANGLES AYANT LEURS CÔTÉS PARALLÈLES.

207. — Définition. — Soient deux demi-droites parallèles AX et A'X'.

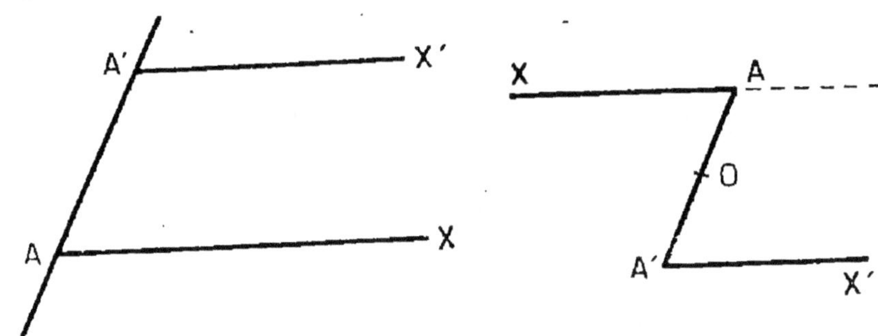

Fig. 125. — Demi-droites parallèles et de même sens.

Fig. 126. — Demi-droites parallèles et de sens contraires.

Si elles se trouvent du *même côté* de la sécante AA' elles sont dites *parallèles et de même sens* (fig. 125).

Si elles se trouvent de côtés *différents* de la sécante A'A' elles sont dites *parallèles et de sens contraires* (fig. 126).

208. — Remarques. — 1° Deux demi-droites parallèles et de même sens AX et A'X' sont superposables par une *translation de glissière* AA' (fig. 125).

2° Deux demi-droites parallèles et de sens contraires AX et A'X' sont *symétriques* par rapport au milieu O de AA' (fig. 126).

3° Deux demi-droites parallèles et de sens contraires viennent dans le *prolongement* l'une de l'autre par une *translation* de glissière AA' (fig. 126).

209. — **Théorème**. — *Deux angles saillants ayant leurs côtés parallèles et de même sens sont égaux.*

En effet (fig. 127) la *translation* rectiligne de glissière

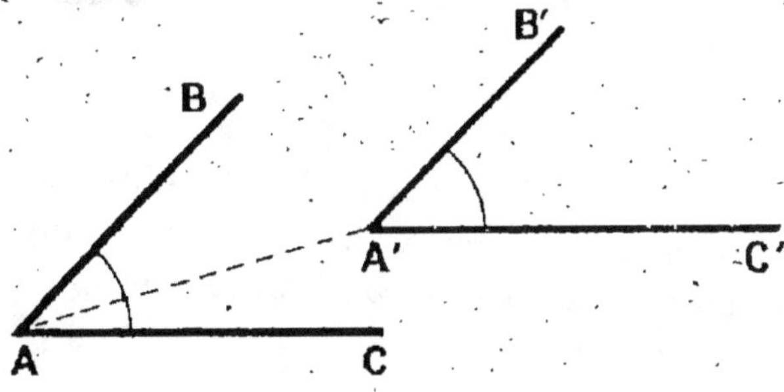

Fig. 127.

AA' qui amène le point A au point A' *superpose* les deux angles.

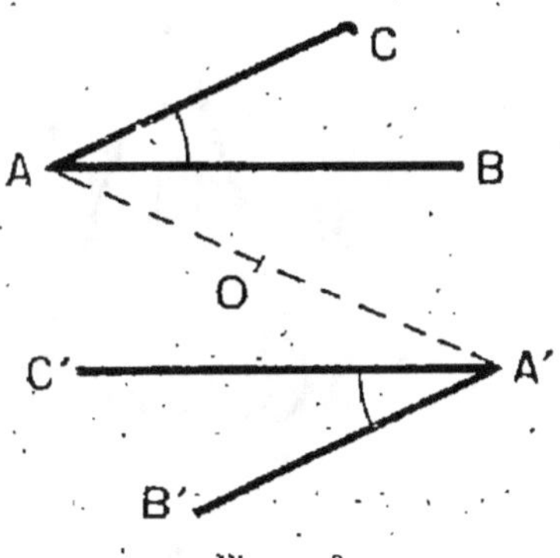

Fig. 128.

210. — **Théorème**. — *Deux angles saillants ayant leurs côtés parallèles et de sens contraires sont égaux.*

En effet (fig. 128) les deux angles sont symétriques par rapport au milieu O de AA'.

211. — **Théorème**. — *Deux angles saillants ayant deux côtés parallèles et de même sens et deux côtés parallèles et de sens contraires sont supplémentaires.*

En effet (fig. 129) par la translation rectiligne de glissière AA′ qui amène A en A′, la demi-droite AB se super-

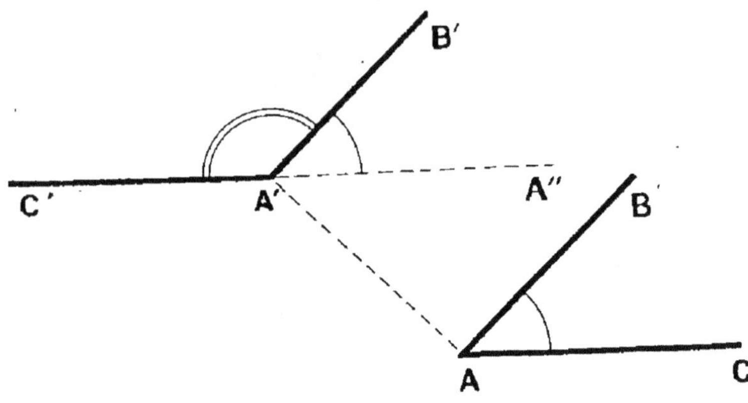

Fig. 129.

pose à la demi-droite A′B′. La demi-droite AC vient dans le *prolongement* de A′C′. Les deux angles sont ainsi rendus adjacents *et recouvrent le demi-plan*. Ils sont donc *supplémentaires*.

§ 4. — Le Parallélogramme.

212. — **Définition.** — On appelle *diagonale* d'un polygone le segment rectiligne ayant pour extrémités deux sommets non consécutifs du polygone.

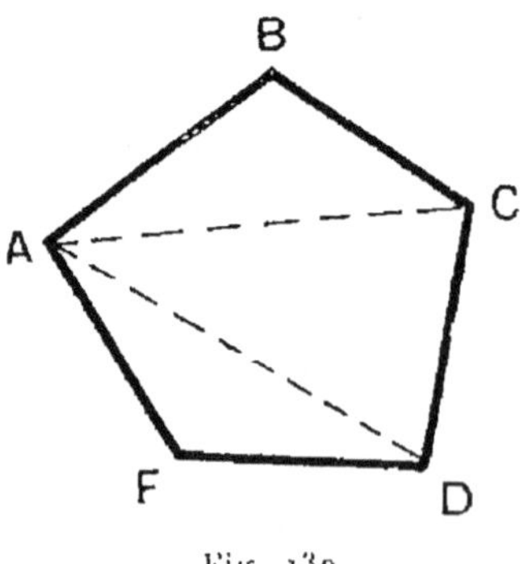

Fig. 130.

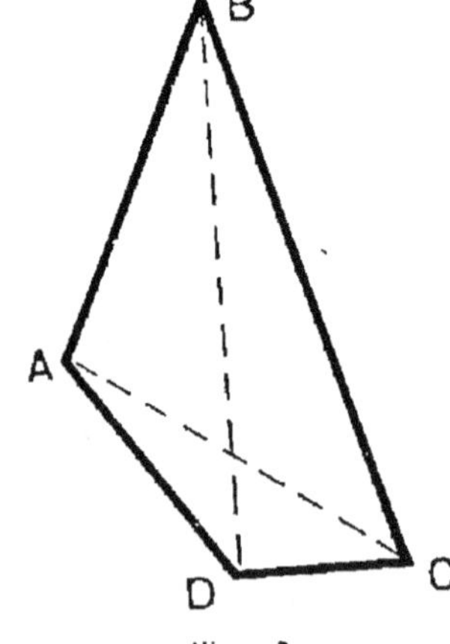

Fig. 131.

AC et AD sont des diagonales du polygone ABCDF (fig. 130).
Un quadrilatère a deux diagonales AC et BD (fig. 131).

213. — PARALLÉLOGRAMME ET RECTANGLE. — Traçons deux droites indéfinies se rencontrant au point O et faisant un angle quelconque.

1° Prenons sur l'une
$$OA = OC \quad (fig. 133);$$
sur l'autre
$$OB = OD.$$

Le quadrilatère A B C D

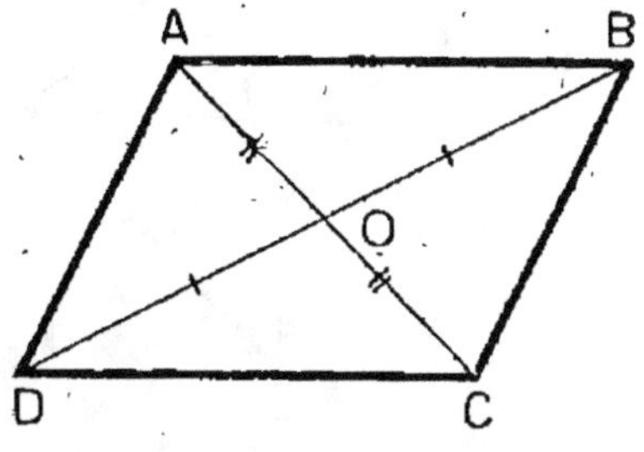

Fig. 132. — Parallélogramme.

s'appelle un *parallélogramme*.

2° Prenons
$$OA = OB = OC = OD$$
(fig. 134).

Le quadrilatère A B C D s'appelle un *rectangle*.

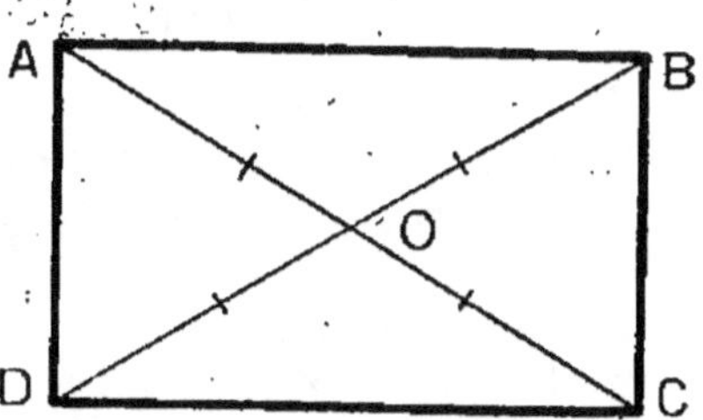

Fig. 133. — Rectangle.

214. — LOSANGE ET CARRÉ. — Traçons deux droites indéfinies *perpendiculaires* se rencontrant au point O.

1° Prenons sur l'une
$$OA = OC \quad (fig. 135);$$
sur l'autre
$$OB = OD.$$

Le quadrilatère A B C D s'appelle un *losange*.

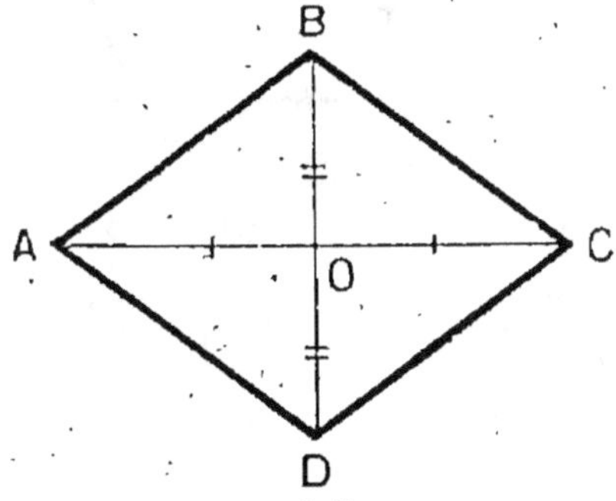

Fig. 134. — Losange.

2° Prenons
$$OA = OB = OC = OD \quad (fig. 136).$$

Le quadrilatère ABCD s'appelle un *carré*.

REMARQUE I. — Le carré est à la fois rectangle et losange.

REMARQUE II. — Le *rectangle*, le *losange*, et le *carré* sont des parallélogrammes particuliers.

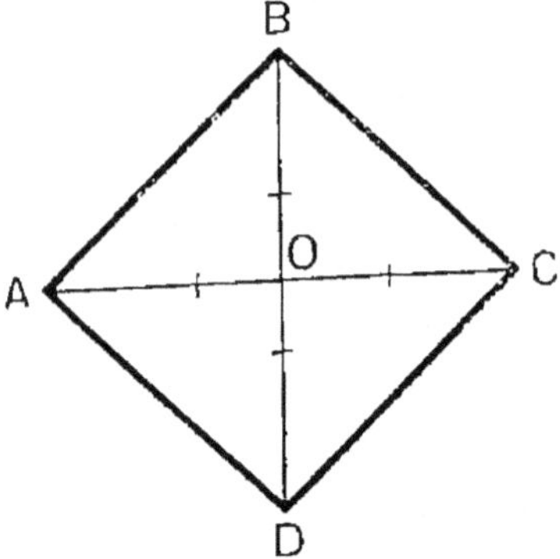

Fig. 135. — Carré.

PARALLÉLOGRAMME.

De la construction donnée tout à l'heure résulte la définition suivante :

245. — Définition. — *Un* **parallélogramme** *est un quadrilatère dont les sommets sont symétriques deux à deux par rapport à un point O* (fig. 136).

Ou encore :

Un parallélogramme est un quadrilatère dont les diagonales se coupent en leur milieu.

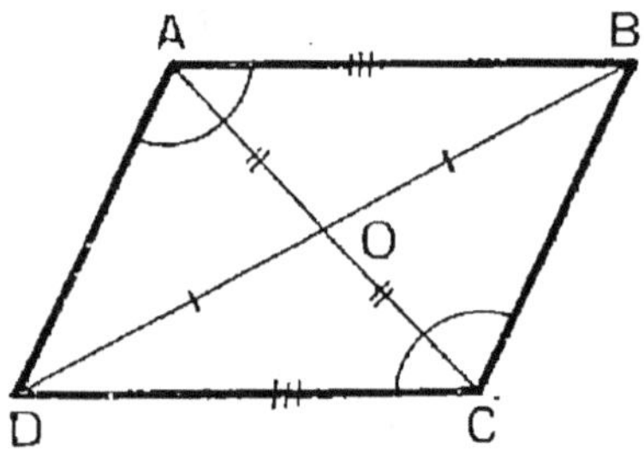

Fig. 136.

La symétrie des sommets par rapport au point O *entraîne* celle des côtés par rapport à ce point.

Donc un parallélogramme est un quadrilatère ayant un *centre de symétrie qui est le point de concours des diagonales.*

216. — Théorème. — *Dans un parallélogramme :*

1° *Les côtés opposés sont égaux*
2° *Les côtés opposés sont parallèles*
3° *Les angles opposés sont égaux*

comme *symétriques* par rapport au point de concours des diagonales (fig. 136).

217. — Corollaire. — *Dans un parallélogramme deux angles consécutifs sont supplémentaires.*

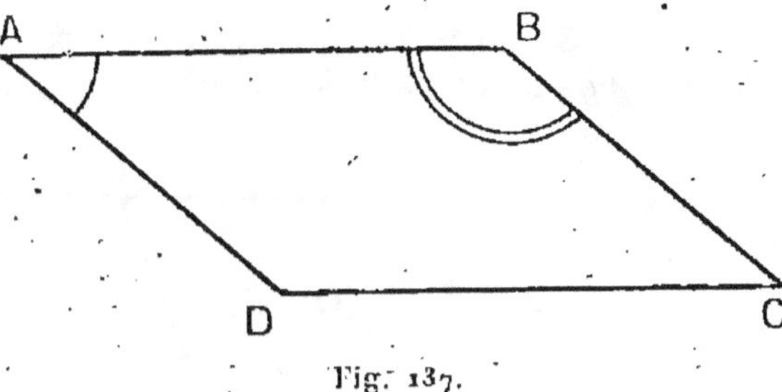

Fig. 137.

Ainsi les angles $\widehat{A}$ et $\widehat{B}$ (fig. 137) sont *supplémentaires* comme angles *intérieurs* d'un même côté formés par les deux *parallèles* AD et BC coupées par la *sécante* AB.

218. — Théorème. — *Si dans un quadrilatère ABCD les côtés opposés sont parallèles, le quadrilatère est un parallélogramme.*

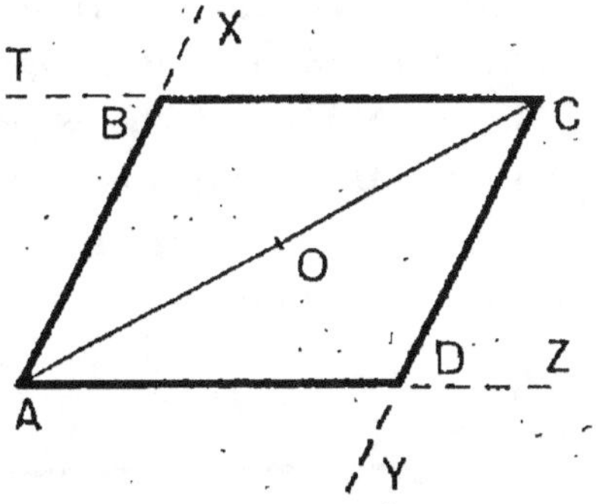

Nous allons démontrer que le quadrilatère a un *centre de symétrie*.

Soit O le *milieu* de la diagonale AC (fig. 138).

Les demi-droites AX et CY sont *parallèles* et de sens contraires, donc elles sont *symétriques* par rapport au point O.

Fig. 138.

De même les demi-droites AZ et CT étant *parallèles* et de sens *contraires* sont *symétriques* par rapport au point O.

Le point O est donc *centre de symétrie* du quadrilatère.

219. — REMARQUE. — On pourrait donc *définir* un *parallélogramme* comme un **quadrilatère dont les côtés opposés sont parallèles**, d'où le nom donné à cette figure.

Pour construire un parallélogramme, on pourra donc mener quatre droites *parallèles deux à deux*.

220. — Théorème. — *Si dans un quadrilatère convexe deux côtés opposés sont égaux et parallèles, ce quadrilatère est un parallélogramme.*

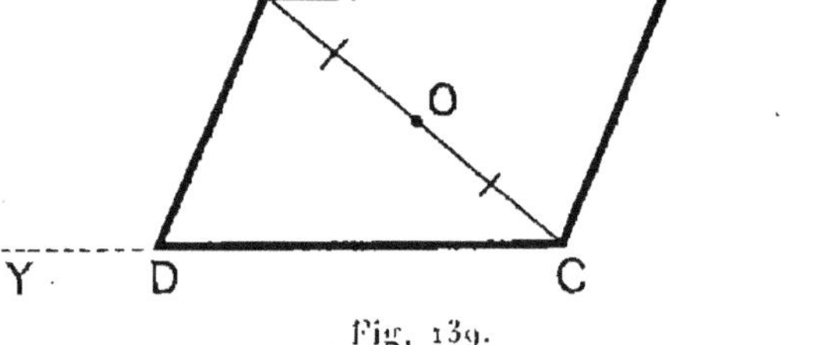

Fig. 139.

Supposons que les côtés opposés AB et CD soient *égaux et parallèles* (fig. 139).

Menons la *diagonale* AC et soit O le *milieu* de AC.

A et C sont *symétriques* par rapport au point O.

AB et CD étant parallèles, les demi-droites AX et CY sont *symétriques* par rapport à O.

Comme AB = CD, les *points* B *et* D *sont symétriques* par rapport au même point.

Les sommets étant *symétriques* deux à deux par rapport au point O, le quadrilatère est un *parallélogramme.*

221. — Théorème. — *Si dans un quadrilatère convexe les côtés opposés sont égaux, le quadrilatère est un parallélogramme.*

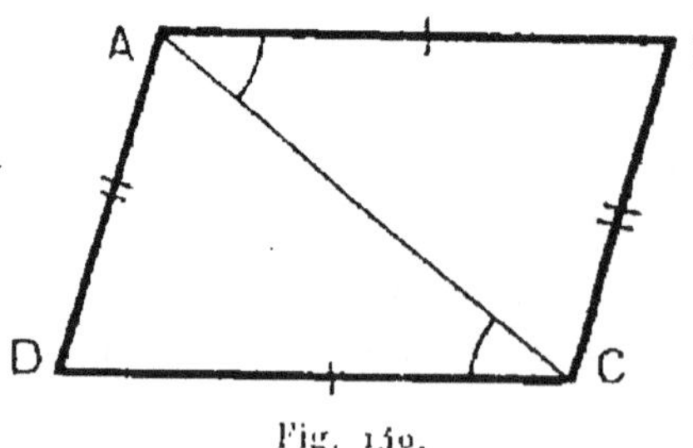

Fig. 140.

Il nous suffit de montrer que *les côtés opposés sont parallèles* (§ 218).

Menons la diagonale AC (fig. 140).

Les deux triangles ACB et ACD sont égaux comme ayant leurs trois côtés respectivement égaux : le côté AC est commun et AB=CD ; BC=AD par hypothèse.

Donc les angles $\widehat{BAC}$ et $\widehat{ACD}$ opposés à deux côtés égaux sont *égaux*.

Comme ils occupent relativement à la sécante AC la position d'*alternes-internes*, les deux droites AB et CD sont *parallèles* (§ 185).

De même, AD et BC sont *parallèles*.

Le théorème est donc démontré.

RECTANGLE.

222. — **Définition**. — *Un rectangle est un parallélogramme dont les diagonales sont égales.*

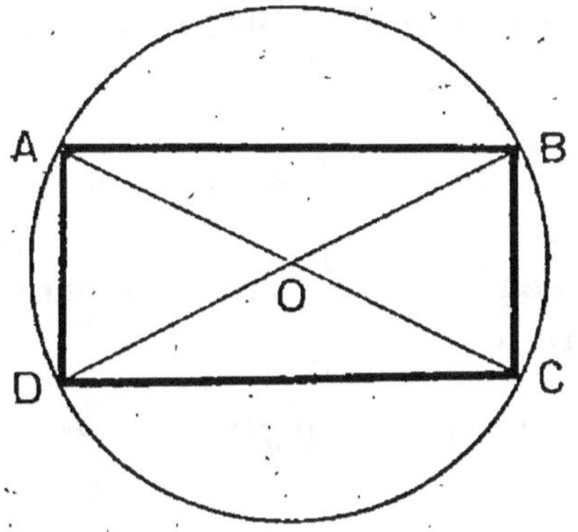

En d'autres termes :

Un rectangle est un quadrilatère dont les sommets sont symétriques deux à deux par rapport à un point O et sont tous à égale distance de ce centre de symétrie.

Fig. 141.

223. — Si on trace un cercle (fig. 141) et deux diamètres quelconques de ce cercle AC et BD, le quadrilatère ABCD est un *rectangle*.

On exprime ce fait par l'énoncé suivant :

Un rectangle est un quadrilatère inscriptible dans un cercle dont le centre est le centre de symétrie du rectangle.

224. — **Théorème**. — *Un rectangle a deux axes de symétrie passant par le centre de symétrie.*

Du point O (fig. 142) abaissons la *perpendiculaire XY* sur le côté AB du rectangle ; elle est aussi *perpendiculaire* sur CD puisque CD est *parallèle* à AB.

Par *définition* OA = OB. Donc la perpendiculaire XY à AB est *l'axe du segment rectiligne* AB.

De même OC = OD. Donc XY *est l'axe du segment rectiligne* CD.

Les *sommets* du rectangle sont donc *deux à deux symétriques* par rapport à

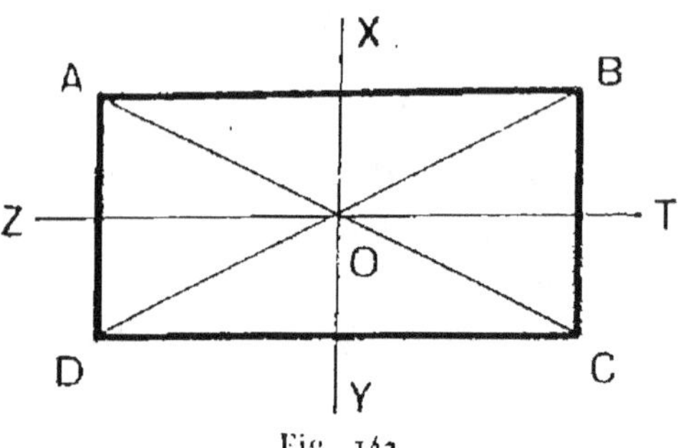

Fig. 142.

XY qui est, par suite, un *axe de symétrie du rectangle.*

On démontre de la même manière que la perpendiculaire ZT à AD, menée par le point O, est un second axe de symétrie du rectangle.

225. — REMARQUE. — Ces deux axes sont les *bissectrices* des angles des diagonales.

Ce sont les *axes de symétrie* de ces deux *diagonales.* Ils sont *perpendiculaires* (§ 118).

226. — **Théorème.** — *Dans un rectangle tous les angles sont droits.*

D'abord ils sont tous *égaux* puisque la figure a deux axes de symétrie (fig. 142).

Les angles $\widehat{A}$ et $\widehat{B}$ sont *supplémentaires* (§ 217).
Étant égaux, ils sont **droits.**

227. — **Théorème.** — *Si dans un parallélogramme un angle A est droit, le quadrilatère est un rectangle.*

Nous devons montrer que les *diagonales* AC et BD sont *égales* (fig. 143).

Les angles $\widehat{A}$ et $\widehat{B}$ sont *supplémentaires.*

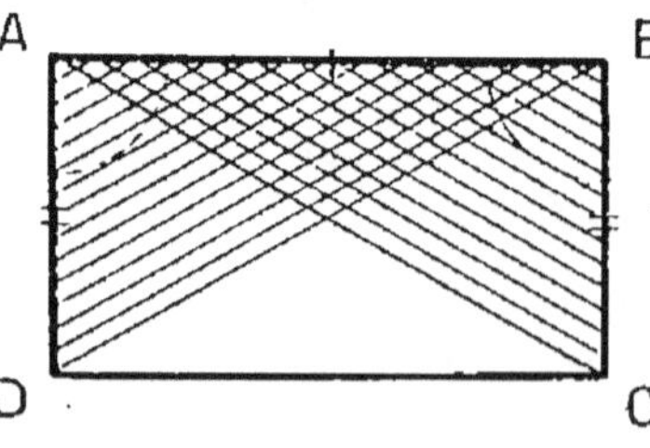

Fig. 143.

Or $\widehat{A}$ est droit, donc $\widehat{B}$ l'est aussi.

Les deux *triangles* ABD et BAC ont un angle égal compris entre côtés respectivement égaux : $\widehat{A} = \widehat{B}$ (comme droits), AB est commun et BC = AD (comme côtés opposés d'un parallélogramme).

Ces deux triangles sont donc égaux et par suite
$$AC = BD.$$

228. — Corollaire. — *Un quadrilatère qui a trois angles droits $\widehat{A}$, $\widehat{B}$, $\widehat{C}$, est un rectangle.*

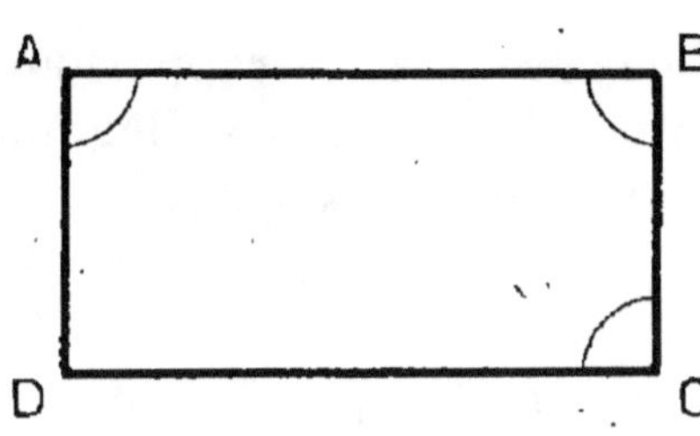

Fig. 144.

AD et BC perpendiculaires à AB sont parallèles (fig. 144). AB et DC perpendiculaires à BC sont parallèles.

Le quadrilatère est donc un *parallélogramme.*

D'après le théorème précédent c'est un *rectangle.*

229. — REMARQUE. — On pourrait donc *définir* un *rectangle* comme **un quadrilatère dont tous les angles sont droits,** d'où le nom donné à la figure.

Pour construire un rectangle on pourra mener deux droites parallèles, puis deux autres droites perpendiculaires à l'une d'elles; elles seront aussi perpendiculaires à l'autre. Ces quatre droites formeront un rectangle.

230. — Théorème. — *La médiane issue du sommet de l'angle droit d'un triangle rectangle est égale à la moitié de l'hypoténuse.*

Soit, en effet, O le *milieu* de l'hypoténuse (fig. 145), A' le *symétrique*

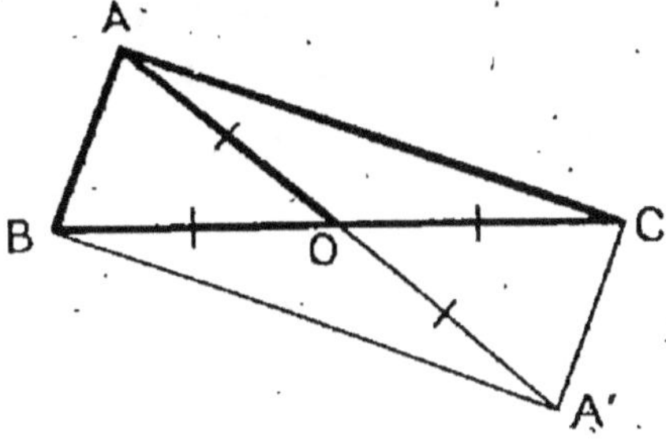

Fig. 145.

de A par rapport au point O. Le quadrilatère ABA'C qui admet O pour *centre de symétrie* est un *parallélogramme* dont l'angle $\widehat{BAC}$ est *droit*. C'est donc un *rectangle*. Les diagonales sont *égales*. Donc OA = OB = OC.

Ce qui démontre le théorème.

231. — **Réciproquement.** — *Si dans un triangle ABC, la médiane AO est la moitié du côté correspondant, le triangle est rectangle.*

En effet, soit A' le *symétrique* de A par rapport au point O (fig. 145). Le quadrilatère ABA'C dont les diagonales se *coupent en parties égales* et sont *égales* est un *rectangle*. L'angle $\widehat{BAC}$ est donc *droit*.

232. — REMARQUE. — Le théorème précédent et sa réciproque peuvent s'énoncer :

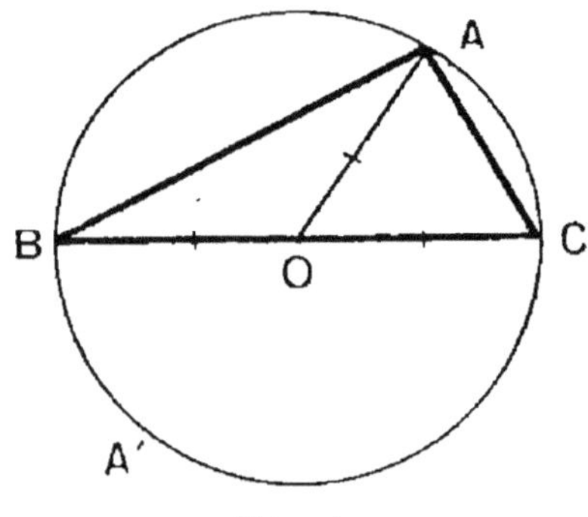

Fig. 147.

Théorème. — *Le cercle ayant pour diamètre l'hypoténuse d'un triangle rectangle passe par le sommet de l'angle droit* (fig. 146).

Réciproquement. — *Un triangle ABC inscrit dans un cercle et ayant pour côté un diamètre BC de ce cercle est un triangle rectangle dont l'angle $\widehat{BAC}$ est droit* (fig. 146).

LOSANGE.

233. — **Définition.** — *Un* **losange** *est un parallélogramme dont les diagonales sont perpendiculaires.*

Ainsi un losange admet *deux axes de symétrie perpendiculaires* passant par le centre de symétrie.

Il en est de même du rectangle, mais dans le losange les axes de symétrie sont les diagonales, tandis que dans le rectangle ce sont les bissectrices des angles des diagonales.

234. — Théorème. — *Dans un losange tous les côtés sont égaux.*

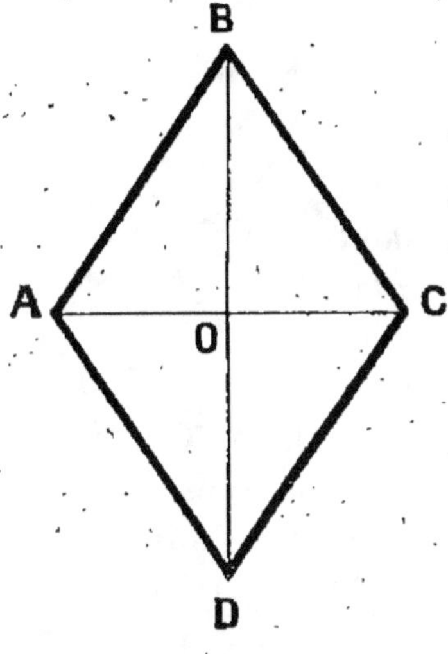

Fig. 147.

En effet (fig. 147), deux côtés *consécutifs* AB et AD sont égaux comme *symétriques* par rapport à AC.

235. — Réciproque. — *Si dans un quadrilatère tous les côtés sont égaux, le quadrilatère est un losange.*

A et C étant équidistants de B et D (fig. 147), AC est l'*axe de symétrie* du segment BD.

De même BD est l'*axe* du segment AC. Donc les deux diagonales se *coupent* en *leurs milieux* et sont *perpendiculaires*. Le quadrilatère est par suite un *losange*.

Carré.

236. — Définition. — *Un carré est un parallélogramme dont les diagonales sont perpendiculaires et sont égales.*

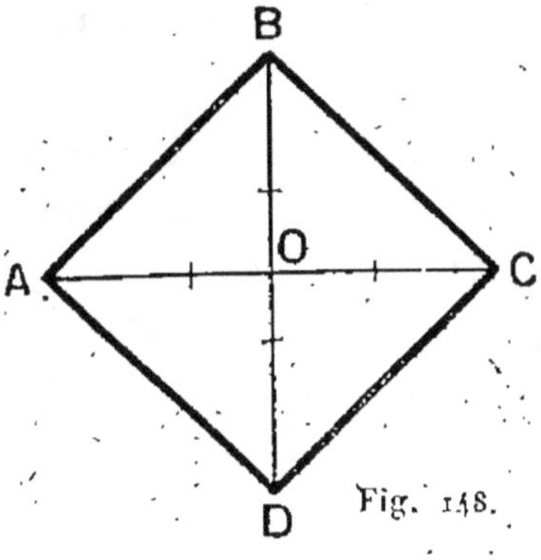

C'est donc un quadrilatère qui est à la fois *losange* et *rectangle* (fig. 148).

Un carré est, comme tout rectangle, *inscriptible dans un cercle*. Il suffit pour obtenir les sommets d'un carré de tracer deux diamètres *perpendiculaires* dans un cercle (fig. 149).

Fig. 148.

Dans un carré *tous les angles sont droits* et tous les *côtés sont égaux.*

237. — Théorème. — *Un quadrilatère dont les angles sont droits et les côtés égaux est un carré.*

En effet, il est à la fois *rectangle* (§ 228) et *losange* (§ 235).

238. —On pourrait donc définir un carré comme *un quadrilatère dont tous les côtés sont égaux et tous les angles droits.*

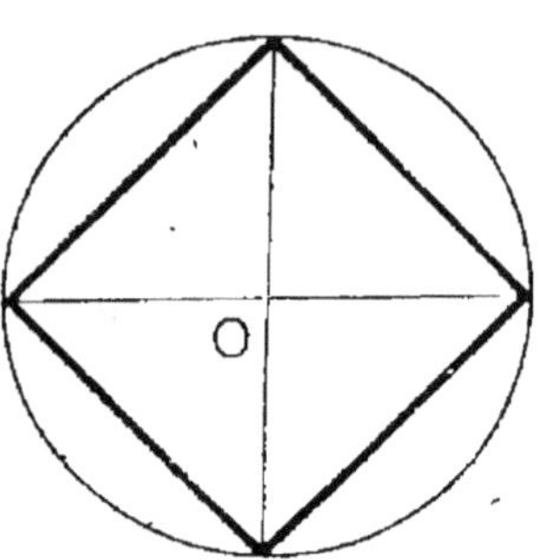

Fig. 149.

TRAPÈZE.

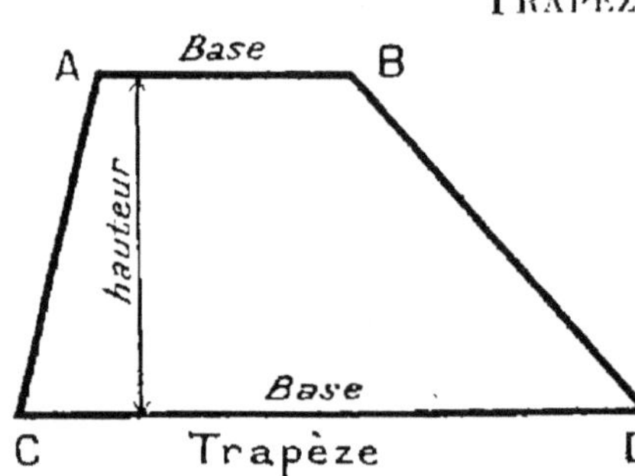

Fig. 150.

239. — Trapèze. — *Un trapèze* est un quadrilatère dont deux côtés AB et CD sont *parallèles* (fig. 150). On les appelle *bases* du trapèze. Leur distance est la *hauteur* du trapèze. Le parallélogramme, le rectangle, le losange et le carré sont des *trapèzes* particuliers.

§ 5. — Somme des angles d'un polygone convexe.

240. — Angle extérieur d'un polygone convexe. — Soit un polygone convexe ABCDF (fig. 151). Prolongeons le côté FA et soit AG ce prolongement. L'angle BAG est dit *angle extérieur* du polygone.

Un angle *extérieur* de sommet A est le supplément de l'angle intérieur de même sommet.

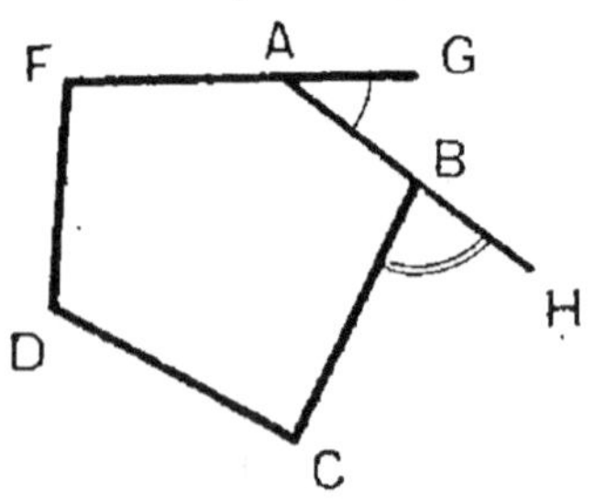

Fig. 151.

Dans un polygone il y a *deux angles extérieurs* qui ont le même sommet.

Ils sont égaux entre eux (comme opposés par le sommet).

241. — Théorème. — *La somme des angles d'un triangle est égale à deux angles droits.*

Il est très intéressant de vérifier expérimentalement ce théorème.

Traçons un triangle sur une feuille de papier un peu fort. Découpons-le. Puis partageons-le en trois morceaux de manière à *isoler* les trois angles. Si on les assemble sur un plan autour d'un même sommet, on constate qu'ils recouvrent exactement un demi-plan.

La démonstration mathématique imite l'expérience précédente.

Soit le triangle ABC (fig. 152). Prolongeons le côté CA au delà du point A et menons par A la demi-droite AF

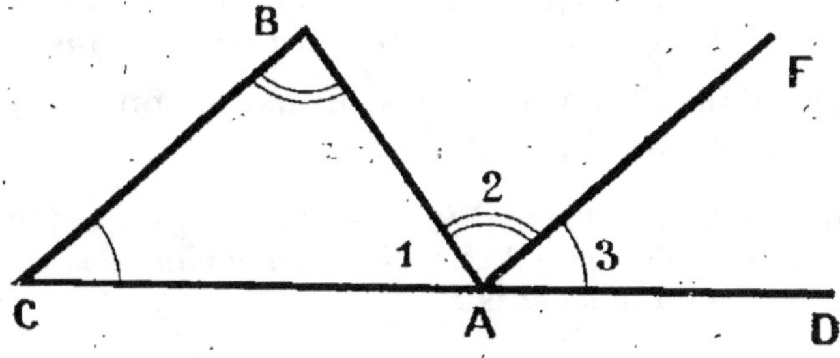

Fig. 152.

parallèle à CB et de *même sens*. Elle tombe dans l'intérieur de l'angle $\widehat{BAD}$.

Les angles $\widehat{A_2}$ et $\widehat{B}$ sont *égaux* comme alternes-internes.

Les angles $\widehat{A_3}$ et $\widehat{C}$ sont *égaux* comme correspondants.

La somme des angles du triangle est donc égale à la somme des angles $\widehat{A_1}$, $\widehat{A_2}$ et $\widehat{A_3}$ c'est-à-dire à *deux droits*.

242. — Théorème. — *Dans un triangle un angle extérieur est égal à la somme des deux angles intérieurs non adjacents.*

Il résulte de la démonstration précédente que l'angle

extérieur $\widehat{BAD}$ somme des angles $\widehat{A_2}$ et $\widehat{A_3}$ est égal à $\widehat{B} + \widehat{C}$ (fig. 152).

243. — **Corollaire I.** — *Dans un triangle rectangle les deux angles aigus sont complémentaires.*

En effet la somme des trois angles vaut deux droits, l'un des angles est droit ; la somme des deux autres vaut donc un droit (ou 90°).

244. — **Corollaire II.** — *Dans un triangle équilatéral chacun des angles vaut 60°.*

En effet, les trois angles d'un triangle *équilatéral* sont égaux. Leur somme vaut 180°. Chacun d'eux vaut donc $\dfrac{180°}{3} = 60°$.

245. — **Corollaire III.** — *Si un triangle a un angle obtus, les deux autres sont nécessairement aigus.*

Car s'il avait *deux* angles obtus, la somme des angles serait *plus grande* que deux droits.

246. — **Corollaire IV.** — *Un angle extérieur d'un triangle est plus grand que l'un quelconque des deux angles intérieurs non adjacents.*

Ainsi l'angle *extérieur* $\widehat{BAD}$ (fig. 152) est *plus grand* que l'angle B et que l'angle $\widehat{C}$, puisqu'il est égal à leur *somme*.

247. — **Remarque.** — Reprenons le problème :

. *Construire un triangle connaissant un côté A et les deux angles β et γ adjacents à ce côté* (§ 151).

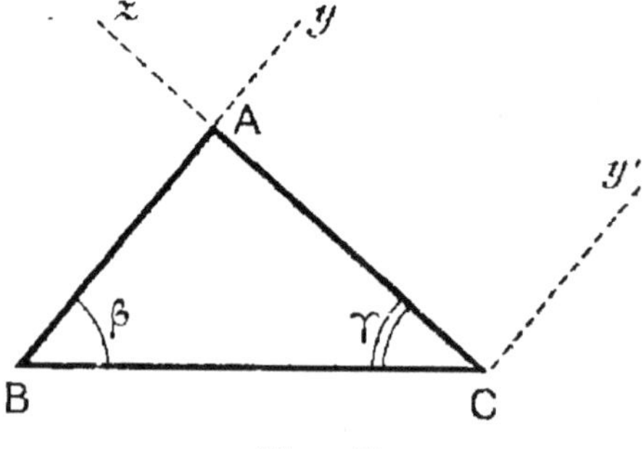

Fig. 153.

La *somme des trois* angles du triangle cherché doit être égale à *deux droits* ; le problème n'est donc *possible* que si la *somme* β + γ des *deux* angles donnés est *plus petite* que deux droits.

Supposons cette condition remplie. Dans la construction du § 151 on a mené B*y* telle que $\widehat{CBy} = \beta$ et C*z* telle que $\widehat{BCz} = \gamma$ (fig. 153).
Montrons que ces deux demi-droites se coupent.
Pour cela menons C*y'* parallèle à B*y* et de même sens.

L'angle $\widehat{BCy'}$ est le supplément de β.
D'après l'hypothèse γ est plus petit que le supplément de β. Donc

$$\gamma < \widehat{BCy'}.$$

Donc C*z* est intérieur à l'angle $\widehat{BCy'}$ et par suite coupe B*y* en un point A (§ 179). Le problème est donc possible.

248. — Théorème. — *La somme des angles extérieurs d'un polygone convexe est égale à quatre droits.*

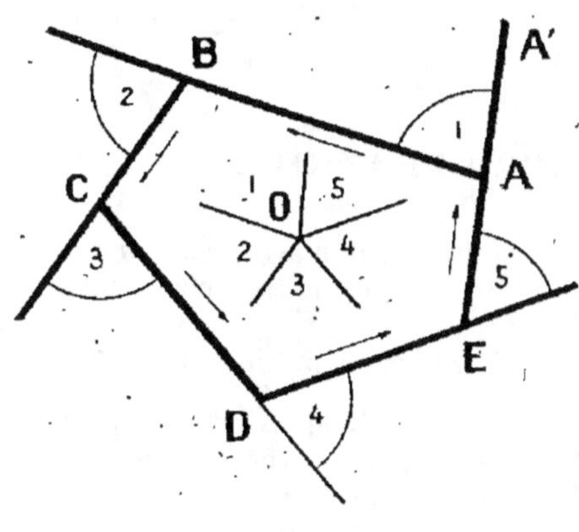

Fig. 154.

Soit en effet le polygone ABCDE (fig. 155). Parcourons le polygone dans un sens déterminé et prolongeons *successivement* tous ses côtés dans ce sens.

La somme des angles $\widehat{A_1}$, $\widehat{B_2}$, $\widehat{C_3}$, $\widehat{D_4}$, $\widehat{E_5}$ ainsi obtenus est égale à 4 droits.

En effet, par le point O menons des demi-droites *parallèles* aux divers côtés et de *même sens que ces* côtés. Nous formons des angles $\widehat{O_1}$, $\widehat{O_2}$, $\widehat{O_3}$, $\widehat{O_4}$, $\widehat{O_5}$, respectivement égaux aux précédents, comme ayant leurs côtés *parallèles et de même sens.*

Or les angles de sommet O recouvrent exactement le plan. Leur somme vaut donc *quatre angles droits.*

249. — Théorème. — *La somme des angles intérieurs d'un polygone convexe est un nombre exact d'angles droits égal au double du nombre des sommets moins quatre unités.*

En effet, considérons en chaque sommet (fig. 154) l'*angle du polygone* et un *angle extérieur* adjacent.

Par exemple l'angle intérieur $\hat{A}$ et l'angle extérieur $\hat{A_1}$. Leur somme est égale à *deux* droits.

La somme *totale* des angles *intérieurs* et *extérieurs* vaut donc un nombre d'angles droits égal au *double du nombre des sommets*.

Comme la somme des angles *extérieurs* est égale à *quatre* droits, le théorème est établi.

Ainsi la somme des angles intérieurs d'un *quadrilatère* convexe est égal à $4 \times 2 - 4 = 4$ droits.

La somme des angles intérieurs d'un *pentagone* convexe est égale à $5 \times 2 - 4 = 6$ droits.

EXERCICES PRATIQUES

132. Quelles sont les lettres majuscules d'imprimerie qui admettent un centre de symétrie. Vérifier que toutes ces lettres possèdent aussi deux axes de symétrie rectangulaires.

133. Construire un triangle ABC, AB $= 5$o millimètres, AC $= 45$ millimètres et $\widehat{BAC} = 45°$. Puis former les symétriques de ce triangle successivement par rapport aux trois sommets A, B, C. Vérifier ensuite les alignements, les égalités et les parallélismes fournis par ces symétries.

134. Construire un triangle quelconque ABC, marquer les milieux M, N, P des côtés BC, CA, AB. Vérifier que AB est parallèle à MN et double de MN, que BC est parallèle à NP et double de NP, que CA est parallèle à PM et double de PM. Vérifier que AM, BN, CP rencontrent respectivement PN, MP, MN en leurs milieux.

135. Construire un pentagone convexe dont les côtés sont égaux à 35 millimètres et dont les angles sont égaux à 108°; puis prendre le symétrique de ce pentagone par rapport à l'un de ses sommets et vérifier dans les deux figures symétriques ainsi tracées les égalités d'angles et de longueurs symétriques et le parallélisme des droites symétriques, d'abord au moyen de l'équerre puis par vérification de l'égalité des angles soit alternes-internes, soit correspondants.

136. Construire un triangle, ABC. AB $= 55$ millimètres, BC $= 45$ millimètres. CA $= 3$o millimètres et exécuter la symétrie de ABC par rapport à A qui donne AB_1C_1, de AB_1C_1 par rapport à B_1 ce qui donne $B_1A_2C_2$, de $B_1A_2C_2$ par rapport à C_2 ce qui donne $C_2B_3A_3$; de $C_2A_3B_3$ par rapport à A_3 ce qui donne $A_3B_4C_4$ et enfin de $A_3B_4C_4$ par rapport à B_4 ce qui donne $B_4C_5A_5$. Vérifier alors que le point C_5 n'est autre que le point C du triangle primitif et que l'ensemble des triangles tracés forme deux triangles enlacés dont les côtés parallèles deux à deux ont des longueurs triples des longueurs des côtés du triangle donné, les angles étant égaux à ceux du triangle ABC.

137. Même exercice que le précédent sur le triangle curviligne obtenu en traçant de chaque sommet d'un triangle équilatéral comme centre un arc de cercle limité aux deux autres sommets.

138. Construire un octogone ABCDEFGH, dans lequel $AB = CD = EF = GH = 50$ millimètres, $BC = DE = FG = HA = 25$ millimètres, les angles $\widehat{A} = \widehat{C} = \widehat{E} = \widehat{G} = 175^g$, les autres angles $\widehat{B} = \widehat{D} = \widehat{F} = \widehat{H} = 125^g$, vérifier que les quatre diagonales qui joignent les sommets opposés de cet octogone concourent en un point qu'on constatera être centre de symétrie de la figure.

139. Tracer deux droites XX' et YY' parallèles à une troisième droite déjà tracée ZZ' et vérifier : 1° que XX' et YY' sont parallèles entre elles; 2° que ces droites sont partout équidistantes; 3° que toute droite qui coupe l'une coupe les deux autres; 4° que les couples d'angles alternes-internes et correspondants formés par deux quelconques de ces droites avec une sécante arbitraire sont des couples d'angles égaux.

Tracer ensuite deux droites parallèles qui coupent les trois premières et vérifier l'égalité des segments interceptés par ces deux droites sur les trois premières et sur ces deux droites par deux quelconques des trois premières droites.

140. Construire un triangle équilatéral ABC, prolonger indéfiniment dans les deux sens chacun des côtés, puis mener à ces trois côtés des séries de parallèles équidistantes entre elles de la longueur des hauteurs du triangle. Constater qu'on couvre ainsi le plan d'un *réseau* de triangles équilatéraux.

En groupant les six triangles de ce réseau qui ont un sommet commun et en négligeant les côtés qui aboutissent à ce point, on couvre le plan d'un réseau d'hexagones.

141. Tracer deux systèmes de parallèles à deux directions différentes et équidistantes entre elles dans chaque système. Constater qu'on couvre ainsi le plan d'un *réseau* de parallélogrammes tous égaux entre eux. Vérifier que les diagonales de ces parallélogrammes forment un nouveau réseau analogue au premier qu'on appelle **conjugué** du premier. L'ensemble des droites formant les deux réseaux couvre le plan d'un réseau de triangles se divisant en deux groupes, tels que, dans chaque groupe, les triangles soient égaux.

Remarquer que les figures formées par ces différents réseaux admettent une infinité de centres de symétries qui sont les différents points de rencontre des droites et les milieux des côtés des triangles et parallélogrammes formés.

142. Tracer un réseau de triangles équilatéraux; former un hexagone en réunissant six triangles ayant un sommet commun puis accoupler à cet hexagone six parallélogrammes-double losanges formés par la réunion de quatre triangles primitifs dont les côtés sont l'un le prolongement d'un des côtés de l'hexagone, l'autre le double du côté suivant de cet hexagone. On forme ainsi, par l'ensemble de l'hexagone et des six parallélogrammes une étoile et on vérifiera en reprenant la construction sur tout le réseau que l'on peut couvrir tout le plan par le seul emploi de pareilles étoiles.

143. Construire un hexagone ABCDEF, AB = CD = EF = 5o millimètres, BC = DE = FA = 35 millimètres dont les angles $\widehat{A}$, $\widehat{C}$, $\widehat{E}$ sont égaux à 150° et les angles $\widehat{B}$, $\widehat{D}$, $\widehat{F}$ sont droits. Prendre les symétriques A'B'C'D'E'F' et A"B"C"D"E"F" de cet hexagone par rapport à deux points quelconques O' et O" de son plan et vérifier ensuite que les segments A'A", B'B", C'C", D'D", E'E", F'F" sont égaux parallèles et de même sens, autrement dit, vérifier qu'on peut passer de l'un à l'autre de ces nouveaux hexagones par une translation définie par l'un des segments A'A", B'B"….

144. Construire un parallélogramme ABCD AB = 5o millimètres, BC = 38 millimètres $\widehat{ABC}$ = 40°. Vérifier l'égalité des côtés et des angles opposés, une fois la construction faite au moyen de l'équerre, et vérifier le parallélisme des côtés opposés en faisant d'abord la construction au moyen du compas seul.

145. Construire un quadrilatère ABCD, connaissant BC = 35 millimètres. CD = 45 millimètres, AB = 7o millimètres, $\widehat{ABC}$ = 5o°, $\widehat{BCD}$ = 13o° et vérifier ensuite que ce quadrilatère est un trapèze.

146. Construire un losange ABCD connaissant la longueur du côté égale à 5o millimètres et la valeur des angles aigus 35°. Vérifier ensuite que le quadrilatère obtenu en joignant les milieux des côtés est un rectangle.

147. Construire un rectangle ABCD de côtés AB = 65 millimètres et BC = 35 millimètres puis mener par chaque sommet des parallèles à la diagonale qui n'y aboutit pas, vérifier ensuite que le quadrilatère formé par ces quatre parallèles est un losange; en rechercher les symétries.

148. Construire un carré ABCD de côté égal à 5o millimètres et mener par les quatre sommets des perpendiculaires aux diagonales qui y aboutissent. Vérifier que le quadrilatère formé par ces quatre perpendiculaires est aussi un carré, en mesurer le côté et en vérifier les symétries.

149. Étant donné un carré ABCD, marquer sur les quatre côtés dans les deux sens à partir de chaque sommet des points distants de ces sommets de la longueur de la demi-diagonale du carré, joindre ensuite les deux points les plus rapprochés de chaque sommet et former ainsi un octogone inscrit dans le carré : vérifier que cet octogone admet le centre du carré comme centre de symétrie et qu'il a ses côtés et ses angles égaux. Faire la construction précédente dans chaque carré d'un réseau de carrés (cas particulier d'un réseau de parallélogrammes) et négliger ensuite les quatre segments aboutissant à chaque sommet des carrés du réseau, constater qu'on couvre ainsi le plan d'un réseau formé de carrés et d'octogones réguliers.

150. Tracer un triangle, un quadrilatère convexe, un pentagone convexe, un hexagone convexe un octogone convexe et un décagone convexe, et vérifier en mesurant les angles intérieurs d'une part et extérieurs d'autre part de ces différents polygones que la somme des angles extérieurs (240) est toujours égale à quatre droits et que la somme des angles intérieurs vérifie toujours la formule.

$$S = 2 (n - 2) \text{ droits}$$

n étant le nombre des côtés du polygone.

151. Diviser un cercle en 3, 6, 12 arcs égaux, joindre les points de division de proche en proche et vérifier que les angles des polygones ainsi formés sont tous égaux à 60°, 120°, 150°.

152. Même exercice que ci-dessus en divisant le cercle en 4, 8, 16 arcs égaux; constater que les angles des polygones formés sont 90°; 135°; 157°,30'.

EXERCICES THÉORIQUES

§ 1.

153. A quelles conditions la figure formée par l'ensemble de deux cercles admet-elle un centre de symétrie ?

154. A quelle condition la figure formée par un cercle et une droite admet-elle un centre de symétrie ?

155. Une figure (F) qui admet un axe de symétrie XY et un centre de symétrie O situé sur XY admet également comme axe de symétrie la perpendiculaire élevée en O à XY.

156. Une figure (F) qui admet deux axes de symétrie rectangulaires admet leur point de concours comme centre de symétrie.

157. Démontrer au moyen de la symétrie par rapport à un point que les bissectrices de deux angles opposés par le sommet sont en prolongement l'une de l'autre.

158. Si par les extrémités A et B d'un diamètre d'un cercle O on mène deux cordes égales AC, BD de part et d'autre de ce diamètre les extrémités C et D de ces cordes sont diamétralement opposés.

159. Étant donnés un cercle de centre O et une droite coupant le cercle en A et B, tracer une droite rencontrant la droite et le cercle en deux points dont O soit le milieu.

160. Étant donnés un cercle O une droite XY et un point P, mener par le point P une droite rencontrant XY en A et le cercle en B telle que P soit le milieu de AB.

§ 2.

161. Mener une droite parallèle à une droite XY et équidistante de cette droite XY et d'un point donné A.

162. Mener par deux points A et B des parallèles à une droite donnée XY la distance de ces deux parallèles étant égale à une longueur donnée l.

163. Mener une droite parallèle à une droite donnée XY et équidistante de deux points donnés A et B.

164. Dans un triangle isocèle ABC (AB = AC) la bissectrice extérieure de l'angle A est parallèle au côté BC.

165. Quel est le triangle dans lequel les trois bissectrices extérieures sont parallèles aux côtés opposés.

166. Quel est le lieu géométrique des points dont la somme des distances à deux droites parallèles données est une longueur donnée.

167. Quel est le lieu géométrique des points dont la différence des distances à deux droites parallèles données est une longueur donnée.

168. Dans un triangle isocèle la somme des distances d'un point de la base aux deux côtés égaux est constante, quelle que soit la position du point sur la base entre les sommets.

169. La somme des distances des trois côtés d'un triangle équilatéral à un point intérieur au triangle est égale à la hauteur.

§ 3.

170. Un segment AB, occupant d'abord dans son plan la position A_1B_1 reçoit une première translation qui l'amène en A_2B_2; une seconde translation lui donne la position A_3B_3, une troisième translation le fait passer en A_4B_4 et ainsi de suite.... Soit A_nB_n la position finale de AB, démontrer que l'on peut passer de A_1B_1 à A_nB_n par une seule translation.

171. Si une droite D_2 se déduit d'une autre droite D_1 par une translation qui amène le point A_1 pris sur D_1 à coïncider avec un point A_2 de la droite D_2 démontrer que D_2 se déduit aussi de D_1 par une translation dont une glissière est la droite B_1B_2 qui joint un point quelconque B_1 pris sur D_1 à un point quelconque B_2 pris sur D_2.

172. La base d'un triangle glisse sur une droite donnée, quelle est la trajectoire du troisième sommet?

173. Mener par les sommets d'un triangle donné trois droites parallèles qui interceptent sur une droite quelconque deux segments égaux.

174. Un nombre quelconque de droites parallèles équidistantes découpent sur toute sécante des segments consécutifs égaux.

175. Construire un triangle équilatéral de grandeur donnée dont deux sommets soient respectivement sur deux droites parallèles données et dont le troisième sommet soit sur une troisième droite qui coupe les deux premières.

176. Étant données deux droites concourantes OX, OY et une troisième droite D qui les rencontre toutes les deux, construire un segment de longueur donnée l parallèle à D ayant une extrémité sur OX l'autre sur OY.

177. Par tous les points d'un cercle on mène des parallèles à une droite quelconque; sur ces parallèles on porte des longueurs égales et dirigées dans le même sens. Trouver une ligne sur laquelle soient placées les extrémités de ces longueurs.

178. Par un point A mener une sécante telle que le segment compris sur cette sécante entre deux droites parallèles soit égal à une longueur donnée, supérieure à la distance des deux parallèles.

179. Étant donnés un cercle C de rayon R et un de ses diamètres XY, construire un segment de longueur l inférieure à R parallèle à une droite donnée D et qui ait une extrémité sur XY, l'autre sur le cercle C.

180. Étant donnés deux cercles concentriques C_1 et C_2 de rayons R_1 et R_2 $(R_1 > R_2)$ et une droite D, construire un segment de longueur donnée R_1 qui soit parallèle à D et qui ait une extrémité sur le cercle C_1 l'autre sur le cercle C_2.

181. Tracer dans un cercle donné C une corde parallèle à une droite donnée D et de longueur donnée l inférieure au diamètre du cercle.

182. Les bissectrices de deux angles dont les côtés sont parallèles sont elles-mêmes ou parallèles ou perpendiculaires.

§ 4.

183. Démontrer, à l'aide des cas d'égalité des triangles : 1° que dans un parallélogramme deux côtés opposés sont égaux et parallèles ; 2° que, réciproquement, si un quadrilatère a deux côtés opposés égaux et parallèles ce quadrilatère est un parallélogramme.

184. Construire un parallélogramme dont deux sommets sont fixés A et B et dont les deux autres sommets C et D sont respectivement situés sur deux droites données concourantes D_1 et D_2.

185. Construire un parallélogramme connaissant une diagonale et les angles qu'elle forme avec les deux côtés consécutifs.

186. Construire un parallélogramme connaissant un côté et les deux diagonales.

187. Construire un trapèze connaissant les quatre côtés.

188. Construire un parallélogramme connaissant deux côtés consécutifs et une diagonale.

189. Construire un losange connaissant un angle et soit le côté soit une des diagonales.

190. Construire un rectangle connaissant la distance d'un sommet à une diagonale et l'angle des diagonales.

191. Construire un rectangle connaissant un côté et l'angle des diagonales.

192. Construire un parallélogramme connaissant les diagonales et leur angle.

193. Construire un carré connaissant la distance du milieu d'un côté à une diagonale.

194. Par un point quelconque M, pris sur le côté BC d'un triangle ABC ou sur les prolongements de ce côté, on mène des parallèles aux côtés AC et AB qui rencontrent les côtés AB et AC aux points E et F ; rechercher sur quelle ligne se trouve le milieu O du segment EF quand M varie : 1° entre B et C ; 2° sur les prolongements de BC.

195. Démontrer que les trois hauteurs AA′, BB′, CC′ d'un triangle ABC concourent en un même point.

196. Joindre un point P au point de concours inaccessible de deux droites données XY, X′Y′.

197. Démontrer que la droite qui joint les milieux de deux côtés opposés d'un parallélogramme est parallèle aux deux autres côtés.

198. A quelle condition les diagonales d'un parallélogramme sont-elles les bissectrices des angles de ce parallélogramme.

199. A quelle condition la figure formée par deux segments égaux possède-t-elle : 1° un axe de symétrie ; 2° un centre de symétrie ; 3° deux axes et un centre de symétrie.

200. Un parallélogramme inscriptible dans un cercle est un rectangle.

204. Si par deux points A et B diamétralement opposés d'un cercle on mène deux cordes parallèles AC et BD la figure ABCD est un rectangle.

202. Mener par les quatre sommets d'un parallélogramme quatre droites parallèles qui découpent sur toute sécante trois segments consécutifs égaux.

203. Étant donné un trapèze ABCD dans lequel la petite base AB est égale à la somme des côtés non parallèles BC et DA; démontrer que les bissectrices des angles en C et D de ce trapèze concourent sur la petite base.

204. Étant donné un parallélogramme ABCD dans lequel l'angle DAC du côté DA et de la diagonale AC est droit, démontrer que, si on appelle M et N les milieux de AB et CD, le quadrilatère AMCN est un losange.

205. Démontrer que dans un triangle ABC la droite qui joint les milieux des côtés AB et AC est parallèle au troisième côté BC et égale à sa moitié.

206. Construire un triangle connaissant les milieux des trois côtés.

207. Les pieds des perpendiculaires abaissées du sommet A d'un triangle sur les bissectrices intérieures et extérieures des angles B et C de ce triangle sont quatre points de la droite qui joint les milieux des côtés AB et AC du triangle.

208. Mener une droite qui soit équidistante de trois points donnés A. B. C.

209. Démontrer que les milieux des côtés d'un quadrilatère quelconque sont les sommets d'un parallélogramme; à quelles conditions doit satisfaire le quadrilatère pour que la figure obtenue en joignant les milieux des côtés soit : 1° un losange; 2° un rectangle; 3° un carré.

210. Construire un pentagone connaissant les milieux des cinq côtés.

211. Mener par un point A intérieur à un angle XOY une droite BAC limitée aux côtés de l'angle en B et C et telle que A soit le milieu de BC.

212. Mener par un point A extérieur à un angle XOY une droite ABC qui coupe les côtés de l'angle en B et C, telle que B soit le milieu de AC.

213. Étant donné un triangle ABC, rectangle en A, où le côté AC est double du côté AB, on appelle D le point de rencontre de l'axe du côté AC et de la bissectrice intérieure de l'angle droit. Démontrer que la distance de ce point D à l'hypoténuse est égale à la moitié de la hauteur AH du triangle ABC.

214. De deux points A et B on abaisse des perpendiculaires AA' et BB' sur une droite XY, montrer que le milieu O' de A'B' est le pied de la perpendiculaire abaissée de O milieu de AB sur XY.

215. Dans un trapèze la droite qui joint les milieux des diagonales est égale à la demi-différence des bases du trapèze.

216. On prend les symétriques A',B',C' du centre O du cercle circonscrit à un triangle ABC par rapport aux trois côtés BC. AC. AB de ce triangle. Démontrer que le triangle A'B'C' a ses côtés parallèles aux côtés du triangle ABC et est égal à ce triangle ABC.

217. Étant donné un parallélogramme ABCD on mène par un point I pris arbitrairement sur la diagonale AC des parallèles MIN. PIQ aux côtés du parallélogramme et l'on considère les deux parallélogrammes ainsi formés PIND et MIQB qui n'admettent pas AC pour diagonale. Démontrer que la distance des centres de ces deux parallélogrammes est égale à la moitié de la diagonale BD et que le milieu de cette distance est sur AC.

248. Démontrer que dans un triangle ABC les trois médianes AM, BN, CP concourent en un point G situé au tiers de chacune d'elles à partir des milieux des côtés.

219. Construire un triangle ABC connaissant les trois médianes AM, BN, CP.

220. Construire un triangle connaissant un côté et deux médianes.

221. Construire un parallélogramme ABCD connaissant la position du sommet A et celle des milieux M et N des deux côtés CB et CD.

222. On considère un parallélogramme ABCD dont un côté AB est double du consécutif BC, démontrer que les droites qui joignent A et B au milieu M de CD sont rectangulaires.

223. On joint les sommets opposés B et D d'un parallélogramme ABCD aux deux points qui divisent AC en trois parties égales; démontrer qu'on forme ainsi un nouveau parallélogramme concentrique au premier et dont les côtés prolongés coupent les côtés du parallélogramme ABCD en leurs milieux.

224. Dans un triangle ABC les médianes issues des sommets A et C sont égales; démontrer que le triangle est isocèle.

§ 5.

225. Quel est le polygone dont la somme des angles est égale à 16 droits?

226. Les angles d'un décagone sont tous égaux, quelle est leur valeur?

227. D'un point M intérieur à un triangle on voit chaque côté sous un angle plus grand que celui sous lequel on voit ce même côté du sommet opposé.

228. Dans un triangle isocèle ABC $(AB = AC)$ on trace la droite BD telle que $\widehat{DBC} = \widehat{BAC}$, démontrer que $BD = BC$.

229. Dans un triangle isocèle ABC $(AB = AC)$ on porte sur la base BC une longueur BB′ égale à BA et une longueur CC′ égale à CA; démontrer que l'angle C′AB′ est égal aux angles à la base du triangle.

230 Dans un triangle ABC la bissectrice intérieure AL est égale au côté AB et la bissectrice intérieure CK est égale au côté AC. Calculer les angles du triangle ABC.

231. Calculer, connaissant les angles du triangle ABC, les angles que font entre elles deux bissectrices intérieures, deux bissectrices extérieures, une bissectrice intérieure et une bissectrice extérieure.

232. Les bissectrices des angles formés en prolongeant jusqu'à leur rencontre les côtés opposés d'un quadrilatère convexe se coupent sous un angle égal à la demi-somme de deux angles opposés du quadrilatère.

233. Étant donné un triangle rectangle en A, ABC dans lequel l'angle B est le double de l'angle C, démontrer que le côté AB est la moitié de l'hypoténuse.

234. On prolonge la base BC d'un triangle isocèle ABC d'une longueur BD égale au côté AB et on joint DA qu'on prolonge en AX. démontrer que l'angle $\widehat{\text{XAC}}$ est égal au triple de $\widehat{\text{BAD}}$.

235. Dans un triangle ABC de bissectrice AL et de hauteur AH, on a

$$\widehat{\text{HAL}} = \frac{\widehat{\text{B}} - \widehat{\text{C}}}{2} \quad \text{et} \quad \widehat{\text{CLA}} - \widehat{\text{BLA}} = \widehat{\text{B}} - \widehat{\text{C}}.$$

236. On donne un quart de cercle de centre O limité par les rayons OA et OB, mener par A une droite coupant le cercle en M et OB en P de façon que MP = OA.

237. On abaisse des perpendiculaires du pied H de la hauteur AH d'un triangle ABC, rectangle en A, sur les deux côtés AB et AC et l'on joint les deux points obtenus D et E, prouver : 1° que DE est égal à AH et coupe cette droite en son milieu; 2° que DE est perpendiculaire à la médiane AM du triangle ABC.

238. Étant donné un triangle ABC rectangle en A, on mène la hauteur AH, la bissectrice AD de l'angle BAH et la bissectrice AE de l'angle HAC, démontrer que : 1° $\widehat{\text{EAD}} = 45°$; 2° CD = AC et BE = AB.

239. Étant donné un carré ABCD on construit sur AB à l'intérieur du carré un triangle équilatéral ABE et sur BC à l'extérieur du carré un triangle équilatéral BCF : démontrer que les trois points D, E, F sont en ligne droite.

240. Étant donné un triangle équilatéral ABC, on construit sur BC du même côté que le triangle un carré BCDE et sur CA du côté différent du triangle un carré ACIK : démontrer que les trois points E, A et I sont en ligne droite. ainsi que les trois points B, D et K, et que les droites EAI et BDK se coupent sous un angle de 60°.

CHAPITRE IV

RELATIONS D'INÉGALITÉ DANS LE TRIANGLE

§ 1. — Perpendiculaires et obliques

D'un point O extérieur à une droite, menons la perpendiculaire OH et différentes obliques.

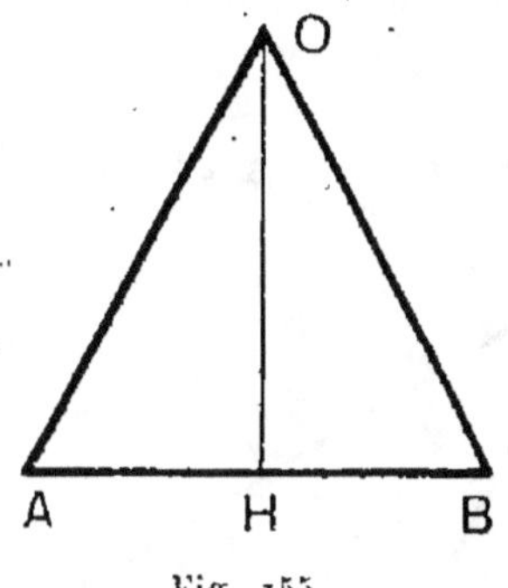

Fig. 155.

250. — Théorème. — *Deux obliques* OA *et* OB *s'écartant également du pied* H *de la perpendiculaire sont égales* (fig. 155).

L'énoncé signifie que si HA = HB, les *obliques* OA et OB sont *égales.* Cela a déjà été démontré (§ 128).

251. — Réciproquement. — *Si deux obliques* OA *et* OB *sont égales elles s'écartent également du pied* H *de la perpendiculaire.*

Cette réciproque a déjà été démontrée (fig. 129).

252. — Théorème. — *La perpendiculaire* OH *est plus courte que toute oblique* OA.

Menons la *bissectrice* OD de l'angle $\widehat{AOH}$ (fig. 156).

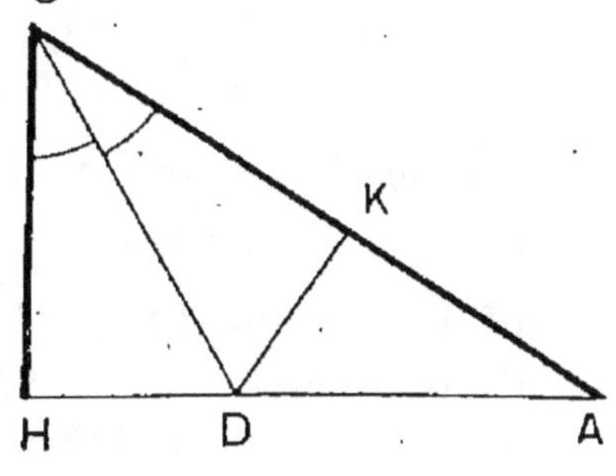

Fig. 156.

Le triangle ODH est rectangle en H, donc l'angle $\widehat{ODH}$ est *aigu.*

Son supplément $\widehat{ODA}$ est donc obtus.

Prenons le triangle *symétrique* du triangle ODH par rapport à OD en le faisant pivoter autour de OD, le point H tombe sur la droite OA en un point K.

L'angle $\widehat{ODK}$ égal à $\widehat{ODH}$ est aigu.

Donc DK est intérieur à l'angle obtus $\widehat{ODA}$.

Donc K est *entre* O et A, et par suite OK est plus petit que OA.

Comme OH = OK, le théorème est démontré.

253. — Corollaire. — *Dans un triangle rectangle l'hypoténuse est le plus grand côté.*

254. — Théorème. — *Si deux obliques OA et OB s'écartent inégalement du pied H de la perpendiculaire, elles sont inégales et celle qui s'en écarte le plus est la plus longue.*

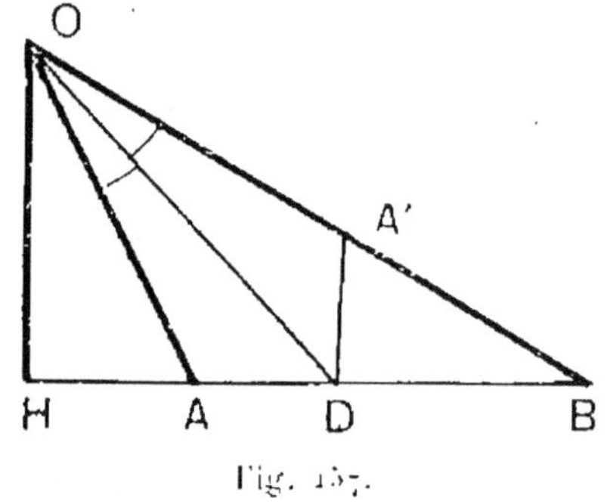

Fig. 157.

L'énoncé signifie que si

HA < HB ;

on peut affirmer que

OA < OB (fig. 157).

Supposons d'abord que les deux obliques soient *du même côté* de OH (fig. 157).

Menons la *bissectrice* OD de l'angle $\widehat{AOB}$.

Le triangle ODH est rectangle en H. L'angle $\widehat{ODH}$ est aigu, tandis que l'angle $\widehat{ODB}$ est *obtus*.

Prenons le triangle *symétrique* du triangle ODA par rapport à OD, en le faisant *pivoter* autour de OD.

Le point A tombe sur la droite OB en un point A'.

L'angle $\widehat{ODA'}$ égal à $\widehat{ODA}$ est aigu.

Donc DA' tombe à l'*intérieur* de l'angle obtus $\widehat{ODB}$, et par suite A' est entre O et B.

Donc OA′ est plus *petit* que OB.

Comme OA = OA′, le théorème est démontré.

Supposons maintenant que les obliques OA et OB soient de *côtés différents* par rapport à OH (fig. 158).

On prendra entre H et B le point A_1 tel que

$$HA_1 = HA.$$

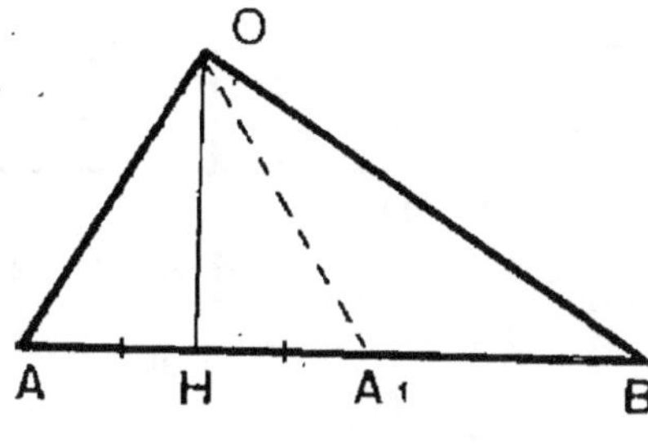

Fig. 158.

D'après le § 250,

$$OA = OA_1$$

et d'après ce qui précède

$$OA_1 < OB.$$

Donc,

$$OA < OB.$$

255. — **Réciproquement.** — *Si deux obliques OA et OB sont inégales, elles s'écartent inégalement du pied de la perpendiculaire et la plus longue est celle qui s'en écarte le plus.*

Nous supposons OA < OB (fig. 159 et 160). Nous allons démontrer que :

$$HA < HB.$$

En effet, si HA n'était pas plus petit que HB, HA serait *égal* à HB ou *supérieur* à HB.

Or ces deux circonstances sont également *impossibles*.

Dans la *première* OA serait *égal* à OB.

Dans la *deuxième* OA serait *plus grand que* OB, contrairement à l'hypothèse que OA est plus petit que OB.

APPLICATIONS A L'AXE D'UN SEGMENT RECTILIGNE.

Nous allons compléter ce qui est relatif à l'axe d'un segment rectiligne.

Nous savons déjà que si un point est sur l'axe d'un segment, il est à égale distance de A et de B et réciproquement (§ 128 et 129).

256. — **Théorème**. — *Si un point M se trouve du même côté de l'axe de AB que le point A, il est plus près de A que de B.*

Abaissons MH *perpendiculaire* sur AB (fig. 159). Elle ne rencontre pas l'axe XY. H se trouve du *même côté* que le point A par rapport à cet axe. Le point H est donc du *même côté* que le point A par rapport *au milieu* de AB. Donc :   HA < HB.

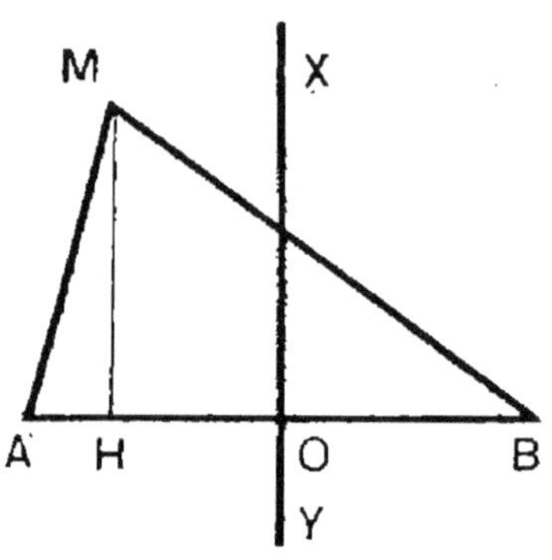

Fig. 159.

L'oblique MA s'écarte *moins* que l'oblique MB du pied de la perpendiculaire. Elle est donc *plus petite* que MB.

257. — **Réciproquement**. — *Si un point M est plus près du point A que du point B, il est du même côté que le point A par rapport à l'axe du segment AB.*

Supposons MA < MB (fig. 159), nous allons démontrer que M est du même côté de l'axe que le point A.

Si, en effet, il n'en était pas ainsi, M *serait sur l'axe* ou bien *du même côté de l'axe que le point* B. Or, ces deux circonstances sont également *impossibles*.

Dans la première, on aurait MA = MB.

Dans la deuxième, on aurait MA < MB, contrairement à l'hypothèse.

258. — **Remarque**. — L'axe XY du segment AB partage le plan en deux demi-plans ; l'un contient le point A, l'autre le point B.

D'après ce qui précède, on peut dire que :

L'ensemble des points plus rapprochés du point A que du point B forme le demi-plan qui contient le point A, les points de XY étant exclus.

L'ensemble des points plus rapprochés du point B que du point A forme le demi-plan qui contient le point B, les points de XY étant exclus.

§ 2. — Relations d'inégalité entre les côtés d'un triagle. Application.

259. — **Théorème.** — *Dans un triangle, un côté quelconque est plus petit que la somme des deux autres.*

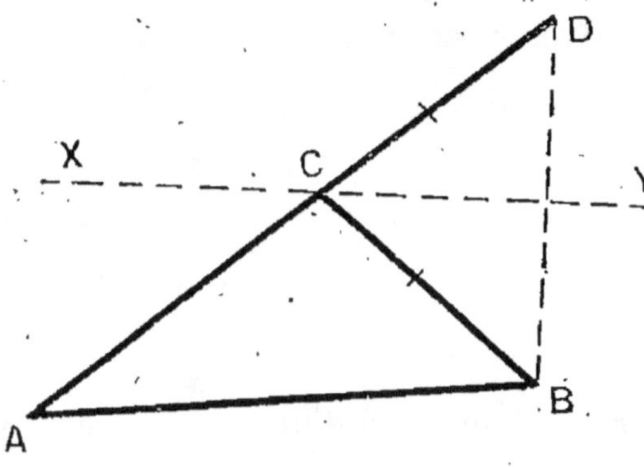

Fig. 160.

Démontrons par exemple que dans le triangle A B C on a

$$AB < AC + CB$$

(fig. 160).

Prolongeons AC d'une longueur CD égale à CB, puis menons l'axe XY du segment BD.

Cet axe passe par le point C.

Les deux points A et D sont de côtés *différents* par rapport au point C.

A et D sont donc de côtés *différents* par rapport à l'axe de BD.

Donc (§ 256) :

$$AB < AD,$$

ce qui démontre le théorème, puisque :

$$AD = AC + CB.$$

260. — Remarque. — Il est évident sans démonstration que le plus petit côté et que le moyen côté d'un triangle sont tous les deux plus petits que la somme des deux autres. Il y avait lieu de démontrer seulement que le plus grand côté d'un triangle est inférieur à la somme des deux autres.

261. — Corollaire. — *Un côté d'un triangle est plus grand que la différence des deux autres.*

Soient a, b, c les trois côtés du triangle. Nous allons montrer que le côté a est plus grand que la différence des deux autres b et c.

Supposons par exemple : $b > c$.

L'inégalité à démontrer s'écrira :

$$a > b - c.$$

Or, nous savons que :

$$a + c > b,$$

ce qui entraîne, en retranchant c aux deux membres :

$$a > b - c.$$

262. — Remarque. — Tout côté d'un triangle est donc *plus petit* que *la somme* des deux autres et *plus grand* que leur *différence*.

263. — Théorème. — *Un côté d'un polygone est plus petit que la somme de tous les autres.*

Soit le polygone ABCDF (fig. 161), nous allons démontrer que

$$AB < BC + CD + DF + FA.$$

En effet si dans la brisée BCDFA nous remplaçons DF + FA par DA, *nous diminuons* cette brisée.

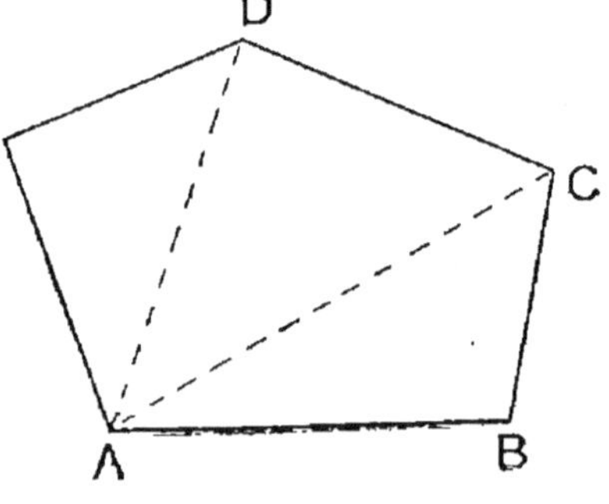

Fig. 161.

Donc $BC + CD + DF + FA > BC + CD + DA.$

De même si dans la brisée BCDA nous remplaçons CD + DA par CA, *nous diminuons* cette brisée.

Donc

$$BC + CD + DA > BC + CA.$$

Enfin on a

$$BC + CA > AB.$$

En récapitulant on voit que

$$AB < BC + CA < BC + CD + DA < BC + CD + DF + FA.$$

On a donc bien

$$AB < BC + CD + DF + FA.$$

Autre énoncé. — *Le segment rectiligne AB est plus court que toute ligne brisée ayant mêmes extrémités que lui.*

264. — **Remarque**. — Considérons une courbe continue allant du point A au point B (fig. 162). Marquons sur cette courbe différents points. Numérotons-les dans l'ordre où on les rencontre en décrivant la courbe depuis le point A jusqu'au point B.

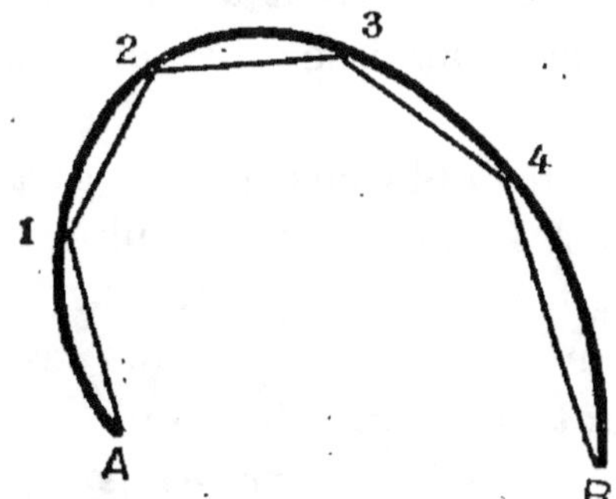

Fig. 162.

Joignons par un segment *rectiligne* le point A au premier point, puis joignons le premier point au second, le second point au troisième, etc. Joignons enfin le dernier point au point B.

Nous formons ainsi une ligne brisée qui est dite *inscrite dans la courbe considérée.*

En multipliant le nombre des points de division, la ligne brisée et la courbe deviendront pratiquement *indiscernables.*

Comme le segment rectiligne AB est plus court que la longueur de la brisée, on est amené à dire que le segment rectiligne AB est plus court que la courbe.

En d'autres termes :

La ligne droite est le plus court chemin d'un point à un autre.

La vérification expérimentale est immédiate. Soit un fil dont une extrémité A est fixe et qui passe dans un anneau très petit fixé au point B.

Supposons que le fil ait d'abord une configuration quelconque. Pour lui donner la forme rectiligne, il faudra tendre le fil, c'est-à-dire *diminuer* la longueur de fil comprise entre A et B.

265. — Remarque sur le mot distance. — Nous avons appellé *distance de deux points* la longueur du segment rectiligne ayant ces deux points pour extrémités.

La distance de deux points est la longueur du chemin le plus court allant d'un point à l'autre.

Nous avons appelé *distance d'un point à une droite* la longueur de la perpendiculaire abaissée du point sur la droite.

Il résulte des propriétés des obliques que la distance d'un point à une droite est la longueur du plus court de tous les chemins rectilignes allant du point à la droite.

C'est aussi la longueur du plus court de tous les chemins *rectilignes ou non* allant du point à la droite.

De même enfin nous avons appelé *distance de deux parallèles* la longueur de la perpendiculaire abaissée d'un point de l'une sur l'autre.

C'est la longueur du plus court de tous les chemins allant d'une parallèle à l'autre.

§ 3. — Inégalités entre angles et côtés.

266. — Théorème. — *Si dans un triangle deux côtés sont inégaux, les angles opposés sont inégaux et le plus grand des deux angles est celui qui est opposé au plus grand des deux côtés.*

Soient a et b les longueurs des côtés BC et AC.

Nous supposons par exemple que $a > b$ (fig. 163).

Nous allons démontrer que $\widehat{A} > \widehat{B}$.

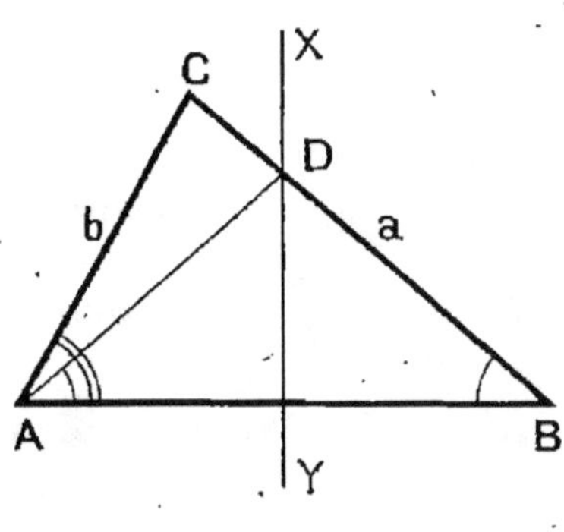

Fig. 163.

Menons l'*axe* XY du segment AB. Puisque CB est plus grand que CA, les points C et B sont de côtés *différents* par rapport à cet axe.

Donc la droite BC rencontre XY en un point D situé entre B et C. La droite DA tombe à l'intérieur de l'angle $\widehat{A}$ ou $\widehat{BAC}$.

On a donc

$$\widehat{A} > \widehat{BAD}.$$

Mais par symétrie

$$\widehat{BAD} = \widehat{B}.$$

Donc

$$\widehat{A} > \widehat{B}.$$

267. — **Réciproquement.** — *Si deux angles d'un triangle sont inégaux, les côtés opposés sont inégaux et le plus grand de ces deux côtés est celui qui est opposé au plus grand angle.*

Nous supposons par exemple que

$$\widehat{A} > \widehat{B} \qquad \text{(fig. 163)}.$$

Nous allons en conclure que

$$a > b.$$

Si en effet le côté a n'était pas plus grand que le côté b c'est que a serait *égal* à b ou que a serait *plus petit* que b.

Or ces deux circonstances sont également *impossibles*.

Dans la première, $\widehat{A}$ serait *égal* à $\widehat{B}$ (§ 123).

Dans la deuxième, A serait *plus petit* que $\widehat{B}$, contrairement à l'hypothèse que $\widehat{A}$ est plus grand que $\widehat{B}$ (§ 266).

268. — Corollaire 1. — Dans un triangle l'ordre de grandeur des *trois côtés* est le même que l'ordre de grandeur des *trois angles opposés*.

Au *plus petit côté* est opposé le *plus petit angle*.

Au *côté moyen* est opposé l'*angle moyen*.

Au *plus grand côté* est opposé le *plus grand angle*.

269. — Corollaire 2. — *Si un triangle a un angle obtus, le côté opposé est le plus grand côté.*

Car l'angle obtus est le plus grand des angles d'un triangle.

270. —, Théorème. — *Si deux triangles ont deux côtés respectivement égaux, comprenant un angle inégal, les troisièmes côtés sont inégaux et le plus grand est celui qui est opposé au plus grand des deux angles.*

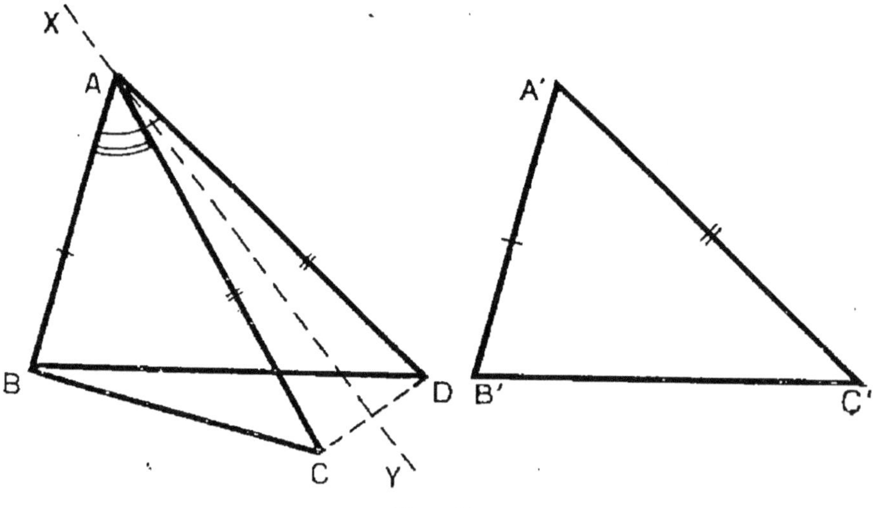

Fig. 164.

Soient les deux triangles ABC et A'B'C' (fig. 164), dans lesquels

$$AB = A'B',$$
$$AC = A'C',$$
$$\widehat{BAC} < \widehat{B'A'C'}.$$

Nous allons démontrer que

$$BC < B'C'.$$

Déplaçons le triangle A'B'C' de manière à faire coïncider A'B' avec AB, A' venant en A et B' en B. Supposons, en outre, que les deux triangles soient alors situés du même côté de AB.

Soit ABD la position prise par le triangle A'B'C'.

L'angle $\widehat{BAC}$ étant plus petit que l'angle $\widehat{BAD}$, la demi-droite AC est à *l'intérieur* de l'angle $\widehat{BAD}$.

Menons l'axe XY du segment CD.

Il passe par A, puisque AC = AD.

Les demi-droites AB et AC sont du même côté de XY.

Donc les points B et C sont du même côté de XY.

Donc (§ 256)

$$BC < BD.$$

271. — Réciproquement. — *Si deux triangles ont deux côtés respectivement égaux, et les troisièmes côtés inégaux, les angles opposés à ces troisièmes côtés sont inégaux et le plus grand des deux angles est celui qui est opposé au plus grand des deux côtés.*

Nous supposons que (fig. 164).

$$AB = A'B',$$
$$AC = A'C',$$
$$BC < B'C'.$$

Nous allons démontrer que

$$\widehat{BAC} < \widehat{B'A'C'}.$$

Si, en effet, il n'en était pas ainsi, on aurait :

$$\widehat{BAC} = \widehat{B'A'C'},$$

ou bien

$$\widehat{BAC} > \widehat{B'A'C'}.$$

Or, ces deux circonstances sont également *impossibles*.

Dans la *première*, les deux triangles seraient *égaux* (premier cas d'égalité des triangles), et alors on aurait

$$BC = B'C'.$$

Dans la *deuxième*, on aurait $BC > B'C'$, d'après le théorème direct, contrairement à l'hypothèse faite que

$$BC < B'C'.$$

272. — REMARQUE. — Ce mode de raisonnement est dit *démonstration par réduction à l'absurde*. Nous l'avons déjà utilisé plusieurs fois.

EXERCICES PRATIQUES

241. On donne deux points A et B distants de 40 millimètres, constater qu'on ne peut construire un triangle ABC ni avec les données $BC = 75$ millimètres, $AC = 3o$ millimètres, ni avec les données $BC = 15$ millimètres, $AC = 2o$ millimètres.

242. Sur une droite X'X on marque des points A, B, C, D et E consécutifs tels que $AB = 2o$ millimètres, $BC = 25$ millimètres, $CD = 3o$ millimètres, $DE = 1o$ millimètres ; en chacun de ces points on élève une perpendiculaire à XY et on porte sur la perpendiculaire en B des longueurs consécutives $BB_1 = 1o$ millimètres, $B_1B_2 = 15$ millimètres, $B_2B_3 = 25$ millimètres, $B_3B_4 = 1o$ millimètres ; sur la perpendiculaire en C des longueurs consécutives $CC_1 = 15$ millimètres, $C_1C_2 = 1o$ millimètres, $C_2C_3 = 3o$ millimètres, $C_3C_4 = 1o$ millimètres, enfin sur la perpendiculaire en D des longueurs consécutives $DD_1 = 5$ millimètres, $D_1D_2 = 1o$ millimètres, $D_2D_3 = 35$ millimètres, $D_3D_4 = 5$ millimètres ; vérifier que :
$$AE < AB_1C_1D_1E < AB_2C_2D_2E < AB_3C_3D_3E < AB_4C_4D_4E$$
mais que $AB_3C_1D_3E$ qui est concave est, quoique enveloppée par $AB_4C_4D_4E$, plus longue que cette dernière.

243. Tracer un triangle ABC, $AB = 25$ millimètres, $BC = 35$ millimètres, $CA = 5o$ millimètres et vérifier que $\widehat{B} > \widehat{A} > \widehat{C}$.

244. Tracer un triangle ABC, $AB = 7o$ millimètres, $AC = 5o$ millimètres, $\widehat{BAC} = 6o°$; mener les médianes BN et CP, les hauteurs BB' et CC', les bissectrices intérieures BL et CK et vérifier que $BN > CP$, $BL > CK$, $BB' > CC'$.

245. Tracer un triangle ABC, $AB = 75$ millimètres, $BC = 55$ millimètres et $CA = 35$ millimètres, mener la hauteur AH, la bissectrice AL, la médiane AM, mesurer ces trois longueurs et constater par leur *mesure* et par leur *position* que $AH < AL < AM$.

246. Tracer un segment $AB = 80$ millimètres et son axe X'X et prendre plusieurs points A_1, A_2, A_3 du même côté de l'axe que A ; de même prendre B_1, B_2, B_3.... du même côté de l'axe que B, constater que

$$A_1A < A_1B \quad , \quad A_2A < A_2B.... \text{ et que}$$
$$B_1A > B_1B \quad , \quad B_2A > B_2B......$$

247. Tracer un triangle ABC, $AB = 70$ millimètres, $\widehat{BAC} = 45^0$, $\widehat{ABC} = 60^0$, et vérifier que

$$AC - BC < AB < AC + BC.$$

248. Tracer un triangle ABC, $AB = 60$ millimètres, $AC = 75$ millimètres, $\widehat{BAC} = 30^0$. Prendre un point M à l'intérieur de ce triangle et vérifier que

$$\frac{AB + BC + CA}{2} < MA + MB + MC < AB + BC + CA.$$

249. Construire un carré ABCD de côté 70 millimètres et porter sur les demi-droites OX, OX', OY, OY' parallèles aux côtés du carré menées par le centre des longueurs $OM = ON = OP = OQ = 5$ millimètres, puis des longueurs $OM' = ON' = OP' = OQ' = 40$ millimètres. M et M', N et N', P et P', Q et Q' étant deux à deux sur une même demi-droite ; joindre MANBPCQDM et M'AN'BP'CQ'DM', vérifier que le périmètre du premier des polygones obtenus quoique intérieur au carré a une longueur plus grande que le périmètre du carré et que ce dernier est plus petit que le périmètre du polygone M'AN'.... DM'.

250. Tracer un triangle ABC, $AB = 50$ millimètres, $AC = 35$ millimètres, $\widehat{BAC} = 75^0$ et un triangle A'B'C', $A'B' = 50$ millimètres, $A'C' = 35$ millimètres, $\widehat{B'A'C'} = 35^0$. Vérifier que $BC > B'C'$.

EXERCICES THÉORIQUES

§ I.

251. Étant donnés un angle saillant XOY et sa bissectrice OZ, démontrer qu'un point M situé dans l'angle ZOX est plus près du côté OX que du côté OY.

252. Étant donné un triangle isocèle ABC (AB = AC), la droite BD qui joint un sommet de base à un point quelconque D du côté opposé est supérieure à la longueur DC.

253. Étant donné un triangle rectangle en A, ABC, on joint deux points quelconques D et E pris chacun sur un côté différent de l'angle droit du triangle, démontrer que DE est inférieur à l'hypoténuse.

254. Si un triangle rectangle ABC a les deux côtés de l'angle droit respectivement plus petits que les deux côtés de l'angle droit du triangle rectangle A'B'C' l'hypoténuse BC est plus petite que l'hypoténuse B'C'.

255. Étant donnés deux triangles rectangles ABC, A'B'C' d'hypoténuses égales, BC = B'C', démontrer que si AB est inférieur à A'B', AC est supérieur à A'C'.

256. Dans un triangle ABC les distances du point de concours des axes aux trois côtés du triangle sont dans l'ordre de grandeur inverse de celui des côtés correspondants.

257. Dans un triangle au plus grand côté correspond la plus petite hauteur.

258. Distinguer à l'intérieur d'un triangle ABC dont les trois côtés sont inégaux les régions dont les points ont leurs distances aux sommets dans un ordre de grandeur donné.

259. La somme des hauteurs d'un triangle est inférieure au périmètre.

260. Trouver un point M équidistant de deux points donnés A et B tel que la somme des distances de ce point au point A et à une droite XY coupant AB soit la plus petite possible.

261. Dans un triangle au plus grand côté correspond la plus petite médiane.

262. Des deux angles que forme la hauteur d'un triangle avec les deux côtés issus du même sommet, le plus petit est formé avec le plus petit de ces deux côtés.

§ 2.

263. Démontrer, à l'aide de la théorie des obliques, que, dans un triangle, un côté quelconque est inférieur à la somme des deux autres.

264. Étant donné un triangle ABC démontrer que la somme des distances d'un point quelconque intérieur au triangle aux trois sommets est comprise entre le demi-périmètre et le périmètre entier du triangle.

265. La somme des hauteurs d'un triangle acutangle est supérieure au demi-périmètre.

266. Toute médiane d'un triangle est comprise entre la demi-somme et la demi-différence des côtés qui la comprennent.

267. La droite qui joint un sommet d'un triangle à un point quelconque pris sur le côté opposé est supérieure à la moitié de l'excès des deux autres côtés sur le premier.

268. La somme des médianes d'un triangle est comprise entre les trois quarts du périmètre et le périmètre entier.

269. Dans un quadrilatère convexe le point de concours des diagonales est le point intérieur dont la somme des distances aux quatre sommets est la plus petite possible.

270. La somme des diagonales d'un quadrilatère est comprise entre le demi-périmètre et le périmètre.

271. Étant donnés dans un plan une droite XY et deux points A et B d'un même côté de cette droite, trouver sur XY un point M, tel que la différence MA — MB soit la plus grande possible.

272. Étant donnés dans un plan une droite XY et deux points A et B d'un même côté de cette droite, trouver sur XY un point M tel que la somme MA + MB soit la plus petite possible.

273. Étant donné un angle droit XOY et deux points A et B situés à l'intérieur de l'angle, trouver sur les demi-droites OX, OY deux points P et Q tels que la somme AP + PQ + QB soit minima.

274. On abaisse des deux sommets B et C d'un triangle ABC deux perpendiculaires BB' et CC' sur une droite quelconque AX passant par le troisième sommet ; quelle position doit-on donner à la droite AX pour que la somme BB' + CC' soit la plus grande possible.

§ 3.

275. Dans un parallélogramme la plus grande diagonale est celle qui joint les sommets des angles aigus.

276. Des deux angles que forme la médiane d'un triangle avec les deux côtés issus du même sommet le plus petit est formé avec le plus grand de ces deux côtés.

277. Si d'un point A on abaisse la perpendiculaire AB sur une droite et que l'on prenne sur cette droite des longueurs égales BC, CD... les angles $\widehat{BAC}$, $\widehat{CAD}$,... vont en diminuant.

278. Quel doit être l'angle A d'un triangle ABC pour que la médiane issue du sommet A soit égale, supérieure ou inférieure à la moitié du côté opposé.

279. Dans un quadrilatère ABCD, AB = CD, BC est le plus petit côté et AD le plus grand ; démontrer que $\widehat{B}$ est supérieur à $\widehat{D}$ et $\widehat{C}$ à $\widehat{A}$.

280. Étant donné un quadrilatère ABCD dans lequel deux côtés opposés AB et CD sont égaux et dans lequel $\widehat{A}$ est plus grand que $\widehat{C}$, $\widehat{A}$ et $\widehat{C}$ étant consécutifs, démontrer que l'on a $\widehat{D} > \widehat{B}$.

281. Étant donné un triangle ABC dans lequel AB > AC, démontrer : 1° que le point B est plus rapproché que le point C de la bissectrice intérieure AL de l'angle A ; 2° que LC < LB ; 3° que la bissectrice AL est comprise entre la médiane AM et la hauteur AH.

282. Si deux triangles rectangles ABC, A'B'C' ont même hypoténuse, BC = B'C', et si l'angle B est inférieur à l'angle B', le côté AC est inférieur au côté A'C'.

LIVRE II

CHAPITRE I

CERCLE

§ 1. — Positions relatives d'une droite et d'un cercle.

273. — Résumé préliminaire. — Rappelons d'abord la définition du cercle et quelques propriétés de cette ligne.

Un *cercle* est la ligne formée par *l'ensemble* des points du plan *situés à une même distance* d'un point de ce plan appelé *centre*.

Le *cercle* partage le plan en deux *régions distinctes* :

L'*intérieur* du cercle, formé par *l'ensemble* des points dont la distance au centre est *plus petite* que le rayon.

L'*extérieur* du cercle, formé par *l'ensemble* des points dont la distance au centre est *plus grande* que le rayon.

Dans une rotation autour de son centre un cercle glisse sur lui-même.

Tous les rayons d'un cercle sont égaux.

Tous les diamètres sont égaux.

Le *centre* d'un *cercle* est un *centre de symétrie* pour cette figure.

Tout *diamètre* est *axe de symétrie*.

Si une droite et un cercle ont un point commun, ils en ont un second symétrique du premier par rapport au diamètre perpendiculaire à la droite.

Une droite et un cercle ne peuvent avoir plus de deux points communs.

274. — Tangente au cercle. — Soit un cercle O, un point A sur ce cercle (fig. 165). Menons par le point A la *perpendiculaire* XY au rayon OA.

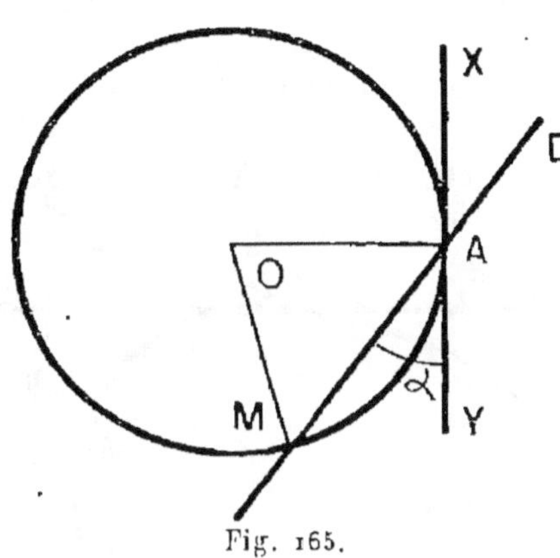

Fig. 165.

Menons par A une droite arbitraire D, elle rencontre le cercle en un second point M.

Si nous faisons tourner la droite D autour de A, le point M se déplace sur le cercle.

Nous allons démontrer le fait suivant :

Lorsque, dans son mouvement autour du point A, la droite mobile D coïncide avec XY le point mobile M passe au point A.

Désignons par α l'angle aigu formé par D avec XY. Montrons tout d'abord que

$$\widehat{AOM} = 2\alpha.$$

En effet l'angle $\widehat{OAM} = 90° - \alpha$.

La *somme* des angles du triangle *isoscèle* AOM est donc

$$(90° - \alpha) + (90° - \alpha) + \widehat{AOM}$$

ou :

$$180° - 2\alpha + \widehat{AOM}.$$

Cette somme est égale à 180°, ce qui exige que :

$$\widehat{AOM} = 2\alpha.$$

Cela posé, lorsque dans son mouvement D *coïncide* avec XY, l'angle α est nul.

Alors, l'angle $\widehat{AOM}$ qui est le double de α est nul aussi, et par suite à ce moment le point M passe au point A.

On exprime ce fait en disant que la droite XY *est tangente au cercle au point* A.

Le point A est dit le *point de contact* de la tangente.

275. — Définition de la tangente à une courbe quelconque. — Cette définition s'étend à une courbe quelconque.

La tangente *en un point* A *d'une courbe* C *est la position* XY *d'une sécante mobile tournant autour du point* A *pour laquelle un point d'intersection de cette sécante et de la courbe* C *vient se confondre avec le point* A (fig. 166).

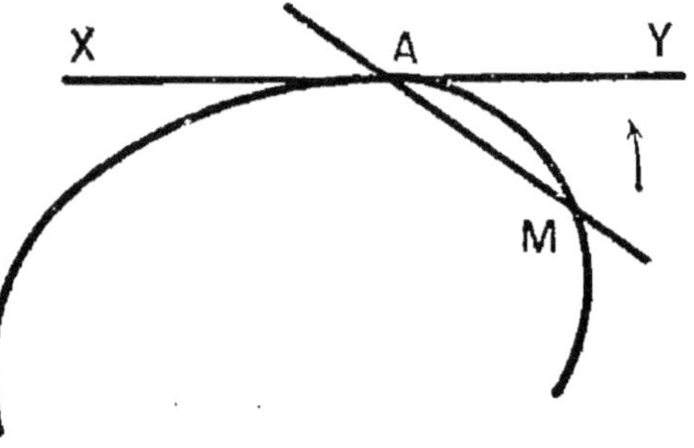

Fig. 166.

Ce qui précède nous permet d'énoncer le théorème suivant :

276. — Théorème. — *En tout point* A *d'un cercle la tangente est la perpendiculaire menée par ce point au rayon* OA.

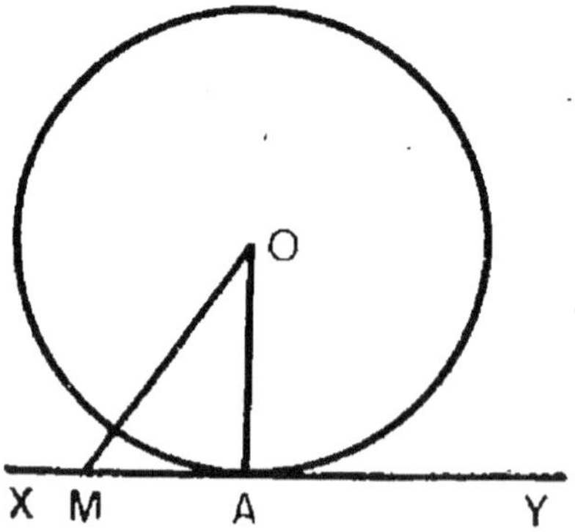

277. — Corollaire. — *La distance du centre à une tangente est égale au rayon.*

278. — Théorème. — *Un cercle et une tangente* XY *n'ont pas d'autre point commun que leur point de contact* A.

Fig. 167.

En effet si M est un point de XY autre que A (fig. 167)

154 PRÉCIS DE GÉOMÉTRIE.

l'oblique OM est plus longue que la perpendiculaire OA à XY c'est-à-dire plus longue que le rayon.

Ce point M est donc *extérieur* au cercle.

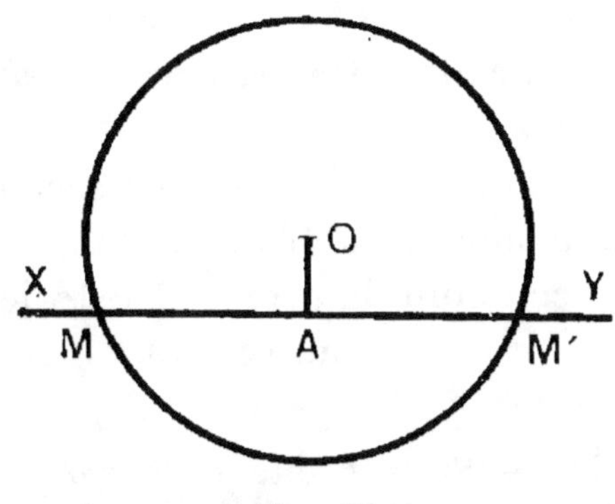

Fig. 168.

279. — Théorème. — *Si la distance OA du centre à une droite XY est plus petite que le rayon, la droite rencontre le cercle en deux points (fig. 168).*

En effet le point A est *intérieur* au cercle. La demi-droite AX issue d'un point intérieur au cercle rencontre nécessairement ce cercle en un point M.

De même AY rencontre le cercle en un point M'. Le cercle et la droite XY ont donc *deux points communs* et nous savons qu'ils ne peuvent en avoir d'autres.

On dit que la droite est *sécante*.

280. — Théorème. — *Si la distance OA du centre à une droite est égale au rayon, la droite et le cercle n'ont qu'un point commun, le point A (fig. 168).*

En effet la droite est *tangente* au cercle au point A.

281. — Théorème. — *Si la distance OA du centre à une droite est plus grande que le rayon, la droite et le cercle n'ont pas de point commun (fig. 169).*

En effet tout d'abord le point A est *extérieur* au cercle.

Tout autre point M de la droite est aussi *extérieur* au cercle, puisque OM est une oblique plus grande

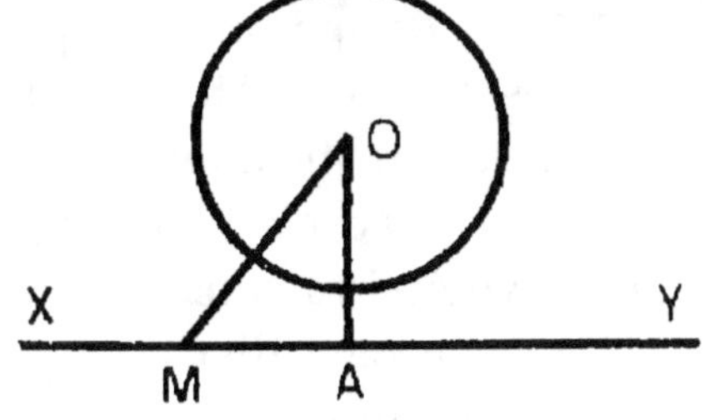

Fig. 169.

que la perpendiculaire OA et *à fortiori plus grande que le rayon*.

On dit dans ce cas que la droite est *extérieure au cercle*.

En résumé :

Si $OA < R$, 2 points communs   (la droite est sécante).

Si $OA = R$, 1 seul point commun (la droite est tangente).

Si $OA > R$, pas de point commun (la droite est extérieure au cercle).

Les réciproques sont vraies :

282. — Réciproque I. — *Si la droite et le cercle ont deux points communs, la distance OA du centre à la droite est plus petite que le rayon.*

283. — Réciproque II. — *Si la droite et le cercle ont un point commun et un seul, la distance du centre à la droite est égale au rayon.*

La droite est tangente.

284. — Réciproque III. — *Si la droite et le cercle n'ont aucun point commun, la distance du centre à la droite est plus grande que le rayon.*

La droite est extérieure au cercle.

Ces trois réciproques se démontrent immédiatement par réduction à l'absurde.

§ 2. — Positions relatives de deux cercles.

285. — Rappelons les propositions suivantes : Si deux cercles ont un point commun, ils en ont un second symétrique du premier par rapport à la droite des centres.

Si deux cercles ont deux points communs, ces points sont symétriques par rapport à la droite des centres.

Deux cercles distincts ne peuvent avoir plus de deux points communs.

286. — Soient deux cercles de rayons R et R'.

Nous les supposons d'abord *inégaux*.

Soit R > R'.

La ligne des centres rencontre le premier en A et B, le second en A' et B' (fig. 170).

Le segment AB est *plus grand* que A'B'.

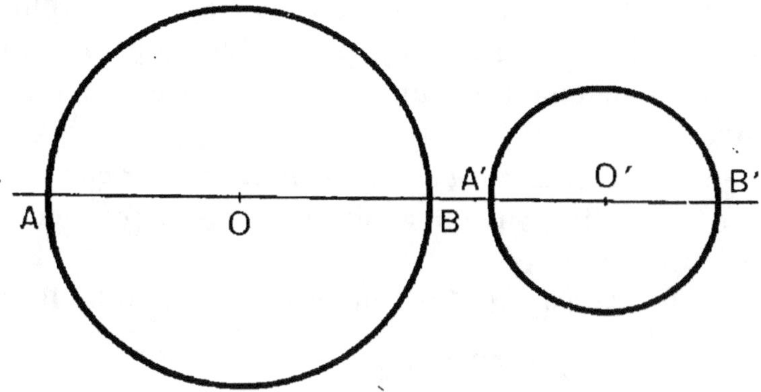

Fig. 170.

Ces deux segments peuvent occuper *cinq positions relatives* et *cinq seulement*.

1° AB et A'B' peuvent être *extérieurs* l'un à l'autre (fig. 170).

Dans ce cas il est évident que chacun des cercles est extérieur à l'autre.

Les deux cercles sont dits extérieurs.

2° AB et A'B' peuvent avoir une *extrémité commune* B et

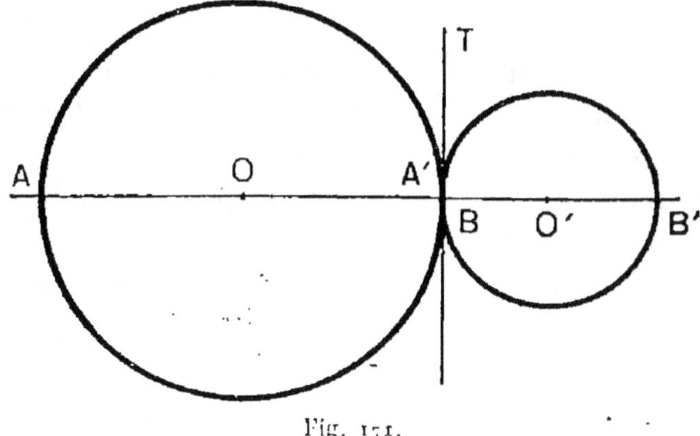

Fig. 171.

être de *côtés différents* par rapport à cette extrémité (fig. 171).

Menons la perpendiculaire BT à la ligne des centres. Cette droite BT est tangente au point B au cercle O et au cercle O'.

A cause de cela les deux cercles sont dits *tangents*.

De plus les deux cercles sont de côtés différents par rapport à leur tangente commune BT ; tout point autre que B appartenant à l'un des cercles est extérieur à l'autre.

Les deux cercles sont dits **tangents extérieurement**.

3° AB et A'B' peuvent avoir une *portion commune* A'B (fig. 172).

Le point A' est *intérieur* au cercle O, le point B' lui est

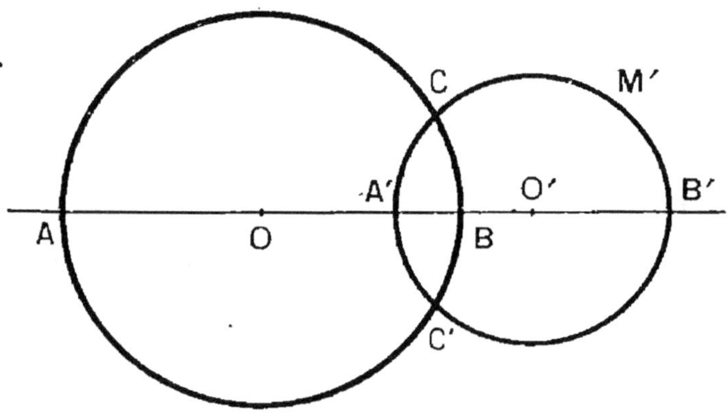

Fig. 172.

extérieur. Le demi-cercle A'M'B', qui joint un point *intérieur* à un point *extérieur* au cercle O, *rencontre ce cercle O* en un point C.

Les deux cercles ont un second point commun C' symétrique de C par rapport à OO'.

Les **deux cercles ont donc deux points communs,** *et nous savons qu'ils ne peuvent en avoir d'autres.*

Ils sont dits sécants.

4° Les deux segments AB et A'B' ont une **extrémité commune** B et sont du **même côté** de cette extrémité commune (fig. 173).

Les deux cercles ont le point commun B; en ce point

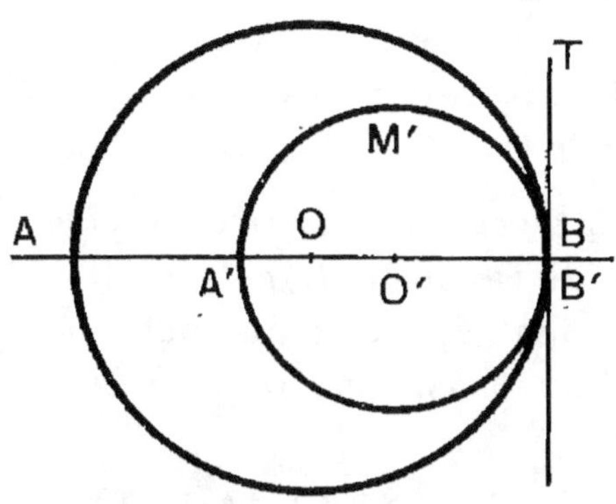

Fig. 173.

ils ont la *même tangente* BT perpendiculaire à la ligne des centres. On dit encore qu'ils sont *tangents*.

Mais ils ne sont pas situés du même côté de leur tangente commune BT.

De plus, tous les points du cercle O', sauf le point B, sont *intérieurs* au cercle O.

DÉMONSTRATION. — *D'abord les deux cercles* O *et* O' *n'ont pas d'autre point commun que* B.

Car s'ils avaient un point commun P, *distinct* de B, P et B seraient *symétriques* par rapport à OO' (§ 184).

Le symétrique du point B, par rapport à OO', serait un point distinct du point B, ce qui est impossible puisque B est sur OO'.

Le *demi-cercle* A'M'B' joint le point *intérieur* au cercle O à un point B de ce cercle sans le rencontrer : tous ses points sauf le point B sont donc *intérieurs* au cercle O. Il en est de même du demi-cercle symétrique de A'M'B'.

Les deux cercles sont dits tangents intérieurement.

5° Le segment A'B' est *intérieur au segment* AB (fig. 174).

D'abord si AA'=BB', les centres des deux cercles coïncident, et le plus petit est *intérieur* au plus grand.

Supposons AA'>BB'.

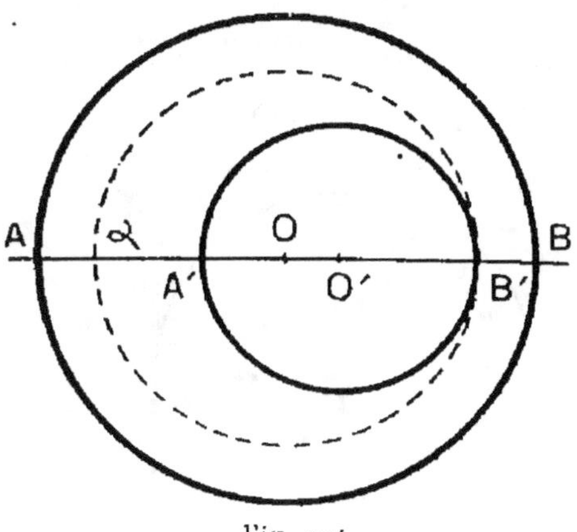

Fig. 174.

Prenons Aα = BB'. Le cercle de diamètre αB' concentrique au cercle O est tout entier intérieur à ce dernier.

Le cercle O' est tangent intérieurement au cercle de diamètre αB'.

Donc ce cercle O' est tout entier *intérieur* au cercle O. *Il est dit intérieur au cercle O'.*

En résumé : Il y a *cinq positions relatives* et *cinq seulement* pour deux cercles de rayons *différents*.

Si les deux cercles étaient *égaux* et distincts, les deux derniers cas ne *pourraient évidemment se présenter*.

RELATIONS ENTRE LES RAYONS ET LA DISTANCE DES CENTRES.

287. — Théorème. — *Si deux cercles sont* **extérieurs**, *la distance des centres est plus grande que la somme des rayons.*

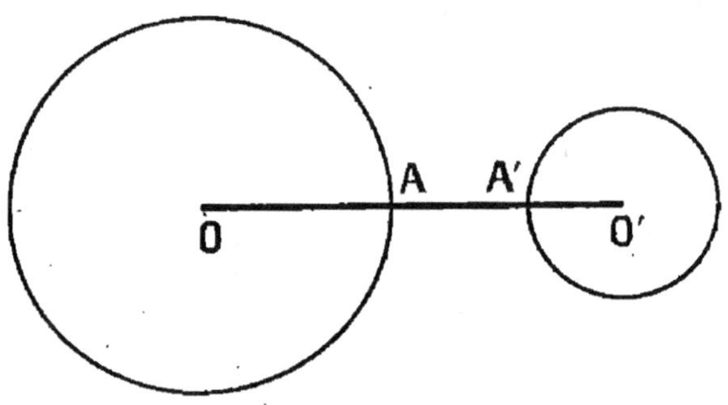

Fig. 175.

En effet,

$$OO' = OA + O'A' + AA' \quad \text{(fig. 175)}.$$

Donc $OO' > OA + O'A'$, ou $OO' > R + R'$.

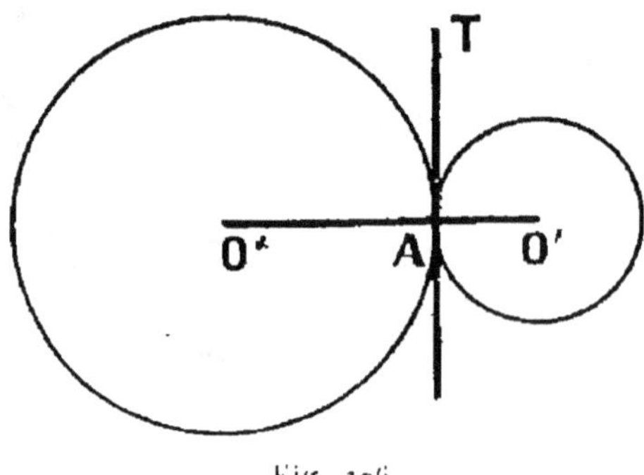

Fig. 176.

288. — Théorème. — *Si deux cercles sont* **tangents extérieurement**, *la distance des centres est égale à la somme des rayons.*

En effet,

$$OO' = OA + O'A \quad \text{(fig. 176)}$$
$$OO' = R + R'.$$

289. — Théorème. — *Si deux cercles sont* **sécants**, *la* distance des centres est plus petite que la *somme des rayons et plus grande que leur différence.*

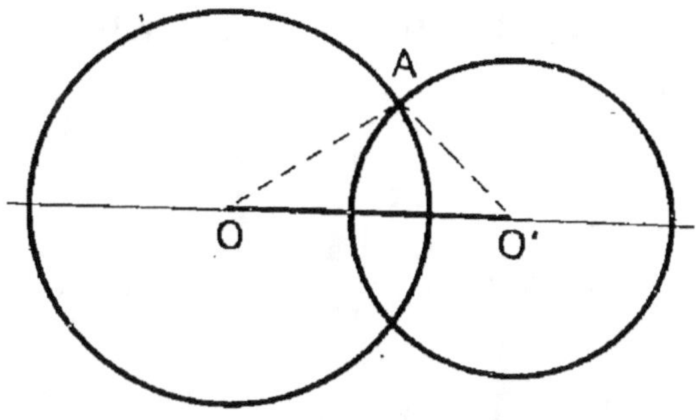

Fig. 177.

Soit A un des deux points d'intersection (fig. 177).

Les trois segments OO', OA, O'A *forment un triangle.* Donc le côté OO' est *plus petit que la somme des deux autres et plus grand que leur différence.*

$$R - R' < OO' < R + R'.$$

290. — **Théorème.** — *Si deux cercles sont* **tangents intérieurement,** *la distance des centres est égale à la différence des rayons.*

Soit A le point de *contact* (fig. 178).

$$OO' = OA - O'A,$$
ou
$$OO' = R - R'.$$

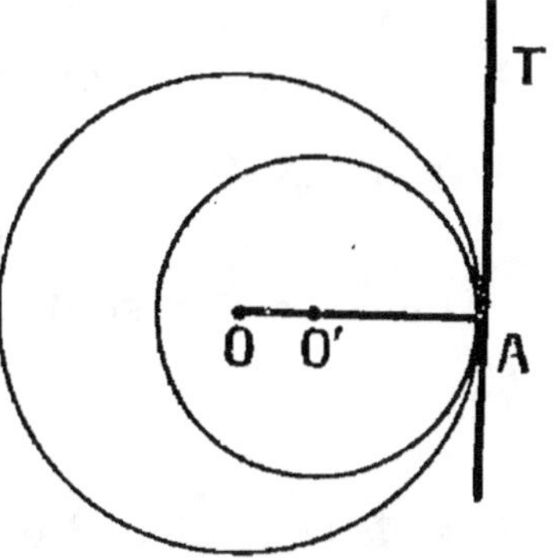

Fig. 178.

291. — **Théorème.** — *Si le cercle O' est* **intérieur** *au cercle O, la distance des centres est plus petite que la différence des rayons* (fig. 179).

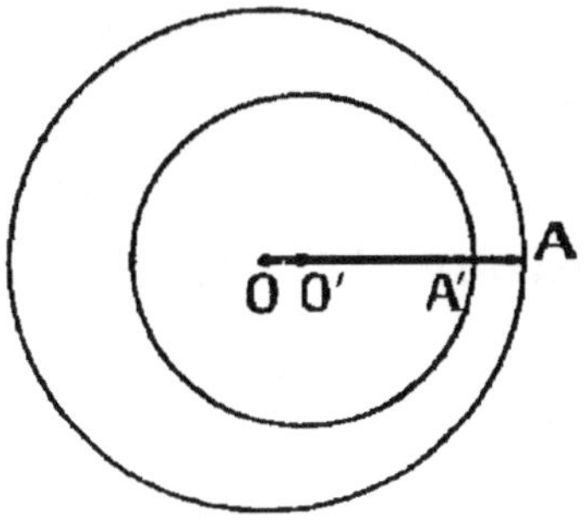

Prolongeons le segment OO' *dans le sens OO'.* Ce prolongement rencontre *d'abord* en A' le cercle O', *puis* en A le cercle O.

On a
$$OO' = OA - O'A' - A'A$$
$$OO' = (R - R') - A'A$$

Fig. 179.

OO' est donc plus petit que $R - R'$.

Conséquences. — Les *réciproques* de ces *cinq* propositions sont vraies et se démontrent par réduction à l'absurde.

292. — 1° Si

$$OO' > R + R',$$

les deux *cercles* sont *extérieurs*.

293. — 2° Si

$$OO' = R + R',$$

les deux *cercles* sont *tangents extérieurement*.

294. — 3° Si

$$R - R' < OO' < R + R,$$

les deux *cercles* sont *sécants*.

295. — 4° Si

$$OO' = R - R',$$

les deux *cercles* sont *tangents intérieurement*.

296. — 5° Si

$$OO' < R - R',$$

le *cercle* O' est *intérieur* au *cercle* O.

297. — *Cas de deux cercles distincts et de même rayon* R. Nous savons qu'ils peuvent être seulement extérieurs, tangents extérieurement ou sécants ;

1° S'ils sont *extérieurs*

$$OO' > 2R.$$

2° S'ils sont *tangents extérieurement*

$$OO' = 2R,$$

3° S'ils sont *sécants*

$$OO' < 2R.$$

Les réciproques sont vraies.

§ 3. — Constructions.

298. — Nous savons maintenant à quelles conditions une droite et un cercle, ou bien deux cercles, se coupent.

On pourra reprendre les problèmes déjà examinés dans lesquels on a utilisé des droites et des cercles.

Par exemple : Pour construire *l'axe d'un segment* AB, nous avons tracé deux cercles *égaux* de centre A et B. Ces deux cercles doivent se couper pour que la construction réussisse. Il faudra pour cela que leur rayon soit plus *grand que la moitié de* AB.

Reprenons en particulier le problème suivant :

299. — **Problème**. — *Construire un triangle, connaissant les trois côtés a, b, c.*

Nous avons déjà donné la construction (§ 148). Examinons à quelle condition elle est possible.

D'abord, *s'il existe un triangle ayant pour côtés a, b, c, un de ces côtés, a, par exemple, est plus petit que la somme des deux autres b et c, et plus grand que leur différence* (§ 259 et 261).

Si ces conditions ne sont pas remplies, le triangle cherché n'existe pas.

Supposons-les *remplies*. Ayant pris BC $= a$ et tracé des cercles de centres B et C et de rayons c et b, la distance de leurs centres a est plus petite que la somme des rayons b et c, et plus grande que la différence de ces rayons.

Donc, *ils se coupent* en un point A situé hors de la ligne des centres (§ 294). Le triangle ABC ainsi construit a pour côtés a, b, c.

En résumé :

300. — **Pour qu'il existe un triangle** ayant pour côtés *trois segments donnés, il* **faut** *et il* **suffit** *que l'un quelconque* *de ces segments soit plus petit que la somme des deux autres et plus grand que leur différence.*

Ou bien encore

301. — *Il faut et il suffit que le plus grand des trois segments soit plus petit que la somme des deux autres.*

Car il est évidemment plus grand que leur différence.

Exemple : 1° Peut-on construire un triangle ayant pour côtés 12 mètres, 8 mètres et 5 mètres ?
Oui, puisque le plus grand côté 12 est plus petit que 8 + 5.
2° Peut-on construire un triangle ayant pour côtés 15 mètres, 9 mètres et 5 mètres ?
Non, car 15 > 9 + 4.

302. — **Existence du triangle équilatéral.** — On peut construire un triangle ayant pour côtés trois segments égaux, puisque chacun d'eux est plus petit que la somme des deux autres.

303. — **Problème.** — *Construire un cercle passant par trois points non en ligne droite* A, B, C.

Nous cherchons à déterminer le *centre* d'un tel cercle (fig. 180). Il est *équidistant* de A et B : il est donc sur l'*axe* de AB. Il est *équidistant* de A et C : il est donc sur l'*axe* de AC.

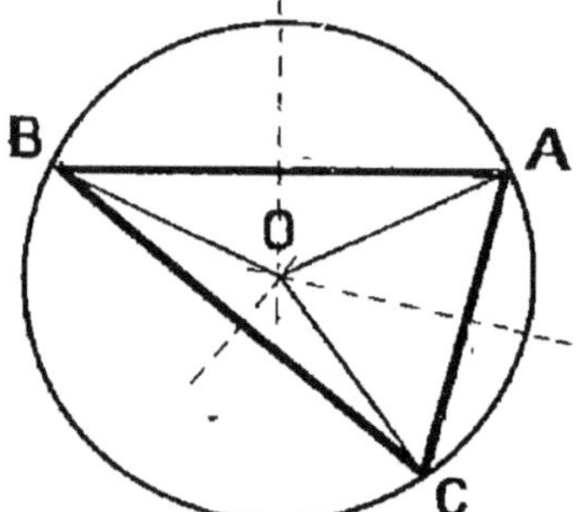

Fig. 180.

D'où la construction :

On mènera l'axe de AB et l'axe de AC

Ces deux axes, perpendiculaires à deux droites qui se coupent, se *coupent* eux-mêmes en un point O.

O est le *centre cherché*.

En effet, O étant sur l'axe de AB,

$$OA = OB.$$

O étant sur l'axe de AC,

$$OA = AC.$$

Si donc de O comme centre on trace un cercle de rayon OA, ce cercle passe par B et par C.

Il est dit *circonscrit* au triangle ABC.

Il n'y a qu'un *seul cercle* passant par les trois points A, B et C, car s'il y en avait un autre distinct du premier, ces deux cercles auraient plus de deux points communs.

304. — Théorème. — *Les axes des trois côtés d'un triangle se coupent en un même point centre du cercle circonscrit au triangle.*

En effet, le centre O du cercle circonscrit a été obtenu comme intersection des axes des côtés AB et AC. O est équidistant de B et C. Il est donc ainsi sur l'axe du segment BC.

PROBLÈMES SUR LES TANGENTES.

305. — Problème. — *Mener, par un point donné P, une tangente à un cercle.*

1° Le point P est sur le cercle. La tangente cherchée est la perpendiculaire au rayon OA.

2° le point P est intérieur. Le problème est impossible.

3° le point P est *extérieur* au cercle.

Supposons le problème résolu.

Soit A le point de contact d'une *tangente* PA, menée par le point P (fig. 181).

L'angle $\widehat{OAP}$ est droit. Le cercle de *diamètre* OP passe donc par A.

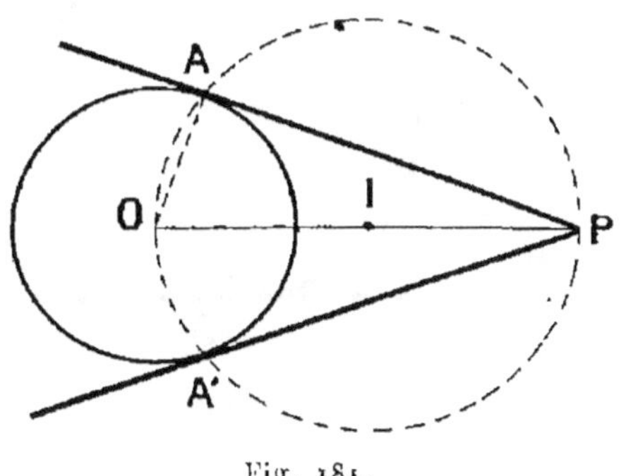

Fig. 181.

D'où la construction :

On construit le *milieu* I du segment OP, on trace le cercle ayant pour *centre* I et pour *rayon* IO, c'est-à-dire le cercle de diamètre OP.

Puisque I est extérieur au cercle O, les deux cercles se coupent en deux points A et A′.

PA et PA′ *sont les tangentes cherchées.*

306. — Théorème. — *Les tangentes menées à un cercle par un point P extérieur à ce cercle sont égales.*

En effet (fig. 181), A et A′ sont *symétriques* par rapport à la ligne des centres OP, donc les tangentes PA et PA′ sont elles-mêmes *symétriques* par rapport à cette ligne et par suite égales.

307. — Problème. — *Mener à un cercle les tangentes parallèles à une direction donnée* D.

On trace le diamètre perpendiculaire à D. Soient A et A′ ses extrémités (fig. 182).

On mène par A et A′ les parallèles à D.

Ce sont les tangentes cherchées.

Les points de contact de deux tangentes parallèles sont diamétralement opposés.

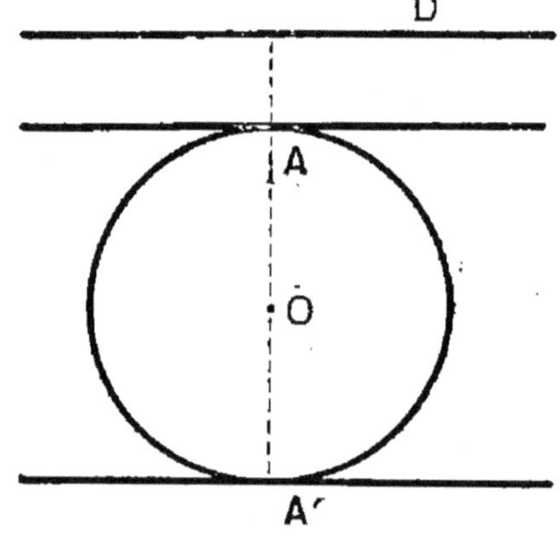

Fig. 182.

308. — Tangentes communes à deux cercles. — Étant donnés deux cercles, il peut exister une droite tangente à la fois à ces deux cercles.

Cette droite est dite *tangente commune aux deux cercles.*

Si les deux cercles sont du *même côté de la tangente*, cette dernière est dite **tangente commune extérieure**.

Si les deux cercles sont de *côtés différents de la tangente*, cette dernière est dite **tangente commune intérieure**.

309. — Problème. — *Construire les tangentes communes extérieures à deux cercles.*

Supposons le problème *résolu*.

Soit AA′ une *tangente commune extérieure* touchant les cercles de centre O et O′ en A et A′ (fig. 183).

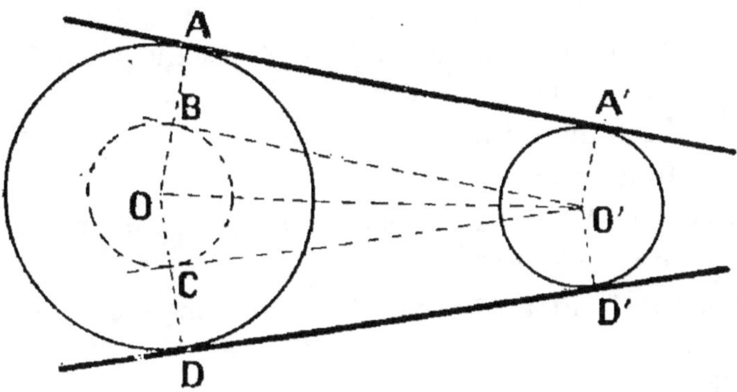

Fig. 183.

Les rayons OA et O′A′ sont *parallèles*, car ils sont perpendiculaires à AA′.

Par O′, menons la *parallèle* O′B à la tangente commune.

Le quadrilatère AA′O′B est un *parallélogramme* (côtés opposés parallèles). De plus, l'angle A est droit, c'est donc un *rectangle*.

Les côtés opposés AB et O′A′ étant égaux, on a

$$OB = OA - AB = OA - O'A'$$

ou

$$OB = R - R'.$$

Le point B est donc sur le *cercle* ayant pour centre O et pour *rayon* R — R′.

De plus, la droite O'B étant perpendiculaire à OB est *tangente* en B à ce cercle.

D'où la construction :

Du point O comme centre, avec un rayon égal à R — R', on trace un *cercle*.

Du point O' on lui mène une *tangente*, ce qui se fait en traçant le cercle de diamètre OO'. On a ainsi le point B et la tangente O'B.

On prolonge OB jusqu'au point A de rencontre avec le cercle O.

Par A on mène la parallèle à O'B et du point O' on mène la parallèle à OA.

Soit A' leur point de rencontre.

Vérifions que :

La droite AA' est une tangente commune dont A et A' sont les points de contact.

A appartient au cercle O. Montrons que A' appartient au cercle O'.

En effet :

$$O'A' = AB = OA - OB = R - (R - R') = R'.$$

Comme l'angle $\widehat{OBO'}$ est droit, il en est de même des angles $\widehat{A}$ et $\widehat{A'}$. AA' est donc bien *tangente en A et A' aux deux cercles.*

La construction donne une seconde solution symétrique de la première par rapport à OO'.

Pour que la construction soit *possible*, il faut que O' ne soit pas *intérieur* au cercle de centre O et de rayon R — R', c'est-a-dire que

$$OO' \geqslant R - R'$$

cela signifie que les cercles ne *doivent pas être intérieurs l'un à l'autre.*

Dans les quatre autres cas, ils admettent **deux tan-**

gentes communes extérieures, qui se confondent en une

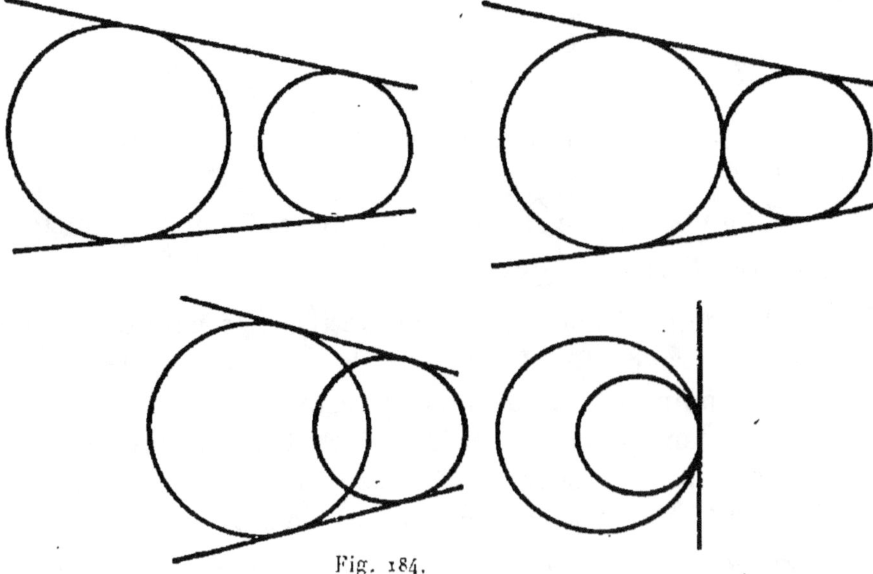

Fig. 184.

seule lorsque les deux cercles sont *tangents intérieure-*
ment (fig. 184).

310. — Problème. — *Construire les tangentes communes*
intérieures à deux cercles.

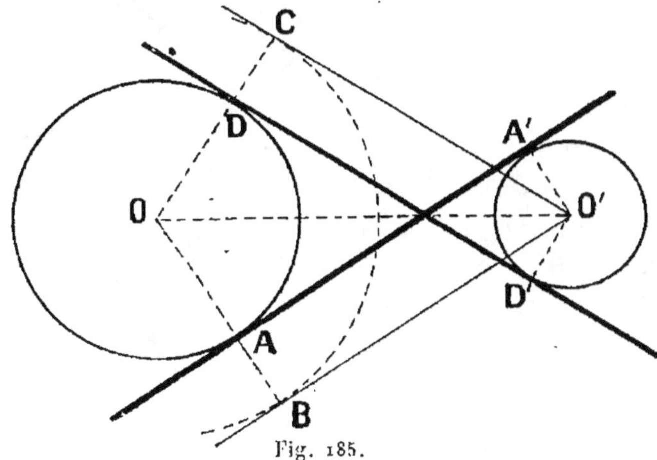

Fig. 185.

Supposons le problème *résolu* et soit AA' une *tangente*
commune intérieure (fig. 185).

Par le point O' menons O'B *parallèle* à AA'. Comme précédemment le quadrilatère O'BAA' est un *rectangle*.

$$OB = OA + AB = OA + O'A'$$
$$OB = R + R'$$

Le point B appartient donc au cercle de centre O et de rayon $R + R'$.

Comme l'angle $\widehat{B}$ est droit, O'B est tangent à ce cercle.

D'où la construction :

Du point O comme centre, on trace le cercle de centre O et de rayon $R + R'$.

Du point O' on lui mène une tangente, ce qui se fait en traçant le cercle de diamètre OO'. On obtient ainsi le point B. Le segment OB rencontre le cercle O en un point A. Par A on mène la parallèle à OB', par O' la parallèle O'A' à OB.

La droite AA' est une tangente commune extérieure. *(Démonstration analogue à celle du paragraphe précédent.)*

La construction donne une seconde tangente symétrique de la première par rapport à la ligne des centres.

Pour que la construction soit *possible*, il faut que le point O' ne *soit pas intérieur* au cercle de centre O et de rayon $R + R'$, c'est-à-dire que

$$OO' \geqslant R + R'$$

Fig. 186.

Cela signifie que les deux cercles doivent être **extérieurs ou tangents extérieurement.** Dans ce dernier cas les deux tangentes communes intérieures se confondent (fig. 186).

311. — Définition. — *Un cercle est dit* **inscrit** *à un triangle lorsqu'il est tangent à ces trois côtés et qu'il est situé à l'intérieur du triangle.*

Il est dit **ex-inscrit** *au triangle lorsqu'il est tangent aux trois côtés, mais situé à l'extérieur du triangle.*

312. — Problème. — *Construire le cercle inscrit à un triangle..*

Supposons le problème *résolu* et soit I le centre d'un cercle intérieur au triangle, et tangent aux trois côtés aux points α, β, γ (fig. 187). Iα, Iβ, Iγ sont *perpendiculaires* aux côtés correspondants.

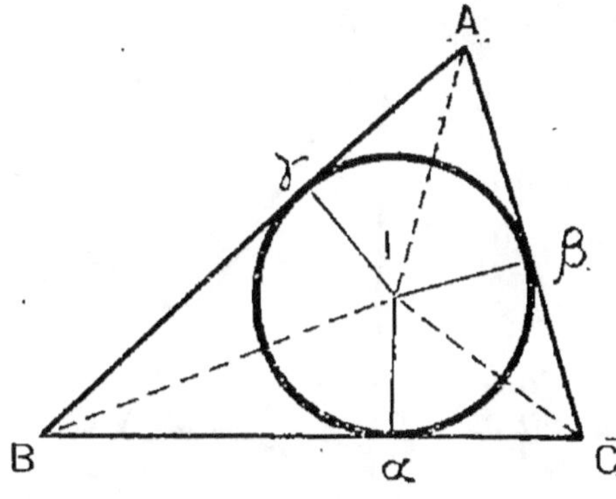

Fig. 187. — Cercle inscrit.

$$I\alpha = I\beta$$

comme rayons d'un même cercle.

Donc I se trouve sur la *bissectrice* de l'angle $\widehat{C}$ du triangle, puisqu'il est équidistant des deux côtés de cet angle.

De même I se trouve sur la *bissectrice* de l'angle $\widehat{B}$ du triangle.

D'où la construction :

On mène les *bissectrices* des angles $\widehat{B}$ et $\widehat{C}$, elles se coupent en un point I intérieur au triangle.

De ce point on abaisse des perpendiculaires Iα, Iβ, Iγ sur les trois côtés.

I se trouvant sur la bissectrice de $\widehat{C}$,

$$I\alpha = I\beta.$$

I se trouvant sur la bissectrice de $\widehat{B}$

$$I\,\alpha = I\,\gamma.$$

Si donc on trace le cercle de centre I qui passe par α, il passe aussi par β et γ et il est *tangent en ces points aux trois côtés du triangle.*

313. — Théorème. — *Les trois bissectrices des angles d'un triangle se coupent en un même point centre du cercle inscrit au triangle.*

En effet, le centre du cercle inscrit I a été obtenu comme intersection des bissectrices des angles B et C (fig. 187).

Mais

$$I\,\beta = I\,\gamma.$$

Le point I se trouve donc aussi sur la bissectrice de l'angle A.

314. — Problème. — *Construire un cercle ex-inscrit à un triangle.*

Cherchons à construire un cercle *ex-inscrit situé dans l'angle* $\widehat{A}$ par exemple.

Supposons le problème *résolu* et soient α', β', γ' les points de contact d'un tel cercle ayant I' pour centre (fig. 188).

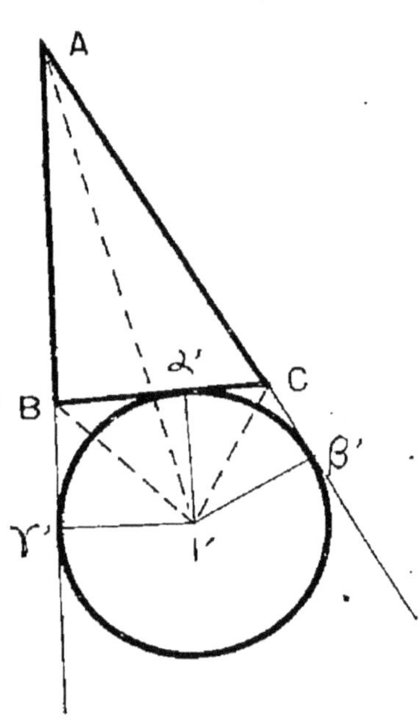

Fig. 188. — Cercle ex-inscrit.

On a

$$I'\,\alpha' = I'\,\beta'.$$

Donc I' se trouve sur la *bissectrice* de l'angle $\widehat{BC\beta'}$, qu'on appelle la *bissectrice extérieure* de l'angle $\widehat{C}$ du triangle.

De même

$$I'\,\alpha' = I'\,\gamma'$$

Donc I' se trouve sur la *bissectrice extérieure* de l'angle B du triangle.

D'où la construction :

On mène les bissectrices extérieures des deux angles B et C du triangle.

Elles se *coupent* en un point I' intérieur à l'angle $\widehat{A}$.

En effet, les angles que forment ces bissectrices avec BC sont aigus comme moitiés de deux angles saillants.
Leur somme est plus petite que 180°.
Donc ces deux bissectrices se coupent (§ 247).

Du point I', nous abaissons les *perpendiculaires* I'α', I'β', I'γ' sur les trois côtés.

On voit, comme précédemment, que ce sont les points de *contact* d'un cercle de centre I', *ex-inscrit au triangle*.

315. — Théorème. — *La bissectrice de l'angle A et les bissectrices extérieures des deux autres angles du triangle se coupent sur un même point, centre d'un cercle ex-inscrit au triangle.*

En effet, le point I' a été obtenu par l'intersection des bissectrices extérieures des angles $\widehat{B}$ et $\widehat{C}$.

Mais

$$I'\gamma' = I'\beta'$$

Donc I' se trouve sur la *bissectrice (intérieure)* de l'angle $\widehat{A}$.

316. — Il y a deux autres cercles ex-inscrits, l'un situé dans l'angle $\widehat{B}$, l'autre dans l'angle $\widehat{C}$.

En résumé, il y a 4 cercles tangents aux trois côtés d'un triangle : 1 inscrit, 3 ex-inscrits.

317. — Remarque. — Les trois bissectrices extérieures du triangle ABC forment un triangle de sommets I', I", I''' (fig. 190).

Les bissectrices (intérieures) des angles du triangle ABC passent respectivement par ces trois sommets.

Ce sont de plus les hauteurs du triangle I' I" I'".

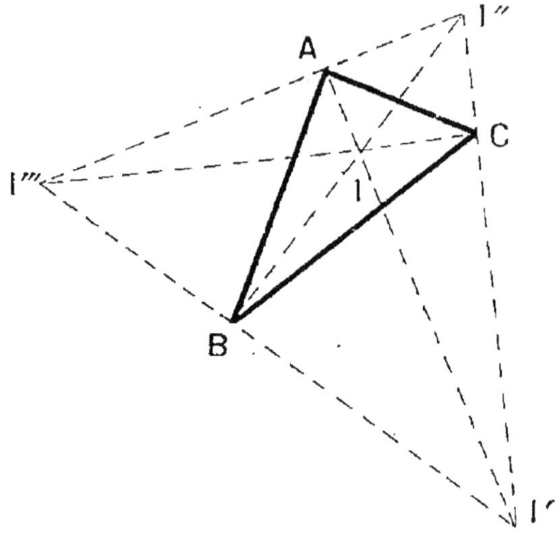

Fig. 190.

On voit que les trois hauteurs de ce triangle concourent au point I.

EXERCICES PRATIQUES

283. Tracer un cercle de centre O de rayon 40 millimètres et trois droites ; l'une distante de O de 25 millimètres, la deuxième distante de O de 40 millimètres, la troisième distante de O de 45 millimètres : constater que la première coupe le cercle en deux points, la seconde en un point, la troisième en aucun point.

284. Tracer un triangle BAC, AB = 45 millimètres, BC = 35 millimètres, CA = 30 millimètres. Prendre à l'intérieur du triangle un point O tel que OA = 27 millimètres, OB = 23 millimètres et tracer de ce point comme centre un cercle ayant 16 millimètres de rayon. Rechercher s'il coupe ou non chacun des côtés du triangle.

285. Tracer un hexagone dont tous les côtés sont égaux à 25 millimètres et tous les angles égaux à 120°, joindre par une diagonale deux sommets opposés et constater que le cercle qui a pour centre le milieu de cette diagonale et qui passe par le milieu d'un des côtés passe par les milieux de tous les côtés et leur est tangent en ce point.

286. Étant donnés les cinq premiers nombres entiers, construire tous les triangles possibles en prenant comme longueurs des côtés trois de ces cinq premiers nombres.

287. Tracer un cercle de centre O et de rayon 35 millimètres et marquer sur ce cercle six points arbitraires, mener par chacun de ces points les six tangentes et porter sur ces tangentes des longueurs égales à 10 millimètres, vérifier que les extrémités de ces longueurs sont sur un cercle concentrique au premier.

288. On considère cinq cercles concentriques de centre O et de rayons respectifs 5, 10, 15, 20, 25 millimètres. Mener d'un point P ($OP = 45$ millimètres) les tangentes à chacun de ces cercles et constater que les points de contact sont sur un cercle de diamètre OP.

289. On considère deux cercles O de rayon 50 millimètres et O′ de rayon 30 millimètres, la distance des centres OO′ est égale à 40 millimètres : 1° constater que ces deux cercles se coupent en deux points A et B; 2° prendre un point M extérieur à ces deux cercles sur leur corde commune prolongée et mener de ce point les tangentes aux deux cercles, constater que ces tangentes sont égales et que le cercle de centre M ayant pour rayon la longueur de ces tangentes admet aux points communs avec les cercles donnés des tangentes qui passent par les centres de ces cercles.

290. Étant donné un cercle de centre O de rayon 30 millimètres mener à ce cercle des tangentes parallèles aux côtés d'un triangle équilatéral ABC donné. Vérifier qu'on obtient ainsi six tangentes formant deux triangles équilatéraux égaux dont les côtés sont parallèles deux à deux et dont les sommets sont sur un même cercle concentrique au premier.

291. On trace deux cercles O et O′ de rayons 25 millimètres et 35 millimètres tangents extérieurement en A : 1° mener la tangente en A aux deux cercles; 2° tracer des cercles dont les centres O_1, O_2, O_3... sont pris arbitrairement sur cette tangente et qui passent tous en A, constater que chacun de ces nouveaux cercles coupe les deux premiers O et O′ aux points de contact des tangentes menées à ces cercles par le centre du cercle considéré.

292. Tracer deux cercles l'un de centre O de rayon 40 millimètres l'autre de centre O′ de rayon 30 millimètres, la distance des centres OO′ étant de 50 millimètres, constater que ces cercles se coupent en deux points A et B où leurs tangentes sont à angle droit et passent par les centres de l'autre cercle.

293. Étant donné un triangle $AB = 60$ millimètres, $BC = 45$ millimètres, $CA = 25$ millimètres, tracer de A comme centre un cercle ayant 40 millimètres de rayon, de B comme centre un cercle ayant 20 millimètres de rayon et de C comme centre un cercle de 5 millimètres de rayon; vérifier que ces trois cercles sont tangents extérieurement deux à deux.

294. Étant donnés six rayons concentriques faisant entre eux des angles de 60°, tracer les six cercles de rayon 25 millimètres tangents à deux rayons consécutifs et les six cercles de même centre ayant de deux en deux soit 30 soit 20 millimètres de rayon. Remarquer que ces cercles se raccordent deux à deux. Tracer les arcs de ces cercles limités aux points de contact et se raccordant en ces points de façon à obtenir une ligne sinueuse continue présentant trois saillants et trois rentrants courbes.

295. On considère trois cercles O, O′, O″ dont les centres sont en ligne droite tels que O′ soit tangent extérieurement à la fois à O et à O″, O et O″ étant de plus de part et d'autre de O′. Le rayon du cercle O est 45 millimètres, celui de O' est 3o millimètres et celui de O'' 2o millimètres. Vérifier en faisant les constructions des tangentes communes extérieures pour les couples de cercles O' et O'', O et O' que ces trois cercles admettent les deux mêmes tangentes communes extérieures.

EXERCICES THÉORIQUES

§ 1.

296. Chercher le lieu géométrique du milieu M d'un segment de droite AB qui se déplace, ses extrémités décrivant deux droites rectangulaires X'OX, Y'OY.

297. Dans un triangle ABC, le côté BC est fixe et la différence des côtés AB et AC est constante, quel est le lieu géométrique des pieds des perpendiculaires abaissées de B et de C sur la bissectrice intérieure de l'angle A?

298. Sur quelle ligne se déplace le point de rencontre de deux tangentes à un cercle menées par les extrémités d'une corde quand cette corde se déplace parallèlement à elle-même?

299. Construire un cercle passant par deux points donnés A et B et ayant son centre sur une droite donnée.

300. Construire un cercle tangent à deux droites données D et D' et ayant son centre sur une troisième droite donnée XY.

301. Quelle est la ligne formée par l'ensemble des points d'où l'on peut mener à un cercle des tangentes de longueur donnée?

302. On donne deux cercles concentriques de centre O de rayons OA, OB, tels que $OB = 2OA$. D'un point P comme centre, extérieur au cercle OA, on décrit avec PO pour rayon un cercle rencontrant le cercle OB aux deux points C et D. Les droites OC, OD coupent le cercle OA aux points E et F. Démontrer que les droites PE, PF sont tangentes au cercle OA. Déduire de là une construction permettant de tracer par un point une tangente à un cercle.

303. Démontrer qu'il existe un cercle tangent aux quatre côtés d'un losange.

304. S'il existe un cercle tangent aux quatre côtés d'un quadrilatère convexe, les points de contact étant sur les côtés et non sur les prolongements, la somme de deux côtés opposés de ce quadrilatère (qu'on nomme quadrilatère circonscriptible) est égale à la somme des deux autres côtés.

305. Pour qu'un parallélogramme soit circonscriptible à un cercle il faut que ce soit un losange.

306. Quel est le parallélogramme qui est à la fois inscriptible et circonscriptible à un cercle?

307. Quelle est la position du centre O d'un cercle qui coupe une droite XX' sans en couper une autre YY' non parallèle à la première.

308. Étant donnés deux cercles O et O' qui se coupent en A et B, mener par un des points d'intersection une corde limitée aux deux cercles et de longueur donnée.

309. Étant donné un cercle O et deux tangentes AB, AC à ce cercle, issues de A, on mène une troisième tangente B'MC' à ce cercle limitée aux deux premières, démontrer que l'angle $\widehat{B'OC'}$ est égal à la moitié d'un des deux angles $\widehat{BOC}$, quelle que soit la position du point de contact M sur le cercle. Examiner le cas où les tangentes en B et en C, au lieu d'être concourantes sont parallèles.

310. Si dans un triangle isocèle ABC (AB $=$ AC, le cercle passant en B et tangent en A à AC a son centre O sur la base, démontrer que $\widehat{AOC} = 6o^\circ$; calculer les angles du triangle ABC.

311. Dans un trapèze rectangle ABCD où le côté oblique BC est égal à la somme des bases, le cercle décrit sur BC comme diamètre est tangent au côté AD.

312. Quelle est la plus grande et la plus petite distance d'un point donné à un point d'un cercle donné?

§ 2.

313. Deux cercles O et O' sont égaux, quelles positions peuvent-ils occuper l'un par rapport à l'autre?

314. Le centre d'un cercle O est sur un autre cercle O', quelles positions peuvent occuper ces deux cercles l'un par rapport à l'autre?

315. Le centre du cercle O est situé sur le cercle O' égal à O, montrer que les cercles sont sécants.

316. Étant donné un triangle isocèle ABC (AB $=$ AC), à quelle condition les cercles tangents à la base en ses extrémités et passant par le sommet A sont-ils tangents entre eux?

317. Construire un cercle tangent extérieurement à deux cercles donnés égaux et ayant son centre sur une droite donnée.

318. Construire un cercle de rayon donné tangent extérieurement à deux cercles donnés.

319. Construire un cercle de rayon donné tangent intérieurement à deux cercles donnés extérieurs l'un à l'autre.

320. Étant donné un triangle ABC, tracer trois cercles ayant pour centres les sommets du triangle et tangents entre eux extérieurement deux à deux.

321. La condition pour qu'on puisse tracer des quatre sommets d'un quadrilatère comme centres quatre cercles tangents extérieurement deux à deux est que le quadrilatère soit circonscriptible.

§ 3.

322. Construire un point situé à une distance R d'un point O et à une distance l d'une droite D.

323. Construire un point situé à égale distance de deux droites données D et D' et à une distance donnée d'un point O.

324. Décrire un cercle de rayon donné tangent à deux droites données.

325. Décrire un cercle tangent à une droite en un point donné et passant par un point donné.

326. Tracer un cercle de rayon donné tangent à une droite et à un cercle donnés.

327. Construire un point situé à égale distance de deux points donnés A et B et à une distance donnée d'un point O.

328. Construire un cercle tangent à deux droites D et D' et ayant son centre à une distance donnée l d'une troisième.

329. Construire un cercle de rayon donné tangent à une droite en un point donné.

330. Évaluer les longueurs des segments allant des sommets d'un triangle aux points de contact des cercles inscrits et exinscrits.

331. Dans un triangle ABC, rectangle en A, le rayon du cercle inscrit est égal au demi-excès de la somme des côtés de l'angle droit sur l'hypoténuse et le rayon du cercle exinscrit dans l'angle droit est égal au demi-périmètre du triangle.

332. Si, dans un triangle ABC, dont les longueurs des côtés sont a, b, c $(a + b + c = 2p)$, le rayon du cercle inscrit est égal à $p - a$, ou bien si le rayon du cercle exinscrit dans l'angle A vaut p le triangle ABC est rectangle en A.

333. Construire un triangle connaissant un cercle exinscrit et le cercle inscrit en grandeur et position.

334. Construire un triangle connaissant deux des cercles exinscrits en grandeur et en position.

335. Démontrer qu'un triangle dont les trois cercles exinscrits sont égaux est équilatéral.

336. Dans un triangle le rayon d'un des cercles exinscrits est égal à une des hauteurs non issues du sommet de l'angle dans lequel le cercle est exinscrit, que peut-on dire du triangle?

337. Mener la bissectrice d'un angle dont on donne les côtés mais dont le sommet est inaccessible.

338. Démontrer que les points de rencontre des tangentes communes extérieures et des tangentes communes intérieures à deux cercles sont situés sur le cercle décrit sur la distance des centres comme diamètre.

CHAPITRE II

ARCS ET CORDES

§ 1. — Arcs et angles au centre

318. — Égalité de deux arcs. — Deux arcs sont *égaux*
si en déplaçant l'un d'eux on peut les faire *coïncider*

Deux arcs *égaux* appartiennent nécessairement à des
cercles égaux ou à un *même cercle*.

319. — Comparaison de deux arcs de même rayon.

— Soient deux arcs $\overset{\frown}{AMB}$ et $\overset{\frown}{A'M'B'}$ appartenant à deux
cercles égaux O et O′ (fig. 190).

Déplaçons le cercle O′ de façon à le faire coïncider avec
le cercle O. Puis faisons-le glisser sur lui-même jusqu'à
ce que les deux arcs aient une même extrémité A et que
l'un d'eux recouvre l'autre. Soit D la position prise par la
seconde extrémité de l'arc $\overset{\frown}{A'M'B'}$.

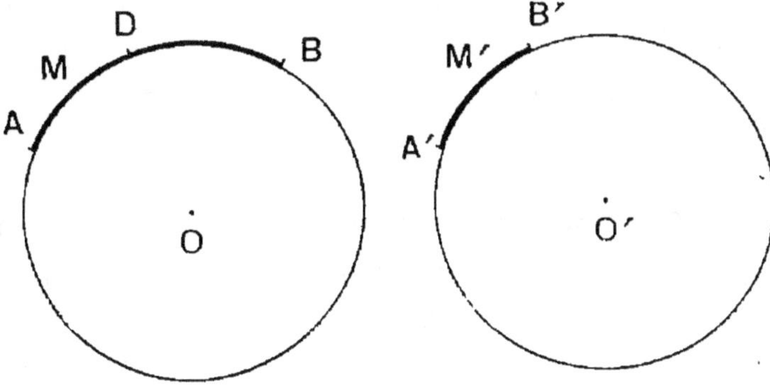

Fig. 191.

Trois cas sont possibles :

1° D *coïncide* avec B. Dans ce cas les deux arcs sont *égaux*.

$$\overset{\frown}{A'M'B} = \overset{\frown}{AMB}.$$

2° D *est un point de l'arc* $\overset{\frown}{AMC}$ (fig. 191).

On dit dans ce cas que l'arc $\overset{\frown}{A'M'B'}$ est *plus petit* que l'arc $\overset{\frown}{AMB}$ (ou que l'arc $\overset{\frown}{AMB}$ est *plus grand* que l'arc $\overset{\frown}{A'M'B'}$) et on écrit :

$$\overset{\frown}{A'M'B'} > \overset{\frown}{AMB}$$

3° D est sur le prolongement de l'arc $\overset{\frown}{AMB}$ (fig. 192).

On dit dans ce cas que l'arc $\overset{\frown}{A'M'B'}$ est *plus grand* que l'arc $\overset{\frown}{AMB}$,

$$\overset{\frown}{A'M'B'} > \overset{\frown}{AMB}$$

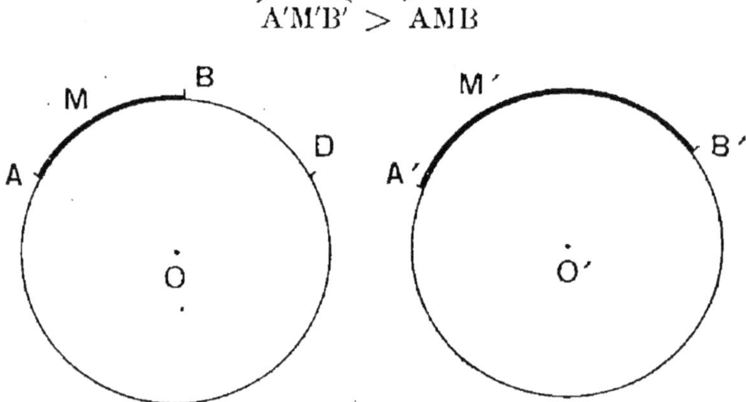

Fig. 192.

320. — Somme de deux arcs de même rayon. —
Soient deux arcs $\overset{\frown}{AMB}$ et $\overset{\frown}{A'M'B'}$, (fig. 193), appartenant à des cercles O et O' de même rayon.

Superposons le cercle O' au cercle O, puis faisons-le glisser sur le cercle O de façon à amener les deux arcs à avoir une extrémité commune B, et à se trouver de part et d'autre de cette extrémité commune.

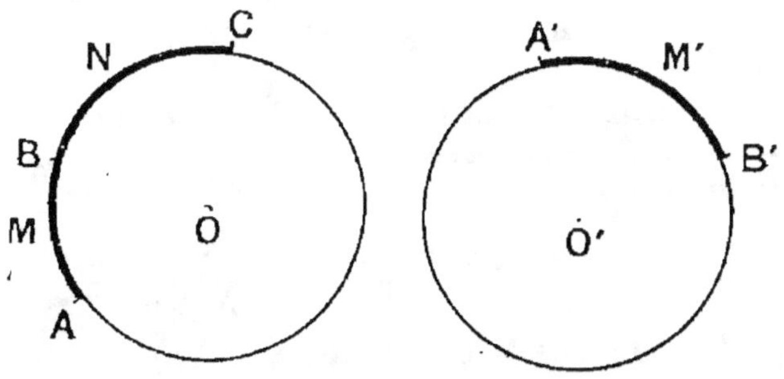

Fig. 193.

Soit $\overset{\frown}{BNC}$ la position prise par l'arc $\overset{\frown}{A'M'B'}$.

L'arc ABC s'appelle la **somme** des deux arcs $\overset{\frown}{AMB}$ et $\overset{\frown}{A'M'B'}$.

321. — Somme de plusieurs arcs. — Ayant formé la somme de deux arcs, on pourra faire la somme de trois, de quatre... d'un nombre quelconque d'arcs de même rayon.

On sera seulement assujetti à la condition que le dernier arc ajouté ne vienne pas empiéter sur les autres.

322. — En particulier étant donné un arc $\overset{\frown}{AMB}$, on pourra faire la somme $\overset{\frown}{ABC}$ de deux arcs égaux à $\overset{\frown}{AMB}$, la somme $\overset{\frown}{CDA}$ de trois arcs égaux à $\overset{\frown}{AMB}$ (fig. 194), etc....

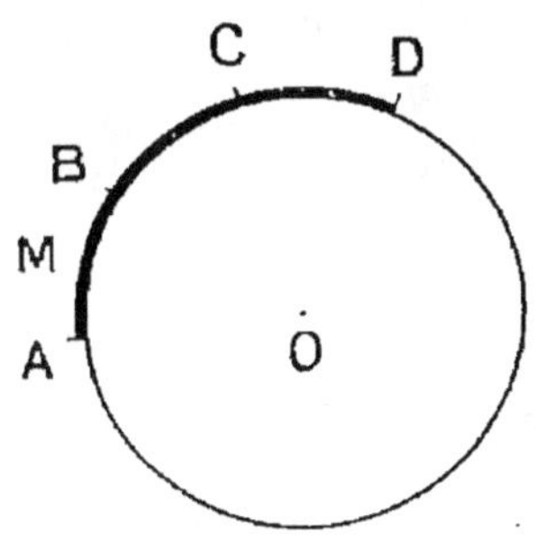

Fig. 194.

L'arc $\overset{\frown}{ACD}$ est partagé par les points B et C en trois *arcs égaux*.

Inversement un arc quelconque étant donné on conçoit qu'on peut le partager en un *nombre quelconque d'arcs égaux entre eux*.

323. — On rapprochera tout ce qui précède des considérations analogues faites à propos des angles (§ 72 à 75). On va voir l'analogie se poursuivre.

324. — **Angle au centre**. — *Étant donné un cercle, on appelle* **angle au centre** *un angle dont le sommet est le centre du cercle.*

Les côtés d'un angle au centre partagent le cercle en deux arcs : l'un de ces arcs est à *l'intérieur de l'angle au centre.* On l'appelle l'**arc correspondant** à *l'angle au centre.*

Ainsi dans la figure 195, l'arc $\overset{\frown}{AMB}$ correspond à l'angle au centre $\widehat{AOB}$.

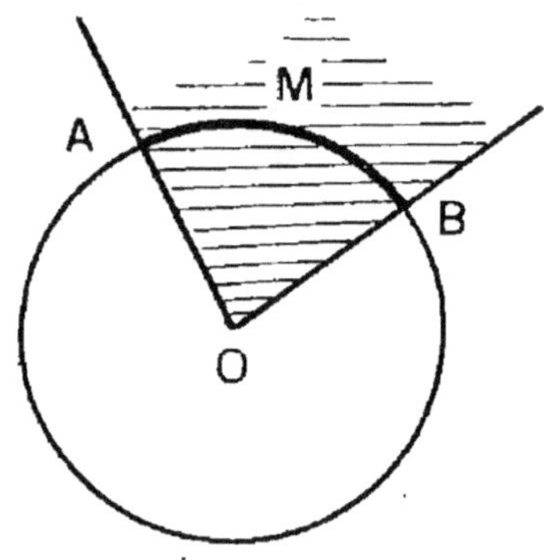

Fig. 195. — Angle au centre.

Un angle au centre peut être *saillant* ou *rentrant.*

Dans le premier cas l'arc correspondant est *plus petit* qu'un *demi-cercle* (fig. 195).

Dans le deuxième cas (fig. 196), l'arc correspondant $\overset{\frown}{AMB}$ est *plus grand* qu'un *demi-cercle.*

Enfin, un angle au centre peut se réduire à un

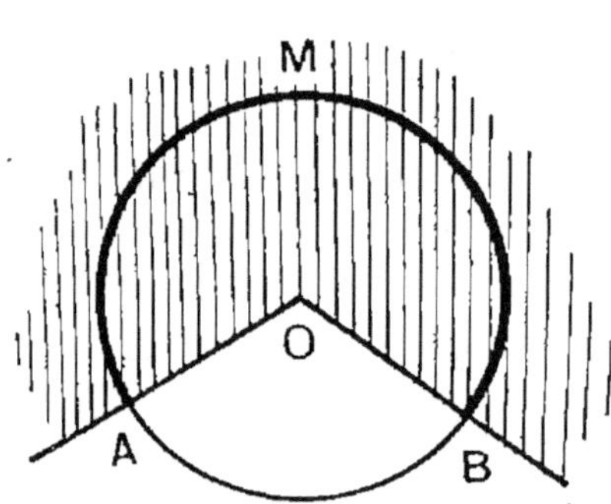

Fig. 196.

demi-plan (fig. 197).

L'arc correspondant $\overset{\frown}{AMB}$ *est un demi-cercle.*

325. — La comparaison de deux angles au centre se ramène à la comparaison des arcs correspondants.

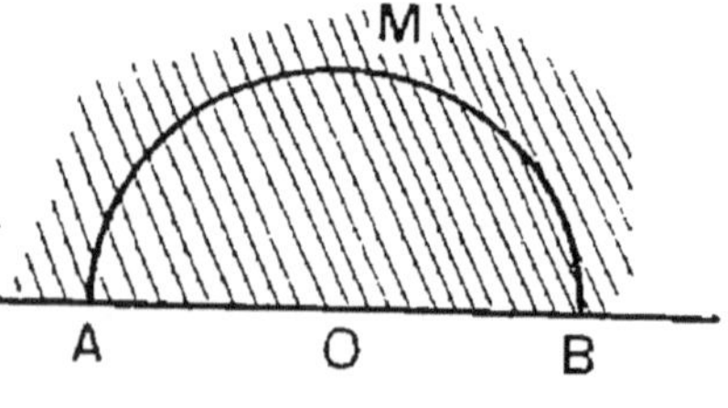

Fig. 197.

Cela résulte des deux théorèmes suivants :

326. — Théorème. — *Dans un même cercle (ou dans deux cercles égaux), à des angles au centre égaux correspondent des arcs égaux et réciproquement.*

Supposons que dans les deux cercles *égaux* O et O', les angles au centre $\widehat{XOY}$ et $\widehat{X'O'Y'}$ soient *égaux* (fig. 198).

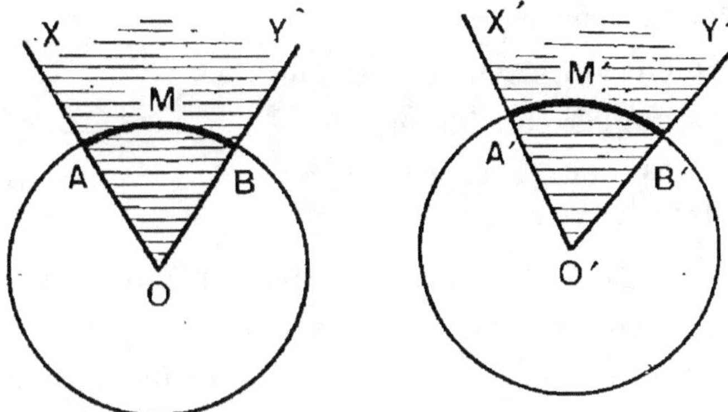

Fig. 198.

Nous pouvons faire coïncider les *deux angles*. Alors les *centres* des deux cercles coïncident ; les deux cercles étant égaux coïncident aussi, et il en est de même des deux arcs.

Ces deux arcs sont donc égaux.

Réciproquement. — Supposons que dans les deux cercles égaux O et O' les deux arcs $\widehat{AMB}$ et $\widehat{A'M'B'}$ soient *égaux* (fig. 198).

Nous pouvons superposer les deux *cercles* en faisant coïncider les centres. Nous pourrons ensuite les faire glisser l'un sur l'autre de manière que les deux *arcs égaux* $\widehat{AMB}$ et $\widehat{A'M'B'}$ *coïncident*. Alors les deux *angles* $\widehat{AOB}$ et $\widehat{A'O'B'}$ *coïncideront*. Ils sont donc *égaux*.

327. — Théorème. — *Dans un même cercle (ou dans deux cercles égaux), à des angles au centre inégaux correspondent* *des arcs inégaux et au plus grand angle au centre correspond le plus grand arc et réciproquement.*

Pour comparer les deux arcs, nous supposons qu'on ait placé tout d'abord les deux cercles *dans la position définie précédemment pour la comparaison de ces deux arcs.*

Soient alors $\widehat{AOB}$ et $\widehat{AOC}$ les deux angles considérés, $\widehat{AB}$ et $\widehat{AC}$ les deux arcs correspondants (fig. 199).

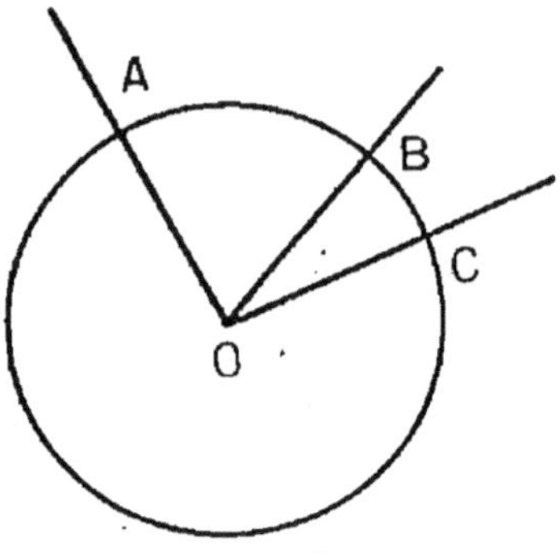

Fig. 199.

Si $\widehat{AOB} < \widehat{AOC}$, OB est intérieur à l'angle $\widehat{AOC}$, B est un point de l'arc AC et l'arc $\widehat{AB}$ est plus petit que l'arc $\widehat{AC}$.

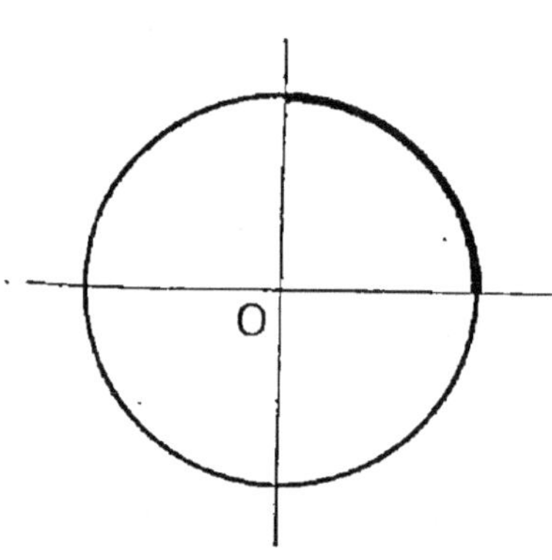

Fig. 200.

La réciproque se démontre d'une manière analogue ou encore par réduction à l'absurde.

328. — Applications. — 1° Soient deux diamètres *perpendiculaires* (fig. 200). Ils forment 4 angles au centre égaux, les 4 arcs correspondants sont donc égaux, chacun d'eux s'appelle un **quadrant**.

L'angle au centre correspondant à un quadrant est un angle droit.

2° On peut partager avec la **règle et le compas** un cercle en 4 *parties égales* en traçant deux diamètres perpendiculaires.

On pourra ensuite mener les bissectrices des 4 angles droits.

Le cercle sera partagé en 8 parties égales.

On pourra continuer et partager le cercle en 2^n parties égales avec la règle et le compas.

* MESURE DES ARCS

329. Mesure d'un arc. — Pour mesurer un arc $\overarc{AMB}$, on choisit un arc de même rayon pour unité.

Si l'arc $\overarc{AMB}$ est la somme de 4 arcs égaux à l'unité, on dira que la mesure de $\overarc{AMB}$ est le nombre entier 4.

Si l'unité ayant été partagée en 7 parties égales, $\overarc{AMB}$ est la somme de 4 de ces parties, on dira que la mesure de l'arc $\overarc{AMB}$ est la fraction $\frac{4}{7}$.

330. Choix de l'unité d'arc de rayon donné. — PREMIER SYSTÈME DE MESURES. — GRADES. — On suppose le cercle de rayon R partagé en 400 *parties égales*, ce qui revient à supposer le *quadrant* partagé en 100 *parties égales*, et on prend pour unité de mesure des arcs de rayon R l'une de ces parties.

L'angle au centre correspondant à chacune de ces parties est la centième partie d'un angle droit, c'est-à-dire un angle de 1 grade.

D'après cela, **on donne à l'unité d'arc le nom de grade**, *quel que soit le rayon de cet arc*, comme à l'unité d'angle.

Le grade est partagé en 100 parties égales appelées **minutes** (d'arc), la minute en 100 parties égales appelées **secondes** (d'arc).

SECOND SYSTÈME DE MESURE. — DEGRÉS. — On suppose le cercle de rayon R partagé en 360 *parties égales* (ce qui revient à supposer le *quadrant* partagé en 90 *parties égales*). On prend pour unité d'arc de rayon R une de ces parties.

L'angle au centre correspondant à cette unité d'arc est la 90ᵉ partie de l'angle droit, c'est-à-dire l'angle de 1 degré.

D'après cela *on donne à l'unité d'arc le nom de* **degré** comme à l'unité d'angle, *quel que soit le rayon de cet arc.*

L'arc de 1° est divisé en 60 *parties égales* appelées *minutes (d'arc).*

L'arc de 1' est divisé en 60 *parties égales* appelées *secondes (d'arc).*

Les secondes sont divisées en dixièmes, centièmes de secondes, etc.

331. — Théorème. — *Dans chaque système de mesure un arc a la même mesure que l'angle au centre correspondant.*

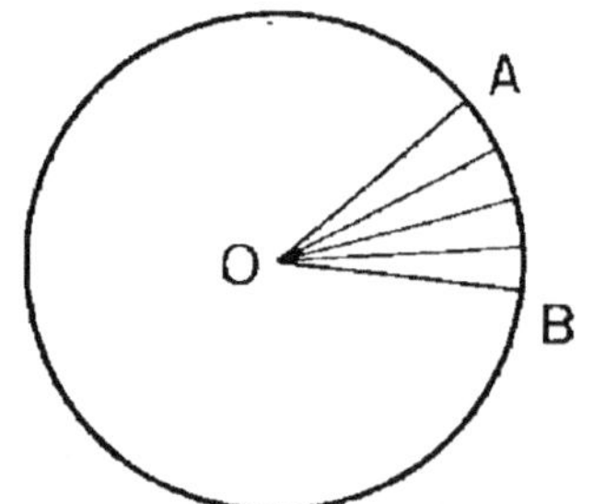

Fig. 201.

Soit un angle au centre ayant pour mesure, en degrés, le nombre 5. Cela signifie qu'il est la somme de 5 angles égaux à l'angle 1° (fig. 201).

L'arc correspondant à chacun d'eux est un arc de 1°.

Donc l'arc considéré est la somme de 5 arcs de 1°.

Il a donc pour mesure le nombre 5.

Ainsi à un angle au centre de 5° correspond un arc de 5°.

A un angle de 90° (angle droit) correspond un arc de 90° (quadrant).

A un angle de 180° (demi-plan) correspond un arc de 180° (demi-cercle).

De même, dans l'autre système de mesure, à un angle au centre de 5 grades correspond un arc de 5 grades.

A un angle au centre de 100 grades (angle droit) correspond un arc de 100 grades (quadrant).

A un angle au centre de 200 grades (demi-plan) correspond un arc de 200 grades (demi-cercle).

332. Conséquence. — *Le rapporteur sert aussi bien à mesurer les arcs qu'à mesurer les angles.*

D'une manière plus générale, on substitue constamment dans la pratique la mesure d'un arc à la mesure d'un angle.

Les deux notions d'angle et d'arc sont à peu près inséparables.

§ 2. — Arcs et cordes.

333. — **Théorème**. — *Un diamètre perpendiculaire à une corde AB partage cette corde en deux parties égales ainsi que chacun des arcs qu'elle détermine dans le cercle (fig. 202).*

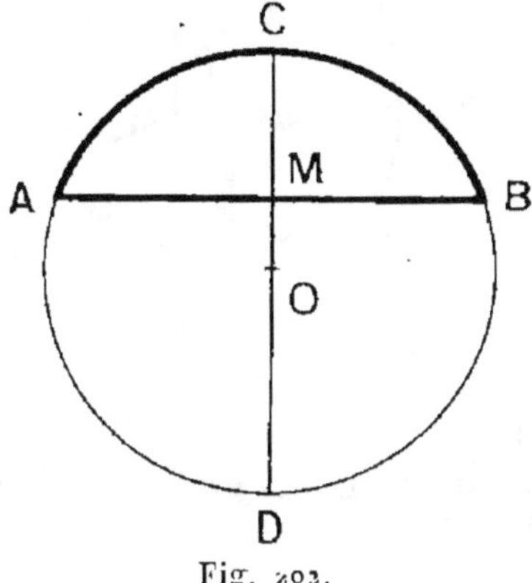

Fig. 202.

En effet O étant *équidistant* de A et de B, la *perpendiculaire* CD abaissée de O sur AB est *l'axe* de ce segment.

C'est donc un **axe de symétrie** de la figure.

On conclut de là que

$$AM = BM$$
$$\text{arc } \overset{\frown}{CA} = \text{arc } \overset{\frown}{CB}$$
$$\text{arc } \overset{\frown}{DA} = \text{arc } \overset{\frown}{OB}$$

Ainsi :

Le milieu M d'une corde, les milieux C et D des deux arcs qu'elle détermine dans le cercle, et le centre O de ce cercle sont quatre points situés sur une même droite.

334. — **Théorème**. — *Des arcs compris entre deux cordes parallèles sont égaux.*

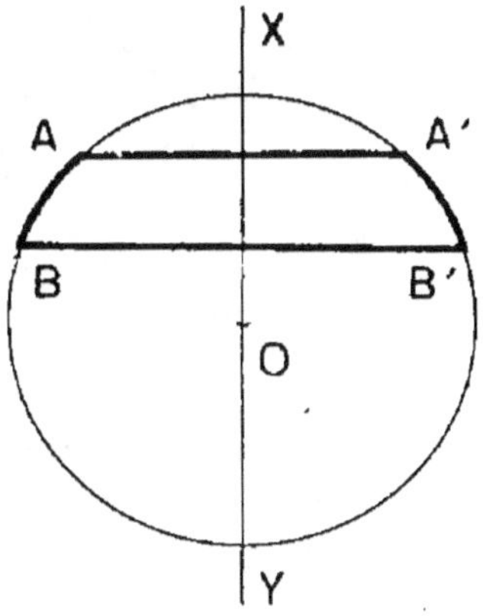

Fig. 203.

Soient deux cordes *parallèles* AA' et BB' (fig. 203).

Le *diamètre* XY perpendiculaire sur AA' est aussi *perpendiculaire* sur BB'.

XY est *axe de symétrie* de la figure.

Donc $$\text{arc } \overset{\frown}{AB} = \text{arc } \overset{\frown}{A'B'}.$$

335. — **Remarque.** — *Le théorème subsiste si une des cordes devient tangente.*

Soit (fig. 204) une droite CC′ *tangente* au point M et une corde AA′ *parallèle* à cette *tangente*.

Le diamètre OM est *perpendiculaire* à la tangente et par suite aussi à la *corde* AA′ qui lui est parallèle. C'est un axe de *symétrie* de la figure.

Donc

$$\text{arc } \overset{\frown}{MA} = \text{arc } \overset{\frown}{MA'}.$$

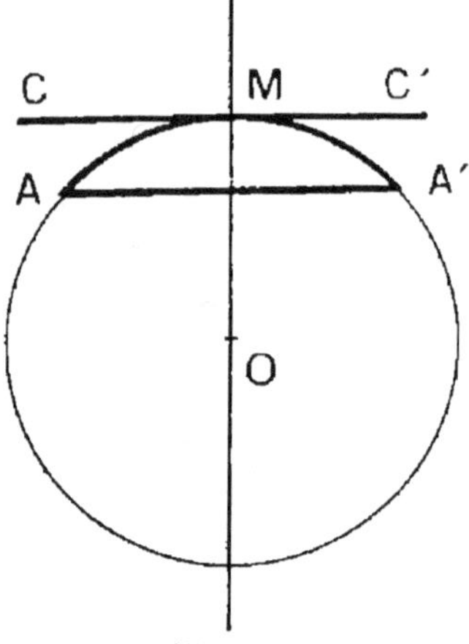

Fig. 204.

336. — **Théorème.** — *Toute corde AB ne passant pas par le centre O est plus petite qu'un diamètre* (fig. 205).

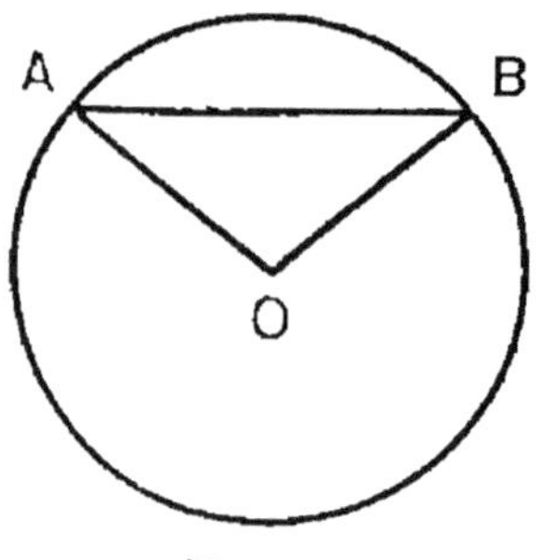

Fig. 205.

En effet, dans le triangle AOB, *le côté AB est plus petit que la somme des deux autres.*

$$AB < OA + OB.$$

AB est donc plus petit que le double du rayon, c'est-à-dire que le diamètre.

337. — La comparaison de deux arcs ou de deux angles au centre se ramène à la comparaison des deux cordes qui est *beaucoup plus facile* à réaliser. Cela résulte des théorèmes suivants.

338. — **Théorème.** — *Dans un même cercle (ou dans deux cercles égaux) à deux arcs égaux correspondent des cordes égales.*

Lorsqu'on a superposé les deux arcs égaux, leurs extrémités coïncident, et les deux cordes coïncident aussi.

339. — Réciproquement. — *Dans un même cercle (ou dans deux cercles égaux) si deux arcs plus petits qu'un demi-cercle ont des cordes égales, ils sont égaux.*

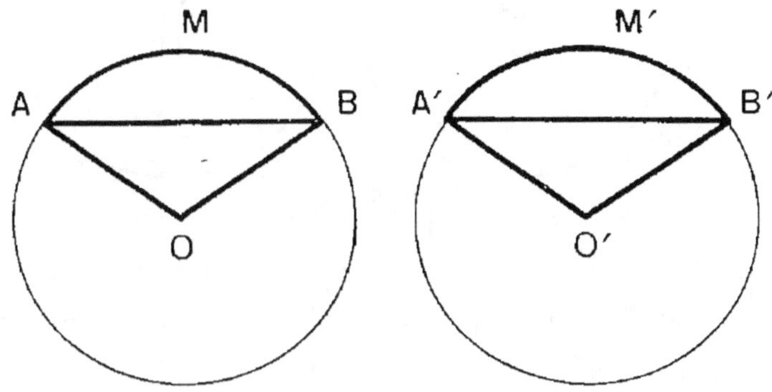

Fig. 206.

Soient les deux cordes *égales* AB et A'B', dans deux cercles égaux O et O' (fig. 206).

Les deux triangles OAB et O'A'B' ont leurs trois côtés égaux. Donc ils sont *égaux*. En les superposant on superpose les deux figures et par suite les deux arcs $\overset{\frown}{AMB}$ et $\overset{\frown}{A'M'B}$.

340. — Théorème. — *Dans un même cercle (ou dans deux cercles égaux) à deux arcs inégaux plus petits qu'un demi-cercle correspondent des cordes inégales et au plus grand arc correspond la plus grande corde.*

Supposons que

$$\text{arc } \overset{\frown}{AMB} > \text{arc } \overset{\frown}{A'M'B'} \quad (\text{fig. 207}).$$

Nous allons démontrer que

$$AB > A'B'.$$

En effet, on a $\quad \overset{\frown}{AOB} > \overset{\frown}{A'O'B'} \quad (\S\ 327).$

Les deux triangles AOB et A'O'B' ont deux côtés égaux

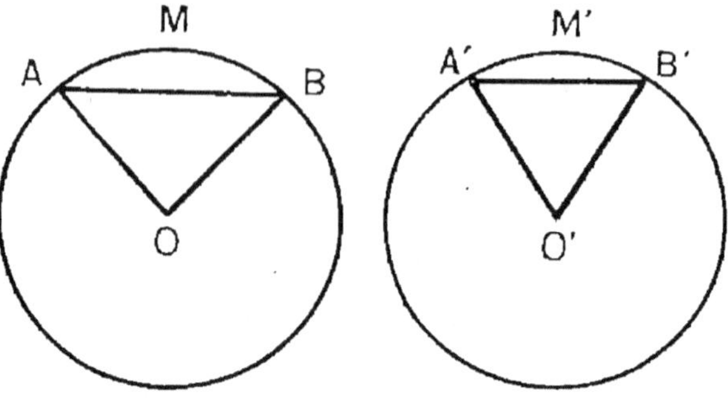

Fig. 207.

(comme rayons de cercles égaux) comprenant un angle inégal. Les troisièmes côtés AB et A'B' sont donc *inégaux*, et au plus *grand angle* $\widehat{AOB}$ est *opposé le plus grand côté* (§ 270). La plus grande des deux *cordes* est donc AB.

La *réciproque* est vraie et se démontre immédiatement par réduction à l'absurde.

341. — **Applications.** — 1° COMPARAISON DE DEUX ANGLES. — Pour comparer deux angles il suffira de tracer deux cercles de même rayon ayant pour centres leurs sommets.

Les deux angles interceptent sur les cercles deux arcs $\widehat{AB}$ et $\widehat{A'B'}$. On comparera avec le compas les deux segments rectilignes AB et A'B' (fig. 207).

2° NOUVELLE CONSTRUCTION DE LA PARALLÈLE A UNE DROITE.

Soit à mener par le point M la parallèle à la droite D (fig. 208).

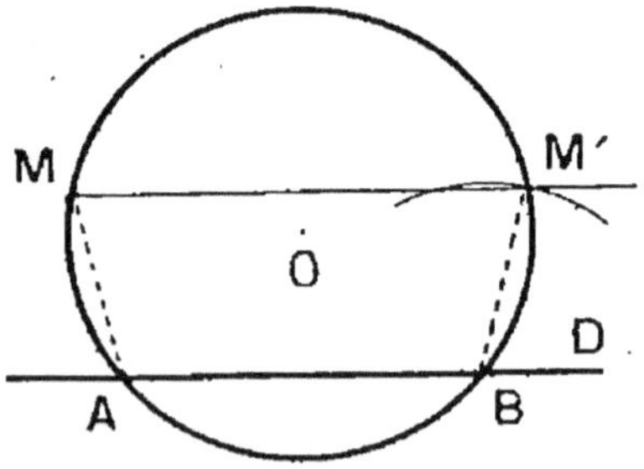

Fig. 208.

Traçons un cercle passant par M coupant la droite D en deux points A et B.

La parallèle menée par M à D rencontre ce cercle en

un point M′ tel que arc $\overset{\frown}{AM}=$ arc $\overset{\frown}{BM'}$ et par suite tel que

$$\text{corde } AM = \text{corde } BM'.$$

On obtiendra donc le point M′ en traçant un cercle de centre B et ayant AM pour rayon. Il coupera le premier en deux points dont l'un M′ est le point cherché.

342. — Enfin la comparaison de *deux cordes* se ramène à celle de leur *distance au centre*.

343. — **Théorème.** — *Dans un même cercle (ou dans deux cercles égaux), des cordes égales sont également distantes du centre.*

Soient OH et O′H′ les distances du centre aux deux cordes égales AB et A′B′ (fig. 209).

Les deux triangles *rectangles* AOH et A′O′H′ ont l'hypo-

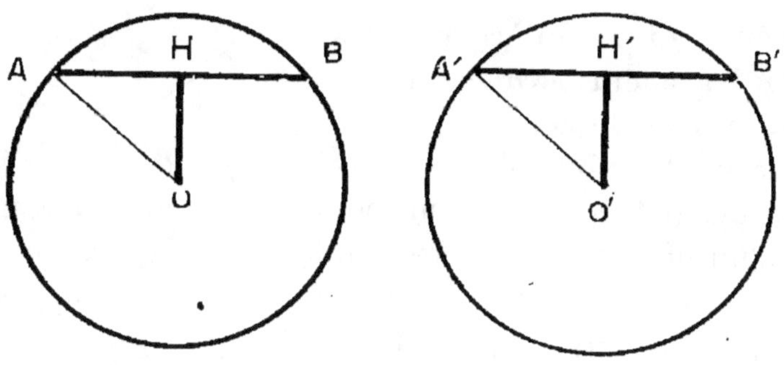

Fig. 209.

ténuse égale $AO = A'O'$ (comme rayons de deux cercles égaux).

Les côtés AH et A′H′ sont égaux (comme moitiés de cordes égales).

Donc les deux triangles sont *égaux* (§ 154) et par suite

$$OH = O'H'.$$

344. — **Réciproquement.** — *Dans un même cercle (ou dans deux cercles égaux) deux cordes également éloignées du centre sont égales.*

Car les deux triangles *rectangles* AOH et A'O'H' (fig. 209) ont l'hypoténuse égale et le côté OH = O'H'.

Ils sont donc *égaux* et par suite

$$AH = A'H'.$$

Les deux cordes sont donc *égales* puisque leurs *moitiés* sont égales.

345. — Théorème. — *Dans un même cercle (ou dans deux cercles égaux) des cordes inégalement distantes du centre sont inégales et la plus rapprochée du centre est la plus grande.*

Nous pouvons supposer qu'on ait fait *coïncider* les deux cercles et qu'on ait fait glisser l'un d'eux sur lui-même, de manière que les cordes soient *parallèles* et du *même côté* du centre.

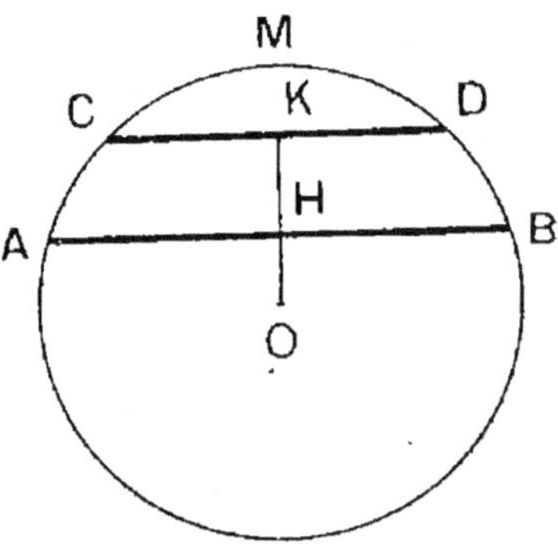

Fig. 210.

Soient AB et CD ces deux cordes (fig. 210) et M un point des deux arcs moindres qu'un demi-cercle correspondant à ces deux cordes.

Supposons que la *corde* AB soit *plus rapprochée du centre* que CD. Alors l'arc $\overarc{AMB}$ est *plus grand* que l'arc $\overarc{CMD}$ et par suite la corde AB est *plus grande* que CD.

La *réciproque* se démontre immédiatement par réduction à l'absurde.

EXERCICES PRATIQUES

339. Dans un cercle de centre O et de rayon 40 millimètres, placer deux angles au centre adjacents de 30° et de 45°. Vérifier que la corde correspondant à l'arc de 75° *n'a pas* pour longueur la somme des longueurs des cordes des angles de 30° et 45° tracés.

340. Prendre dans un même cercle deux angles au centre dont l'un est le double de l'autre et constater qu'une des cordes correspondantes à ces angles **n'est pas** le double de l'autre.

341. Tracer un cercle de 50 millimètres de rayon et, à l'aide du rapporteur, le diviser en 10 parties égales en formant 10 angles au centre de 36°. Numéroter les points de division de 1 à 10 et les joindre de 3 en 3. On obtient ainsi une ligne fermée brisée dont les côtés se recoupent mutuellement (décagone étoilé). Constater que les côtés 1 — 4 et 6 — 9 ; 2 — 5 et 7 — 10 ; 3 — 6 et 8 — 1 ; 4 — 7 et 9 — 2 ; 5 — 8 et 10 — 3, sont parallèles et que les deux arcs compris entre ces mêmes côtés sont égaux. Vérifier de plus que les droites joignant les points de division de 5 en 5 sont des diamètres et des axes de symétrie de la figure.

342. On considère deux cercles de centres O et O' de rayons 50 millimètres et 30 millimètres, OO' = 40 millimètres ; ces cercles se coupent en un point A, mener par ce point différentes cordes limitées aux deux cercles et en prendre les milieux, constater que ces milieux sont sur un même cercle passant par les deux points communs aux cercles donnés.

343. Tracer dans un cercle de centre O et de rayon 60 millimètres des cordes parallèles entre elles et équidistantes de 15 millimètres. Vérifier : 1° que les milieux de ces cordes sont sur un même diamètre ; 2° que les arcs interceptés sur le cercle entre deux cordes consécutives correspondent à des angles au centre égaux ; 3° que les cordes obtenues en joignant les extrémités de deux des premières cordes tracées sont égales.

344. D'un point A d'un cercle de centre O de rayon 40 millimètres on mène quatre cordes AB, AC, AD, AF ayant respectivement 10, 20, 30, 40 millimètres, constater que les distances de ces cordes au centre sont en ordre de grandeur inverse de celui des cordes elles-mêmes.

345. Étant tracés un cercle de centre O de rayon 50 millimètres et un cercle concentrique ayant 20 millimètres de rayon, on mène plusieurs tangentes au petit cercle ; vérifier que les cordes interceptées sur ces tangentes par le grand cercle sont égales.

EXERCICES THÉORIQUES

§ 1.

346. On donne un cercle O et deux arcs égaux AB, BC de ce cercle ; appelant A' le point diamétralement opposé de A, montrer que OB est parallèle à A'C.

347. On marque sur un cercle O deux arcs consécutifs égaux AB, BC, on mène la tangente en C qui rencontre le rayon OB en un point D, on trace DE, E étant le symétrique de O par rapport à A ; démontrer que l'angle $\widehat{ADE}$ est le tiers de l'angle $\widehat{CDE}$.

348. Étant donné un cercle O, quel est l'angle au centre correspondant à une corde AB telle que, C étant le point de concours des tangentes au cercle en A et B, le triangle ABC soit équilatéral.

349. On marque sur un demi-cercle AB deux points quelconques C et D dans l'ordre A, C, D, B, on prend les milieux E de l'arc AC, F de l'arc CD, G de l'arc DB et les milieux I de l'arc EF et J de l'arc FG, évaluer l'arc IJ connaissant l'arc CD. Cas où $\overset{\frown}{CD} = 90^{0}$.

350. Quelle longueur AP faut-il porter sur la tangente en un point A d'un cercle O pour que, menant de P la deuxième tangente au cercle PB, l'angle au centre $\overset{\frown}{AOB}$ vaille 150^{0}?

351. On considère dans un cercle de centre O les angles au centre $\overset{\frown}{AOB} = 36^{0}$ et $\overset{\frown}{BOC} = 72^{0}$; I étant le point d'intersection du rayon OB et de la corde AC, montrer que IC est égal au rayon du cercle.

§ 2.

352. Démontrer au moyen des propriétés des perpendiculaires et des obliques que l'ordre de grandeur de deux cordes d'un cercle est inverse de celui de leurs distances au centre.

353. Démontrer que la corde d'un arc AC double d'un arc AB est inférieure au double de la corde de l'arc AB.

354. Un trapèze inscriptible dans un cercle est isocèle.

355. Lieu géométrique des milieux des cordes égales d'un cercle.

356. Les cordes coupant un cercle sous le même angle sont toutes égales.

357. Les tangentes menées au cercle circonscrit à un triangle équilatéral par les trois sommets de ce triangle, forment un nouveau triangle équilatéral.

358. Mener par un point P une droite sur laquelle un cercle donné O découpe une corde AB, de longueur donnée.

359. Tracer un cercle de rayon donné ayant son centre O sur une droite donnée XY, dont la corde commune avec un cercle donné C, ait une longueur donnée l.

360. Lieu géométrique des centres des cercles qui interceptent sur les côtés d'un angle donné des cordes égales.

361. Lieu géométrique des centres des cercles de rayon donné qui admettent avec un cercle donné une corde commune de longueur donnée.

362. P étant un point intérieur à un cercle O mener par P la corde de ce cercle dont la longueur AB est minima.

363. Les côtés d'un triangle sont vus du centre du cercle circonscrit sous un angle d'autant plus grand que ces côtés sont plus grands.

364. Mener par deux points A et B d'un cercle O deux cordes parallèles dont la somme des longueurs soit donnée égale à l.

CHAPITRE III

ANGLE INSCRIT

346. — **Définition.** — Soit un *arc* de cercle $\overset{\frown}{AMB}$ (fig. 211). Considérons un angle $\overset{\frown}{AIB}$ dont le *sommet* I est *un point de l'arc* et dont les côtés passent par les *extrémités* A et B de cet arc.

Un tel angle est dit *inscrit* dans l'arc $\overset{\frown}{AMB}$.

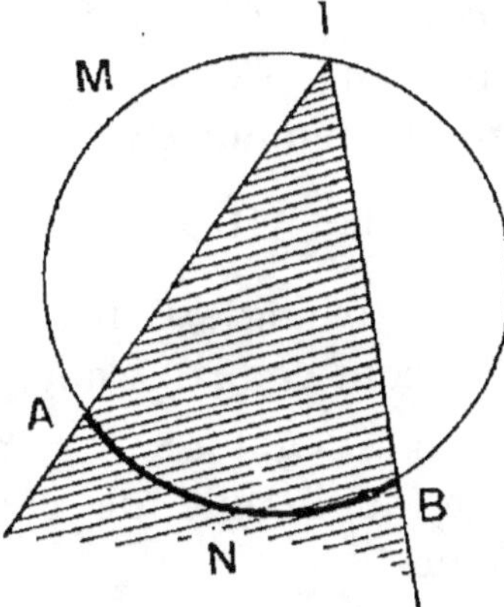

Fig. 211. — Angle inscrit.

347. — Un *angle inscrit* dans l'arc $\overset{\frown}{AMB}$ comprend entre ses côtés un arc $\overset{\frown}{ANB}$ du cercle auquel appartient l'arc $\overset{\frown}{AMB}$. L'angle au centre correspondant à cet arc $\overset{\frown}{ANB}$ s'appelle

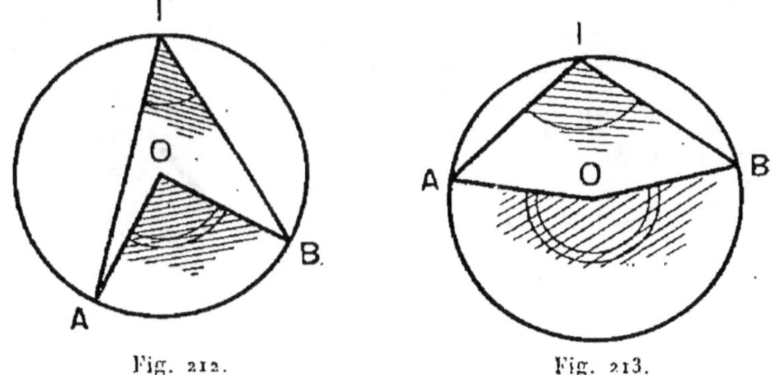

Fig. 212.   Fig. 213.

l'angle au centre correspondant à l'angle inscrit.

Cet angle au centre peut être *saillant* (fig. 212) ou *rentrant* (fig. 213) ou même se réduire à un *demi plan* (fig. 214).

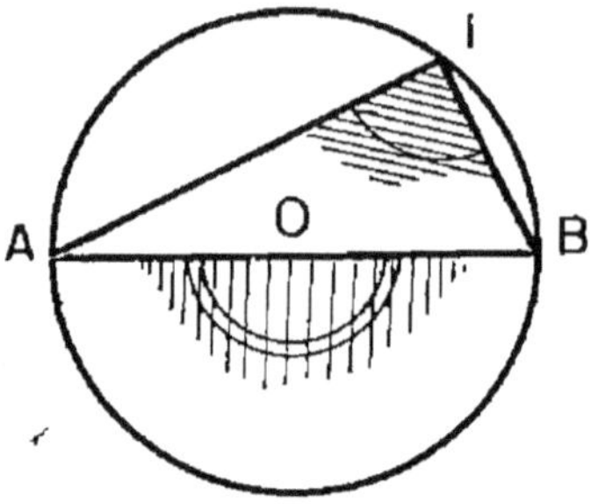

348. — Théorème. — *Un angle inscrit est égal à la moitié de l'angle au centre qui lui correspond.*

Nous distinguerons trois cas :

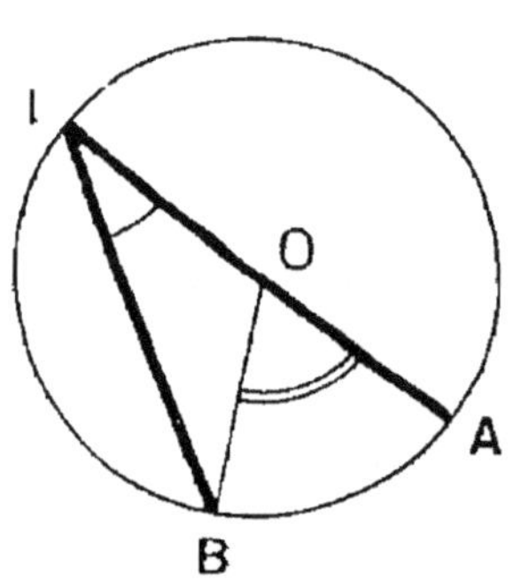
Fig. 214.

1° L'un des côtés IA de l'angle inscrit *passe par le centre* O (fig. 215).

Menons le rayon OB.

Il s'agit de démontrer que

$$\widehat{AOB} = \widehat{AIB} \times 2.$$

Or dans le triangle $\widehat{OIB}$, les angles $\widehat{I}$ et $\widehat{B}$ sont égaux. L'angle extérieur $\widehat{AOB}$ est égal à leur somme, c'est-à-dire au double de chacun d'eux. Donc

$$\widehat{AOB} = \widehat{AIB} \times 2.$$

Fig. 215.

2° Le centre O *est à l'intérieur* de l'angle inscrit AIB (fig. 216). Menons le diamètre OD.

On a

$$\widehat{AOD} = \widehat{AID} \times 2$$

(cas précédent).

De même

$$\widehat{DOB} = \widehat{DIB} \times 2$$

et, en additionnant membre à membre.

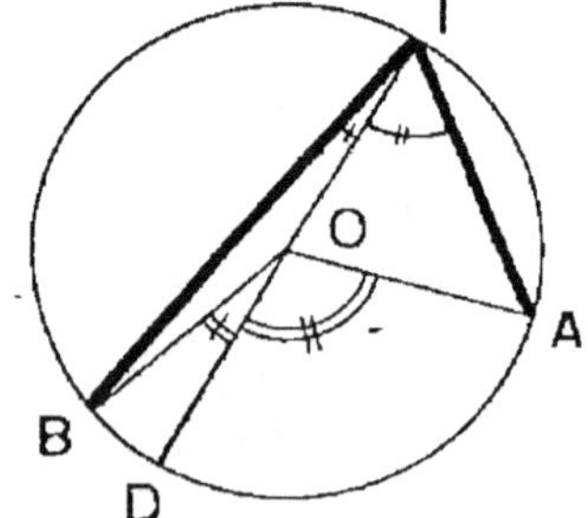
Fig. 216.

$$\widehat{AOD} + \widehat{DOB} = (\widehat{AID} \times \widehat{DIB}) \times 2$$

C'est-à-dire $$\widehat{AOB} = \widehat{AIB} \times 2$$

3º Le centre O *est à l'extérieur* de l'angle inscrit $\widehat{AIB}$ (fig. 217).

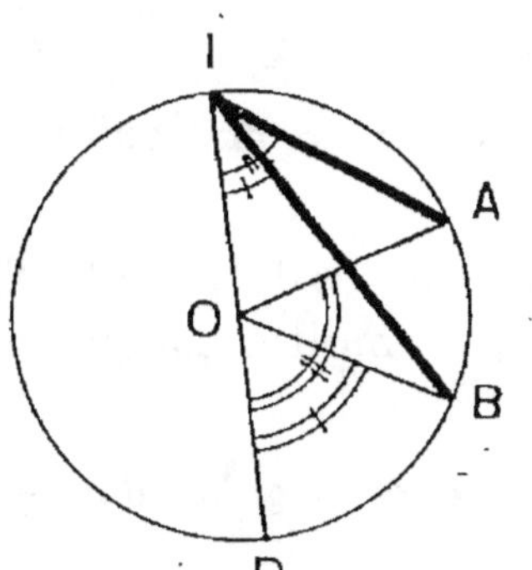

Fig. 217.

Menons le diamètre ID.

Nous avons encore d'après le 1er cas.

$$\widehat{AOD} = \widehat{AID} \times 2$$
$$\widehat{DOB} = \widehat{DIB} \times 2$$

et en retranchant membre à membre

$$\widehat{AOD} - \widehat{DOB} = (\widehat{AID} - \widehat{DIB}) \times 2$$

c'est-à-dire

$$\widehat{AOB} = \widehat{AIB} \times 2$$

349. — Remarque. — Faisons tourner la droite BI autour du point B, jusqu'à ce qu'elle devienne la *tangente* BT au point B (fig. 218).

Le point I est alors venu au point B et l'angle $\widehat{AIB}$ est devenu l'angle $\widehat{ABT}$.

Pendant ce mouvement l'angle $\widehat{AIB}$ est resté constamment égal à la moitié de l'angle au centre $\widehat{AOB}$.

Donc $\qquad \widehat{ABT} = \dfrac{\widehat{AOB}}{2}$

D'où l'énoncé.

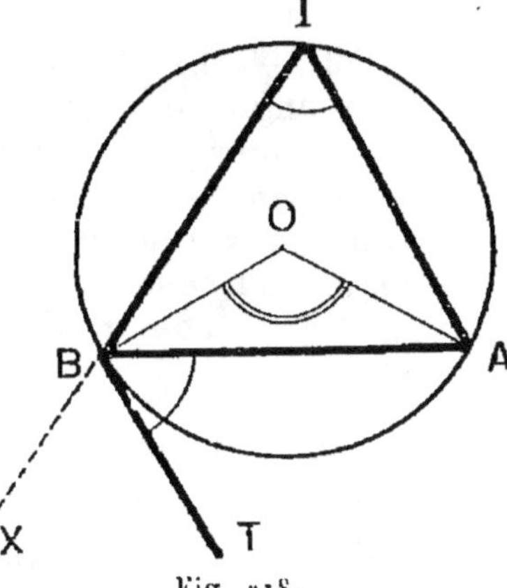

Fig. 218.

350. — Théorème. — *Un angle formé par une tangente et une corde issue de son point de contact est égal à la moitié de l'angle au centre correspondant à l'arc compris entre la corde et la tangente.*

Nous avons d'ailleurs démontré cela directement (§ 274).

351. — Corollaires. — 1° *L'angle inscrit dans un demi-cercle est droit.*

Car l'angle au centre correspondant est un *demi-plan*.

2° *L'angle inscrit dans un arc plus grand qu'un demi-cercle est aigu.*

Car l'angle au centre correspondant est *saillant*, c'est-à-dire plus petit que deux droits ; sa moitié est plus petite qu'un droit.

3° *L'angle inscrit dans un arc plus petit qu'un demi-cercle est obtus.*

Car l'angle au centre correspondant est un angle *rentrant*, c'est-à-dire plus grand que deux droits, sa moitié est donc plus grande qu'un droit.

352. — Théorème. — *Les deux angles opposés par le sommet formés par deux cordes qui se coupent à l'intérieur du cercle sont égaux à la demi-somme des angles au centre correspondant aux arcs compris entre leurs côtés.*

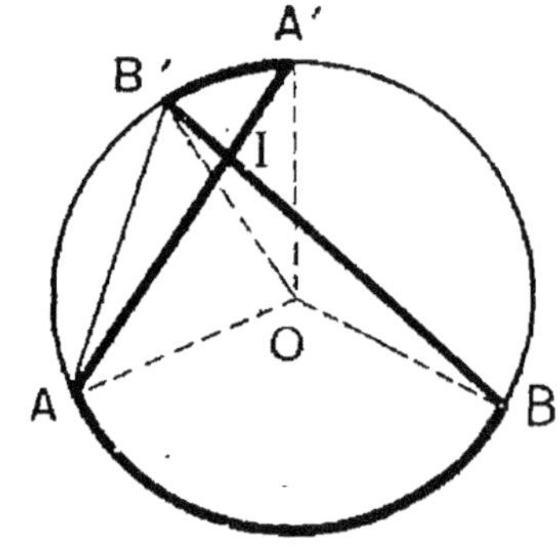

Fig. 219.

Considérons l'angle $\widehat{AIB}$ ormé par les deux cordes AA' et BB' se coupant au point I *intérieur* au cercle (fig. 219).

Nous allons démontrer que

$$\widehat{AIB} = \frac{\widehat{AOB} + \widehat{A'OB'}}{2}$$

En effet menons la droite $\widehat{AB'}$. L'angle $\widehat{AIB}$ est *extérieur* au triangle AIB' ; il est donc égal à la somme des angles intérieurs non adjacents.

Donc $\qquad \widehat{AIB} = \widehat{AB'I} + \widehat{IAB'}$

Or
$$\widehat{AB'I} = \frac{\widehat{AOB}}{2}$$

$$\widehat{IAB} = \frac{\widehat{A'OB'}}{2}$$

Donc
$$\widehat{AIB} = \frac{\widehat{AOB} + \widehat{A'OB'}}{2}.$$

353. — **Théorème.** — *L'angle formé par deux sécantes qui se coupent à l'extérieur du cercle est égal à la demi-différence des angles aux centres correspondant aux arcs compris entre ses côtés.*

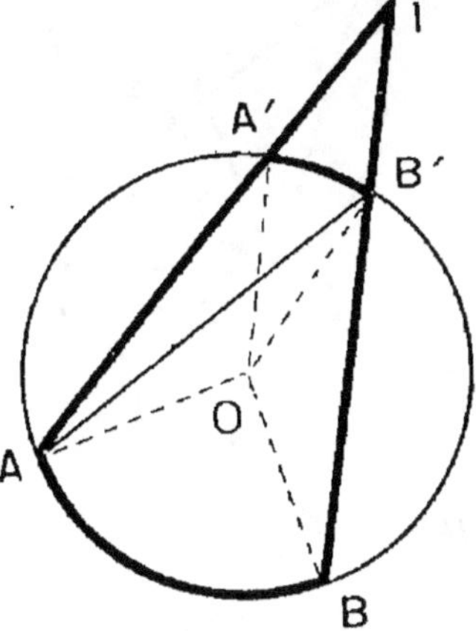

Fig. 220.

$$\widehat{AIB} = \frac{\widehat{AOB} - \widehat{A'OB'}}{2}.$$

Menons la droite AB'.

Dans le triangle AIB', l'angle $\widehat{AB'B}$ est un angle *extérieur* qui est égal à la somme des angles intérieurs non adjacents.

$$\widehat{AB'B} = \widehat{AIB} + \widehat{A'AB'}$$

Donc
$$\widehat{AIB} = \widehat{AB'B} - \widehat{A'AB'}$$

Or
$$\widehat{AB'B} = \frac{\widehat{AOB}}{2}$$

$$\widehat{A'AB'} = \frac{\widehat{A'OB'}}{2}$$

Donc
$$\widehat{AIB} = \frac{\widehat{AOB} - \widehat{A'OB'}}{2}$$

ARC CAPABLE D'UN ANGLE α.

354. — Définition. — Soit un arc $\overset{\frown}{AMB}$ appartenant à un cercle de centre O.

Tous les angles inscrits dans cet arc sont égaux à $\dfrac{\overset{\frown}{AOB}}{2}$ (fig. 221). Ils seront donc égaux entre eux. Appelons α leur valeur commune.

On dit que l'arc $\overset{\frown}{AMB}$ *est capable de l'angle α.*

Si l'on mène la tangente BC à l'arc $\overset{\frown}{AMB}$ capable de l'angle α, l'angle $\overset{\frown}{ABC}$ est égal à α.

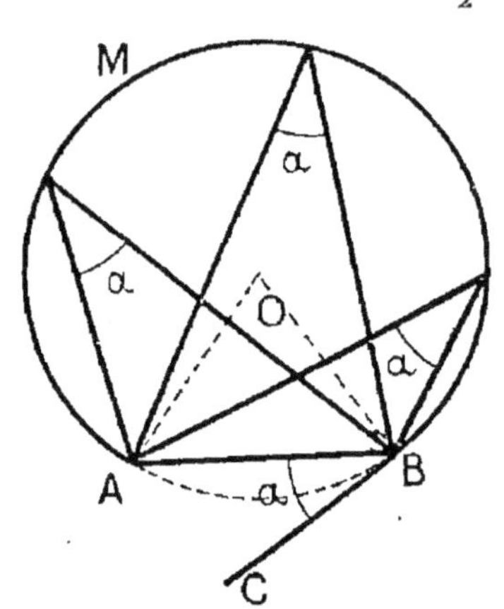

Fig. 221.

355. — Problème. — *Construire l'arc capable d'un angle donné α ayant pour corde un segment donné AB* (fig. 222).

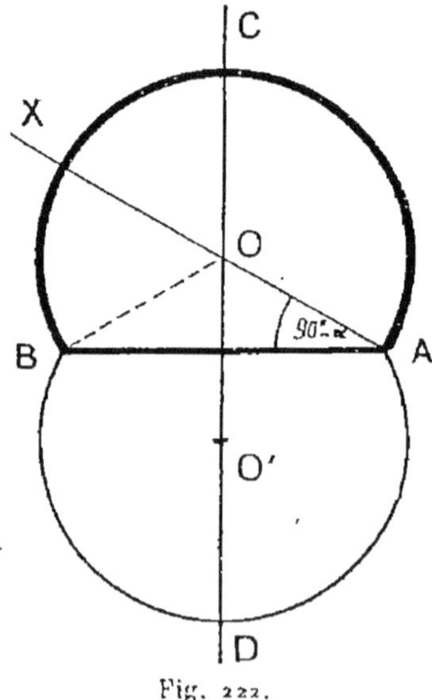

Fig. 222.

Il s'agit de construire le *centre* O de cet arc. Il est tel que $\overset{\frown}{AOB} = 2α$. L'angle $\overset{\frown}{BAO}$ est le *complément* de sa *moitié*

$$\overset{\frown}{BAO} = 90° - α.$$

On mènera donc une *demi-droite* AX, telle que

$$\overset{\frown}{BAX} = 90° - α.$$

Le point O est sur cette demi-droite.

Il est aussi sur l'axe CD du segment AB que l'on sait construire. O est l'intersection de CD et de AX.

Il reste à tracer le cercle de centre O et de rayon OA.

356. — Remarque. — On obtient par la construction précédente deux arcs *symétriques par rapport* à AB, et tous les deux capables de l'angle α, car il y a pour la demi-droite OX deux positions possibles *symétriques* par rapport à AB.

357. — Définition. — *On dit que d'un point M on voit un segment AB sous l'angle* α, *si l'angle* $\widehat{AMB}$ *est égal à* α.

358. — Théorème. — *Les deux arcs capables de l'angle* α *ayant pour corde AB constituent l'ensemble des points du plan d'où l'on voit AB sous l'angle* α *(fig. 223).*

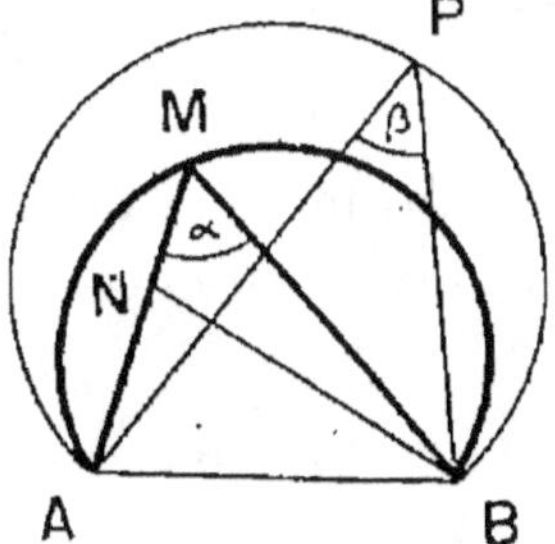

Fig. 223.

Bornons-nous à considérer les points du demi-plan qui contient l'un des deux arcs.

1° Si M est un point de cet arc, on a

$$\widehat{AMB} = \alpha.$$

2° Si un point N est dans la *région comprise entre l'arc et sa corde*, on a •

$$\widehat{ANB} > \alpha.$$

En effet, le segment AN prolongé rencontre l'arc en un point M.

Dans le triangle MNB, l'angle $\widehat{ANB}$ est un angle extérieur, il est plus grand que l'angle intérieur $\widehat{M}$ qui ne lui est pas adjacent.

Donc $\widehat{ANB} > \alpha.$

3° Soit P un point *extérieur* au cercle auquel l'arc appartient. Nous allons montrer que

$$\widehat{APB} < \alpha.$$

Traçons l'arc de cercle $\overset{\frown}{APB}$.

Il est capable d'un angle $\widehat{APB} = \beta$.

Il faut démontrer que

$$\beta < \alpha.$$

En effet, le point M est dans la région du plan comprise entre l'arc $\overset{\frown}{APB}$ et sa corde.

Donc $\qquad \overset{\frown}{AMB} > \beta \qquad$ (d'après la 2e partie),

c'est-à-dire que $\qquad \alpha > \beta$.

En résumé, de *tous les points de l'arc* on voit AB sous l'angle α, et *seuls les points de l'arc* ont cette propriété.

Le théorème est donc démontré.

359. — Remarque. — Lorsque l'angle α est égal à *une droite*, les deux arcs capables sont des demi-cercles et ils forment un *cercle*.

L'ensemble des points d'où l'on voit AB sous un angle droit constitue le cercle de diamètre AB.

QUADRILATÈRE CONVEXE INSCRIPTIBLE DANS UN CERCLE.

360. — On dit qu'un polygone est *inscrit* dans un cercle lorsque tous ses sommets sont sur ce cercle.

361. — Théorème. — *Si un quadrilatère convexe est inscriptible dans un cercle, les angles opposés sont supplémentaires.*

Soit le quadrilatère *convexe* ABCD inscrit dans un cercle de centre O (fig. 224).

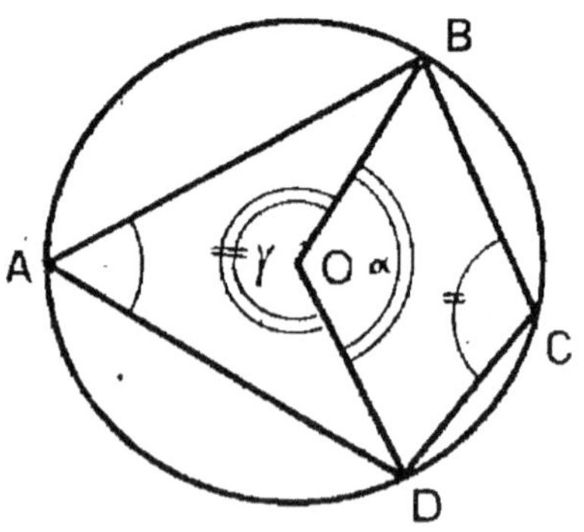

Fig. 224.

L'angle *inscrit* $\widehat{A}$ est la *moitié de l'angle au centre* correspondant α.

L'angle *inscrit* $\widehat{C}$ est la *moitié de l'angle au centre corres-*
pondant γ.

Donc
$$\widehat{A} + \widehat{C} = \frac{\alpha + \gamma}{2}.$$

Or
$$\alpha + \gamma = 4 \text{ droits}.$$

Donc
$$\widehat{A} + \widehat{C} = 2 \text{ droits}.$$

362. — Réciproquement. — *Si dans un quadrilatère*
convexe deux angles opposés
sont supplémentaires, le qua-
drilatère est inscriptible dans
un cercle.

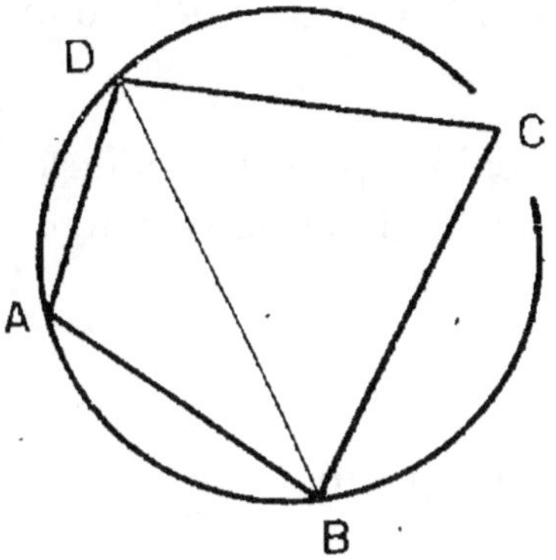

Supposons que $\widehat{A}$ et $\widehat{C}$
soient supplémentaires. Tra-
çons le cercle passant par
les trois points A, B et D
(fig. 225).

Nous allons démontrer
qu'il passe aussi par C.

Fig. 225.

La corde BD partage le cercle en deux arcs; l'un $\overset{\frown}{ABD}$
capable de l'angle A, l'autre $\overset{\frown}{BMD}$ capable de son supplément 2 dr. — A.

Or par hypothèse
$$\widehat{C} = 2 \text{ dr} - A.$$

De plus, le point C est du
même côté de BD que l'arc $\overset{\frown}{BMD}$.

Donc il est *sur cet arc.*

363. — Théorème. — *Dans*
un quadrilatère convexe inscrit,
les deux diagonales forment des
angles égaux avec deux côtés
opposés.

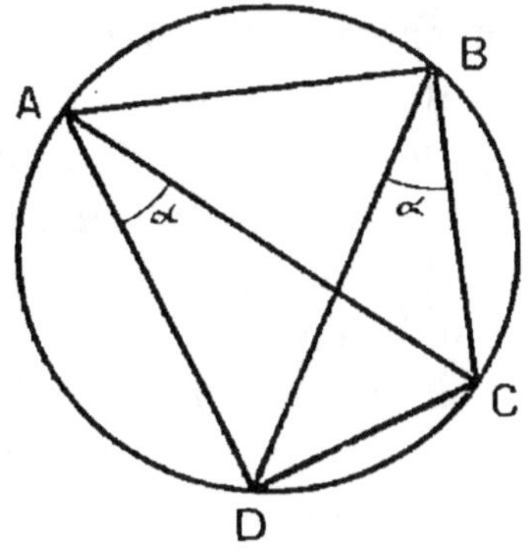

Fig. 226.

Ainsi les deux angles $\overset{\frown}{DAC}$ et $\overset{\frown}{DBC}$ sont *égaux* (fig. 226),
car ils sont *inscrits* dans le même arc $\overset{\frown}{DAC}$.

364. — Réciproquement. — *Si dans un quadrilatère convexe les diagonales forment des angles égaux avec deux côtés opposés, le quadrilatère est inscriptible dans un cercle.*

Supposons que les deux angles $\widehat{DAC}$ et $\widehat{DBC}$ soient *égaux* (fig. 226). Soit α leur valeur commune. Les deux points A et B sont tous les deux sur un arc capable de l'angle α ayant pour corde DC.

Le quadrilatère est donc bien *inscriptible* dans un cercle.

365. — Remarque. — Les réciproques précédentes servent souvent à démontrer que quatre points sont sur un même cercle.

LIEUX GÉOMÉTRIQUES

366. — Définition. — *L'ensemble des points qui satisfont à une condition déterminée forme une figure que l'on appelle le **lieu géométrique** de ces points.*

Tous les points d'un lieu géométrique satisfont à une même condition et *ce sont les seuls points* satisfaisant à cette condition.

Donc lorsqu'on voudra démontrer qu'une figure F est un lieu géométrique, il faudra prouver *deux choses* :

1° Que *tout point de la figure* F satisfait à une même condition;

2° Que *tout point qui satisfait à cette condition est sur la figure* F; ou, ce qui revient au même, que *tout point qui n'est pas sur* F *ne satisfait pas* à la condition considérée.

367. — Lieux géométriques divers. — Nous avons appris à connaître un certain nombre de lieux géométriques; il est indispensable de bien les retenir : nous allons les réunir ici.

1° Le lieu géométrique des points situés à *une même distance* R *d'un point fixe* O est un **cercle de centre** O (§ 63);

2° Le lieu géométrique des points *équidistants de deux points fixes* A *et* B est l'**axe du segment** AB (§ 128 et 129);

3° Le lieu géométrique des points *équidistants de deux droites qui se coupent* se compose des deux **bissectrices** des angles formés par ces droites (§ 158 et 159);

4° Le lieu géométrique des points *équidistants de deux droites parallèles* est une **droite** parallèle à ces deux droites;

5° Le lieu géométrique des points situés *à une même distance* l *d'une droite* D se compose de **deux droites** parallèles à D (§ 198);

6° Le lieu géométrique des points *d'où l'on voit un segment* AB *sous un angle droit* est le **cercle** de diamètre AB (§ 359);

7° Le lieu géométrique des points *d'où l'on voit un segment donné* AB *sous un même angle* α se compose des **deux arcs capables de l'angle** α décrit sur AB comme corde (§ 358).

EXERCICES PRATIQUES

365. Étant donné un triangle ABC, de hauteurs AA', BB', CC', on abaisse de A' les perpendiculaires A'D, A'E sur AB et AC, de B' les perpendiculaires B'F, B'K sur BC et AB, de C' les perpendiculaires C'L et C'Q sur CA et BC. Vérifier que les points D, E, F, K, L, Q sont sur un même cercle.

366. Tracer un triangle ABC et le cercle circonscrit à ce triangle. Soit M un point de ce cercle, on abaisse de M les perpendiculaires MU, MV, MW sur les trois côtés BC, CA, AB du triangle : 1° vérifier que les quadrilatères MWAV, MWUB, MVCU sont inscriptibles, 2° que les trois points U, V, W sont en ligne droite.

Prendre le point M', diamétralement opposé de M sur le cercle circonscrit et déterminer les points U', V', W' analogues aux points U, V, W précédents, refaire sur ces points les mêmes vérifications que sur les points

U, V, W et constater que la droite U'V'W' est perpendiculaire sur la droite UVW.

367. Dans un cercle de centre O de rayon 50 millimètres on place un point P à 20 millimètres du centre et par ce point on trace deux cordes APB, CPD rectangulaires. 1° Vérifier que le quadrilatère dont les sommets sont les milieux des cordes AD, BD, BC, CA est inscriptible dans un cercle ayant pour centre le milieu de OP. 2° Qu'il en est de même du quadrilatère ayant pour sommets les pieds des perpendiculaires abaissées de P sur AD, BD, BC et CA. 3° Que le quadrilatère dont les quatre côtés sont les tangentes au premier cercle aux points A, B, C, D est lui aussi inscriptible.

368. Étant donnés deux cercles l'un de centre O de rayon 20 millimètres, l'autre de centre O' de rayon 40 millimètres, $OO' = 70$ millimètres, mener par le point de concours S des tangentes communes extérieures deux sécantes SABA'B' et SCDC'D'. Vérifier que, si A et B' d'une part et C et D' d'autre part sont les points les plus près et les plus loin de S sur chaque sécante : 1° les quadrilatères ACD'B' et BDC'A' sont inscriptibles ; 2° que les droites A'C' et BD d'une part AC et B'D' d'autre part se coupent en deux points situés sur une même perpendiculaire à la ligne des centres.

EXERCICES THÉORIQUES

369. Dans un triangle, la bissectrice intérieure d'un angle est toujours située dans l'angle formé par la hauteur et la médiane issues du même sommet.

370. Dans un triangle ABC, l'angle du rayon OA du cercle circonscrit et de la hauteur AA' est égale à la différence des deux angles $\widehat{B}$ et $\widehat{C}$ et la bissectrice intérieure de l'angle A est également bissectrice de l'angle du rayon OA et de la hauteur AA'.

371. On donne deux parallèles XY, X'Y' et deux points A et B, mener par A une sécante dont les points d'intersection C et D avec XY et X'Y' soient équidistants de B.

372. Lieu géométrique des pieds des perpendiculaires abaissées d'un point A d'un cercle O sur les rayons de ce cercle.

373. Lieu géométrique des milieux des cordes d'un cercle passant par un point fixe.

374. Étant donnés trois points A, B, C d'un cercle, on joint A à B et B à C puis on mène la corde CD perpendiculaire sur AB et la corde DE perpendiculaire sur BC, montrer que C est le milieu d'un des arcs AE.

375. Quatre points quelconques étant marqués sur un cercle, démontrer que les deux droites qui joignent les milieux des arcs opposés sont perpendiculaires.

376. Étant donnés trois points A, B, C situés sur un cercle O, trouver un point P tel que AP, BP, CP en coupant le cercle aux points D, E, F déterminent des arcs DE et EF égaux à deux arcs a et b donnés de ce cercle.

377. Étant donnés deux cercles O et O' se coupant en A et B, démontrer que la droite CD qui joint les deux points diamétralement opposés de A dans O et O' passe par le point B.

378. On considère tous les triangles ABC ayant même base BC fixe en grandeur et position et même valeur d'angle A. On demande : 1° le lieu du point A ; 2° le lieu du point de concours des hauteurs ; 3° les lieux des centres des cercles inscrits et exinscrits au triangle.

379. Un triangle ABC rectangle en A se déplace, les extrémités de son hypoténuse glissant sur deux droites rectangulaires OX et OY, lieu géométrique du sommet A.

380. Étant donné un triangle ABC le cercle qui a pour centre le milieu de l'arc BC du cercle circonscrit au triangle et qui passe par les sommets B et C passe aussi par le centre du cercle inscrit et le centre du cercle exinscrit dans l'angle A.

381. Trouver sur un arc de cercle donné le point dont les distances aux extrémités de l'arc ont une somme maxima.

382. De quel point P situé sur le côté OA d'un angle droit OAB voit-on sous l'angle maximum un segment CD fixe sur le côté OB? (*Prendre un point Q quelconque sur OA et tracer le cercle QCD*).

383. Placer la perpendiculaire commune AB à deux droites parallèles de façon qu'elle soit vue d'un point P extérieur aux deux parallèles sous l'angle maximum.

384. Étant donnés deux cercles O et O' qui se coupent en A et A' on mène par A une sécante BAC, puis on trace les tangentes aux cercles aux extrémités B et C de cette sécante qui se coupent en D et les droites OB et O'C qui se coupent en E. Évaluer les angles $\widehat{BDC}$ et $\widehat{BEC}$; montrer qu'ils ont une valeur constante, quelle que soit la position de la sécante BAC ; déduire de là le lieu géométrique du point E. [*Évaluer les angles en B et C du triangle BCD*].

385. Construire un carré dont les quatre côtés passent respectivement par quatre points A, B, C et D pris arbitrairement.

386. On marque sur les trois côtés d'un triangle ABC trois points arbitraires A' sur BC, B' sur CA, C' sur AB, et on trace les cercles circonscrits aux triangles AB'C', BC'A', CA'B', démontrer que ces trois cercles se coupent en un même point.

387. Étant donné un triangle ABC on trace, par un point quelconque M de BC, une droite arbitraire qui coupe AB en D et AC en E ; démontrer que les cercles circonscrits aux triangles BDM et CEM se coupent en un point P situé sur le cercle circonscrit au triangle ABC.

388. Étant donnés deux cercles tangents intérieurement en un point A, on mène du point B diamétralement opposé à A dans le grand cercle une tangente au petit cercle qui le touche en C et coupe le grand cercle en D ; démontrer que AC est la bissectrice de l'angle BAD.

389. Étant donnés trois points A, B, C, trouver un point O d'où l'on voie les segments AB et BC sous des angles α et β donnés.

390. Étant données deux cordes AB et IJ d'un cercle, IJ coupant AB en son milieu M, on mène en I et J les tangentes au cercle qui coupent AB en P et Q, démontrer que $AP = BQ$.

391. Six points A, B, C, A′, B′, C′ étant marqués, dans cet ordre, sur un cercle de façon que AB et A′B′ soient parallèles ainsi que AC et A′C′, montrer que B′C et BC′ sont également parallèles.

392. Les trois hauteurs d'un triangle sont les bissectrices des angles du triangle déterminé par les pieds de ces hauteurs.

393. Étant données deux droites rectangulaires OX et OY on mène par un point P deux droites rectangulaires qui coupent l'une OX en A, l'autre OY en B. Trouver le lieu géométrique du milieu M de AB quand l'angle APB tourne autour de son sommet.

394. Étant donnés deux cercles O et O′ tangents extérieurement au point A, on mène une tangente commune BB′ et la tangente commune en A rencontrant BB′ en C. Démontrer :

 1° Que le point C est le milieu de BB′;

 2° Que le triangle OCO′ est rectangle;

 3° Que le triangle BAB′ est rectangle.

395. Étant donné un triangle rectangle isocèle OAB $(OA = OB)$, on considère deux cercles tangents entre eux extérieurement et l'un tangent en A à OA, l'autre tangent en B à OB : 1° rechercher le lieu géométrique du point de contact des deux cercles; 2° montrer que la tangente commune intérieure à ces deux cercles passe par O; 3° montrer que leur ligne des centres reste tangente à un cercle fixe.

396. Si l'on mène par les deux points d'intersection A et B de deux cercles qui se coupent, deux sécantes ACD et BEF parallèles entre elles, les deux longueurs CD et EF sont égales.

397. Étant donné un triangle isocèle ABC $(AB = AC)$, on mène de A deux cordes AD, AE du cercle circonscrit à ce triangle qui coupent la base en F et G, démontrer que le quadrilatère DEFG est inscriptible.

398. Étant donné un triangle ABC, tracer la droite Aα qui joint le sommet A au point de contact α du cercle inscrit avec le côté BC; démontrer que les cercles inscrits aux triangles ABα, ACα sont tangents entre eux.

399. Par deux points diamétralement opposés A et B d'un cercle O, on mène deux demi-droites parallèles. Trouver le lieu géométrique du centre d'un cercle tangent à ces demi-droites et au diamètre AB quand la direction des parallèles varie.

400. Si dans un quadrilatère circonscriptible ABCD les cordes IK et JL joignant les points de contact des côtés opposés sont rectangulaires, ce quadrilatère est inscriptible.

401. On prend sur le côté AB d'un triangle ABC un point D quelconque et sur le côté AC un point E tel que le quadrilatère BCED soit inscriptible; démontrer que DE est parallèle à la tangente en A au cercle circonscrit au triangle.

402. Par l'extrémité A d'un diamètre AB d'un cercle O on mène une corde AC et on prend sur cette corde des longueurs $CM = CM' = CB$, trouver le lieu géométrique des points M et M′ quand la corde tourne autour du point A.

403. Démontrer que les cordes de contact du cercle inscrit dans un triangle sont parallèles aux trois bissectrices extérieures des angles de ce triangle. Quelle est la propriété correspondante pour les cordes de contact des cercles exinscrits?

404. Le point T où la tangente en A au cercle circonscrit au triangle ABC rencontre le côté BC de ce triangle est équidistant du sommet A et des pieds L et L' des bissectrices AL, AL' de l'angle A.

405. Rechercher le lieu géométrique des centres des cercles circonscrits à un triangle ABC dont l'angle A est donné fixe et dont le côté BC a une longueur constante.

406. Démontrer que les symétriques du point de concours des hauteurs d'un triangle ABC par rapport aux trois côtés sont trois points du cercle circonscrit.

407. Les sommets d'un triangle ABC sont les milieux des arcs déterminés sur le cercle circonscrit par les trois symétriques du point de concours des hauteurs par rapport aux côtés.

408. Les symétriques du point de concours des hauteurs d'un triangle par rapport aux milieux des côtés sont les points diamétralement opposés des sommets sur le cercle circonscrit au triangle.

409. Les symétriques du cercle circonscrit à un triangle par rapport aux trois côtés de ce triangle concourent au point de concours des hauteurs de ce triangle.

410. Trouver un point tel qu'en le joignant aux trois sommets d'un triangle donné, les cercles circonscrits aux trois triangles obtenus soient égaux. (*Se servir de l'exercice précédent*).

411. Construire un triangle connaissant un angle et les deux segments que sa bissectrice détermine sur le côté opposé.

412. Construire un triangle connaissant un côté, l'angle opposé à ce côté et le rayon du cercle inscrit.

413. Construire un triangle connaissant les angles et le rayon du cercle circonscrit.

414. Construire un triangle connaissant ses trois angles et son périmètre.

415. Construire un triangle connaissant la hauteur, la médiane et la bissectrice intérieure issues d'un même sommet.

416. Construire un triangle connaissant le triangle I'I''I''' des trois bissectrices extérieures.

417. Construire un triangle ABC connaissant la position du centre O du cercle circonscrit, la position du point de concours des hauteurs H et la position de la droite XY sur laquelle est porté le côté BC.

418. Construire un triangle ABC connaissant l'angle A, la longueur du côté BC et la somme *l* des longueurs des côtés AB et AC.

419. Construire un triangle ABC connaissant l'angle A, la longueur du côté BC et la différence *l* des longueurs des côtés AB et AC.

420. Trois points A, B, C étant marqués sur un cercle, fixer un quatrième point D de ce cercle de façon que le quadrilatère ABCD soit circonscriptible, c'est-à-dire ait ses quatre côtés tangents à un même cercle.

LIVRE III

CHAPITRE I

SEGMENTS PROPORTIONNELS

§ 1. — Rapport de deux segments rectilignes.

368. — Multiplication d'un segment rectiligne par un nombre.

1° *Multiplier un segment rectiligne AB par le nombre entier 4, c'est faire la somme de 4 segments égaux à AB;*

2° *Multiplier le segment AB par la fraction $\frac{4}{7}$, c'est en prendre les $\frac{4}{7}$, c'est-à-dire partager d'abord AB en 7 parties égales, puis faire la somme de 4 de ces parties.*

369. — Division d'un segment rectiligne par un nombre.

Diviser un segment AB par un nombre, c'est trouver un deuxième segment qui multiplié par ce nombre reproduit AB.

1° Il est clair que pour *diviser* AB par le *nombre entier* 7, on doit *partager* AB en 7 *parties égales* et prendre une de ses parties;

2° Pour *diviser* AB par la *fraction* $\frac{7}{4}$ on doit *multiplier* AB par $\frac{4}{7}$, c'est-à-dire prendre les $\frac{4}{7}$ de AB.

Soit en effet AC le segment ainsi obtenu (fig. 227). En multipliant AC par $\frac{7}{4}$, c'est-à-dire en prenant les $\frac{7}{4}$ de AC, on retrouve bien AB.

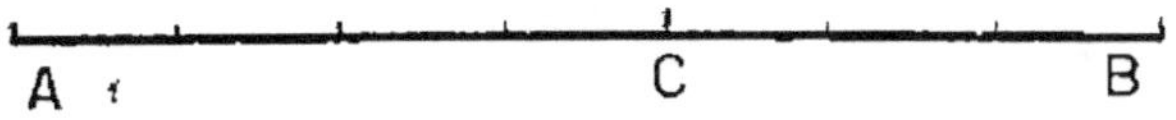

A   C   B

Fig. 227.

370. — **Multiplication** *et* **division d'un nombre** *par un nombre*.

Les définitions de la *multiplication* et de la *division* d'un *nombre* par *un nombre* sont les mêmes que la définition de la multiplication et de la division d'un *segment* par un *nombre*.

Le résultat de la multiplication de deux nombres s'appelle leur *produit*.

Le résultat de la division de deux nombres s'appelle leur *quotient exact*.

On a vu en arithmétique comment on forme le produit et le quotient de deux nombres.

Rappelons les règles établies par quelques exemples :

1° PRODUIT DES DEUX NOMBRES :

Le produit de la fraction $\frac{4}{7}$ par le nombre entier 5 est $\frac{4 \times 5}{7}$.

Le produit du nombre entier 5 par la fraction $\frac{4}{7}$, est $\frac{5 \times 4}{7}$.

Le produit de la fraction $\frac{4}{7}$ par la fraction $\frac{11}{3}$ est $\frac{4 \times 11}{7 \times 3}$.

2° QUOTIENT EXACT DES DEUX NOMBRES.

Le quotient exact du nombre entier 4 par le nombre entier 7 est la fraction $\frac{4}{7}$.

Le quotient exact de la fraction $\frac{4}{11}$ par le nombre entier 7 est $\frac{4}{11 \times 7}$.

Le quotient exact de la fraction $\frac{4}{11}$ par la fraction $\frac{7}{9}$ est $\frac{4}{11} \times \frac{9}{7} = \frac{4 \times 9}{11 \times 7}$.

Le quotient exact du nombre entier 4 par la fraction $\frac{7}{9}$ est $4 \times \frac{9}{7} = \frac{4 \times 9}{7}$.

Le quotient exact de deux nombres a et b se représente par la notation $\frac{a}{b}$.

371. — Théorème. — *Le quotient exact de deux nombres ne change pas lorsqu'on les multiplie ou les divise par un même troisième.*

Par exemple

$$\frac{3,412}{41,8273} = \frac{341,2}{4182,73}.$$

372. — Segments rectilignes commensurables. —

On dit que deux segments AB et CD sont **commensurables** *lorsqu'il existe un segment EF contenu un nombre exact de fois dans AB et dans CD.*

On dit que le segment EF est une *commune mesure* de AB et de CO.

Ainsi dans la figure 228 le segment AB est la somme de cinq segments égaux à EF, le segment CD la somme de trois segments égaux à EF, AB et CD sont commensurables et ont le segment EF pour commune mesure.

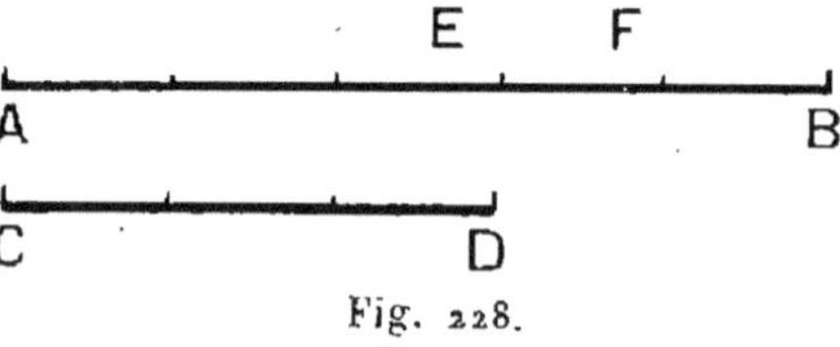

Fig. 228.

373. — *Mesure d'un segment commensurable à l'unité de longueur.*

Soit un segment AB que l'on veut *mesurer* avec une unité de longueur déterminée PQ.

AB et PQ sont supposés *commensurables*.

1° Supposons que la commune mesure soit le segment PQ lui-même. Admettons par exemple que AB soit la somme de 5 segments égaux à PQ (fig. 229).

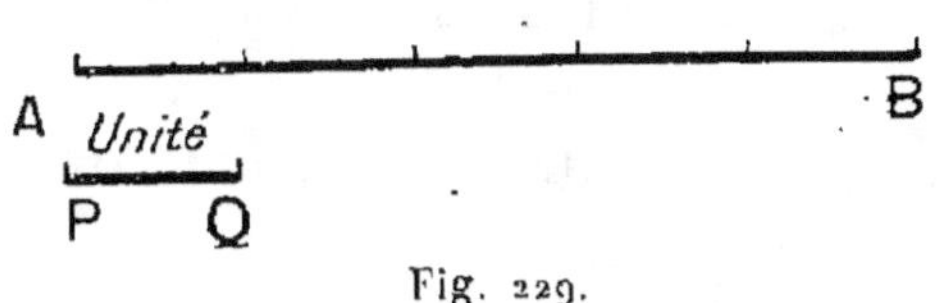

Fig. 229.

On dit dans ce cas que la mesure de AB est le *nombre entier 5*;

2° Supposons que la commune mesure soit une fraction de PQ.

Admettons par exemple que PQ ait été partagé en 3 parties égales et que AB soit la somme de 7 de ces parties (fig. 230).

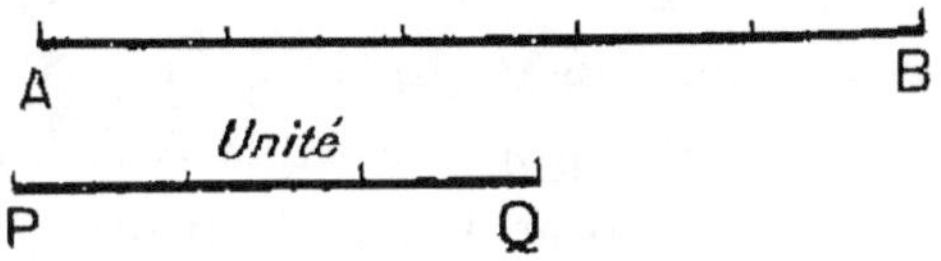

Fig. 230.

On dit dans ce cas que la mesure de AB est la fraction $\frac{7}{3}$.

La mesure d'un segment rectiligne commensurable à l'unité de longueur est un nombre entier ou une fraction.

374. — Remarque. — Il peut arriver que AB et l'unité de longueur ne *soient pas commensurables*.

Montrons que dans ce cas :

On peut substituer à AB un segment A'B' commensurable à l'unité et différent de AB d'aussi peu qu'on voudra.

L'unité de longueur étant le *mètre* on pourra, par exemple, substituer à AB une longueur *commensurable au mètre* différant de AB de *moins d'un millimètre*.

En effet, AB n'étant pas commensurable au mètre n'est pas la somme d'un nombre *entier* de millimètres. Supposons que AB soit supérieur à 273 millimètres et inférieur à 274 millimètres.

On substituera à AB le segment ayant pour longueur 273 millimètres, ou le segment ayant pour longueur 274 millimètres.

Dans les deux cas l'erreur commise sera moindre qu'un millimètre.

Dans le premier, elle sera dite *par défaut*, dans le deuxième elle sera dite *par excès*.

On pourra de même substituer à AB une longueur commensurable au mètre, et différant de AB de moins de $\frac{1}{10}$ de millimètre, de moins de $\frac{1}{100}$ de millimètre.

Donc, *pratiquement*, un segment peut être considéré comme *commensurable à l'unité*; *pratiquement*, la mesure d'un segment est toujours un nombre entier ou une fraction.

De même, *pratiquement*, deux segments quelconques peuvent être considérés comme *commensurables*.

375. — Changement d'unité de longueur.

Supposons que l'on connaisse la mesure du segment AB lorsque l'unité de longueur est le segment PQ.

Comment se trouve modifiée cette mesure si on change d'unité de longueur?

1ᵉʳ CAS. — La nouvelle unité de longueur est égale à l'unité primitive PQ *multipliée* par un nombre entier.

Dans ce cas la *mesure* de AB est *divisée par ce nombre entier*.

Supposons par exemple que l'unité de longueur soit le *centimètre* et que AB ait pour mesure 275,78.

Lorsqu'on prendra une unité de longueur 10 fois plus grande, c'est-à-dire lorsqu'on prendra pour unité de longueur le *décimètre*, la nouvelle mesure de AB sera 27,578.

2ᵉ CAS. — Inversement si l'*unité* de longueur est *divisée* par un nombre entier, la *mesure* de AB est *multipliée* par ce nombre entier.

3e CAS. — Si l'unité de longueur est *multipliée* par une *fraction* la mesure de AB est *divisée* par cette fraction.

Supposons que l'on substitue, à l'unité de longueur primitive PQ, une nouvelle unité obtenue en *multipliant* PQ par $\frac{5}{7}$, c'est-à-dire en prenant les $\frac{5}{7}$ de PQ.

On peut imaginer que cette modification d'unité ait été *effectuée en deux temps*.

1° On a *divisé* par 7 l'unité primitive. Alors la mesure de AB a été *multipliée* par 7;

2° On a *multiplié* par 5 la nouvelle unité. Alors la nouvelle mesure de AB a été *divisée* par 5.

En définitive, on voit que lorsqu'on *multiplie* l'unité de longueur par $\frac{5}{7}$, la mesure de AB est *multipliée* par $\frac{7}{5}$ ou encore *divisée* par $\frac{5}{7}$.

376. — **Rapport de deux segments rectilignes.** — *On appelle* **rapport** *du segment AB au segment CD le quotient exact du nombre qui mesure AB par le nombre qui mesure CD, les deux mesures étant effectuées avec la même unité.*

Supposons par exemple que AB ait pour mesure 4 mètres et que CD ait pour mesure 7 mètres.

Le rapport de AB à CD sera $\frac{4}{7}$.

Si AB a pour mesure 4^{m}28 et CD 7^{m}419, le rapport de AB à CD sera $\frac{4,28}{7,419}$.

377. — JUSTIFICATION. — Pour justifier la définition précédente, nous devons démontrer le théorème suivant :

Théorème. — *Le rapport de deux segments AB et CD ne dépend pas de l'unité choisie.*

En effet, si on change d'unité de longueur, les mesures des *deux* segments sont *multipliées* par le *même nombre*, et leur *quotient exact ne change pas*.

378. — **Corollaire**. — *Le rapport de deux segments AB et CD est la mesure du premier lorsqu'on prend le second comme unité.*

En effet, pour évaluer ce rapport nous pouvons prendre CD comme unité.

Alors   mesure $CD = 1$

et par suite

$$\text{rapport de AB à CD} = \frac{\text{mesure AB}}{1} = \text{mesure AB}.$$

EXEMPLES. — 1° Supposons que AB et CD admettent CD comme commune mesure.

Admettons que AB contienne trois fois CD (fig. 231).

Alors :

$$\text{Rapport de AB à CD} = 3.$$

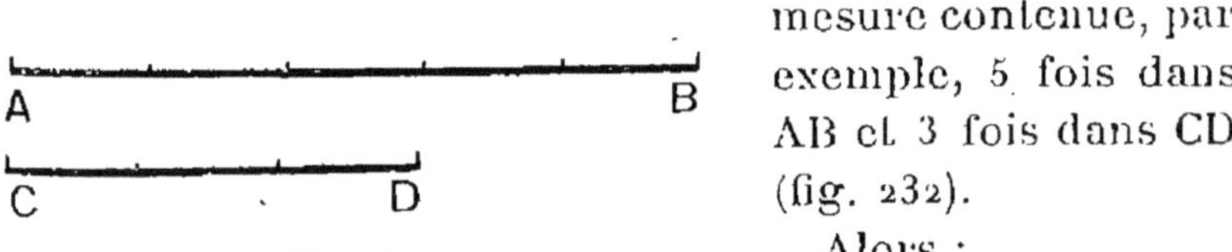

Fig. 231.

2° Supposons que AB et CD admettent une commune mesure contenue, par exemple, 5 fois dans AB et 3 fois dans CD (fig. 232).

Alors :

$$\text{Rapport de AB à CD} = \frac{5}{3}.$$

Fig. 232.

379. — **Notation**. — Dans ce qui va suivre nous ne désignerons plus par AB le *segment rectiligne AB lui-même*, mais sa *mesure* avec une certaine unité : AB désignera désormais un nombre.

Nous supposerons toujours que les segments ont été mesurés avec la *même unité*.

D'après cela *le rapport de deux segments AB et CD sera représenté par* $\dfrac{AB}{CD}$.

380. — **Segments proportionnels.** — *On dit que les deux segments rectilignes AB et A'B' sont* **proportionnels** *aux deux segments CD et C'D' si le rapport de AB à A'B' est égal au rapport de CD à C'D'.*

L'égalité qui exprime cette condition

$$\frac{AB}{A'B'} = \frac{CD}{C'D'} \qquad (1)$$

s'appelle une *proportion*.

Les quatre nombres AB, A'B', CD et C'D' sont les *termes* de cette proportion.

AB et C'D' s'appellent les *extrêmes*.

A'B' et CD s'appellent les *moyens* de la proportion.

Rappelons les théorèmes suivants établis en **arithmétique**.

1° *Dans une proportion, le produit des extrêmes est égal au produit des moyens.*

Si la proportion (1) est vérifiée, l'égalité

$$AB \times C'D' = A'B' \times CD \qquad (2)$$

l'est aussi, et *réciproquement.*

2° *Dans une proportion on peut permuter les moyens.*

Si la proportion (1) est vérifiée, la proportion

$$\frac{AB}{CD} = \frac{A'B'}{C'D'} \qquad (3)$$

l'est aussi, et *réciproquement.*

3° *Dans une proportion on peut permuter les extrêmes.*

Si la proportion (1) est vérifiée, la proportion

$$\frac{C'D'}{A'B'} = \frac{CD}{AB}$$ (1)

est vérifiée aussi et *réciproquement*.

381. — Corollaire. — *Si les segments* AB *et* A'B' *sont proportionnels aux segments* CD *et* C'D', *les segments* AB *et* CD *sont proportionnels aux segments* A'B' *et* C'D'.

Si en effet la proportion

$$\frac{AB}{A'B'} = \frac{CD}{C'D'}$$

est vérifiée, la proportion obtenue en permutant les moyens

$$\frac{AB}{CD} = \frac{A'B'}{C'D'}$$

l'est aussi.

§ 2. — Points partageant un segment dans un rapport donné.

382. — Définition. — *On dit que le point* M *de la droite* AB *partage le segment* AB *dans le rapport* $\frac{3}{8}$, *si*

$$\frac{MA}{MB} = \frac{3}{8}.$$

Ce point M peut d'ailleurs être soit *entre* A et B, soit en *dehors* du segment AB.

Dans le *premier cas* on dit que M partage AB en deux segments *additifs*, dans le *second cas* qu'il partage AB en deux segments *soustractifs*.

383. — Théorème. — *Sur la droite* AB *il existe un point* M *et un seul partageant* AB *en segments additifs dont le rapport a une valeur donnée.*

Soit $\dfrac{3}{8}$ le rapport donné.

Pour que $\dfrac{MA}{MB} = \dfrac{3}{8}$, *il faut* (fig. 233) que, MB ayant été partagé en 8 parties égales, MA contienne 3 de ces parties.

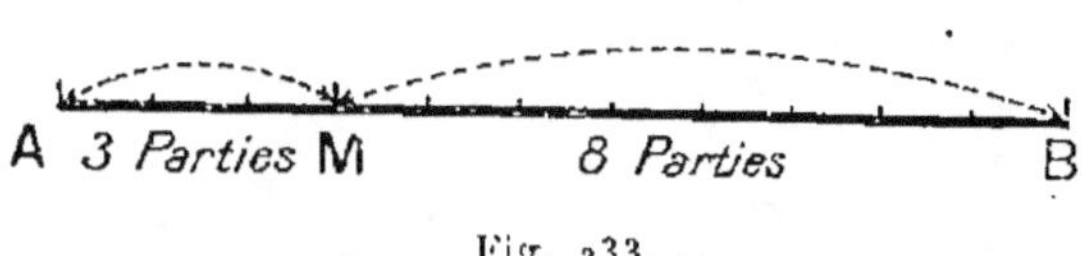

Fig. 233.

Mais alors AB se trouve partagé en $8+3$ parties égales.

Il n'y a donc pour le point M qu'*une position possible* obtenue de la manière suivante :

On partagera AB en $8+3$ parties égales, et on prendra le point M tel que MA contienne 3 de ces parties.

M étant ainsi choisi, MB contient 8 parties, de sorte qu'on a bien $\dfrac{MA}{MB} = \dfrac{3}{8}$.

CALCUL DES DEUX SEGMENTS MA et MB. — On a d'après ce qui précède

$$MA = \dfrac{AB}{3+8} \times 3 \qquad MB = \dfrac{AB}{3+8} \times 8.$$

Si le rapport donné est le quotient $\dfrac{a}{b}$ de deux nombres entiers quelconques, on aura de même

$$MA = \dfrac{AB}{a+b} \cdot a \qquad MB = \dfrac{AB}{a+b} \cdot b.$$

REMARQUE. — Si le rapport donné est égal à 1, M est le *milieu* O de AB.

384. — **Théorème.** — *Sur la droite AB il existe un point M' et un seul partageant AB en segments soustractifs dont le rapport a une valeur donnée autre que 1.*

1° Il est d'abord évident qu'il n'y a pas sur AB en dehors du segment AB de point M' tel que $\dfrac{M'A}{M'B} = 1$, c'est-à-dire tel que M'A = M'B, car, si M' est en dehors de AB, les segments M'A et M'B sont toujours inégaux.

2° Supposons que le rapport donné soit *plus grand* que 1. Le segment M'A doit être *plus grand* que le segment M'B. Le point M' doit donc être cherché en dehors de AB et du *côté du point* B.

Soit $\dfrac{8}{3}$ le rapport donné.

Pour que $\dfrac{M'A}{M'B} = \dfrac{8}{3}$, *il faut* (fig. 234) que, M'B ayant été partagé en 3 parties égales, M'A contienne 8 de ces parties.

Mais alors AB contient 8 — 3 parties égales.

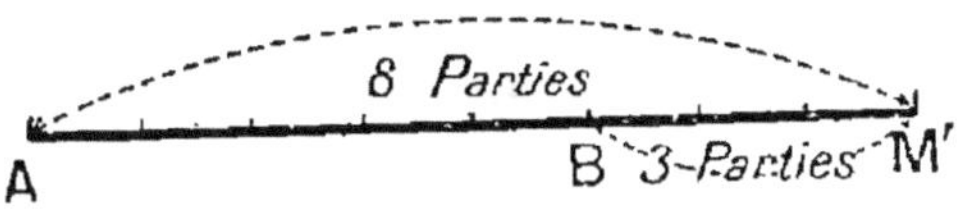

Fig. 234.

Il n'y a donc pour le point M' qu'*une position possible*, obtenue de la manière suivante :

On partagera AB en 8 — 3 parties égales, et on prendra sur le prolongement de AB, du côté du point B, le point M' tel que BM' contienne 3 de ces parties.

Le point M' étant ainsi obtenu, M'A contiendra 8 divisions et on aura bien

$$\frac{M'A}{M'B} = \frac{8}{3}.$$

CALCUL DES DEUX SEGMENTS M'A et M'B.

On a $\qquad M'A = \dfrac{AB}{8 - 3} \cdot 8 \qquad M'B = \dfrac{AB}{8 - 3} \cdot 3.$

Si ce rapport donné est la fraction $\dfrac{a}{b}$ supposée plus grande que 1, on aura de même

$$M'A = \frac{AB}{a - b} \cdot a \qquad M'B = \frac{AB}{a - b} \cdot b.$$

3° Supposons enfin que le rapport donné soit *plus petit* que 1.

Dans ce cas le segment M'A doit être plus petit que le segment M'B. Le point M' doit donc être cherché en dehors de AB du côté du point A.

Soit $\dfrac{3}{8}$ le rapport donné.

On verra comme précédemment que, pour obtenir le point M, on devra (fig. 235) partager AB en 8 — 3 parties égales et prendre sur le prolongement

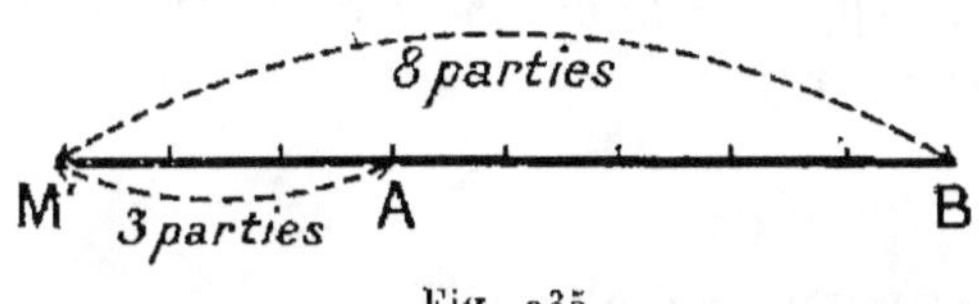

Fig. 235.

de BA le point M tel que AM' contienne 3 de ces parties.

CALCUL DES DEUX SEGMENTS M'A et M'B.

On aura $\qquad \mathrm{M'A} = \dfrac{\mathrm{AB}}{8-3} \cdot 3 \qquad\qquad \mathrm{M'B} = \dfrac{\mathrm{AB}}{8-3} \cdot 8.$

Si le rapport est la fraction $\dfrac{a}{b}$ supposée plus petite que 1,

$$\mathrm{M'A} = \dfrac{\mathrm{AB}}{b-a} \cdot a \qquad\qquad \mathrm{M'B} = \dfrac{\mathrm{AB}}{b-a} \cdot b.$$

385. — Corollaire. — *Étant donné un nombre quelconque autre que l'unité, il existe sur la droite AB deux points qui partagent AB dans un rapport égal à ce nombre.*

Ces deux points sont dits **conjugués harmoniques** par rapport à A et B.

L'un est *entre* A et B, l'autre *extérieur* au segment AB.

L'égalité qui exprime que deux points distincts M et M' sont conjugués harmoniques par rapport à A et B est

$$\dfrac{\mathrm{MA}}{\mathrm{MB}} = \dfrac{\mathrm{M'A}}{\mathrm{M'B}}$$

Les deux points M et M' sont toujours d'un *même côté par rapport au milieu* O de AB.

En effet, si la valeur commune des deux rapports est plus *grande*

$$\overline{\text{A} \qquad\quad \text{O} \quad \text{M} \quad\quad \text{B} \qquad\qquad \text{M'}}$$

Fig. 236.

que 1, M et M' sont tous les deux du *même côté* de O que le point B (fig. 236), car ils sont tous les deux *plus près* de B que de A.

Si cette valeur est plus *petite* que 1, M et M' sont tous les deux

Fig. 237.

du *même côté* de O que le point A, car ils sont tous les deux *plus près* de A que de B (fig. 237).

Tout point de la droite AB, sauf le milieu O du segment AB, a un conjugué harmonique par rapport à A et B.

EXERCICES PRATIQUES

421. On prend sur le diamètre $AB = 225$ millimètres d'un cercle de centre O un point M distant de O de $31^{mm},5$ et par M on mène la corde CD perpendiculaire à AB. Vérifier que la plus grande commune mesure entre les côtés AC, CB, BD, DA et les diagonales AB et CD du quadrilatère ABCD est égale à 9 millimètres.

422. Étant donné un carré ABCD ($AB = 50$ mm), on joint le sommet A au milieu N du côté BC; cette droite est rencontrée en I et V par les droites joignant le milieu M de AB aux sommets D et C et en U et J par les droites joignant le sommet B aux milieux P et Q des côtés CD et DA. Vérifier que les divers segments formés par les points A, I, U, V, J, N ont tous pour commune mesure le trentième du segment AN.

423. On marque sur une droite XY des points M, N, P, Q, R dans cet ordre et tels que $MN = 10$ millimètres, $NP = 35$ millimètres, $PQ = 17$ millimètres, $QR = 23$ millimètres, évaluer les rapports dans lesquels le point M divise le segment PQ, le point N divise le segment QR, le point P divise le segment RM, le point Q divise le segment MN et le point R divise le segment NP.

424. On considère sur une droite XY quatre points A, C, B, D, dans cet ordre, tels que $AC = 21$ millimètres, $CB = 15$ millimètres, $BD = 90$ millimètres.

1° Vérifier que

$$\frac{CA}{CB} = \frac{DA}{DB}$$

et calculer la valeur de ces rapports.

2° Appelant O le milieu de AB et M le milieu de CD, vérifier que

$$\overline{OA}^2 = OC \cdot OD$$

et que

$$\overline{MC}^2 = MA \cdot MB.$$

3° Vérifier que

$$\frac{2}{AB} = \frac{1}{AC} + \frac{1}{AD} = \frac{1}{CB} - \frac{1}{BD}$$

et que

$$\frac{2}{CD} = \frac{1}{DA} + \frac{1}{DB} = \frac{1}{CB} - \frac{1}{CA}.$$

425. Tracer une droite XY d'environ 190 millimètres de longueur, à une extrémité marquer un point B, prendre sur XY une longueur $BA = 68$ millimètres. Construire les points C_1 et D_1 (C_1 entre A et B) tels que

$$\frac{C_1A}{C_1B} = \frac{D_1A}{D_1B} = \frac{1}{4}.$$

Vérifier les positions de C_1 et D_1 en calculant C_1B et D_1B, décrire un cercle sur C_1D_1 comme diamètre. Déterminer de même les points :

$$C_2 \text{ et } D_2 \text{ tels que } \frac{C_2A}{C_2B} = \frac{D_2A}{D_2B} = \frac{1}{3}$$

$$C_3 \text{ et } D_3 \quad - \quad \frac{C_3A}{C_3B} = \frac{D_3A}{D_3B} = \frac{2}{5}$$

$$C_4 \text{ et } D_4 \quad - \quad \frac{C_4A}{C_4B} = \frac{D_4A}{D_4B} = \frac{3}{7}$$

$$C_5 \text{ et } D_5 \quad - \quad \frac{C_5A}{C_5B} = \frac{D_5A}{D_5B} = \frac{1}{2}$$

$$C_6 \text{ et } D_6 \quad - \quad \frac{C_6A}{C_6B} = \frac{D_6A}{D_6B} = \frac{7}{11}.$$

Vérifier par le calcul les positions des points $C_1, \ldots, C_6$, $D_1, \ldots, D_6$; constater que les points C_n et D_n sont tous d'un même côté du milieu O de AB et qu'ils se suivent dans l'ordre de leurs indices de telle façon que A se trouve toujours entre C_n et D_n quel que soit l'indice n et que les cercles de diamètres $C_n D_n$ s'enveloppent les uns les autres.

426. Un cercle de centre C a pour diamètre $AB = 50$ millimètres; on mène d'un point O de AB ($OC = 70$ mm) une tangente OT au cercle, on reporte la longueur OT en OG à partir de O sur la demi-droite OC et on abaisse de T la perpendiculaire TH sur OC. Le dessin montre :

$$OH < OG < OC.$$

Vérifier que

$$1° \qquad OC = \frac{OA + OB}{2}$$

$$2° \qquad OG^2 = OA \times OB$$

on dit alors que OG est la moyenne proportionnelle entre OA et OB;

$$3° \qquad \frac{2}{OH} = \frac{1}{OA} + \frac{1}{OB}$$

et que par suite les deux points O et H sont conjugués harmoniques des points A et B.

427. On considère deux angles aigus XOY, X'O'Y', le sommet de chacun des angles étant à l'extérieur de l'autre angle : les côtés se coupant en A, B, C, D, A et B sur OX, C et D sur OY, A et C sur O'X', B et D sur O'Y', les droites AD et BC coupent la droite OO' aux points Q et P; on trace les droites AD et BC qui se coupent en I, la droite OI qui coupe O'X' en E et O'Y' en F et la droite O'I qui coupe OX en H et OY en K. Vérifier que

$$\frac{EA}{EC} : \frac{O'A}{O'C} = \frac{FB}{FD} : \frac{O'B}{O'D} = \frac{HA}{HB} : \frac{OA}{OB} = \frac{KC}{KD} : \frac{OC}{OD} = \frac{IE}{IF} : \frac{OE}{OF} = \frac{IH}{IK} : \frac{O'H}{O'K}$$

$$= \frac{IA}{ID} : \frac{QA}{QD} = \frac{IB}{IC} : \frac{PB}{PC} = \frac{QO}{QO'} : \frac{PO}{PO'} = 1.$$

EXERCICES THÉORIQUES

§ 1.

428. Exprimer en millimètres la mesure des $\frac{4}{7}$ d'un segment AB ayant pour longueur $0^m,42$.

429. Trois segments AB, CD, EF ont pour longueur le premier les $\frac{3}{7}$ d'un mètre, le deuxième les $\frac{11}{4}$ d'un décimètre, le troisième les $\frac{75}{28}$ d'un centimètre; quelle est la plus grande longueur qui, prise comme unité, donne pour ces trois segments des mesures en nombres entiers.

430. D'après la mesure de la méridienne faite par Lacaille en l'année 1740, le quart du méridien terrestre avait été évalué à 5.132.430 toises de l'Académie; sachant d'autre part que le mètre a été pris égal au $\frac{1}{10\,000\,000^e}$ du quart du méridien, quelle est la mesure de la toise de l'Académie en prenant le mètre pour unité de longueur.

431. Étant données trois longueurs a, b, c et sachant que le rapport de a à b est $\frac{5}{7}$, celui de b à c $\frac{2}{3}$, calculer la mesure de a quand on prend c pour unité de longueur.

432. La mesure en mètres d'un segment est $45^m,75$, le même segment mesuré avec une autre unité de longueur a pour mesure 4.85, quelle est en mètres la longueur de la nouvelle unité calculée avec deux chiffres décimaux?

433. Le rapport de deux segments est 1,25, l'un d'eux mesure 570 mètres, quelle est la longueur de l'autre calculée en mètres avec deux chiffres décimaux?

434. Sachant que la *verste*, mesure itinéraire russe, vaut $1^{km},067$ et que la *lieue marine* vaut 5.557 mètres, quel est le rapport de deux segments mesurant l'un $\frac{5}{3}$ de verste, l'autre $\frac{2}{5}$ de lieue marine?

435. Sachant qu'il y a 120 *nœuds* dans un mille marin et que le rapport du mille marin au kilomètre est 1,852, quelle est la longueur d'un nœud calculée en mètres avec deux chiffres décimaux?

436. Quatre segments sont proportionnels aux longueurs suivantes : 15 décamètres, 5 mètres, 125 millimètres, 85 centimètres, 35 décimètres. Le plus petit mesure 17 centimètres, quelles sont les longueurs des autres calculées en mètres avec deux décimales?

437. Trois segments dont la somme des longueurs est 5 kilomètres sont proportionnels l'un au mille marin qui vaut $1^{km},852$, l'autre au mille anglais qui vaut 1609 mètres, le troisième au mille romain qui valait 147.575 centimètres, quelles sont les longueurs des trois segments calculées en mètres avec deux décimales?

§ 2.

438. Rechercher le lieu géométrique des points M divisant dans le rapport $\frac{m}{n}$ les segments AB parallèles à une direction fixe et limités à deux droites parallèles D et D'.

439. A et B étant deux points conjugués harmoniques par rapport à C et D et M étant le milieu de AB, prouver que l'on a
$$\overline{MA}^2 = MC \times MD.$$

440. A et B étant deux points conjugués harmoniques par rapport aux points C et D, l'ordre des points étant A, C, B, D, prouver que l'on a
$$AB = 2.\frac{AC \times AD}{AC + AD}$$

(*exprimer tous les segments entrant dans la proportion qui montre que A et B sont conjugués de C et D au moyen de segments d'origine A*).

441. On considère un point M intérieur au segment AB et qui le divise dans le rapport $\frac{m}{n}$ et un point P extérieur au segment MB et qui le divise dans le rapport $\frac{2\,m}{m+n}$: démontrer que les points M et P sont conjugués harmoniques par rapport aux points A et B.

442. On donne sur une droite XY deux segments consécutifs égaux AB, BC; on prend le point M qui, intérieur à AB, le divise dans le rapport $\frac{m}{n}$, le point P, qui, intérieur à BC, divise ce segment dans le rapport $\frac{m}{n}$ et le point Q, intérieur à MP, qui divise ce segment dans le rapport $\frac{m}{n}$, évaluer le rapport dans lequel Q divise le segment AC?

443. On considère sur une droite XY : 1° un segment OB et un point P intérieur à ce segment le divisant dans le rapport 3; 2° un segment OC de même sens que OB et un point Q intérieur à ce segment le divisant dans le même rapport 3; sachant que le rapport $\frac{OB}{OC}$ est égal à $\frac{2}{3}$ prouver que les points P et Q sont conjugués harmoniques des points B et C.

444. Étant donnés sur une même droite deux segments AB et CD ayant le même milieu O. — 1° Montrer qu'il n'existe pas de point autre que le point O qui divise AB et CD dans le même rapport. — 2° M étant un point intérieur à AB et CD, quel est le plus grand des deux rapports $\dfrac{MA}{MB}$ et $\dfrac{MC}{MD}$?

444. Étant donnés sur une même droite deux segments AB et CD ayant le même milieu O. — 1° Montrer qu'il n'existe pas de point autre que le point O qui divise AB et CD dans le même rapport. — 2° M étant un point intérieur à AB et CD, quel est le plus grand des deux rapports $\dfrac{MA}{MB}$ et $\dfrac{MC}{MD}$?

CHAPITRE II

THÉORÈME DES PROJECTIONS. — THÉORÈME DE THALÈS.

§ 1. — Projections parallèles.

386. — Projection d'un point sur une droite. — Soit un point A, une droite D, et une droite XY *non parallèle* à D (fig. 238).

Menons par A la *parallèle* à XY.

Elle rencontre D au point A'.

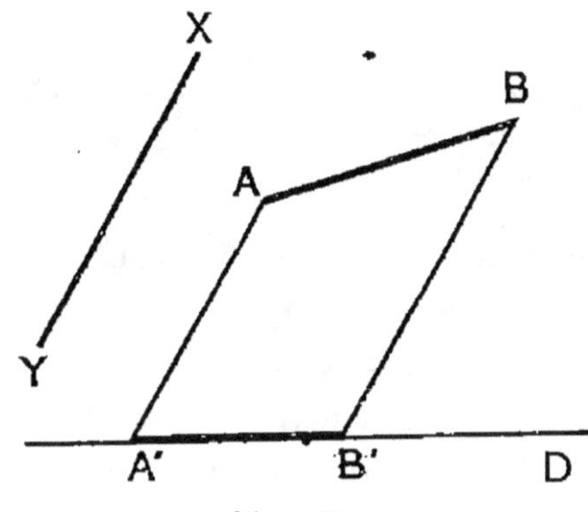

Fig. 238.

Le point A' s'appelle la **projection du point** A sur D, *effectuée parallèlement à la direction* XY.

Si XY est *perpendiculaire* à D, le point A' s'appelle la projection *orthogonale* du point A sur D.

387. — Projection d'un segment rectiligne sur une droite.

Considérons le *segment rectiligne* AB, et soit A' et B' les projections de ses *deux extrémités* sur D (fig. 238).

Le segment A'B' *s'appelle la* **projection du segment** AB *sur la droite* D.

La *projection orthogonale* A'B' du segment AB sur D s'obtiendra en abaissant AA' et BB' *perpendiculaires* sur D.

388. — Lemme. — *Si deux segments rectilignes égaux sont parallèles (ou portés par une même droite), leurs projections sur une même droite sont égales.*

Soient deux segments *égaux* et *parallèles* AB et CD.

Projetons les points A, B, C et D *parallèlement à une*

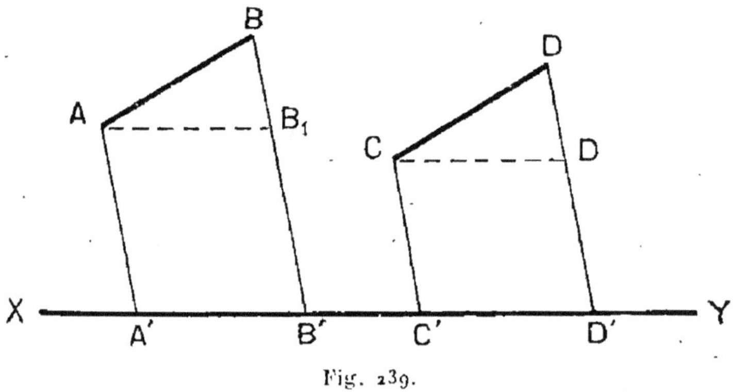

Fig. 239.

même direction sur la droite XY et soient A', B', C', D' leurs *projections.*

Nous allons démontrer que A'B' = C'D'.

Menons AB₁ et CD₁ parallèlement à XY.

Les deux triangles ABB₁ et CDD₁ sont *égaux,* car la *translation* qui amène le point A au point C les superpose.

Donc $$AB_1 = CD_1$$

Mais A'B' = AB₁ comme côtés opposés dans un parallélogramme.

De même $$C'D' = CD_1$$
Donc $$A'B' = C'D'.$$

389. — Théorème des projections. — *Le rapport de deux segments parallèles ou portés par une même droite AB et CD est égal au rapport de leurs projections sur une même droite XY.*

Soient A'B' et C'D' les projections des deux segments AB et CD faites sur XY *parallèlement à une même direction.*

Nous allons démontrer que

$$\frac{AB}{CD} = \frac{A'B'}{C'D'} \qquad (1)$$

Nous supposerons que AB et CD sont *commensurables.*

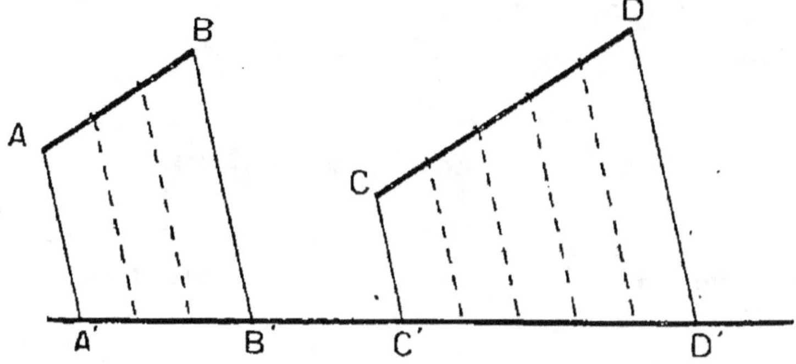

Fig. 240. — Théorème des projections.

Admettons *pour fixer les idées* que AB et CD aient une commune mesure contenue 3 fois dans AB et 5 fois dans CD (fig. 240).

Si on projette les points de division sur XY, le segment A'B' se trouvera partagé en 3 parties, le segment C'D' en 5 parties, toutes égales entre elles comme projections de segments égaux et parallèles (Lemme précédent).

A'B' et C'D' ont donc une *commune mesure* contenue 3 fois dans A'B' et 5 fois dans C'D'.

Les *deux rapports* $\frac{AB}{CD}$ et $\frac{A'B'}{C'D'}$ ont donc pour valeur commune $\frac{3}{5}$.

390. — **Corollaire.** — On peut, en *permutant les moyens* dans la projection (1), l'écrire sous la forme

$$\frac{AB}{A'B'} = \frac{CD}{C'D'}.$$

391. — Considérons la figure formée par *un angle coupé par une série de parallèles.*

Nous pouvons dans cette figure considérer deux directions de projection.

1° *la direction commune des sécantes parallèles.*

2° *la direction d'un des côtés de l'angle.*

Nous obtiendrons ainsi deux théorèmes de la plus grande importance : le théorème de Thalès et le théorème fondamental de la similitude (§ 392 et 406).

§ 2. — Théorème de Thalès.

392. — **Théorème de Thalès.** — *Des droites parallèles déterminent sur deux sécantes des segments proportionnels.*

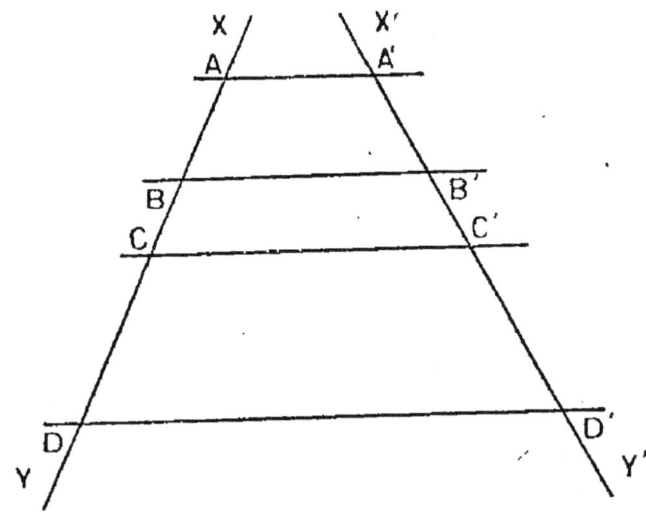

Fig. 241.

Soient quatre parallèles AA', BB', CC' et DD' coupées par deux sécantes XY et X'Y' (fig. 241).

On a

$$\frac{AB}{CD} = \frac{A'B'}{C'D'}$$

Cela résulte du théorème des projections, si l'on suppose que l'on projette AB et CD sur X'Y' parallèlement à AA'.

On observera que la démonstration est indépendante de l'ordre dans lequel se suivent les points A, B, C et D sur XY. De plus, deux de ces points peuvent se confondre.

DEUXIÈME FORME DU THÉORÈME. — On peut aussi écrire en permutant les moyens.

$$\frac{AB}{A'B'} = \frac{CD}{C'D'}$$

d'où le nouvel énoncé :

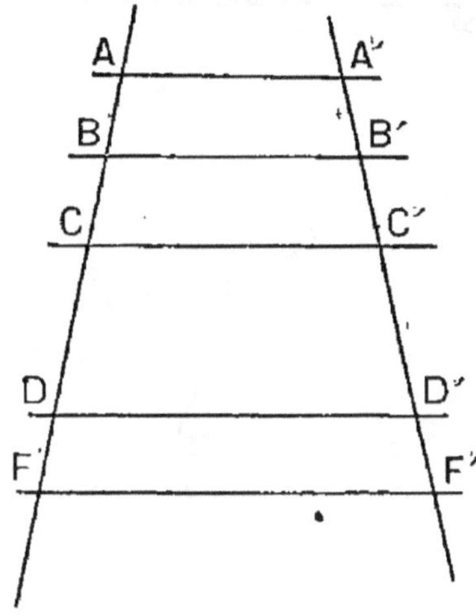

Fig. 242.

Lorsque plusieurs droites parallèles sont coupées par deux sécantes, le rapport de deux segments correspondants des deux sécantes est égal au rapport des deux autres segments correspondants quelconques de ces même sécantes.

Le nombre des parallèles peut alors être *quelconque*.

Si les droites AA', BB', CC', DD', FF' (fig. 242) sont parallèles, on pourra écrire les égalités

$$\frac{AB}{A'B'} = \frac{CD}{C'D'} = \frac{BC}{B'C'} = \frac{CF}{C'F'} = \frac{AF}{A'F'} = \ldots$$

393. — Cas particulier. — Théorème. — *Une parallèle à un côté d'un triangle détermine sur les deux autres côtés des segments proportionnels.*

Soit la parallèle B'C' au côté BC (fig. 243).

Par le point A, menons la parallèle XY à BC.

Les trois parallèles BC, B'C' et XY déterminent sur AB et AC des segments *proportionnels.*

On peut donc écrire les égalités

$$\frac{AB'}{AB} = \frac{AC'}{AC}$$

$$\frac{AB'}{B'B} = \frac{AC'}{C'C}$$

$$\frac{AB}{BB'} = \frac{AC}{A'C'}$$

ou encore

$$\frac{AB}{AC} = \frac{AB'}{AC'} = \frac{BB'}{CC'}.$$

Ces égalités sont véri-
fiées *quelle que soit la position de la sécante* (fig. 243,
244 et 245).

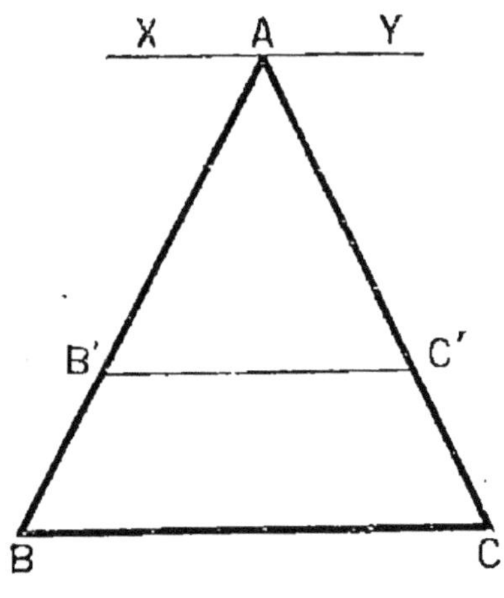

Fig. 243.

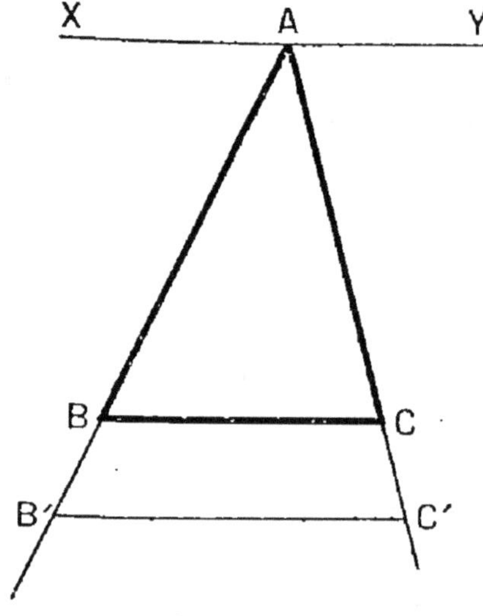

Fig. 244.

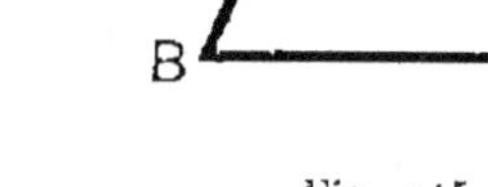

Fig. 245.

394. — Réciproque. — *Si les points B' et C' partagent
les côtés AB et AC du triangle ABC en segments proportionnels et si les points A, B', B de la droite AB se succè-
dent dans le même ordre que les points A, C', C de la droite AC,
les deux droites BC et B'C' sont parallèles.*

Supposons pour fixer les idées que B' soit *entre* A et B.

C' sera *entre* A et C (fig. 246). L'hypothèse est que

$$\frac{AB'}{AB} = \frac{AC'}{AC} \qquad (1).$$

Nous allons démontrer que BC et B'C sont *parallèles*.

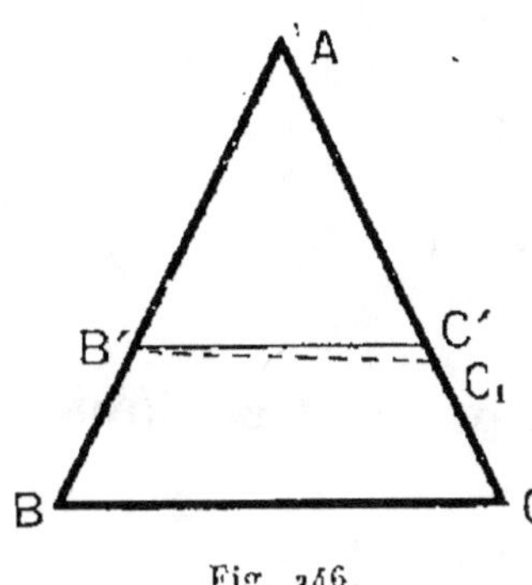

Fig. 246.

Menons par B' la parallèle à BC. Elle coupera AC en un point C_1 situé entre A et C et tel que

$$\frac{AB'}{AB} = \frac{AC_1}{AC} \qquad (2).$$

Si on rapproche cette égalité (2) de l'hypothèse (1), on voit que $AC_1 = AC$.

C et C_1 situés *tous les deux* entre A et C et à la *même distance* du point A *coïncident*.

La droite B'C' est donc bien *parallèle* à BC.

La démonstration serait analogue si B' était sur le prolongement de AB (fig. 247) ou sur le prolongement de BA (fig. 248).

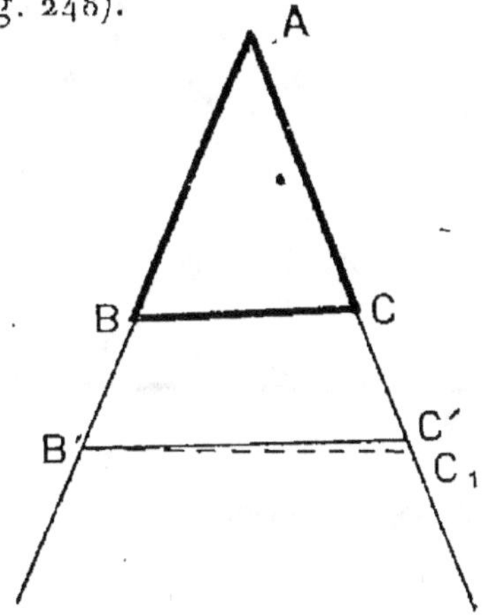

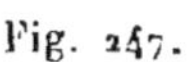

Fig. 247.

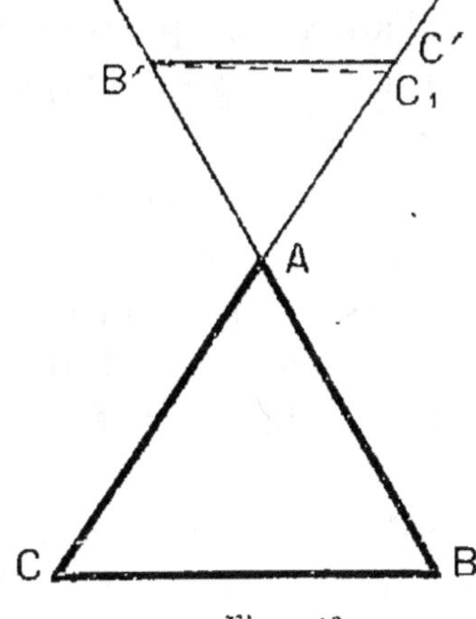

Fig. 248.

REMARQUE. — Nous avons pris comme hypothèse la proportion $\dfrac{AB'}{AB} = \dfrac{AC'}{AC}.$

Si on prenait comme hypothèse la proportion

$$\frac{AB'}{BB'} = \frac{AC'}{CC'}$$

on mènerait la parallèle par le point B.

Si on prenait comme hypothèse la proportion

$$\frac{AB}{BB'} = \frac{AC}{CC'}$$

on mènerait la parallèle par le point B'.

§ 3. — Constructions et applications diverses.

395. — **Problème.** — *Partager un segment* AB *en parties égales.*

Soit à partager AB en 5 parties égales.

Sur une demi-droite AX, nous portons à la suite l'un de l'autre, en partant du point A, 5 segments *égaux* (fig. 249).

Soit B' l'extrémité du dernier de ces segments.

Nous menons la droite BB' et par les points de division de AB' des *parallèles* à BB'.

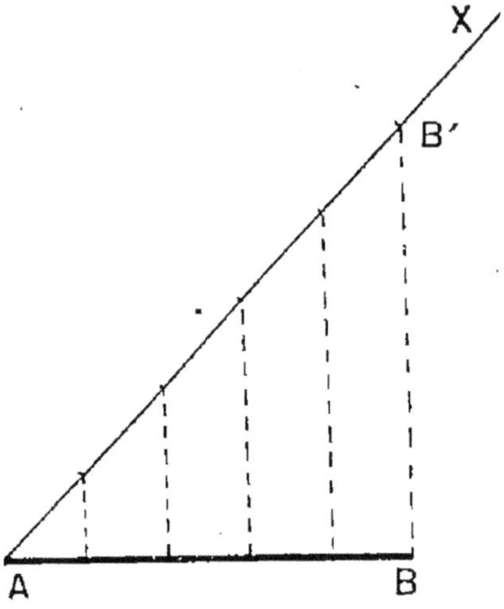

Elles rencontrent AB en quatre points qui partagent AB en 5 parties *égales entre elles.*

Fig. 249.
Partager un segment en parties égales.

396. — **Problème.** — *Partager un segment* AB *en parties proportionnelles à des segments donnés.*

Supposons qu'on donne trois segments p, q, r (fig. 250).

Il s'agit de trouver sur AB entre A et B deux points M et N tels que

$$\frac{AM}{p} = \frac{MN}{q} = \frac{MB}{r}.$$

Sur une demi droite AX on porte à *la suite l'un de l'autre* les segments AM′$=p$, M′N′$=q$, N′B′$=r$.

On mène la droite BB′. Par M′ et N′ on trace des *parallèles* à BB′ qui rencontrent AB en des points M et N tels que

$$\frac{AM}{AM'} = \frac{MA}{M'N'} = \frac{AB}{N'B'}$$

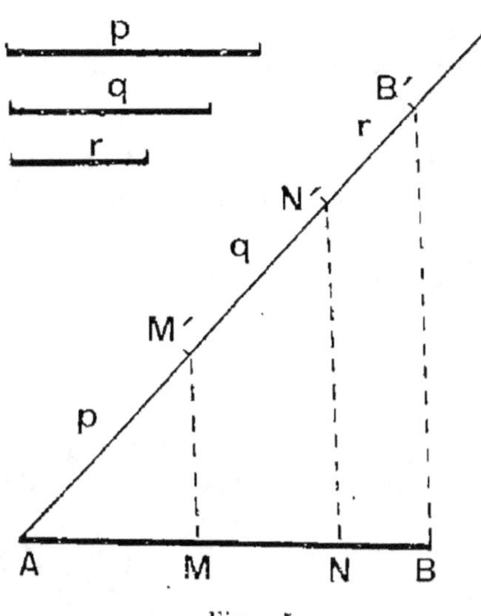

Fig. 250.
Partage d'un segment en parties
proportionnelles à des longueurs données.

c'est-à-dire tels que

$$\frac{AM}{p} = \frac{MA}{q} = \frac{AB}{r}.$$

M et N *sont donc les points cherchés.*

397. — **Problème.** — *Partager un segment* AB *en segments additifs dont le rapport est donné.*

Le problème est un cas particulier du précédent.

1° *Le rapport est donné numériquement.*

Soit à trouver le point M de AB tel que

$$\frac{MA}{MB} = \frac{8}{3} \quad \text{ou} \quad \frac{MA}{8} = \frac{MB}{3}$$

(fig. 251).

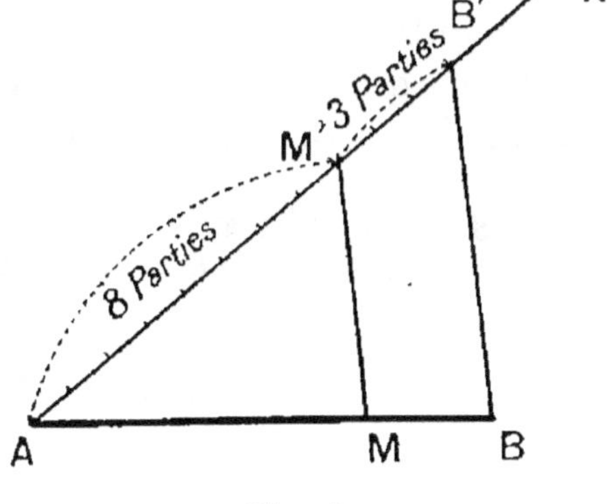

Fig. 251.

Sur une demi-droite AX issue de A on porte 8 fois un même segment arbitraire, ce qui donne le point M′, et à la suite on porte 3 fois ce même segment, ce qui donne le point B′.

On mène la droite BB′, puis la parallèle à BB′ par le point M′. Elle rencontre AB en un point M, tel que :

$$\frac{MA}{MB} = \frac{M'A}{M'B}$$

c'est-à-dire, tel que

$$\frac{MA}{MB} = \frac{8}{3}$$

M *est le point cherché.*

La construction revient à partager AB en $8+3$ parties égales.

2° Le rapport $\frac{MA}{MB}$ est déterminé par le *rapport de deux segments donnés.*

Soit à trouver le point M tel que

$$\frac{MA}{MB} = \frac{p}{q},$$

p et q étant deux segments donnés.

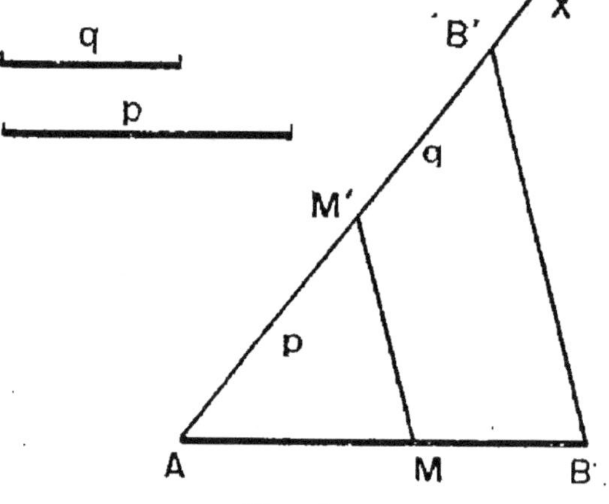

Fig. 252.

Ce sera la même construction que précédemment, dans laquelle on prendra $AM' = p$, $M'B' = q$ (fig. 252).

398. — **Problème.** — *Partager un segment AB en segments soustractifs dont le rapport est donné.*

1° Le rapport est donné *numériquement.*

Soit à trouver un point M situé sur le *prolongement* de AB et tel que

$$\frac{MA}{MB} = \frac{8}{3} \qquad (\text{fig. 253}).$$

Sur une demi-droite AX, à partir de A portons 8 fois un même segment arbitraire, ce qui donne le point M'; puis à partir de M' portons en *sens contraire* 3 fois ce *même segment*, ce qui donne le point B'. Menons BB', puis, par M', la *parallèle* à BB' qui rencontre AB au point M, tel que

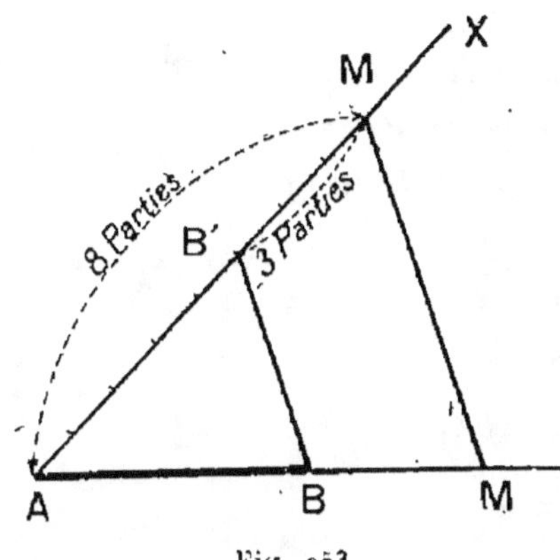

Fig. 253.

$$\frac{\mathrm{MA}}{\mathrm{MB}} = \frac{\mathrm{M'A}}{\mathrm{M'B'}}$$

c'est-à-dire tel que

$$\frac{\mathrm{MA}}{\mathrm{MB}} = \frac{8}{3}.$$

La construction revient à partager AB en 8 — 3 parties égales.

2° Le rapport $\dfrac{\mathrm{MA}}{\mathrm{MB}}$ est déterminé par le rapport de deux segments donnés p et q (fig. 254).

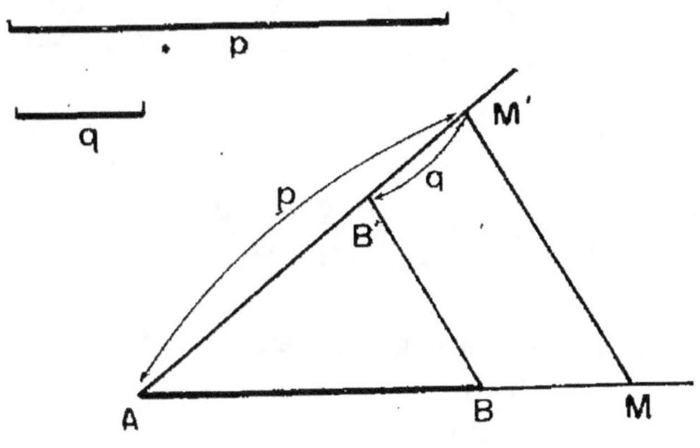

Fig. 254.

On doit avoir
$$\frac{\mathrm{MA}}{\mathrm{MB}} = \frac{p}{q}.$$

Même construction que précédemment. Seulement on prendra $AM' = p$ et *en sens contraire* $M'B' = q$.

399. — Problème. — *Construire la* quatrième proportionnelle *à trois segments donnés* a, b, c.

Il s'agit de construire un segment de longueur x tel que

$$\frac{a}{b} = \frac{c}{x} \qquad (1)$$

condition qui s'écrit encore

$$a\,x = b\,c,$$

ou

$$x = \frac{b\,c}{a}.$$

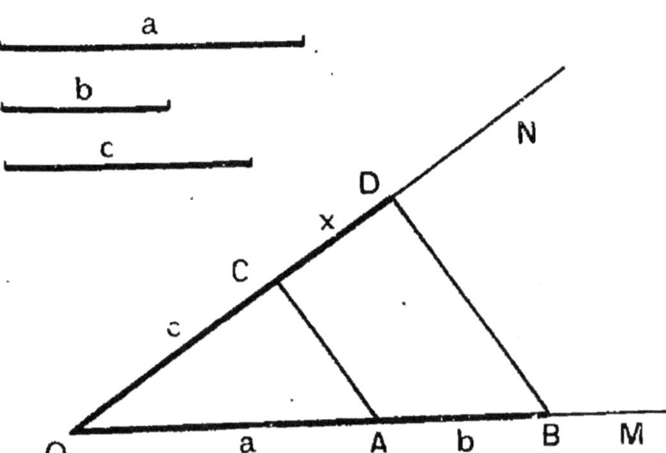

Fig. 255. — Quatrième proportionnelle à trois longueurs.

Traçons un angle $\widehat{MON}$ (fig. 255).

Sur le *premier* côté OM prenons $OA = a$ et à la suite $OB = b$.

Sur le *deuxième* côté ON prenons $OC = c$.

Menons la droite AC et par B la *parallèle* à AC qui rencontre ON au point D.

CD est le segment cherché. En effet on a

$$\frac{OA}{AB} = \frac{OC}{CD}$$

c'est-à-dire

$$\frac{a}{b} = \frac{c}{CD} \cdot \qquad (2)$$

REMARQUE. — On peut *modifier légèrement* cette construction.

On prendra, sur OM, $OA = a$ et $OB = b$ (fig. 256). Sur ON

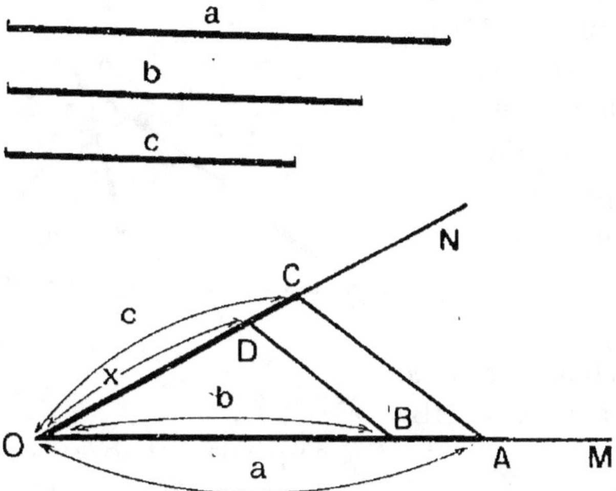

Fig. 256. — Quatrième proportionnelle à trois longueurs.

on prendra $OC = c$. On mènera la droite AC et par B la parallèle à AC qui rencontre ON au point D.

OD est le segment cherché, car on a

$$\frac{OA}{OB} = \frac{OC}{OD}$$

c'est-à-dire

$$\frac{a}{b} = \frac{c}{OD} \cdot \qquad (3)$$

PROPRIÉTÉ DE LA BISSECTRICE D'UN ANGLE D'UN TRIANGLE.

400. — Théorème. — *La bissectrice intérieure d'un angle d'un triangle partage le côté opposé en segments additifs proportionnels aux côtés adjacents.*

Soit ABC un triangle et AD la bissectrice *intérieure* de l'angle A qui partage BC en deux segments additifs BD et CD (fig. 257).

Nous cherchons à démontrer que

$$\frac{DB}{DC} = \frac{AB}{AC} \quad (1)$$

c'est-à-dire que AC est *la quatrième proportionnelle aux* trois segments DB, DC et AB.

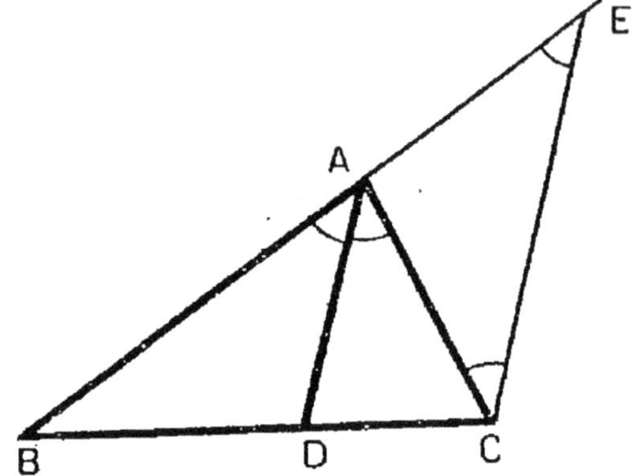

Fig. 257. — Bissectrice intérieure.

Construisons la *quatrième proportionnelle* à ces trois segments en menant CE parallèle à AD (fig. 257). Elle rencontre BA au point E tel que

$$\frac{DB}{DC} = \frac{AB}{AE}$$

de sorte que AE est la quatrième proportionnelle.

L'égalité (1) sera donc établie si on démontre que

$$AC = AE.$$

Or les angles $\widehat{AEC}$ et $\widehat{ACE}$ sont respectivement égaux aux deux angles $\widehat{BAD}$ et $\widehat{CAD}$ comme *correspondants* et comme *alternes internes*. Ces deux derniers étant *égaux* par hypothèse, il en est de même des deux premiers.

Dans le triangle AEC les deux angles de sommet C et E sont donc égaux, ce triangle est par suite *isoscèle* et on a

$$AC = AE.$$

Ce qu'il fallait démontrer.

401. — **Réciproquement.** — *Si un point D partage le côté BC d'un triangle ABC en segments additifs proportionnels aux côtés adjacents, la droite AD est la bissectrice intérieure de l'angle A du triangle.*

Nous supposons que

$$\frac{DB}{DC} = \frac{c}{b} \qquad \text{(fig. 257)}.$$

D étant entre B et C (c et b désignent la longueur des côtés AB et AC).

Le pied de la bissectrice intérieure partage BC dans le rapport $\frac{c}{b}$, et le point D partage BC *dans ce même rapport.*

Or, entre A et B, il n'y a sur AB qu'*un seul point* partageant AB dans le rapport $\frac{c}{b}$.

Donc D est le pied de la bissectrice intérieure.

402. — **Problème.** — *Calculer les segments DB et DC connaissant les longueurs a, b, c des trois côtés du triangle.*

On a les deux égalités $\dfrac{DB}{DC} = \dfrac{c}{b}$ et $DB + DC = a$.

La première s'écrit en présentant les moyens

$$\frac{DB}{c} = \frac{DC}{b}.$$

Lorsque des rapports sont égaux, on obtient un rapport qui leur est égal en *les additionnant terme à terme.*

$$\frac{DB}{c} = \frac{DC}{b} = \frac{DB + DC}{c + b} = \frac{a}{c + b}.$$

La proportion $\dfrac{DB}{c} = \dfrac{a}{c + b}$ donne $DB = \dfrac{ac}{c + b}$.

La proportion $\dfrac{DC}{b} = \dfrac{a}{c + b}$ donne $DC = \dfrac{ab}{c + b}$.

Ces résultats sont à rapprocher de ceux du § 383.

403. — Théorème. — *La bissectrice extérieure d'un angle d'un triangle partage le côté opposé en segments soustractifs proportionnels aux côtés adjacents.*

Soit ABC un triangle et AD' la bissectrice extérieure de l'angle A qui rencontre BC au point D' extérieur au segment BC (fig. 258).

Nous allons démontrer que

$$\frac{D'B}{D'C} = \frac{AB}{AC} \quad (1)$$

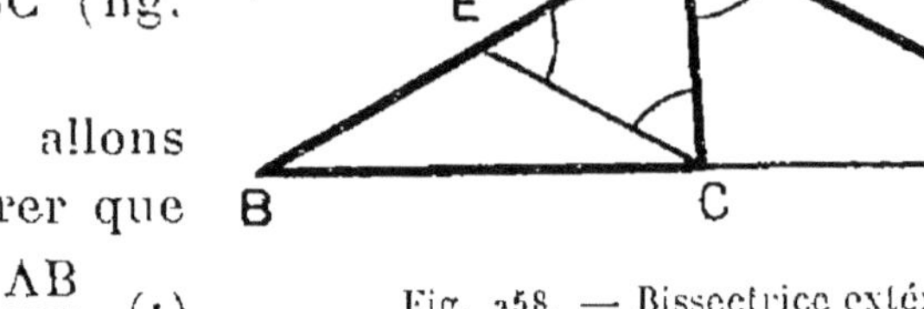

Fig. 258. — Bissectrice extérieure.

C'est-à-dire que AC est la *quatrième proportionnelle* aux trois segments D'B, D'C et AB.

Construisons la *quatrième proportionnelle* à ces trois segments en menant la parallèle CE' à AD'.

On a

$$\frac{D'B}{D'C} = \frac{AB}{AE'}$$

de sorte que AE' est cette quatrième proportionnelle.

L'égalité (1) sera établie si nous démontrons que

$$AE' = AC.$$

Or, les angles $\widehat{AE'C}$ et $\widehat{ACE'}$ sont respectivement égaux aux angles $\widehat{B'AD'}$ et $\widehat{CAD'}$ comme *correspondants* et comme *alternes-internes*. Ces deux derniers sont égaux, puisque, par hypothèse, AD' est *bissectrice extérieure* de $\widehat{A}$.

Les deux premiers angles sont donc égaux.

Dans le triangle ACE' les angles $\widehat{E}$ et $\widehat{C}$ sont égaux, donc

$$AE' = AC.$$

Ce qu'il fallait démontrer.

Cette démonstration est *identique* à la précédente.

404. — **Réciproquement.** — *Si un point D' partage le côté BC d'un triangle en segments soustractifs proportionnels aux côtés adjacents, la droite AD' est la bissectrice extérieure de l'angle* $\widehat{A}$ *du triangle.*

Supposons que

$$\frac{D'B}{D'C} = \frac{c}{b}.$$

D' étant extérieur au segment AB (fig. 258).

Le pied de la bissectrice extérieure de l'angle A partage le segment BC dans le rapport $\frac{c}{b}$. Le point D' partage BC *dans ce même rapport*. Donc il coïncide avec le pied de la bissectrice puisqu'il n'y a sur BC qu'*un seul point*, partageant le segment BC en segments soustractifs dont le rapport soit $\frac{c}{b}$.

405. — **Calcul des segments** D'B et D'C. — Nous supposerons, pour fixer les idées, que $c > b$.

On a $\qquad \dfrac{D'B}{D'C} = \dfrac{c}{b} \qquad$ et $\qquad D'B - D'C = a.$

En permutant les moyens, la proportion s'écrit

$$\frac{D'B}{c} = \frac{D'C}{b}.$$

Lorsque des rapports sont *égaux* on obtient un rapport qui leur est *égal* en les retranchant terme à terme

$$\frac{D'B}{c} = \frac{D'C}{b} = \frac{D'B - D'C}{c - b} = \frac{a}{c - b}.$$

La proportion $\dfrac{D'B}{c} = \dfrac{a}{c-b}$ donne $D'B = \dfrac{a\,c}{c-b}.$

La proportion $\dfrac{D'C}{b} = \dfrac{a}{c-b}$ donne $D'C = \dfrac{a\,b}{c-b}.$

Ces résultats sont à rapprocher de ceux du § 384.

EXERCICES PRATIQUES

445. Sur le côté OX d'un angle XOY de 60° on porte deux longueurs OA = 35 millimètres, OB = 40 millimètres et sur OY deux longueurs OC = 28 millimètres, OD = 32 millimètres. Vérifier que AC est parallèle à BD; former le rapport $\dfrac{AC}{BD}$ et vérifier qu'il est égal à $\dfrac{7}{8}$.

446. On considère un quadrilatère ABCD et une sécante XY qui coupe les côtés AB, BC, CD, DA de ce quadrilatère ou leurs prolongements aux points M, N, P, Q. Vérifier que l'on a :

$$\frac{MA}{MB} \times \frac{NB}{NC} \times \frac{PC}{PD} \times \frac{QD}{QA} = 1.$$

447. Deux droites X'X et Y'Y se coupent en O. On porte sur X'X à partir de O et dans deux sens opposés OA = 55 millimètres, OB = 30 millimètres et sur Y'Y également dans deux sens opposés à partir de O deux longueurs OC = 42 millimètres, OD = 76 millimètres. Rechercher si AD est ou non parallèle à BC et, dans la négative, indiquer comment on doit déplacer le point D sur Y'Y pour établir le parallélisme de AD et de BC.

448. Sur deux droites parallèles X'X, Y'Y, on porte à la suite des segments AB = 35 millimètres, BC = 45 millimètres sur X'X, A'B' = 28 millimètres, B'C' = 36 millimètres sur Y'Y et l'on joint AA', BB', CC', vérifier : 1° que ces droites sont concourantes en un point O ; 2° que si l'on déplace sur chacune des droites l'ensemble des segments AB, BC d'une part et A'B', B'C' d'autre part, sans en changer les longueurs ni la disposition, le point de concours O des droites AA', BB', CC' se déplace sur une parallèle ZZ' aux deux droites données. Évaluer le rapport des distances de ZZ' à XX' et à YY' et le comparer aux rapports $\dfrac{AB}{A'B'}$ et $\dfrac{BC}{B'C'}$.

449. Sur une droite XY sont marqués quatre points A, B, C, D dans cet ordre, AB = 39 millimètres, BC = 24 millimètres, CD = 45 millimètres ; sur une parallèle X'Y' à XY distante de XY de 30 millimètres, sont marqués deux points A' et B', A'B' = 24 millimètres, joindre A à A' et B à B', ces droites se coupent en O, mesurer sur le dessin et calculer la distance du point O à XY. On joint C et D au point O, les droites OC et OD coupent X'Y' en C' et D', mesurer sur le dessin et calculer les longueurs A'C', A'D', B'C', C'D', B'D' et vérifier alors que l'on a les égalités :

$$\frac{AB}{A'B'} = \frac{AC}{A'C'} = \frac{AD}{A'D'} = \frac{BC}{B'C'} = \frac{BD}{B'D'} = \frac{CD}{C'D'}$$

en appliquant les théorèmes du cours d'arithmétique sur les rapports et proportions.

450. Diviser un segment AB = 72 millimètres en 6 parties égales.

451. Diviser un segment AB = 125 millimètres en parties proportionnelles à 5, 13, 22, 35.

452. Construire la quatrième proportionnelle aux trois longueurs AB = 56 millimètres, AC = 49 millimètres, AD = 37 millimètres, et calculer la longueur de cette quatrième proportionnelle à $\dfrac{1}{1000^e}$ de millimètre près.

453. Construire la troisième proportionnelle entre les deux longueurs AB = 49 millimètres, AC = 21 millimètres; calculer la longueur de cette troisième proportionnelle et vérifier par une construction géométrique et par le calcul que la longueur AC est moyenne proportionnelle (voir ex. 426, 2°) entre la longueur AB et la troisième proportionnelle trouvée.

Nota. — On appelle troisième proportionnelle entre deux longueurs a et b une longueur x définie par la proportion $\dfrac{x}{a} = \dfrac{a}{b}$.

454. Sur le côté OX d'un angle XOY, on marque deux points A et B, OA = 45 millimètres, OB = 30 millimètres et sur le côté OY un point C, OC = 45 millimètres; on joint C à B et on mène par A la parallèle à BC qui coupe OY en D, puis on joint D à B, et par A on mène la parallèle à BD qui coupe OY en E, enfin on joint E à B et on mène par A la parallèle à BE qui coupe OY en F. Mesurer sur le dessin et calculer les longueurs des segments OD, OE, OF; vérifier que l'on a :

$$OD = \frac{\overline{OA}^2}{\overline{OB}} \qquad OE = \frac{\overline{OA}^3}{\overline{OB}^2} \qquad \overline{OF} = \frac{\overline{OA}^4}{\overline{OB}^3}.$$

455. On donne un triangle ABC, AB = 70 millimètres, BC = 65 millimètres, CA = 55 millimètres. Construire les deux points qui, sur chaque côté, divisent ce côté dans le rapport des longueurs des côtés adjacents. Vérifier que les droites qui joignent le sommet opposé à un côté aux points de ce côté trouvés par la construction précédente sont les bissectrices intérieures et extérieures du triangle. Les cercles ayant pour diamètres les segments déterminés par les points trouvés sur chaque côté passent par un même point. Calculer enfin les longueurs des segments allant sur chaque côté des sommets aux pieds des bissectrices et vérifier alors que les deux sommets sont conjugués harmoniques des pieds des deux bissectrices.

456. On considère trois triangles ABC, ABD, ABE qui ont le côté AB = 50 millimètres commun, CA = 25, CB = 35, DA = 30, DB = 42, EA = 35, EB = 49. Vérifier que les bissectrices intérieures et extérieures des angles C, D, E de ces triangles coupent le côté AB aux deux mêmes points I et J et que par suite le cercle décrit sur le segment IJ comme diamètre est le cercle circonscrit au triangle CDE.

Calculer les longueurs AI, AJ, BI, BJ et vérifier que l'on a :

$$\frac{IA}{IB} = \frac{JA}{JB} = \frac{CA}{CB} = \frac{DA}{DB} = \frac{EA}{EB}.$$

EXERCICES THÉORIQUES

§ 1 et 2

457. Étant donné un parallélogramme ABCD, on mène aux côtés BC et AD une parallèle qui rencontre AB en E et CD en F et par E et F on mène deux parallèles à la diagonale AC coupant BC en I et AD en J : démontrer que IJ est parallèle à AB et CD.

458. Étant donné un segment AB et une direction D de projetantes, déterminer la direction de l'axe de projection de façon que la longueur du segment A'B', projection de AB, soit dans un rapport donné avec le segment AB. Dans quel cas le problème est-il possible?

459. Étant donné un segment AB et un axe de projection $x'x$, déterminer une direction de projetantes telle que A'B' étant alors la projection du segment AB, on ait $\dfrac{A'B'}{AB} = k$, k étant un nombre donné.

460. On abaisse des sommets A, B, C d'un triangle et du point de concours des médianes G de ce triangle des perpendiculaires Aa, Bb, Cc, Gg sur une droite quelconque XY, démontrer que si l'ordre des points sur XY est a, g, c, b l'on a

$$ga = gb + gc.$$

461. Étant donné un triangle ABC et une droite D passant par le point de concours G des médianes et laissant A d'un de ses côtés, B et C de l'autre, on abaisse de A, B, C des perpendiculaires AX, BY, CZ sur la droite D, prouver que $AX = BY + CZ$.

462. Étant donné un triangle ABC on mène la médiane AM et on joint le sommet B au milieu P de AM, la droite BP coupe AC en Q, évaluer le rapport $\dfrac{QA}{QC}$.

463. Démontrer, à l'aide des théorèmes sur les lignes proportionnelles, que les trois médianes d'un triangle se coupent en un même point situé au tiers de chacune d'elles à partir des milieux des côtés.

464. Étant donné un losange ABCD, la droite qui joint le sommet A au milieu M du côté BC coupe la diagonale BD au tiers de sa longueur.

465. Étant donné un triangle équilatéral ABC, on prend les symétriques P et Q des milieux M et N de AB et AC par rapport à BC et on joint AP et AQ; 1° démontrer que ces droites AP et AQ découpent BC en trois parties égales; 2° évaluer les rapports $\dfrac{AP}{AI}$ et $\dfrac{AQ}{AJ}$, I et J étant les points de rencontre de AP et AQ avec BC.

466. Si un point C divise une droite AB en deux segments additifs AC et BC proportionnels à deux nombres n et m, on a, en abaissant des trois points des perpendiculaires AA', BB', CC' sur une droite quelconque

$$(m + n) \, CC' = m. \, AA' + n. \, BB'.$$

467. Étant donné un parallélogramme ABCD et une droite XY qui coupe AB en P, BC en Q, CD en R et DA en S, démontrer que l'on a

$$\frac{PA}{PB} \times \frac{QB}{QC} \times \frac{RC}{RD} \times \frac{SD}{SA} = 1.$$

[*Projeter parallèlement à un des côtés.*]

468. Une droite D coupe les côtés AB, BC, CA d'un triangle ABC aux points P, Q, R démontrer que l'on a

$$\frac{PA}{PB} \times \frac{QB}{QC} \times \frac{RC}{RA} = 1$$

[*Projeter sur une droite arbitraire* XY *parallèlement à une direction donnée.*]

§ 3.

469. Construire un triangle connaissant le côté BC $= a$, l'angle opposé A et le rapport $\dfrac{b}{c}$ des deux autres côtés, AC et AB.

470. J, K, L étant les pieds des bissectrices intérieures d'un triangle ABC, démontrer que l'on a $\dfrac{JB}{JC} \times \dfrac{KC}{KA} \times \dfrac{LA}{LB} = 1.$

471. Étant donné un triangle ABC, calculer les rapports dans lesquels le centre I du cercle inscrit divise les trois bissectrices intérieures, au moyen des longueurs a, b, c des côtés BC, CA, AB du triangle.

472. Même problème pour les centres des cercles exinscrits et les bissectrices extérieures.

473. Dans un triangle on donne un côté BC et le rapport $\dfrac{m}{n} = \dfrac{AB}{AC}$ des deux autres côtés; 1° montrer que les pieds des bissectrices des angles A des triangles ABC répondant aux données sont fixes sur la droite BC; 2° déduire de là que le troisième sommet A est toujours situé sur un cercle fixe qu'on déterminera.

474. Rechercher sur quelle ligne doivent se trouver les points d'où l'on voit deux segments consécutifs AB, BC d'une droite sous le même angle.

475. Étant donné un diamètre AB d'un cercle et une corde QR de ce cercle perpendiculaire au diamètre AB on joint un point P du cercle aux deux points A et B, les droites PA et PB coupent la corde QR aux deux points I et J, démontrer que I et J sont conjugués harmoniques par rapport aux points Q et R.

476. Étant donné un parallélogramme ABCD on mène la bissectrice intérieure de l'angle A qui coupe la diagonale BD en M et le côté CD en P, évaluer le rapport $\dfrac{MA}{MP}$ connaissant les longueurs des côtés du parallélogramme.

477. Démontrer que, dans un triangle ABC, la longueur de la parallèle menée à la bissectrice intérieure de l'angle A par le sommet C, comprise entre C et le côté AB prolongé, est quatrième proportionnelle entre la longueur de la bissectrice, la somme des deux côtés AB et AC et le côté BC.

CHAPITRE III

TRIANGLES SEMBLABLES.

§ 1. — Théorème fondamental.

406. — **Théorème.** — *Si on coupe un angle XOX' par deux sécantes parallèles AA', BB', on a la relation*

$$\frac{AA'}{BB'} = \frac{OA}{OB} \quad \text{(fig. 259)}.$$

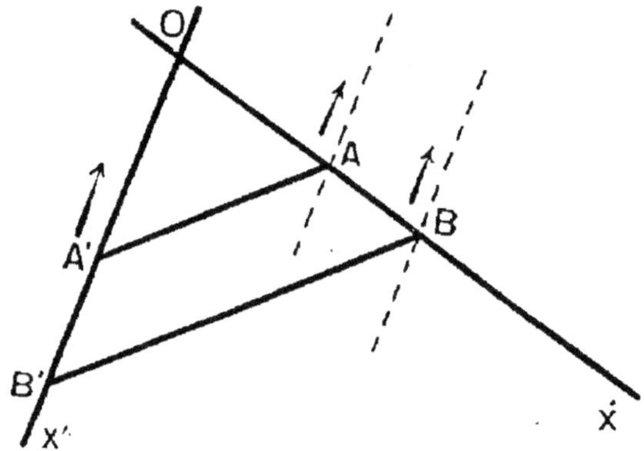

Fig. 259.

Considérons en effet les deux segments parallèles AA', et BB'.

Projetons-les sur la droite OX parallèlement à OX'.

La projection de **A** est le point A lui-même.

La projection de A' est le point O.

La projection de AA' est donc OA.

De même la projection de BB' est OB.

Le *rapport* des deux *segments parallèles* AA′ et BB′ est égal au rapport de leurs projections. Donc

$$\frac{AA'}{BB'} = \frac{OA}{OB}.$$

La démonstration est valable pour tous les cas de figure (fig. 259 et 260).

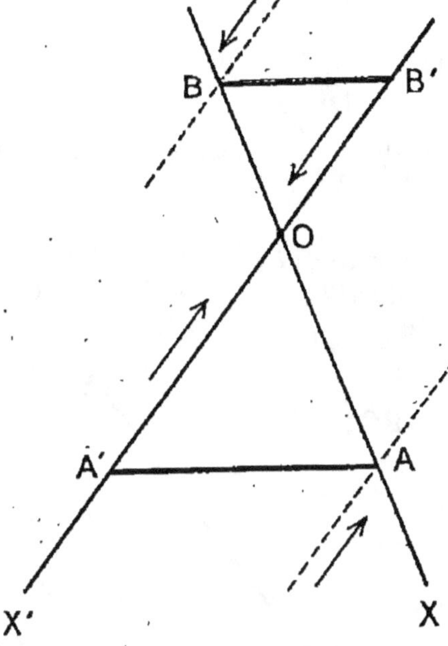

Fig. 260.

DEUXIÈME FORME DU THÉORÈME. — Dans la proportion précédente on peut permuter les moyens et écrire

$$\frac{AA'}{OA} = \frac{BB'}{OB}.$$

On peut alors supposer que l'angle $\widehat{XOX'}$ est coupé par un nombre *quel-*conque de parallèles AA′, BB′, CC′, DD′ (fig. 261).

et on a

$$\frac{AA'}{OA} = \frac{BB'}{OB} = \frac{CC'}{OC} = \frac{DD'}{OD} = \cdots$$

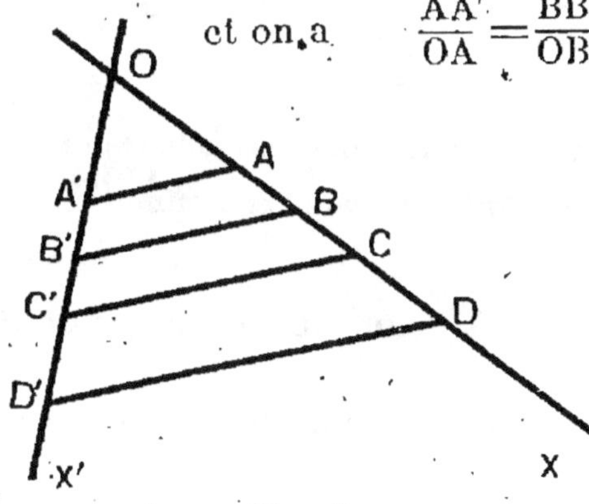

Fig. 261.

407. — **Corollaire.** — *Si on coupe un angle XOX′ par deux sécantes parallèles* AA′ *et* BB′ *(fig. 259) on forme deux triangles dont les côtés sont proportionnels.*

On vient de voir que

$$\frac{AA'}{BB'} = \frac{OA}{OB}.$$

D'après le même théorème, on a aussi

$$\frac{AA'}{BB'} = \frac{OA'}{OB'}.$$

Donc

$$\frac{AA'}{BB'} = \frac{OA}{OB} = \frac{OA'}{OB'}.$$

La démonstration est valable pour tous les cas de figure (fig. 259 et 260).

408. — Corollaire. — *La droite qui joint les milieux des deux côtés d'un triangle est parallèle au troisième côté et égale à sa moitié.*

Soient B' et C' les milieux des côtés AB et AC du triangle ABC (fig. 262). D'abord B'C' est parallèle à BC, puisque (§ 394)

$$\frac{AB'}{AB} = \frac{AC'}{AC}.$$

Donc (§ 406)

$$\frac{B'C'}{BC} = \frac{AB'}{AB} = \frac{1}{2}.$$

Donc

$$B'C' = \frac{BC}{2}.$$

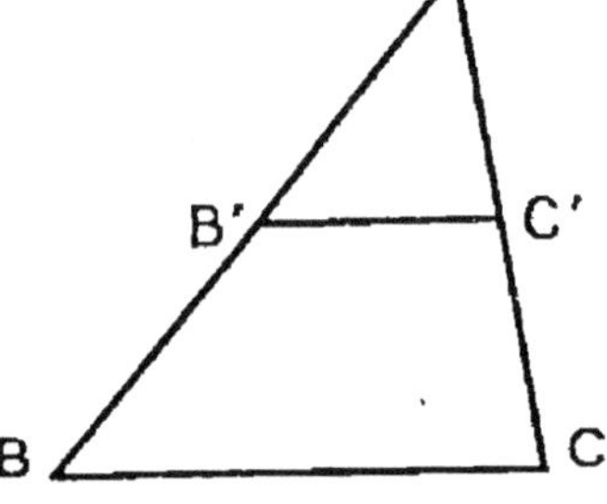

Fig. 262.

409. — Application. — *Construire les deux points qui partagent le segment AB dans un rapport donné $\frac{p}{q}$* (2ᵉ solution).

Nous supposons que p et q sont les *longueurs de deux segments donnés* (fig. 263).

Menons par A une droite AX sur laquelle nous portons un segment $AC = p$.

Par B nous menons la parallèle YZ à AX, sur laquelle nous portons à partir de B et dans les deux sens

$$BD = BE = q.$$

CD coupe AB au point M, CE coupe AB au point M'.
M et M' sont les points cherchés.

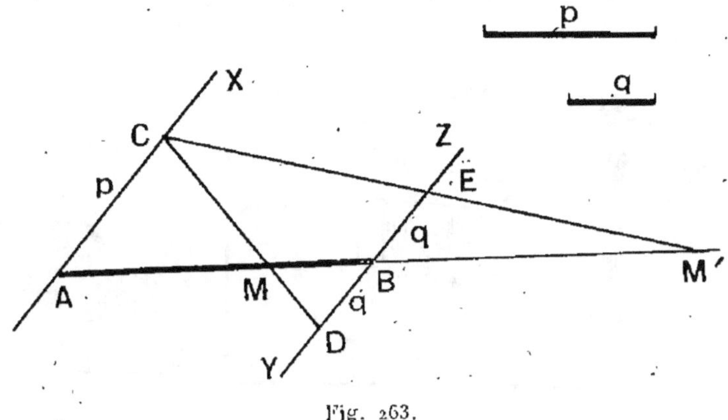

Fig. 263.

En effet, les deux triangles MAC et MBD ont leurs côtés
proportionnels (§ 407), de sorte que

$$\frac{MA}{MB} = \frac{AD}{AC}$$

ou

$$\frac{MA}{MB} = \frac{p}{q}.$$

De même les deux triangles M'AC et M'BE ont leurs
côtés proportionnels

$$\frac{M'A}{M'B} = \frac{AC}{BE} \quad \text{ou} \quad \frac{M'A}{M'B} = \frac{p}{q}.$$

§ 2. — Triangles semblables.

410. — Étant donné un dessin, on peut le reproduire
en *l'amplifiant* ou en le *réduisant* : c'est là un fait d'expérience que chacun de nous a eu l'occasion de constater.
Tout le monde a eu, par exemple, l'occasion de voir une
photographie et un agrandissement ou une réduction de
cette photographie.

Voici deux dessins (fig. 264).

Le second est une reproduction réduite du premier.

On reconnaît tout de suite que les deux dessins repré-

Fig. 264.

sentent le même paysage : ils ont la même *forme* quoiqu'ils n'aient pas la même grandeur. Ils ne sont pas égaux; mais ils se *ressemblent*.

411. — Prenons un dessin aussi simple que possible, par exemple la *ligne brisée* ABCD (fig. 265), et proposons-nous de la re-produire en la réduisant de moitié.

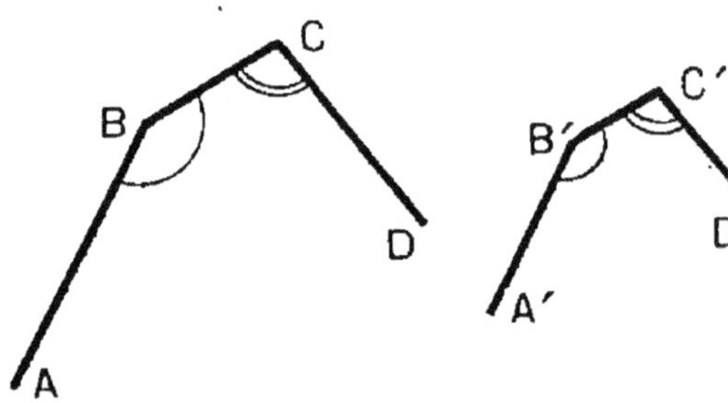

Fig. 265.

Nous prendrons un segment $A'B' = \dfrac{AB}{2}$.

Au point B' nous formerons un angle égal à $\hat{B}$; sur le second côté de cet angle, nous prendrons le segment B'C' tel que

$$B'C' = \frac{BC}{2}.$$

Au point C′ nous formerons avec B′C′ (*et du côté conve-nable*) un angle égal à $\widehat{C}$. Sur le deuxième côté de cet angle nous prendrons le segment C′D′ tel que

$$C'D' = \frac{CD}{2}.$$

La ligne brisée A′B′C′D′ est la figure cherchée.

Les deux lignes sont telles que

$$\widehat{B} = \widehat{B}'$$

$$\widehat{C} = \widehat{C}'$$

$$\frac{1}{2} = \frac{A'B'}{AB} = \frac{B'C'}{BC} = \frac{C'D'}{CD}$$

C'est-à-dire que :

1° *Les angles correspondants des deux figures sont égaux.*

2° *Les côtés correspondants des deux figures sont proportionnels.*

En nous bornant *d'abord* aux *triangles*, nous sommes amenés à donner la définition suivante :

412. — **Définition**. — *On dit que deux triangles sont* **semblables** *lorsqu'ils ont leurs angles respectivement égaux et leurs côtés proportionnels.*

La valeur commune des rapports des trois côtés s'appelle le *rapport de similitude* des deux triangles.

413. — Mais une difficulté se présente.

Soit un triangle ABC : *cherchons à construire un triangle* *semblable* à ABC, le rapport de similitude étant $\frac{1}{2}$.

Nous pourrons prendre le segment A′B′ tel que

$$A'B' = \frac{AB}{2}.$$

Puis former l'angle $\widehat{B'}$ égal à l'angle $\widehat{B}$ et sur le deuxième côté prendre un segment B'C' tel que

$$B'C' = \frac{BC}{2}.$$

Enfin former l'angle égal à $\widehat{C'} = \widehat{C}$ et sur le deuxième côté prendre un segment égal à $\frac{CA}{2}$.

Il n'est *nullement évident* qu'en opérant ainsi on va *revenir au point* A.

Il n'est donc pas évident d'avance qu'il existe des triangles *rigoureusement* semblables entre eux.

Le théorème suivant montre qu'il existe des triangles rigoureusement semblables.

414. — **Théorème.** — *Si on coupe un triangle par une parallèle à un de ses côtés, on forme un nouveau triangle semblable au premier.*

Soit le triangle ABC et la parallèle B'C' au côté BC (fig. 266).

Démontrons que les deux triangles ABC et A'B'C' sont semblables, c'est-à-dire qu'ils ont leurs angles égaux et leurs côtés proportionnels.

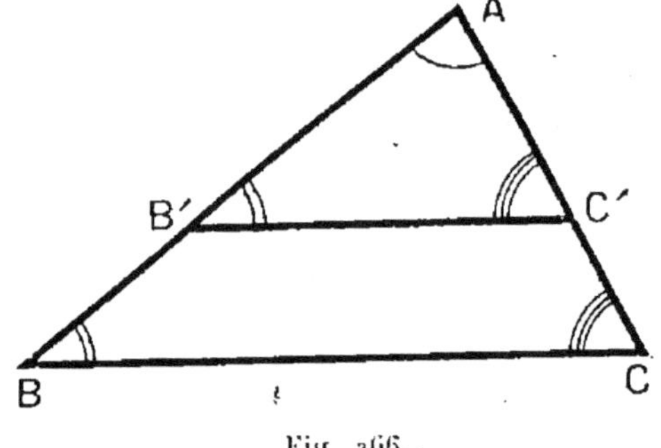

Fig. 266.

Nous savons déjà qu'ils ont leurs côtés proportionnels (§ 407).

Il reste à faire voir qu'ils ont leurs *angles égaux*.

Deux cas de figure peuvent se présenter.

Dans le premier (fig. 266) les angles $\widehat{B}$ et $\widehat{B'}$, $\widehat{C}$ et $\widehat{C'}$ sont égaux comme *angles correspondants*, et l'angle $\widehat{A}$ est commun aux deux triangles.

Dans le deuxième cas (fig. 267) les angles $\widehat{B}$ et $\widehat{B'}$, $\widehat{C}$ et $\widehat{C'}$ sont égaux comme *alternes-internes* et les angles de sommet A égaux comme *opposés par le sommet*.

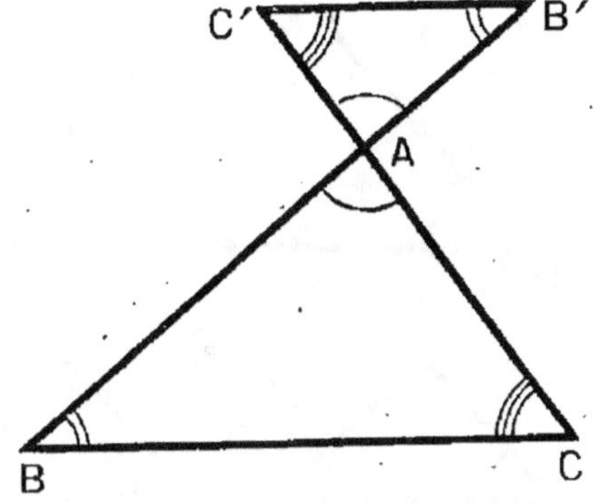

Fig. 267.

Les deux triangles sont donc semblables.

415. — Corollaire. — Le côté AB′ du second triangle a une longueur *arbitraire* et par suite le rapport $\dfrac{AB'}{AB}$, c'est-à-dire le *rapport de similitude*, a aussi une valeur *arbitraire*.

416. — Remarque. — Soient deux triangles ABC, A′B′C′ dans lesquels les sommets représentés par la même lettre se correspondent. Les conditions qui expriment que ces deux triangles sont semblables

$$\widehat{A} = \widehat{A'} \qquad \widehat{B} = \widehat{B'} \qquad \widehat{C} = \widehat{C'}$$

$$\frac{A'B'}{AB} = \frac{B'C'}{BC} = \frac{C'A'}{CA}$$

sont au nombre de *cinq*.

Nous allons voir que si *deux* de ces conditions *convenablement choisies* sont vérifiées, les deux triangles sont semblables (et par suite les trois autres conditions sont vérifiées).

417. — Théorème. — (1er cas de similitude). — *Deux triangles ABC et A′B′C′ qui ont deux angles égaux sont semblables.*

Soient les deux triangles ABC et A′B′C′ (fig. 268) dans lesquels on suppose que

$$\widehat{B} = \widehat{B'} \qquad \text{et} \qquad \widehat{C} = \widehat{C'}$$

Il existe un triangle $A_1B_1C_1$ *semblable au triangle ABC* dans lequel $\qquad B_1C_1 = B'C'$ $\qquad$ (§ 415).

En outre, on a

$$\hat{B}_1 = \hat{B} \text{ et par suite } \hat{B}_1 = \hat{B}$$
$$\hat{C}_1 = \hat{C} \text{ et par suite } \hat{C}_1 = \hat{C}.$$

Les deux triangles $A_1B_1C_1$ et $A'B'C'$ ont donc un côté égal adjacent à deux angles respectivement égaux.

$A'B'C'$ est donc *égal* à $A_1B_1C_1$ (1er cas d'égalité des triangles) et par suite *semblable* à ABC.

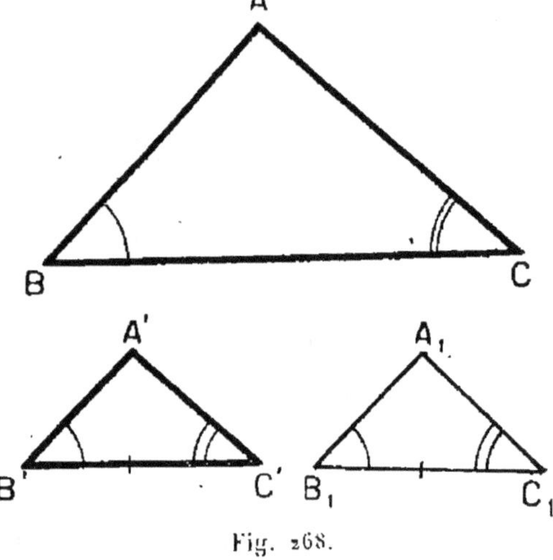

Fig. 268.

418. — **Théorème.** — (2° cas de similitude). — *Deux triangles* ABC *et* A'B'C' *qui ont un angle égal compris entre côtés proportionnels sont semblables.*

Supposons (fig. 269) que

$$\hat{A} = \hat{A}'$$

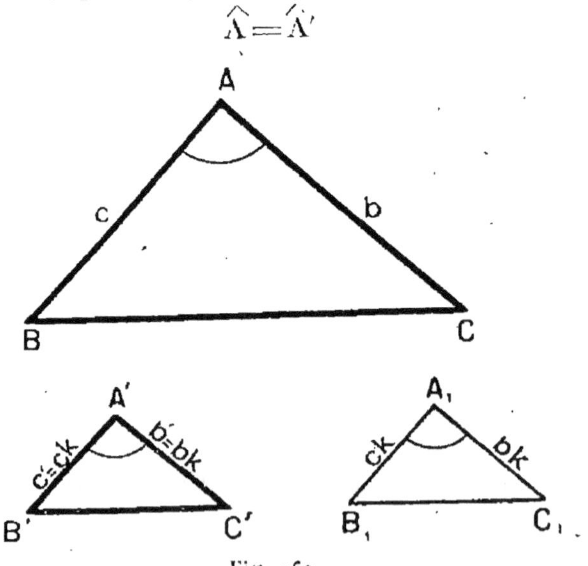

Fig. 269.

et que les côtés b' et c' du triangle A'B'C' soient respectivement égaux aux côtés b et c *multipliés par un même nombre k*

$$b' = b.k$$
$$c' = c.k$$

Il *existe* un triangle $A_1B_1C_1$ *semblable* au triangle ABC et admettant avec lui le nombre k comme rapport de similitude (§ 415).

Dans ce triangle on a

$$A_1C_1 = b.k \text{ et par suite } A_1C_1 = b'$$
$$A_1B_1 = ck \qquad » \qquad » \qquad A_1B_1 = c'$$

Le triangle A'B'C' est donc *égal* au triangle $A_1B_1C_1$ comme ayant un angle égal compris entre côtés égaux (2ᵉ cas d'égalité des triangles).

A'B'C' est donc *semblable* à ABC.

449. — **Théorème.** — (3ᵉ cas de similitude). — *Deux triangles* ABC *et* A'B'C' *qui ont leurs trois côtés proportionnels sont semblables* (fig. 270).

Nous supposons que les 3 *côtés* a', b', c' du triangle A'B'C' sont respectivement égaux à ceux du triangle ABC, *multipliés par un même nombre k :*

$$a' = a.k$$
$$b' = b.k$$
$$c' = c.k$$

Il *existe* un triangle $A_1B_1C_1$ *semblable* à ABC, ayant

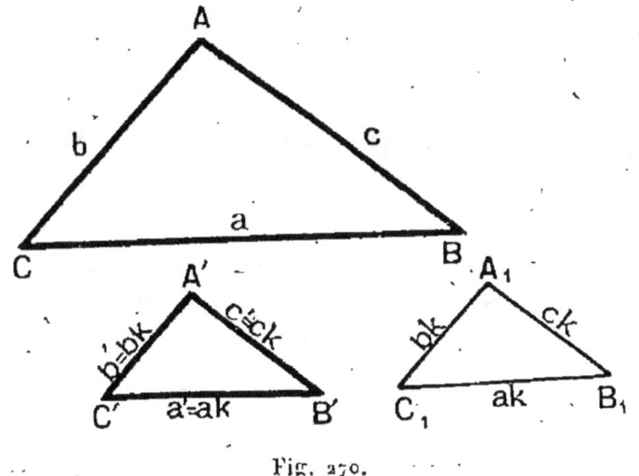

Fig. 270.

avec lui le nombre k comme rapport de similitude

$$B_1C_1 = a.k \quad \text{et par suite} \quad B_1C_1 = a'$$
$$C_1A_1 = b.k \quad \text{»} \quad \text{»} \quad C_1A_1 = b'$$
$$A_1B_1 = c.k \quad \text{»} \quad \text{»} \quad A_1B_1 = c'$$

Le triangle A'B'C' est *égal* au triangle $A_1B_1C_1$ car ces deux triangles ont leurs trois côtés respectivement égaux (3ᵉ cas d'égalité des triangles).

A'B'C' est donc *semblable* à ABC.

420. — REMARQUE. — On voit que *les trois cas de similitude correspondent aux trois cas d'égalité des triangles.*

421. — **Corollaires.** — 1° *Deux triangles rectangles qui ont un angle aigu égal sont semblables.*

En effet ils ont deux angles égaux, l'angle aigu et l'angle droit.

2° *Deux triangles rectangles qui ont les deux côtés de l'angle droit proportionnels sont semblables.*

422. — REMARQUE. — Dans les applications on observera que si deux triangles sont semblables :

1° *A deux angles correspondants sont opposés des côtés correspondants;*

2° *A un côté compris entre deux angles correspond le côté compris entre les deux angles correspondants.*

§ 3. — Relations métriques dans le triangle rectangle.

423. — **Théorème.** — *La hauteur AH d'un triangle rectangle ABC décompose le triangle en deux autres semblables au triangle donné et par suite semblables entre eux* (fig. 271).

En effet, les deux triangles ABC et ABH sont *semblables* comme triangles rectangles ayant un *angle aigu égal* $\widehat{B}$.

De même, les triangles ABC et ACH sont *semblables* comme triangles rectangles ayant un *angle aigu* égal $\widehat{C}$.

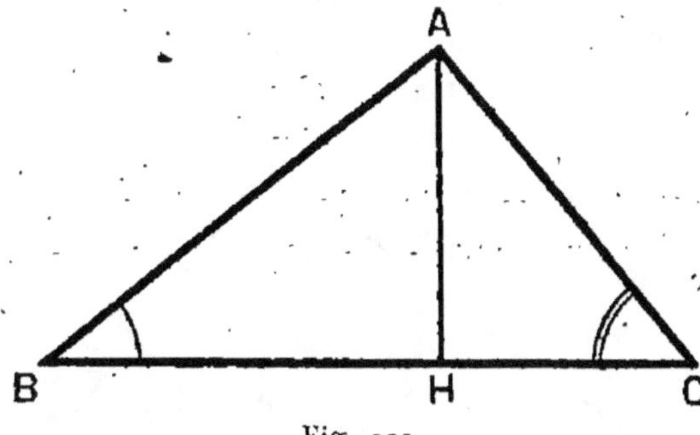

Fig. 271.

Enfin, les deux triangles ABH et ACH *semblables à un même troisième* sont semblables *entre eux.*

REMARQUE. — Il importe de bien remarquer la *correspondance* entre les éléments de ces triangles (fig. 272).

La correspondance entre les angles se lit immédiatement sur la figure 272 où on a marqué les *angles aigus égaux.* On en conclut la correspondance entre les côtés.

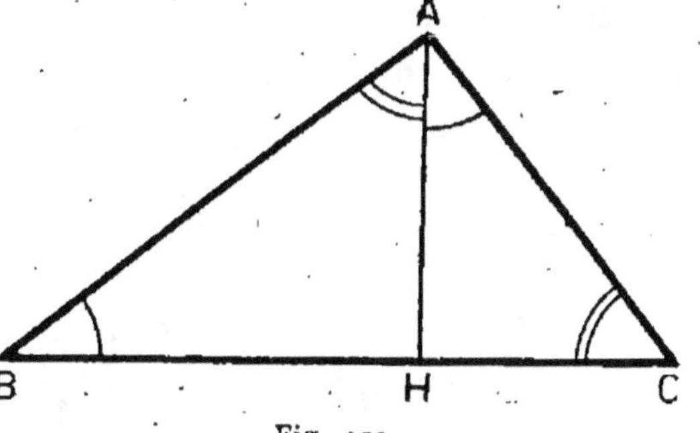

Fig. 272.

Aux côtés	BC	AB	AC	du triangle	ABC
correspondent les côtés	AB	BH	AH	»	ABH
et les côtés	AC	AH	CH	»	ACH

424. — **Définition.** — *On dit que la longueur x est* **moyenne proportionnelle** *aux deux longueurs a et b, si on a*

$$\frac{a}{x} = \frac{x}{b}$$

ou encore

$$a.b = x^2.$$

425. — Théorème. — *Dans un triangle rectangle un côté de l'angle droit est moyen proportionnel entre l'hypoténuse et sa projection orthogonale sur l'hypoténuse.*

Soit AH la hauteur du triangle rectangle ABC.

Nous allons démontrer que

$$\overline{AB}^2 = BC \times BH$$

(fig. 273).

Nous utilisons les deux triangles *semblables* ABH et

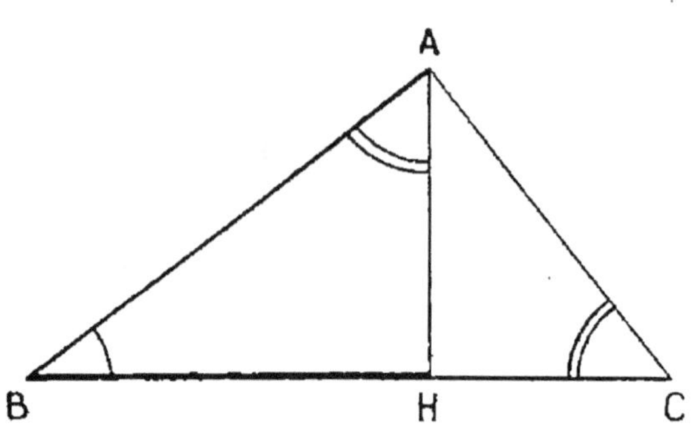

Fig. 273.

ABC. Dans le triangle ABH nous prenons les deux côtés qui *figurent dans l'égalité à établir*, soit

$$AB \text{ et } BH.$$

Les côtés correspondants dans le triangle ABC sont

$$BC \text{ et } AB.$$

Les deux triangles étant semblables, les côtés correspondants sont *proportionnels* ; donc

$$\frac{AB}{BC} = \frac{BH}{AB}$$

ou encore $\overline{AB}^2 = BC \times BH$, ce qu'il fallait démontrer.

On voit de même que

$$\overline{AC}^2 = BC \times CH.$$

426. — Corollaire 1. — (Théorème de Pythagore). — *Dans un triangle rectangle le carré du nombre qui mesure l'hypoténuse est égal à la somme des carrés des nombres qui mesurent les deux autres côtés.*

Du théorème *précédent* résulte que

$$\overline{AB}^2 = BC \times BH$$
$$\overline{AC}^2 = BC \times CH$$

d'où, par addition,

$$\overline{AB}^2 + \overline{AC}^2 = BC \times BH + BC \times CH$$

ou en mettant BC en facteur

$$\overline{AB}^2 + \overline{AC}^2 = BC \times (BH + CH).$$

Comme $\qquad\qquad BH + CH = BC,$

on a enfin

$$\overline{AB}^2 + \overline{AC}^2 = \overline{BC}^2.$$

Le théorème est donc démontré.

427. — **Corollaire 2.** — *Dans un triangle rectangle le quotient des carrés des deux côtés de l'angle droit est égal au quotient des projections des deux côtés sur l'hypoténuse.*

En effet, en divisant membre à membre les deux égalités

$$\overline{AB}^2 = BC \times BH$$
$$\overline{AC}^2 = BC \times CH,$$

on obtient

$$\frac{\overline{AB}^2}{\overline{AC}^2} = \frac{BH}{CH}.$$

428. — **Théorème.** — *Dans un triangle rectangle la hauteur est moyenne proportionnelle entre les deux segments qu'elle détermine sur l'hypoténuse.*

Nous allons démontrer que

$$\overline{AH}^2 = BH \times CH$$
(fig. 274).

Nous utiliserons les deux triangles *semblables* ABH et ACH.

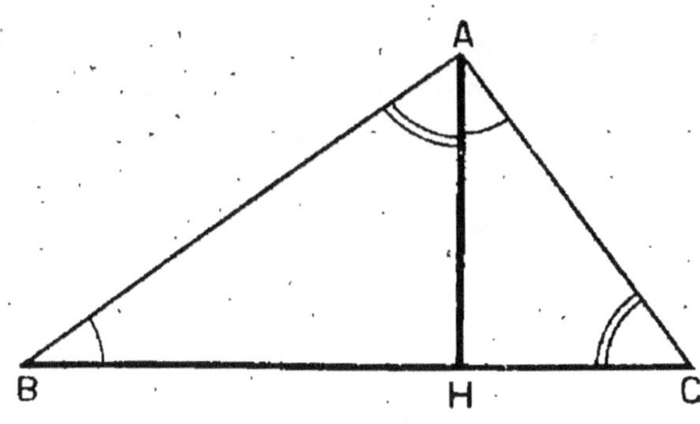

Fig. 274.

Dans le triangle ABH prenons les deux côtés qui *figurent dans l'égalité à établir*, soit

$$BH \text{ et } AH.$$

Il leur correspond dans le triangle ACH les côtés

$$AH \text{ et } CH.$$

Les deux triangles étant semblables, les côtés correspondants sont *proportionnels*. Donc

$$\frac{BH}{AH} = \frac{AH}{CH}$$

ou encore

$$\overline{AH}^2 = BH \times CH,$$

ce qu'il fallait démontrer.

REMARQUE. — Conformément à la convention expresse faite au § 379, dans les égalités que nous venons d'établir

$$\overline{AB}^2 = BH \times BC$$
$$\overline{AC}^2 = CH \times BC$$
$$\overline{AB}^2 = \overline{AC}^2 + \overline{BC}^2$$
$$\overline{AH}^2 = BH \times CH$$

AB, AC, BC, ... sont des *nombres* : ce sont les longueurs des segments correspondants mesurés avec une même unité.

429. — **Exercice I.** — *Calculer l'hypoténuse d'un triangle rectangle dont les côtés de l'angle droit sont 3^m et 4^m.*

Soit x la longueur de cette hypoténuse évaluée en mètres.

D'après le théorème de Pythagore, on a

$$x^2 = 3^2 + 4^2 = 9 + 16 = 25$$
$$x = \sqrt{25} = 5.$$

L'hypoténuse a pour longueur 5 mètres.

Exercice II. — *Calculer le troisième côté d'un triangle rectangle dont l'hypoténuse est* 8^m,50 *et un côté de l'angle droit* 6^m,80.

Soit x la longueur de ce troisième côté, évaluée en mètres.

D'après le théorème de Pythagore, on a

$$\overline{6,8}^2 + x^2 = \overline{8,5}^2$$
$$x^2 = \overline{8,5}^2 - \overline{6,8}^2 = 26,01$$
$$x = \sqrt{26,01} = 5^m,10.$$

§ 4. — Lignes proportionnelles dans le cercle.

430. — **Théorème.** — *Si d'un point* P *pris dans le plan d'un cercle on mène à ce cercle une sécante quelconque rencontrant le cercle aux points* A *et* B, *le produit* PA × PB *reste constant lorsque la sécante tourne autour du point* P.

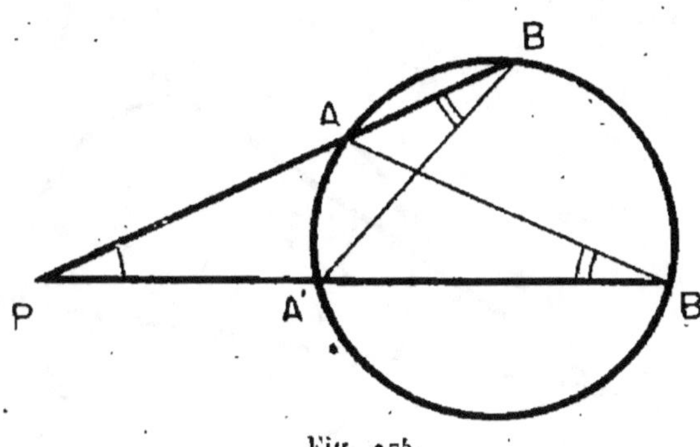

Fig. 275.

Soient PAB, et PA'B' deux sécantes quelconques issues du point P (fig. 275 et 276).

Il s'agit de démontrer que

$$PA \times PB = PA' \times PB'.$$

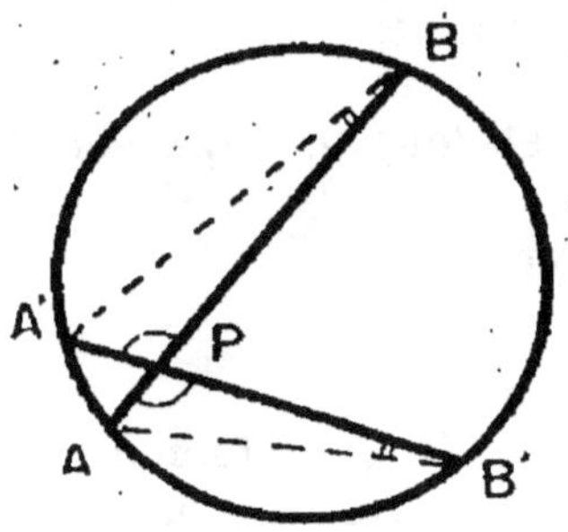

Fig. 276.

Menons les droites AB' et BA'. Les deux triangles PAB' et PA'B sont semblables car ils ont deux angles égaux : savoir les angles de sommet P, et les angles $\widehat{B}$ et $\widehat{B'}$ qui sont inscrits dans le même arc de cercle $\overset{\frown}{ABA'}$.

Les deux triangles sont donc semblables. (§ 416).

Dans le triangle PAB' prenons les deux côtés qui *figurent dans l'égalité à démontrer*, soit

$$PA \text{ et } PB'.$$

Les côtés correspondant dans le triangle PA'B' sont

$$PA' \text{ et } PB.$$

Les deux triangles étant semblables ont leurs côtés, proportionnels.

Donc

$$\frac{PA}{PA'} = \frac{PB'}{PB}$$

ou encore

$$PA \times PB = PA' \times PB',$$

ce qu'il fallait démontrer.

Remarque. — Supposons que le point P soit extérieur au cercle (fig. 277).

Dans ce cas on peut faire tourner la sécante PA'B' autour de P jusqu'à ce qu'elle devienne tangente au point T. Les deux points A' et B' sont venus se confondre avec le point T. Le théorème précédent est *toujours applicable* et on a

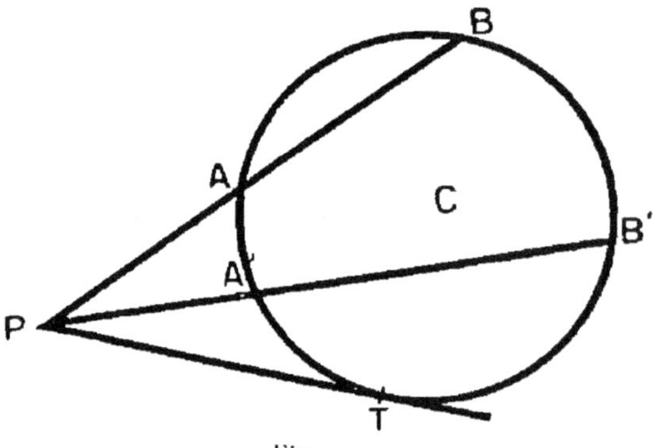

Fig. 277.

$$PA \times PB = \overline{PT}^2.$$

D'où l'énoncé :

431. — Théorème. — *Si d'un point P extérieur à un cercle on mène une tangente et une sécante, la tangente est moyenne proportionnelle entre les deux segments déterminés sur la sécante à partir du point P.*

432. — Calcul de la valeur constante du produit PA × PB.

Le produit PA × PB *ne dépend que du rayon* R *du cercle et de la distance* d *du point* P *à son centre.*

Pour le calculer nous distinguerons deux cas :

1er Cas. — Le point P est *extérieur* au cercle (fig. 278).

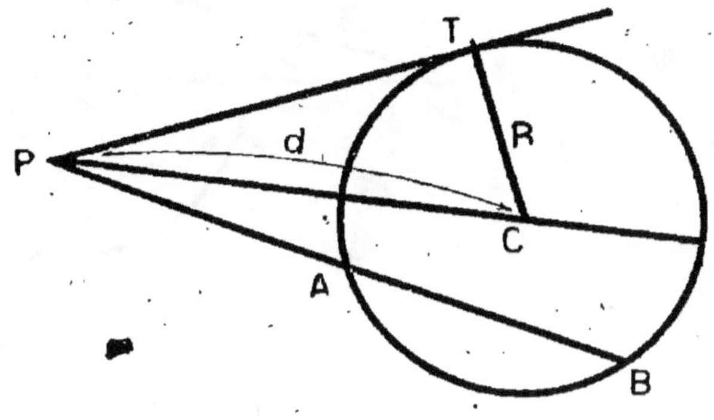

Fig. 278.

On peut alors mener la tangente PT. On a

$$PA \times PB = \overline{PT}^2.$$

Or dans le triangle *rectangle* PCT, on a d'après le théorème de Pythagore

$$\overline{PT}^2 = \overline{PC}^2 - \overline{CT}^2 = d^2 - R^2.$$

Donc

$$PA.PB = d^2 - R^2.$$

2e Cas. — Le point P est *intérieur* au cercle (fig. 279).

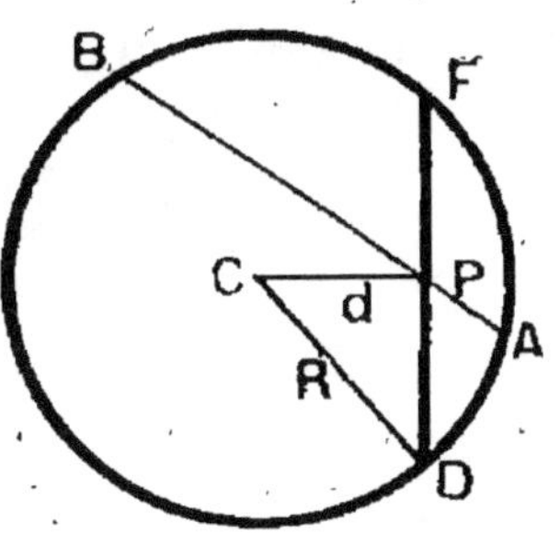

Fig. 279.

Menons par P la sécante DF perpendiculaire à PC. P est le milieu de DF.

On a

$$PA \times PB = PD \times PF = \overline{PD}^2.$$

Or, dans le triangle rectangle PCD, on a d'après le théorème de Pythagore

$$\overline{PD}^2 = \overline{CD}^2 - \overline{PD}^2 = R^2 - d^2.$$

Donc

$$PA \times PB = R^2 - d^2.$$

REMARQUE. — On peut aussi évaluer le produit sans se servir du théorème de Pythagore.

On mènera comme *sécante auxiliaire le diamètre MN passant par P.*

Si P est *extérieur* on aura (fig. 280) :

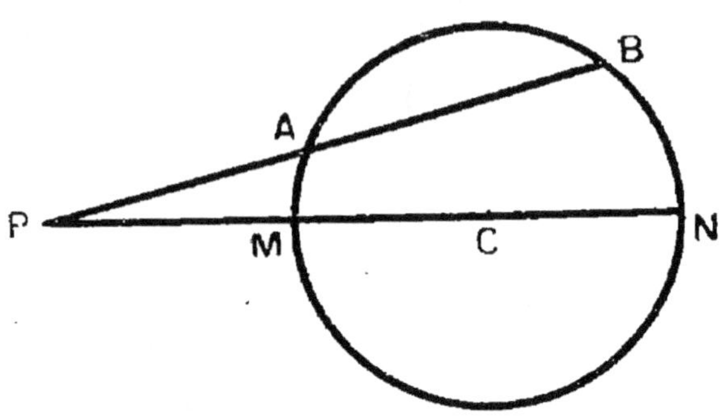

Fig. 280.

$$PA \times PB = PM \times PN$$
$$= (PC - CM)(PC + CN)$$
$$= (d - R)(d + R) = d^2 - R^2.$$

Si P est *intérieur* on aura (fig. 281) :

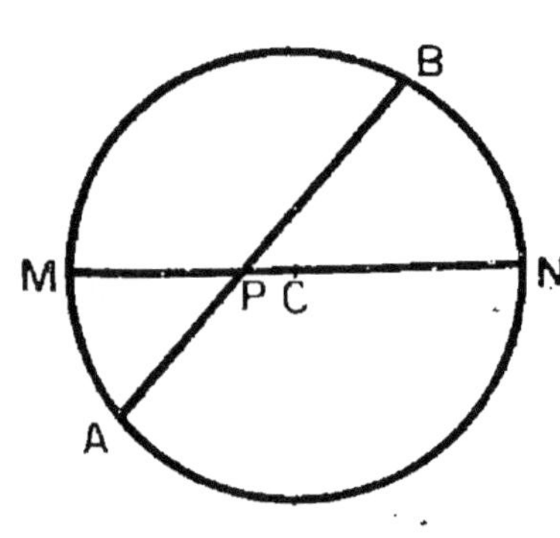

Fig. 281.

$$PA \times PB = PM + PN$$
$$= (CM - PC)(CN + PC)$$
$$= (R - d)(R + d)$$
$$= R^2 - d^2.$$

CONSTRUCTION DE LA MOYENNE PROPORTIONNELLE.

433. — Problème. — *Construire la moyenne proportionnelle à deux longueurs données a et b.*

Nous venons de démontrer trois théorèmes dans chacun desquels figure une moyenne proportionnelle à deux autres longueurs. Chacun de ces théorèmes donnera une construction de la moyenne proportionnelle.

1re CONSTRUCTION. — A partir d'un même point B (fig. 282) portons sur une droite et *dans le même sens* deux segments BC = *a* BH = *b*.

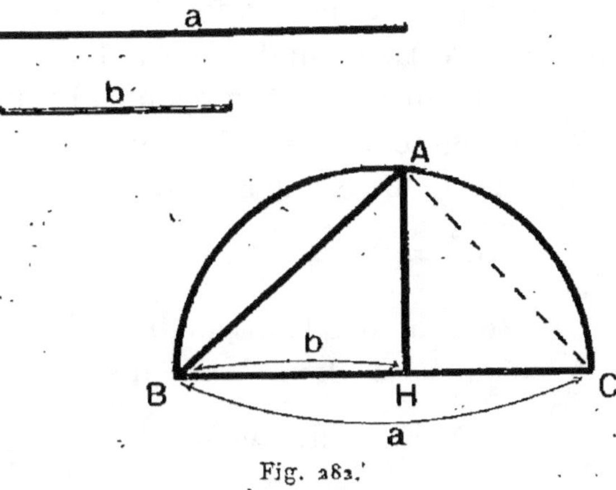

Fig. 282.

Sur le plus grand des deux segments BC comme diamètre, décrivons un demi-cercle. Élevons la perpendiculaire en H à BC qui coupe le demi-cercle au point A. Puis menons la droite AB. AB *est la moyenne proportionnelle cherchée.*

En effet, si on menait AC on *formerait* un triangle ABC rectangle en A. Dans ce triangle rectangle AB est la moyenne proportionnelle entre l'hypoténuse BC et sa projection BH sur l'hypoténuse, c'est-à-dire entre *a* et *b*

$$\overline{AB}^2 = a \times b.$$

2e CONSTRUCTION. — A partir d'un même point H, portons sur une droite et dans des sens *différents* (fig. 283) :

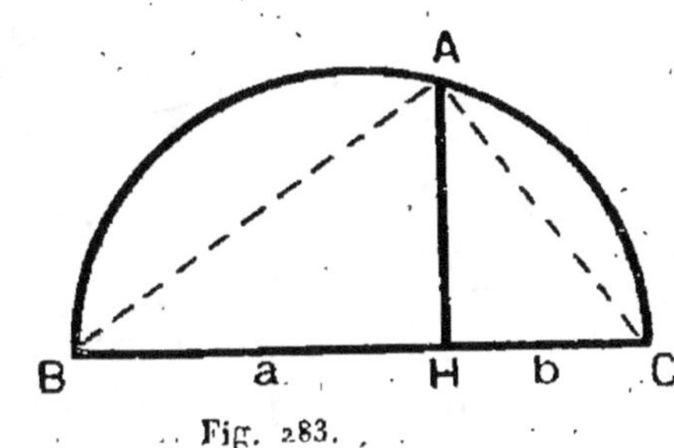

Fig. 283.

$$HB = a \qquad HC = b.$$

Décrivons un demi-cercle de diamètre BC. Élevons la perpendiculaire en H à BC. Elle rencontre le demi-cercle au point A.

AH *est la moyenne proportionnelle cherchée.*

En effet, *supposons* qu'on mène les droites AB et AC. Le triangle ABC ainsi obtenu est rectangle en A, et dans ce triangle rectangle, la hauteur AH est moyenne proportionnelle entre les deux segments BH et CH qu'elle détermine sur l'hypoténuse, c'est-à-dire entre a et b

$$\overline{AH}^2 = a \times b.$$

3° CONSTRUCTION. — Sur une droite à partir d'un point P, portons *dans le même sens* deux segments

$$PA = a, \quad PB = b \quad \text{(fig. 284)}.$$

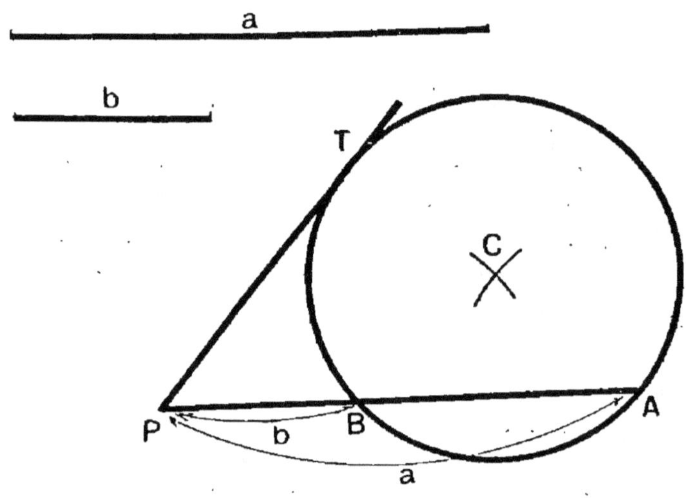

Fig. 284.

Puis décrivons un cercle passant par A et B.

Du point P on peut lui mener une tangente, soit T son point de contact.

PT *est la moyenne proportionnelle cherchée.*

En effet, la tangente PT est moyenne proportionnelle entre les deux segments PA = a et PB = b

$$\overline{PT}^2 = a \times b.$$

§ 5. — Lignes trigonométriques d'un angle aigu.

434. — **Remarque fondamentale.** — Soit un angle aigu quelconque, $\widehat{XOY}$ (fig. 285). Menons une perpendiculaire à l'un des côtés OX, rencontrant OX au point P et OY au point M.

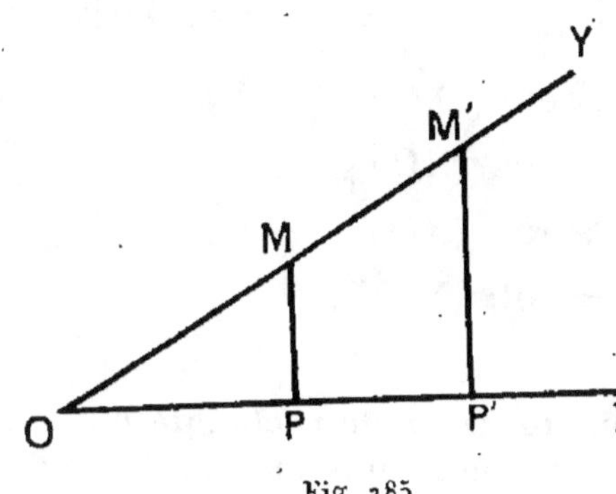

Fig. 285.

Les rapports

$$\frac{PM}{OM}, \quad \frac{OP}{OM}, \quad \frac{PM}{OP}, \quad \frac{OP}{PM}$$

conservent des valeurs numériques constantes lorsque MP se déplace parallèlement à elle-même, et, par suite, ils ne dépendent que de la *grandeur* de l'angle XOY.

Si, en effet, M'P' est une autre perpendiculaire à OX, on a :

$$\frac{PM}{OM}=\frac{PM'}{OM'}, \quad \frac{OP}{OM}=\frac{OP'}{OM'}, \quad \frac{PM}{OP}=\frac{PM'}{OP'}, \quad \frac{OP}{PM}=\frac{OP'}{PM'}.$$

435. — **Définitions.**

Le *rapport* $\dfrac{PM}{OM}$ s'appelle le *sinus* de l'angle XOY.

» $\dfrac{OP}{OM}$ »   *cosinus*   »

» $\dfrac{PM}{OP}$ »   *tangente*   »

» $\dfrac{OP}{PM}$ »   *cotangente*   »

On écrit :

$$\sin(\widehat{XOY})=\frac{PM}{OM}$$

$$\cos(\widehat{XOY}) = \frac{OP}{OM},$$

$$\mathrm{tg}(\widehat{XOY}) = \frac{PM}{OP},$$

$$\mathrm{cotg}(\widehat{XOY}) = \frac{OP}{PM}.$$

En chassant les dénominateurs, ces relations s'écrivent

$$PM = OM \times \sin(\widehat{XOY}),$$
$$OP = OM \times \cos(\widehat{XOY}),$$
$$PM = OP \times \mathrm{tg}(\widehat{XOY}),$$
$$OP = PM = \mathrm{cotg}(\widehat{XOY}),$$

ce qui s'énonce :

436. — **Théorème.** — *Dans un triangle rectangle un côté de l'angle droit est égal au sinus de l'angle opposé à ce côté multiplié par l'hypoténuse.*

437. — **Théorème.** — *Dans un triangle rectangle, un côté de l'angle droit est égal au cosinus de l'angle aigu adjacent à ce côté multiplié par l'hypoténuse.*

438. — **Théorème.** — *Dans un triangle rectangle un côté de l'angle droit est égal à la tangente de l'angle aigu opposé multipliée par l'autre côté de l'angle droit.*

439. — **Théorème.** — *Dans un triangle rectangle, un côté de l'angle droit est égal à la cotangente de l'angle aigu adjacent multipliée par l'autre côté de l'angle droit.*

Ainsi dans le triangle rectangle ABC (fig. 286) dont les côtés sont a, b, c on peut écrire les relations :

$$b = a \sin B$$
$$c = a \sin C$$
$$b = a \cos C$$
$$c = a \cos B$$
$$b = c\, \mathrm{tg}\, B$$
$$c = b\, \mathrm{tg}\, C$$
$$b = c\, \mathrm{cotg}\, C$$
$$c = b\, \mathrm{cotg}\, B$$

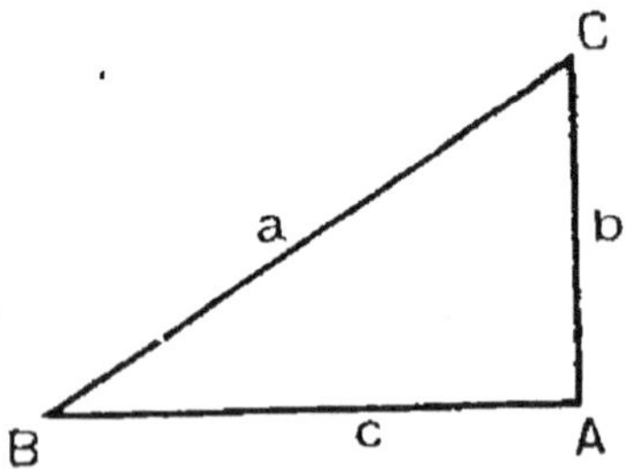

Fig. 286.

auxquelles on peut ajouter :

$$\widehat{B} + \widehat{C} = 90^0 \qquad b^2 + c^2 = a^2.$$

RELATIONS ENTRE LES LIGNES TRIGONOMÉTRIQUES DE DEUX ANGLES COMPLÉMENTAIRES.

440. — Théorème. — *Si deux angles sont complémentaires, le sinus de l'un est égal au cosinus de l'autre, la tangente de l'un est égale à la cotangente de l'autre.*

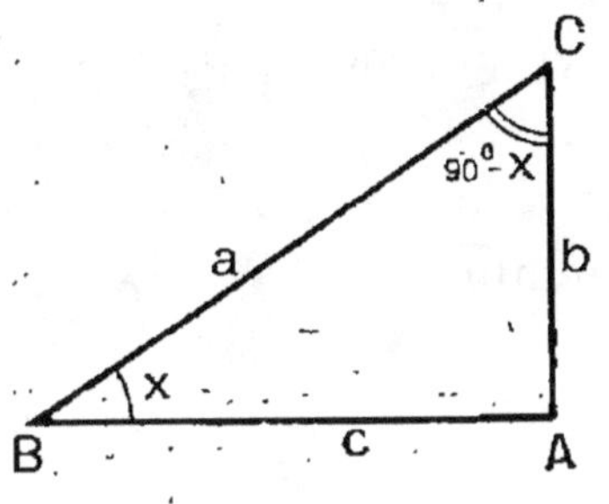

Fig. 287.

Soit un triangle rectangle ayant pour angle aigu
$$\widehat{B} = x, \widehat{C} = 90^0 - x$$
(fig. 287).

On a par définition

$$\sin B = \frac{b}{a} \qquad \cos C = \frac{b}{a}$$

$$\cos B = \frac{c}{a} \qquad \sin C = \frac{c}{a}$$

$$\operatorname{tg} B = \frac{b}{c} \qquad \operatorname{cotg} C = \frac{b}{c}$$

$$\operatorname{cotg} B = \frac{c}{b} \qquad \operatorname{tg} C = \frac{c}{b}.$$

Ainsi donc :
$$\cos C = \sin B$$
$$\sin C = \cos B$$
$$\operatorname{cotg} C = \operatorname{tg} B$$
$$\operatorname{tg} C = \operatorname{cotg} B$$

ou encore :
$$\cos (90^0 - x) = \sin x$$
$$\sin (90^0 - x) = \cos x$$
$$\operatorname{cotg} (90^0 - x) = \operatorname{tg} x$$
$$\operatorname{tg} (90^0 - x) = \operatorname{cotg} x$$

RELATIONS ENTRE LES LIGNES TRIGONOMÉTRIQUES
D'UN MÊME ANGLE

Dans le triangle rectangle ABC (fig. 287), où $\widehat{B} = x$ on a

$$\sin x = \frac{b}{a}, \quad \cos x = \frac{c}{a}, \quad \operatorname{tg} x = \frac{b}{c}, \quad \operatorname{cotg} x = \frac{c}{b}.$$

441. — **Première relation.** — Le théorème de Pythagore donne la relation

$$b^2 + c^2 = a^2$$

ou encore en divisant les deux membres par a^2

$$\frac{b^2}{a^2} + \frac{c^2}{a^2} = 1,$$

c'est-à-dire :

$$(\sin x)^2 + (\cos x)^2 = 1.$$

442. — **Deuxième relation.** — $\dfrac{\sin x}{\cos x} = \dfrac{b}{a} : \dfrac{c}{a} = \dfrac{b}{c} = \operatorname{tg} x.$

443. — **Troisième relation.** — $\dfrac{\cos x}{\sin x} = \dfrac{c}{b} = \operatorname{cotg} x.$

D'où les trois relations :

$$(\sin x)^2 + (\cos x)^2 = 1$$
$$\operatorname{tg} x = \frac{\sin x}{\cos x}$$
$$\operatorname{cotg} x = \frac{\cos x}{\sin x}.$$

Ce qui s'énonce :

1° *La somme des carrés du sinus et du cosinus d'un angle est égal à* l'unité.

2° *La tangente d'un angle est le quotient de son sinus par son cosinus.*

3° *La cotangente d'un angle est le quotient de son cosinus par son sinus.*

444. — Corollaire. — La cotangente d'un angle est l'*inverse de sa tangente.*

445. — Application. — Ces relations permettent de calculer *toutes* les lignes trigonométriques d'un angle lorsqu'on en connaît une.

446. — Variations des lignes trigonométriques. — Étudions comment varient le *sinus*, le *cosinus* et la *tangente* de l'angle $\widehat{XOY}$ lorsque cet angle croît d'une *manière continue* depuis o° jusqu'à 90°.

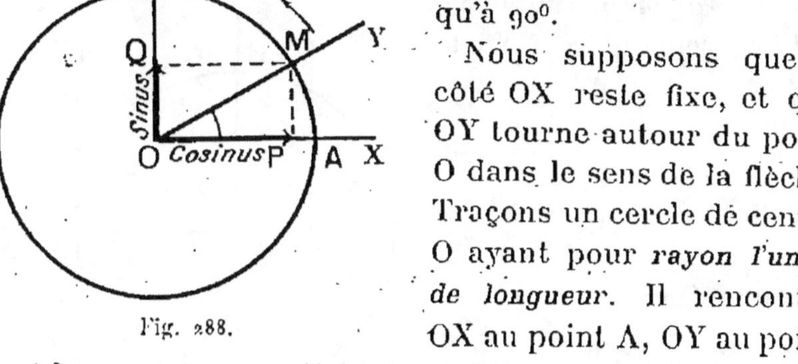

Fig. 288.

Nous supposons que le côté OX reste fixe, et que OY tourne autour du point O dans le sens de la flèche. Traçons un cercle de centre O ayant pour **rayon l'unité de longueur.** Il rencontre OX au point A, OY au point M et le rayon perpendiculaire à OX au point B (fig. 288).

1° SINUS ET COSINUS. — Abaissons MP *perpendiculaire* sur OA et MQ *perpendiculaire* sur OB.

On a

$$\sin(\widehat{XOY}) = \frac{PM}{OM} = PM = OQ,$$

$$\cos(\widehat{XOY}) = \frac{OM}{OP} = OP,$$

puisqu'on a pris OM $= 1$.

Lorsque l'angle $\widehat{XOY}$ *croît* d'une manière continue depuis o° jusqu'à 90° le point M décrit le quadrant AB dans le sens de la flèche.

Donc P décrit le segment AO en *allant du point* A *au point* O et Q le segment OB en *allant du point* O *au point* B.

Donc

$\sin \widehat{XOY}$ part de la valeur zéro et croît jusqu'à la valeur 1,

$\cos \widehat{XOY}$ part de la valeur 1 et décroît jusqu'à la valeur 0.

REMARQUE. — Le sinus et le cosinus ne peuvent *jamais* dépasser la valeur 1.

2° TANGENTE. — Menons la tangente en A au cercle *de rayon* 1 (fig. 289).

Elle rencontre OY au point T.

On a

$$\lg \widehat{XOY} = \frac{AT}{OA} = AT,$$

puisque OA = 1

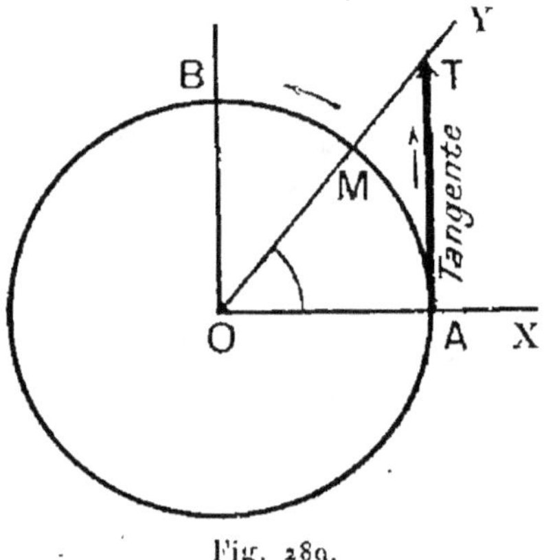

Fig. 289.

Lorsque l'angle $\widehat{XOY}$ croît d'une manière continue de 0° à 90° le point T décrit la demi-droite AT dans le sens de la flèche.

Donc la tangente part de zéro et croît en devenant plus grande que tout nombre donné d'avance aussi grand qu'on veut.

Ce qu'on exprime en disant que :

Lorsque l'angle $\widehat{XOY}$ croît de 0° à 90°, sa tangente part de zéro, croît et augmente indéfiniment.

Il faut observer que lorsque $\widehat{XOY} = 90°$, la *tangente* a *cessé d'exister*, puisque OY est devenu *parallèle* à la tangente en A.

Cependant, il est *commode* de dire que pour $\widehat{XOY} = 90°$

la tangente est *infinie* (ce qu'on indique par le signe ∞).

447. — Résumé des variations du sinus, du cosinus et de la tangente.

$\widehat{XOY}$		0^0	croît	90^0
$\sin \widehat{XOY}$		0	croît	1
$\cos \widehat{XOY}$		1	décroît	0
$\operatorname{tg} \widehat{XOY}$		0	croît	∞

448. — Calcul des lignes trigonométriques de certains angles. — 1° ANGLE DE 45^0. — Soit un triangle *rectangle isoscèle* dont le côté de l'angle droit est égal à l'unité (fig. 290).

D'après le théorème de Pythagore

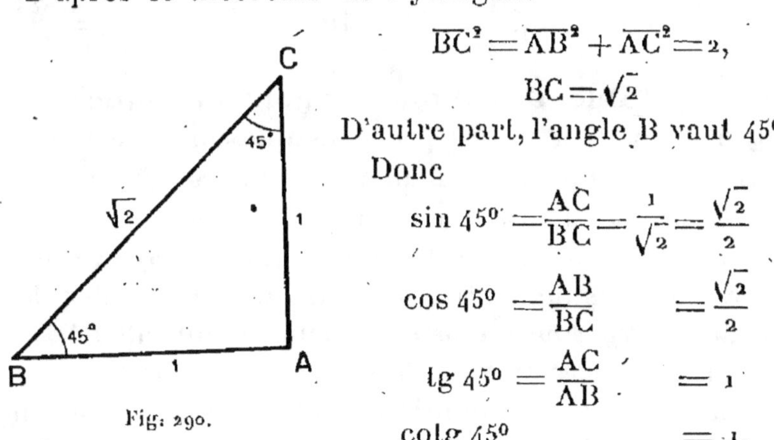

Fig. 290.

$$\overline{BC}^2 = \overline{AB}^2 + \overline{AC}^2 = 2,$$
$$BC = \sqrt{2}$$

D'autre part, l'angle B vaut 45^0.
Donc

$$\sin 45^0 = \frac{AC}{BC} = \frac{1}{\sqrt{2}} = \frac{\sqrt{2}}{2}$$

$$\cos 45^0 = \frac{AB}{BC} = \frac{\sqrt{2}}{2}$$

$$\operatorname{tg} 45^0 = \frac{AC}{AB} = 1$$

$$\operatorname{cotg} 45^0 = 1.$$

2° ANGLES DE 60^0 ET DE 30^0, — Soit un triangle *équilatéral* de côté égal à l'unité (fig. 291).

Menons la hauteur AH. H est le milieu de BC.

Donc
$$BH = \frac{1}{2}.$$

Calculons AH. Le théorème de Pythagore donne

$$\overline{AH}^2 = \overline{AB}^2 - \overline{BH}^2 = 1 - \frac{1}{4} = \frac{3}{4}$$

$$AH = \frac{\sqrt{3}}{2}.$$

Ainsi dans le triangle rectangle ABH, on a

$$AB = 1, \quad BH = \frac{1}{2}, \quad AH = \frac{\sqrt{3}}{2}.$$

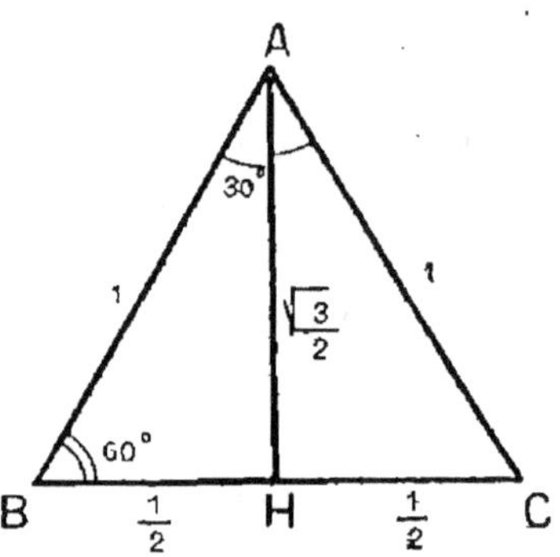

Fig. 291.

D'autre part, l'angle B=60° et
l'angle $\widehat{BAH} = 30°$.

Donc

$$\cos 60° = \frac{BH}{AB} = \frac{1}{2} \qquad \sin 30° = \frac{BH}{AB} = \frac{1}{2}$$

$$\sin 60° = \frac{AH}{AB} = \frac{\sqrt{3}}{2} \qquad \cos 30° = \frac{AH}{AB} = \frac{\sqrt{3}}{2}$$

$$\text{tg } 60° = \frac{AH}{BH} = \sqrt{3} \qquad \text{tg } 30° = \frac{BH}{AH} = \frac{1}{\sqrt{3}} = \frac{\sqrt{3}}{3}.$$

449. — Table des lignes trigonométriques d'un angle aigu. — Par des procédés que nous ne pouvons expliquer ici, on peut calculer les valeurs des lignes trigonométriques d'un angle aigu quelconque.

Nous donnons à la fin du volume (page 345) le tableau des valeurs des lignes trigonométriques des angles de 0° à 90° de 1/2 *degré en* 1/2 *degré*, chacune étant calculée avec 4 décimales (3 *décimales suffiront le plus souvent*).

On a pu réduire de moitié le tableau grâce au fait déjà signalé que, si deux angles sont complémentaires, le sinus de l'un est le cosinus de l'autre.

Ainsi la première colonne donne le sinus des angles de 0° à 45° (les angles sont inscrits à *gauche*); elle donne par cela même les cosinus de leur complément qui vont de 90° à 45° (ces compléments sont inscrits à *droite*).

La deuxième colonne donne les cosinus des angles de

0° à 45° (inscrits à *gauche*) et les sinus de leurs compléments qui vont de 90° à 45° et qui sont inscrits à *droite*.

Si on veut suivre sur la table les variations du sinus lorsque l'angle croît de degré en degré depuis 0° jusqu'à 90°, on doit lire la première colonne en *descendant* et ensuite la seconde en *remontant*.

Si on veut suivre les variations du cosinus lorsque l'angle croît de 0° à 90°, on doit lire la deuxième colonne en *descendant* et la première en *remontant*.

Remarque analogue pour les tangentes et les cotangentes.

450. — Usage de la table. — EXEMPLE I. — *Quel est le sinus de 31° ?*

La table donne (1re colonne)

$$\sin 31° = 0{,}5150.$$

EXEMPLE II. — *Quel est le sinus de 73° ?*

73° étant plus grand que 45°, on lit la 2e colonne en remontant, les degrés se trouvent indiqués à droite

$$\sin 73° = 0{,}9563.$$

EXEMPLE III. — *Quel est l'angle dont le sinus est 0,5150 ?*
La table donne immédiatement 31°.

Remarque analogue pour le cosinus, la tangente et la cotangente.

451. Nous donnons aussi (page 346) une table des valeurs des lignes trigonométriques des angles de 0° à 90° de 1/2 grade en 1/2 grade, chacune étant calculée avec 4 décimales (3 *décimales suffiront le plus souvent*).

On s'en sert comme de la première.

452. — Problème. — *Dans un triangle rectangle ABC on connaît l'hypoténuse a et un angle aigu B.*
Calculer les autres éléments.

On a les formules

$$\widehat{C} = 90^0 - \widehat{B} \qquad (1)$$

$$b = a \sin B \qquad (2)$$

$$c = a \cos B \qquad (3)$$

qui résolvent le problème.

EXEMPLE. —   Soit $a = 3^m 25$

$$\widehat{B} = 37^0$$

on a

$$\widehat{C} = 90^0 - 37 = 53^0$$

$$b = 3,25 \times \sin 37^0 = 3,25 \times 0,602 = 1^m 96$$

$$c = 3,25 \times \cos 37^0 = 3,25 \times 0,799 = 2^m 60.$$

453. — **Problème.** — *Dans un triangle rectangle on connaît un côté de l'angle droit b et un angle aigu B.*
Calculer les autres éléments.

D'abord

$$\widehat{C} = 90^0 - \widehat{B}. \qquad (1)$$

On a ensuite

$$b = a \sin B.$$

d'où

$$a = \frac{b}{\sin B} \qquad (2)$$

ce qui permet de calculer l'hypoténuse.
On a enfin

$$c = b \operatorname{tg} C. \qquad (3)$$

EXEMPLE. — Soit

$$b = 273$$

$$\widehat{B} = 32^0.$$

On a $\widehat{C} = 58^0$

$$a = \frac{273}{\sin 32^0} = \frac{273}{0,530} = 515^m$$

$$c = 273 \times \operatorname{tg} 58^0 = 273 \times 1,6 = 436^m,8.$$

454. Problème. — *Dans un triangle rectangle on connaît l'hypoténuse a et un côté de l'angle droit b.*

Calculer les autres éléments.

On peut d'abord avoir le côté c par le théorème de Pythagore

$$c = \sqrt{a^2 - b^2}$$

ou

$$c = \sqrt{(a-b)(a+b)}.$$

Mais il est *plus rapide de commencer par le calcul des angles.*

On a $\qquad\qquad b = a \sin B$

d'où

$$\sin B = \frac{a}{b} \qquad\qquad (1)$$

ce qui donne l'angle B.

Ensuite

$$\hat{C} = 90^\circ - B. \qquad\qquad (2)$$

Enfin

$$C = b \, \lg C. \qquad\qquad (3)$$

455. — Problème. — *Dans un triangle rectangle on connaît les deux côtés de l'angle droit b et c.*
Calculer les autres éléments.

On peut d'abord calculer l'hypoténuse par le théorème de Pythagore

$$a = \sqrt{b^2 + c^2}.$$

Mais il est *bien plus rapide* de commencer par les angles.
On a d'abord

$$b = c \, \lg B$$

d'où

$$\lg B = \frac{b}{c} \qquad\qquad (1)$$

ce qui donne $\widehat{B}$.

Ensuite $\qquad\qquad \hat{C} = 90^\circ - \hat{B} \qquad\qquad (2)$

Enfin on a

$$b = a \sin B$$

d'où

$$a = \frac{b}{\sin B}. \tag{3}$$

456. — Interpolation. — Il arrive à chaque instant qu'on veut avoir les *lignes trigonométriques d'un angle* connu qui *n'est pas exactement* dans la table, ou inversement qu'on veuille trouver *un angle* dont on connaît *une ligne trigonométrique* qui *n'est pas exactement* dans la table.

Nous indiquerons comment on procède dans le cas du *sinus*. La même méthode s'appliquera aux autres lignes trigonométriques.

Nous **supposerons les angles évalués en grades.**

Nous ferons les calculs avec trois décimales.

Prenons dans la table deux angles consécutifs quelconques, par exemple les angles de 31_g et de 32_g.

On a :

$$\sin 31^g = 0{,}468,$$
$$\sin 32^g = 0{,}482.$$

La différence des deux sinus est :

$$D = 0{,}014.$$

D s'appelle la **différence tabulaire** (on doit l'évaluer à vue sans poser la soustraction).

Si un angle x est compris entre 31_g et 32_g, $\sin x$ est compris entre $\sin 31^g$ et $\sin 32^g$.

On admet que l'augmentation du sinus est proportionnelle à l'augmentation de l'angle.

Cela est *très sensiblement* exact lorsque l'accroissement de l'angle est *petit*.

On aura donc la proportion

$$\frac{\sin x - \sin 31^g}{\sin 32^g - \sin 31^g} = \frac{x - 31}{1},$$

ou :

$$\frac{\sin x - \sin 31^g}{D} = x - 31.$$

D'où les deux énoncés suivants :

1° *l'augmentation subie par le sinus est égale à l'augmentation subie par l'angle multipliée par la différence tabulaire ;*

2° *l'augmentation subie par l'angle est égale à l'augmentation subie par le sinus, divisée par la différence tabulaire.*

457. — **Problème.** — Calculer sin $31^g,42$.

$$\sin 31^g = 0,468 \qquad D = 0,014$$
$$\text{correction pour } 0,42 = 0,42 \times D = 0,006$$
$$\sin 31^g,42 = 0,474$$

458. — **Problème inverse.** — Calculer x tel que

$$\sin x = 0,568.$$

La table nous montre que sin x est compris entre sin 38^g et sin 39^g.

$$\sin x = 0,568$$
$$\text{pour} \quad 0,562 \qquad 38^g \qquad D = 0,013$$
$$\text{correction pour} \quad 0,006 = \frac{0,006}{D} = 0^g,46'$$
$$x = 38^g,46'.$$

EXERCICES PRATIQUES

478. Construire deux triangles ABC, A'B'C' dont on donne $\widehat{A} = 35^0$, $\widehat{B} = 80^0$, AB $= 45$ millimètres et $\widehat{A'} = 35^0$, $\widehat{C'} = 65^0$. A'C' $= 50$ millimètres. Constater que ces deux triangles sont semblables et former leur rapport de similitude.

479. Étant donné un parallélogramme ABCD, AB $= 25$ millimètres, BC $= 50$ millimètres, $\widehat{ABC} = 75^0$ construire le parallélogramme semblable A'B'C'D' dont la diagonale A'C' homologue de AC a 37 millimètres de longueur.

480. Construire deux triangles rectangles connaissant un de leurs angles aigus $\widehat{B} = \widehat{B'} = 65^0$ et les médianes issues du sommet de l'angle droit AM $= 35$ millimètres, A'M' $= 42$ millimètres. Vérifier que ces triangles sont semblables en constatant l'égalité des angles $\widehat{C}$ et $\widehat{C'}$ et la proportionnalité des trois côtés dont le rapport est égal à $\dfrac{5}{6}$.

481. Construire un triangle ABC, AB $= 42$ millimètres, AC $= 56$ millimètres, BC $= 70$ millimètres; 1° constater en écrivant la relation de Pythagore que ce triangle est rectangle; 2° vérifier sur ce triangle les propriétés énoncées dans le cours de géométrie aux numéros (425) (427) (428).

482. Tracer deux cercles, l'un de centre O de rayon R $= 50$ millimètres, l'autre de centre O' de rayon R' $= 20$ millimètres, OO' $= 85$ millimètres, mener les quatre tangentes communes à ces cercles et constater que les milieux des segments compris entre les deux points de contact sur chacune de ces tangentes sont quatre points situés sur une même droite perpendiculaire à la ligne des centres. Appelant P, Q, U, V ces quatre points, vérifier les égalités :

$$\overline{PO}^2 - R^2 = \overline{PO}'^2 - R'^2$$

$$\overline{QO}^2 - R^2 = \overline{QO}'^2 - R'^2$$

$$\overline{UO}^2 - R^2 = \overline{UO}'^2 - R'^2$$

$$\overline{VO}^2 - R^2 = \overline{VO}'^2 - R'^2$$

483. On donne un cercle O de rayon $R = 35$ millimètres et un cercle O' de rayon 5o millimètres, $OO' = 45$ millimètres, tracer la corde commune des deux cercles, prendre différents points P... sur cette corde commune et vérifier que pour chacun de ces points P... les quantités $\overline{PO}^2 - R^2$ et $\overline{PO}'^2 - R'^2$ sont égales. Constater en outre que pour les points situés sur les prolongements de la corde commune à l'extérieur des cercles les longueurs des tangentes issues des points considérés aux deux cercles sont égales.

484. Étant donné un triangle ABC, $AB = 75$ millimètres, $BC = 85$ millimètres, $CA = 40$ millimètres, tracer le cercle inscrit I et le cercle circonscrit O à ce triangle, mesurer les rayons r et R de ces deux cercles ainsi que la distance IO de leurs centres et vérifier alors l'égalité :

$$R^2 - \overline{IO}^2 = 2 Rr$$

485. Prendre au rapporteur, dans un cercle de 100 de rayon des arcs de 15, 3o, 45, 6o et 75⁰; mesurer les longueurs qui servent à définir leurs lignes trigonométriques et comparer les résultats avec les nombres que donne la table.

486. Construire l'angle dont le sinus est 0,37, prendre sa mesure au rapporteur et comparer le résultat avec celui que donne la table soit exactement, soit à peu près. Employer pour cet exercice un cercle de 1oo millimètres de rayon. Mesurer en même temps les trois autres lignes de cet angle et voir si elles s'accordent aussi avec les données de la table et si elles vérifient les relations fondamentales.

487. Construire un angle de 73⁰ en cherchant son sinus dans la table. Opérer dans un cercle de 1oo millimètres de rayon. Vérifier la construction au rapporteur, mesurer les autres lignes de l'angle et les comparer aux valeurs inscrites dans la table.

488. Tracer deux angles aigus l'un ayant pour sinus, l'autre pour cosinus 0,472 en leur donnant même sommet, et un côté commun, les angles étant d'un même côté de ce côté commun, constater que la bissectrice de l'angle formé par les deux côtés non communs fait un angle de 45⁰ avec le côté commun. En déduire que les angles sont complémentaires.

489. La cotangente d'un angle est 2,5; construire cet angle, le mesurer au rapporteur, vérifier cette valeur dans la table, puis calculer et construire de même l'angle dont la cotangente est 0,4; comparer les deux angles obtenus et vérifier qu'ils sont complémentaires.

490. On donne dans un triangle rectangle ABC, $A = 90⁰$, $B = 43⁰$,

BC $= 35$ millimètres, calculer AB, AC et l'angle $\widehat{C}$ à l'aide des formules du cours (452) et des tables.

491. On donne, dans un triangle rectangle ABC, $\widehat{A} = 90^0$, $\widehat{B} = 39^0$, AB $= 47$ millimètres, calculer AC, BC et l'angle $\widehat{C}$ à l'aide des formules du cours et des tables.

492. On donne, dans un triangle rectangle ABC, $A = 90^0$, AC $= 50$ millimètres, BC $= 100$ millimètres, calculer AB et les angles B et C.

493. On donne, dans un triangle rectangle ABC, $A = 90^0$, AB $= 27$ millimètres, AC $= 36$ millimètres, calculer BC et les angles B et C.

494. Une corde d'un cercle de rayon 73 millimètres a une longueur de 27 millimètres. Quel est l'angle au centre correspondant?

495. Un observateur placé dans la nacelle d'un ballon à une altitude de 1274 mètres vise la ligne de séparation de la mer et du ciel : la ligne de visée fait avec l'horizontale un angle de 1°. Déduire de là le rayon terrestre à un kilomètre près.

496. Calculer la hauteur d'une tour sachant qu'à 100 mètres du pied il faut pour viser le haut faire avec l'horizontale un angle de 33°. L'œil de de l'observateur est à $1^m,65$ au-dessus du sol.

497. La corde d'un cercle d'une longueur de $0^m,0025$ est située à une distance du milieu de l'arc correspondant égale à $0^m,00125$; calculer le rayon du cercle et l'angle au centre correspondant à la corde.

498. On voit d'un point P un cercle de rayon 83 millimètres sous un angle de 86°. Quelle est la distance du point P au centre O du cercle? Quelle est la longueur de la tangente issue de P au cercle.

499. Deux cercles O et O' l'un de rayon 61 millimètres, l'autre de rayon 41 millimètres ont une corde commune de longueur 38 millimètres, calculer la distance de leurs centres et les angles sous lesquels on voit des centres la corde commune.

500. Tracer un triangle ABC, AB $= 55$ millimètres BC $= 45$ millimètres, CA $= 70$ millimètres, mesurer les angles au rapporteur, en chercher les tangentes dans la table et vérifier que le produit des trois tangentes est égale à la somme de ces trois mêmes tangentes.

501. Vérifier dans un triangle ABC, AB $= 75$ millimètres, AC $= 45$ millimètres $\widehat{A} = 37^0$, les relations

$$\begin{cases} \overline{BC}^2 = \overline{AB}^2 + \overline{AC}^2 - 2\,AB \cdot AC \cos A \\ \overline{CA}^2 = \overline{BC}^2 + \overline{AB}^2 - 2\,BC \cdot BA \cos B \\ \overline{AB}^2 = \overline{CA}^2 + \overline{CB}^2 - 2\,CA \cdot CB \cos C \end{cases}$$

502. Dans un triangle ABC, AB $= 75$ millimètres, $\widehat{A} = 45^0$, $\widehat{B} = 60^0$ mesurer les angles au rapporteur et prendre leurs cosinus dans la table, vérifier alors les égalités :

$$\begin{cases} AB \cos B + AC \cos C = BC \\ BC \cos C + BA \cos A = CA \\ CA \cos A + CB \cos B = AB. \end{cases}$$

503. Dans un triangle ABC, AB $= 35$ millimètres, BC $= 49$ millimètres,

$CA = 77$ millimètres. Mesurer les angles au rapporteur, prendre leur sinus dans la table et vérifier la double proportion.

$$\frac{AB}{\sin C} = \frac{BC}{\sin A} = \frac{CA}{\sin B}.$$

504. On donne, dans un triangle ABC, $A = 53°$, $B = 28°$ et la hauteur $CC' = 45$ millimètres, calculer l'angle $\widehat{C}$ et les trois côtés du triangle.

505. On donne dans un triangle ABC l'angle $\widehat{A} = 68°$, la hauteur $BB' = 52$ millimètres et la hauteur $CC' = 47$ millimètres, calculer les angles $\widehat{B}$ et $\widehat{C}$ et les trois côtés du triangle.

EXERCICES THÉORIQUES

§ 1.

506. Par un point quelconque P de la base BC d'un triangle ABC, on mène une parallèle à la médiane AD; elle rencontre les côtés AB et AC, aux points M et N. Démontrer que la somme $PM + PN$ est constante, quelle que soit la position du point P entre les sommets B et C.

507. Étant donné un losange $ABCD$ on mène par le sommet D une droite qui rencontre le côté AB en E et le prolongement du côté BC en F, démontrer que CF est troisième proportionnelle au côté du losange et au segment AE.

508. Étant donné un parallélogramme $ABCD$ on prend sur la droite AB un point P tel que $\dfrac{PA}{PB} = \dfrac{p}{q}$ et on joint le point P au sommet D du parallélogramme, la droite PD coupe BC en J et AC en I; évaluer les rapports $\dfrac{BJ}{JC}$ et $\dfrac{CI}{IA}$ connaissant p et q; examiner le cas particulier où $\dfrac{PB}{PA} = \dfrac{1}{2}$.

509. Étant données deux droites parallèles D et D' distantes d'une longueur h, à quelle distance de la droite D doivent se couper deux sécantes OAA' et OBB' pour que le rapport $\dfrac{A'B'}{AB}$ des segments compris sur D' et D entre ces sécantes soit égal à un rapport donné $\dfrac{m}{n}$.

510. Étant donnés trois points A, B, C dans cet ordre sur une droite, tels que $2\,AB = 3\,BC$, on mène trois segments parallèles à une même direction AA', BB', CC' par les trois points. Quelle relation doit-il exister entre les longueurs de ces segments pour que leurs extrémités soient sur une même droite D.

511. Dans un triangle isocèle ABC $(AB = AC)$ on prend le point P qui divise la base BC dans le rapport $\dfrac{PC}{PB}$ égal à $\dfrac{1}{3}$ et on élève en P la perpen-

diculaire à BC qui rencontre AC en D et AB prolongé en E; démontrer :
1° que D est le milieu de AC; 2° que DE est égale à la hauteur AM du triangle; 3° que $\dfrac{BE}{AC} = \dfrac{PE}{DE}$.

512. Dans un triangle ABC, on joint les sommets B et C au milieu O de la médiane AM; BO et CO rencontrent respectivement AC et AB aux points D et E; prouver que DE est parallèle à BC et évaluer le rapport $\dfrac{DE}{BC}$.

513. Dans un triangle ABC, on mène les deux médianes BN et CP qui se coupent en G et on en joint les milieux N' et P'; prouver que N'P' est parallèle à BC et évaluer les rapports $\dfrac{GN'}{GB}$, $\dfrac{GP'}{GC}$, $\dfrac{N'N'}{BC}$.

514. Étant donné un triangle ABC et le cercle inscrit dans ce triangle, on mène à ce cercle une tangente DE parallèle à BC et limitée aux côtés AB et AC. Connaissant les longueurs a, b, c des côtés du triangle ABC, calculer le rapport $\dfrac{ID}{IE}$, I étant le point de contact de la tangente DE avec le cercle inscrit.

[Considérer le cercle inscrit à ABC comme exinscrit au triangle ADE et utiliser les relations de l'exercice (330)].

515. Même problème en remplaçant le cercle inscrit au triangle ABC par le cercle exinscrit dans l'angle A.

516. Les distances des sommets d'un triangle à la droite qui joint les pieds de deux bissectrices extérieures de ce triangle sont inversement proportionnelles aux côtés.

517. Démontrer que les pieds des trois bissectrices extérieures d'un triangle sont trois points en ligne droite.

[S'aider de l'exercice précédent.]

§ 2.

518. Par le point A commun à deux cercles qui se coupent également en B on mène une droite qui coupe les deux cercles en C et D; démontrer que le triangle ACD reste toujours semblable à lui-même.

519. Étant donné un cercle de diamètre AB et une sécante issue de A qui coupe le cercle en C et la tangente au point B en D, démontrer que le produit $AC \times AD$ est constant quand la sécante pivote autour du point A.

520. Étant donné un triangle ABC et sa bissectrice intérieure AD, on circonscrit un cercle de centre O au triangle ABD et un cercle de centre O' au triangle ACD; démontrer que les deux triangles O'CD et OBD sont semblables.

521. Étant donné un triangle ABC, on trace un cercle de centre O passant en A et B et un cercle de centre O' passant en A et C; démontrer que, si le second point D d'intersection de ces cercles est situé sur BC les deux triangles OAB et O'AC sont semblables.

522. Étant donné un triangle ABC et une parallèle au côté BC qui coupe AC en E et AB en D, telle que le cercle circonscrit au triangle ADE soit tangent au côté BC. Démontrer : 1° que le point de contact L du cercle circonscrit à ADE avec le côté BC est le pied de la bissectrice de l'angle $\widehat{BAC}$; 2° que AL est moyenne proportionnelle entre AE et AC d'une part et AB et AF d'autre part.

523. Étant donné un carré ABCD, on mène par A une sécante quelconque qui rencontre en P la diagonale BD, en Q le côté BC et en R le côté CD prolongé; démontrer que le segment AP est moyen proportionnel entre les segments PQ et PR.

524. Étant donnés un triangle ABC et le triangle A'B'C' des pieds des hauteurs du triangle ABC, à quelle condition ces deux triangles sont-ils semblables?

525. Dans un triangle ABC on mène la hauteur AA' et le diamètre AD du cercle circonscrit au triangle; démontrer que les deux triangles AA'B et ADC sont semblables ainsi que les deux triangles ADB et AA'C. Déduire de là la relation

$$AC \times AB = AA' \times AD.$$

526. Dans un triangle ABC on joint A à un point D de BC tel que l'angle $\widehat{BAD}$ soit égal à l'angle $\widehat{C}$ du triangle, démontrer que le segment BD est troisième proportionnelle entre les côtés AB et BC du triangle.

527. Si deux triangles sont semblables, les hauteurs, les médianes, les bissectrices issues des sommets homologues sont proportionnelles.

528. Étant donné un triangle isocèle ABC (AB = AC) on trace le cercle ayant pour centre le milieu O de BC et tangent aux côtés égaux et on mène à ce cercle une tangente quelconque qui coupe AB en D et AC en E; démontrer que, quelle que soit la position de la tangente DE, le produit $BD \times CE$ est constant et égal au carré du rayon du cercle O.

[*Démontrer que l'angle DOE est constant et égal aux angles à la base du triangle ABC.*]

529. Étant donné un quadrilatère inscriptible ABCD dont les diagonales se coupent en I, tel de plus que le côté AB soit moyen proportionnel entre les longueurs BI et BD, démontrer que la diagonale BD est bissectrice de l'angle $\widehat{ADC}$.

530. Un angle de grandeur constante, XAY, pivote autour de son sommet fixe A; un second angle égal au premier, TBZ, pivote autour de son sommet B également fixe, AX coupe BZ et BT en M et N; AY coupe BZ et BT en Q et P (M entre A et N, P entre B et N); démontrer que l'on a toujours, quelles que soient les positions des deux angles,

$$NA.MN = NP.BN$$
$$BQ.MQ = AQ.PQ$$

et

531. Les hauteurs d'un triangle sont inversement proportionnelles aux côtés sur lesquels elles tombent.

532. Étant données deux droites parallèles D et D' et un point A fixe, on abaisse de A la perpendiculaire ABB' sur les deux droites et on mène par A une sécante quelconque qui coupe D et D' en C et C'; on élève en

C' la perpendiculaire à D', cette droite rencontre B'C en M et D en P.

1° Démontrer que MP est troisième proportionnelle entre la distance de D à D' et la distance de A à D; 2° rechercher quel est le lieu de M quand la sécante ACC' pivote autour de A.

533. Étant donnés trois cercles qui se coupent tous trois en un même point A et ont en commun deux à deux les points B, C et D, on prend un point M quelconque sur celui des arcs BD du cercle ABD qui ne passe pas par A et on joint ce point M aux points B et D, les droites MB et MD coupent les deux autres cercles aux points P et Q : 1° Démontrer que PQ passe par C quelle que soit la position de M sur l'arc BD considéré; 2° démontrer que le triangle MPQ reste toujours semblable à lui-même [*Joindre PC et QC et démontrer que ces droites sont confondues*].

534. Dans un triangle ABC le produit des deux côtés AB, AC est égal au produit des segments en lesquels le sommet A divise la distance I″ I‴ des centres des cercles exinscrits dans les angles B et C [*Démontrer la similitude des triangles ABI‴, ACI″*].

535. La distance d'un point M d'un cercle à une corde BC de ce cercle est moyenne proportionnelle entre les distances de ce même point aux deux tangentes au cercle aux points B et C.

536. Étant donné un triangle isocèle ABC (AB = AC), on fait pivoter autour d'un point fixe O de la base BC un angle constant égal aux angles à la base du triangle, l'un des côtés de cet angle rencontre AB en D, l'autre côté rencontre AC en E. Rechercher, quand l'angle O pivote, le lieu géométrique du point de rencontre I de la médiane BM du triangle BOD et de la médiane CP du triangle COE.

<h2 style="text-align:center">§ 3.</h2>

537. Démontrer qu'un triangle dans lequel le carré d'un côté est égal à la somme des carrés des deux autres côtés est un triangle rectangle.

538. Démontrer qu'un triangle dans lequel un côté est moyen proportionnel entre un autre côté et la projection du premier côté sur ce second côté est un triangle rectangle.

539. Démontrer qu'un triangle dans lequel une hauteur est moyenne proportionnelle entre les deux segments qu'elle détermine sur le côté correspondant est un triangle rectangle.

540. Calculer les médianes d'un triangle rectangle ABC connaissant les longueurs des côtés.

541. Calculer la hauteur d'un triangle rectangle connaissant les trois côtés.

542. Calculer la longueur des bissectrices issues du sommet de l'angle droit d'un triangle rectangle connaissant les côtés.

543. Calculer les rayons des cercles inscrit et exinscrit dans l'angle droit A d'un triangle rectangle ABC, connaissant les côtés de ce triangle.

544. Construire un triangle connaissant les trois quatrièmes proportionnelles formées avec les longueurs des côtés de ce triangle prises dans un ordre quelconque.

545. Deux cercles O et O' de rayons R et R', R > R', sont tangents intérieurement à l'extrémité A du diamètre AB. On mène de B la tangente BT au cercle O' qui coupe le cercle O en C. Calculer les segments BT et BC connaissant les deux rayons R et R'.

546. On donne dans un triangle rectangle la médiane AM et la hauteur AH issues du sommet de l'angle droit, calculer connaissant AM et AH, les côtés de ce triangle.

547. On connaît dans un rectangle ABCD le côté AB $= a$ et la distance h du sommet A à la diagonale BD, calculer la longueur des diagonales et des côtés BC et AD du rectangle.

548. Calculer, connaissant la longueur du côté a d'un triangle équilatéral 1° la hauteur de ce triangle; 2° la distance du milieu d'un côté aux deux autres.

549. On donne la longueur a de la diagonale d'un carré ABCD, calculer le périmètre de ce carré et la distance d'un sommet A au milieu du côté BC.

550. Démontrer que, dans un triangle rectangle en A, ABC, dont la hauteur issue du sommet de l'angle droit est AH, on a la relation

$$\frac{1}{\overline{AH}^2} = \frac{1}{\overline{AB}^2} + \frac{1}{\overline{AC}^2}$$

551. On donne un triangle isocèle de base BC $= a$ et d'angle au sommet A $= 120^0$. Calculer : 1° les côtés égaux; 2° le rayon du cercle circonscrit; 3° les rayons du cercle inscrit et du cercle exinscrit dans l'angle A.

552. On donne dans un triangle isocèle ABC (AB $=$ AC) la différence $\overline{AC}^2 - \overline{BC}^2 = k^2$ et la hauteur AH $= h$, calculer les côtés de ce triangle et le rayon du cercle circonscrit au triangle.

553. Étant donné un segment de longueur 1, construire les segments de longueur

$$x = \sqrt{2} \qquad y = \sqrt{3} \qquad z = \sqrt{10} \qquad t = \sqrt{21}$$

554. Étant donné le segment de longueur 1, construire les segments de longueur

$$x = \frac{a^2 + b^2}{a + b} \qquad y = \sqrt{a^2 + b^2 - c^2} \qquad z = \sqrt{\frac{a^4 + b^4}{a^2 + b^2}}$$

où a, b, c sont des longueurs données.

$$\left[\textit{Dans l'expression de } z \textit{ construire } \frac{a^4}{a^2 + b^2} = u^2 \textit{ et } \frac{b^4}{a^2 + b^2} = v^2 \right].$$

555. Démontrer que dans un triangle le carré d'un côté opposé à un angle aigu est égal à la somme des carrés des deux autres côtés diminuée du double produit d'un de ces côtés par la projection de l'autre sur lui.

[*Abaisser la hauteur AA', en calculer la longueur dans les deux triangles rectangles ABA', ACA' et égaler les deux expressions trouvées.*]

556. Démontrer que dans un triangle le carré d'un côté opposé à un angle obtus est égal à la somme des carrés des deux autres côtés augmentée du double produit de l'un de ces côtés par la projection de l'autre sur lui.

[Même façon de faire que dans l'exercice précédent].

557. Démontrer que dans un triangle ABC dont la médiane est AM et la hauteur AH on a

$$\overline{AB}^2 - \overline{AC}^2 = 2\,BC.MH$$

et

$$\overline{AB}^2 + \overline{AC}^2 = 2\,\overline{AM}^2 + \frac{\overline{BC}^2}{2}$$

[Calculer $\overline{AB}^2$ et $\overline{AC}^2$ par les exercices précédents et remarquer que $BM = BH - HM$ et $CM = CH + HM$].

558. Deux cordes rectangulaires AB et CD d'un cercle se coupent en E, la somme des carrés des quatre segments EA, EB, EC, ED est constante quel que soit le point E.

559. Un trapèze isocèle a pour bases un diamètre AB et une corde CD d'un cercle de rayon R, sachant que la hauteur de ce trapèze est $\frac{R}{2}$, calculer son périmètre.

560. Calculer les diagonales d'un losange connaissant la longueur des côtés a et le rayon du cercle inscrit r.

561. Étant donné un carré ABCD, on trace les cercles ayant pour diamètres BC et CD, calculer le rayon du cercle, intérieur au carré, tangent à AB et AD et tangent extérieurement aux deux cercles précédents.

562. Démontrer que M étant un point du côté BC d'un triangle équilatéral ABC, on a

$$\overline{MA}^2 + MB.MC = \overline{BC}^2.$$

563. Démontrer que, M étant un point du plan d'un parallélogramme ABCD on a

$$\overline{MA}^2 + \overline{MB}^2 + \overline{MC}^2 + \overline{MD}^2 = 4\,\overline{MO}^2 + \frac{\overline{AC}^2 + \overline{BD}^2}{2}$$

[Utiliser la 2ᵉ égalité de l'exercice 557].

564. Étant donnés quatre points A, B, C, D tels que les segments des couples AB et CD, AC et BD, AD et BC soient rectangulaires, la somme des carrés des longueurs des segments d'un même couple est la même pour les trois couples.

565. Calculer le rayon de trois cercles égaux tangents extérieurement deux à deux et tangents tous trois intérieurement à un même cercle de centre O et de rayon R.

566. Étant donné un triangle équilatéral ABC de médiane AM, trouver le rayon d'un cercle passant en A et tangent extérieurement aux deux cercles décrits sur BM et CM comme diamètres.

§ 4.

567. Étant donnés trois points en ligne droite, on fait passer un cercle de rayon quelconque par deux de ces points et l'on mène par le troisième une tangente à ce cercle. Quel est le lieu du point de contact?

568. Construire un cercle passant par deux points et tangent à une droite donnée.

569. Construire un cercle passant par un point donné, tangent à une droite donnée et ayant son centre sur une autre droite donnée.

570. Construire un cercle tangent à deux droites et passant par un point donné.

571. Deux cercles égaux O et O' de rayon R étant donnés, on mène la tangente commune intérieure qui touche le cercle O en T et le cercle O' en T'; OT' rencontre le cercle O' en un second point P'. Calculer la distance OO' des centres sachant que l'on a l'égalité :

$$OP' \times O'T = 2\overline{TT'}^2.$$

572. Étant donné un cercle de centre O et deux points fixes P et Q, trouver le lieu géométrique des centres des cercles passant en P et dont la corde commune avec le cercle O passe en Q.

573. On donne un cercle de diamètre AB et un point P, les droites PA et PB coupent le cercle en deux points C et D, on joint BC et AD : 1° Montrer que ces droites se coupent en un point Q situé sur la perpendiculaire abaissée de P sur AB; 2° Démontrer que

$$\overline{PQ}^2 = PA \cdot PC + QA \cdot QD.$$

574. Étant donnés un cercle O et un point P fixe, on fait pivoter autour de ce point P un angle droit dont les côtés coupent le cercle l'un en A et C, l'autre en B et D. Démontrer que, lorsque l'angle pivote, la quantité

$$\overline{AB}^2 + \overline{BC}^2 + \overline{CD}^2 + \overline{DA}^2$$

reste constante, calculer sa valeur connaissant le rayon R et la distance PO $= d$.

575. Étant donnés un cercle O et un point P fixe, on fait pivoter, autour de ce point P, un angle droit dont les côtés coupent le cercle, l'un en A et C, l'autre en B et D. Démontrer que lorsque l'angle pivote la quantité

$$\overline{AC}^2 + \overline{BD}^2$$

reste constante : calculer sa valeur connaissant le rayon R du cercle O et la distance PO $= d$.

576. Étant donné un cercle de centre O, lieu des points M tels que la distance de ces points au point du cercle O le plus voisin soit dans un rapport donné k avec la longueur des tangentes issues de ces points au cercle O.

577. Étant donné un triangle ABC de hauteurs AA', BB', CC' se coupant en H, démontrer que l'on a :

$$HA \cdot HA' = HB \cdot HB' = HC \cdot HC'$$

et

$$AC' \cdot AB = AB' \cdot AC$$
$$BA' \cdot BC = BC' \cdot BA$$
$$CB' \cdot CA = CA' \cdot CB.$$

578. On donne deux cercles concentriques et un point P sur le cercle intérieur, on mène par le point P dans les deux cercles les cordes rectangulaires PA et BPC. Ces cordes tournant autour du point O, démontrer que

$$\overline{PA}^2 + \overline{PB}^2 + \overline{PC}^2$$

est une somme constante et que la somme des carrés des côtés du triangle ABC est aussi constante.

579. On donne deux cercles O et O' de rayons R et R' de distance des centres $OO' = d$: 1° Prendre un point P sur la corde commune aux deux cercles et démontrer que

$$\overline{PO}^2 - \overline{PO'}^2 = R^2 - R'^2 ;$$

2° Calculer OI et O'I, I étant le point où la corde commune coupe OO'.

580. Étant donnés deux cercles O et O' tangents extérieurement en A, on mène la tangente commune extérieure TT' et la tangente en A qui coupe TT' en M : 1° Démontrer que AM est moyenne proportionnelle entre les deux rayons ; 2° Appelant S le point de rencontre de OO' et de TT', démontrer les égalités

$$SO . SO' = \overline{SM}^2 \qquad \text{et} \qquad ST . ST' = \overline{SA}^2 ;$$

3° Déduire des égalités précédentes que la droite OO' est tangente en A au cercle circonscrit au triangle OO'M et que la droite TT' est tangente en M au cercle circonscrit au triangle TAT'.

581. Calculer, connaissant les longueurs des côtés, le produit constant des segments ayant pour origine un des sommets d'un triangle ABC et pour extrémités les intersections d'une sécante quelconque issue de ce sommet avec le cercle inscrit au triangle.

582. Même problème en remplaçant le sommet du triangle par le pied d'une des bissectrices du triangle.

583. Étant donné un cercle de diamètre AB et un point P de ce diamètre, on mène par P une sécante qui rencontre le cercle en C et D et la tangente au point A de ce cercle au point A'; trouver le lieu géométrique du point B' de la sécante tel que

$$PA' . PB' = PC . PD$$

lorsque cette sécante pivote autour du point P.

584. Étant donné un triangle ABC on trace la bissectrice intérieure de l'angle A qui coupe le côté BC en L et le cercle circonscrit en D; démontrer l'égalité

$$LD (LA + LD) = \overline{DB}^2 .$$

585. On porte sur la tangente en A à un cercle O de diamètre AB une longueur AT égale au diamètre et on joint T au centre O. La droite TO coupe le cercle en C et D, calculer les longueurs des segments TC et TD.

586. Étant donné un triangle ABC, on mène la tangente en A au cercle circonscrit et les deux bissectrices de l'angle A ; ces droites coupent respectivement le côté BC aux points T, L et L' (B étant entre L et L'), démontrer que

$$\overline{TA}^2 - \overline{TB}^2 = BL \times BL'.$$

§ 5.

587. Étant donné un triangle ABC rectangle en A, démontrer en se servant des relations entre les côtés et les lignes trigonométriques des angles les égalités du cours (425) (426) (428).

$$\overline{AH}^2 = BH \cdot AC$$
$$\overline{AB}^2 = BH \cdot BC$$
$$\overline{AC}^2 = BC \cdot HC$$
$$\overline{AB}^2 + \overline{AC}^2 = \overline{BC}^2.$$

588. Calculer une ligne trigonométrique de l'angle B d'un triangle rectangle dont on connaît la hauteur $AH = h$ et la médiane $AM = m$. Application $h = 24$, $m = 25$.

589. Dans un triangle ABC rectangle en A, on mène par le sommet B une perpendiculaire sur la médiane AM; cette droite coupe le côté AC en D, calculer, connaissant les côtés et les angles du triangle ABC, les longueurs BD et AD.

590. A l'intérieur d'un cercle de rayon R on marque un point P, $PO = a$. On trace par P une corde APB faisant un angle α avec PO. Calculer, connaissant R et α, la distance OQ de la corde au centre et les deux segments AP et BP en lesquels P divise la corde. Vérifier que, quelque soit α, la quantité

$$PA \cdot PB + \overline{OP}^2$$

est constante.

591. Dans un trapèze rectangle, on suppose que le cercle décrit sur le côté oblique comme diamètre est tangent au côté opposé : calculer dans ces conditions la hauteur et les bases du trapèze, connaissant la longueur 2R du côté oblique et l'angle α que fait ce côté avec la grande base.

592. Dans un trapèze rectangle ABCD on donne la hauteur $BC = h$, la grande base $AB = a$ et l'angle α du côté oblique DA avec la base AB; calculer la petite base CD et les diagonales AC et BD. Application : $\alpha = 45^\circ$, $a = 60^\circ$, $h = 15$.

593. Deux cercles O et O′ sont tangents intérieurement en A, on mène par A une sécante qui coupe les cercles en B et C. Quel angle doit faire cette sécante avec la ligne des centres pour que le segment BC ait une longueur donnée l?

Application : $R = 35$, $R′ = 15$, $l = 8$.

594. Étant donné un demi-cercle de diamètre $AB = 2R$ et les tangentes AX, BY, en ses extrémités A et B; on mène une tangente à ce cercle qui le touche en M et coupe AX en A′ et BY en B′. Quel angle doit faire cette tangente avec AB pour que la différence MB′ — MA′ soit égale à une longueur l donnée? Calculer alors MA′ et MB′. Application : $R = 25$, $l = 6$.

595. Calculer les angles et les côtés d'un parallélogramme ABCD connaissant la hauteur $AH = h$, la diagonale $BD = d$ et la distance $CH = l$ du pied H de la hauteur AH au sommet C. Application : $h = 10$, $d = 12,5$, $l = 5,77$.

596. On donne le sinus d'un angle α inférieur à 45^0, $\sin\alpha = l$. Calculer le sinus, le cosinus et la tangente de l'angle double 2α. Application : $l = \dfrac{1}{2}$. Vérifier les valeurs trouvées dans les tables.

597. Calculer dans un cercle de rayon donné R, l'angle inscrit qui comprend entre ses côtés un arc dont la longueur de la corde est l. Application : $R = \dfrac{3l}{2}$.

598. Calculer une ligne trigonométrique de l'angle des diagonales d'un rectangle connaissant le rapport $\dfrac{m}{n}$ des côtés de ce rectangle. Application : $\dfrac{m}{n} = \dfrac{3}{4}$.

599. On vise d'un point A situé dans le plan horizontal du pied T d'une tour TS inaccessible, le sommet de cette tour, le rayon visuel fait alors avec l'horizontale un angle 2α; on s'éloigne d'une distance $AB = a$ et on recommence la visée, l'angle $\widehat{TBS}$ est alors α. Calculer la hauteur de la tour. Application $\alpha = 20^G$, $a = 100$.

600. On donne, dans un triangle rectangle ABC, l'hypoténuse $BC = a$ et la différence α des deux angles que fait la médiane AM avec l'hypoténuse BC : calculer les angles et les côtés de ce triangle connaissant a et α. Application : $a = 42$, $\alpha = 50^0$.

601. Étant donné un quart de cercle de centre O limité aux rayons OA et OB. On joint A à un point M de OB tel que $\widehat{OAM} = \alpha$; on élève la perpendiculaire en M à OB qui coupe le cercle en P et de P on abaisse la perpendiculaire PQ sur AX; calculer la longueur des segments PQ, AQ, MQ connaissant le rayon R du quadrant et l'angle α. Application : $\alpha = 25^G$, $R = 46$ millimètres.

602. Étant donné un angle XOY égal à 2α. On abaisse d'un point A de OX ($OA = a$) une perpendiculaire AP sur la bissectrice OZ de l'angle, puis de P une perpendiculaire PB sur OY et de B une perpendiculaire BC sur OZ : calculer, connaissant a et α, la longueur AC. Application : $a = 25$, $2\alpha = 90^0$.

603. Connaissant les côtés et les angles d'un triangle ABC, calculer : 1° les rayons des cercles inscrit et exinscrits; 2° le rayon du cercle circonscrit; 3° les rayons des cercles circonscrits aux triangles BCI, CAI, ABI, I étant le centre du cercle inscrit.

CHAPITRE IV

HOMOTHÉTIE ET SIMILITUDE

§ 1. — Homothétie.

459. — Nous avons déjà parlé de l'opération qui consiste à *agrandir* ou à *réduire* un dessin.

Nous avons vu que dans cette opération on cherche à réaliser les conditions suivantes :

Dans les deux figures les *angles correspondants* sont *égaux* et les *côtés correspondants* sont *proportionnels.*

Mais il y a d'autres conditions que celles-là.

Par exemple, les deux lignes brisées représentées ici (fig. 292) ne sont pas la reproduction l'une de l'autre, bien qu'elles aient les *mêmes angles* et que leurs côtés soient *proportionnels.*

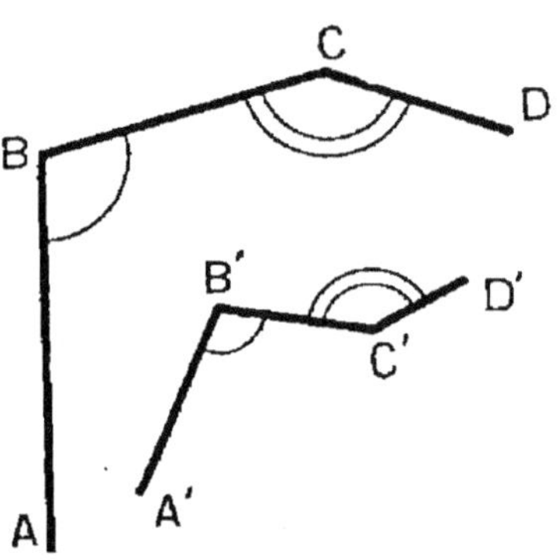

Fig. 292.

De plus, lorsqu'il s'agit de reproduire une ligne courbe, en l'agrandissant ou en la réduisant, les deux conditions précédentes sont évidemment malaisées à utiliser.

Nous arriverons à définir d'une manière précise ce qu'on appelle agrandir ou réduire une figure quelconque P par la considération des *figures homothétiques.*

460. — **Définition de l'homothétie.** — Prenons dans le plan *un point fixe* O que nous appellerons *le centre* *d'homothétie*, et donnons-nous **un nombre fixe** k que nous appellerons *le rapport d'homothétie*.

461. — Homothétie directe. — Soit M un point *quelconque* du plan.

Sur la droite OM il existe un point M′ situé du même côté de O que M′ et tel que

$$\frac{OM'}{OM} = k.$$

Si on donne au point M *différentes positions* A, B, C, D...,

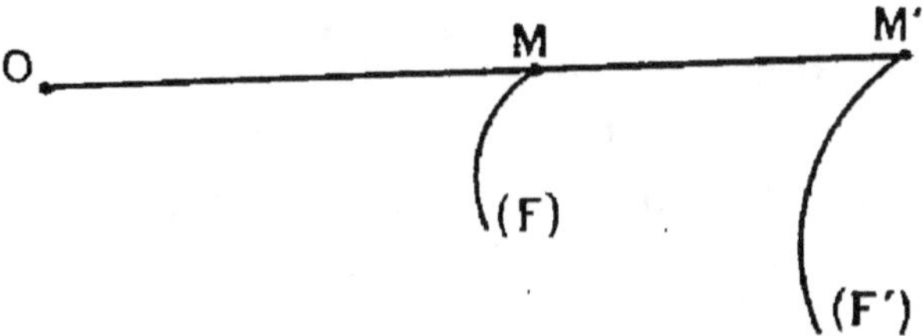

Fig. 293.

formant une figure F, le point M′ prendra des positions correspondantes A′, B′, C′, D′..., formant une figure F′.

Si le point M décrit une ligne continue (F), le point M décrira une ligne continue F′ (fig. 293).

Dans les deux cas *la* **figure** F′ *est dite* **homothétique directe** *de la figure* F *dans le rapport* k.|

462. — Homothétie inverse. — Soit M un point *quelconque* du plan.

Sur la droite OM il existe un point M′, tel que O soit entre M et M′, et tel que

$$\frac{OM'}{OM} = k.$$

Si on donne au point M différentes positions formant

une figure F, les positions correspondantes de M' formeront une figure F' (fig. 294).

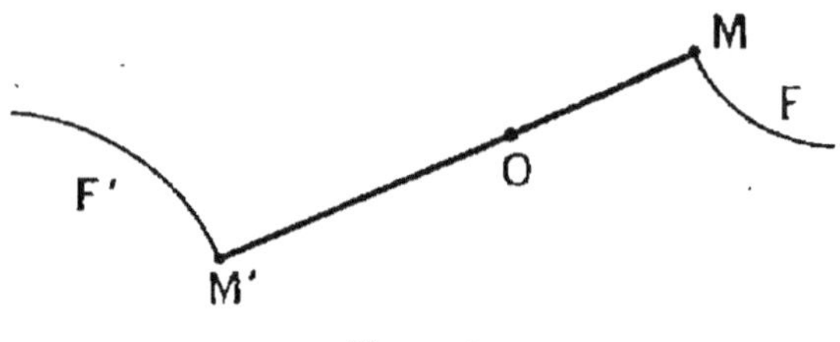

Fig. 294.

La figure F' est dite **homothétique inverse** de la figure F dans le rapport k.

463. — REMARQUE I. — Si la figure F' est *homothétique* de F par rapport au point O dans le *rapport k*, *réciproquement* F est *homothétique* à F' par rapport au point O et dans le *rapport* $\frac{1}{k}$.

Car si on a

$$\frac{OA'}{OA} = \frac{OB'}{OB} = \frac{OC'}{OC} = k,$$

on a inversement

$$\frac{OA'}{OA} = \frac{OB}{OB'} = \frac{OC}{OC'} = \frac{1}{k}.$$

464. — REMARQUE II. — Dire que deux figures sont *homothétiques inverses* par rapport au point O et dans un rapport égal à 1 revient à dire qu'elles sont *symétriques* par rapport au point O.

Dire que deux figures sont directement homothétiques par rapport au point O et dans un rapport égal à 1 revient à dire qu'elles coïncident.

FIGURE HOMOTHÉTIQUE D'UNE DROITE.

465. — **Théorème.** — *La figure homothétique d'une droite indéfinie est une droite parallèle.*

Soit une droite *indéfinie* D, O le centre d'homothétie et k le rapport d'homothétie (fig. 295).

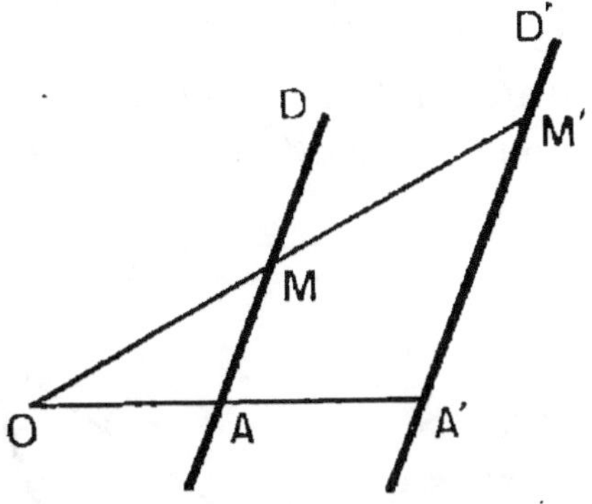

Fig. 295. — Droites homothétiques.

Supposons que l'homothétie soit directe :

Soit M un point *quelconque* de la droite D, M' le point qui lui correspond dans l'homothétie, tel que

$$\frac{OM'}{OM} = k.$$

Nous cherchons quelle est la ligne décrite par M' lorsque M décrit la droite D.

Soit A un point *fixe* de D, il lui correspond un point fixe A', tel que

$$\frac{OA'}{OA} = k.$$

On a donc, quelque soit M

$$\frac{OM'}{OM} = \frac{OA'}{OA}$$

Par suite (§ 394), la droite A'M' est parallèle à la droite AM, c'est-à-dire à D.

Donc

Lorsque M *décrit* D, M' *décrit la droite menée parallèlement à* D *par le point fixe* A.

Même démonstration si l'homothétie est inverse.

Dans l'homothétie *directe*, les deux points M et M' décrivent D et D' en se déplaçant *dans le même sens.*

Dans l'homothétie *inverse*, ils se déplacent en *sens contraires.*

466. — **Réciproquement.** — *Deux droites parallèles peuvent être considérées comme homothétiques par rapport à tout point extérieur à ces deux droites.*

Soient deux *parallèles* D et D' (fig. 295), et un point quelconque O. Par O menons une sécante rencontrant D et D' aux points A et A'. Il y a une homothétie du centre O qui fait correspondre le point A' au point A. Dans cette homothétie, à la droite D correspond la *parallèle* menée par A' à D, c'est-à-dire la droite D'.

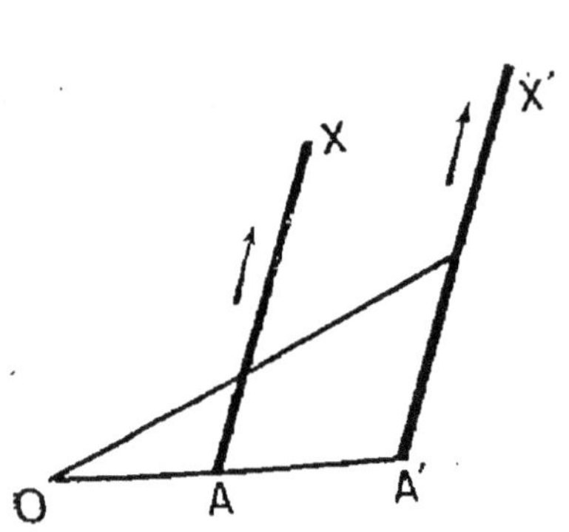

Fig. 296. — Demi-droites directement homothétiques.

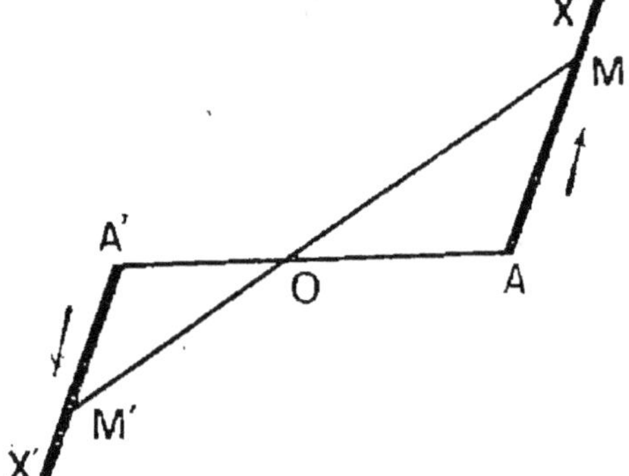

Fig. 297.
Demi droites inversement homothétiques.

467. — Corollaires. — 1° *La figure homothétique d'une demi-droite* AX *est une demi-droite parallèle* A'X' *de même sens que* AX *si l'homothétie est directe* (fig. 296), *de sens contraire à* AX *si l'homothétie est inverse* (fig. 297);

2° *La figure homothétique d'un angle est un angle égal.*

En effet, les deux angles ont leurs côtés *parallèles* et de même sens si l'homothétie est *directe*; *parallèles* et de *sens contraires* si l'homothétie est *inverse*.

3° *La figure homothétique d'un segment rectiligne* AB *est un segment rectiligne parallèle* A'B'.

Ces deux segments sont parallèles et de même sens si l'homothétie est directe, parallèles et de sens contraire si l'homothétie est inverse.

En effet (fig. 298), à la droite *indéfinie* AB corres-

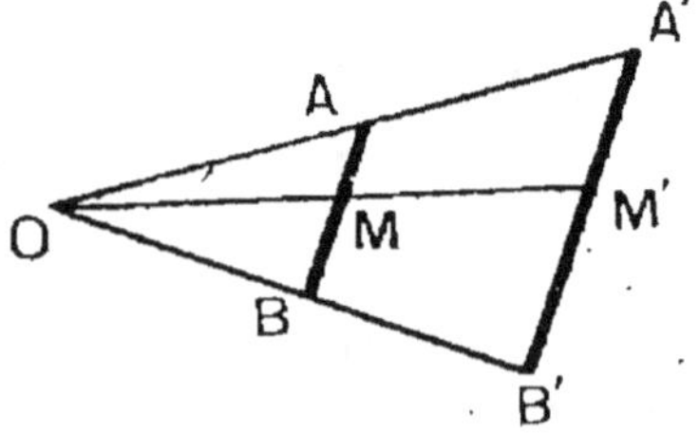

Fig. 298.

pond par homothétie la droite *indéfinie* A′B′, et lorsque le point M décrit le *segment* AB, le point M′ correspondant à M décrit le *segment* A′B′, dans le même sens ou en sens contraire suivant que l'homothétie est directe ou inverse.

468. — Théorème. — *Le rapport de deux segments homothétiques est égal au rapport d'homothétie.*

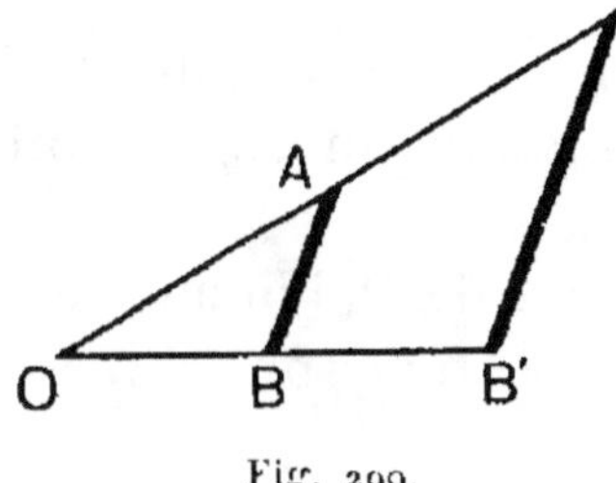

Fig. 299.

Soit un segment rectiligne AB et A′B′ le segment rectiligne qui lui correspond dans l'homothétie (fig. 299).

On a

$$\frac{OA'}{OA}=k, \qquad \frac{OB'}{OB}=k$$

k étant le rapport d'homothétie. On conclut d'abord de là que A′B′ *est parallèle* à AB, ce qu'on sait déjà.

A′B′ étant parallèle à AB on a (§ 406)

$$\frac{A'B'}{AB}=\frac{OA'}{OA}$$

et par suite

$$\frac{A'B'}{AB}=k.$$

469. — Théorème. — *Des droites concourantes déterminent sur deux parallèles des segments proportionnels.*

Soient deux droites parallèles XY et X′Y′ coupées par des droites AA′, BB′ CC′, DD′ concourant aux point O.

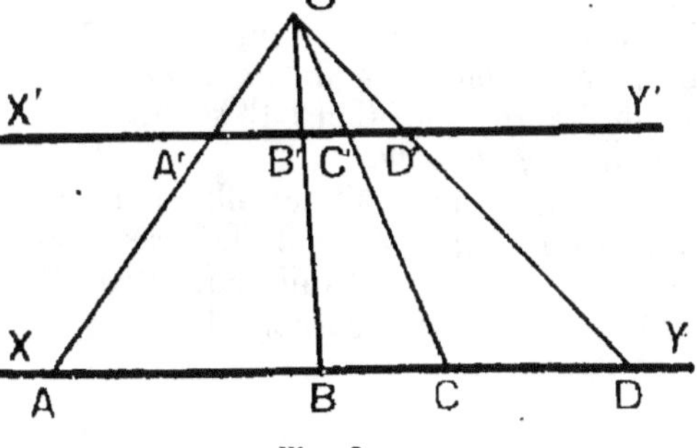

Fig. 300.

XY et X′Y′ sont homothétiques par rapport au point O. Les points A et A′, B et B′,.... se correspondent.

Donc

$$\frac{A'B'}{AB} = \frac{B'C'}{BC} = \frac{C'D'}{CD} = \frac{A'C'}{AC} = \text{etc.}$$

car ces rapports sont tous égaux au rapport d'homothétie.

470. — REMARQUE. — La démonstration est valable dans tous les cas de figure.

Si les parallèles XY et X'Y' sont du même côté de O l'homothétie est directe et les segments correspondants sont de même sens.

Si XY et X'Y' sont de part et d'autre de O, l'homothétie est inverse et les segments correspondants sont de sens contraires.

***471.** — **Réciproquement.** — *Si trois sécantes AA', BB', CC', déterminent sur deux parallèles XY et X'Y des segments proportionnels et si, de plus, les segments correspondants sont tous de même sens ou tous de sens contraires, les trois sécantes sont concourantes.*

Nous supposerons par exemple que

$$\frac{A'B'}{AB} = \frac{B'C'}{BC}. \qquad (1)$$

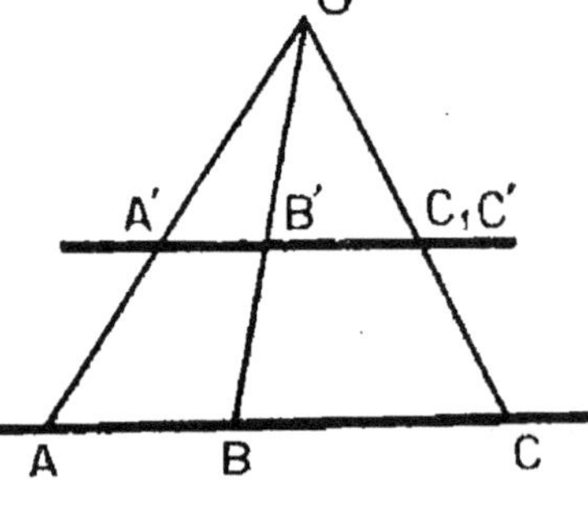

Fig. 301.

(fig. 301) Admettons en outre que AB et A'B' soient *de même sens.* L'énoncé *exige* que BC et B'C' soient *aussi de même sens.*

Les deux droites AA' et BB' se rencontrent en un point O. Nous allons prouver que la droite CC' passe aussi par O.

Menons la droite CO qui rencontre X'Y' en passant par C_1.

On a, d'après le théorème direct :

$$\frac{A'B'}{AB} = \frac{B'C_1}{BC}. \qquad (2)$$

On en conclut :

$$B'C_1 = \frac{A'B' \times BC}{AB}$$

Mais, d'après l'égalité (1), on a aussi :

$$B'C' = \frac{A'B' \times BC}{AB}.$$

Les deux segments $B'C_1$ et $B'C'$ étant *égaux* et de *même sens*, le point C' coïncide avec le point C_1.

La droite CC' coïncide donc avec CC_1 et par suite passe par O.

Même démonstration si les segments situés sur XY et X'Y' étaient de sens contraires.

472. — REMARQUE. — Lorsque les segments de XY et de X'Y' sont de **même sens** et **égaux**, le théorème est en défaut : AA', BB', CC' ne sont pas concourantes, elles sont parallèles.

473. — **Théorème**. — *La figure homothétique d'un polygone est un polygone.*

les angles correspondants sont égaux (§ 467).

les côtés correspondants sont proportionnels (§ 468).

474. — **Corollaire.** — *Deux triangles homothétiques sont semblables.*

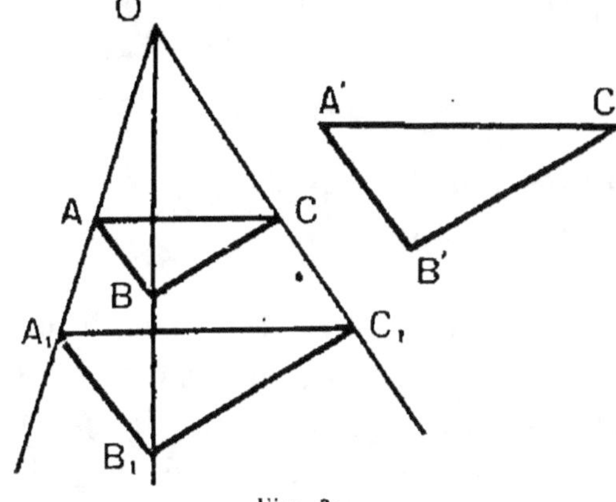

Fig. 302.

475. — **Réciproquement.** — *Deux triangles semblables peuvent être placés homothétiquement.*

Soient deux triangles *semblables* ABC, A'B'C' (fig. 302) et k le *rapport de similitude*. On a

$$A'B' = AB.k \qquad B'C' = BC.k \qquad C'A' = CA.k.$$

Prenons un point quelconque O comme *centre d'homothétie* et soit $A_1B_1C_1$ le triangle homothétique du triangle ABC par rapport au point O, et dans le rapport k.

On a

$$A_1B_1 = AB.k, \quad B_1C_1 = BC.k, \quad C_1A_1 = CA.k.$$

Par suite

$$A'B' = A_1B_1, \quad B'C' = B_1C_1, \quad C'A' = C_1A_1.$$

Les triangles A'B'C' et ABC ayant leurs trois côtés égaux, sont égaux.

On peut donc faire *coïncider* le triangle A'B'C' avec le triangle $A_1B_1C_1$: il sera alors devenu *homothétique* à ABC.

476. — **Théorème.** — *Deux triangles dont les côtés sont respectivement parallèles sont homothétiques.*

Soient deux triangles ABC et A'B'C', tels que AB et A'B' soient *parallèles*, ainsi que BC et B'C', CA et C'A' (fig. 3o3).

Les droites AA' et BB' se coupent en un point O.

Considérons l'*homothétie* de centre O dans laquelle à la *droite indéfinie* AB correspond la *droite indéfinie* A'B'.

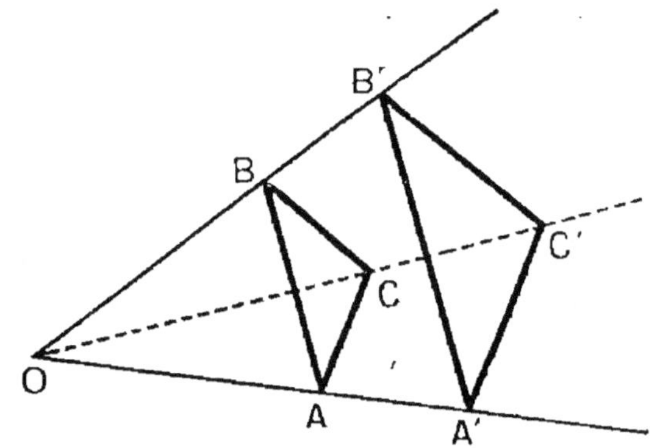

Fig. 3o3.

Au point A correspond le point A'.

Au point B correspond le point B'.

A la droite indéfinie AC correspond la parallèle menée par A' à AC, c'est-à-dire la droite indéfinie A'C'.

A la droite indéfinie BC correspond la parallèle menée par B' à BC, c'est-à-dire la droite indéfinie B'C'.

Les trois côtés des deux triangles se correspondent donc par homothétie.

477. — **Application.** — *Les médianes d'un triangle sont concourantes en un point situé aux $\frac{2}{3}$ de chacune d'elles à partir du sommet correspondant.*

Soit le triangle ABC et A', B', C' les milieux des côtés BC, CA, et AB (fig. 3o4).

Le triangle A'B'C' a ses côtés respectivement *parallèles* à ceux de ABC (§ 408). Ces deux triangles sont donc *homothétiques*.

Les droites AA', BB', CC joignant les points correspondants passent par le centre d'homothétie G. Elles sont donc concourantes.

Le rapport d'homothétie de ABC et A'B'C' est

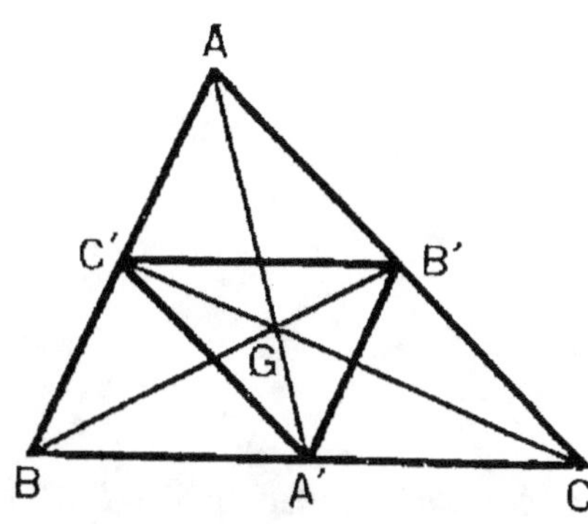

Fig. 304.

$$\frac{A'B'}{AB} = \frac{1}{2}.$$

Il en résulte que

$$\frac{GA'}{GA} = \frac{GB'}{GB} = \frac{GC'}{GC} = \frac{1}{2}.$$

478. — **Théorème.** — *La figure homothétique d'un cercle est un cercle.*

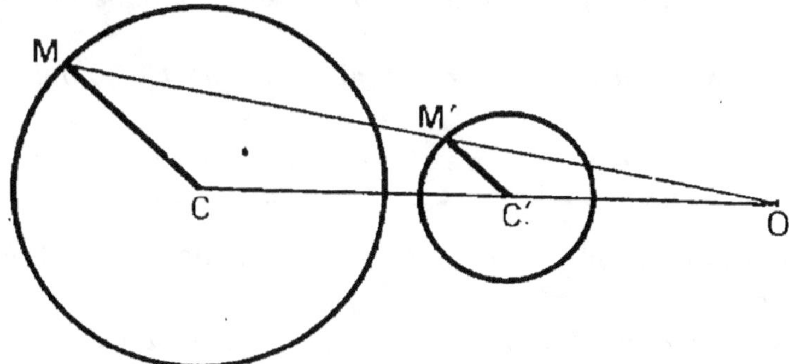

Fig. 305. — Centre d'homothétie directe des deux cercles.

Soit un cercle de *centre* C et de *rayon* R, O le *centre* d'homothétie et *k* le *rapport* d'homothétie (fig. 305).

Prenons un point *quelconque* M sur le cercle C et soit M' le point qui lui correspond dans l'homothétie.

Nous cherchons la ligne décrite par M' lorsque M décrit le cercle C.

Soit C′ le point qui correspond au centre C dans l'homothétie. *C'est un point fixe.*

On a (§ 468).

$$\frac{C'M'}{CM} = k,$$

c'est-à-dire

$$\frac{C'M'}{R} = k$$

ou

$$C'M' = R \times k.$$

La distance C′M′ est donc *constante.* Le point M′ se déplace donc sur un *cercle* de centre C′ et de *rayon* $R' \times k$.

D'ailleurs, CM et C′M′ sont *constamment parallèles.*

Donc lorsque M décrit d'un *mouvement continu tout le* cercle C, M′ décrit aussi d'un *mouvement continu tout le* cercle C′.

Remarque. — *Les centres de deux cercles homothétiques sont deux points qui se correspondént dans O homothétie.*

Le rapport des rayons est égal au rapport d'homothétie.

479. — **Réciproquement.** — *Deux cercles quelconques sont homothétiques de deux manières différentes.*

Soient deux cercles de centres C et C′ et de rayons R et R′ (fig. 305).

1° Observons d'abord qu'*il existe sur la droite CC′ un point O non situé entre C et C′ et tel que*

$$\frac{OC'}{OC} = \frac{R'}{R}$$

Ce point O est facile à construire. Il suffit de mener deux rayons parallèles et de même sens CM et C′M′ et de mener la droite MM′, elle rencontre la droite CC′ au point cherché O (fig. 305).

Cela posé, si l'on prend la figure homothétique directe

du cercle C par rapport au point O, le rapport d'homothétie étant $\dfrac{R'}{R}$, cette figure est un cercle d'après le théorème précédent. Le centre de ce cercle est le point C' et
son rayon est $R \times \dfrac{R'}{R}$, c'est-à-dire R.

Ce cercle est donc le cercle C'.

Les cercles C et C' sont donc *directement homothétiques*
par rapport au point O.

2° De même il *existe sur la droite* CC' *un point O' situé
entre* C *et* C' (fig. 306) *et tel que*

$$\frac{O'C'}{O'C} = \frac{R'}{R}.$$

Pour construire ce point il suffit de mener deux rayons parallèles et
de sens contraire CN et C'N', la droite NN' rencontre la ligne des
centres au point cherché O'.

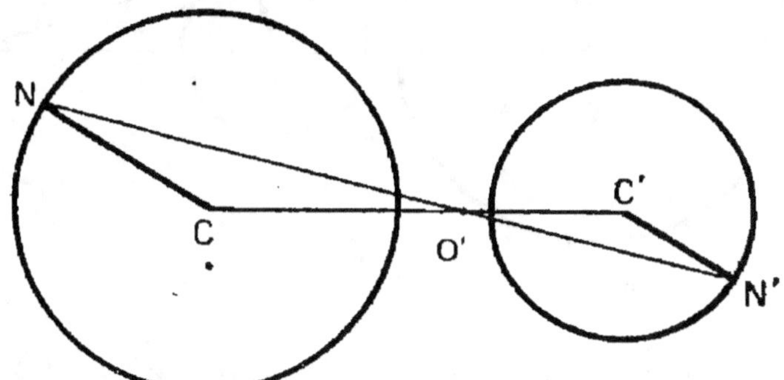

Fig. 306. — Centre d'homothétie inverse de deux cellules.

En répétant le raisonnement précédent, on voit que les
deux cercles C et C' sont *inversement homothétiques* par
rapport au point O'.

480. — REMARQUE. — *Lorsque les deux cercles sont
égaux*, la construction du point O *est en défaut*, car alors
AA' est parallèle à CC'. Dans ce cas d'ailleurs $\dfrac{R'}{R}$ est égal

à 1, et il n'existe pas sur CC' en dehors du segment CC' un point O tel que $\dfrac{OC'}{OC} = 1$.

Deux cercles égaux ne sont donc pas *directement homothétiques*. En revanche, il existe une *translation* qui les amène à coïncider.

APPLICATION AUX TANGENTES COMMUNES A DEUX CERCLES.

481. — Théorème. — *Une tangente commune extérieure AA' passe par le centre d'homothétie directe.*

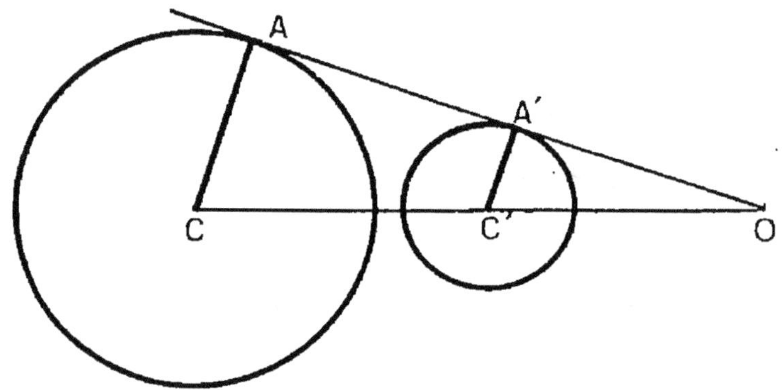

Fig. 307. — Tangente commune extérieure.

Car les deux rayons CA et C'A' sont *parallèles* et de *même sens* (fig. 307).

482. — Réciproquement. — *Si du centre d'homothétie directe on a pu mener une tangente OA à un des cercles, elle est aussi tangente à l'autre au point A' correspondant au point A. C'est une tangente commune extérieure.*

En effet CA et C'A' sont parallèles, OA étant perpendiculaire à CA, l'est aussi à C'A'.

En outre A' correspondant au point A du cercle C est sur le cercle C'. OA est donc tangente au cercle C'.

483. — **Théorème.** — *Une tangente commune intérieure passe par le centre d'homothétie inverse* (fig. 3o8).

484. — **Réciproquement.** — *Si du centre d'homothétie*

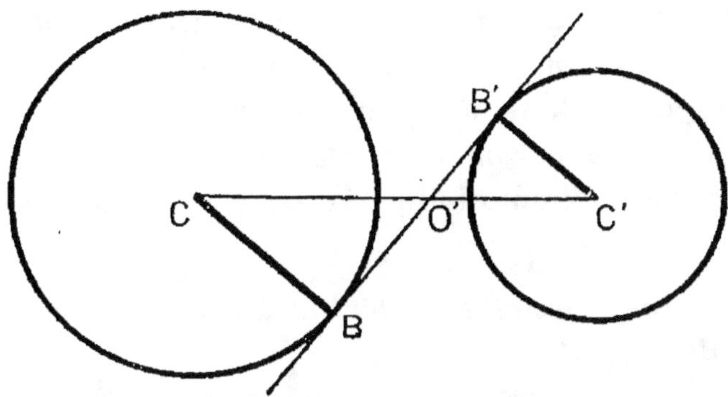

Fig. 3o8. — Tangente commune intérieure.

inverse on a pu mener une tangente à un des cercles, c'est une tangente commune intérieure.

485. — **Corollaire.** — *Un centre d'homothétie ne peut être intérieur à un des cercles et extérieur à l'autre.*

486. — **Examen des différents cas de figures.** —

1° *Les deux cercles sont extérieurs.*

Il y a comme on le sait *deux tangentes communes extérieures et deux tangentes communes intérieures.*

Les deux centres d'homothétie sont *extérieurs aux deux cercles.*

2° *Les deux cercles sont tangents extérieurement.*

Deux tangentes communes extérieures.

Le centre *d'homothétie directe* est *extérieur* aux deux cercles.

Le point de contact est le centre d'homothétie *inverse,* car il partage CC' dans le rapport des rayons.

3° *Les deux cercles sont sécants.*

Deux tangentes communes extérieures.

Le centre d'homothétie directe est *extérieur* aux deux cercles.

Pas de tangente commune intérieure.

Le centre d'homothétie inverse est *intérieur* aux deux cercles.

4° Les deux cercles sont tangent intérieurement.

Le *point de contact* est le *centre d'homothétie directe*, car il partage CC′ dans le rapport des rayons.

Pas de tangente commune intérieure,

Le centre d'homothétie *inverse* est *intérieur* aux deux cercles.

5° L'un des cercles est intérieur à l'autre.

Pas de tangente commune.

Les deux centres d'homothétie sont *intérieurs* à C et C′.

487. — Théorème. — *Le rapport des longueurs de deux lignes brisées homothétiques est égal au rapport d'homothétie.*

Soit ABCDF et A′B′C′D′F′ deux lignes brisées homothétiques par rapport au point O, et k le rapport d'homothétie (fig. 309). On a :

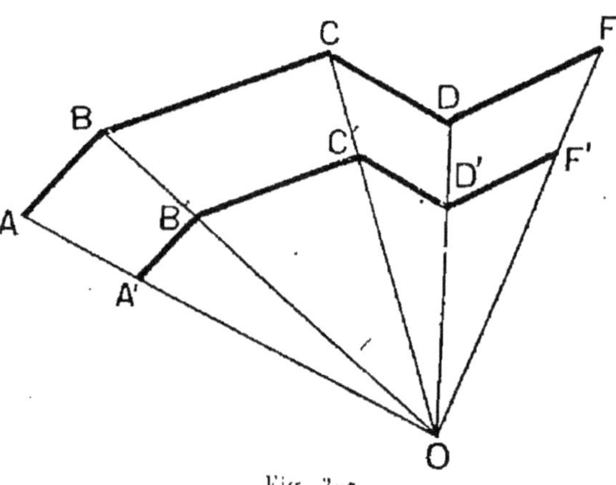

Fig. 309.

$$A'B' = AB.k$$
$$B'C' = BC.k$$
$$C'D' = CD.k$$
$$D'F' = DF.k$$
$$F'A' = FA.k$$

D'où, en additionnant :

$$A'B' + B'C' + C'D' + D'F' + F'A$$
$$= (AB + BC + CD + DF + FA)\,k$$

ce qu'il fallait démontrer.

488. — Longueur d'une courbe. — Soit une courbe AMB. On peut imaginer qu'elle est formée par un fil *flexible* et *inextensible*.

Si l'on tend ce fil, on *obtient un segment rectiligne* dont la longueur est ce qu'on appelle la *longueur de la courbe*.

489. — Théorème. — *Le rapport des longueurs de deux courbes C homothétiques C et C' est égal au rapport d'homothétie.*

On peut, en effet, remplacer la courbe C par une ligne brisée L dont les côtés sont très petits et très nombreux, de telle sorte que la courbe C et la ligne L soient *pratiquement* indiscernables.

A la ligne L correspondra par homothétie, une ligne brisée L' pratiquement indiscernable de C'.

Le rapport de longueur des brisées L' et L étant égal au rapport d'homothétie, on est amené à admettre que le rapport de longueur des courbes C' et C est aussi égal au rapport d'homothétie.

490. — Définition. — *On appelle* **périmètre** *d'une ligne fermée la longueur totale de cette ligne.*

Il résulte de ce qui précède que :

1° *Le rapport des périmètres de deux polygones homothétiques est égal au rapport d'homothétie;*

2° *Le rapport des périmètres de deux lignes fermées homothétiques est égal au rapport d'homothétie.*

En particulier :

491. — Théorème. — *Le rapport des périmètres de deux cercles est égal au rapport de deux rayons.*

$$\frac{\text{Périmètre cercle } C'}{\text{Périmètre cercle } C} = \frac{R'}{R}$$

car les deux cercles sont homothétiques dans le rapport
$\dfrac{R'}{R}$.

***492. — Pantographe.** — Le pantographe est un appareil qui
sert à agrandir ou à ré-
duire des dessins (fig. 310).

Il construit mécanique
ment la figure homothétique
d'une figure donnée. Nous
en indiquerons seulement
le principe.

Le pantographe est un
quadrilatère MPP'R, formé
de tiges rigides articulées à
leurs extrémités (fig. 311).
Par construction les côtés
opposés sont *égaux*. Donc
*lorsque l'appareil se dé-
forme en restant convexe
il ne cesse pas d'être un* parallélogramme.

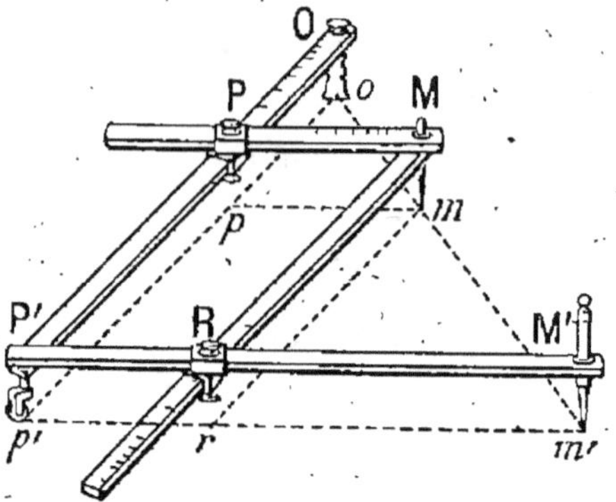

Fig. 310. — Pantographe.

Les côtés P'P et P'R portent des prolongements PO et RM'.

Marquons sur la tige P'P un point
O. La droite OM vient rencontrer le
côté P'R en un point M'.

*Ce point occupe toujours la même
position* sur la tige P'R lorsqu'on, dé-
forme l'appareil.

On a, en effet :

$$\frac{P'M'}{PM} = \frac{OP'}{OP},$$

d'où :

$$P'M' = \frac{OP' \times PM}{OP}.$$

La longueur P'M' est donc constante.

*Si le point O est maintenu fixe,
et si on fait décrire au point M
une figure F, le point M' décrira
une figure homothétique de F.*

En effet :

$$\frac{OM'}{OM} = \frac{OP'}{OP}.$$

Fig. 311.
Principe du pantographe.

Le rapport $\dfrac{OM'}{OM}$ reste donc constant. La valeur constante de ce rapport $\dfrac{OP'}{OP}$ est le rapport d'homothétie. Ce rapport est plus grand que 1; l'appareil ainsi utilisé donne un *agrandissement* de la figure F.

Si on fait décrire au point M′ la figure donnée, le point M décrira une figure homothétique de la première dans le rapport $\dfrac{OP}{OP'}$ qui est plus petit que 1; l'appareil ainsi utilisé donnera une *réduction* de la figure donnée.

§ 2. — Similitude.

493. — Définition. — Lorsque par homothétie on a obtenu l'agrandissement ou la réduction d'une figure, et qu'on déplace la figure obtenue, on obtient une figure qui est dite semblable à la figure donnée.

Deux figures sont **semblables** *lorsqu'on peut les placer de façon qu'elles soient homothétiques.*

494. — Soient deux figures *homothétiques*, k le rapport d'homothétie.

Lorsqu'on a déplacé l'une d'elles, on a deux figures semblables, le nombre k s'appelle alors leur *rapport de similitude*.

Ainsi deux cercles de rayon R et R′ sont semblables et le rapport de similitude est égal à $\dfrac{R'}{R}$.

Si deux polygones sont semblables, les angles correspondants sont égaux, et les côtés correspondants sont proportionnels.

Le rapport des périmètres de deux polygones semblables est égal au rapport de similitude.

EXERCICES PRATIQUES

604. Construire un carré ABCD de centre O et de demi-diagonale OA = 17 millimètres; 1° En faire l'homothétique direct par rapport à un

point M extérieur au carré pris comme centre d'homothétie ($MA = 15$, $MB = 14$) le rapport d'homothétie étant $\frac{8}{3}$, 2° en faire l'homothétique inverse par rapport à un point M' pris comme centre d'homothétie (M' étant le symétrique de M par rapport au côté CD) le rapport d'homothétie étant $\frac{9}{4}$. Vérifier que les deux figures obtenues sont encore homothétiques par rapport à un nouveau centre qu'on déterminera et dans un nouveau rapport d'homothétie qu'on calculera : on constatera de plus que le nouveau centre d'homothétie est en ligne droite avec les deux premiers.

605. Étant donné un triangle ABC, $AB = 45$ millimètres, $AC = 78$ millimètres, $\widehat{A} = 60°$; 1° Construire l'homothétique direct de ce triangle dans le rapport $\frac{3}{2}$ en prenant comme centres d'homothéties successivement deux points quelconques O et O' de son plan et constater que les deux figures obtenues sont déplacées l'une de l'autre par une translation parallèle à OO' et double de OO'.

606. Étant donné un triangle quelconque ABC construire les homothétiques inverses de ce triangle par rapport successivement aux trois sommets A, B, C pris comme centres d'homothétie avec les rapports d'homothétie $\dfrac{AB}{AC}$, $\dfrac{BC}{BA}$, $\dfrac{CA}{CB}$.

607. Les sommets O_1, O_2, O_3 d'un triangle $O_1 O_2 O_3$, $O_1 O_2 = 30$ millimètres, $O_2 O_3 = 41$ millimètres, $O_3 O_1 = 19$ millimètres, sont les centres de trois cercles de rayon $R_1 = 9$ millimètres, $R_2 = 17$ millimètres $R_3 = 28$ millimètres. Construire les centres d'homothétie directe et inverse de ces cercles pris deux à deux et constater que les six points obtenus sont 3 à 3 en ligne droite sur quatre droites formant un *quadrilatère complet* (quadrilatère dont les côtés opposés sont prolongés jusqu'à leur rencontre) dont les diagonales sont les lignes des centres des cercles pris deux à deux.

608. Tracer un polygone ABCDEFG quelconque et construire le polygone semblable A'B'C'D'E'F'G' dans le rapport $\frac{8}{11}$ en décomposant en triangles le polygone donné au moyen de diagonales issues de A, en construisant les triangles semblables aux triangles de décomposition et en les plaçant semblablement.

609. Dans un réseau de carrés égaux, chaque sommet porte un double numéro qui indique, le premier la ligne horizontale et le second la colonne verticale où il se trouve. Dans ces conditions tracer le polygone non convexe A $(1,3)$, B $(4,4)$, C $(2,8)$, D $(2,1)$, E $(7,4)$, F $(5,1)$. Construire le polygone semblable à l'échelle $\frac{5}{4}$, 1° par les angles égaux et les côtés homologues proportionnels; 2° en *craticulant* le modèle, c'est-à-dire en le traçant à l'aide d'un réseau de carrés égaux entre eux et dont les côtés soient les $\frac{5}{4}$ des côtés du réseau qui a servi à tracer le polygone ABCDEF.

610. Tracer une ligne courbe fermée; passant par les sommets suivant d'un réseau de carrés : (2,5), (2,9), (3,10), (6,11), (10,10), (11,10), (12,7), (12,5), (11,3), (9,2), (7,2), (5,3), (4,4), (4,7), (6,7), (7,6), (7,4), (5,3) et (2,5), et construire une ligne semblable en agrandissant le modèle dans le rapport $\frac{6}{5}$ à l'aide de la méthode des carreaux.

[Nota : les sommets du réseau sont indiqués comme dans l'exercice précédent.]

EXERCICES THÉORIQUES

611. Quel est le rapport d'homothétie entre deux carrés, l'un inscrit, l'autre circonscrit à un cercle donné.

612. Étant donnés deux carrés ABCD, A'B'C'D', homothétiques par rapport à un de leurs sommets A, on joint CB' qui coupe AD en E et DC' qui coupe AB en F. Démontrer que EF est parallèle à la diagonale commune ACC'.

613. Dans un triangle, le centre O du cercle circonscrit, le point de concours H des hauteurs, le point du concours G des médianes sont trois points en ligne droite.

614. Dans un triangle, la distance d'un sommet au point de concours des hauteurs est double de la distance du côté opposé au centre du cercle circonscrit.

615. Par le point de rencontre G des médianes BM et CN du triangle ABC, on mène la parallèle à BC, elle rencontre AB en P et AC en Q. Démontrer que le point G est le milieu de PQ et que la droite AG passe par les milieux de MN et de BC.

616. Étant donné un triangle ABC, on construit le triangle A'B'C' des pieds des hauteurs, et le triangle TT'T'' formé par les trois tangentes au cercle circonscrit aux sommets A, B et C; démontrer que les deux triangles A'B'C' et TT'T'' sont semblables et trouver leur rapport de similitude.

617. Étant donné un triangle ABC, démontrer que les triangles $\alpha\beta\gamma$, $\alpha'\beta'\gamma'$, $\alpha''\beta''\gamma''$, $\alpha'''\beta'''\gamma'''$ des points de contact avec les côtés du cercle inscrit I et des cercles exinscrits I', I'', I''' sont homothétiques du triangle I'I''I''' des centres des cercles exinscrits : calculer les rapports d'homothétie connaissant les longueurs des côtés et indiquer les centres d'homothétie.

618. Étant donnés deux cercles O et O' tangents au point A, on mène par A deux sécantes qui coupent le cercle O en B et C, le cercle O' en B' et C', on mène les tangentes aux cercles aux points B, C, B', C'; démontrer que le quadrilatère des quatre points BCB'C' est un trapèze et que le quadrilatère des quatre tangentes est un parallélogramme.

619. On considère deux cercles O et O' et on mène par leur centre d'homothétie externe deux sécantes SABA'B', SCDC'D', A et B', C et D' étant sur chacune des sécantes les points les plus éloignés et les plus proches de S : démontrer que les quadrilatères AB'D'C et A'BDC' sont inscriptibles.

620. Lieu géométrique des points dont le rapport des distances à deux droites fixes concourantes est constant.

621. Rechercher le lieu géométrique des points M divisant dans le rapport $\frac{m}{n}$ les segments AB parallèles à une direction fixe et limités à deux droites concourantes X'OX, Y'OY.

622. On donne deux segments consécutifs AB, BC d'une même droite et on décrit sur AB et BC comme cordes deux segments de cercle O et O' capables du même angle α : 1° Démontrer que, lorsque α varie, A, B, C étant fixes, la ligne des centres OO' des deux cercles passe par un point fixe ; 2° trouver le lieu géométrique du deuxième point commun D des deux cercles et le lieu géométrique du milieu de leur corde commune.

623. Étant donné un angle XOY et une droite AB qui coupe OX en A et OY en B, on mène en A la perpendiculaire à OY qui coupe OX en C, on mène par C la parallèle CM à BD et par D la parallèle DM à AC ; trouver, quand AB se déplace parallèlement à elle-même, le lieu du point de rencontre M des deux droites BM et CM. Cas particulier où OA = OB.

624. Dans un triangle ABC dont une médiane est AM et le point de concours des médianes G, un des trois points A, M ou G est fixe et un des deux autres points restants décrit une ligne donnée, trouver le lieu du troisième point.

625. On considère le diamètre AB d'un cercle O ; on joint le point A à un point quelconque C du cercle et on prolonge AC d'une longueur CD = AC. On joint BC et OD et on demande le lieu du point de rencontre M de ces deux droites, quand le point C décrit le cercle.

626. On donne un cercle O et deux points P et Q, par P on mène une sécante qui coupe le cercle O en A et B. Trouver le lieu du point de concours des médianes du triangle QAB quand AB tourne autour du point P.

627. On donne un cercle O et deux points A et B dans un plan ; on considère un point quelconque M du cercle et on demande le lieu du point de rencontre des médianes du triangle MAB quand le point M décrit le cercle.

628. On donne deux cercles O et O' de rayons R et R' tangents extérieurement : 1° calculer la longueur des segments de la tangente commune extérieure compris soit entre les deux points de contact, soit entre chacun des points de contact et la ligne des centres ; 2° calculer l'angle des deux tangentes communes extérieures. Application : R = 39 mm, R' = 17.

629. Étant donné un angle XOY et sa bissectrice OZ mener par un point P une sécante qui rencontre OX en A, OY en B, OZ en C telle que le rapport $\frac{CA}{CB}$ soit égal à $\frac{m}{n}$.

630. On donne un cercle O de rayon R et un point S, (OS = a). Calculer le rayon du cercle homothétique direct du cercle O par rapport au point S, sachant que les deux cercles homothétiques sont tangents extérieurement. Application : R = 42 mm, a = 78 mm.

631. On donne un cercle de centre O et de rayon R et un point S intérieur $OS = a$. Calculer le rayon R' du cercle O' tangent intérieurement au cercle O tel que S soit le centre d'homothétie inverse des deux cercles O et O'. Application : $R = 42$ mm, $a = 36$ mm.

632. On considère les cercles qui découpent sur les deux côtés d'un angle XOY des cordes vues du centre sous des angles α et β invariables. Lieu géométrique des points de concours des deux tangentes menées à ces cercles par les points d'intersection avec les côtés de l'angle.

633. Trouver le lieu géométrique des centres des cercles qui sont tangents à un côté OX d'un angle XOY et qui découpent sur l'autre côté OY des cordes vues du centre sous un angle constant.

634. On donne un cercle O de rayon R et une droite D. Trouver le lieu géométrique des centres des homothéties directes qui transforment le cercle O en un cercle de rayon $2R$ dont la droite D soit un diamètre.

635. Même problème en supposant l'homothétie inverse et le rayon du cercle homothétique le tiers et non le double du rayon du cercle O.

636. Construire un triangle ABC dont on donne un angle $\widehat{XAY}$, le rayon du cercle circonscrit et la direction du côté BC.

637. Construire un triangle ABC connaissant la valeur de l'angle A, la position des sommets B et C et celle du pied L de la bissectrice intérieure AL de l'angle A sur le côté BC.

638. Construire un triangle ABC semblable à un triangle donné et ayant un cercle circonscrit de rayon donné.

639. Construire un triangle isocèle connaissant l'angle de la médiane issue d'un sommet de la base avec cette base et le rayon du cercle circonscrit.

640. Construire un triangle semblable à un triangle donné ABC et ayant un périmètre donné.

641. Construire un triangle connaissant les trois hauteurs.

642. Construire un triangle équilatéral connaissant la somme des rayons du cercle inscrit et du cercle exinscrit.

643. Construire un rectangle dont on connaît l'angle des diagonales et qui a deux sommets consécutifs sur un cercle et les deux autres sur un diamètre de ce cercle.

644. Construire un losange connaissant le rapport du côté à une diagonale et le rayon du cercle inscrit.

645. Construire un carré dont deux sommets soient sur le côté BC d'un triangle et les deux autres sommets sur les deux autres côtés AB, AC de ce triangle.

646. Construire un carré connaissant la différence du côté et de la diagonale.

647. On donne un point A fixe et une droite XY ne passant pas par A. Trouver le lieu du sommet de l'angle droit C d'un triangle rectangle isocèle ABC dont l'hypoténuse est AB, B se déplaçant sur XY.

648. Même exercice que le précédent en remplaçant le triangle rectangle isocèle par un triangle isocèle ayant un angle de 120° au sommet.

CHAPITRE V

POLYGONES RÉGULIERS

§ 1. — Polygones réguliers.

495. — Définition. — *On dit qu'un polygone convexe est* **régulier** *lorsque tous ses angles sont égaux et tous ses côtés égaux.*

Il est nécessaire d'observer que cette définition suppose le polygone *convexe*.

CERCLE CIRCONSCRIT A UN POLYGONE RÉGULIER.

496. — Théorème. — *Si on partage un cercle O en parties égales et qu'on joigne les points de division consécutifs on forme un polygone régulier.*

Supposons, pour fixer les idées, que le cercle ait été partagé en 5 parties *égales*, par les points A, B, C, D et F.

Les angles au centre $A\hat{O}B$, $B\hat{O}C$, $C\hat{O}D$, etc. sont *égaux* (fig. 312).

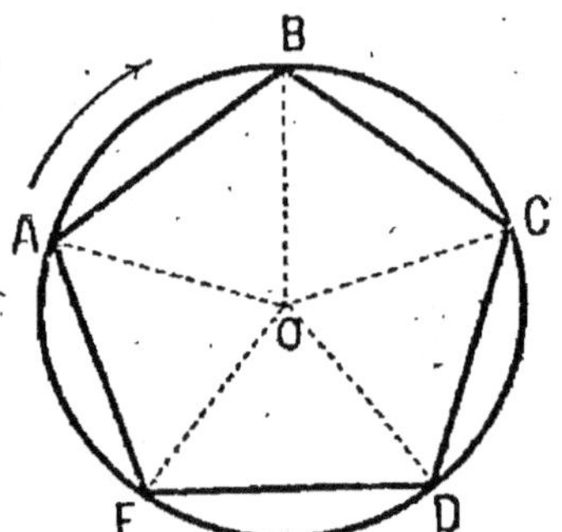

Fig. 312. — Polygone régulier.

Si donc on fait subir à la figure une *rotation* de $\dfrac{360^0}{5}$ autour du point O dans le sens de la flèche, le cercle *glisse* sur lui-même, le point A vient occuper la position primitivement occupée par B, le point B la position occupée primitivement par C, etc....

On en conclut : 1° que AB est venu coïncider avec le côté BC, que BC est venu coïncider avec CD,....

Donc *tous les côtés sont égaux.*

2° Que l'angle ABC est venu coïncider avec l'angle $\widehat{BCD}$, l'angle $\widehat{BCD}$ avec l'angle $\widehat{CDF}$, etc....

Donc *tous les angles sont égaux.*

Le polygone convexe a tous ses côtés égaux et tous ses angles égaux : il est donc *régulier.*

497. — **Réciproquement.** — *Tout polygone régulier est inscriptible dans un cercle.*

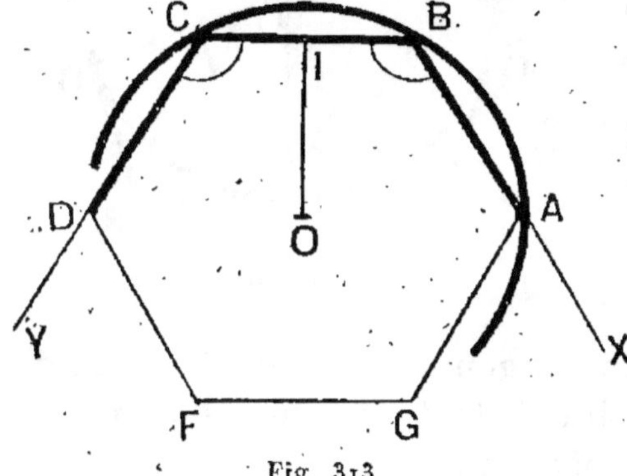

Fig. 313.

Soit le polygone régulier ABCDFG (fig. 313). Nous allons démontrer que le *cercle passant par trois sommets consécutifs* A, B et C passe aussi par le *sommet suivant* D.

Traçons le cercle passant par les trois points A, B, C.

Son centre O se trouve sur l'*axe* OI du segment BC.

Par hypothèse, l'angle $\widehat{IBX}$ est égal à l'angle $\widehat{ICY}$.

Les demi-droites BX et CY sont donc *symétriques par rapport* à OI.

Comme par hypothèse AB = CD, les deux points A et D sont *symétriques* par rapport à OI.

Donc OA = OD.

Le cercle passe donc par D.

Le cercle O passant par les trois points B, C, D passera aussi par le sommet suivant F et ainsi de suite.

498. — **Définition.** — *Le rayon du cercle circonscrit à un polygone régulier s'appelle le rayon de ce polygone.*

CERCLE INSCRIT A UN POLYGONE RÉGULIER.

499. — Théorème. — *Si on partage un cercle en n parties égales et qu'on mène les tangentes aux points de division, les points de rencontre des tangentes consécutives sont les sommets d'un polygone régulier de n côtés.*

Supposons le cercle O partagé en cinq parties égales par les points A′, B′, C′, D′ et F′ (fig. 3ı4).

Menons les tangentes aux points de division. La tangente au point A′

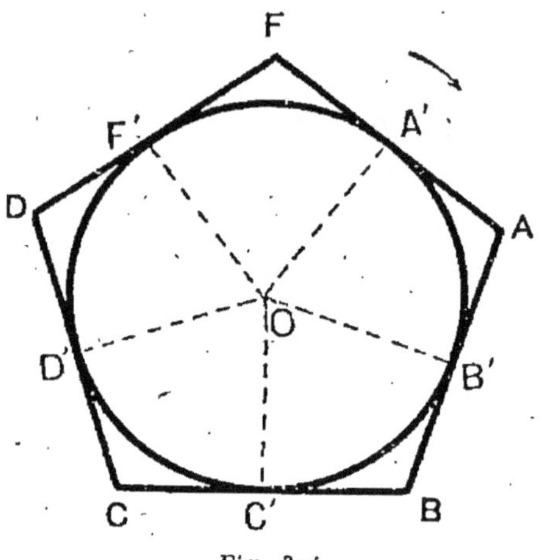

Fig. 3ı4.

rencontre au point A la tangente au point B′. Cette dernière rencontre au point B la tangente au point C′.... Nous formons ainsi le polygone ABCDF.

Par une rotation d'angle A′OB′, le point A′ vient au point B′, et la tangente FA au point A′ vient coïncider avec la tangente au point B′.

De même B′ vient en C′ et la droite AB vient coïncider avec la droite BC.... Le polygone vient donc en coïncidence avec lui-même.

On en conclut comme précédemment qu'il a *tous ses côtés égaux* et *tous ses angles égaux* : il est donc *régulier*.

500. — Réciproquement. — *Tout polygone régulier est circonscriptible à un cercle concentrique au cercle circonscrit.*

Soit le polygone régulier ABCDF (fig. 3ı5).
Traçons le *cercle circonscrit* de centre O.
Les cordes AB, BC, CD, DF, FA étant *égales*, leurs dis-

tances au centre OA', OB', OC', OD', OF' sont *égales*, et par suite le cercle de centre O et de rayon OA' est *tangent à tous les côtés du polygone.*

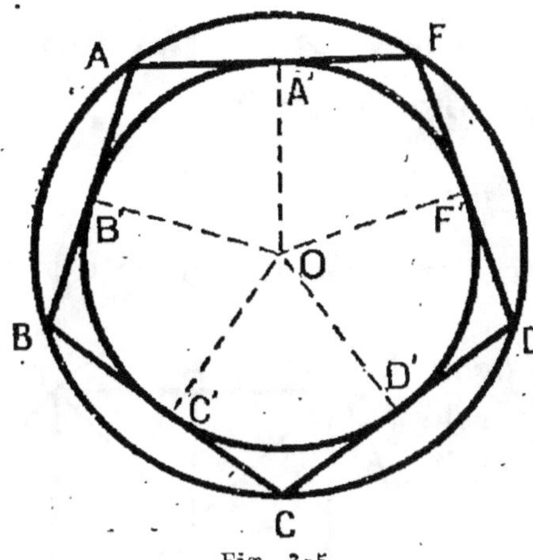

Fig. 315.

On peut ajouter que les points de contact A', B', C', D', F' partagent le cercle inscrit en parties égales.

Car si on fait tourner la figure de l'angle AOB autour du point O, les deux cercles glissent sur eux-mêmes, et, après la rotation, le polygone est revenu en coïncidence avec lui-même. Donc A' est venu en B', B' en C', C' en D', etc. C'est-à-dire que les arcs $\widehat{A'B'}$, $\widehat{B'C'}$, $\widehat{C'D'}$ etc... sont égaux.

501. — Définition. — *Le rayon du cercle inscrit à un polygone régulier s'appelle l'***apothème*** du polygone régulier.*

502. — Angle d'un polygone régulier. — *C'est la valeur commune des angles du polygone.*

503. — Angle au centre du polygone régulier. — *C'est la valeur commune des angles aux centres correspondant à ses différents côtés.*

L'angle au centre d'un polygone régulier convexe de n côtés est $\dfrac{360^0}{n}$.

504. — Théorème. — *L'angle au centre ω et l'angle α d'un polygone régulier convexe sont supplémentaires.*

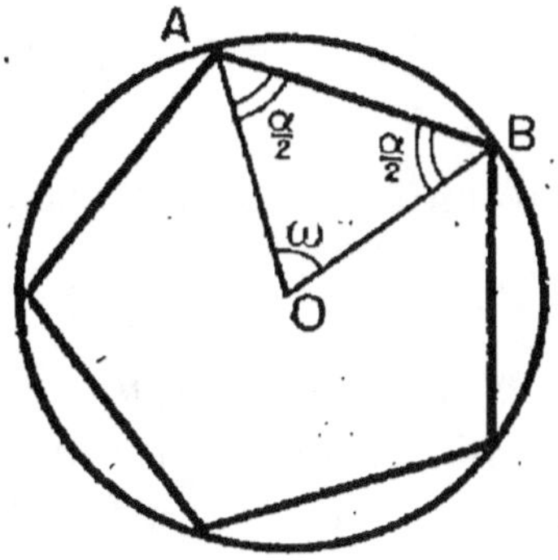

En effet, dans le triangle OAB (fig. 316), la somme des angles vaut 180^0

$$\omega + \frac{\alpha}{2} + \frac{\alpha}{2} = 180^0, \qquad\qquad \omega + \alpha = 180^0.$$

Fig. 316.

§ 2. — Construction avec la règle et le compas de divers polygones réguliers.

CARRÉ INSCRIT.

505. — Un polygone régulier de *quatre* côtés est un carré.

D'après le § 496, pour avoir un carré inscrit dans le cercle O, on doit partager ce cercle en *quatre* parties égales.

Pour cela, on mènera deux diamètres *perpendiculaires* qui donneront les quatre sommets du carré ABCD (fig. 317).

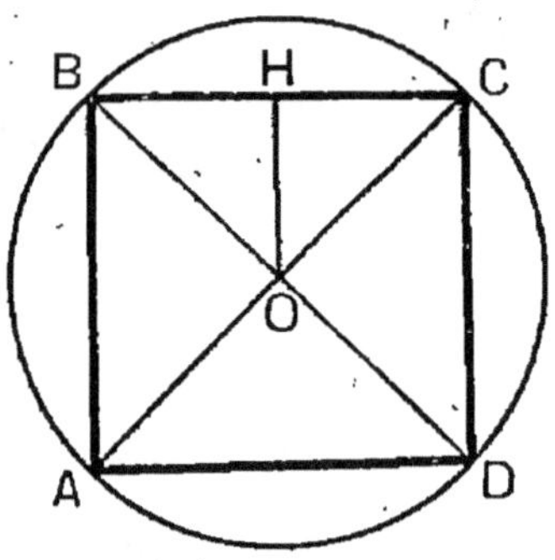

Fig. 317.

506. — Calcul du côté du carré. — Dans le triangle rectangle OAB on a, d'après le théorème de Pythagore (fig. 317).

$$\overline{AB}^2 = \overline{OA}^2 + \overline{OB}^2$$

ou

$$\overline{AB}^2 = R^2 + R^2$$
$$= R^2 \times 2$$

ou, en extrayant la racine carrée,

$$AB = R\sqrt{2}.$$

507. — REMARQUE. — Le côté du carré et le rayon n'ont pas de commune mesure, puisque leur rapport est $\sqrt{2}$, qui n'est ni un nombre entier ni une fraction.

HEXAGONE RÉGULIER INSCRIT.

508. — Théorème. — *Le côté de l'hexagone régulier inscrit dans un cercle est égal au rayon de ce cercle.*

Soit ABCDEF un hexagone régulier inscrit dans un cercle O (fig. 318).

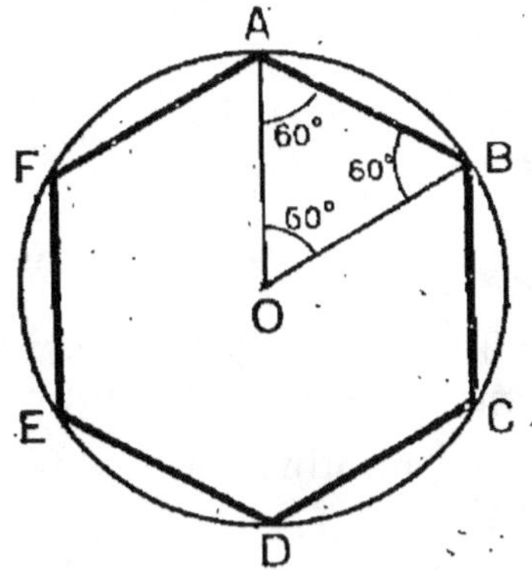

Fig. 318. — Hexagone régulier.

L'angle au centre $\widehat{AOB}$ vaut $\dfrac{360^0}{6} = 60^0$.

Par suite, dans le triangle *isocèle* OAB, les deux angles à la base ont pour somme

$$180^0 - 60^0 = 120^0.$$

Comme ils sont *égaux*, leur valeur commune est 60^0.

Le triangle OAB est donc *équilatéral*, et par suite AB = R.

De là résulte immédiatement la construction suivante :

Pour inscrire un hexagone régulier dans un cercle, on prend une ouverture de compas égale au rayon et on la porte six fois sur le cercle : on est alors revenu au point de départ.

TRIANGLE ÉQUILATÉRAL INSCRIT.

509. — Un polygone régulier de *trois* côtés est un **triangle équilatéral**. Pour inscrire un triangle équilatéral il suffit de joindre de *deux* en *deux* les points de division du cercle *partagé en six parties égales* (fig. 319).

510. — Calcul du côté du triangle équilatéral.

Soit AB ce côté, D le point diamétralement opposé à A (fig. 319).

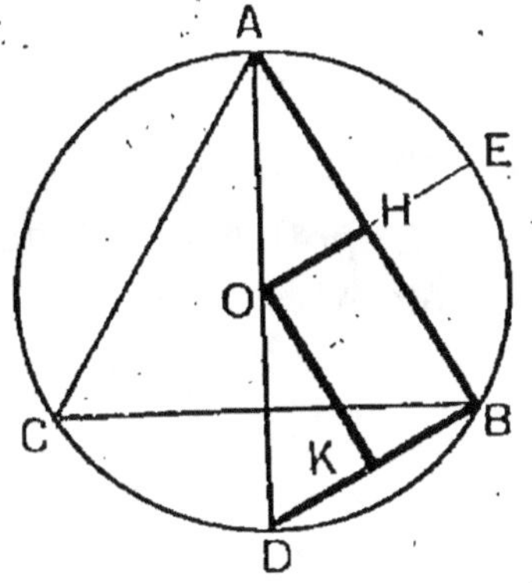

Fig. 319.

Le triangle rectangle ABD donne

$$\overline{AB}^2 + \overline{DB}^2 = \overline{AD}^2.$$

Or $AD = 2R$, et $BD = R$, puisque BD est le côté de l'hexagone. Donc

$$\overline{AB}^2 + R^2 = (2R)^2$$
$$\overline{AB}^2 = 4R^2 - R^2$$
$$= 3R^2$$
$$AB = R\sqrt{3}.$$

511. — Remarque. — Le côté du triangle équilatéral et le rayon n'ont pas de *commune mesure*, puisque leur rapport est $\sqrt{3}$, qui n'est ni un nombre entier ni une fraction.

512. — Calcul des apothèmes. — 1° *Apothème du carré inscrit* :

L'apothème OH du carré est la moitié du côté CD (fig. 317).

$$OH = \frac{R\sqrt{2}}{2}.$$

2° *Apothème du triangle équilatéral inscrit* :

L'apothème OH du triangle équilatéral est la moitié du côté BD de l'hexagone (fig. 319). Donc

$$OH = \frac{R}{2}.$$

3° *Apothème de l'hexagone régulier inscrit* :

L'apothème OK de l'hexagone inscrit est la moitié du côté AB du triangle équilatéral (fig. 319).

$$OK = \frac{R\sqrt{3}}{2}.$$

CONSTRUCTION DE POLYGONES RÉGULIERS CIRCONSCRITS
A UN CERCLE.

513. — On peut, avec la règle et le compas, circonscrire au cercle de rayon r, un carré, un hexagone régulier, un triangle équilatéral, puisqu'il suffit de partager ce cercle en 4, 6 ou 3 parties égales, ce que l'on sait effectuer, et ensuite de mener des tangentes aux points de divisions.

514. — Calcul des côtés. — 1° *Côté du carré circonscrit*

$$AB = 2r \quad \text{(fig. 320)}.$$

2° *Côté du triangle équilatéral circonscrit* (fig. 321).

$$BC = 2B'C' = 2r\sqrt{3}.$$

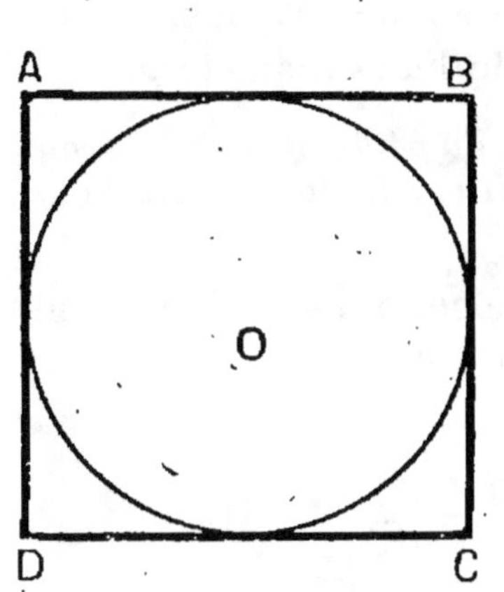

Fig. 320. — Carré circonscrit.

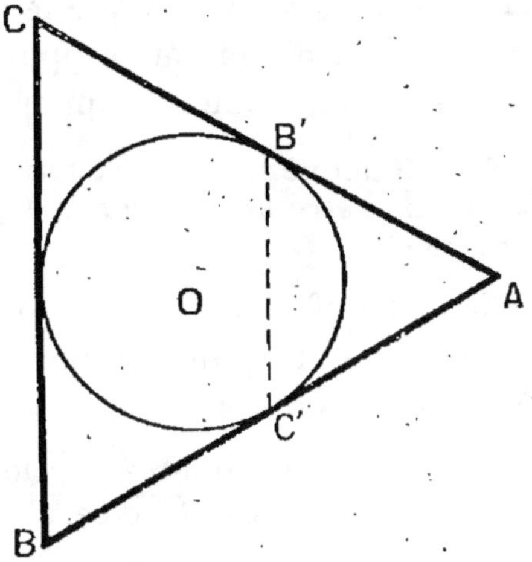

Fig. 321. — Triangle équilatéral circonscrit.

3° *Côté de l'hexagone circonscrit.*

Considérons l'hexagone circonscrit au cercle de rayon r (fig. 322). OA est le rayon du cercle circonscrit à cet hexagone. C'est donc son côté.

Dans le triangle rectangle OAA',

$$\overline{OA^2} = \overline{AA'^2} + \overline{OA'^2}$$

$$OA = AB \quad (\S 508)$$

$$AA' = \frac{AB}{2}$$

$$OA' = r$$

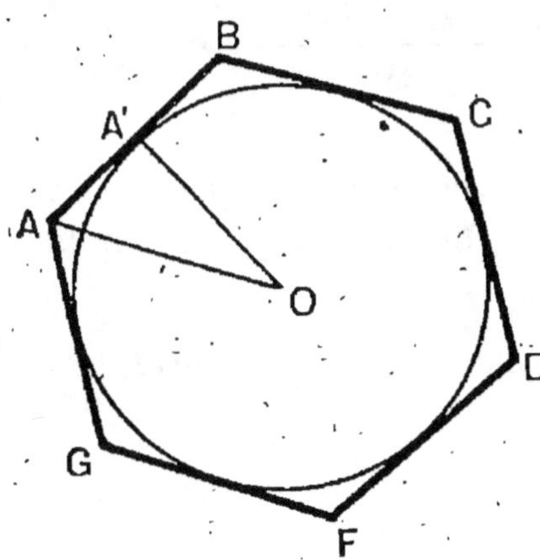

Fig. 322. — Hexagone régulier circonscrit.

Donc :

$$\overline{AB^2} = \frac{\overline{AB^2}}{4} + r^2$$

$$\overline{AB^2} - \frac{\overline{AB^2}}{4} = r \qquad \frac{3\overline{AB^2}}{4} = r^2$$

$$\overline{AB^2} = \frac{4r^2}{3} = \frac{4r^2 \times 3}{3^2} \qquad AB = \frac{2r\sqrt{3}}{3}.$$

§ 3. — Calcul du périmètre d'un cercle.

515. — Nous avons vu que le rapport des périmètres de deux cercles est égal au rapport de leurs rayons, ou ce qui revient au même au rapport de leurs diamètres.

516. — **Théorème.** — *Le quotient du périmètre d'un cercle par son diamètre est un nombre qui est le même pour tous les cercles.*

Soient, en effet, deux cercles quelconques O et O', dont les diamètres ont pour longueur 2R et 2R'.

Nous savons que :

$$\frac{\text{périmètre cercle O}}{\text{périmètre cercle O'}} = \frac{2R}{2R'}.$$

Dans cette proportion, *permutons* les moyens, on a :

$$\frac{\text{périmètre cercle O}}{2R} = \frac{\text{périmètre cercle O'}}{2R'},$$

ce qui démontre le théorème.

Ce rapport du périmètre d'un cercle *quelconque* à son diamètre est un nombre universellement désigné par la lettre π.

517. — **Corollaire.** — *Le périmètre d'un cercle de rayon R est égal à $2\pi R$.*

En effet :

$$\frac{\text{périmètre cercle O}}{2R} = \pi$$

d'où $\qquad$ périmètre cercle O $= 2\pi R$.

518. — **Remarque.** — Le nombre π est le *périmètre d'un cercle dont le diamètre est égal à l'unité de longueur.*

En effet, le périmètre d'un cercle de rayon $\frac{1}{2}$ est :

$$2\pi \cdot \frac{1}{2} = \pi.$$

Si donc on peut évaluer le périmètre du cercle dont le diamètre est l'*unité de longueur*, on saura évaluer le périmètre d'un cercle *quelconque*.

CALCUL DE π.

Considérons un cercle de rayon $R = \frac{1}{2}$. Son *périmètre est le nombre* π.

***519. — 1° Calcul d'une valeur approchée de π par défaut.**

Dans le cercle inscrivons un polygone régulier dont nous *savons calculer le côté*, par exemple un hexagone régulier de périmètre P_1 (fig. 323).

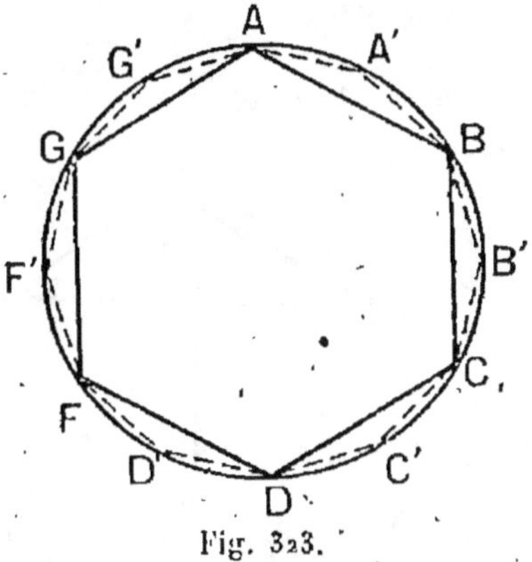
Fig. 323.

Partageons en *deux parties égales* chacune des divisions du cercle de manière à former un nouveau polygone régulier dont le nombre de côtés est double de celui du premier.

Soit P_2 son périmètre, il est clair que

$$P_2 > P_1,$$

puisque pour passer du premier polygone au second, on remplace un côté tel que AB par $AA' + A'B$ qui est une brisée plus longue que AB.

Doublons de nouveau le nombre des points de division, ce qui donne un troisième polygone régulier inscrit de périmètre P_3 plus long que le précédent, et ainsi de suite.

On a ainsi une suite de périmètres croissants :

$$P_1 < P_2 < P_3 < \ldots$$

Les nombres P_1, P_2, P_3, sont tous inférieurs à π.

En effet, un côté d'un des polygones est plus court que l'arc qu'il sous-tend, puisque la ligne droite est le plus court chemin d'un point à un autre.

Donc les nombres, P_1, P_2, P_3, vont en *croissant*, en restant constamment *inférieurs* à π.

Enfin, lorsque le nombre des côtés est devenu suffisamment grand, le polygone et le cercle sont devenus indiscernables. De sorte que les nombres de la suite finissent par différer de π d'aussi *peu qu'on veut*.

On aura donc un procédé pour calculer π par défaut avec une précision aussi grande que l'on voudra, si l'on sait calculer les nombres P_2, P_3.…

***520. — Problème.** — *Connaissant le côté d'un polygone régulier inscrit dans un cercle, calculer le côté d'un polygone régulier inscrit dans le même cercle et dont le nombre de côtés est double de celui du premier.*

Soit $AB = a$, le côté du premier polygone (fig. 324) ; soit C, le milieu de l'arc AB.

$AC = a'$ est le côté du second polygone. Soit D le point diamétralement opposé à C. Le diamètre CD est perpendiculaire sur AB en son milieu I.

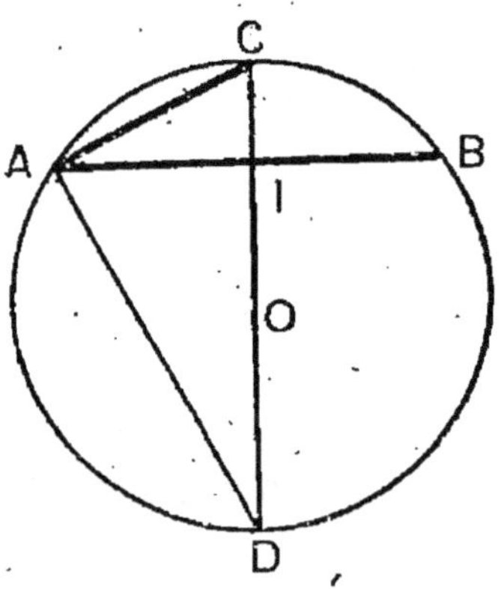

Fig. 324.

Le triangle rectangle CAD donne la relation.

$$\overline{AC}^2 = CI \times CD = 2R \cdot CI.$$

Or

$$CI = CO - OI = R - OI.$$

D'autre part

$$\overline{OI^2} = \overline{AO^2} - \overline{AI^2}$$

$$= R^2 - \left(\frac{a}{2}\right)^2.$$

De sorte que

$$OI = \sqrt{R^2 - \frac{a^2}{4}}$$

Donc

$$CI = R - \sqrt{R^2 - \left(\frac{a^2}{4}\right)},$$

et enfin

$$\overline{AC^2} = 2R\left[R - \sqrt{R^2 - \frac{a^2}{4}}\right].$$

Puisque $R = \frac{1}{2}$,

$$\overline{AC^2} = \frac{1}{2} - \sqrt{\frac{1 - a^2}{4}} = \frac{1 - \sqrt{1 - a^2}}{2}.$$

On a donc

$$a'^2 = \frac{1 - \sqrt{1 - a^2}}{2}.$$

Nous ferons le calcul en partant de l'hexagone régulier inscrit. Nous calculerons tous les côtés par défaut (de manière à être certains de ne pas dépasser π) en conservant seulement 4 décimales dans tous les calculs.

On trouve :

P₁ (périm. du polygone circonscrit de 6 côtés) $= 3,0000$
P₂ (　　　　　　　　—　　　　　　　12　 —　　) $= 3,0932$
P₃ (　　　　　　　　—　　　　　　　24　 —　　) $= 3,1200$

***521. — 2° Calcul d'une valeur approchée de π par excès.**

Circonscrivons au cercle de rayon $\frac{1}{2}$ un polygone régulier dont nous savons calculer le côté, par exemple un carré (fig. 325). Soit P'_1 son périmètre.

Circonscrivons au cercle un nouveau polygone régulier ayant un nombre double de côtés. Soit P'_2 son périmètre.

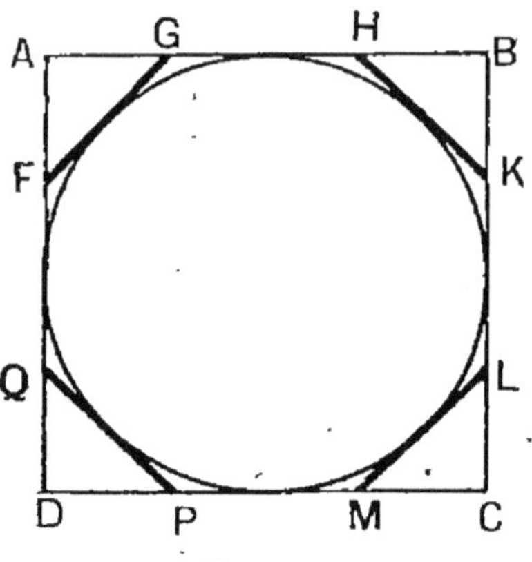

Fig. 325.

On a maintenant $P'_2 < P'_1$.

En effet, lorsqu'on passe du premier polygone au second on remplace la portion $FA + AG$ de son périmètre par le segment rectiligne FG qui est plus court.

En continuant ainsi, on aura une suite de périmètres décroissants : $P'_1 > P'_2 > P'_3 > \dots$

D'ailleurs, à mesure que le nombre des côtés devient plus considérable, les polygones circonscrits diffèrent de moins en moins du cercle. Les périmètres vont donc en se *rapprochant constamment* de π, et comme ils décroissent ils sont tous *supérieurs* à π.

Ainsi, les nombres de la suite P'_1, P'_2, P'_3, sont *supérieurs à π*, ils vont en *décroissant* et *finissent par différer de π d'aussi peu qu'on veut.*

On aura donc un procédé pour calculer π par excès, si on sait calculer les nombres P'_2, P'_3,…

*522. — **Problème**. — Connaissant le côté b d'un polygone régulier circonscrit, calculer le côté b' du polygone circonscrit au même cercle et dont le nombre de côtés est double de celui du premier.*

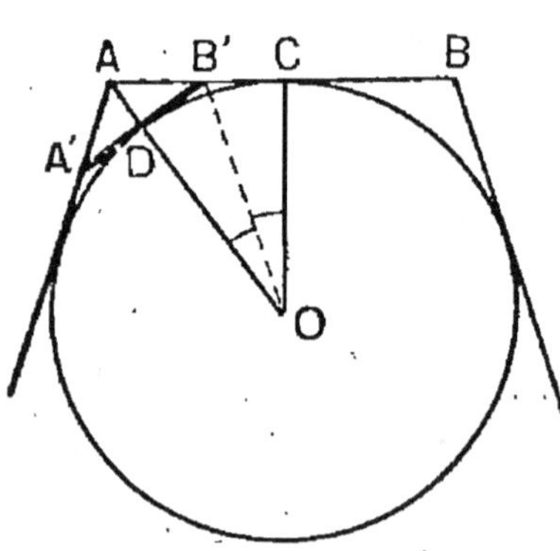

Fig. 326.

Soit $AB = b$ le côté du polygone donné, tangent au point C au cercle. $AC = \dfrac{b}{2}$.

Menons la tangente A'B' au point D.

$$A'B' = b' \qquad \text{et} \qquad DB' = CB' = \frac{b'}{2}.$$

Dans le triangle OCA, on connaît

$$AC = \frac{b}{2} \qquad OC = R,$$

$$OA = \sqrt{\overline{AC^2} + \overline{OC^2}} = \sqrt{R^2 + \frac{b^2}{4}},$$

OB' est bissectrice de l'angle $\widehat{AOC}$.

Donc, d'après un calcul déjà fait (§ 402) :

$$B'C = \frac{AC}{OC + OA} \times OC,$$

ce qui donne

$$\frac{b'}{2} = \frac{\dfrac{b}{2} \times R}{R + \sqrt{R^2 + \dfrac{b^2}{4}}}$$

ou

$$b' = \frac{2bR}{2R + \sqrt{4R^2 + b^2}}.$$

Comme $2R = 1$, $4R^2 = 1$

$$b' = \frac{b}{1 + \sqrt{1 + b^2}}.$$

Ce qui s'écrit encore en prenant les inverses :

$$\frac{1}{b'} = \frac{1}{b} + \sqrt{\frac{1}{b^2} + 1}.$$

Nous ferons le calcul en partant du carré circonscrit. Le côté est 1 et le périmètre $P'_1 = 4$.

Nous calculerons tous les périmètres par excès, pour être certains qu'ils ne deviennent pas inférieurs à π, et pour cela nous calculerons $\frac{1}{b'}$ par défaut. Nous conserverons 4 décimales.

Nous trouverons ainsi :

$$P'_1 = 4, \quad P'_2 = 3,3137, \quad P'_3 = 3,1826, \quad P'_4 = 3,1520.$$

En rapprochant ces valeurs approchées par excès des valeurs par défaut déjà trouvées, nous voyons que π est compris entre 3 et 4 et que sa valeur avec une décimale exacte est 3,1 puisque cette décimale est commune à P_3 et P'_3.

523. — **Valeur du nombre π**. — On *démontre* que le nombre π n'est ni un *nombre entier*, ni *une fraction*. On ne peut donc en donner qu'une valeur *approchée*.

Archimède a donné la valeur approchée $\dfrac{22}{7}$; elle est par excès. L'erreur est moindre que deux millièmes.

Dans les applications, la valeur

$$\pi = 3,1416$$

qui est approchée par excès avec une erreur moindre qu'un 1/2 dix-millième, suffit presque toujours.

Sa valeur approchée avec 14 décimales exactes est

$$\pi = 3,14159265358979\ldots$$

L'inverse de π a pour valeur

$$\frac{1}{\pi} = 0,31830988618379\ldots$$

En général on se contente de prendre

$$\frac{1}{\pi} = 0,3183.$$

524. — **Calcul du périmètre d'un cercle**. — Soit P le périmètre d'un cercle de rayon R

$$P = 2\pi R.$$

Exemple. — Calculer le périmètre d'un cercle de 5 mètres de rayon

$$P = 2 \times \pi \times 5 = \pi \times 10 = 31^m,41$$

525. — Calcul du rayon d'un cercle dont le périmètre est donné. — Puisque $2\pi R = P$, on a

$$R = \frac{P}{2\pi} = \frac{P}{2} \cdot \frac{1}{\pi}.$$

Exemple. — Quel est le rayon d'un cercle dont le périmètre est 14 mètres

$$R = \frac{14}{2} \times 0,3183 = 2^m,23.$$

526. Calcul de la longueur d'un arc de cercle. — 1° La longueur d'un arc de 1° est

$$\frac{2\pi R}{360} = \frac{\pi R}{180},$$

la longueur d'un arc de n degrés est

$$\frac{\pi R n}{180}.$$

2° La longueur d'un arc de 1 grade est

$$\frac{2nR}{400} = \frac{\pi R}{200},$$

la longueur d'un arc de n' grades est

$$\frac{\pi R n'}{200}.$$

EXERCICES PRATIQUES

649. Étudier la méthode suivante pour construire un hexagone régulier à main levée : tracer un diamètre AOB et mener des perpendiculaires aux milieux de OA et OB. Si on n'en construit qu'une on a un triangle équilatéral. Si on fait la même construction sur deux diamètres rectangulaires, on a le dodécagone régulier. Joindre ses sommets de 5 en 5 pour avoir le dodécagone régulier étoilé, tracer ses 6 diamètres dont chacun passera par 4 intersections de côtés. Grouper convenablement les côtés pour avoir soit 3 carrés enchevêtrés formant autour du centre un contour étoilé, soit 4 triangles équilatéraux dessinant également une autre étoile régulière.

650. Construire un pavage non régulier : 1° avec des hexagones réguliers et des triangles équilatéraux ; 2° avec des octogones réguliers et des carrés : 3° avec des cercles ayant pour diamètres les côtés des carrés d'un réseau de carrés en supprimant dans le tracé définitif le réseau de carrés initial.

651. Vérifier qu'on obtient d'une façon théoriquement inexacte mais pratiquement fort suffisante, le côté du polygone régulier convexe de 7 côtés inscrit dans un cercle en prenant la moitié du côté du triangle équilatéral inscrit dans le même cercle.

652. Marquer au rapporteur un angle au centre de 36° et construire ensuite les points de division de la circonférence en dix parties égales, les joindre de proche en proche, de deux en deux, de trois en trois, de quatre en quatre et vérifier qu'on obtient ainsi le décagone régulier convexe, le pentagone régulier convexe, le décagone étoilé, le pentagone étoilé.

653. Calculer une valeur approchée par excès du nombre π en partant du triangle équilatéral circonscrit.

654. Calculer une valeur approchée par défaut du nombre π en partant du carré inscrit.

655. Un arc de cercle dont le rayon est $42^m,90$ a pour longueur $2^m,55$; quelle est en grades et fractions décimales de grades la mesure de cet arc?

656. Un arc de cercle dont le rayon est $21^m,45$ a pour longueur $5^m,10$; quelle est en degrés, en minutes et secondes la mesure de cet arc?

657. Trouver en degrés et en grades l'arc dont la longueur est égale au rayon (radian).

658. L'arc de $15°53'$ d'un cercle a pour longueur $7^m,40$; calculer le rayon du cercle.

659. Quelle est la longueur d'un arc de $43°27'$ sur un cercle de 15 mètres de rayon?

660. Le mille marin est égal à l'arc d'une minute du méridien terrestre, quelle est d'après cela la longueur du mille marin à 1 centimètre près?

661. La latitude de Paris est $48°50'$ N., celle de Carcassonne $43°23'$ N. Ces deux villes étant sur le même méridien, calculer la longueur de l'arc de méridien compris entre elles.

662. La longueur du mètre étant la dix-millionième partie du quart du méridien terrestre ; quelle est, en supposant le méridien exactement circulaire, la longueur du rayon de la terre?

663. Une piste circulaire a un périmètre égal à $24^m,25$; quel en est le rayon?

664. Quel est le périmètre d'un cercle dans lequel le côté du carré inscrit est $3^m,75$?

665. Quel est le rayon d'un cercle dans lequel le côté du triangle équilatéral inscrit est 1 mètre?

EXERCICES THÉORIQUES

§ 1 et 2.

666. Le périmètre d'un triangle équilatéral circonscrit à un cercle est le double de celui du triangle équilatéral inscrit.

667. Étant donné un triangle équilatéral ABC inscrit dans un cercle, on élève en A la perpendiculaire au côté AC qui coupe le cercle en D, démontrer que AD est égal au rayon du cercle.

668. Calculer le rayon du cercle tel que le carré inscrit dans ce cercle ait même périmètre que le triangle équilatéral inscrit dans un cercle de rayon 1.

669. Calculer le côté de l'octogone régulier convexe circonscrit à un cercle connaissant l'apothème a de l'octogone régulier convexe inscrit dans le même cercle.

670. Quel est le périmètre de l'hexagone régulier inscrit dans un cercle tel que le côté du carré inscrit est égal à 1?

671. Calculer le rapport des rayons de deux cercles tels que le côté de l'hexagone régulier circonscrit à l'un soit égal au côté du triangle équilatéral inscrit dans l'autre.

672. Calculer la hauteur AH d'un triangle isocèle ABC dans lequel l'angle $A = 135^\circ$ et dont les côtés AB et AC ont pour longueur 1 mètre en utilisant les propriétés de l'octogone régulier.

673. Étant donnés deux angles égaux O et O′ de rayon R, quelle doit être la distance des centres OO′ de ces deux cercles pour que leur corde commune soit égale ou bien au côté du triangle équilatéral inscrit, ou bien au côté de l'hexagone inscrit.

674. Étant donné un cercle O de rayon R et une corde AB égale au côté du triangle équilatéral inscrit, on place une corde CD égale au côté du carré inscrit et du même côté de O que AB. 1° Calculer la distance de AB à CD; 2° mener par A une corde AF dont le milieu soit sur CD.

675. Il y a deux octogones réguliers inscrits dans un cercle, l'un obtenu en joignant les points de division du cercle en huit parties égales, de proche en proche, l'autre en joignant ces mêmes points de trois en trois : calculer les côtés de ces polygones connaissant le rayon du cercle et démontrer que l'apothème de chacun d'eux est la moitié du côté de l'autre.

676. Huit cercles égaux sont tangents extérieurement à un même cercle de centre O de rayon R et tangents extérieurement deux à deux de proche en proche. Calculer le périmètre de l'octogone régulier admettant pour sommets les centres de ces cercles.

677. Deux cercles égaux C et C′ de rayon r tangents extérieurement, admettent avec un troisième cercle O de rayon R des cordes communes égales toutes deux au côté de l'hexagone régulier inscrit dans le cercle O. Calculer : 1° la distance OA du centre O à la ligne des centres des deux premiers cercles; 2° la distance MM′ des milieux des cordes communes à chacun des premiers cercles et au troisième. Examiner les cas particuliers :

$$r = \frac{R}{2} \qquad r = \frac{R\sqrt{3}}{3} \qquad r = R.$$

§ 3.

678. On divise le diamètre AB d'un cercle en 2^n parties égales et sur chacune de ces parties comme diamètre on décrit une circonférence, quelle est la longueur de la somme des périmètres des circonférences ainsi tracées?

679. On donne un demi-cercle de diamètre AB et de centre O, on décrit les deux demi-cercles de diamètres OA et OB et le cercle tangent intérieurement au premier cercle extérieurement aux deux derniers, calculer le périmètre de ce nouveau cercle.

680. Le cercle étant divisé en huit parties égales par huit rayons à 45°, on trace des cercles tangents à deux rayons consécutifs aux extrémités de ces rayons. Calculer, connaissant le rayon R du cercle primitif, le périmètre de la rosace formée par les arcs des huit cercles tracés extérieurs au cercle primitif.

681. Étant donné un triangle équilatéral ABC, on décrit de chaque sommet comme centre un arc de cercle ayant pour rayon le côté du triangle et limité aux deux autres sommets, évaluer, connaissant le côté a, le périmètre du triangle curviligne ainsi formé.

682. Étant donné un carré ABCD de côté égal à a, on décrit de A comme centre un quart de cercle de rayon $R = 4a$ limité aux rayons AX prolongement de DA dans le sens D vers A et AY prolongement de AB dans le sens A vers B, ensuite de B comme centre, un quart de cercle se raccordant au premier et le continuant, puis de C comme centre un troisième quart de cercle continuant le deuxième, enfin de D comme centre un quatrième quart de cercle continuant le troisième et terminé en A ; calculer la longueur de la spirale ainsi formée connaissant la longueur a du côté du carré.

683. Étant donné un triangle ABC rectangle en A, $\left(AB = \dfrac{BC}{2} \right)$. On décrit de B et C comme centres les cercles passant en A. Calculer, connaissant la longueur $BC = a$, la longueur de l'arc de chacun de ces cercles intérieur à l'autre.

684. On considère un quadrant OAMB et l'on décrit sur OA et OB comme diamètres deux demi-cercles qui se coupent en P, évaluer, connaissant le rayon du quadrant, le périmètre du contour curviligne AMBPA.

685. Étant donné le côté a du polygone régulier convexe de n côtés inscrit dans un cercle de rayon R, calculer le côté du polygone régulier circonscrit du même nombre de côtés.

LIVRE IV

AIRE D'UNE SURFACE PLANE

§ 1. — Aire des polygones. — Aire du cercle.

527. — Aire d'une surface. — Pour mesurer une ligne on la compare à un *segment rectiligne* pris pour *unité*.

Le résultat de cette mesure est un *nombre* qu'on appelle la *longueur* de la ligne.

De même on peut mesurer une surface plane en la comparant à un *carré* pris comme *unité de surface*.

Le résultat de cette mesure est un *nombre* qu'on appelle *l'aire de la surface*.

528. — Convention fondamentale. — *On convient de prendre comme unité de surface le* **carré** *ayant pour côté* **l'unité de longueur.**

L'unité de longueur étant le *mètre*, l'unité de surface sera le *carré* ayant un mètre de côté qu'on appelle le **mètre carré.**

Le mètre carré a des sous-multiples :

Le décimètre carré qui est un carré de 1 décimètre de côté ; le centimètre carré qui est un carré de 1 centimètre de côté ; le millimètre carré qui est un carré de 1 milli-mètre de côté.

529. Pour *mesurer une surface* **plane** on cherche com-bien elle contient de mètres carrés, décimètres carrés, centimètres carrés et millimètres carrés.

Lorsqu'une surface plane peut être découpée en carrés, il est très facile de trouver son aire. Mais le plus souvent il n'en est pas ainsi, ce qui donne naissance à certaines difficultés.

AIRE DU RECTANGLE.

530. — Théorème. — *L'aire d'un rectangle est égale au produit des nombres qui mesurent deux côtés consécutifs.*

1er CAS. — Les deux côtés ont pour mesure des *nombres entiers.*

Supposons, par exemple, que

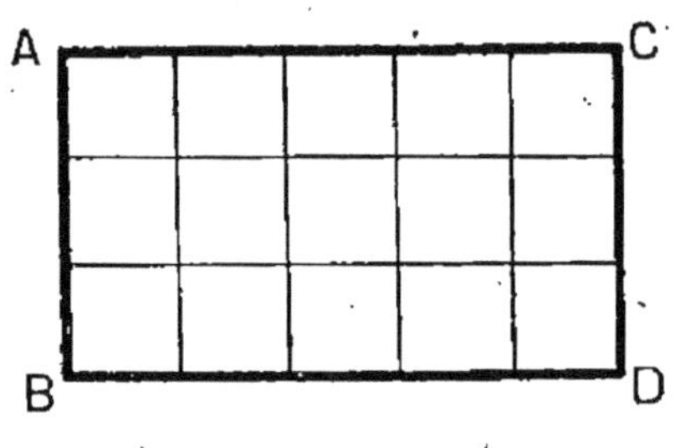

Fig. 327.

$$AB = 3 \text{ mètres} \quad \text{et} \quad AC = 5 \text{ mètres (fig. 327).}$$

Figurons l'unité de surface EFGH qui est le mètre carré.

Partageons AB en 3 et AC en 5 parties égales.

Par chaque point des divisions d'un des côtés, menons la parallèle à l'autre côté du rectangle.

Nous partageons ainsi le rectangle en 3 bandes rectangulaires contenant chacune 5 mètres carrés.

Le rectangle contient donc 5×3 fois l'unité de surface.

L'aire du rectangle évaluée en mètres carrés est donc

$$5 \times 3.$$

2e CAS. — Les côtés du rectangle ont pour mesure des *fractions.*

On peut les supposer réduites au même dénominateur.

Supposons que ce dénominateur commun soit 6 et que

$$AB = \frac{3}{6}$$

et

$$AC = \frac{5}{6} \qquad \text{(fig. 328).}$$

Partageons AB en 3 parties égales, AC en 5 parties

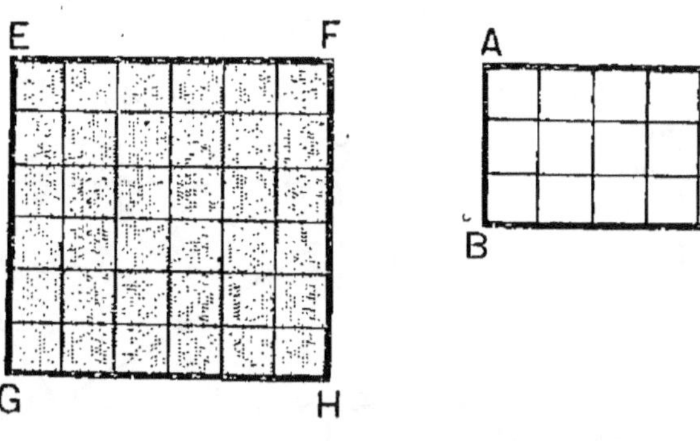

Fig. 328.

égales et les côtés EF et GH du mètre carré en 6 parties égales.

Toutes les divisions sont égales entre elles.

Si par chaque point de division on mène des parallèles à l'autre côté, on découpe le mètre carré en $6 \times 6 = 36$ carrés et le rectangle ABCD en 3×5 carrés, tous égaux entre eux.

Par conséquent le rectangle ABCD contient 3×5 fois la 36e partie de l'unité de surface.

Donc

$$\text{Aire ABCD} = \frac{3 \times 5}{36} = \frac{3 \times 5}{6 \times 6} = \frac{3}{6} \times \frac{5}{6}$$

ou

$$\text{Aire ABCD} = \text{mes. AB} \times \text{mes. AC.}$$

531. — **Corollaire.** — *L'aire d'un carré est le carré du nombre qui mesure son côté.*

AIRE DU PARALLÉLOGRAMME.

532. — On appelle *hauteur* d'un parallélogramme la distance de deux côtés parallèles qui prennent le nom de bases.

***533.** — **Théorème.** — *Soit CH et BK les deux hauteurs d'un parallélogramme correspondant aux côtés AB et AC* (fig. 329).

On a :

$$AB \times CH = AC \times BK.$$

En effet, les deux triangles ACH et ABK sont semblables comme triangles rectangles ayant un angle aigu commun $\widehat{A}$.

$$\frac{AB}{AC} = \frac{BK}{CH},$$

ce qui donne

$$AB \times CH = AC \times BK.$$

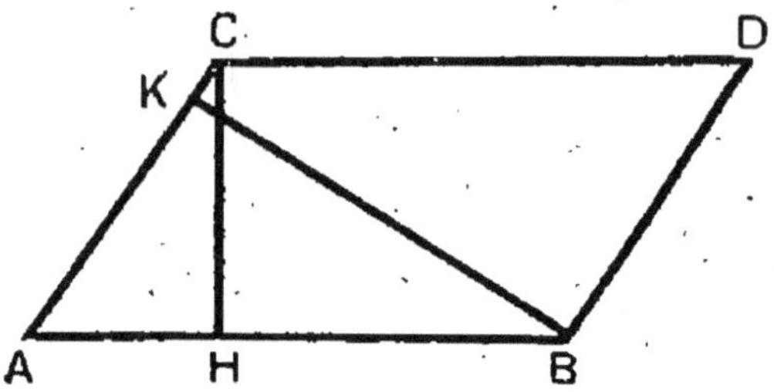

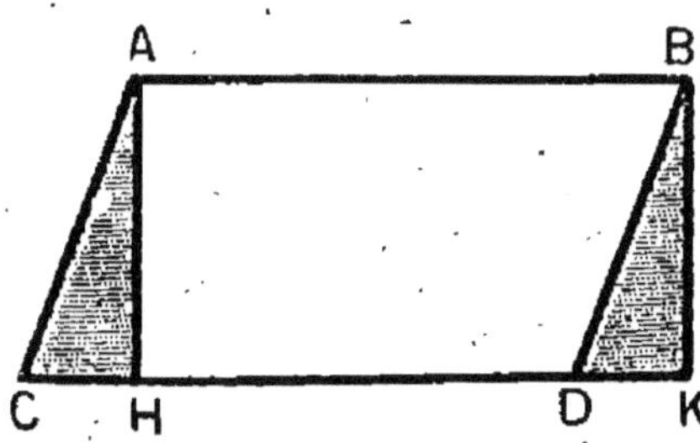

Fig. 329.

534.— Théorème. — *L'aire d'un parallélogramme est égale au produit de sa base par sa hauteur.*

Prenons comme base le plus grand côté AB.

La hauteur est alors AH (fig. 330).

Nous voulons démontrer que

Aire $ABCD = AB \times AH$.

Abaissons la perpendiculaire BK sur CD.

Fig. 330. — Aire du parallélogramme.

Les deux triangles ACH et BDK sont *égaux*, car une *translation* les superpose.

Détachons du parallélogramme le triangle ACH. Nous pouvons lui donner la position BDK.

Nous aurons alors formé un rectangle ABHK qui a *même aire que le parallélogramme.*

Or l'aire du rectangle est

$$AB \times AH.$$

C'est donc aussi l'aire du parallélogramme.

535. — Corollaire. — *Si deux parallélogrammes ont la même base et la même hauteur leurs aires sont égales.*

AIRE DU TRIANGLE.

536. — On appelle *hauteur* d'un triangle la distance d'un sommet au côté opposé qui prend le nom de *base*.

***537.** — **Théorème.** — *Soit* AA′ *et* BB′ *deux hauteurs d'un triangle* ABC.

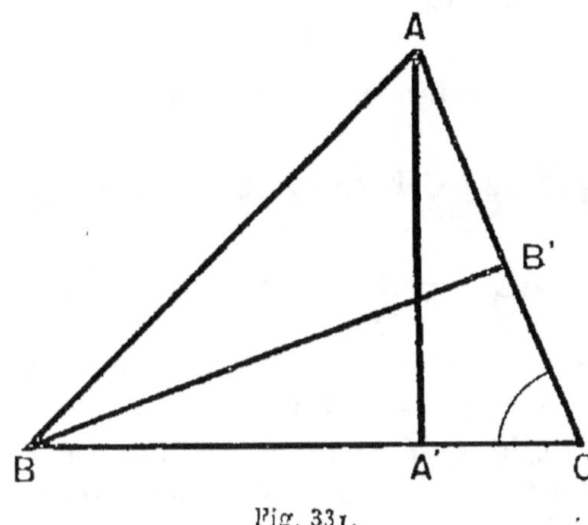

Fig. 331.

On a :

$$BC \times AA' = AC \times BB'$$
(fig. 331).

En effet, les deux triangles AA′C et BB′C sont semblables comme triangles rectangles ayant un angle aigu égal $\widehat{C}$.

Donc :

$$\frac{BC}{AC} = \frac{BB'}{AA'},$$

ou :

$$BC \times AA' = AC \times BB'.$$

538. — **Théorème.** — *L'aire d'un triangle est égale à la moitié du produit de sa base par sa hauteur.*

Soit le triangle ABC.

Menons la hauteur AA′. Nous supposons qu'elle tombe à l'intérieur du triangle (fig. 332). Nous voulons démontrer que

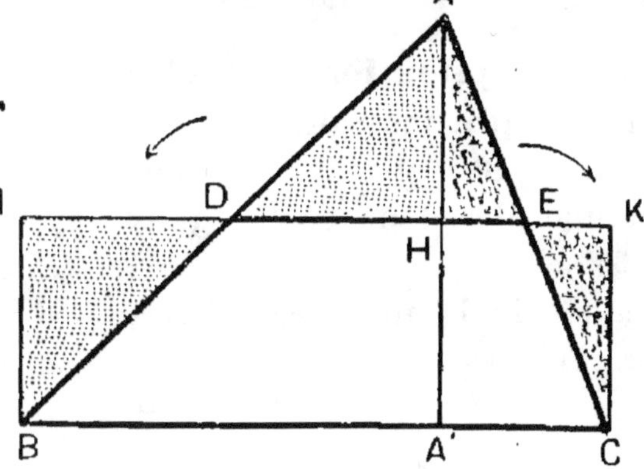

Fig. 332. — Aire du triangle.

$$\text{Aire ABC} = \frac{BC \times AA'}{2}.$$

Joignons les milieux D et E des deux côtés AB et AC.

La droite DE est parallèle à BC et rencontre AA' en son milieu H.

Abaissons BI et CK perpendiculaires sur DE.

Les triangles DAH et BDI sont *égaux comme symétriques* par rapport au point D.

On peut donc détacher du triangle ABC le triangle ADH et lui donner la position BDI.

De même on peut détacher le triangle AEH et lui donner la position CEK.

On obtient ainsi le rectangle BCIK qui a *même aire que le triangle ABC.*

Or l'aire du rectangle $\mathrm{BCIK} = \mathrm{BC} \times \mathrm{HA'} = \dfrac{\mathrm{BC} \times \mathrm{AA'}}{2}$.

539. — **Corollaires.** — 1° *Deux triangles de même base et de même hauteur ont pour aires des nombres égaux.*

2° *Si un sommet d'un triangle se déplace sur une parallèle à sa base qui reste fixe, l'aire du triangle reste constante.*

3° *L'aire d'un triangle rectangle est la moitié du produit des deux côtés de l'angle droit.*

Car si l'on prend l'un pour base, l'autre est la hauteur.

540. — **Application I.** — **Aire d'un triangle isoscèle.** — Soit a la base BC, et c la longueur commune des deux côtés égaux (fig. 333).

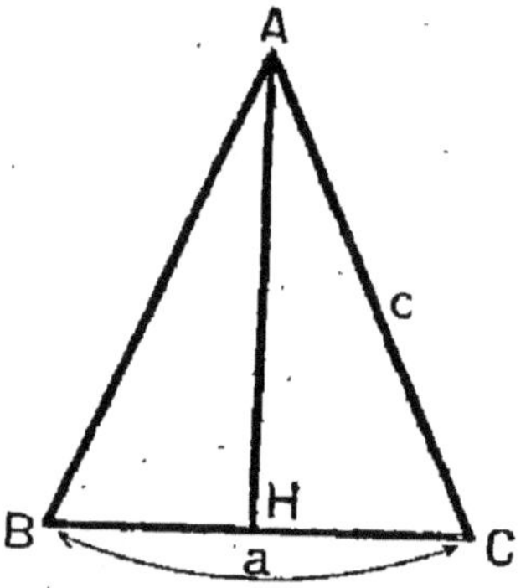

Menons la hauteur AH, l'aire du triangle est

$$\frac{\mathrm{BC} \times \mathrm{AH}}{2}.$$

Fig. 333.

Dans le triangle rectangle ABH, le théorème de Pythagore donne

$$\overline{\mathrm{AH}}^2 = \overline{\mathrm{AB}}^2 - \left(\frac{\mathrm{BC}}{2}\right)^2$$

$$= c^2 - \frac{a^2}{4}.$$

Donc

$$AH = \sqrt{c^2 - \frac{a^2}{4}}.$$

L'aire est donc

$$S = \frac{1}{2} a \sqrt{c^2 - \frac{a^2}{4}}.$$

541. — **Application II.** — **Aire du triangle équilatéral.** — Soit a le côté du triangle équilatéral (fig. 334).

Calculons la hauteur AH.

On a

$$\overline{AH}^2 = \overline{AC}^2 - \overline{HC}^2 = a^2 - \frac{a^2}{4}$$
$$= \frac{3a^2}{4}.$$

D'où

$$AH = \frac{a\sqrt{3}}{2}.$$

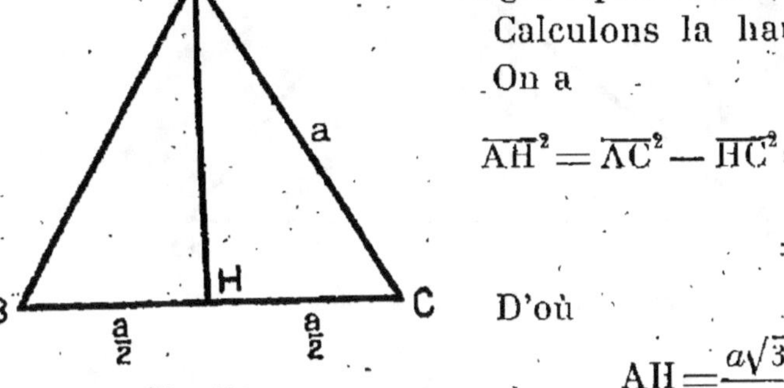

Fig. 334.

L'aire est donc

$$S = \frac{1}{2} a \cdot \frac{a\sqrt{3}}{2} = \frac{a^2\sqrt{3}}{4}.$$

AIRE D'UN POLYGONE QUELCONQUE.

542. — Pour évaluer l'aire d'un polygone quelconque on le *décompose en triangles*. On mesure l'aire de chacun d'eux. La *somme des aires obtenues* est *l'aire du polygone*.

Nous allons appliquer cette méthode à un certain nombre de polygones particuliers.

543. — **Aire du trapèze.** — **Théorème.** — *L'aire d'un trapèze est égale au produit de la demi-somme des bases par la hauteur.*

Soit le trapèze ABCD, de bases AB et CD et de hauteur h (fig. 335).

Menons la diagonale AC qui décompose le trapèze en deux triangles. On a :

$$\text{Aire ABC} = \frac{1}{2}\,\text{AB} \times h$$

$$\text{Aire ACD} = \frac{1}{2}\,\text{DC} \times h.$$

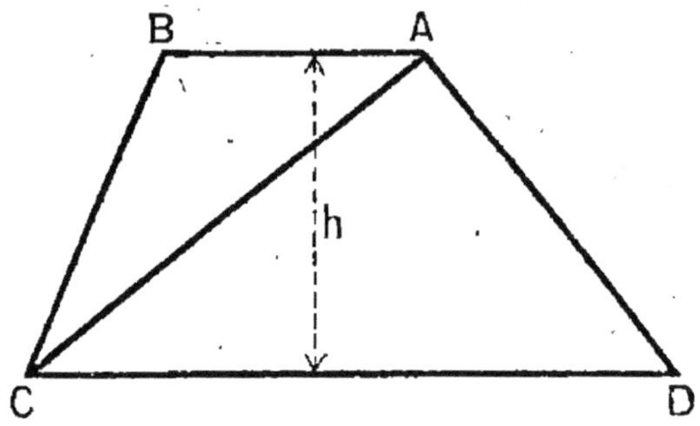

Fig. 335. — Aire du trapèze.

Donc

$$\text{Aire ABCD} = \text{aire ABC} + \text{aire ACD}$$

$$= \frac{1}{2}\,\text{AB} \times h + \frac{1}{2}\,\text{AC} \times h$$

$$= \frac{1}{2}(\text{AB} + \text{BC}) \times h.$$

544. — Méthode des trapèzes. — *En pratique,* sur le *terrain,* pour mesurer une surface polygonale, on décompose la surface en trapèzes et en triangles rectangles (fig. 336).

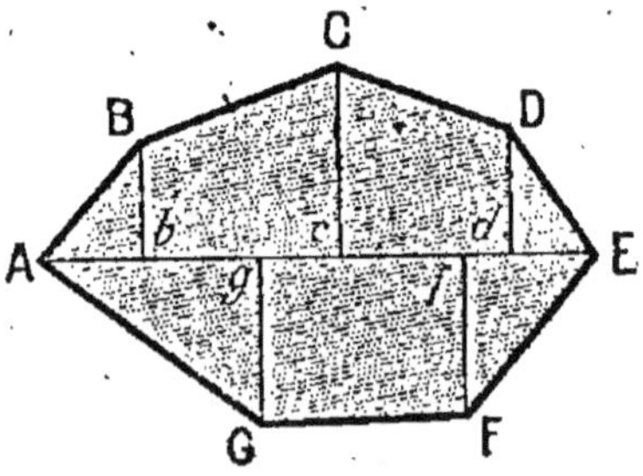

545. — Aire d'un polygone circonscrit à un cercle. — Théorème. — *L'aire d'un polygone convexe* circonscrit à un cercle est égale au produit du demi-périmètre du polygone par le rayon du cercle circonscrit.

Fig. 336.

Soit un polygone *convexe* ABCDF *circonscrit* à un cercle de rayon r (fig. 337).

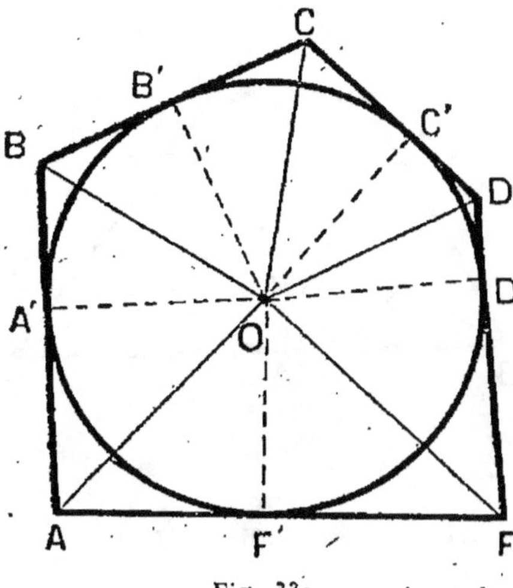

Fig. 337.

Soient A′, B′, C′, D′, F les points de contact.

Joignons le centre O aux sommets. Nous décomposons le polygone en triangles qui ont *pour sommet commun* O, pour *hauteur commune le rayon* du cercle inscrit et pour *bases* les côtés du polygone.

Donc

$$\text{Aire } OAB = \frac{1}{2} AB \times r$$

$$\text{Aire } OBC = \frac{1}{2} BC \times r$$

$$\text{Aire } OCD = \frac{1}{2} CD \times r$$

$$\text{Aire } ODF = \frac{1}{2} DF \times r$$

$$\text{Aire } OFA = \frac{1}{2} FA \times r.$$

D'où par addition

$$\text{Aire } ABCDF = \frac{1}{2}(AB + BC + CD + DF + FA).r.$$

Si on désigne par $2p$ le *périmètre* du polygone, on a :

$$\text{Aire } ABCDF = pr.$$

546. — **Corollaire I.** — *L'aire d'un triangle est égale au produit du demi-périmètre par le rayon du cercle inscrit.*

Si on pose

$$2p = a + b + c,$$

l'aire du triangle est

$$S = pr$$

(fig. 338).

547.— Corollaire II. — Aire d'un polygone régulier.
L'aire d'un polygone régulier est égale au produit de son demi-périmètre par son apothème.

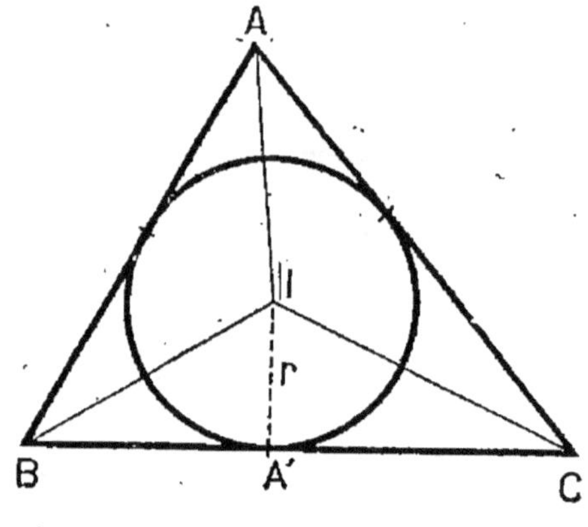

Fig. 338.

En effet un polygone *régulier* est *circonscriptible* à un cercle.

Le rayon de ce cercle inscrit est *l'apothème* du polygone.

548. — Exemple. — Aire de l'hexagone régulier de côté a.

Le demi-périmètre est $3a$.

Calculons *l'apothème* r.

L'hexagone est *inscriptible* dans un cercle de centre O et de rayon a égal au côté.

D'après le calcul du § 512, son apothème est

$$r = \frac{a\sqrt{3}}{2}.$$

L'aire S est donc

$$S = 3\,a.\frac{a\sqrt{3}}{2} = \frac{3\,a^2\sqrt{3}}{2}.$$

AIRE DU CERCLE.

549. — Considérons un cercle de centre O et de rayon R et un polygone régulier *circonscrit* à ce cercle.

Son apothème est R. Son aire est égale à son demi-périmètre multiplié par R.

Si le nombre des côtés du polygone régulier est très grand, le cercle et ce polygone sont devenus indiscernables.

On est amené a admettre que :

550. — Théorème. — *L'aire d'un cercle est égale au produit de son demi-périmètre par son rayon.*

Le périmètre du cercle est $2\pi R$.

L'aire du cercle est

$$S = \frac{1}{2} \cdot 2\pi R \cdot R = \pi R^2$$

L'aire d'un cercle de rayon R est donc πR^2.

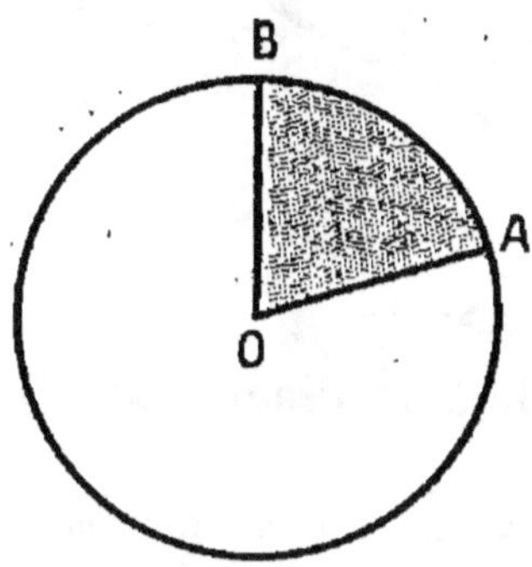

Fig. 339. — Secteur circulaire.

551. — Aire du secteur circulaire. — *On appelle secteur circulaire la surface comprise entre un arc de cercle et deux rayons qui aboutissent à ses deux extrémités* (fig. 339).

Dans un même cercle deux secteurs correspondant au *même angle* au centre sont *égaux*.

D'après cela, tous les secteurs dont l'angle au centre vaut $1°$ ont la même aire qui est la $360°$ partie de l'aire du cercle, c'est-à-dire $\dfrac{\pi R^2}{360}$.

L'aire d'un secteur circulaire de n dégrés est

$$\frac{\pi R^2 n}{360}.$$

552. — Aire du segment circulaire. — *On appelle segment circulaire la surface comprise entre un arc de cercle et sa corde* (fig. 340).

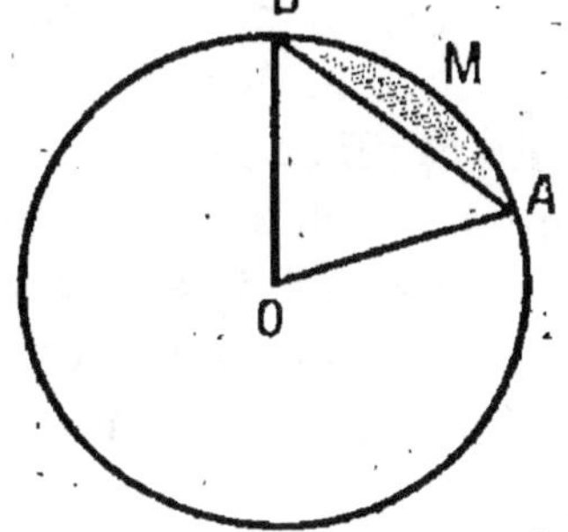

Fig. 340. — Segment circulaire.

C'est la *différence* entre l'aire du secteur OAMB et l'aire du triangle OAB que l'on sait évaluer séparément.

§ 2. — Constructions.

553. — Problème. — *Construire un triangle de même aire qu'un polygone donné.*

Soit ABCDEF le polygone (fig. 341). Nous allons le remplacer par un polygone de *même aire* et ayant *un côté de moins*.

Considérons le triangle ABC ayant pour sommet trois sommets consécutifs quelconques du polygone.

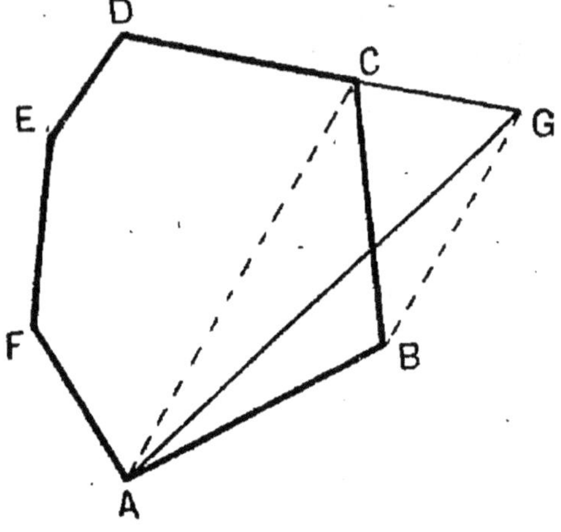

Fig. 341.

Par le point B menons la parallèle à la diagonale AC qui rencontre le côté CD au point G.

Les triangles GAC et BAC ont des *aires égales*, parce qu'ils ont même base et même hauteur.

Si donc on remplace le triangle ABC par le triangle AGC, le polygone obtenu AGDEF a la *même aire* que le premier. Or ce nouveau polygone a *un côté de moins* que le polygone donné.

En appliquant la même méthode à ce nouveau polygone on le remplacera par un polygone de même aire et ayant encore *un côté de moins*, et ainsi de suite.

On arrivera ainsi à obtenir un *triangle* ayant la *même aire* que le polygone donné.

554. — Problème. — *Construire un carré ayant la même aire qu'un polygone donné.*

On commencera par construire un *triangle* ayant la *même aire* que le polygone donné.

Soit PQR le triangle ainsi obtenu (fig. 342).

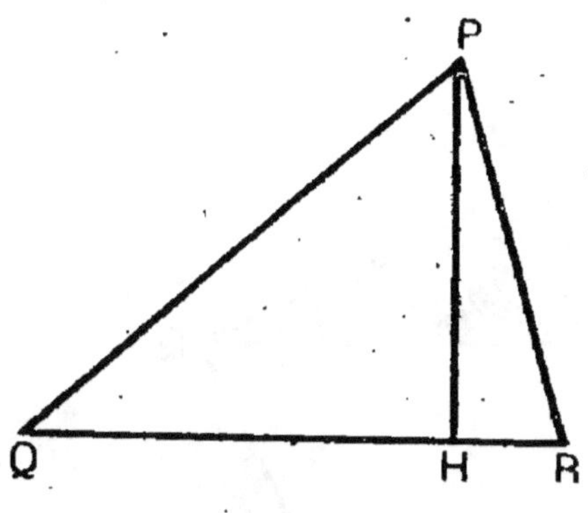

Fig. 342.

Menons sa hauteur PH.

Son aire est $\frac{1}{2}$ QR$\times$PH.

Désignons par x le côté du carré cherché ; l'aire de ce carré est x^2.

On devra donc avoir

$$x^2 = \frac{QR}{2} \times PH.$$

Ce qui montre que le côté x du carré cherché est la *moyenne proportionnelle entre les deux longueurs* $\frac{QR}{2}$ et PH.

Nous savons donc le construire (§ 433).

555. — Problème. — *Construire un carré dont l'aire est la somme des aires de deux polygones donnés.*

On construit d'abord deux carrés ayant la même aire que ces deux polygones.

Soient b et c les côtés de ces deux carrés.

Le côté x du carré cherché est tel que

$$x^2 = b^2 + c^2.$$

C'est donc l'hypoténuse d'un triangle rectangle ayant b et c pour côtés de l'angle droit.

556. — Théorème. — *L'aire du carré construit sur l'hypoténuse d'un triangle rectangle est égale à la somme des aires des carrés construits sur les deux côtés de l'angle droit.*

Nous avons déjà donné une démonstration numérique de ce théorème.

Démontrons-le sans *calcul*.

Construisons *extérieurement* au triangle rectangle ABC, le carré BCDF ayant pour côtés l'*hypoténuse* (fig. 343).

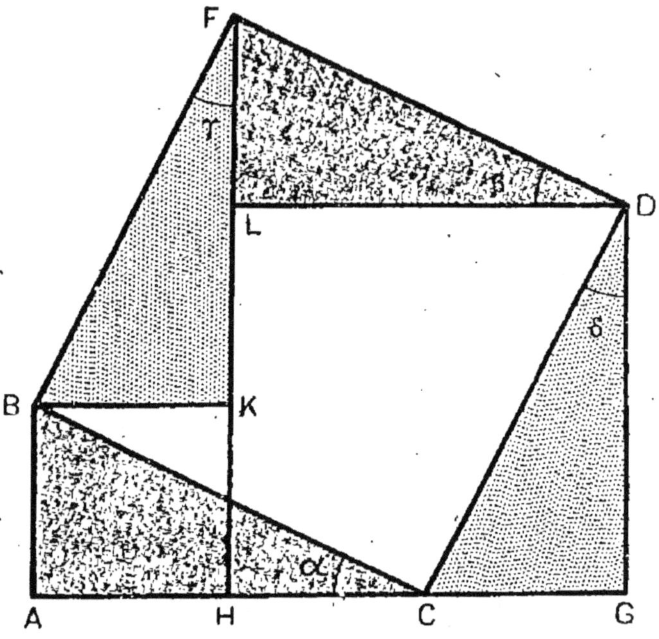

Fig. 343. — Théorème de Pythagore.

Abaissons DG et FH perpendiculaires sur AC, BK et DL perpendiculaires sur FH.

Les triangles rectangles, couverts de hachures sur la figure, sont *égaux*.

En effet les quatre triangles ont l'hypoténuse égale et un angle aigu égal.

Car
$$\hat{\alpha} = \hat{\beta}$$

et
$$\hat{\gamma} = \hat{\delta}$$

comme ayant leurs côtés parallèles et de même sens

$$\hat{\alpha} = \hat{\delta}$$

comme ayant le même complément $\widehat{DCG}$.

Le rectangle ABKH est un *carré*, car

$$AB = BK$$

et c'est le carré *construit sur le côté* AB *de l'angle droit*.

Le rectangle DLHG est aussi un carré, car

$$DL = DG.$$

Comme $DL = AC$, ce second carré est *égal au carré construit sur le côté* AC *de l'angle droit*.

Cela posé, partons du carré BCDF construit sur l'hypoténuse.

Détachons-en le triangle FDL auquel nous donnerons la position ABC.

Détachons ensuite le triangle FBK auquel nous donnerons la position DCG.

Nous aurons obtenu ainsi une surface ayant *même aire* que le carré initial : or cette surface est l'assemblage des carrés ABKH et DLHG respectivement égaux aux carrés construits sur les deux côtés de l'angle droit.

§ 3. — Comparaison des aires.

Il résulte de l'expression même de l'aire d'un rectangle et de l'aire d'un triangle que :

557. — Théorème. — *Le quotient des aires de deux rectangles ou de deux triangles de même base est égal au rapport des hauteurs.*

558. — Théorème. — *Le quotient des aires de deux rectangles ou de deux triangles de même hauteur est égal au rapport des bases.*

559. — Théorème. — *Le quotient des aires de deux triangles semblables est égal au carré du rapport d'homothétie.*

Soient en effet deux triangles *semblables* ABC et A'B'C' (fig. 344), AH et A'H' leur hauteur. On a :

$$\text{aire } A'B'C' = \frac{1}{2} B'C' \times A'H'$$

$$\text{aire } ABC = \frac{1}{2} BC \times AH.$$

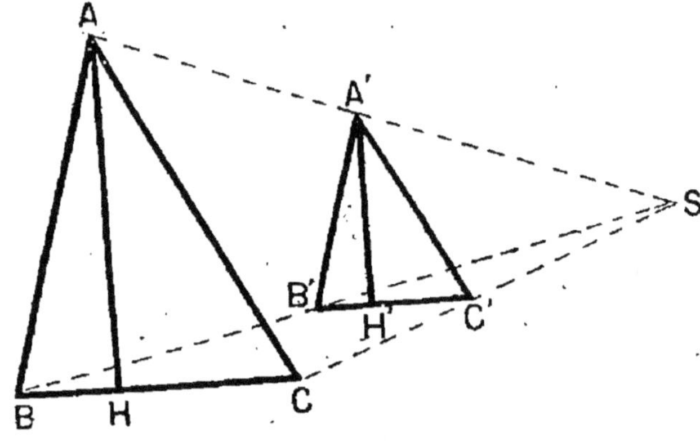

Fig. 344.

D'où, en divisant membre à membre

$$\frac{\text{aire } A'B'C'}{\text{aire } ABC} = \frac{B'C'}{BC} \times \frac{A'H'}{AH}.$$

Les deux triangles étant semblables, les longueurs correspondantes des deux figures sont dans le rapport k. On a donc

$$\frac{B'C'}{BC} = k \qquad \frac{A'H'}{AH} = k$$

et par suite

$$\frac{\text{aire } A'B'C'}{\text{aire } ABC} = k \times k = k^2.$$

560. — Théorème. — *Le quotient des aires de deux polygones homothétiques est égal au carré du rapport d'homothétie.*

Soient ABCDEF et A'B'C'D'E'F' deux polygones homothétiques, k leur rapport d'homothétie; soient S et S' leurs aires (fig. 345).

Décomposons le polygone ABCDF en triangles d'aire T_1, T_2, T_3. Nous voyons que le polygone A'B'C'D'F' pourra être décomposé en triangles d'aire T'_1, T'_2, T'_3, respective-

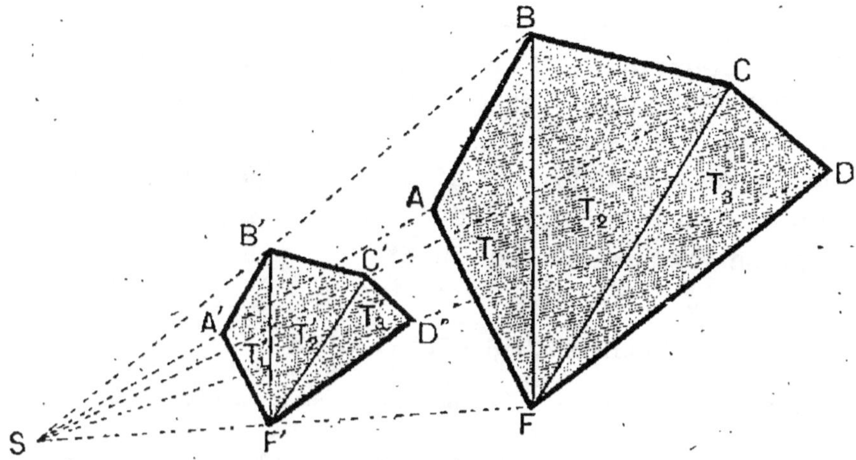

Fig. 345. — Aire de deux polygones homothétiques.

ment semblables aux premiers, le rapport de similitude étant k.

D'après le théorème précédent on a

$$\frac{T'_1}{T_1} = k^2, \text{ et par suite}$$

$$T'_1 = T_1 . k^2$$

de même

$$T'_2 = T_2 . k^2$$

$$T'_3 = T_3 . k^2$$

En additionnant ces égalités membre à membre, on a

$$T'_1 + T'_2 + T'_3 = (T_1 + T_2 + T_3) . k^2$$

Or $T_1 + T_2 + T_3$ est l'aire S du premier polygone,

$T'_1 + T'_2 + T'_3$ est l'aire S' du second.

Donc

$$S' = S . k^2$$

ou

$$\frac{S'}{S} = k^2.$$

561. — Corollaire. — *Le rapport des aires de deux poly-gones semblables est égal au carré du rapport de similitude.*

562. — L'aire limitée par une *courbe fermée* devient *pratiquement indiscernable* de l'aire d'un polygone inscrit dans cette courbe et dont le nombre de côtés devient très grand. On est donc amené à *admettre* que :

563. — **Théorème**. — *Le rapport des aires de deux figures planes homothétiques est égal au carré du rapport d'homothétie.*

Ainsi le rapport des aires de deux cercles est égal au carré du rapport de leurs rayons.

Ce qui se vérifie immédiatement.

EXERCICES PRATIQUES

686. Étant donné un carré ABCD, on le décompose en 9 carrés égaux par 3 parallèles équidistantes menées à chacune des directions des côtés. Accoler de toutes les façons possibles ces 9 carrés, de manière à former des figures non égales mais équivalentes au carré donné.

[*Nota.* — *On nomme figures équivalentes des figures qui ont des aires égales*].

687. Tracer un quadrillage de carrés ayant 16 mm de côté, puis marquer le contour de l'aire formée par l'assemblage de ceux des carrés qui sont entièrement intérieurs à un cercle ayant son centre 0 en un sommet des carrés et pour rayon 80 mm. Tracer ensuite le contour laissant à son extérieur l'assemblage des carrés entièrement extérieurs au cercle précédent. Recommencer le tracé en remplaçant le quadrillage de 16 mm par un quadrillage de 8 mm divisant chaque carré du premier réseau en quatre nouveaux carrés égaux, puis prendre des quadrillages de 4 mm et 2 mm et faire la même opération ; vérifier alors que les aires formées par l'assemblage des carrés tout intérieurs vont en augmentant alors que celles formées par l'assemblage des carrés intérieurs et non entièrement extérieurs vont en diminuant.

688. Étant donné un carré de 0^m,065 de côté, on trace dans ce carré cinq lignes équidistantes parallèles à chaque côté, d'une épaisseur de 0^m,0005, quelle est la superficie du carré non couverte par les lignes de séparation ?

689. Étant donné un triangle ABC, on divise chaque côté en cinq parties égales et on mène par les points de division des parallèles aux deux autres côtés, démontrer que ces parallèles se rencontrent trois à trois en un même point et qu'ainsi elles décomposent le triangle en 25 triangles équivalents. Que serait-il arrivé si on avait divisé chaque côté en *n* parties égales ?

690. Calculer la superficie d'une salle qui est dallée avec 500 pavés hexagonaux réguliers de 150 mm de côté et 1500 pavés en triangles équilatéraux ayant aussi 150 mm de côté.

691. Une salle est parquetée avec des planches formant un réseau de carrés et d'octogones réguliers, le côté commun des octogones et des carrés est $0^m,12$, quel est le nombre de planches de chaque espèce employées sachant que la salle est un carré de 12 m de côté?

692. Combien faut-il de rouleaux de papier ayant $0^m,55$ de large et $4^m,50$ de long pour tapisser les quatre murs d'une pièce qui ont chacun $3^m,15$ de haut et respectivement $3^m,75$, $2^m,80$, $5^m,50$, $3^m,10$ de longueur?

693. Étant donné un carré ABCD ayant pour côté $AB = 45$ mm, on joint les milieux de deux côtés consécutifs par une droite; calculer le rapport des aires dans lesquelles la droite tracée divise le carré.

694. On considère un carré ABCD ayant $0^m,50$ de côté et on joint chaque sommet aux milieux des deux côtés qui ne passent pas par lui, on obtient ainsi huit droites qui enferment entre elles un octogone convexe dont on demande de calculer l'aire.

695. Quel est le rapport des côtés d'un carré et d'un triangle équilatéral équivalents?

696. L'aire de l'hexagone régulier inscrit dans un cercle est $1^{are},23$, calculer la superficie du carré inscrit dans le même cercle.

697. Étant donné un losange ABCD ayant $0^m,35$ de côté, $\widehat{A} = 135^0$, on mène par les milieux M de AB et P de DA deux parallèles faisant 60^0 avec la diagonale BD, calculer l'aire de la partie du losange comprise entre ces deux parallèles.

698. On donne deux points P et Q, $PQ = 35$ mm, on mène par P deux droites PX, PY faisant 30^0 et 75^0 avec PQ et par Q deux droites QX', QY' respectivement perpendiculaires, la première sur PX, la deuxième sur PY; calculer l'aire du quadrilatère convexe enfermé par les quatre droites PX, PY, QX', QY'.

699. Une cible est formée par 5 cercles concentriques ayant respectivement $0^m,25$, $0^m,50$, $0^m,75$, 1^m, $1^m,25$ de rayon, on peint le cercle intérieur en noir et les couronnes successives, à partir du centre, en rouge, bleu, jaune, blanc. Sachant que les peintures rouge et jaune sont posées à raison de $0^{fr},75$ le mètre carré et les autres à raison de $0^{fr},55$ le mètre carré; à quel prix revient la peinture de la cible?

700. Deux cercles tangents intérieurement en A ont un rayon triple l'un de l'autre, sachant que la partie du grand cercle extérieur au petit a une aire de $0^{ha},2880$; calculer les rayons des deux cercles.

701. Quelle est l'aire d'un cercle dans lequel l'arc d'un degré mesure $0^m,00125$?

702. Le segment d'un cercle correspondant à un angle de 60^0 ayant pour aire $0^{mq},025$; calculer l'aire et le rayon de ce cercle.

703. Évaluer les segments d'un cercle de rayon 1 dont les cordes sont les côtés des polygones réguliers convexes inscrits de 3, 4, 6, 8 et 12 côtés.

704. Pour faire un abat-jour on a tracé sur une feuille de papier deux arcs de cercles concentriques ayant 300^0 d'angle au centre et des rayons de 25 et 8 cm. Quelle est l'aire de la surface de l'abat-jour ainsi dessiné?

EXERCICES THÉORIQUES

705. On mène une parallèle DE à la base BC d'un triangle ABC ; démontrer que l'aire du triangle ADC est moyenne proportionnelle entre les aires des triangles ABC et ADE.

706. La surface d'un triangle rectangle est égale au produit des deux segments déterminés sur l'hypoténuse par le point de contact du cercle inscrit dans le triangle.

707. Montrer que l'aire d'un trapèze est égale au produit de l'un des côtés non parallèles par sa distance au milieu du côté opposé.

708. Évaluer l'aire d'un losange connaissant le rayon r du cercle inscrit et la longueur a du côté.

709. Démontrer que l'aire d'un triangle est égale au demi-produit de deux côtés par le sinus de l'angle compris entre ces côtés.

710. Démontrer que la surface S d'un triangle ABC est donnée par une des formules suivantes :

$$S = pr = (p - a)r' = (p - b)r'' = (p - c)r''' = \sqrt{p(p - a)(p - b)(p - c)}$$

si on appelle a, b, c, les longueurs des côtés, $2p$ le périmètre et r, r', r'', r''' les rayons des cercles inscrit et exinscrits du triangle ABC,

711. Évaluer l'aire d'un trapèze connaissant les quatre côtés. Examiner en particulier le cas du trapèze isocèle.

712. Évaluer l'aire d'un parallélogramme connaissant les longueurs des deux diagonales et l'angle de ces deux diagonales.

713. Étant donnés deux cercles O et O' de rayons respectifs 2R et R tangents intérieurement en A, on mène par A une sécante qui coupe le cercle O en B et le cercle O' en B' ; évaluer connaissant R et l'angle $\widehat{OSB} = \alpha$, l'aire du quadrilatère OBB'O'.

714. Reprendre l'étoile formée par un hexagone et six parallélogrammes dont le tracé est indiqué (ex. **142**) et en calculer l'aire connaissant le côté de l'hexagone central.

715. On construit sur les trois côtés d'un triangle ABC quelconque et extérieurement à ce triangle trois carrés dont on joint les sommets voisins ; on forme ainsi un hexagone convexe dont on demande d'évaluer l'aire connaissant les côtés et les angles du triangle ABC. On examinera les cas particuliers où le triangle ABC 1° est équilatéral ; 2° est rectangle ; 3° possède un angle $\widehat{A} = 120°$ et deux côtés adjacents $AC = a$ $AB = 2a$. Exprimer dans ces trois cas l'aire de l'hexagone connaissant les longueurs des côtés du triangle.

716. Étant donné un triangle ABC et les trois médianes AM, BN et CP qui se coupent en G, on joint les trois sommets A, B, C du triangle aux milieux M', N', P' des segments GM, GN et GP. Calculer, connaissant l'aire du triangle, l'aire de l'hexagone concave AP'BM'CN'A.

717. Sur un côté BC d'un triangle ABC on construit du côté où ne se trouve pas A (ou du côté de A) un carré BCDE ; AD et AE rencontrent BC

en F et G; FH et GI perpendiculaires à BC rencontrent AC et AB en H
et I, la figure IGFH est un carré homothétique de BCDE par rapport à A.
Calculer l'aire de ce carré en supposant que ABC est équilatéral avec 3o mm
de côté.

718. Étant donné un triangle ABC, on prend le symétrique A'B'C' de ce
triangle par rapport à la parallèle à BC menée par le point de concours G,
des médianes; évaluer l'aire de la partie commune aux deux triangles ABC
et A'B'C' connaissant l'aire du triangle ABC.

719. I étant le centre du cercle inscrit dans un triangle ABC, démontrer
que les aires des triangles AIB, BIC, CIA sont inversement proportionnelles
aux hauteurs CC', AA', BB' du triangle ABC.

720. Étant donné un octogone régulier convexe ABCDEFGH inscrit dans
un cercle de rayon R, on prend les symétriques des quatre sommets
A,C,E,G par rapport aux diagonales HB, BD, DF et FH et on joint les
points A', C', E', G' obtenus aux points H, B, D et F de façon à former
un octogone concave A'BC'DEFG'H dont on demande de calculer l'aire connaissant le rayon R.

721. Étant donné un trapèze ABCD dont les diagonales se coupent en I,
évaluer, connaissant l'aire de ce trapèze, celle du trapèze dont les sommets sont les milieux des segments IA, IB, IC, ID.

722. Découper un triangle ABC en deux polygones d'aires égales par
une parallèle au côté BC.

723. Deux triangles qui ont deux côtés égaux respectivement comprenant entre eux deux angles supplémentaires sont équivalents.

724. Démontrer que la condition nécessaire et suffisante pour qu'une
droite divise un carré en deux polygones équivalents est que cette droite
passe par le centre du carré.

725. Étant donné un parallélogramme ABCD, déterminer la position d'un
point O à l'intérieur du parallélogramme tel que les triangles OAB, OBC,
OCB, ODA soient équivalents.

726. Étant donné un triangle ABC, on prend le symétrique A'B'C' de ce
triangle par rapport à la droite MP qui joint les milieux des côtés BC et
AB de ce triangle, démontrer que l'aire commune aux deux triangles ABC
et A'B'C' est équivalente à la moitié du triangle ABC.

727. Marquer sur une diagonale d'un carré le point tel qu'en le joignant
à trois sommets on ait trois droites divisant le carré en parties équivalentes.

728. Un champ est limité d'un bord par un contour polygonal ABCDE
dans lequel AB est parallèle à DE et l'angle $\widehat{BCD}$ est rentrant. Prendre une
nouvelle limite polygonale AB'C'E, B' étant un point de AB, C' un point de
DE et telle que : 1° le champ conserve sa superficie; 2° le contour n'ait
plus d'angle rentrant; 3° le côté B'C' passe par un point donné M du
côté ancien BC. Cas où M est le milieu de BC.

729. Trouver un point N intérieur à un triangle ABC tel que les trois
triangles NAB, NBC, NCA soient équivalents.

730. Construire un triangle équilatéral équivalent à un carré donné.

731. Construire le triangle équilatéral équivalent à un triangle isocèle
ABC, $AB = AC = a$, $\widehat{BAC} = 120°$.

732. Vérifier, à l'aide de la théorie des aires, les relations arithmétiques suivantes :

$$(a + b)^2 = a^2 + 2\,ab + b^2$$
$$(a - b)^2 = a^2 - 2\,ab + b^2$$
$$(a + b)\,(a - b) = a^2 - b^2.$$

733. Étant donnés un quadrilatère convexe ABCD et le parallélogramme MNPQ obtenu en joignant les milieux des côtés du quadrilatère, évaluer le rapport des aires de ABCD et de MNPQ.

734. Étant donné un triangle ABC, on construit un triangle A'B'C' dont les longueurs des côtés sont les inverses des hauteurs du triangle ABC ; calculer le rapport des aires des deux triangles ABC et A'B'C'.

735. Calculer le rapport des aires des deux octogones réguliers convexes, l'un inscrit, l'autre circonscrit à un même cercle.

736. Calculer l'angle des diagonales d'un rectangle dont on donne la surface k^2 et le périmètre $2l$.

Application : $k^2 = 27\ mq$, $2l = 18\ m$.

737. Construire un losange dont l'angle A est donné et dont l'aire est donnée k^2. Application : $A = 45^0$, $k^2 = 25\ mq$.

738. Construire un triangle ABC dont on connaît la surface k^2, le côté a et l'angle opposé A.

739. Quel est, de tous les triangles inscrits dans un même cercle, celui dont l'aire est maxima ?

740. De tous les losanges ayant même périmètre, quel est celui qui a l'aire maxima ?

741. Quel est de tous les rectangles inscrits dans un même cercle celui dont l'aire est maxima ?

742. De tous les triangles qui ont l'angle A constant et la somme AC + AB des côtés adjacents constante, quel est celui dont l'aire est maxima ?

743. On porte sur les côtés d'un parallélogramme dans le même sens et à partir des sommets quatre longueurs égales AA', BB', CC' et DD' ; pour quelle valeur de la longueur commune de ces quatre segments le quadrilatère A'B'C'D' a-t-il une aire minima.

744. Évaluer, connaissant le rayon R du cercle circonscrit à un triangle équilatéral, les aires des cercles inscrit et exinscrits à ce triangle.

745. Étant donné un cercle de diamètre AB on considère le cercle de centre A qui passe par les milieux des arcs AB du premier cercle, évaluer, connaissant la longueur AB = 2R, l'aire commune des deux cercles.

746. Deux cercles O et O' se coupent en A et B ; sachant que AB est le côté de l'hexagone régulier inscrit dans le cercle O et le côté du carré inscrit dans le cercle O', calculer, connaissant OO' = d, l'aire commune aux deux cercles.

747. Évaluer l'aire d'un cercle comprise entre deux cordes parallèles situées d'un même côté du centre et égales l'une au côté du triangle équilatéral inscrit, l'autre au côté de l'hexagone régulier inscrit.

748. Étant donné un triangle équilatéral ABC, on trace le cercle circonscrit et les arcs de cercle ayant pour centre chaque sommet et limités aux deux autres sommets : évaluer l'aire comprise entre le cercle circonscrit et les trois arcs ainsi tracés.

749. On décrit sur les deux côtés AB et AC de l'angle droit d'un triangle rectangle deux demi-cercles extérieurs au triangle et on trace de plus le cercle circonscrit au triangle : évaluer la somme des aires des portions des deux demi-cercles extérieurs au cercle circonscrit au triangle ABC.

750. On marque sur le diamètre AB d'un cercle un point C et on décrit les deux cercles de diamètres AC et BC, évaluer l'aire de la partie du cercle décrit sur AB extérieure aux cercles décrits sur AC et BC et indiquer pour quelle position de C cette aire est maxima.

751. Deux cercles O et O' de rayons R et $\dfrac{R}{3}$ sont tangents extérieurement en B. On mène la tangente commune extérieure AA'. Calculer connaissant R l'aire comprise entre AA' et les arcs AB et A'B. Application : $R = 90$ mm.

752. On donne un cercle O et un triangle équilatéral inscrit ABC, on trace les trois cercles de diamètre OA, OB, OC qui se coupent en O et en E, F, G ; évaluer, 1° l'aire commune à deux des trois cercles de diamètre OA, OB, OC ; 2° l'aire de la portion du cercle O extérieure aux trois mêmes cercles.

753. Évaluer l'aire d'un cercle O comprise entre les côtés AB et CD du carré et du triangle équilatéral inscrit en supposant AB et CD parallèles et 1° d'un même côté de O ; 2° de part et d'autre de O.

754. On trace dans un triangle équilatéral ABC de centre O les arcs de cercle AOB, BOC, COA qui forment une rosace à trois branches : évaluer l'aire totale de cette rosace connaissant la longueur a du côté du triangle.

755. Calculer l'aire limitée entre les deux tangentes communes extérieures à deux cercles et les deux arcs de ces cercles qui, limités aux points de contact des tangentes communes extérieures coupent la ligne des centres à l'extérieur du segment OO' des centres. On donne $OO' = d$ et les rayons R et R' des deux cercles.

756. Étant donné un quadrant de centre O limité aux points A et B, on marque les deux points C et D sur ce quadrant tels que $\widehat{AOC} = 30°$ et $\widehat{AOD} = 60°$ et l'on trace les cercles circonscrits aux triangles AOD et BOC qui se coupent en P ; évaluer les aires BDP, DPC, PCA limitées par les arcs correspondants du quadrant et des deux cercles tracés.

EXERCICES DE DESSIN GRAPHIQUE

Dans les exercices de dessin graphique qui suivent toutes les cotes sont exprimées en millimètres; on suppose que le cadre est rectangulaire, formé d'un seul trait fin, ayant 270 de long sur 200 de large avec 20 de marge sur les quatre côtés. Le titre principal hors cadre sera à 6 de ce dernier, composé de lettres de 6 de hauteur sur 4 de largeur séparées par des intervalles de 2 excepté I qui n'a que 1 de largeur et M qui a 6. Ces lettres doivent être tracées à la règle et au tire-ligne. Les titres secondaires seront placés hors cadre aux quatre coins du cadre à 4 de celui-ci en lettres minuscules d'imprimerie de 2 de hauteur en général, légèrement penchées. On les disposera comme suit : en haut à gauche le nom de l'établissement, en haut à droite le nom de la division et le n° de la planche, en bas à gauche la date, en bas à droite, le nom de l'élève. On tracera le cadre à l'aide des deux axes de la feuille, en menant des parallèles à ces deux axes, aux distances indiquées et on nommera à moins d'indication contraire X'OX le grand axe et Y'OY le petit axe, X étant à droite et Y en haut de la feuille.

1. Titre : « *Géométrie* ». — Découper un triangle n'ayant que des angles aigus, l'appliquer en ABC sur une feuille de papier, puis lui faire faire un demi-tour autour de BC pour amener A en A', remettre ABC dans sa première position, le faire tourner autour de CA pour amener B en B', enfin amener d'une façon analogue C en C'.

Recommencer l'opération avec deux autres triangles dont l'un a un angle droit, l'autre un angle obtus.

Vérifier chaque fois que AA', BB', CC' sont perpendiculaires aux côtés du triangle et qu'elles passent par un même point H intérieur au triangle dans le premier cas, extérieur dans le troisième, confondu avec le sommet de l'angle droit dans le second.

Prendre les symétriques H_1, H_2, H_3 de ce point H par rapport à BC, CA, AB, mener les axes des côtés AB et BC qui se coupent en O et vérifier que le cercle de centre O qui passe en A passe également par B, C, H_1, H_2, H_3.

Prendre ensuite les symétriques H', H'', H''' de H par rapport aux milieux M, N et P des côtés BC, CA, AB et vérifier : 1° que ces points sont sur le cercle de centre O précédent, diamétralement opposés aux points A, B, C sur ce cercle; 2° que ces mêmes points sont symétriques respectivement des points H_1, H_2, H_3 par rapport aux axes du triangle ABC. Enfin, tracer les cercles circonscrits aux triangles ABC', BCA', CAB' et vérifier que, par raison de symétrie, ces trois cercles sont égaux au cercle circonscrit au triangle ABC et passent tous trois par le point de concours H des hauteurs AA', BB', CC' du triangle ABC.

On prendra pour le triangle : 1° $AB = 70$, $BC = 84$, $CA = 100$; 2° $AB = 60$, $BC = 80$, $CA = 100$; 3° $AB = 60$, $BC = 70$, $CA = 100$.

2. Titre : « *Géométrie* ». — Tracer un triangle ABC, $AB = 73$, $BC = 34$, $CA = 70$; 1° Mener les médianes, les hauteurs, les bissectrices intérieures, les bissectrices extérieures, les axes des côtés de ce triangle et vérifier que ces droites concourent en des points G, H, I, I′, I″, I‴ et O.

2° Tracer le cercle circonscrit, le cercle inscrit, les cercles exinscrits au triangle, vérifier que les milieux D, E, F des arcs $\overset{\frown}{BC}$, $\overset{\frown}{CA}$ et $\overset{\frown}{AB}$ du cercle circonscrit au triangle ABC correspondants aux angles A, B, C de ce triangle sont centres de cercles passant par deux sommets du triangle ABC par le centre I du cercle inscrit et par le centre d'un des cercles exinscrits. Vérifier une propriété analogue pour les points D′, E′, F′ diamétralement opposés des points D, E, F sur le cercle circonscrit.

3° Vérifier que les points O, G et H sont en ligne droite et que le milieu ω du segment OH est centre d'un cercle qui passe par les pieds des hauteurs, les milieux des côtés, et les milieux des segments joignant le point de concours des hauteurs du triangle ABC aux trois sommets ; constater de plus que ce cercle est tangent extérieurement aux trois cercles exinscrits et intérieurement au cercle inscrit du triangle ABC.

4° Remarquer que le cercle circonscrit au triangle ABC joue par rapport au triangle I′I″I‴ le rôle que le cercle ω joue par rapport au triangle ABC ; refaire alors les vérifications qu'entraîne cette dernière remarque : en particulier vérifier que les hauteurs d'un triangle sont les bissectrices des angles du triangle ayant pour sommets les pieds des hauteurs du premier.

3. Titre : « *Géométrie* ». — Tracer deux cercles de centres O et O′ de rayons R et R′, $R = 55$, $R′ = 24$, $OO′ = 113$; 1° Mener les tangentes communes intérieures et extérieures à ces deux cercles.

2° Prendre les milieux des segments déterminés sur chacune des tangentes par les points de contact et vérifier que ces quatre points sont sur une même perpendiculaire à la ligne des centres ;

3° Vérifier que le cercle de diamètre OO′ passe par les points de rencontre de deux tangentes communes de nature différente ;

4° Vérifier que les cercles circonscrits aux triangles formés par trois tangentes communes passent tous par le milieu de la distance OO′ des centres.

4. Titre : « *Géométrie* ». — Tracer un triangle ABC, $AB = 147$, $AC = 120$, $BC = 126$ et le cercle circonscrit à ce triangle. Prendre un point quelconque M de ce cercle et abaisser de ce point les perpendiculaires MU, MV, MW sur les trois côtés BC, CA, AB du triangle ; 1° vérifier que les trois points U, V, W sont en ligne droite ;

2° Refaire la construction avec le point M′ diamétralement opposé de M sur le cercle circonscrit au triangle ABC et vérifier que la droite U′V′W′ des trois nouveaux points est perpendiculaire sur la droite UVW des trois premiers et que U′,V′,W′ sont respectivement les symétriques de U,V,W par rapport aux milieux des côtés du triangle ;

3° Vérifier que les droites correspondantes à deux positions P et M' du point M telles que $\widehat{POM'} = 2\alpha$ font entre elles un angle égal à α ;

4° Vérifier que chacune des droites trouvées coupe en son milieu le segment qui va du point M qui l'a fournie au point de concours des hauteurs du triangle ;

5° Vérifier que le lieu géométrique des points d'intersection des couples de droites correspondantes à deux points diamétralement opposés est le cercle qui passe par les pieds des hauteurs du triangle ABC.

5. Titre : « **Géométrie** ». — On marque sur une droite XY parallèle au grand axe de la feuille à 80 au-dessous de ce grand axe deux points Q et P, QP = 155, et on trace le triangle QAP, QA = 202, PA = 175 ; sur le côté QA on prend un point D tel que QD = 142 et on joint PD ; sur PA on prend un point B tel que PB = 79 et on joint QB qui rencontre PD en C. On appelle I le point de rencontre de AC et de BD, J le point de rencontre de AC et de PQ, K le point de rencontre de BD et de PQ. 1° Vérifier que I et J sont conjugués harmoniques de A et C, I et K de B et D, J et K de P et Q ;

2° Vérifier que les cercles de diamètres AC, BD, PQ ont deux points communs et par suite leurs centres en ligne droite.

3° Vérifier que les points de concours des hauteurs des triangles QCD, QAB, PAD, PBC sont en ligne droite sur la corde commune des cercles de diamètres AC, BD et PQ.

6. Titre : « **Géométrie** ». — On trace trois cercles O_1 de rayon $R_1 = 64$, O_2 de rayon $R_2 = 34$, O_3 de rayon $R_3 = 18$, $O_1O_2 = 75$, $O_2O_3 = 45$, $O_3O_1 = 97$; 1° Construire les centres d'homothétie directe et inverse $S_{1,2}$, $S'_{1,2}$, $S_{2,3}$, $S'_{2,3}$, $S_{1,3}$, $S'_{1,3}$ des cercles pris deux à deux ;

2° Vérifier que ces points sont les points de concours des tangentes communes deux à deux ;

3° Vérifier que les points $S_{1,2}$, $S_{2,3}$, $S_{1,3}$ centres d'homothétie directe sont en ligne droite ainsi que les points $S_{1,2}$, $S'_{2,3}$, $S'_{1,3}$; $S'_{2,3}$, $S'_{1,3}$, $S_{1,2}$; $S'_{1,3}$, $S'_{1,2}$, $S_{2,3}$. Les quatre droites ainsi mises en évidence forment un **quadrilatère complet** (fig. de l'ex. précédent) dont les lignes des centres O_1O_2, O_2O_3, O_3O_1 sont les diagonales. Reprendre sur cette figure les vérifications indiquées à l'exercice précédent.

7. Titre : « **Géométrie** ». — On considère deux cercles O et O' de rayons R = 67 et R' = 37, OO' = 82. Soit S le centre d'homothétie directe des deux cercles, on mène par S deux cordes quelconques SABB'A', SCDD'C', A et A', C et C' étant les points les plus éloignés et les plus proches de S sur chaque sécante ; 1° Vérifier que AC et A'C', BD et B'D', AD et A'D', BC et B'C' se coupent en quatre points situés en ligne droite sur une perpendiculaire XY à OO' qui est la corde commune des cercles quand ces cercles sont sécants comme dans le cas actuel ;

2° Vérifier que les tangentes aux points A et A', B et B', C et C', D et D' se coupent aussi sur XY ;

3° Vérifier qu'il passe des cercles par les groupes de quatre points A, A′, C, C′; B, B′, D, D′; A, A′, D, D′; C, C′, B, B′;

4° Vérifier qu'il existe des cercles tangents aux deux cercles soit en A et A′, soit en B et B′, soit en C et C′. soit en D et D′. Refaire les mêmes vérifications en se servant du centre d'homothétie inverse S′ à la place du point S.

8. Titre : « *Géométrie* ». — Étant donnés trois cercles O_1 de rayon $R_1 = 64$, O_2 de rayon $R_2 = 34$, O_3 de rayon $R_3 = 18$, $O_1O_2 = 75$, $O_2O_3 = 45$, $O_3O_1 = 97$. On marque les deux centres $S_{1,2}$ et $S_{1,3}$ d'homothétie directe. On trace deux sécantes $S_{1,2}$ AB, $S_{2,3}$ AC, A et B et A et C n'étant pas homothétiques par rapport à $S_{1,2}$ ni $S_{2,3}$ sur les deux cercles :

1° Vérifier que le cercle circonscrit au triangle ABC coupe les trois cercles donnés sous le même angle ;

2° Prendre le point de rencontre I de la droite $S_{1,2}$ $S_{1,3}$ avec la corde commune du cercle ABC et du cercle O_2 par exemple, mener de ce point I une tangente IT_2 au cercle O_2 et déterminer les points T_1 et T_3 situés respectivement sur $S_{1,2}$ T_2 et $S_{2,3}$ T_2 et sur O_1 et O_3 sans être homothétiques par rapport à $S_{1,2}$ et $S_{2,3}$ sur ces deux cercles, vérifier alors que le cercle circonscrit au triangle $T_1T_2T_3$ est tangent aux trois cercles donnés.

9. Titre : « *Géométrie* ». — Étant données deux droites rectangulaires XX′, YY′ qui se coupent en O et deux points A et B symétriques de O sur X′X ; 1° tracer des cercles de centre O_1, O_2, O_3... situés sur Y′Y passant en A et B, $OO_1 = O_1O_2 = O_2O_3..... = 10$, puis tracer les cercles de centre $O′_1$, $O′_2$, $O′_3$... situés sur X′X tels que les tangentes à ces cercles issues de O soient toutes égales à la longueur OA ; 1° Vérifier alors qu'un cercle quelconque de centre O_i coupe un cercle quelconque de centre $O′_i$ à angle droit ;

2° Vérifier que les tangentes menées de A aux cercles de centre $O′_j$ qui contiennent B à leur intérieur sont coupées en leur milieu par la droite YY′ ; faire une constatation analogue pour les tangentes issues de B aux cercles O′ enveloppant le point A.

10. Titre : « *Géométrie* ». — Étant donné un cercle de centre O et de rayon $R = 82$, on trace deux rayons OA et OB rectangulaires et on décrit sur OP comme diamètre un cercle de centre ω, on joint $A\omega$ qui coupe le cercle de diamètre OP en I et J, on prend une corde AB égale à AI et une corde AD égale à AJ ; 1° Vérifier que l'arc AB est le dixième du cercle O et que l'arc AD est les trois dixièmes du cercle O ;

2° Marquer les points de division du cercle en dix parties égales et les joindre de proche en proche, de 2 en 2, de 3 en 3 et de 4 en 4 pour obtenir l'inscription des décagones et pentagones réguliers convexes et étoilés ;

3° Vérifier que l'arc différence entre l'arc $AE = 4AB$ et le tiers du cercle donné a pour corde le côté du pentédécagone régulier convexe inscrit dans le cercle.

11. Titre : « *Ellipse* ». — Tracer le lieu géométrique des points dont la somme des distances à deux points fixes F et F' est constante égale à $2a$. Cette courbe est nommée « *ellipse* ». On prendra F et F' symétriques de O, centre de la feuille, sur le grand axe OF = OF' = 60, $2a = 180$. On prendra les points communs aux cercles de centre F et F' et respectivement de rayon $a + h$ et $a - h$ en donnant à h des valeurs de 10 en 10 à partir de 60 jusqu'à zéro. Vérifier la symétrie des points obtenus par rapport à FF', à l'axe de FF' et au centre O de FF'. Mener ensuite, aux divers points M trouvés de la courbe, la bissectrice extérieure de l'angle FMF', cette droite est la tangente en M à la courbe. Mener les tangentes aux points A, A', B et B' sommets de la courbe situés sur le grand et le petit axe; ces droites se rencontrent en quatre points N, P, Q, R; mener alors de N situé sur la tangente en B une perpendiculaire sur la diagonale PR, cette perpendiculaire rencontre le grand axe en I et le petit axe en J: les cercles de centre I et de rayon IA et de centre J et de rayon JB ainsi que leurs symétriques aident grandement au tracé de la courbe qu'on effectuera d'abord au crayon, puis à l'encre en faisant passer la courbe par les points trouvés et en corrigeant par le sentiment naturel de la *continuité* et la donnée des tangentes et des cercles *osculateurs* I et J les légères erreurs qu'on a pu commettre dans la détermination des points. Les constructions et en particulier les tangentes seront indiquées en trait continu fin à l'encre rouge.

12. Titre : « *Hyperbole* ». — Tracer le lieu géométrique des points dont la différence des distances à deux points fixes F et F' est constant et égale à $2a$; cette courbe est nommée « *hyperbole* ». On prendra F et F' symétriques de O, centre de la feuille, sur le grand axe, OF = OF' = $c = 60$, $2a = 90$. On prendra les points communs aux cercles de centre F et F' et respectivement de rayons $h + a$ et $h - a$, en donnant à h des valeurs de 10 en 10, en s'arrêtant lorsqu'on trouve des points situés hors du cadre. Vérifier la symétrie des points obtenus par rapport à FF', à l'axe de FF' et au point O. Mener ensuite aux divers points M trouvés la bissectrice intérieure de l'angle FMF', cette droite est la tangente en M à la courbe. Mener le cercle de centre O de rayon OF et prendre les points d'intersection, de ce cercle et des tangentes à la courbe en A et A', joindre les points trouvés au centre O : on obtient ainsi des droites dites *asymptotes* dont la courbe se rapproche de plus en plus en s'éloignant des deux axes. On effectuera alors le tracé de la courbe au crayon d'abord, à l'encre ensuite en la faisant passer par les points trouvés et en corrigeant par le sentiment naturel de la *continuité* et la donnée des tangentes et en particulier des asymptotes les légères erreurs qu'on a pu commettre dans la détermination des points. Les constructions et en particulier les tangentes seront indiquées en trait continu fin à l'encre rouge.

13. Titre : « *Parabole* ». — Tracer le lieu géométrique des points dont les distances à un point fixe F et à une droite fixe XDX' sont égales. Cette courbe est nommée « *parabole* ». On prendra F et D sur le grand axe

$OF = 60$, $OD = 105$ à gauche de O. On tracera des droites passant par F rencontrant D aux points φ_1, φ_2, φ_3..., $D\varphi_1 = \varphi_1\varphi_2 = \varphi_2\varphi_3... = 10$, puis on prendra l'intersection des parallèles à DF menées par φ_1, φ_2.... respectivement avec les axes de $F\varphi_1$, $F\varphi_2$.... On vérifiera la symétrie par rapport à DF et on remarquera que les axes des segments $F\varphi$ sont les tangentes aux points correspondants de la courbe. À l'aide des points et des tangentes ainsi obtenues on tracera d'abord au crayon, puis à la plume la courbe passant par les points trouvés en corrigeant par le sentiment naturel de la *continuité* et la donnée des tangentes les légères erreurs qu'on a pu commettre dans la détermination des points. Les constructions et en particulier les tangentes seront indiquées en trait continu fin à l'encre rouge.

14. Titre : « *Courbe* ». — Tracer un cercle de centre O de rayon $R = 75$ et diviser ce cercle en 16 parties égales, projeter alors orthogonalement sur le grand axe les différents points de division et prendre les milieux des projetantes. On obtiendra ainsi des points d'une *ellipse* de grand axe égal au diamètre du cercle.

Vérifier qu'on obtient une tangente en un point m de cette ellipse en menant la tangente au point M correspondant du cercle et en joignant au point M le point où cette tangente coupe l'axe de projection. Vérifier que deux points M et P du cercle tels que $\widehat{MOP} = 90^0$ donnent des points m et p où les tangentes à l'ellipse sont parallèles respectivement à Op et Om. Exécuter ensuite le tracé au crayon et à l'encre comme il a été indiqué plus haut. Les constructions et en particulier les tangentes seront indiquées en trait continu fin à l'encre rouge.

15. Titre : « *Lieu géométrique* ». — On donne deux droites $X'OX, Y'OY$ faisant 30^0 avec le grand axe de la feuille et un point A du grand axe $OA = 45$. On trace par A des sécantes quelconques rencontrant $X'OX, Y'OY$ respectivement en α et β, α' et β', α'' et β''..... et on prend sur ces sécantes des points M, M', M''..... tels que $A\alpha = M\beta$, $A\alpha' = M'\beta'$, $A\alpha'' = M''\beta''$..... choisis de façon que ces points soient dans l'angle des droites où est A ou dans son opposé par le sommet. Le lieu des points ainsi obtenus est une « *hyperbole* » admettant $X'OX, Y'OY$ pour asymptotes et A pour sommet. Vérifier que les droites menées par M, M',... limitées aux deux droites données et dont M, M'... sont les milieux, sont les tangentes à l'hyperbole aux points correspondants. Exécuter ensuite le tracé au crayon et à l'encre comme il a été indiqué plus haut ; les constructions et en particulier les tangentes seront indiquées en trait continu fin à l'encre rouge.

16. Titre : « *Lieu géométrique* ». — On appelle « *podaire d'une courbe* » C le lieu géométrique des pieds des perpendiculaires abaissées d'un point fixe A sur les tangentes à la courbe C. Comme exemple de podaires, on demande de construire le « *limaçon de Pascal* » dont on obtient les points en abaissant d'un point A des perpendiculaires sur les tangentes à un cercle de centre O de rayon R. Selon que A est intérieur

au cercle sur le cercle ou extérieur au cercle on obtient trois formes de
courbe différentes qu'on construira toutes trois avec les données suivantes :
Prendre : 1° O au centre de la feuille, A sur le grand axe à gauche de O,
OA = 37, R = 37; 2° OO' = 90, OA' = 58 à droite de O; 3° OO'' = 81,
OA'' = 126 à gauche de O, R'' = 30. On mènera de A des perpendiculaires
sur les tangentes aux sommets d'un octogone régulier inscrit dans le cercle
dont le diamètre OA est une diagonale. On vérifiera que OA est un axe de
symétrie pour la courbe. On déterminera la tangente en chacun des points
trouvés en formant le rectangle dont un sommet est le point A, un deuxième
sommet le point P de la courbe, le troisième sommet le point Q de contact avec le cercle de la tangente qui a fourni le point P. La tangente en P
à la podaire est alors la perpendiculaire à la diagonale de ce rectangle qui
passe par P. Exécuter le tracé au crayon puis à l'encre comme il a été dit
plus haut. Les constructions et en particulier les tangentes seront indiquées
en trait continu fin à l'encre rouge.

17. Titre : « *Courbes* ». — On appelle « *conchoïde* » d'une ligne C le
lieu géométrique des points obtenus en portant sur une sécante pivotant
autour d'un point fixe A à partir du point d'intersection de la sécante avec
la ligne C de part et d'autre de ce point des longueurs égales à une longueur donnée, le lieu des extrémités de ces longueurs quand la sécante
pivote autour de A est la conchoïde de la ligne C par rapport au point A.
Comme exemple de conchoïde on demande de construire la « *conchoïde de
droite ou de Nicomède* ». Selon que la distance portée sur la sécante est
supérieure, égale ou inférieure à la distance du point fixe A à la droite D
on obtient trois formes distinctes de courbe qu'on construira d'après les
données suivantes : 1° la droite D confondue avec le petit axe de la feuille, le
point A sur le grand axe, à gauche de O, OA = 30, la longueur constante l portée
sur les sécantes égale à 30 ; 2° OA' = 52, OD' = 90 à droite de O, la droite D
perpendiculaire au grand axe en D', l = 30 ; 3° à gauche de O, OA'' = 112,
OD'' = 82 la droite D perpendiculaire au grand axe en D'', l = 37. On
prendra des sécantes faisant avec le petit axe dans les deux sens des angles
de 5°, 10°, 15°, 30°, 45° et 60. On vérifiera que la perpendiculaire menée
de A sur D est un axe de symétrie de la courbe et on exécutera le tracé
au crayon puis à l'encre comme il a été déjà indiqué. Les constructions
seront indiquées à l'encre rouge en trait fin continu.

18. Titre : « *Lieu géométrique* ». — Étant donnés un cercle O de
rayon R = 60, un point A de ce cercle situé sur OX et la tangente au
point diamétralement opposé B, tracer le lieu géométrique des points M situés
sur des sécantes issues de A et tels que AM soit égal à PQ et de même
sens que PQ, P et Q étant les points d'intersection de la sécante considérée
avec le cercle et la tangente en B. La courbe dont on obtient ainsi des
points est appelée « *cissoïde droite* ». On vérifiera que AB est un axe de
symétrie de la courbe et que la courbe se rapproche de plus en plus, lorsqu'elle s'éloigne de AB, de la tangente au cercle en B : cette droite est
dite *asymptote* de la courbe. On cherchera des points sur des sécantes faisant 5°, 10°, 15°, 30°, 45°, 60° avec AB dans les deux sens et on prendra

A et B symétriques de O sur le petit axe de la feuille OA = OB = 6o. Le tracé de la courbe au crayon et à l'encre s'exécutera ensuite suivant les principes indiqués ; les constructions en trait fin à l'encre rouge.

19. Titre : « *Lieu géométrique* ». — Étant données deux droites rectangulaires X'OX, Y'OY on prend un point fixe A sur Y'OY et on demande de tracer le lieu géométrique des points communs à une sécante issue de A et rencontrant Y'OY en un point variable C situé sur X'X et au cercle de centre C et de rayon CO. Ce lieu est appelé « *strophoïde droite* ». On vérifiera que Y'OY est axe de symétrie de la courbe et que la courbe se rapproche de plus en plus de la droite ZA'Z' parallèle à X'OX menée par le point A' symétrique de A par rapport à O, en s'éloignant de l'axe Y'OY ; pour cette raison la droite ZA'Z' est dite *asymptote* de la strophoïde. On cherchera les points de la courbe situés sur des sécantes AC faisant 5⁰, 10⁰, 15⁰, 3o⁰, 45⁰, 6o⁰ dans les deux sens avec Y'OY et on prendra A à la distance 40 de X'OX, au-dessus de X'OX. Le tracé de la courbe au crayon et à l'encre s'exécutera comme à l'habitude, les constructions en trait fin à l'encre rouge.

DEUXIÈME PARTIE

GÉOMÉTRIE DANS L'ESPACE

LIVRE V

CHAPITRE I

LE PLAN

564. — Au début de la Géométrie nous avons examiné quelques-unes des propriétés de la surface appelée *plan*.

Nous allons d'abord reprendre et compléter ce qui a été dit à ce sujet.

565. — Un plan est une surface *illimitée* dans *toutes les directions*.

Il n'est donc pas possible de figurer un plan tout entier; on en représente d'habitude une portion *rectangulaire* limitée. Le dessin qui représente en perspective ce rectangle a la forme d'un *parallélogramme* (fig. 346). La portion de plan ainsi représentée doit être prolongée *par la pensée* dans toutes les directions aussi loin qu'il est nécessaire.

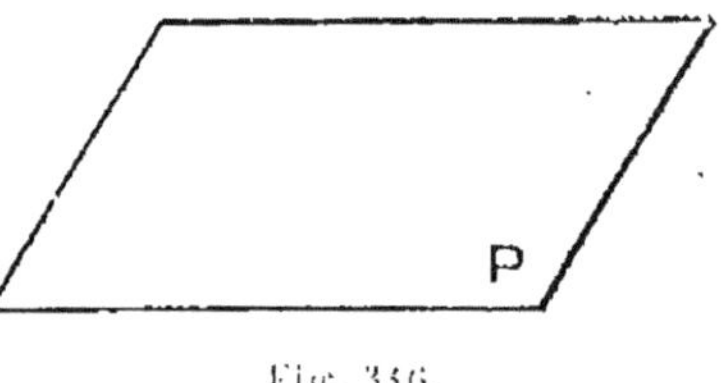

Fig. 346.

566. — Nous avons admis comme évident l'axiome suivant qui constitue la *propriété caractéristique du plan*.

Axiome. — *La droite indéfinie qui joint deux points quelconques d'un plan est située tout entière dans ce plan.*

567. — Nous admettrons aussi comme vérifié expérimentalement le fait suivant :

Axiome. — *Par trois points non en ligne droite on peut faire passer un plan.*

Considérons trois points fixes A, B et C non en ligne droite.

Ce seront par exemple les extrémités de trois corps solides terminés en pointe effilée et reposant sur une table.

Prenons une planche à dessin suffisamment grande qui représentera une portion de plan.

Nous pouvons d'abord la placer de manière qu'elle contienne le point A. Cette condition remplie, on peut encore la mouvoir et l'amener à contenir le point B. Le plan contient alors la droite AB.

Cette nouvelle condition remplie, on peut encore déplacer la planche et on constate que rien ne s'oppose à ce qu'on la fasse passer par le troisième point C.

568. — **Théorème**. — *Deux plans passant par trois points A, B, C non en ligne droite coïncident.*

Observons d'abord qu'un plan passant par les trois points A, B et C contient d'après l'axiome (§ 566) les droites AB, BC, CA.

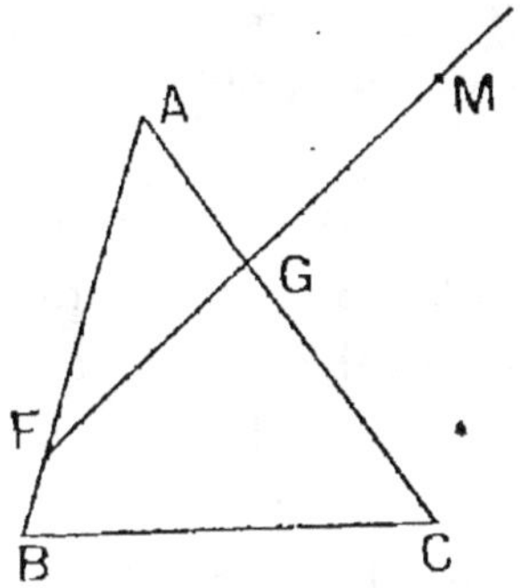

Cela posé, supposons qu'on ait fait passer par les trois points A, B, C deux plans P et P'. Ils contiennent tous les deux les trois côtés du triangle ABC (fig. 347).

Nous allons démontrer qu'ils *coïncident* et pour cela établir que *tout point de l'un des plans appartient à l'autre plan.*

Fig. 347.

Soit M un point *quelconque* du plan P.

Par ce point menons dans le plan P une droite *traversant l'intérieur* du triangle ABC; elle rencontre deux des côtés en deux points F et G. Ces points appartiennent au plan P' puisque le plan P' contient les côtés du triangle ABC. Donc la droite FG *toute entière* appartient au plan P' (§ 566).

Le point M de cette droite *appartient donc au plan* P'.

569. — Théorème. — *Par une droite* D *et un point* A *extérieur à cette droite on peut faire passer un plan et un seul.*

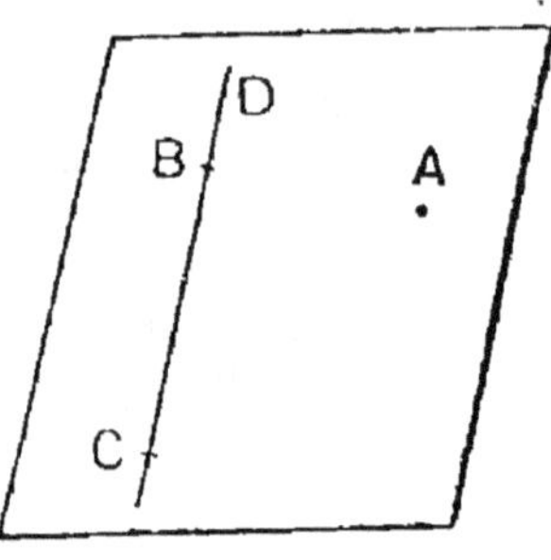

Fig. 348.

Sur la droite D prenons deux points distincts B et C (fig. 348).

Un plan passant par les trois points A, B, C est un plan passant par la droite D et par le point A. et *réciproquement* un plan passant par la droite D et le point A contient les trois points A, B, C.

Or, par les trois points A, B, C il passe un plan et un seul. Par la droite D et le point A, il passe donc un plan et un seul.

570. — Théorème. — *Par deux droites concourantes on peut faire passer un plan et un seul.*

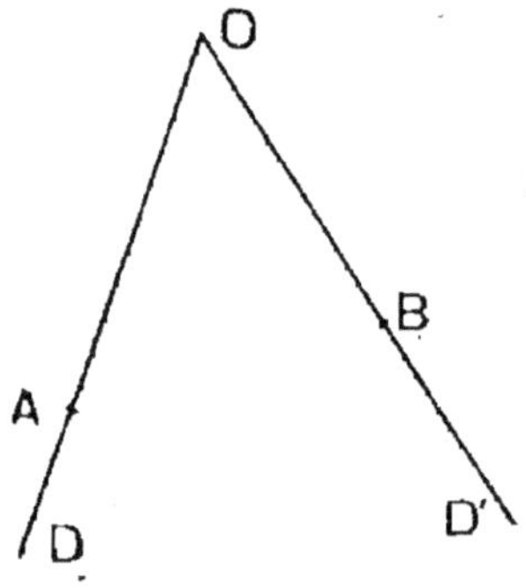

Fig. 349.

Soient deux droites *concourantes* D et D' (fig. 349), O leur point de rencontre, A un point de la droite D, B un point de la droite D', tous les deux *distincts* du point O.

Un plan passant par les points O, A et B passe par les deux droites et *réciproquement.*

Comme il y a un plan et un seul qui passe par les trois points, il y a un plan et un seul qui passe par les deux droites D et D'.

571. — Génération d'un plan par le mouvement d'une droite.

Soit un plan P. Dans ce plan prenons une droite *fixe* AB et un point *fixe* O *extérieur* à AB (fig. 350).

Soit M un point *quelconque* de la droite AB. La droite indéfinie OM ayant deux de ses points dans le plan P est toute en*tière située dans ce plan.

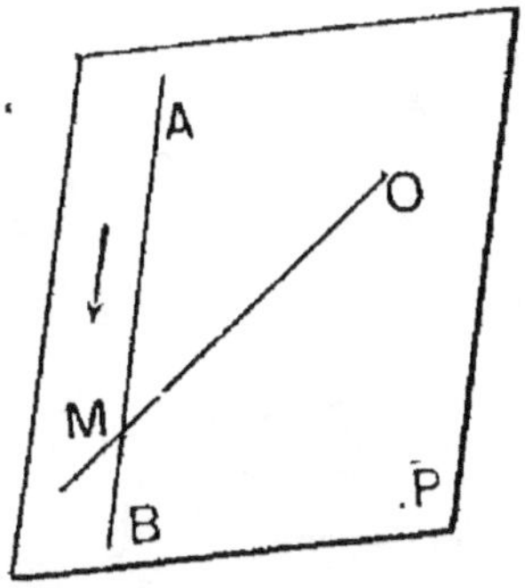

Lorsque le point M *décrit* la droite AB d'un *mouvement continu*, la droite OM se déplace en restant constamment dans le plan P.

Il est clair que dans ce mouvement *elle balaie tout le plan* P.

On dit qu'elle *engendre* le plan P.

Fig. 350.

572. — Propriété importante du plan. — *On peut déplacer un plan Q sans qu'il cesse de coïncider avec un plan fixe* P.

Ce qu'on exprime d'une manière abrégée en disant :
Un plan peut glisser sur lui-même.

Reprenons l'expérience du § 567.

Nous pouvons (§ 567) placer la planche à dessin de façon qu'elle contienne les trois points A, B, C. D'ailleurs cela peut être réalisé *d'une infinité de manières*, de telle sorte qu'on peut *déplacer* la planche à dessin, en l'assujettissant à passer *constamment* par les trois points A, B, C. Considérons d'autre part un plan indéfini fixe P passant par les trois points A, B, C.

Dans chacune de ses positions le plan de la planche à dessin coïncidera avec le plan P, puisque deux plans *passant par trois points non en ligne droite coïncident*.

On peut donc déplacer la planche à dessin sans que son plan cesse de coïncider avec le plan fixe P.

573. — Rappelons qu'une *droite indéfinie* située dans un *plan* le partage en deux *régions distinctes*. Chacune d'elles s'appelle un **demi-plan**.

Un plan indéfini partage l'espace en deux *régions distinctes*.

Cela signifie que tout chemin *continu* allant d'un point A de l'une des régions, à un point B de l'autre, *rencontre nécessairement le plan*.

Nous admettons cela comme *évident*.

574. — Intersection d'une droite et d'un plan. — *On dit qu'une droite et un plan se coupent lorsqu'ils ont un point commun et un seul.*

Ce point s'appelle *l'intersection* de la droite et du plan.

Prenons un point O dans un plan P, un point A *extérieur* au plan P (fig. 351), la droite OA et le plan

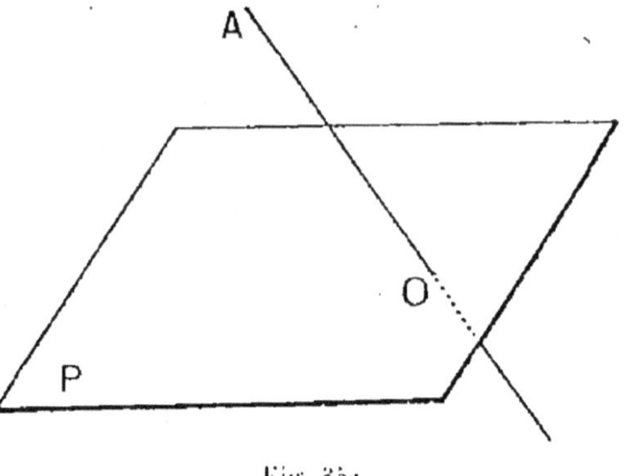

Fig. 351.

P n'ont pas *d'autre point commun* que le point O.

Si en effet la droite avait un *second* point commun avec le plan P, elle serait contenue *tout entière* dans le plan P. ce qui n'est pas possible puisque le point A a été pris *hors du plan* P.

575. — Soit un plan P *coupant* une droite D au point O. Le plan partage l'espace en deux régions distinctes R_1 et R_2, le point O partage la droite en deux demi-droites. Une d'elles est située dans la région R_1, l'autre dans la région R_2.

576. — Intersection de deux plans. — *On dit que deux plans se coupent lorsqu'ils sont distincts et qu'ils ont en commun une droite.*

Cette droite s'appelle *l'intersection* des deux plans.

577. — Théorème. — *Si deux plans distincts* P *et* Q *ont un point commun* O, *ils en ont une infinité d'autres formant une droite passant par* O.

Cette proposition peut être admise comme *évidente,* mais il est possible de la démontrer.

Prenons dans le plan Q un point A *non situé dans le plan* P. La droite indéfinie OA coupe le plan P au point O.

Sur cette droite prenons un point B situé sur le *prolongement* de AO.

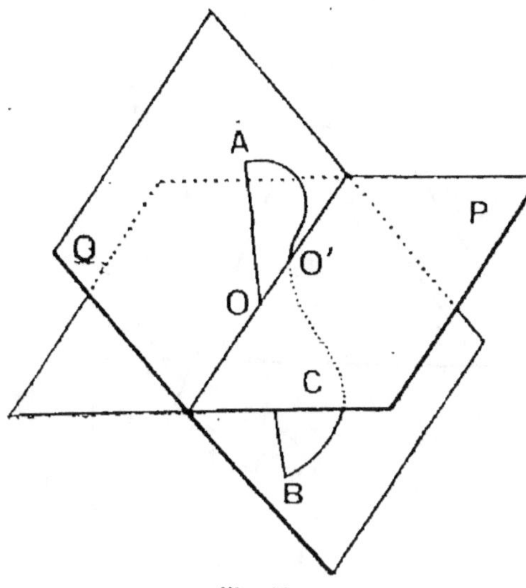

Fig. 352.

Et dans le plan Q traçons un *chemin continu* C allant de A jusqu'à B *sans rencontrer* AB.

Les deux points A et B sont de *côtés différents* par rapport au plan P. Le chemin C qui les joint *rencontre donc le plan* P : soit O' un point de rencontre. Le point O' appartient *non seulement au plan* P, *mais aussi au plan* Q, puisqu'il est situé sur la ligne C tracée dans le plan Q.

Les deux points O et O' appartenant aux deux plans P et Q, la droite indéfinie OO' appartient à ces deux plans.

D'ailleurs les deux plans P et Q ne peuvent pas avoir de points communs extérieurs à la droite OO', car alors ils coïncideraient (fig. 352).

AUTRE ÉNONCÉ :

Si deux plans distincts ont un point commun, ils se coupent suivant une droite.

578. — Positions relatives de deux droites.

Soient deux droites *distinctes* D et D'.

Il peut arriver que ces deux droites soient situées dans un même plan. Dans ce cas ou bien elles ont *un seul point commun*, ou bien elles n'en ont *aucun*, c'est-à-dire qu'elles sont *concourantes* ou *parallèles*.

Mais il peut arriver aussi, et c'est même le cas qui se

présentera *le plus généralement*, qu'il *n'existe pas de plan passant par deux droites données*.

Soit une droite AB (fig. 353). Par cette droite faisons passer un plan P dans lequel nous prenons un point C non situé sur AB. Soit D un point non situé dans le plan P.

Menons la droite CD.

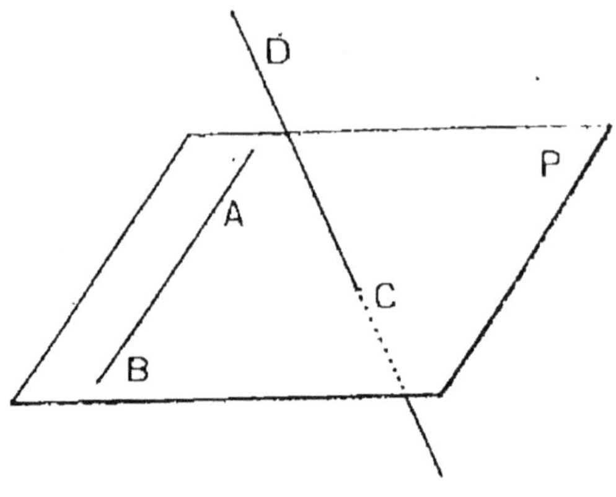

Fig. 353.

Les deux droites AB et CD sont telles qu'il *n'existe pas de plan contenant ces deux droites*.

Car s'il en existait un, ce plan contiendrait les trois points A, B, C non en ligne droite et par suite il serait confondu avec le plan P. Le plan P *contiendrait donc* CD, ce qui n'est pas possible puisque D a été pris *hors du plan* P.

En résumé deux droites D et D' peuvent

1° Être *confondues* ;

2° Être *concourantes* ;

3° Être *parallèles* ;

4° Ne pas être *contenues dans un même plan*.

EXERCICES THÉORIQUES

§ unique.

757. Pourquoi les artisans qui veulent dresser une surface, c'est-à-dire la travailler de manière qu'elle devienne plane (planche, parquet, dallage), appliquent-ils de temps en temps l'arête d'une règle ou d'un rabot sur la surface ?

758. Prendre un point quelconque dans un plan donné, c'est-à-dire construire un point quelconque dans un plan déterminé par deux droites qui se coupent, par une droite et un point extérieur, par trois points formant triangle, par une figure plane quelconque.

759. Étant données deux droites XY et X'Y' non dans un même plan, deux points A et B sur XY, deux points C et D sur X'Y', démontrer que les droites AC et BD d'une part, AD et BC d'autre part ne sont pas dans un même plan.

760. Reconnaître si un point donné A est dans un plan P donné soit par trois points B, C, D, soit par deux droites concourantes OX et OY, soit par une figure plane quelconque.

761. On donne trois droites concourantes OX, OY, OZ; reconnaître si ces trois droites sont ou non dans un même plan; dans la négative indiquer les différents plans formés par ces trois droites.

762. On considère quatre points A, B, C, D non situés tous quatre dans un même plan : combien ces quatre points déterminent-ils de plans distincts et quelles sont les intersections de ces plans.

763. Construire théoriquement une droite d'un plan Q rencontrant deux plans sécants P et P' en un même point et passant par un point donné A du plan Q.

Note. — Dans les problèmes où l'on demande d'effectuer théoriquement la construction d'une figure de l'espace on suppose qu'on sait résoudre les questions suivantes :

1° Faire passer un plan par trois points donnés ;

2° Prendre l'intersection de deux plans et comme conséquence d'une droite et d'un plan ;

3° Effectuer dans un plan, placé de façon quelconque dans l'espace, toutes les constructions indiquées en géométrie plane.

764. Construire théoriquement une droite passant par un point A et rencontrant deux droites D et D' quelconques. Examiner le cas où D et D' sont concourantes.

765. Construire théoriquement une droite qui rencontre trois droites données; montrer qu'il y a une infinité de solutions et que deux droites répondant à la question ne se rencontrent pas si deux quelconques des trois droites données ne sont pas dans un même plan.

766. On donne deux droites D et D' qui ne se rencontrent pas et un cercle C dont le plan ne passe ni par D ni par D'; peut-on mener une droite rencontrant à la fois D, D' et C?

767. Étant donnés deux points A et B fixes et une droite D également fixe, on considère les triangles ABM, M étant un point quelconque de D; trouver les lieux géométriques des milieux des côtés et du point de concours des médianes de ce triangle ABM.

768. Trouver le lieu géométrique d'une droite joignant un point fixe O au point de concours des médianes d'un triangle ABC tracé dans un plan fixe dont le sommet A est fixe et dont le milieu M du côté BC décrit une droite fixe du plan fixe.

769. Étant donnés deux plans P et P' qui se coupent suivant XY, on considère dans P un triangle ABC et dans P' un triangle A'B'C' tels que AB et A'B' se coupent en γ sur XY, BC et B'C' en α sur XY, CA et C'A' en β sur XY; démontrer que les droites AA', BB', CC' sont concourantes.

770. Étant données trois droites concourantes OX, OY. OZ, on coupe ces droites par deux plans P et P′ qui passent par une droite XY et on obtient ainsi deux triangles ABC et A′B′C′, A et A′ étant sur OX, B et B′ sur OY. C et C′. sur OZ. Démontrer que les droites AB et A′B′. BC et B′C′. CA et C′A′ concourent sur XY.

771. On marque cinq points A, B, C, D, E dans un plan P et on prend un point S à l'extérieur du plan P. Soit M le milieu de SA, N le milieu de BC et O le milieu de DE. Trouver les intersections du plan OMN et des plans SAB. SBC, SCD. SDE. SEA.

772. Étant donné un quadrilatère plan ABCD, on mène par A une droite quelconque AX non contenue dans le plan du quadrilatère et on mène par le sommet B dans le plan XAB une parallèle BY à AX, dans le plan YBC par C une parallèle CZ à BY, enfin dans le plan ZCD une parallèle DT par D à CZ. On marque sur AB un point quelconque I, sur CY un point quelconque J et sur DT un point quelconque K; trouver les intersections du plan IJK avec le plan du quadrilatère et les plans XAB, YBC, ZCD, TDA.

773. Étant donné un quadrilatère gauche ABCD (quadrilatère dont les quatre côtés ne sont pas dans un même plan) on prend trois points M, N, P. l'un sur le côté AB, le deuxième sur le côté BC, le troisième sur le côté CD; déterminer l'intersection S du quatrième côté et du plan MNP et démontrer que les droites QM, PN et BD sont concourantes, ainsi que les droites MN. PQ et AC.

774 Étant donnés quatre points A, B, C, D non situés dans un même plan. on considère les plans qui passent par deux d'entre eux et le milieu du segment formé par les deux autres points; indiquer le nombre de plans ainsi déterminés et démontrer qu'ils ont un point commun dont on déterminera la position par rapport aux points donnés.

775. Étant données trois demi-droites concourantes on considère les plans déterminés par chacune d'elles et la bissectrice des deux autres; démontrer que les trois plans ainsi définis passent par une même droite.

[Prendre des longueurs égales sur les trois arêtes OA. OB, OC et considérer les médianes du triangle ABC.]

776. Étant donnés deux cercles C et C′ non dans un même plan, une corde AB du cercle C et un point S extérieur aux plans de C et C′; déterminer les points où le plan SAB rencontre le cercle C′. En déduire un procédé pour tracer deux droites concourantes joignant chacune un point du cercle C à un point du cercle C′.

777. Deux cercles non situés dans un même plan ont en commun les deux points A et B, on considère quatre points M et N sur l'un des cercles. P et Q sur l'autre tels que les droites MP et NQ soient concourantes; démontrer que les droites MN et PQ concourent avec la droite AB en un même point.

DROITES ET PLANS PERPENDICULAIRES

§ 1. — Droite perpendiculaire à un plan.

579. — **Définition.** — Soit une droite OM et un plan P *coupant* la droite OM au point O.

On dit que la droite OM est **perpendiculaire** *au plan P si elle est perpendiculaire à toutes les droites menées par le point O dans le plan P.*

580. - **Théorème.** — *Par un point O d'un plan P on peut mener une droite perpendiculaire au plan P.*

Par le point O menons une *demi-droite* quelconque OA non située dans le plan P (fig. 354).

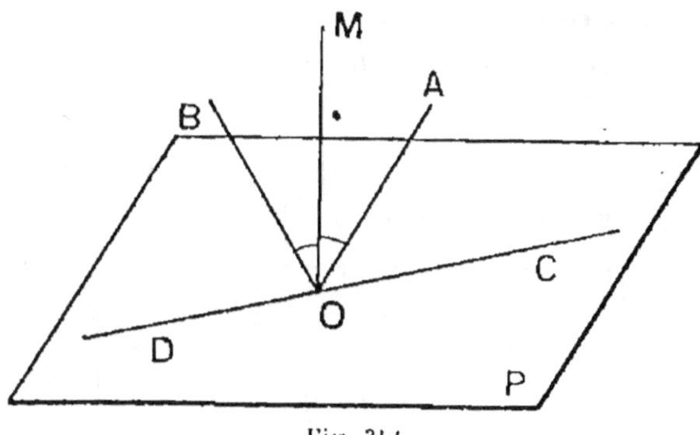

Fig. 354.

Dans ce qui va suivre nous allons déplacer le plan P. Nous pouvons imaginer que ce plan est réalisé matériellement ainsi que la demi-droite OA qui sera considérée comme invariablement liée à ce plan. Le plan P sera par exemple une *planche à dessin* et la droite OA une *aiguille métallique plantée dans la planche à dessin.*

Faisons glisser le plan P sur lui-même de manière à lui faire subir une *rotation* de 180° autour du point O :

la demi-droite OA vient occuper une position OB.

Par une *nouvelle rotation* de 180°, OA revient à sa *position primitive*, c'est-à-dire que OB vient coïncider avec OA.

Ainsi lorsque le plan P a glissé sur lui-même de manière à subir une rotation de 180° autour du point O, l'angle AOB a été *retourné sur lui-même*.

Or, lorsqu'on retourne un angle sur lui-même, la *bissectrice* de cet angle occupe la *même position avant et après* le déplacement.

Donc si nous menons la *bissectrice* OM de l'angle AOB et si on la suppose *invariablement liée* au plan P, elle occupe la *même position après et avant* le déplacement.

Cela posé, menons dans le plan P une droite *quelconque* CD passant par le point O et faisons subir au plan P la rotation de 180° autour de O. La demi-droite OC vient coïncider avec son prolongement OD, la demi-droite OM occupe la même position après et avant le déplacement.

Donc l'angle MOC *vient se superposer* à l'angle MOD.

Ces deux angles sont donc *égaux*.

OM est donc *perpendiculaire à toute droite menée par O dans le plan P*.

581. — **Théorème.** — *Par un point O d'un plan P on ne peut mener qu'une perpendiculaire au plan P.*

Supposons, en effet, qu'on puisse mener *deux droites distinctes* O M et OM' toutes les deux *perpendiculaires* au plan P (fig. 355).

Par ces deux

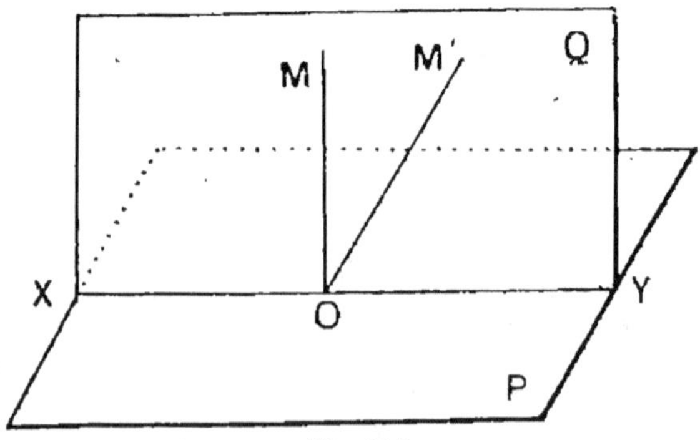

Fig. 355.

droites on pourrait faire passer un plan Q. Le plan Q et le plan P, ayant en commun le point O, auraient en commun une droite XY passant par O.

OM et OM' perpendiculaires au plan P seraient *toutes les deux* perpendiculaires à XY.

De sorte que *dans le plan* Q on pourrait mener par le point O *deux perpendiculaires* OM et OM' à la même droite XY, ce qui est *impossible*.

582. — Théorème. — *Si une droite* OM *et un plan* P *sont perpendiculaires, toute droite* OA *passant par* O *et faisant avec* OM *un angle droit est située dans le plan* P (fig. 356).

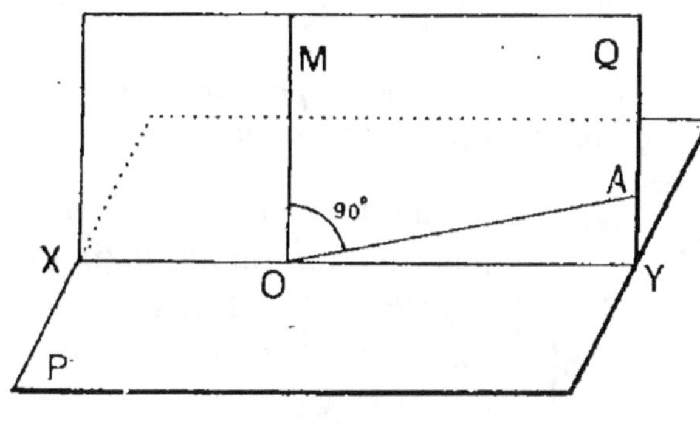

Fig. 356.

Par les deux droites OA et OM on peut faire passer un plan Q : ce plan coupe le plan P suivant une droite XY *perpendiculaire à* OM.

Les droites XY et OA du plan Q sont *toutes les deux perpendiculaires* à la droite OM de ce plan. Or, par le point O du plan Q on ne peut *mener dans le plan* Q qu'une *seule* perpendiculaire à OM. OA *coïncide* donc avec XY et elle est par suite dans le plan P.

583. — Théorème. — *Par un point* O *pris sur une droite* D *on peut mener un plan perpendiculaire à cette droite.*

Prenons un plan *auxiliaire* P' et un point O' dans ce plan (fig. 357).

Par le point O' menons la perpendiculaire D' au plan P'.

Supposons *réalisée matériellement* la figure ainsi for-

mée; déplaçons-la de manière à faire coïncider le point O'
avec le point
O et la droite
D' avec D.

A ce mo-
ment le plan
P' occupe la
position P.

Le plan P
est *perpendi-
culaire au
point* O à la
droite D.

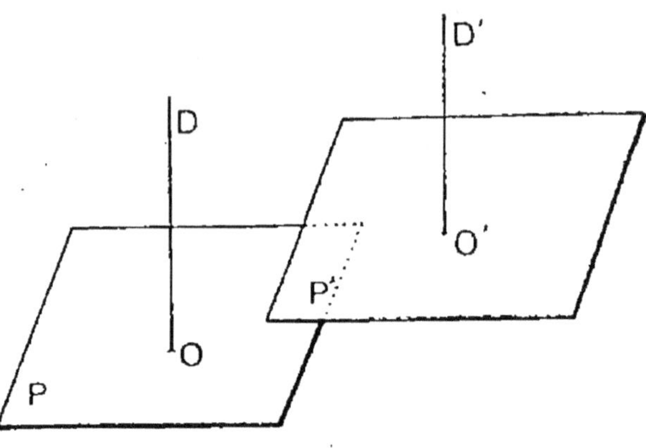

Fig. 357.

584. — Théorème. — *Par un point O pris sur une droite
D, on ne peut mener qu'un plan perpendiculaire à la droite D.*

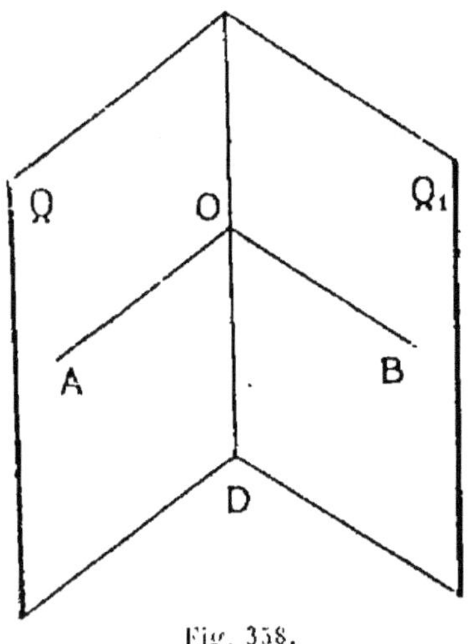

Fig. 358.

Par la droite D, faisons
passer deux plans *distincts* Q
et Q_1 (fig. 358). Dans ces plans
menons OA et OB perpendi-
culaires à D.

Tout plan perpendiculaire
à D au point O contient la
perpendiculaire OA à D; il
contient aussi la perpendiculaire OB à D (§ 582).

Or, par deux droites con-
courantes, il ne passe *qu'un
seul plan.* Il ne peut donc
y avoir *qu'un seul plan perpendiculaire* à D *au point* O.

585. — Théorème. — *Pour qu'une droite OM soit perpendiculaire à un plan P au point O, il suffit qu'elle soit
perpendiculaire à deux droites distinctes OA et OB menées
par O dans le plan P.*

Supposons que la droite OM soit perpendiculaire aux deux droites OA et OB du plan P (fig. 359).

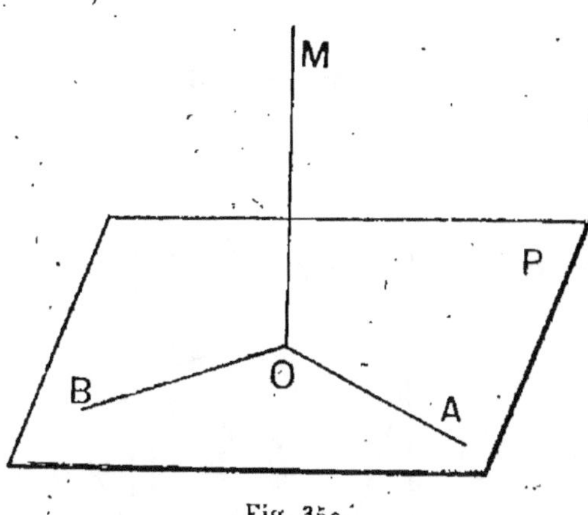

Fig. 359.

Nous allons démontrer qu'elle est perpendiculaire au plan P.

En effet, *il existe un plan* P' *perpendiculaire au point* O *à la droite* OM (§ 583). Ce plan *contient* OA et OB (§ 582).

Donc il *coïncide* avec P, puisque par deux droites distinctes on ne peut faire passer *qu'un plan*.

Le plan P est donc perpendiculaire à la droite OM.

REMARQUE. — Ce théorème a une *importance capitale*. Il est utilisé à chaque instant.

586. — **Théorème**. — *Par un point* O *pris hors d'un plan* P *on peut mener une perpendiculaire au plan* P *et une seule*.

1° On peut en mener *une*.

Prenons dans le plan P un point *quelconque* A' (fig. 360) et élevons la *perpendiculaire* A'X' au plan P. Supposons que le plan P et la droite A'X' soient *réalisées matériellement*. Nous admettons comme évident qu'en *faisant glisser le plan* P *sur lui-même, on peut amener la droite* A'X' *à passer par le point* O.

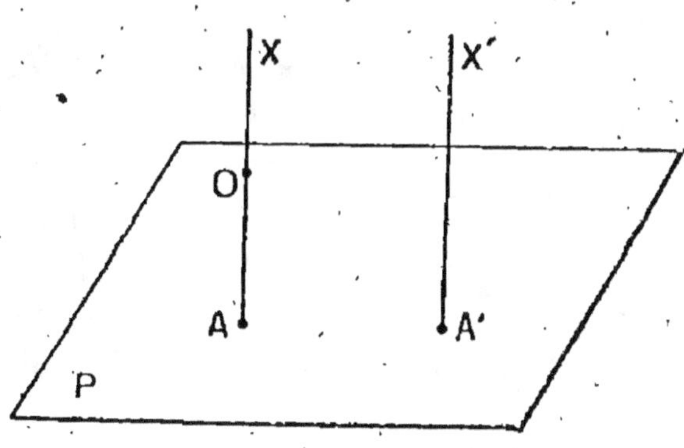

Fig. 360.

Soit AX la position prise par A'X' lorsque cette condition est réalisée.

AX est une *perpendiculaire* au plan P *passant par le point O.*

2° On *ne peut en mener qu'une.*

Supposons que par le point O on puisse mener deux droites distinctes OA et OA' toutes les deux perpendiculaires au plan P, aux points A et A' (fig. 361).

OA et OA' étant perpendiculaires au plan P seraient perpendiculaires à la droite AA'.

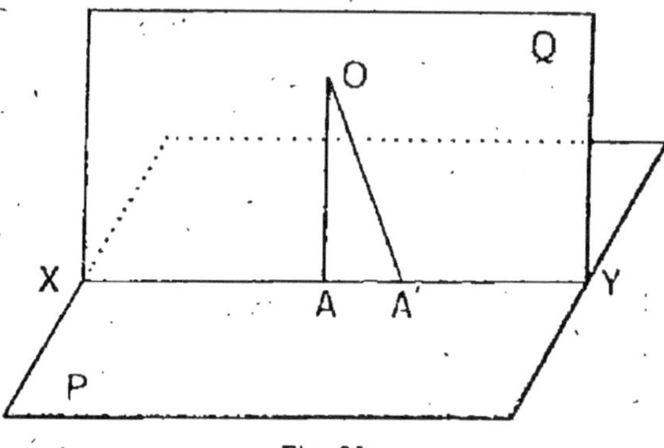

Fig. 361.

Et alors *dans le plan OAA'* on pourrait mener par le point O *deux perpendiculaires à la même droite AA'*, ce qui est *impossible.*

587. — **Théorème.** — *Par un point O extérieur à une droite D, on peut mener un plan perpendiculaire à D et un seul.*

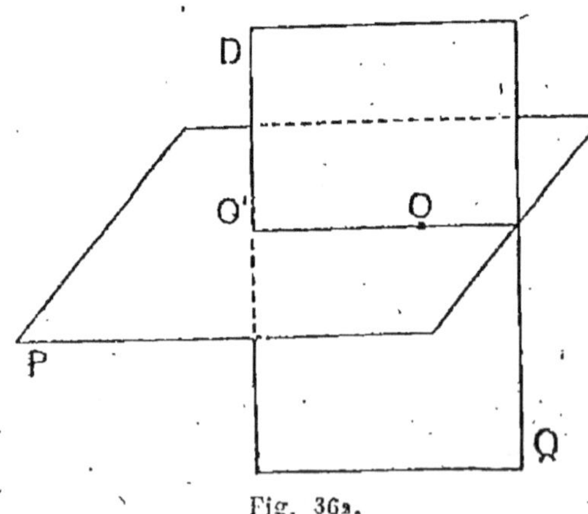

Fig. 362.

1° On peut en mener un.

Soit Q le plan passant par la droite D et le point O (fig. 362).

Dans le plan Q abaissons la *perpendiculaire* sur la droite D; soit O' le point où elle la rencontre.

Par le point O' de la droite D on peut (§ 583) mener un plan P *perpendiculaire* à D.

Ce plan P *contient* OO' (§ 582). P est donc un plan passant par O et perpendiculaire à D.

2° On *n'en peut mener qu'un.*

Car *tout plan* perpendiculaire à D et passant par le point O, coupe le plan Q suivant une droite *perpendiculaire* à D, c'est-à-dire suivant OO'. Il est donc perpendiculaire à D au point O'. Or, il n'y a qu'*un plan perpendiculaire* à D *au point* O'.

MOUVEMENT DE ROTATION

588. — Pivotement d'un angle droit autour d'un de ses côtés.

Soit un angle droit $\widehat{MOX}$ (fig. 363) que nous faisons *pivoter* autour de la droite OM, O et M restant *fixes*.

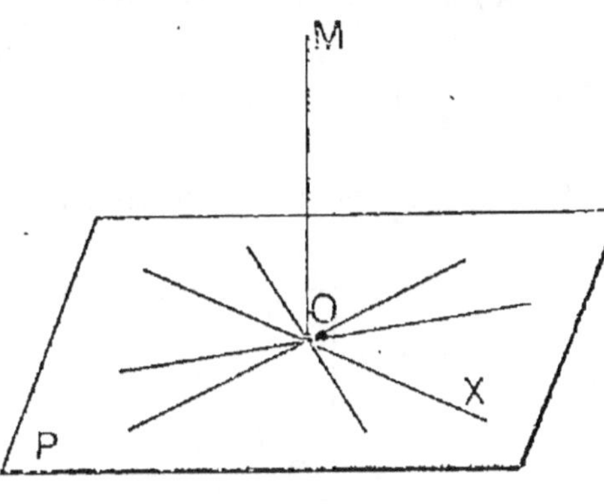

Fig. 363.

Il résulte du § 582 que le côté OX se déplace en *restant constamment dans le plan* P *perpendiculaire* à OM *au point* O.

Dans ce mouvement le côté OM *balaie tout le plan* P ; on dit qu'il *engendre le plan* P.

Ainsi donc :

589. — Théorème. — *Lorsqu'un angle droit pivote autour d'un de ses côtés, l'autre côté engendre un plan perpendiculaire au côté fixe.*

590. — Corollaire. — *Lorsqu'une droite et un plan invariablement liés l'un à l'autre sont perpendiculaires, si on fait pivoter la droite sur elle-même, le plan glisse sur lui-même.*

Inversement :

591. — **Théorème.** — *Lorsqu'un plan glisse sur lui-même de façon qu'un de ses points O reste fixe, la perpendiculaire OM élevée au plan en ce point pivote sur elle-même.*

Supposons qu'on fixe le point O et qu'on fasse glisser le plan P sur lui-même. La position du plan P restant la même, la perpendiculaire OM conserve aussi la même position, puisque par un point O d'un plan on ne peut mener qu'une perpendiculaire à ce plan : OM pivote sur elle-même.

Des expériences très faciles à imaginer et à réaliser mettent ces résultats en évidence.

592. — **Mouvement de rotation.** — Soit un corps *indéformable*. Fixons deux points A et B de ce corps. *On peut encore lui faire subir un déplacement. Ce déplacement s'appelle une* **rotation.**

Dans ce mouvement la droite AB pivote sur elle-même. On l'appelle l'*axe de la rotation.*

Les déplacements considérés dans les paragraphes précédents sont des rotations.

593. — Soit un corps qui a un *mouvement de rotation autour de l'axe* AB.

Considérons un plan P *perpendiculaire à l'axe* A B (fig. 364) et invariablement lié au corps mobile.

Il résulte de ce qui précède que,

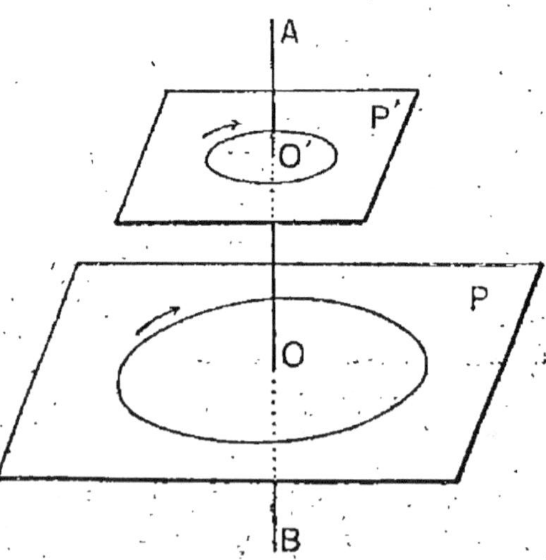

Fig. 364.

dans le mouvement, ce plan *glisse* sur lui-même, le point O où il rencontre l'axe restant *fixe*.

Par suite : *Tout point du corps situé dans le plan considéré décrit un cercle ayant le point O pour centre.*

Tout cercle de centre O et situé dans le plan P glisse sur lui-même.

594. — **Définition**. — *La perpendiculaire élevée au plan d'un cercle par le centre de ce cercle s'appelle l'axe du cercle.*

Ainsi dans la figure 364, la droite AB est l'axe du cercle O.

PERPENDICULAIRES ET OBLIQUES

595. — **Définition**. — *Une droite qui rencontre un plan est dite oblique à ce plan, si elle ne lui est pas perpendiculaire.*

596. — **Théorème**. — *Si par un point O extérieur à un plan P, on mène la perpendiculaire OA au plan P, cette perpendiculaire est plus courte que toute oblique issue du même point.*

Soit OB une oblique quelconque (fig. 365).

La droite OA perpendiculaire au plan P est perpendi-

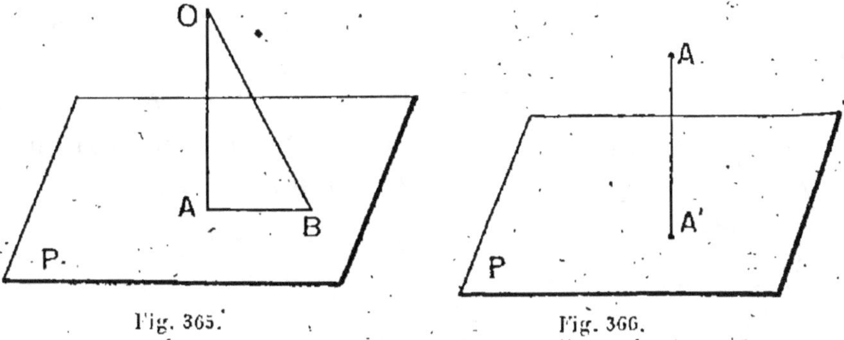

Fig. 365.

Fig. 366.
Distance d'un point à un plan.

culaire à la droite AB. Dans le plan OAB, OA est donc *perpendiculaire* à AB, tandis que OB est *oblique* à cette même droite.

Donc comme on l'a vu en géométrie plane (§ 252)

$$OA < OB.$$

597. — Définition. — *On appelle **distance** d'un point à un plan la longueur de la perpendiculaire abaissée du point sur le plan* (fig. 366).

C'est la longueur du chemin le plus court allant du point au plan.

598. — Théorème. — *Si par un point O extérieur à un plan P on mène la perpendiculaire et différentes obliques :*

1° Deux obliques dont les pieds sont également éloignés du pied de la perpendiculaire sont égales.

2° Deux obliques qui s'écartent inégalement du pied de la perpendiculaire sont inégales, et celle qui s'en écarte le plus est la plus longue.

1° Soient OB et OC deux obliques telles que

$$AB = AC \text{ (fig. 367)}.$$

Les deux triangles AOB et AOC sont *superposables par une rotation autour* de OA.

Donc les obliques OB et OC sont *égales.*

PLUS GÉNÉRALEMENT : *Un point de l'axe d'un cercle est équidistant de tous les points de ce cercle.*

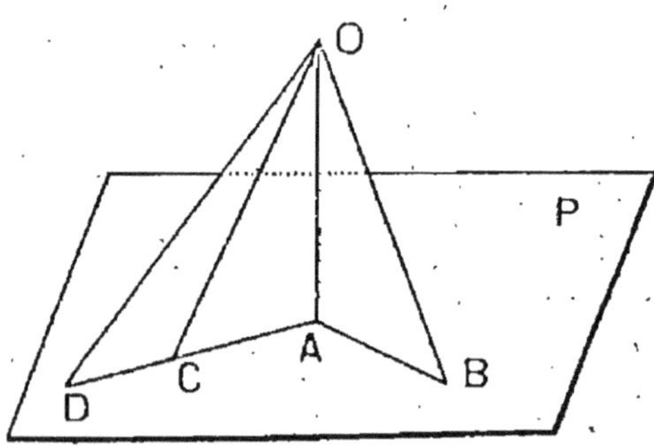

Fig. 367. — Perpendiculaire et obliques.

2° Soient OB et OD deux obliques telles que

$$AB < AD.$$

Prenons sur AD un point C tel que

$$AC = AB.$$

On a

$$OC = OB.$$

Dans le plan COD, OC et OD sont deux obliques à la droite CD. Comme AC < AD, on a (§ 254)

$$OC < OD$$

et par suite

$$OB < OD.$$

599. — **Réciproquement.** — 1° *Si deux obliques sont égales, elles s'écartent également du pied de la perpendiculaire.*

2° *Si deux obliques sont inégales, elles s'écartent inégalement du pied de la perpendiculaire, et la plus longue est celle qui s'en écarte le plus.*

Démonstration par réduction à l'absurde.

§ 2. — Angles dièdres.

600. — **Définition.** — On appelle **angle dièdre** (ou simplement *dièdre*) la figure formée par deux demi-plans limités par une même droite XY (fig. 368).

La droite XY s'appelle *l'arête de l'angle dièdre;* les deux demi-plans s'appellent les *faces de l'angle dièdre.*

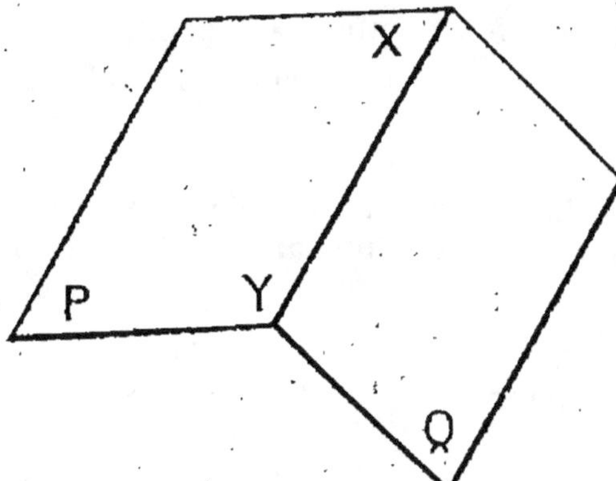

Fig. 368. — Angle dièdre.

Pour désigner un angle dièdre on nomme d'abord un point de l'une des faces, puis l'arête du dièdre, enfin un point de l'autre face.

L'angle dièdre désigné par PXYQ, a pour arête XY; une de ses faces contient le point P et l'autre le point Q.

601. — **Angle rectiligne d'un angle dièdre.** — Soit un *angle dièdre* AXYB (fig. 369).

Coupons-le par un *plan perpendiculaire à son arête au point O.* La section se compose de deux demi-droites OA et OB perpendiculaires à

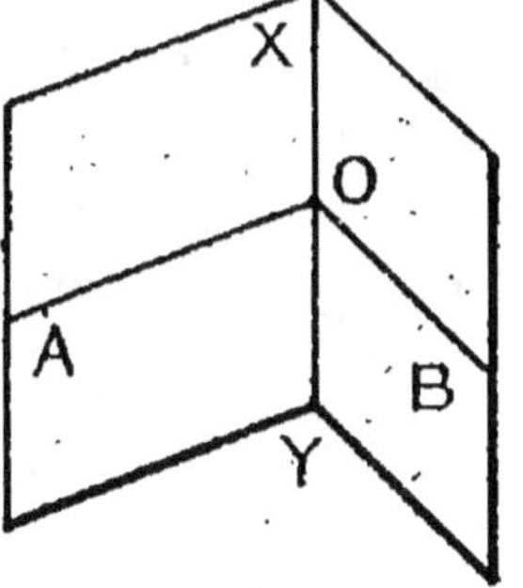

Fig. 369.
Rectiligne d'un dièdre.

l'arête. On dit que l'*angle saillant* $\widehat{AOB}$, formé par ces deux droites, est un **angle rectiligne** *du dièdre*.

602. — Retournement d'un angle dièdre sur lui-même.

Un angle peut être *retourné* sur lui-même : cela entraîne la propriété analogue pour un angle dièdre.

En effet, déplaçons le dièdre AXYB de *façon à retourner le rectiligne* $\widehat{AOB}$ *sur lui-même* (fig. 369). *Avant et après le déplacement, l'arête* XY *est perpendiculaire au point* O *au plan du rectiligne.* Or, par un point O d'un plan on ne peut mener qu'une perpendiculaire à ce plan. XY occupe donc la même position *après et avant* le retournement, et il en est *de même du dièdre*.

603. — Théorème. — *Les angles rectilignes correspondants à différents points de l'arête d'un angle dièdre sont égaux.*

Soient $\widehat{AOB}$ et $\widehat{A'O'B'}$ deux angles rectilignes du même dièdre (fig. 370).

Soit I le *milieu de* OO′.

Nous pouvons *retourner* le dièdre sur lui-même, de façon que le *point* I *ne bouge pas.*

Après le retournement, le point O′ est venu au point O, le dièdre est venu en coïncidence avec lui-même, et par suite l'angle $\widehat{A'O'B'}$ est venu coïncider avec l'angle $\widehat{AOB}$.

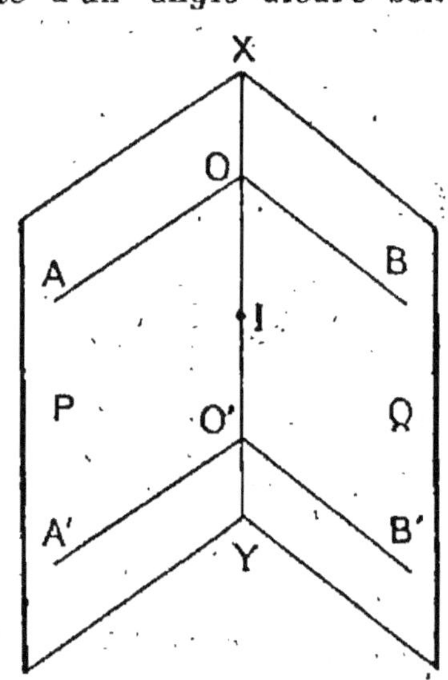

Fig. 370.

Ces deux angles sont donc *égaux*.

604. — Remarque. — Dans ce retournement O′A′ est venu coïncider avec OB et O′B′ avec OA.

605. — Théorème. — *Si deux angles dièdres sont super-posables, leurs angles rectilignes sont égaux.*

Car après la superposition, les deux angles rectilignes sont devenus les angles rectilignes d'un *même* dièdre.

606. — Réciproquement. — *Si les angles rectilignes de deux dièdres sont égaux, ces angles dièdres sont superposables.*

En effet, *déplaçons* un des dièdres, de manière à *faire coïncider* les angles rectilignes. Alors les deux arêtes seront perpendiculaires au même plan en un même point; par suite elles *coïncideront*, et il en sera de même des deux dièdres.

607. — Corollaire I. — *Si on a pu superposer deux dièdres en faisant coïncider le point O de l'arête du premier avec le point O′ de l'arête du second, la superposition pourra être faite en faisant coïncider le point O′ avec n'importe quel point O″ de l'arête du second dièdre.*

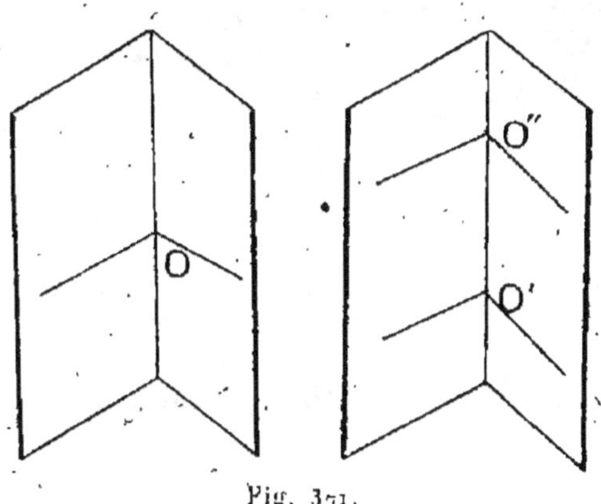

Fig. 371.

En effet les rectilignes relatifs aux points O et O′ étant égaux, il en est de même des rectilignes relatifs aux points O et O″; en superposant ces derniers, on superposera les deux dièdres.

608. — Corollaire II. — *Un angle dièdre peut glisser sur lui-même.*

Cela signifie qu'on peut *déplacer* un angle dièdre sans qu'il cesse de coïncider avec un *dièdre fixe.*

609. — Égalité de deux dièdres. — Conformément à la définition générale de l'égalité de deux figures, nous dirons que *deux angles dièdres sont égaux s'ils sont super-posables.*

610. — Condition d'égalité de deux dièdres. — De ce qui précède résulte l'énoncé suivant :

Pour que deux dièdres soient égaux, il faut et il suffit que leurs angles rectilignes soient égaux.

Deux dièdres égaux peuvent être superposés d'une *infinité de manières.*

611. — Remarque. — La considération du *rectiligne* d'un dièdre permet d'étendre *immédiatement* aux angles dièdres la *plupart des théorèmes relatifs aux angles.* Nous verrons des exemples de ce fait dans ce qui va suivre.

612. — Dièdres opposés par l'arête. — *On dit que deux dièdres sont* **opposés par l'arête** *s'ils ont la même arête et si les faces de l'un des dièdres sont les prolongements des faces de l'autre.*

Ainsi les deux dièdres PXYQ et P'XYQ' sont opposés par l'arête (fig. 372).

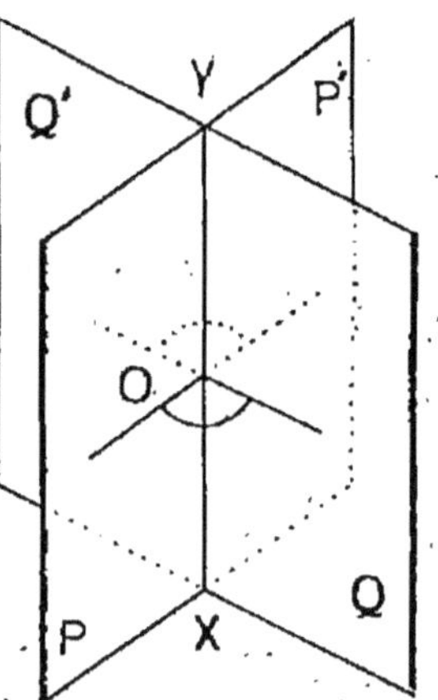

Fig. 372. — Dièdres opposés par l'arête.

613. — Théorème. — *Deux angles dièdres opposés par l'arête sont égaux.*

En effet, on construira leurs rectilignes en coupant les deux dièdres par un plan perpendiculaire au même point O de leur arête commune. Ces rectilignes sont *égaux* comme *opposés par le sommet,* donc les dièdres sont aussi *égaux.*

§ 3. — **Plans perpendiculaires.**

614. — **Définition.** — *Un angle dièdre est dit* **droit** *si son rectiligne est un angle droit.*

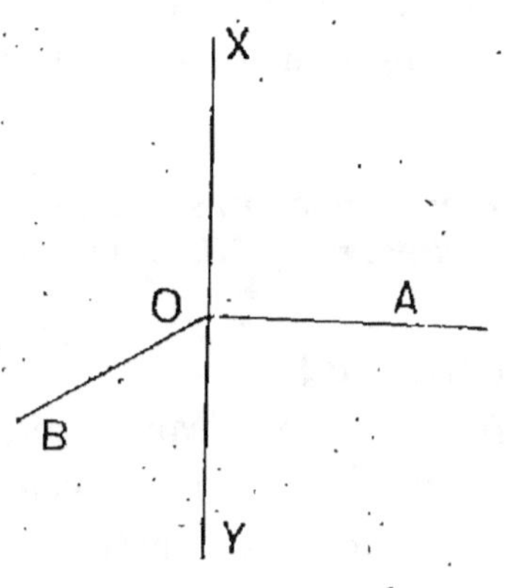

Fig. 373.

Soit un angle droit $\widehat{AOB}$. Élevons la perpendiculaire XY au point O de son plan. Le dièdre AXYB a pour rectiligne l'angle droit $\widehat{AOB}$. C'est un dièdre droit.

615. — *Tous les dièdres droits sont égaux,* puisque tous les angles droits sont égaux.

616. — Un angle dièdre est dit *aigu* si son *rectiligne* est un *angle aigu*; il est dit *obtus* si son *rectiligne* est un *angle obtus.*

617. — Considérons deux plans indéfinis qui se coupent suivant une droite XY (fig. 374).

Ils forment quatre dièdres *deux à deux* égaux comme opposés par l'arête. Construisons leurs rectilignes en les coupant par un plan perpendiculaire à XY. Soient AC et BD les deux droites d'intersection qui forment les quatre angles rectilignes. Deux cas sont possibles :

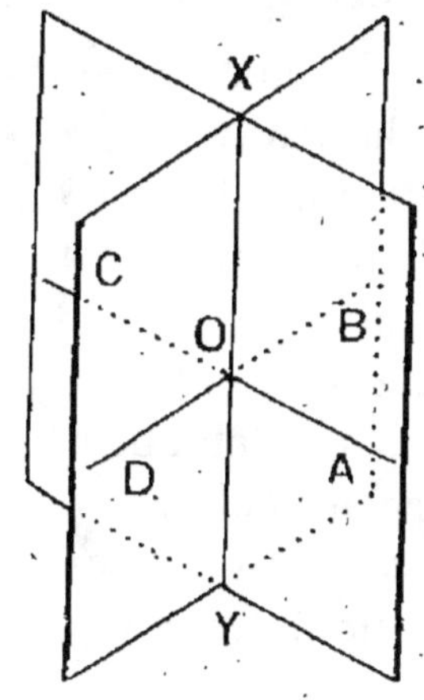

Fig. 374.

1° Les deux droites AC et BD sont *perpendiculaires*. Elles forment quatre angles *égaux*, qui sont des angles droits, et les quatre dièdres sont *égaux*. Ce sont des *dièdres droits*.

2° Les deux droites AC et BD *ne sont pas perpendiculaires.*

Elles forment deux angles aigus égaux comme opposés par le sommet et deux angles obtus égaux.

Donc parmi les quatre dièdres, deux sont des dièdres aigus égaux entre eux, les deux autres sont des dièdres obtus égaux entre eux,

618. — **Définition.** — *On dit que deux plans qui se coupent sont* **perpendiculaires** *si les quatre dièdres qu'ils forment sont égaux.*

Chacun de ces dièdres est un dièdre droit.

Si deux plans qui se coupent forment *un dièdre droit,* les trois autres le sont aussi et les *deux plans sont perpendiculaires* : si en effet un des rectilignes est droit, les trois autres rectilignes sont droits.

619. — **Théorème.** — *Si une droite OA est perpendiculaire à un plan P, tout plan Q passant par la droite est perpendiculaire au plan P* (fig. 375).

Les deux plans P et Q qui ont en commun le point O où la droite OA rencontre le plan P, se coupent suivant une droite XY passant par le point O.

Dans le plan P menons la demi-droite OB perpendiculaire à XY. La droite OA étant perpendiculaire au plan P, est perpendiculaire aux deux droites XY et OB menées par son pied dans le plan P.

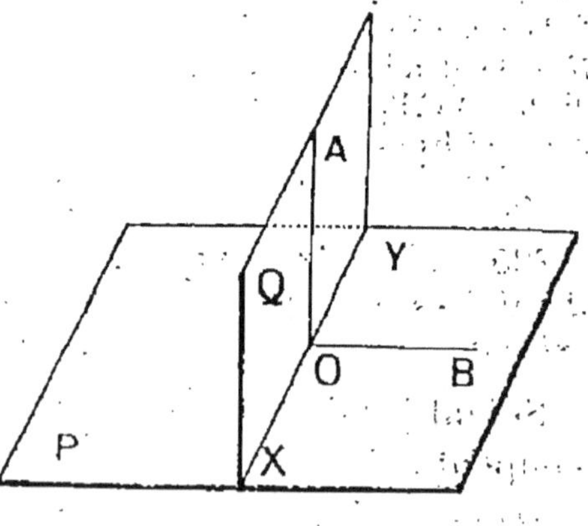

Fig. 375.

De là résulte d'abord que l'*angle* $\widehat{AOB}$ *est le rectiligne* du dièdre PXYQ et ensuite que ce *rectiligne est droit.*

Le dièdre est donc *droit* et les deux *plans sont perpendiculaires*.

AUTRE DÉMONSTRATION.

La droite XY partage le plan P en deux demi-plans P_1 et P_2.

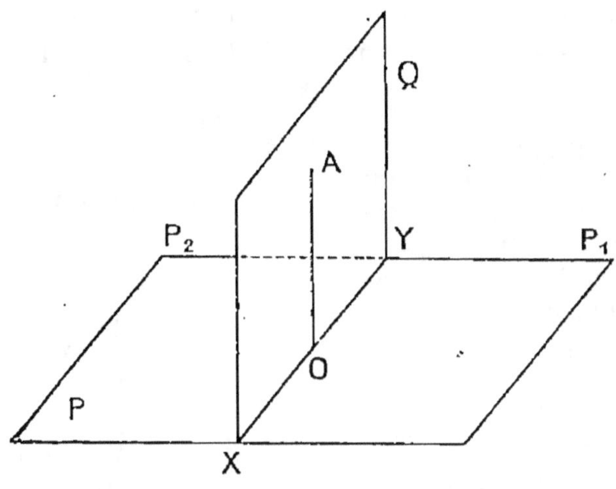

Fig. 376.

Faisons *tourner* la figure autour de la droite OA. Le plan P *glisse sur lui-même*.

Lorsque XY a tourné de 180°, le plan Q a repris *sa position primitive*, le demi-plan P_1 est venu *coïncider* avec le demi-plan P_2, le dièdre $AXYP_1$ est donc venu *coïncider* avec le dièdre $AXYP_2$. Ces deux dièdres sont donc *égaux*, et par suite les plans P et Q sont *perpendiculaires*.

620. — Réciproquement. — *Si deux plans sont perpendiculaires, toute droite menée dans l'un d'eux perpendiculairement à leur intersection est perpendiculaire à l'autre.*

Soient les deux plans perpendiculaires P et Q qui se coupent suivant la droite XY (fig. 376).

Dans le plan Q menons la droite OA perpendiculaire à XY au point O.

Nous allons démontrer que OA est perpendiculaire au plan P.

En effet, menons dans le plan P la demi-droite OB perpendiculaire à XY. L'angle $\widehat{AOB}$ est le *rectiligne* du dièdre PXYQ.

Par hypothèse ce dièdre est *droit*, donc son *rectiligne* est *droit*.

La droite OA est donc perpendiculaire aux deux droites OB et XY menées par son pied dans le plan P; elle est donc *perpendiculaire au plan* P.

621. — **Théorème.** — *Si deux plans* P *et* Q *sont perpendiculaires et si par un point de l'un d'eux on mène la perpendiculaire à l'autre, elle est tout entière située dans le premier* (fig. 377).

Par le point A du plan Q abaissons la perpendiculaire Δ sur le plan P et la perpendiculaire AO sur l'intersection XY des plans.

D'après le théorème précédent, AO est *perpendiculaire* au plan P. Or, par un point A on ne *peut mener qu'une perpendiculaire* au plan P.

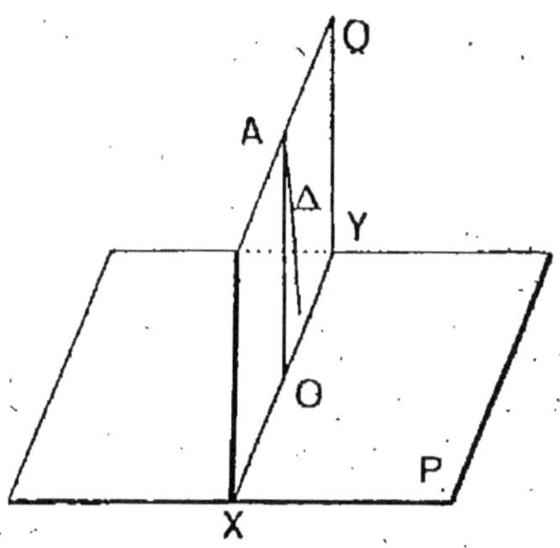

Fig. 377.

Δ se confond donc avec AO et par suite elle est *située dans le plan* P.

622. — **Corollaire.** — *Si deux plans* P *et* Q *perpendiculaires à un même troisième* R *se coupent, leur intersection est perpendiculaire à ce troisième.*

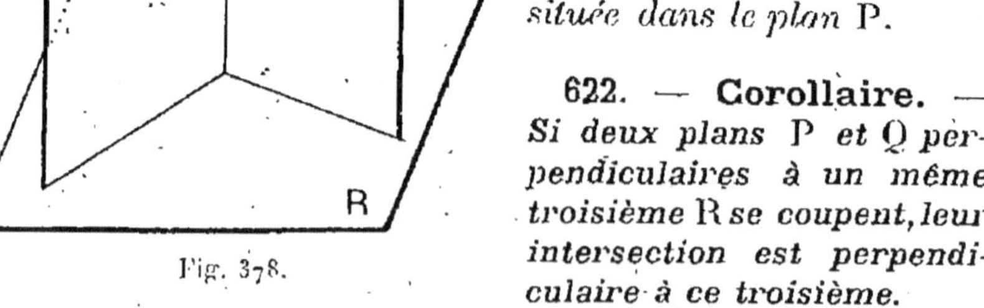

Fig. 378.

En effet, par un point A de l'*intersection* (fig. 378) abaissons la *perpendiculaire sur le plan* R. D'après le théorème précédent, elle est située dans le plan P et aussi dans le plan Q.

Elle est donc *confondue* avec leur intersection.

EXERCICES THÉORIQUES

§ 1.

778. Quel est le lieu géométrique des perpendiculaires élevées à une droite D en un de ses points O?

779. Comment se coupent les deux plans P et P′ perpendiculaires respectivement en O aux deux droites OX et OY.

780. Étant données deux droites concourantes OX, OY, montrer qu'il n'est pas possible, en général, de mener par l'une de ces droites un plan perpendiculaire à l'autre : à quelle condition peut-on effectuer une telle construction?

781. Étant donnés un plan P et une droite OX rencontrant ce plan en O, mener dans le plan P par le point O une droite perpendiculaire à OX.

Comment doit-on déplacer OX pour que sa perpendiculaire dans le plan P reste immobile?

782. Étant donné un triangle isocèle ABC $(AB = AC)$ dont on connaît l'angle $\widehat{A} = 120^0$ et la hauteur $AA' = a$, calculer à quelle distance de A on doit prendre un point M sur la perpendiculaire en A au plan du triangle pour que l'angle $\widehat{BMC}$ soit droit.

783. Étant donné un carré ABCD, on élève aux extrémités A et C de la diagonale AC deux perpendiculaires AA′ et CC′ égales au côté du carré, on joint C à A′ et on mène le plan perpendiculaire à CA′ en un point I tel que $\dfrac{IC}{IA} = \dfrac{1}{2}$, démontrer que ce plan passe par les points C′, B et D.

784. Par le point de concours O de trois droites OX, OY, OZ on mène trois plans respectivement perpendiculaires à ces trois droites qui se coupent suivant OX′, OY′, OZ′. Quelles positions occupent ces trois nouvelles droites par rapport aux trois droites données.

785. Étant donnés deux plans P et P′ qui se coupent suivant une droite XY, et une droite OZ menée perpendiculairement à P par un point O de XY, mener par OZ un plan qui coupe P et P′ suivant deux droites dont la bissectrice soit OZ.

786. Quel est le lieu géométrique des points équidistants de deux points donnés?

787. Trouver sur une droite donnée D ou sur un cercle donné C un point équidistant de deux points donnés A et B.

788. Étant donnés deux points A et B, comment doit-on choisir un point de l'espace M pour que MA soit inférieur à MB?

789. Quel est le lieu géométrique des points équidistants de trois points donnés A, B, C non en ligne droite?

790. Trouver dans un plan P un point équidistant de trois points donnés A, B, C non dans le plan P.

791. Étant donnés trois points A, B, C, déterminer les portions d'une droite D et les régions d'un plan P telles que les distances de tous les points de ces régions aux points A, B, C soient dans un ordre de grandeur donné.

792. Déterminer le point situé à égale distance de quatre points donnés non situés dans un même plan.

793. Dans un carré ABCD le sommet A est fixe ainsi que le milieu M du côté BC, quels sont les lieux géométriques des trois sommets B, C, D et du centre O de ce carré?

794. Trouver le lieu géométrique du sommet C d'un triangle dont les sommets A et B sont fixes et les angles en A et B constants.

795. Trouver le lieu géométrique des points d'un plan donné P situés à une distance donnée d'un point donné A, hors du plan P.

796. Trouver sur une droite D d'un plan P les points situés à une distance donnée d'un point donné. Dans quel cas le problème est-il possible?

797. Étant donnés un cercle C et un point O hors du plan du cercle, rechercher quel est le plus court et le plus long des segments de droite allant du point O à un point du cercle C.

798. Soient A et B deux points extérieurs à un plan P. Déterminer dans ce plan le lieu des points d'où la distance AB est vue sous un angle droit.

799. Étant donnés un plan P et une droite OX qui coupe ce plan en O, mener par O dans le plan P une droite OY telle que l'angle XOY soit le plus petit possible.

800. Étant donnés deux points A et B situés d'un même côté d'un plan P, hors de ce plan, déterminer le point du plan P pour lequel la somme des distances aux points A et B est minima.

801. Étant donnés deux points A et B situés de part et d'autre d'un plan P, déterminer le point M du plan P tel que la différence des distances de C à A et B soit maxima.

802. Étant donnés un plan P et une droite D qui coupe le plan P, rechercher sur la droite D un point M qui soit équidistant d'un point A fixé sur la droite D et du plan P.

§ 2.

803. Démontrer que les angles dièdres sont des grandeurs proportionnelles à leurs rectilignes.

804. Démontrer que si deux dièdres adjacents sont supplémentaires, leurs faces extérieures sont en prolongement et réciproquement.

805. Démontrer que la somme des dièdres ayant même arête formés autour de cette arête par un nombre quelconque de demi-plans placés d'une façon quelconque est égale à 4 droits.

806. Appelant *plan bissecteur* d'un dièdre un demi-plan qui, passant par l'arête, divise ce dièdre en deux dièdres égaux, démontrer que les quatre plans bissecteurs des dièdres formés par deux plans qui se coupent sont deux à deux en prolongement.

807. Démontrer que lorsqu'on retourne un dièdre sur lui-même son plan bissecteur revient en coïncidence avec lui-même.

808. Étant donné un angle $\widehat{XOY}$, on élève en O une perpendiculaire OZ à son plan, évaluer les dièdres formés par les trois plans XOY, ZOX, YOZ.

809. Étant données trois droites concourantes OX, OY, OZ, on mène par O à chacun des plans XOY, YOZ, ZOX des demi-droites OZ', OX', OY' respectivement perpendiculaires à ces plans et situés du même côté que la troisième droite par rapport au plan des deux autres, démontrer que l'angle $\widehat{X'O'Y'}$ est supplémentaire du dièdre X.OZ.Y.

810. On donne un carré ABCD de centre O; on élève en O la perpendiculaire OS au plan ABCD d'une longueur égale à la demi-diagonale du carré; évaluer : 1° connaissant le côté du carré, la distance de O au plan SAB; 2° l'angle dièdre S.AB.O; 3° l'angle dièdre C.SA.B.

811. On donne un triangle équilatéral ABC et on élève au point de concours G des médianes une perpendiculaire GS telle que $\dfrac{GS'}{AB}=\sqrt{\dfrac{2}{3}}$; évaluer : 1° connaissant le côté du triangle, la distance de G au plan SAB; 2° l'angle dièdre S.AB.G; 3° l'angle dièdre B.SA.C

812. Étant donné un carré ABCD de centre O, on élève en O au plan de ce carré une perpendiculaire OS égale au demi-côté du carré; calculer les angles dièdres S.AB.O et A.SB.C.

813. Étant donnés deux triangles équilatéraux ABC, ABD ayant le côté AB commun, quelle valeur doit avoir le dièdre D.AB.C pour que le dièdre A.CB.D soit droit?

[*On calculera une ligne trigonométrique de la moitié du dièdre D.AB.C.*]

814. Étant donnés deux triangles rectangles égaux ABC et ABC' ($AC=AC'$, $\widehat{C}=90°$) dont les plans forment un angle dièdre de 60°, calculer, connaissant les longueurs des côtés du triangle, l'angle dièdre A.CC'.B.

815. On considère un trapèze rectangle OO'A'A dont OO' est la hauteur et on trace dans les plans perpendiculaires à OO' en O et O' les deux hexagones réguliers convexes ABCDEF, A'B'C'D'E'F' de centres O et O' et de rayons OA et O'A'; calculer, connaissant $OO'=h$, $OA=R$, $O'A'=R'$: 1° l'angle dièdre A.BB'.C; 2° l'angle dièdre O.AB.A' et l'angle dièdre A.A'B'.O.

[*Calculer une ligne trigonométrique de chacun des dièdres demandés.*]

<h2 style="text-align:center">§ 3.</h2>

816. Démontrer que les intersections de trois plans perpendiculaires deux à deux sont trois droites également perpendiculaires deux à deux. Inversement, démontrer que trois droites perpendiculaires deux à deux déterminent trois plans perpendiculaires entre eux.

817. Mener par deux points A et B deux plans perpendiculaires à un plan P donné tels que leur intersection passe par un troisième point donné C.

818. Mener par un plan donné A un plan perpendiculaire à deux plans donnés.

819. Les quatre plans bissecteurs des dièdres formés par deux plans qui se coupent sont deux à deux perpendiculaires.

820. Rechercher le lieu géométrique des points équidistants d'un plan P et d'une droite D située dans ce plan.

821. Étant donnés un cercle C de centre O et un point A, hors du plan du cercle, déterminer les points M du cercle tels que la droite AM soit perpendiculaire à la tangente au cercle au point M.

822. Étant donnés deux plans rectangulaires et une droite qui les coupe en A et B, on abaisse de A une perpendiculaire AA', de B une perpendiculaire BB' sur l'intersection des deux plans et on joint BA' et AB'; démontrer que la somme $\widehat{B'AB} + \widehat{A'BA}$ est inférieure à 90°.

823. Démontrer qu'un plan P qui coupe les deux faces d'un dièdre suivant des droites également inclinées sur l'arête est perpendiculaire au plan bissecteur du dièdre.

824. On considère un plan qui coupe en A, B, C trois droites concourantes OX, OY, OZ rectangulaires deux à deux, on abaisse de O la perpendiculaire OH sur le plan ABC; démontrer que H est le point de concours des hauteurs du triangle ABC.

825. Construire un point O d'où l'on voie les trois côtés d'un triangle rectangle sous un angle droit.

[*S'aider de l'exercice précédent.*]

826. Étant données trois droites concourantes, on fait passer par chacune d'elles un plan perpendiculaire au plan des deux autres. Démontrer que les trois plans obtenus passent par une même droite.

827. Par une droite mener un plan tel que l'un des dièdres qu'il détermine avec un plan donné soit égal à un dièdre donné.

828. Étant donné un dièdre A.YX.B et un point B dans l'une des faces, mener dans cette face la droite BC coupant XY au point C de manière que si B' est le pied de la perpendiculaire abaissée du point B sur le plan AXY l'angle $\widehat{BCB'}$ soit égal à un angle donné.

829. Par deux droites concourantes OX, OY respectivement, on fait passer deux plans variables mais formant toujours un dièdre droit. Rechercher le lieu géométrique du point où l'arête de ce dièdre perce un plan fixe perpendiculaire à OX.

830. Étant donnés deux plans P et Q perpendiculaires se coupant suivant une droite XY et un point A, hors de ces deux plans, mener par A un plan R perpendiculaire à P et un plan S perpendiculaire à Q tels que les intersections de R et de P d'une part, de S et de Q d'autre part, soient concourantes sur XY et perpendiculaires entre elles.

831. Étant donnés deux plans P et Q perpendiculaires se coupant suivant XY; par un point A également distant de ces deux plans d'une distance d on mène deux plans, l'un R perpendiculaire à P et dont l'intersection avec P fasse un angle égal à α avec XY, l'autre S perpendiculaire à Q et dont l'intersection avec Q fasse un angle égal à β avec XY. Connaissant d, α et β, calculer la distance des deux points où l'intersection des plans R et S coupe les deux plans donnés P et Q.

CHAPITRE III

PARALLÉLISME

§ 1. — Droites parallèles.

623. — Définition. — En géométrie plane, deux droites indéfinies sont dites *parallèles* lorsqu'elles n'ont aucun point commun.

La notion de droites parallèles est conservée sans modification en géométrie dans l'espace, mais en précisant que *deux droites parallèles* sont nécessairement *dans un même plan.*

*Deux droites indéfinies sont dites **parallèles** si elles sont contenues dans un même plan et si elles n'ont aucun point commun.*

On voit ici, au point de vue des démonstrations, une différence importante avec la géométrie plane. En géométrie *plane*, pour démontrer que deux droites sont parallèles, il *suffit* d'établir qu'elles *n'ont pas de point commun*. En géométrie *dans l'espace*, il faut en outre s'assurer qu'elles sont *situées dans le même plan.*

624. — Axiome des parallèles. — L'axiome des parallèles subsiste en géométrie dans l'espace :

Par un point O extérieur à une droite AB on peut mener une parallèle à AB et une seule.

En effet, pour mener par O une parallèle à AB, on devra d'abord mener un *plan* passant par AB et le point O. Il y en a *un et un seul.*

Puis, *dans ce plan,* mener une *parallèle* à AB. Il y en a une et une seule.

625. — REMARQUE. — Comme en géométrie plane, nous allons faire l'étude du parallélisme en utilisant la *symétrie par rapport à un point* et la *translation rectiligne*.

626. — **Symétrie par rapport à un point.** — Même définition qu'en géométrie plane :

Deux points M et M' sont dits **symétriques** *par rapport à un point O, si O est le milieu du segment rectiligne qui a ces deux points pour extrémités.*

Deux figures sont dites *symétriques* par rapport au *point O*, si leurs points sont *symétriques deux à deux* par rapport au point O. Une figure admet un point O comme *centre de symétrie,* lorsque ses points sont *symétriques deux à deux* par rapport au point O.

627. — En géométrie plane *deux figures symétriques par rapport à un point O sont* **superposables** *par un glissement* de leur plan sur lui-même. Rien de pareil ne subsiste en géométrie *dans l'espace.* Et en général, deux figures *symétriques par rapport à un point ne sont pas* **superposables**.

Mais il y a des cas d'exception. Ainsi :

La figure symétrique d'une droite indéfinie AB par rapport à un point O est une *droite A'B'* qui est parallèle à AB.

La figure symétrique d'un segment AB par rapport à un point O est un *segment égal.*

Tout cela est évident, puisque il s'agit de symétrie dans le plan AOB.

628. — **Théorème.** — *La figure symétrique d'un plan P par rapport à un point O est un plan P'.*

Dans le plan P prenons une droite *fixe* AB et un point *fixe* C (fig. 379).

Il leur correspond dans la symétrie par rapport au point O, une droite A'B' et un point C'.

Soit M un point quelconque de AB.

Son *symétrique* M' est un *point de* A'B'. La droite CM a pour symétrique la droite C'M'.

Lorsque le point M décrit AB, la droite CM engendre

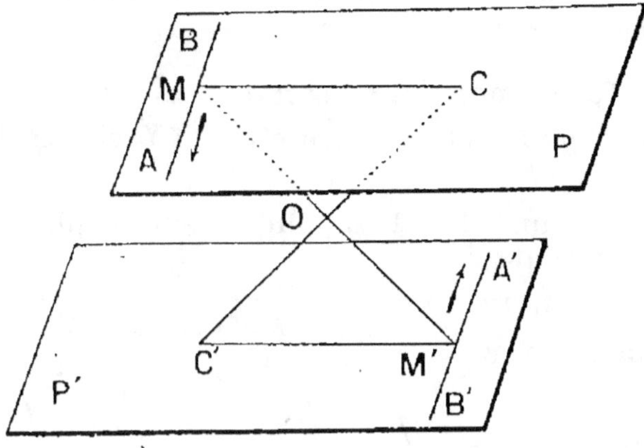

Fig. 379.

le plan P (§ 571), et la droite C'M' engendre la figure symétrique du plan P. Or lorsque M' décrit la droite A'B', la droite C'M' engendre un plan passant par A'B' et le point C'.

629. — Corollaire. — *Les plans de deux angles dont les côtés sont parallèles sont symétriques par rapport au milieu du segment rectiligne qui joint leurs sommets.*

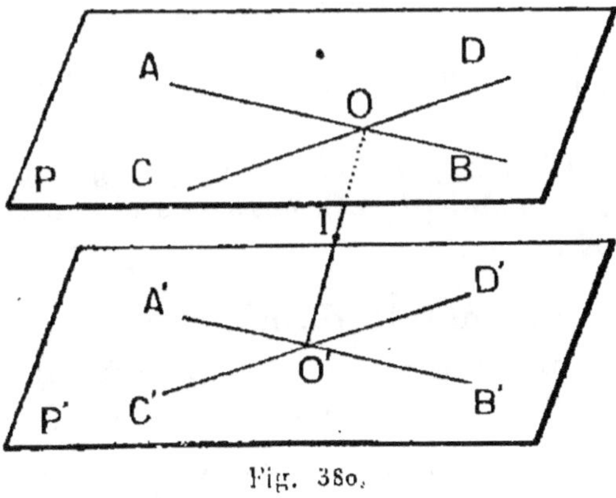

Fig. 380.

Soient P et P' les plans de deux angles $\widehat{AOC}$ et $\widehat{A'O'C'}$ dont les côtés sont parallèles et I le milieu de OO' (fig. 380).

Les droites AB et A'B' étant parallèles *sont symétriques* par rapport au point I.

De même, les droites CD et C'D' *sont symétriques* par rapport au point 1.

Si donc on considère le *plan symétrique du plan* P par rapport au point 1, il contient les droites A'B' et C'D'. Il *coïncide donc avec* P'.

630. — Mouvement de translation rectiligne. — Soit un plan *fixe* P et une droite *fixe* XY située dans ce plan (fig. 381).

Considérons un plan P' appliqué sur le plan P; soit une droite X'Y' tracée sur le plan P' et coïncidant avec XY.

On peut *faire glisser* le plan P' sur le plan fixe P de manière que X'Y' glisse sur XY.

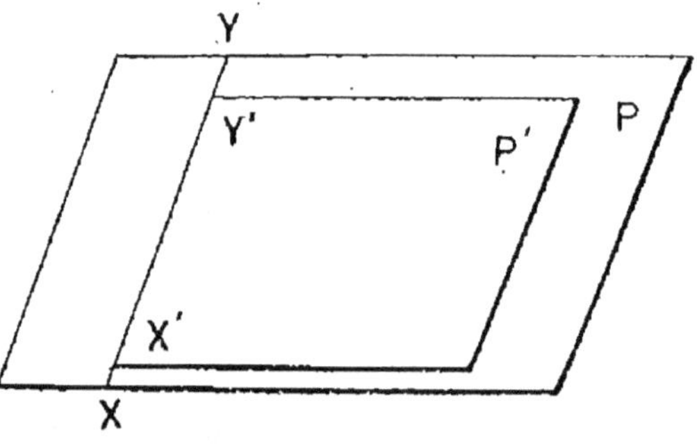

Fig. 381.

Le mouvement que prend le plan P' est le mouvement de *translation rectiligne* étudiée en géométrie plane.

Rappelons que :

1° *Toute droite du plan* P' *parallèle à* XY *glisse sur elle-même.*

2° *Toute droite du plan* P' *non parallèle à* XY *ne glisse pas sur elle-même : dans chacune de ces positions elle est parallèle à sa position primitive.*

631. — Extension à la géométrie dans l'espace. — Considérons maintenant une figure F de l'espace, invariablement liée au plan mobile P' (ce sera par exemple un corps solide placé sur le plan P' et invariablement fixé à lui).

Le plan P' dans son déplacement entraîne la figure F ; le mouvement qu'elle prend s'appelle un *mouvement de translation rectiligne.*

EXEMPLE. — *Lorsqu'on ouvre ou ferme un tiroir on lui imprime, ainsi qu'aux objets qu'il contient, un mouvement de translation rectiligne.*

Lorsqu'un train parcourt une voie rectiligne, le corps de chaque wagon a un mouvement de translation rectiligne.

632. — **Remarque I.** — Il est évident que dans un mouvement de translation rectiligne il *n'y a pas de point qui reste immobile.*

633. — **Remarque II.** — *Tout plan passant par la glissière XY (glissière fondamentale) glisse sur lui-même.*

Cela résulte de ce qu'un *dièdre peut glisser sur lui-même.*

Par conséquent, pour « *guider* » le *mouvement de translation*, on peut, sans modifier ce mouvement, substituer au plan de glissement fondamental P tout autre plan passant par la glissière XY.

Pour définir un mouvement de translation, il est donc inutile de préciser quel est le plan de glissement fondamental : il suffit de dire quelle est la glissière fondamentale.

634. — **Théorème.** — *Toute parallèle à la glissière fondamentale XY glisse sur elle-même.*

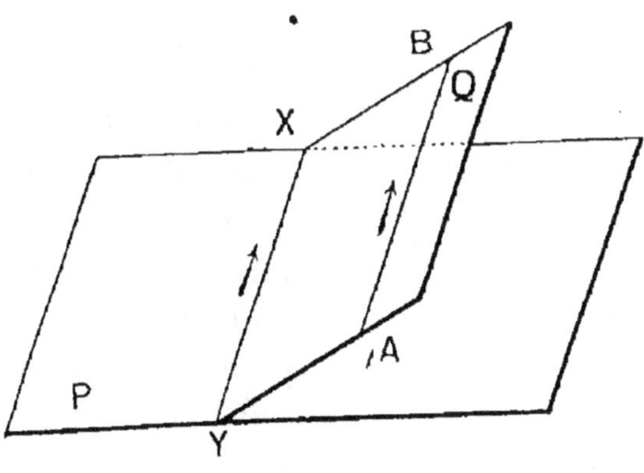

Fig. 382.

Soit AB une droite parallèle à XY (fig. 382).

Nous supposons que AB est entraînée dans le mouvement de translation.

AB et XY étant parallèles sont dans un même plan Q. Ce plan passant par la glissière fondamentale *glisse sur lui-même*, XY servant de glissière. Et par suite, comme on l'a vu en géométrie plane, et comme on vient de le rappeler, AB *glisse aussi sur elle-même*.

635. — **Réciproquement.** — *Si une droite AB glisse sur elle-même elle est parallèle à la glissière fondamentale.*

Par le point A de AB menons la parallèle AB' (fig. 383) à XY. Cette droite *glisse* sur elle-même comme nous venons de le voir. Il s'agit de démontrer qu'elle se confond avec AB.

En effet, si les deux glissières AB et AB' étaient distinctes, le point A devrait se mouvoir *en restant à la fois sur* AB *et sur* AB', ce qui est impossible.

636. — **Théorème.** — *On peut substituer à la glissière fondamentale XY une glissière quelconque X'Y' sans modifier le mouvement.*

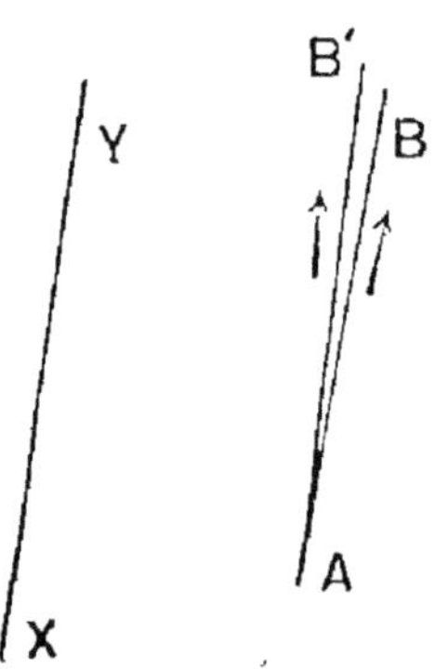

Fig. 383.

Les deux droites XY et X'Y' étant parallèles (fig. 384) sont dans un même plan Q qui *glisse sur lui-même* et que l'on peut prendre pour plan de glissement fondamental (§ 633). Or le mouvement de ce plan Q est le même, que l'on prenne

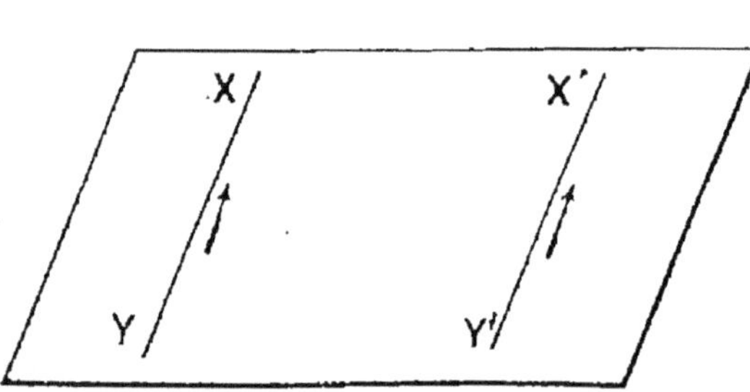

Fig. 384.

comme glissière fondamentale la glissière XY ou la glissière X'Y'.

Il n'y a donc aucune distinction à faire entre la glissière XY et l'une quelconque des glissières.

637. — **Corollaire I.** — *Toute parallèle à une glissière quelconque est une glissière* (§ 634).

638. — **Corollaire II.** — *Deux glissières quelconques sont parallèles* (§ 635).

639. — **Corollaire III.** — *Tout plan passant par une glissière quelconque glisse sur lui-même* (§ 633).

640. — **Théorème.** — *Toute droite Δ rencontrant une glissière devient par translation une parallèle Δ' à Δ* (fig. 385).

En effet, le plan passant par Δ et la glissière *glisse* sur lui-même, et dans ce plan la droite Δ se déplace *parallèlement* à elle-même, comme on l'a vu en géométrie plane.

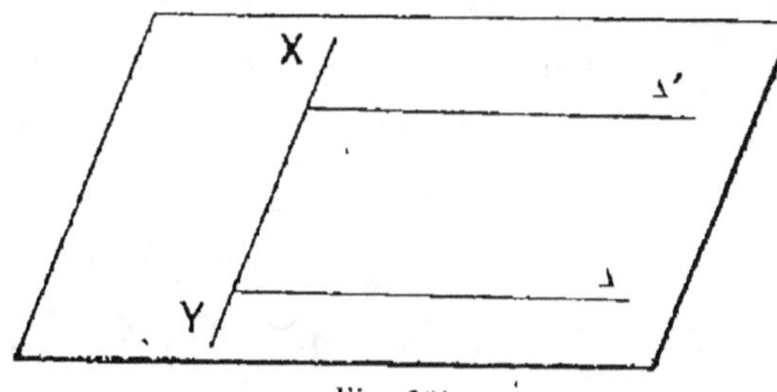

Fig. 385.

Appliquons ces résultats à la théorie des droites parallèles.

641. — **Théorème.** — *Deux droites D_1 et D_2 parallèles à une même troisième D sont parallèles entre elles* (fig. 386).

En effet, considérons un *mouvement de translation de glissière* D : D_1 et D_2 étant *parallèles* à D glissent sur elles-mêmes. Donc elles sont *parallèles* entre elles, puisque dans un mouvement de translation deux glissières *quelconques* sont parallèles.

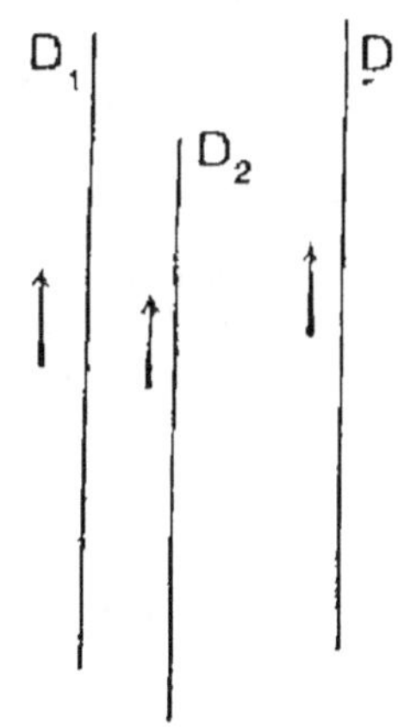

Fig. 386.

642. — **Théorème.** — *Deux angles dont les côtés sont parallèles et de même sens sont égaux.*

Soient les deux angles $\widehat{AOB}$ et $\widehat{A'O'B'}$ (fig. 387) tels que OA et O'A' sont parallèles et de même sens ainsi que OB et O'B'.

Une *translation* de glissière OO' qui amène le point O au point O' *superpose* les deux angles.

Ils sont donc *égaux*.

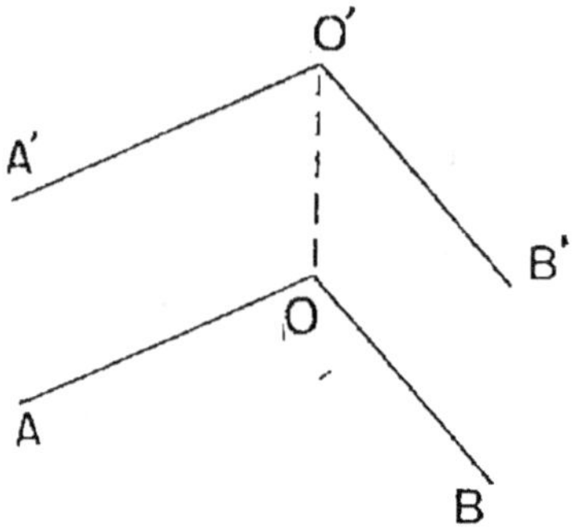

643. — Corollaire. — *Deux angles dont les côtés sont parallèles et de sens contraires sont égaux.*

Soient les deux angles $\widehat{AOB}$ et $\widehat{A_1O'B_1}$ (fig. 388) dans lesquels OA et O'A₁ sont *parallèles*

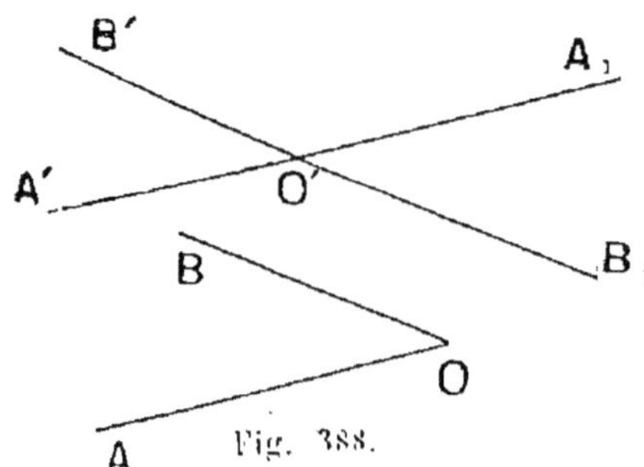

Fig. 388.

et de *sens contraires* ainsi que OB et O'B₁. Ces deux angles sont égaux. Soit en effet $\widehat{A'O'B'}$ l'angle opposé par le sommet à $\widehat{A_1O'B_1}$.

L'angle $\widehat{AOB}$ est égal à l'angle A'O'B' (§ 642) qui est égal lui-même à $\widehat{A_1O'B_1}$.

Démonstration directe. — Soit I le milieu de OO'. Les deux angles sont symétriques par rapport au point I.

Prenons

$$OA = O'A_1$$
$$OB = O'B_1 \quad \text{(fig. 389)}.$$

Les points A et A₁ sont symétriques par rapport au point I.

De même B et B₁ sont symétriques par rapport au point I. Les deux segments rectilignes AB et A₁B₁ étant symétriques par rapport au point O sont *égaux*.

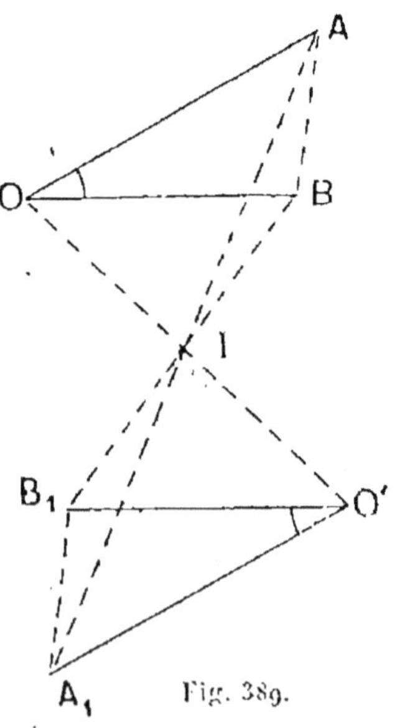

Fig. 387. — Angles ayant leurs côtés parallèles.

Fig. 389.

Les deux *triangles* OAB et O'A₁B₁ ont donc leurs *trois côtés respectivement égaux* : ils sont donc égaux et par suite

$$\widehat{AOB} = \widehat{A_1O'B_1}.$$

644. — Corollaire. — *Deux angles dont deux côtés sont parallèles et de même sens et deux autres parallèles et de sens contraires sont supplémentaires.*

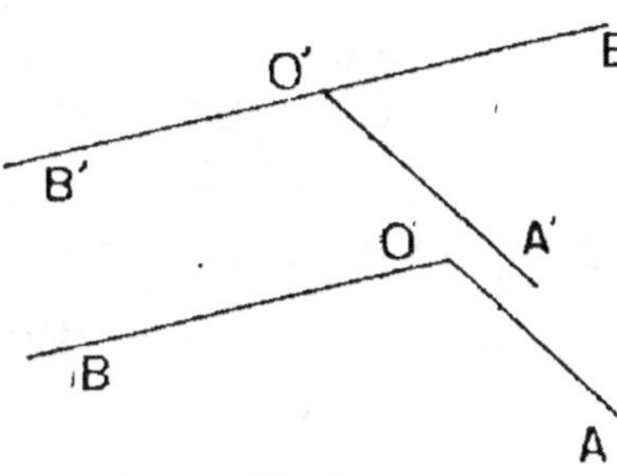

Fig. 390.

Soient les deux angles $\widehat{AOB}$ et $\widehat{A'O'B_1}$ dans lesquels OA et O'A' sont *parallèles et de même sens*, OB et O'B₁ parallèles et *de sens contraires*.

Soit O'B' le prolongement de O'B₁. L'angle $\widehat{AOB}$ est égal à l'angle $\widehat{A'O'B'}$ qui est le supplément de $\widehat{A'O'B_1}$.

Les deux angles considérés sont donc *supplémentaires*

GÉNÉRALISATION DE LA NOTION D'ANGLE.

645. — Définition. — Soient deux demi-droites AX et BY non situées dans un même plan.

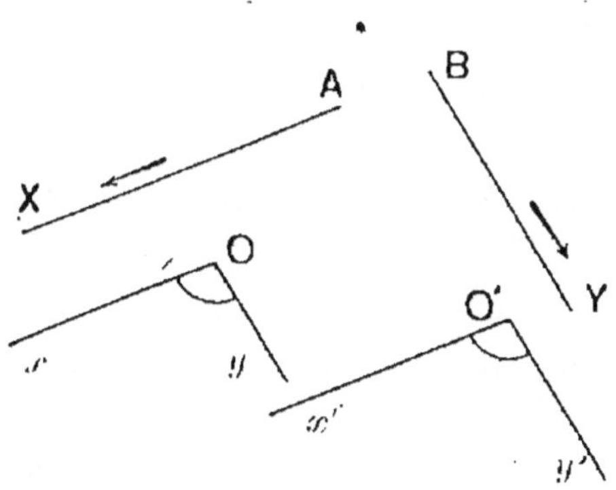

Fig. 391. — Angle de deux droites.

Nous allons définir ce qu'on appelle l'*angle de ces deux demi-droites.*

Par un point O de l'espace, menons une demi-droite Ox *parallèle* à AX et *de même sens* et une demi-droite Oy *parallèle* à BY et *de même sens.*

Nous formons ainsi un angle rectiligne $\widehat{xOy}$.

La grandeur de l'angle ainsi obtenu ne dépend pas du point O choisi.

Refaisons en effet la construction précédente en prenant un autre point O' : nous obtenons un angle rectiligne $\widehat{x'O'y'}$.

Les côtés Ox et $O'x'$ étant *parallèles à une même droite* AX sont parallèles entre eux (§ 641). Ils sont d'ailleurs de même sens.

De même Oy et $O'y'$ sont parallèles et de même sens.

Les deux angles $\widehat{xOy}$ et $\widehat{x'O'y'}$ ayant leurs côtés *parallèles et de même sens* sont égaux.

On appelle angle des deux demi-droites AX *et* BY *l'angle rectiligne* $\widehat{xOy}$ *obtenu en menant par un point quelconque* O *deux demi-droites* Ox *et* Oy *respectivement parallèles à* AX *et* BY *et de même sens.*

646. — Angle de deux droites indéfinies non situées dans un même plan.

Par un point O de l'espace menons deux parallèles $x'x$ et $y'y$ aux deux droites données X'X et Y'Y.

Ces deux droites $x'x$ et $y'y$ forment quatre angles qui sont les angles de X'X et Y'Y. De sorte que l'angle des deux droites X'X et Y'Y a deux déterminations supplémentaires l'une de l'autre.

Remarque. — *Si deux droites* X'X *et* Y'Y *sont parallèles l'angle de ces deux droites est nul,* puisque Ox et Oy coïncident.

647. — Droites orthogonales. — *On dit que deux droites sont* **orthogonales** *si leur angle est droit.*

Deux droites *perpendiculaires* sont deux droites *orthogonales qui se rencontrent.*

§ 2. — Plans parallèles.

648. — **Définition**. — *Deux plans indéfinis sont dits parallèles s'ils n'ont aucun point commun.*

Nous allons démontrer tout à l'heure qu'il existe des plans qui ne se rencontrent pas.

649. — **Positions relatives de deux plans**. — Examinons tout d'abord quelles sont les *positions relatives* que peuvent occuper deux plans *distincts*.

Les seuls cas logiquement possibles sont les suivants :

1° Les *plans n'ont pas de point commun* ;

2° Ils *ont un point commun* : Nous savons que dans ce cas ils ont en commun *une droite* indéfinie ; les deux plans se *coupent* suivant cette droite.

Il n'y a pas d'autre cas possible, car si les plans avaient un point commun en dehors de cette droite, ils coïncideraient.

En résumé, deux plans peuvent :

1° *Être confondus* ; 2° *Être parallèles* ; 3° *Se couper*.

650. — **Théorème**. — *Deux plans symétriques par rapport à un point extérieur à ces deux plans sont parallèles.*

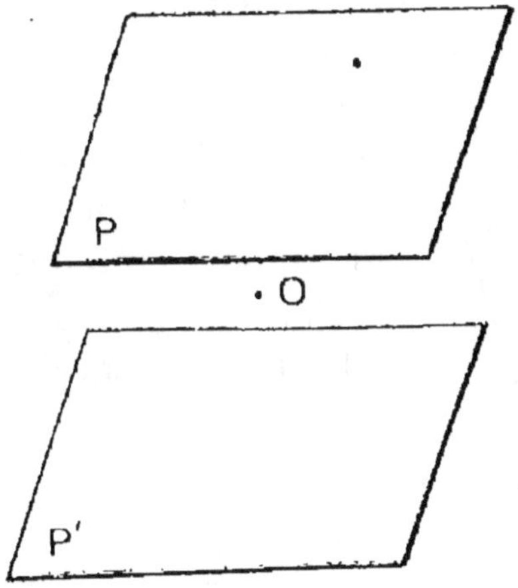

Soit un plan P et un point O extérieur au plan P (fig. 392).

Considérons le plan P′ symétrique du plan P par rapport au point O. Si les plans P et P′ n'étaient pas parallèles, ils auraient une infinité de points communs : soit A un de ces points *distincts de* O et A′ son symétrique. A étant à la fois dans P et P′ son symétrique A′ serait également dans P′ et P. La droite AA′ tout entière serait donc

Fig. 392.

à la fois dans les deux plans et le point O situé sur elle serait également dans P, ce qui est contraire à l'hypothèse.

651. — **Corollaire.** — *Les plans de deux angles ayant leurs côtés parallèles sont parallèles.*

Traçons dans un plan P deux droites AB et CD se coupant au point O (fig. 393).

Par un point O' extérieur au plan P, menons A'B' *parallèle* à AB et C'D' *parallèle* à CD.

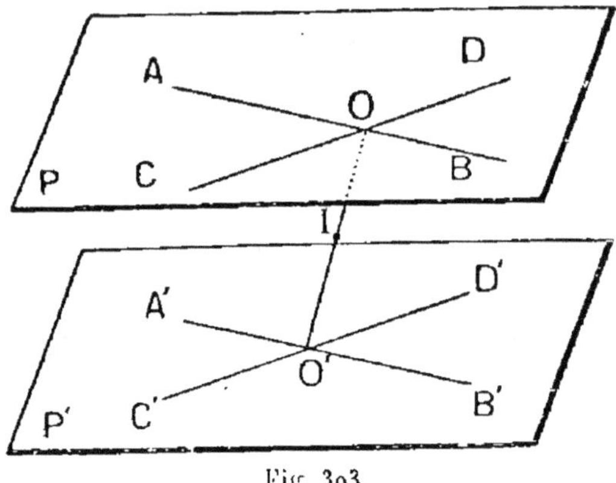
Fig. 393.

Soit P' le plan des deux droites A'B' et C'D'.

Nous allons montrer que les plans P et P' sont parallèles.

Soit en effet I le milieu de OO'.

Ce point est extérieur au plan P.

Le plan P' est le symétrique du plan P par rapport au point I (§ 629).

Il est donc parallèle à P (§ 650).

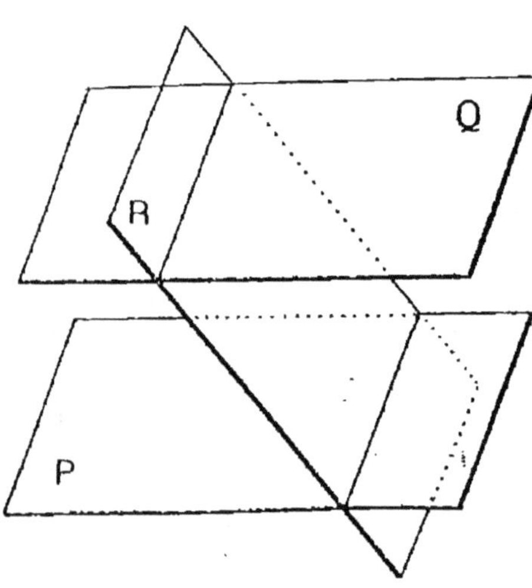
Fig. 394.

652. — **Remarque.** — *Si deux plans parallèles sont coupés par un même troisième, les intersections sont parallèles.*

Car elles sont situées dans un même plan et n'ont pas de point commun (fig. 394).

653. — **Théorème** (Réciproque du 650). — *Deux plans parallèles P et P' sont symétriques par rapport au milieu I de toute sécante OO' (fig. 395).*

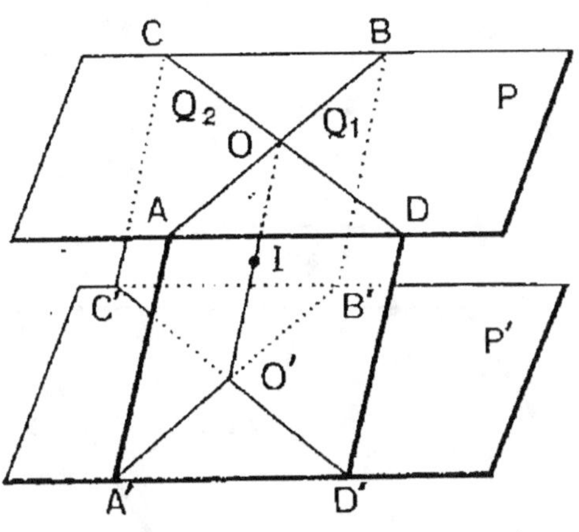

Fig. 395.

Par OO' faisons passer deux plans Q_1 et Q_2. Le plan Q_1 coupe les plans P et P' suivant deux droites AB et A'B' qui sont *parallèles* (remarque précédente).

De même le plan Q_2 coupe les deux plans P et P', suivant deux droites parallèles CD et C'D'.

Les angles $\hat{O}$ et $\hat{O}'$ ayant leurs côtés parallèles, leurs plans P et P' sont symétriques par rapport au milieu I de OO' (§ 629).

654. — Il y a donc *équivalence* entre la *notion de plans parallèles* et celle de *plans symétriques* par rapport à un *point extérieur*.

655. — **Théorème**. — *Par un point O extérieur à un plan P on peut mener un plan parallèle au plan P et un seul.*

1° On peut en *mener un*.

Soit A un point du plan P et I le *milieu de* OA (fig. 396).

Le plan P' *symétrique* du plan P par rapport au point I passe par le point O et il est *parallèle* au plan P (§ 650).

2° On n'en *peut mener qu'un*.

S'il y en avait un autre P", il serait aussi symétrique

de P par rapport au point I (§ 653) : or cela est impossible, car une figure n'a qu'une *seule symétrique* par rapport à un point donné.

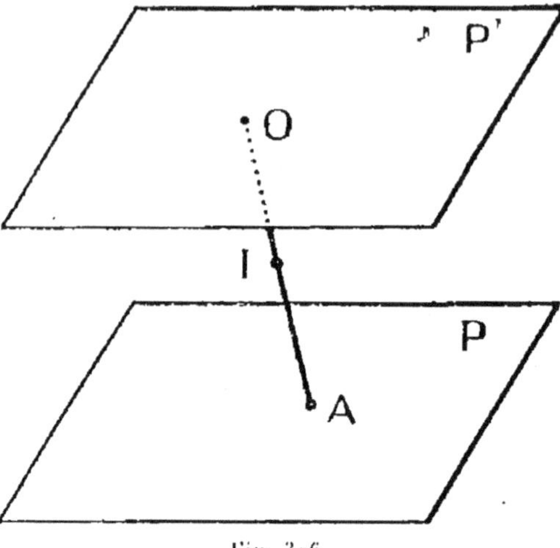

Fig. 396.

656. — Théorème. — *Deux plans parallèles à un même troisième sont parallèles.*

Car, s'ils se coupaient, par un point de leur intersection, il passerait *deux* plans parallèles au troisième.

657. — Théorème. — *Si deux plans sont parallèles, tout plan qui coupe l'un coupe l'autre et les intersections sont parallèles.*

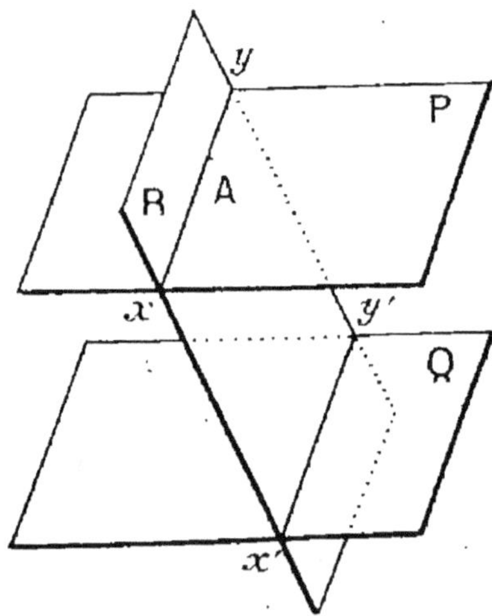

Fig. 397.

Soient les deux plans parallèles P et Q, et R un plan coupant le plan P (fig. 397), suivant XY.

Montrons qu'il coupe le plan Q. En effet, si le plan R était parallèle au plan Q, par le point A commun à P et R, on pourrait mener *deux plans distincts* P et R *parallèles* au plan Q, ce qui est impossible.

Le plan R *coupe donc le plan Q* et les intersections *xy* et *x'y'* sont parallèles, comme on l'a déjà remarqué (§ 652).

658. — **Théorème.** — *Deux plans distincts* P *et* P′ *qui dérivent l'un et l'autre par une translation sont parallèles.*

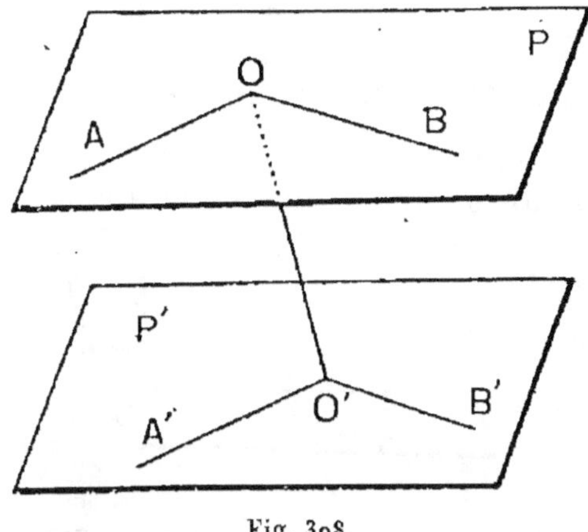

Fig. 398.

Soient les deux plans P et P′ dérivant l'un de l'autre par la translation rectiligne qui amène le point O au point O′ situé hors du plan P (fig. 398).

Traçons dans le plan P deux droites OA et OB.

Elles deviennent, *par la translation*, deux droites O′A′ et O′B′ situées dans le plan P′ et *respectivement parallèles* à OA et OB (§ 640).

Les deux angles AOB et A′O′B′ ayant leurs côtés parallèles, leurs plans sont parallèles (§ 651).

659. — **Réciproquement.** — *Deux plans parallèles peuvent être superposés par une translation.*

Soient deux plans parallèles P et P′ (fig. 398), O un point quelconque du plan P, O′ un point quelconque du plan P′.

Faisons subir au plan P la translation qui amène le point O au point O′. Nous allons montrer que le plan P vient coïncider avec P′.

En effet, le plan P devient un plan P_1 parallèle à P et passant par le point O′. Mais par le point O′ on ne peut mener *qu'un seul plan parallèle* au plan P : P_1 coïncide donc avec P′.

660. — *Il y a donc équivalence entre la notion de plans parallèles et celle de plans superposables par translation.*

§ 3. — Droite parallèle à un plan.

661. — Définition. — *On dit qu'une droite indéfinie est* **parallèle** *à un plan lorsqu'elle n'a aucun point commun avec lui.*

Montrons qu'il existe des droites et des plans répondant à cette définition.

Soient, en effet, deux plans parallèles P et Q (fig. 399). Une droite AB, située dans le plan P, n'a évidemment *aucun point commun* avec le plan Q.

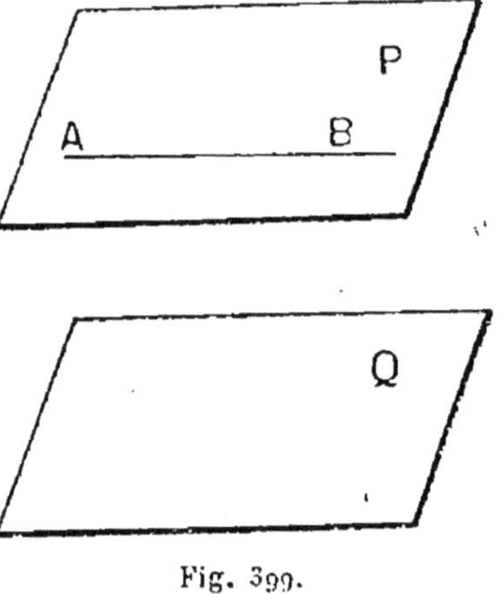

Fig. 399.

662. — Remarque. — *Soit une droite D parallèle à un plan P (fig. 400). Par la droite D faisons passer un plan Q qui coupe le plan P suivant une droite Δ : D et Δ sont parallèles.*

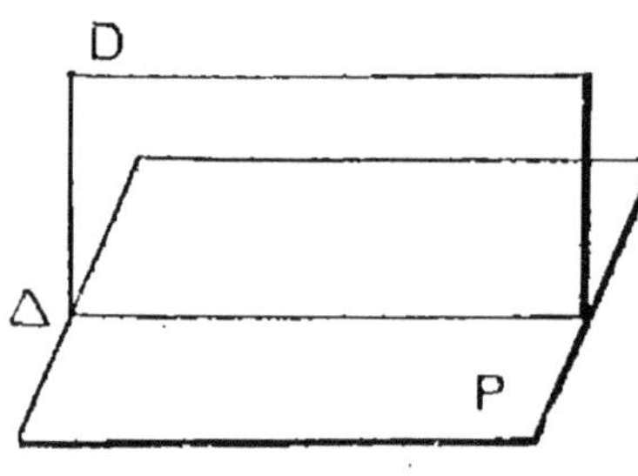

Fig. 400.

En effet, elles sont *dans un même plan.* De plus, D n'ayant aucun point commun avec P, ne peut avoir *aucun point commun avec Δ.*

663. — Positions relatives d'une droite et d'un plan. — Une droite et un plan P peuvent n'avoir *aucun point commun* (c'est-à-dire être parallèles).

Ils peuvent aussi avoir *un point commun et un seul.* S'ils ont plus d'un point commun, la droite est contenue *tout entière* dans le plan.

En résumé, une droite et un plan peuvent occuper trois positions relatives et trois seulement.

1° *La droite et le plan peuvent être parallèles.*
2° *La droite peut couper le plan.*
3° *La droite peut être contenue dans le plan.*

Nous allons trouver des exemples de ces trois cas en étudiant le mouvement de translation rectiligne.

PLANS GLISSANT SUR EUX-MÊMES DANS UNE TRANSLATION.

664. — 1° *Si un plan contient une glissière, il glisse sur lui-même.*

665. — 2° *Si un plan coupe une glissière en un point A, il ne glisse pas sur lui-même.*

En effet, la translation *déplace* le point A sur la glissière, et par suite l'*amène hors du plan* P.

666. — 3° *Si un plan* P *est parallèle à une glissière* D, *il glisse sur lui-même.*

Menons par D un plan Q coupant le plan P suivant une droite Δ (fig. 400).

Δ est parallèle à D (§ 662).

Donc c'est *une glissière* (§ 637).

Donc P *passant par une glissière* Δ, glisse sur lui-même (§ 639).

667. — **En résumé** les plans qui *glissent* sur eux-mêmes sont ceux qui *ne coupent pas* la glissière D et les plans qui *ne glissent pas* sur eux-mêmes sont ceux qui la coupent.

668. — **Remarque.** — *Soient deux plans parallèles* P *et* Q *entraînés dans un même mouvement de translation.*

Si l'un d'eux glisse sur lui-même, l'autre glisse aussi sur lui-même.

En effet, si le plan P *glisse sur lui-même*, il contient la glissière D qui passe par un de ses points (fig. 401).

La droite D du plan P est *parallèle au plan Q* (§ 661). Le plan Q, étant parallèle à une glissière, *glisse sur lui-même*.

Par suite, *si un des plans ne glisse pas sur lui-même, l'autre ne glisse pas non plus sur lui-même.*

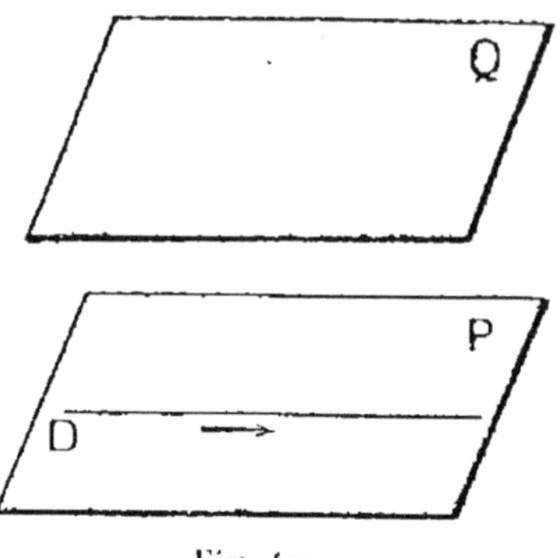

Fig. 401.

669. — **Théorème.** — *Si deux plans qui se coupent sont parallèles à une même droite XY, leur intersection est parallèle à XY* (fig. 402).

En effet, dans une *translation* de glissière XY, les deux plans étant parallèles à XY glissent sur eux-mêmes.

Le dièdre qu'ils forment glisse sur lui-même. L'arête de ce dièdre est donc une *glissière* et, par suite, (§ 638) *elle est parallèle* à XY.

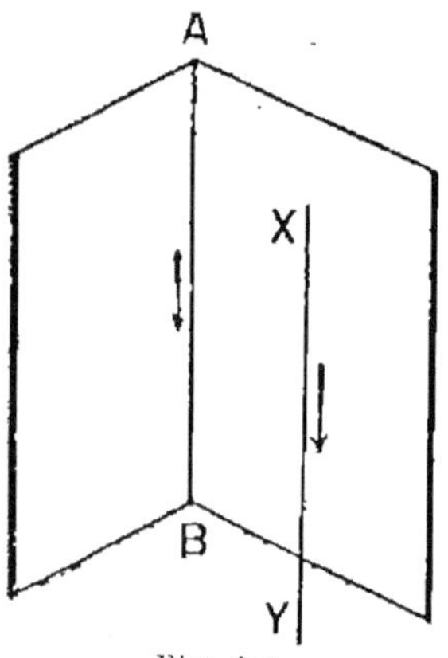

Fig. 402.

670. — **Théorème.** — *Soient un plan P et deux ou plusieurs droites* D_1, D_2, D_3,... *parallèles entre elles.*

Deux cas sont possibles et deux seulement :

ou *bien le plan P coupe toutes les droites ;*

ou *bien il n'en coupe aucune.*

Considérons un mouvement de translation rectiligne de *glissière* D_1, supposons que les droites D_2, D_3,... soient entraînées dans ce mouvement ainsi que le plan P. Les droites D_2, D_3,... sont des *glissières.*

Si le plan P coupe D_1, il ne *glisse pas sur lui-même*, et par suite *il coupe* aussi les glissières D_2, D_3,... (fig. 403).

Si le plan P *ne coupe pas* D_1, *il glisse sur lui-même et par suite ne coupe aucune des glissières* D_2, D_3... (fig. 404).

De là résultent les corollaires suivants qui sont d'une application fréquente :

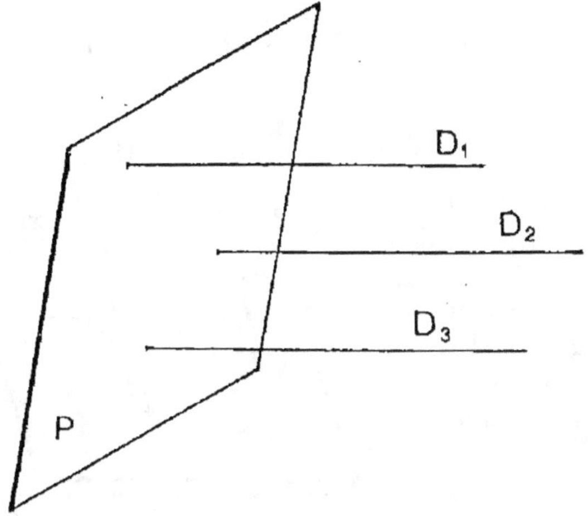

Fig. 403.

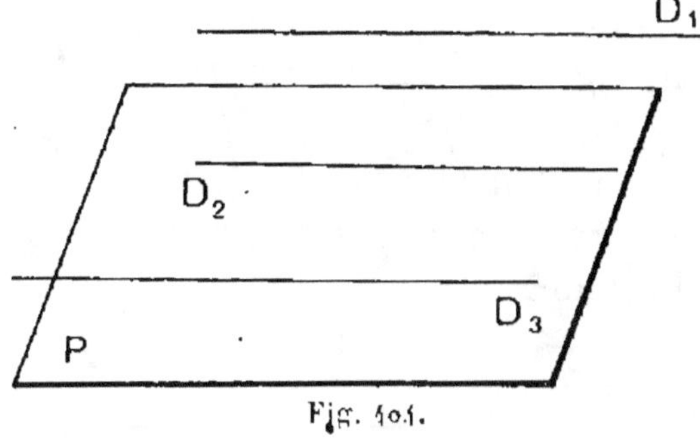

Fig. 404.

671. — Corollaire I. — *Si deux droites sont parallèles, tout plan qui coupe l'une coupe l'autre.*

672. — Corollaire II. — *Si deux droites sont parallèles, tout plan parallèle à l'une est parallèle à l'autre ou la contient.*

673. — Corollaire III. — *Si par un point A extérieur à un plan P on mène la parallèle AB à une droite CD contenue dans le plan P, AB est parallèle au plan P* (fig. 405).

Le plan P, ne *coupant pas* CD, ne *coupe pas* AB. Il ne *contient pas non plus* AB, puisque A est extérieur au plan P : P est donc parallèle à AB.

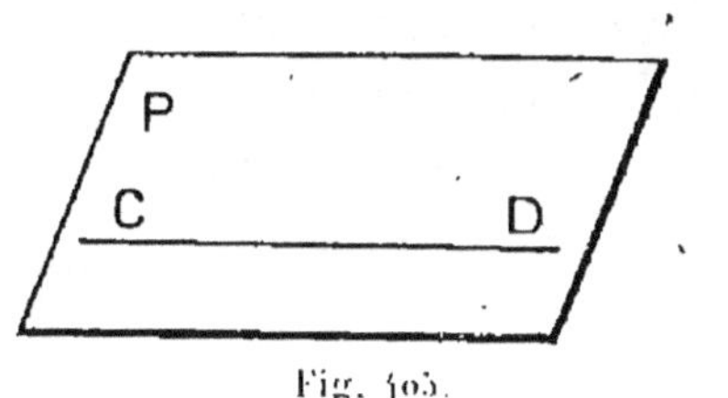

Fig. 405.

674. — Corollaire IV. — *Soit une droite AB parallèle à* un plan P. *Si par un point du plan P on mène CD parallèle à AB, CD est contenue dans le plan P* (fig. 405).

Car le plan P ne *peut couper* CD, puisqu'il ne *coupe pas* AB.

675. — REMARQUE. — Ces deux derniers théorèmes sont à rapprocher de la remarque du § 662. Ces trois propositions constituent un *théorème et ses deux réciproques.*

676. — **Théorème.** — *Étant donnés des plans parallèles* P_1, P_2, P_3... *et une droite* D, *deux cas sont possibles et deux seulement :*

Ou bien D *coupe tous les plans.*
Ou bien D *n'en coupe aucun.*

Considérons un mouvement de translation de *glissière* D.

Si D *coupe* le plan P (fig. 406), ce plan ne *glisse pas* sur lui-même ; le plan parallèle P_2 ne *glisse pas* non plus sur lui-même (§ 668) : donc il *coupe* la glissière D.

Si D (fig. 407) ne *coupe pas* le plan P_1, ce plan *glisse sur lui-même* ; le plan parallèle P_2 *glisse aussi* sur lui-même ; donc il *ne coupe pas* la glissière D.

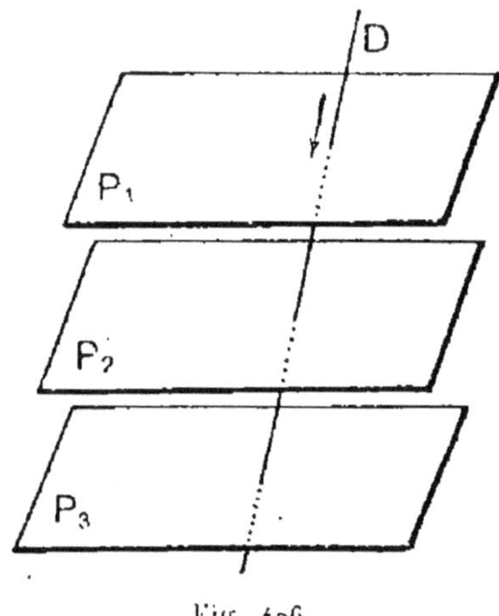

Fig. 406.

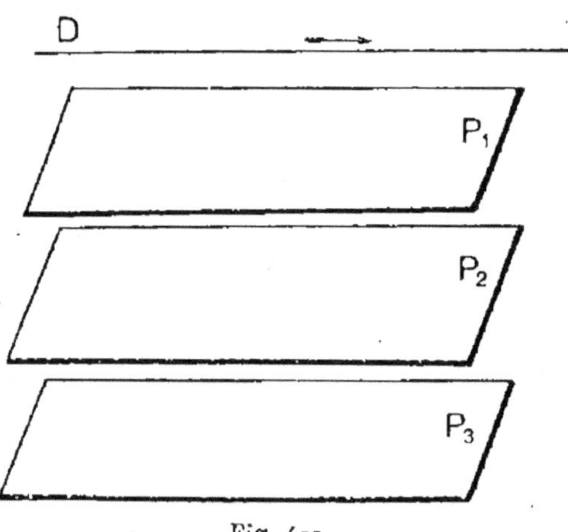

Fig. 407.

677. — **Corollaires.** — 1° *Si deux plans sont parallèles, toute droite qui coupe l'un coupe l'autre.*

2° *Si deux plans sont parallèles, toute droite parallèle à l'un est parallèle à l'autre ou située dans l'autre* (puisqu'elle ne le coupe pas).

678. — Théorème. — *Par un point O extérieur à un plan P, on peut mener une infinité de droites parallèles au plan P, dont l'ensemble forme le plan Q mené par O parallèlement au plan P* (fig. 408).

1° Toutes les droites telles que OA menées par O et situées dans le plan Q sont parallèles au plan P;

2° Toute droite telle que OB passant par O, et non située dans le plan Q, n'est pas parallèle au plan P.

En effet, une telle droite coupe le plan Q au point O et, par suite, coupe aussi le plan P parallèle au plan Q.

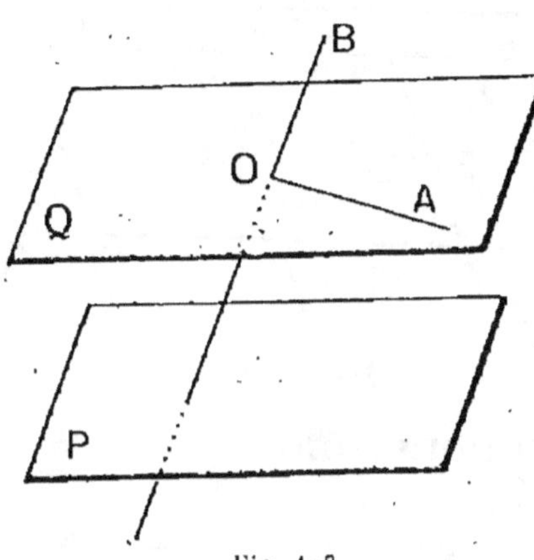

Fig. 408.

679. — Corollaire. — *Si deux droites concourantes OA et OB sont parallèles au plan P, le plan contenant ces deux droites est parallèle au plan P.*

En effet, le plan Q mené par O parallèlement à P *contient* OA et OB; il *coïncide* donc avec le plan de ces deux droites.

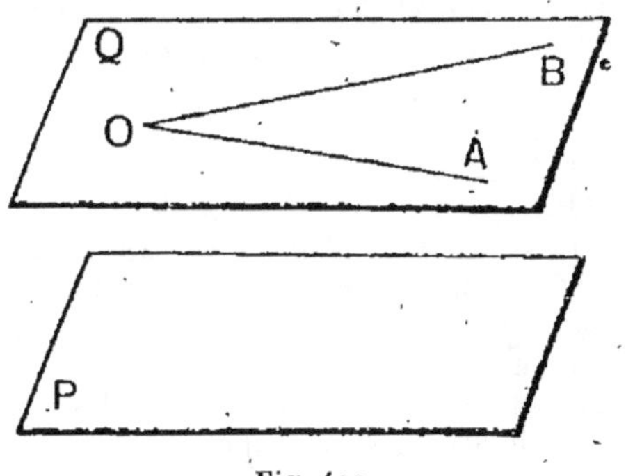

Fig. 409.

680. — Théorème. — *Deux plans parallèles déterminent sur deux sécantes parallèles des segments égaux.*

Soient deux plans parallèles P et Q, et deux sécantes parallèles AB et A'B'.

Le plan passant par les deux parallèles coupe le plan P suivant AA', le plan Q suivant BB'. AA' et BB' sont parallèles comme in-tersection de plans pa-rallèles par un troi-sième.

Le quadrilatère AB B'A' est un *quadrila-tère plan* dont les côtés *opposés sont parallèles :* c'est donc un *parallélo-gramme.*

Les côtés *opposés* AB et A'B' sont donc égaux.

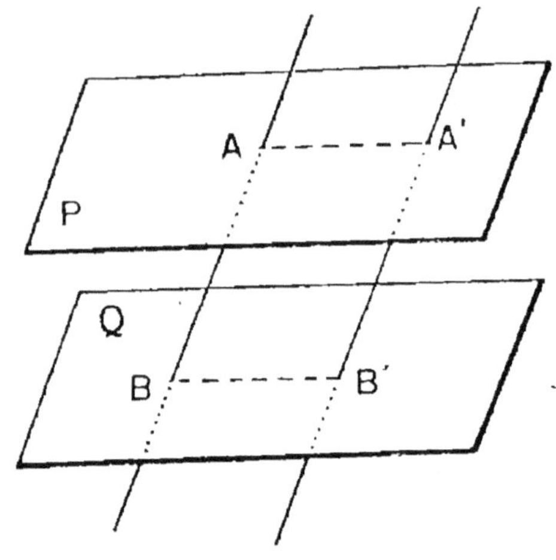

Fig. 410.

EXERCICES THÉORIQUES

§ 1.

832. A quelle condition la figure formée par l'ensemble de deux droites de l'espace admet-elle un centre de symétrie?

833. Étant donnés deux plans passant par une droite Δ et deux droites D et D' parallèles coupant chacun des plans, démontrer que les droites qui joignent dans chaque plan les points de rencontre de D et D' avec ce plan sont ou parallèles ou concourantes avec Δ.

834. On donne deux droites parallèles D_1 et D_2 et une droite quel-conque Δ. Construire une droite qui rencontre Δ et qui coupe à angle droit D_1 et D_2.

835. Soient D_1 et D_2 deux droites parallèles, Δ et Δ' deux droites quel-conques. Construire une droite qui rencontre D_1, D_2, Δ et Δ'.

836. Étant données deux droites parallèles D et D' et une droite quel-conque Δ, mener une droite qui rencontre ces trois droites et soit perpen-diculaire à Δ.

837. Démontrer, sans se servir des translations, que deux droites paral-lèles à une même troisième sont parallèles entre elles (ou coïncident).

838. Démontrer, sans se servir des translations, que pour que deux droites soient parallèles il faut et il suffit que tout plan qui coupe l'une coupe l'autre.

839. Étant donnés quatre points A, B, C, D non dans un même plan, on faire subir à AB une translation de glissière égale et parallèle à CD et de même sens que CD, ce qui amène AB en A'B'; puis on fait subir à CD une translation de glissière égale et parallèle à AB et de même sens que AB, qui amène CD en C'D'; indiquer quelles sont les directions des six droites

A'B', A'C', A'D', B'C', B'D', C'D' par rapport aux six droites qui joignent les points A, B, C, D deux à deux.

840. Démontrer que les milieux des côtés d'un quadrilatère gauche sont les sommets d'un parallélogramme dont le centre est au milieu de la droite qui joint les milieux des diagonales du quadrilatère. Déduire de cette dernière propriété le lieu géométrique du centre du parallélogramme en question quand, trois sommets du quadrilatère restant fixes, le quatrième décrit une droite donnée.

841. Démontrer, à l'aide des propriétés des parallélogrammes, que deux angles qui ont leurs côtés parallèles et de même sens sont égaux.

842. Si le plan P est perpendiculaire à la droite D, toute droite Δ du plan P qui ne rencontre pas D est orthogonale à D.

843. Étant données deux droites D et Δ, démontrer que, si les deux plans perpendiculaires sur Δ menés de deux points A et B de D sont confondus, la droite D est orthogonale à la droite Δ.

844. La condition nécessaire et suffisante pour qu'un plan P soit perpendiculaire à une droite D est que la droite D soit orthogonale à deux droites du plan P.

845. Démontrer que la condition nécessaire et suffisante pour que deux droites soient orthogonales est qu'on puisse mener par l'une un plan perpendiculaire à l'autre.

846. Trouver le lieu géométrique du pied de la perpendiculaire abaissée d'un point fixe A sur un plan P pivotant autour d'une droite D.

847. Étant donné un triangle ABC, mener par A une droite AX telle que le dièdre B.AX.C soit droit et que le plan d'un des rectilignes de ce dièdre passe par B et C.

§ 2.

848. Si deux plans distincts P et Q sont tels que tout plan qui coupe l'un coupe l'autre, ces deux plans sont parallèles.

849. Si deux plans sont tels que toute droite qui coupe l'un coupe l'autre, ces deux plans sont parallèles.

850. Étant donné un parallélogramme ABCD et un point O pris hors du plan de ce parallélogramme, on forme le symétrique A'B'C'D' de ABCD par rapport à O ; démontrer : 1° que AC', BD', CA', DB' sont des droites parallèles ; 2° que les plans ABC'D', ADC'B', CDB'A', BCA'D' sont parallèles ; 3° que les angles AC'D', ABD', DB'A', DCA' sont égaux entre eux, ainsi que les angles DAC', DB'C, D'BC, CA'D'.

851. On considère trois droites non dans un même plan concourantes en O et on prend respectivement sur chacune de ces droites des points A et A', B et B', C et C', tels que $OA = OA'$, $OB = OB'$, $OC = OC'$; démontrer : 1° que les droites AC et A'C' sont parallèles deux à deux ; 2° que les plans des triangles ABC et A'B'C', ABC' et A'B'C, AC'B' et A'BC, ACB' et A'C'B sont parallèles deux à deux ; 3° que ces mêmes triangles sont égaux deux à deux et par suite ont leurs éléments égaux.

852. Étant donnés deux plans parallèles P et P' on fait passer par une droite D du plan P différents plans qui coupent P' suivant des droites Δ, Δ'.... que peut-on dire de ces droites Δ, Δ'.... ?

853. Les sections faites par des plans parallèles dans un dièdre donné sont des angles égaux.

854. Étant données trois droites concourantes, on coupe ces droites par des plans parallèles entre eux. Lieu du point de concours des médianes des triangles ayant pour sommets les points d'intersection des trois droites OX, OY, OZ par chacun des plans considérés.

855. On donne deux plans parallèles P et P'. dans P un triangle ABC. dans P' un triangle A'B'C'. trouver l'intersection des deux plans AA'C' et BB'C.

856. On considère dans un plan P un triangle ABC dont les sommets A et B sont fixes. l'angle C ayant une valeur constante α et on fixe dans un plan P' parallèle à P deux points A' et B'; trouver le lieu du point de rencontre de l'intersection des deux plans A'AC et B'BC avec le plan P'.

857. Étant données deux droites OX et OY qui coupent deux plans parallèles P et P' en A et B. A' et B', prouver que, C étant un point fixe du plan P. l'intersection des deux plans A'AC et B'BC passe par le point O.

Lieu géométrique du point C' où cette intersection coupe le plan P' quand C au lieu d'être fixe dans le plan P décrit dans ce plan P une droite donnée D.

§ 3.

858. Quelle est la disposition de trois plans tels qu'aucun point ne soit commun à ces trois plans?

859. Démontrer sans se servir de la théorie des translations que, si deux plans sont parallèles. toute droite qui coupe l'un coupe l'autre.

860. Étant donné n droites parallèles $D_1, D_2\ldots D_n$ et un point O, que peut-on dire des plans déterminés par le point O et chacune des droites D? Comment ces différents plans coupent-ils un plan donné P non parallèle à la direction des droites?

861. Construire théoriquement une droite perpendiculaire à la fois à deux droites données quelconques D et D' (perpendiculaire commune.)

862. Démontrer que la plus courte distance entre deux droites est le segment ayant comme extrémités les pieds de la perpendiculaire commune à ces deux droites.

863. Construire un dièdre de grandeur donnée α dont les faces passent respectivement par deux droites parallèles données et dont l'arête rencontre une droite donnée Δ.

864. On considère trois plans qui se coupent deux à deux suivant des droites AA', BB' et CC' parallèles entre elles, démontrer que la droite qui joint les points de concours des médianes des deux triangles ABC et A'B'C' est parallèle aux droites AA'. BB', CC'.

865. Étant donnés un dièdre et son plan bissecteur. démontrer que toute droite parallèle au plan bissecteur coupe les deux faces du dièdre en des points équidistants de l'arête.

866. Mener une droite parallèle à deux plans donnés et passant par un point donné.

867. Mener par une droite D un plan qui coupe deux plans P et Q suivant deux droites parallèles.

868. Mener une droite parallèle à une droite donnée Δ et qui rencontre deux droites données D et D'.

869. Faire passer par deux points un plan parallèle à une droite donnée.

870. Étant donnés un point A, une droite D et un plan P mener par le point un plan parallèle à la droite et perpendiculaire au plan.

871. Deux droites D et D' étant données, mener par chacune d'elles un plan parallèle à l'autre.

872. Étant données deux droites D et D', mener par ces deux droites deux plans parallèles.

873. Étant données deux droites D et D' qui coupent un plan P, mener une droite parallèle à P rencontrant D et D' et, ou bien de longueur donnée, ou bien parallèle à un deuxième plan donné Q.

874. Étant donné n droites parallèles D_1, D_2, ... D_n, on coupe ces droites par des plans parallèles entre eux; démontrer que les polygones dont les sommets sont les points d'intersection des n droites et de chaque plan sont tous égaux.

875. Lieu des points dont la somme ou la différence des distances à deux plans sécants est égale à une longueur donnée.

876. Lieu géométrique des milieux des segments limités à deux droites D et D' données quelconques.

877. Trois plans parallèles déterminent sur deux sécantes des segments proportionnels.

878. Étant donnés deux plans parallèles et deux sécantes issues d'un point O, les segments comptés sur chaque sécante à partir de O jusqu'aux points d'intersection avec les plans sont proportionnels.

879. Lieu des points divisant dans un rapport donné les segments ayant une extrémité en un point fixe A et l'autre extrémité en un point quelconque d'un plan P donné.

880. Rechercher le lieu géométrique des points divisant dans un rapport donné les segments parallèles à un plan donné P et limités à deux droites données D et D'.

CHAPITRE IV

PARALLÉLISME ET ORTHOGONALITÉ

681. — Nous allons dans le présent chapitre étudier les théorèmes qui résultent du *rapprochement* de la théorie des droites et plans perpendiculaires et de la théorie des droites et plans parallèles.

§ 1. — Droites et plans perpendiculaires.

682. — **Théorème**. — *Si deux droites sont perpendiculaires au même plan, elles sont parallèles.*

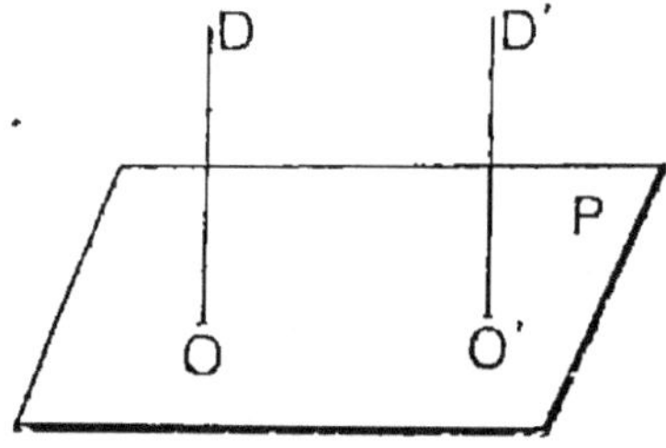

Fig. 411.

Soient les deux droites D et D′ perpendiculaires au plan P, aux points O et O′ (fig. 411).

Faisons subir à la figure formée par le plan P et la droite D la *translation* qui amène le point O au point O′.

Le plan P *glisse* sur lui-même, la droite D *perpendiculaire* au plan P au point O devient la *perpendiculaire au plan* P au point O′, c'est-à-dire la droite D′.

D et D′ dérivant l'une de l'autre par une *translation* sont *parallèles.*

683. — **Réciproquement**. — *Si deux droites sont parallèles, tout plan perpendiculaire à l'une l'est à l'autre.*

Soient deux droites parallèles D et D′ (fig. 411).

Supposons que le plan P soit *perpendiculaire* à la droite D au point O.

Nous allons démontrer que le plan P est perpendiculaire à D′.

D'abord le plan P *coupant la droite* D *coupe aussi la parallèle* D' à D en un point O'.

Faisons subir à la figure formée par le plan P et la droite D la translation rectiligne qui amène O en O'. Le plan P glisse sur lui-même, la droite D devient la *parallèle* menée par O' à D, c'est-à-dire D'.

D' est donc *perpendiculaire* au plan P.

684. — On peut donc dire :

Si une droite et un plan P sont perpendiculaires, les droites perpendiculaires au plan P sont les mêmes que les droites parallèles à la droite D.

685. — **Théorème.** — *Si deux plans sont perpendiculaires à une même droite, ils sont parallèles.*

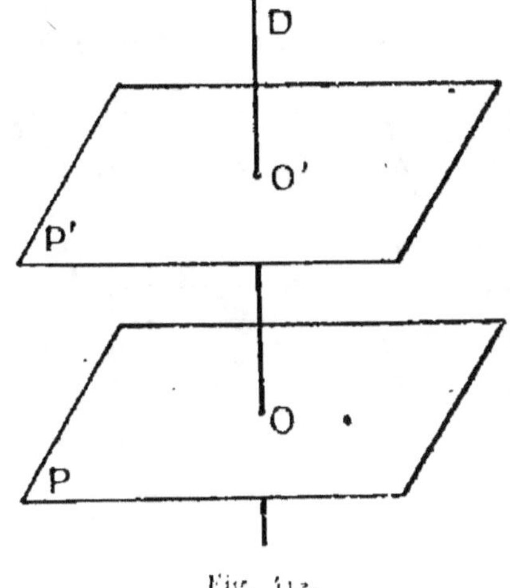

Fig. 412.

Soient les deux plans P et P' *perpendiculaires* à la droite D aux points O et O' (fig. 412). Nous allons démontrer qu'ils sont parallèles : en effet, dans la *translation* qui amène le point O au point O', D *glisse* sur elle-même, le plan P *perpendiculaire* à D au point O devient le plan *perpendiculaire* à D au point O', c'est-à-dire le plan P'.

Les deux plans P et P' dérivant l'un de l'autre par une *translation* sont *parallèles*.

686. — **Réciproquement.** — *Si deux plans sont parallèles, toute droite perpendiculaire à l'un est perpendiculaire à l'autre.*

Soient les deux plans *parallèles* P et P', et D une *droite perpendiculaire* à P au point O (fig. 412).

Nous allons démontrer que D est perpendiculaire à P'. En effet la droite D, *coupant* le plan P au point O, *coupe aussi* le plan P' parallèle à P en un point O'.

Faisons subir à la figure formée par la droite D et le plan P la *translation* rectiligne qui amène le point O au point O'. La droite D *glisse* sur elle-même, le plan P devient le plan *parallèle* à P mené par le point O', c'est-à-dire le plan P'. Le plan P' est donc *perpendiculaire* à D.

687. — On peut donc dire :

Si une droite D et un plan P sont perpendiculaires, les plans perpendiculaires à D sont les mêmes que les plans parallèles à P.

688. — Corollaire. — *Deux plans parallèles sont partout équidistants.*

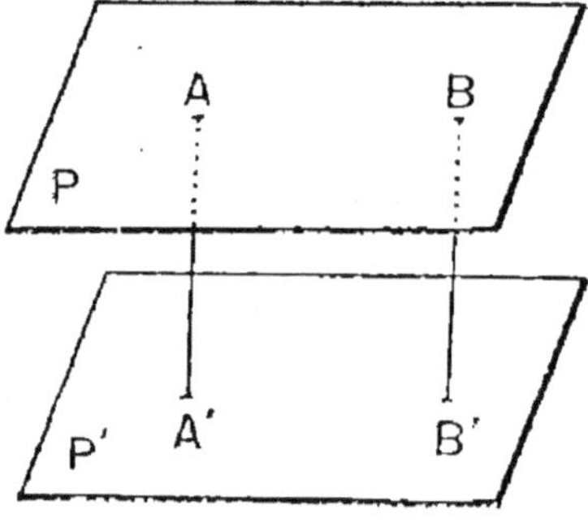

Fig. 113.

Soient les deux plans *parallèles* P et P', A et B deux points *quelconques* du plan P, AA' et BB' *les distances* en ces deux points au plan P' c'est-à-dire les perpendiculaires abaissées de A et B sur le plan P'.

Il s'agit de démontrer que

$$AA' = BB'.$$

Et en effet les deux droites AA' et BB' sont *parallèles* et on a vu que deux plans parallèles interceptent sur deux droites *parallèles* des segments *égaux*.

689. — Théorème. — *Si une droite D est perpendiculaire à un plan P, tout plan Q parallèle à la droite D est perpendiculaire au plan P.*

Par le point O du plan Q (fig. 114) menons la *parallèle* D' à D. Elle est *tout entière* située dans le plan Q (§ 674).

Puisque D est *perpendiculaire* au plan P, la *parallèle* D à D est aussi *perpendiculaire* à P, et le plan Q passant par D′ est *perpendiculaire au plan P*.

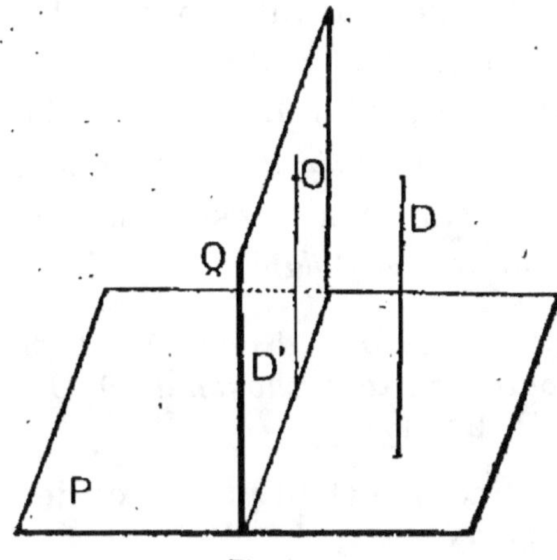

Fig. 414.

690. — Réciproquement. — *Si une droite D est perpendiculaire à un plan P, tout plan Q perpendiculaire au plan P est parallèle à la droite D ou la contient.*

En effet (fig. 414), par un point O du plan Q, abaissons la *perpendiculaire* D′ sur le plan P. Elle est contenue dans le plan Q (§ 621).

Or les deux droites D et D′ *perpendiculaires* au même plan sont *parallèles*.

Le plan Q *passant* par une droite D′ *parallèle* à D est *parallèle* à D ou la *contient*.

691. — On peut donc dire :

Si une droite D et un plan P sont perpendiculaires, les plans perpendiculaires au plan P sont les mêmes que les plans qui sont parallèles à D ou contiennent D.

692.— Théorème. —*Si une droite D est perpendiculaire à un plan P, elle est orthogonale à toute droite située dans le plan ou parallèle au plan P.*

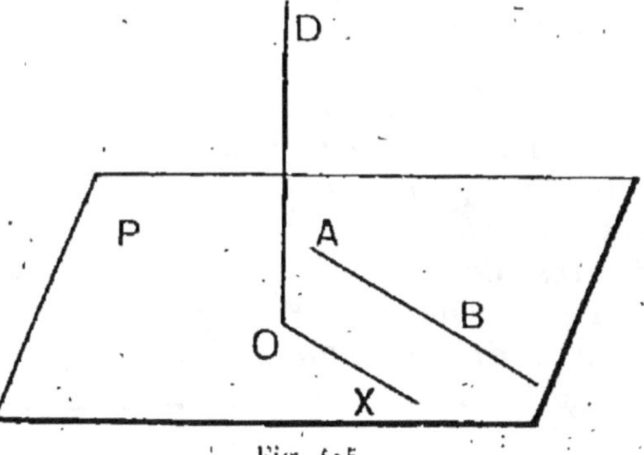

Fig. 415.

Soit O le point de rencontre du plan P et de la *perpendiculaire* D à ce plan, et AB une droite *située* dans le plan P ou *parallèle* au plan P (fig. 415).

Par le point O menons la *parallèle* OX à AB.

L'angle D$\widehat{O}$X est l'angle des deux droites AB et D. Il s'agit de démontrer que cet angle est droit.

La droite AB étant *parallèle* au plan P ou *contenue* dans le plan, la parallèle OX à AB est *située dans ce plan*. La droite D, qui est *perpendiculaire* au plan P, est *perpendiculaire* à la droite OX *menée par son pied dans le plan* P.

693. — Réciproquement. — *Si une droite* D *est perpendiculaire à un plan* P, *toute droite orthogonale à* D *est située dans* P *ou parallèle à* P (fig. 415).

En effet, par le point de rencontre O du plan P et de la droite D, menons la *parallèle* OX à AB.

L'angle D$\widehat{O}$X est *l'angle* de D et de AB.

Cet angle est *droit par hypothèse*.

Donc OX est *dans le plan* P.

La droite AB qui est *parallèle* à la droite OX du plan P est *parallèle au plan* P ou *située dans ce plan*.

694. — On peut donc dire :

Si une droite D *est perpendiculaire au plan* P, *les droites orthogonales à* D *sont les mêmes que les droites parallèles au plan* P *ou situées dans le plan* P.

695.— Théorème. — *Si une droite* D *qui coupe un plan* P *est orthogonale à deux droites de ce plan non parallèles entre elles, elle est perpendiculaire au plan* P.

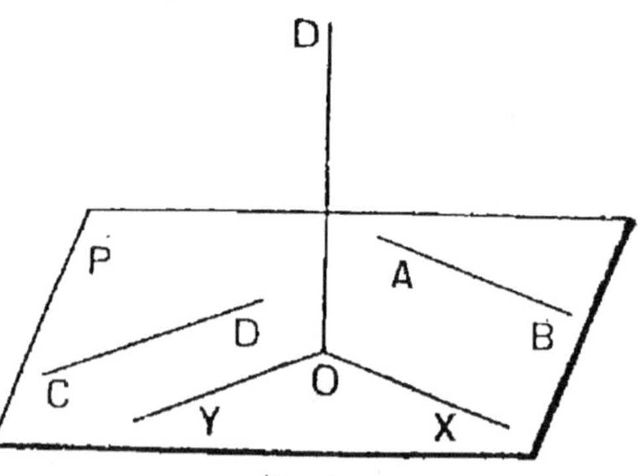

Fig. 416.

Supposons que la droite D rencontre le plan P au point O, et soit *orthogonale* avec deux droites *non parallèles* AB et CD *du plan* P.

Par le point O menons les *parallèles* OX et OY à AB et

à CD. Ces droites sont *distinctes* puisque AB et CD ne sont pas parallèles.

L'angle $\widehat{DOX}$ est *droit*, puisque D et AB sont orthogonales. De même l'angle $\widehat{DOY}$ est *droit*.

D est donc perpendiculaire à deux *droites distinctes menées par son pied dans le plan* P; par suite elle est *perpendiculaire* au plan P.

Plus généralement :

696. — Théorème. — *Si une droite* D *est orthogonale à deux droites* Δ *et* Δ' *non parallèles entre elles et parallèles au plan* P, *ou situées dans le plan* P, *elle est perpendiculaire au plan* P (fig. 417).

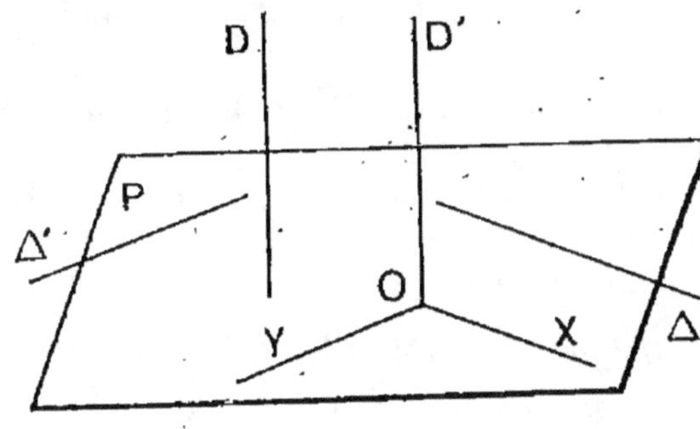

Fig. 417.

Par un point quelconque O du plan P, menons OX et OY respectivement *parallèles* à Δ et Δ'. Ces droites sont situées dans le plan P et elles sont distinctes.

Par O menons la *parallèle* D' à D. Les angles $\widehat{D'OX}$ et $\widehat{D'OY}$ sont *droits*. La droite D' est *donc perpendiculaire* au plan P. La *parallèle* D à D' *est aussi* perpendiculaire au plan P.

THÉORÈME DES TROIS PERPENDICULAIRES

697. — Théorème. — *Soient une droite* D *perpendiculaire à un plan* P *en un point* O, *et une droite* AB *située dans le plan* P (fig. 418).

Du point O *abaissons* OI *perpendiculaire sur* AB.

La droite IM *qui joint le point* I *à un point quelconque* M *de* D *est perpendiculaire à* AB.

En effet, la droite AB est *orthogonale* à OI par hypothèse. Elle est aussi *orthogonale* à D, puisque D est perpen-

diculaire au plan P et par suite orthogonale à la droite
AB de ce plan.

AB étant *orthogo-
nale* aux *deux droites*
OI et OM du plan
OIM est *perpendicu-
laire* à ce plan, et par
suite *perpendiculaire*
à la droite IM qui est
située dans ce plan.

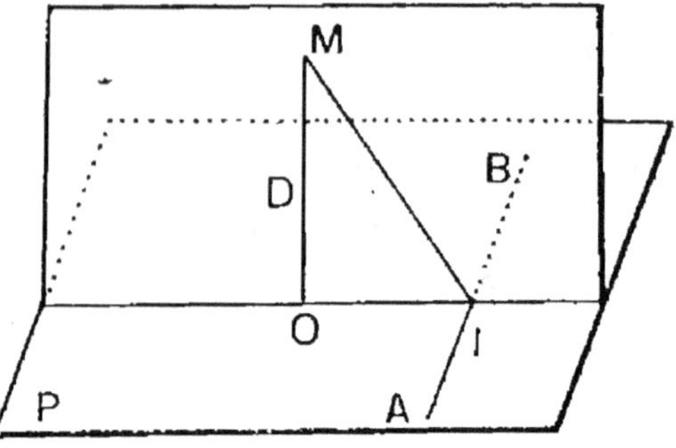

Fig. 118.
Théorème des trois perpendiculaires.

698. — **Récipro-
quement.** — *Soient
une droite D perpendiculaire à un plan P en un point O et
une droite AB située dans le plan P.*

*D'un point quelconque M de D abaissons MI perpendiculaire
sur AB.*

La droite OI est perpendiculaire à AB.

En effet, AB est *orthogonale* à IM. Elle est aussi *orthogonale* à D. Donc elle est *perpendiculaire au plan OMI* qui
contient ces deux droites et par suite *perpendiculaire à la
droite OI de ce plan.*

§ 2. — Projections orthogonales.

699. — **Définition.** — *On appelle* **projection orthogonale** *d'un point A sur un plan P le pied A′ de la perpendiculaire abaissée du point A sur le plan P.*

700. — **Projection d'une figure sur un plan.** — *La
projection orthogonale d'une figure F sur un plan P est
la figure formée par l'ensemble des projections des différents points de cette figure sur le plan P.*

PROJECTION ORTHOGONALE D'UNE DROITE SUR UN PLAN.

701. — Théorème. — *Par une droite AB non perpendiculaire à un plan P, on peut mener un plan perpendiculaire au plan P et un seul.*

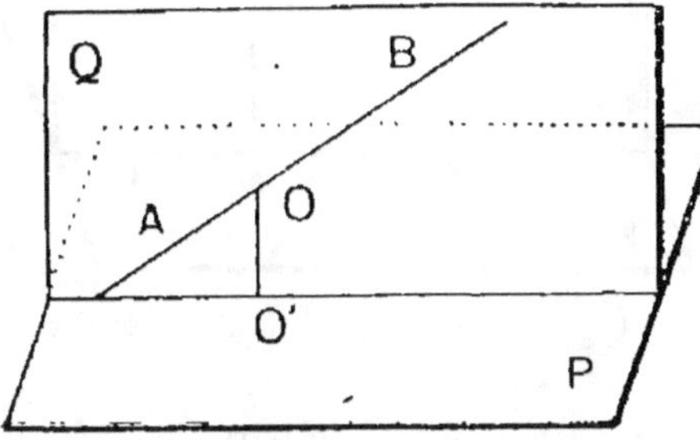

Fig. 119.

1° On peut en mener un.

D'un point quelconque O pris sur AB abaissons la *perpendiculaire* OO' au plan P (fig. 119).

Par les deux droites OO' et AB on peut faire passer un plan Q.

Ce plan passant par la perpendiculaire OO' au plan P est *perpendiculaire* au plan P.

2° Par AB *on ne peut mener qu'un plan perpendiculaire* au plan P.

Car tout plan perpendiculaire au plan P et contenant AB *contient la perpendiculaire* OO' abaissée de O sur le plan P (§ 621). Il *coïncide* donc avec le plan Q, puisque par les deux droites distinctes AB et OO' on ne peut faire passer qu'un plan.

702. — Remarque. — Le théorème précédent *ne subsiste pas* si AB est perpendiculaire au plan P. On sait que dans ce cas tout plan passant par AB est perpendiculaire au plan P (§ 619).

703. — Théorème. — *La projection orthogonale d'une droite non perpendiculaire au plan de projection est une droite.*

Soit une droite AB *non perpendiculaire* au plan P.

Par la droite AB on peut mener un plan Q perpendiculaire au plan P.

Le plan Q coupe le plan P suivant une droite A'B'.

Nous allons démontrer que *les projections des différents points de la droite AB forment la droite A'B'.*

Soit en effet M un point quelconque de AB.

Du point M abaissons dans le plan Q la perpendiculaire MM' sur

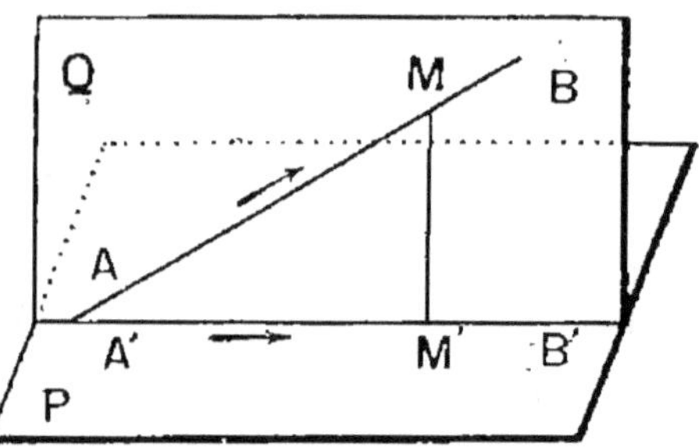

Fig. 420. — Projection d'une droite.

A'B'. MM' est *perpendiculaire* au plan P (§ 620).

Donc M' est la *projection* de M sur le plan P.

Lorsque le point M décrit d'un *mouvement continu* la droite AB, la droite MM' se déplace parallèlement à elle-même et le point M' décrit la droite A'B'.

704. — Définition. — Le plan Q s'appelle *le plan projetant* la droite AB sur le plan P. Ainsi donc :

Le plan projetant une droite sur un plan P est le plan perpendiculaire au plan P mené par la droite.

705. — Remarque. — Si une droite D est *perpendiculaire au plan* P au point O, les projections de tous les points de D sur le plan P sont *confondues* avec le point O.

La *projection d'une droite perpendiculaire au plan de projection* se réduit à un point.

706. — Théorème. — *Les projections orthogonales de deux droites parallèles sur un même plan sont parallèles.*

Soient AB et CD deux

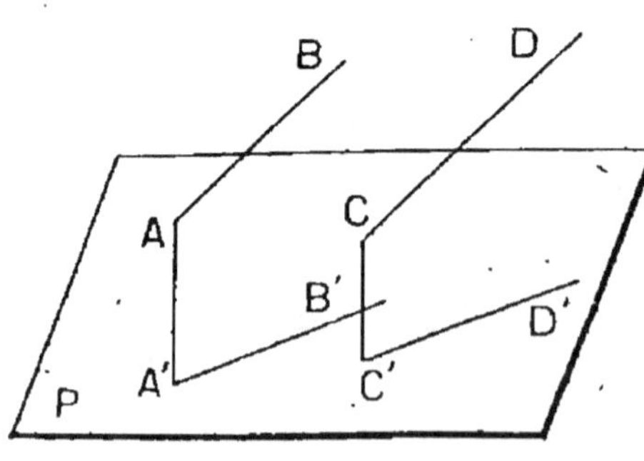

Fig. 421.
Projections de deux droites parallèles.

droites *parallèles non perpendiculaires* à un plan P (fig. 421).

Les deux plans A'AB et C'CD projetant les deux droites sont *parallèles*, comme plans de deux angles ayant leurs côtés parallèles.

Leurs intersections A'B' et C'D' avec le plan P sont donc parallèles, comme intersections de deux plans parallèles par un troisième.

707. — Corollaire. — *La projection d'un parallélogramme est un parallélogramme.*

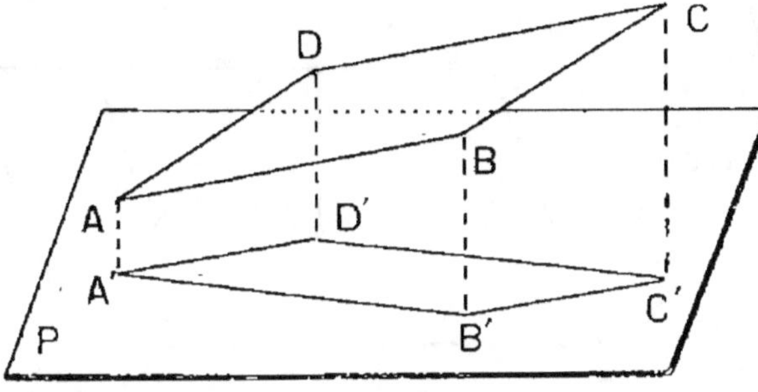

Fig. 422. — Projection d'un parallélogramme.

Soit un parallélogramme A B C D, et A' B' C' D', sa *projection* sur un plan P (fig. 422).

Les droites A'B' et C'D' sont *parallèles* comme projection de deux droites parallèles. De même B'C' et A'D' sont *parallèles*.

Le quadrilatère A'B'C'D', dont les côtés opposés sont parallèles, est un *parallélogramme*.

708. — Théorème. — *Les projections orthogonales d'une même figure sur deux plans parallèles sont égales.*

Soit A, B, C, D, les points qui constituent une figure F (fig. 423),

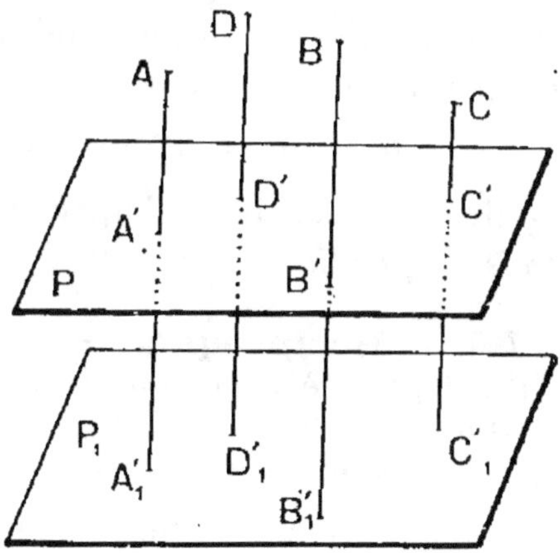

Fig. 423.

A', B', C', D' leurs *projections* sur un plan P,
A'₁, B'₁, C'₁, D'₁   —   —   P₁ *parallèle* à P.

La figure formée par les points A', B', C', D'...., et la figure formée par les points A'$_1$, B'$_1$, C'$_1$, D'$_1$ sont *égales*.

En effet la translation qui amène le point A' au point A'$_1$ les *superpose*.

PROJECTION D'UN ANGLE DROIT.

709. — Théorème. — *La projection orthogonale d'un angle droit dont un côté est parallèle au plan de projection est un angle droit.*

Sans changer la projection de l'angle donné, nous pouvons déplacer le plan de projection parallèlement à lui-même, *de manière qu'il contienne le côté AB.*

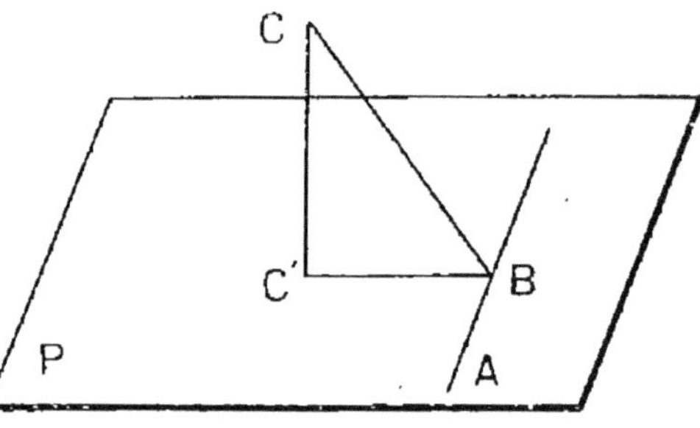

Fig. 424.

Soit donc *l'angle droit* $\widehat{ABC}$ dont le côté AB est dans le plan P (fig. 424).

La projection de AB sur le plan P est *la droite AB elle-même.* Abaissons la perpendiculaire CC' sur le plan P. La projection de BC est BC'.

La projection de l'angle $\widehat{ABC}$ est l'angle $\widehat{ABC'}$. Or cet angle $\widehat{ABC'}$ est droit d'après la *réciproque* du *théorème des trois perpendiculaires.*

710. — Réciproque. — *Soit un angle $\widehat{ABC}$ dont un côté AB est parallèle au plan de projection et dont la projection est un angle droit.*

Nous allons démontrer que cet angle est droit.

Nous supposons que le plan de projection P *contient* le côté AB (fig. 424), $\widehat{ABC'}$ est la projection de l'angle $\widehat{ABC}$. L'angle ABC est *droit*, d'après le *théorème des trois perpendiculaires.*

PROJECTION D'UN POLYGONE.

711. — La projection d'un *polygone plan* est un polygone plan.

712. — **Théorème.** — *L'aire de la projection d'un triangle est égale à l'aire de ce triangle multipliée par le cosinus de l'angle aigu qui fait le plan du triangle avec le plan de projection.*

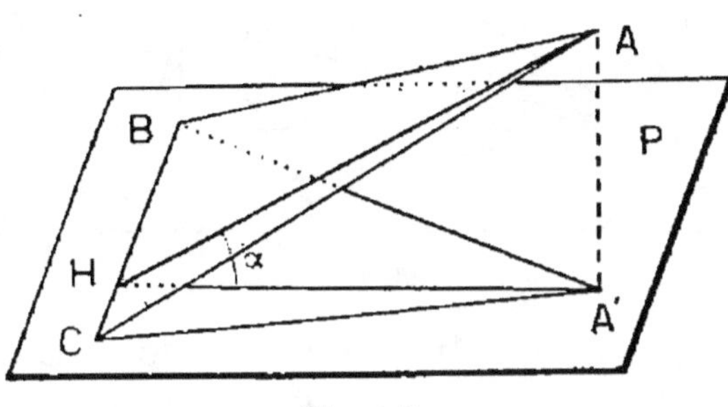

Fig. 425.

1° Supposons d'abord qu'un côté BC du triangle ABC soit *dans le plan de projection* P (fig. 425).

Soit AA′ la perpendiculaire abaissée du point A sur le plan P.

La *projection* du triangle ABC est le triangle A′BC.

Menons la *hauteur* AH du triangle ABC.

D'après la *réciproque* du théorème des trois perpendiculaires, A′H est la hauteur du triangle A′BC.

On a :
$$\text{aire ABC} = \frac{1}{2}\,\text{BC} \times \text{AH},$$

$$\text{aire A′BC} = \frac{1}{2}\,\text{BC} \times \text{A′H}.$$

L'angle aigu $\widehat{\text{AHA′}}$ est le *rectiligne* du dièdre formé par le *plan du triangle* et le *plan de projection*.

Désignons cet angle par α.

Le triangle rectangle AHA′ nous donne la relation
$$\text{A′H} = \text{AH} \cos\alpha.$$

On a donc :
$$\text{aire A′BC} = \frac{1}{2}\,\text{BC} \times \text{AH} \cos\alpha = \text{aire ABC} \times \cos\alpha.$$

2° Supposons maintenant qu'un côté BC du triangle ABC soit *parallèle* au plan de projection.

En *déplaçant* ce dernier *parallèlement* à lui-même, on pourra l'amener à *contenir* le côté BC et on sera ramené au cas précédent.

3° Supposons enfin qu'aucun côté du triangle ne soit parallèle au plan de projection.

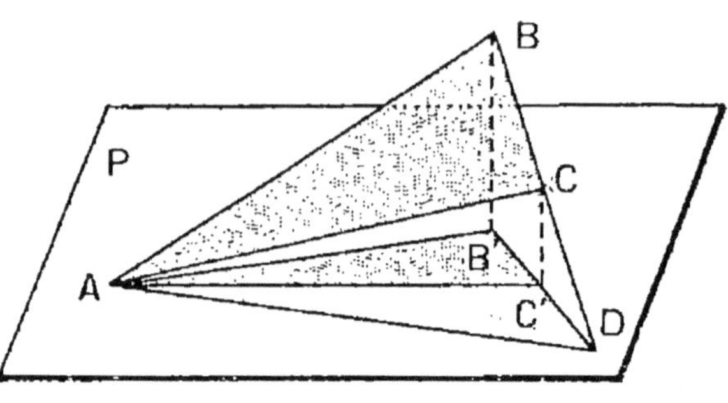

Fig. 426.

En déplaçant ce dernier parallèlement à lui-même, nous pouvons l'amener à *contenir un des sommets*. On peut choisir ce sommet de telle sorte que le triangle soit tout entier d'un *même côté du plan de projection*.

Soit donc (fig. 426) le triangle ABC dont le sommet A est dans le plan P, les points B et C étant *d'un même côté du plan P*.

La droite BC, qui n'est pas parallèle au plan P, *rencontre* ce plan en un point D situé sur le *prolongement* de BC. Soit B' et C' les projections des points B et C. Ils sont *en ligne droite* avec D.

Soit α l'angle aigu du plan du triangle avec le plan de projection.

D'après la première partie, on a :

$$\text{aire } AB'D = \text{aire } ABD \times \cos\alpha,$$
$$\text{aire } AC'D = \text{aire } ACD \times \cos\alpha.$$

Par *soustraction*

$$\text{aire } AB'D - \text{aire } AC'D = (\text{aire } ABD - \text{aire } ACD)\cos\alpha$$

c'est-à-dire :

$$\text{aire } AB'C' = \text{aire } ABC \times \cos\alpha.$$

713. — **Théorème.** — *L'aire de la projection d'un polygone plan est égale à l'aire de ce polygone, multipliée par le cosinus de l'angle aigu α que fait le plan du polygone avec le plan de projection.*

Soit ABCDF un *polygone plan* (fig. 427).

A'B'C'D'F' sa *projection orthogonale* sur un plan P.

Décomposons le polygone en triangle d'aire T_1, T_2, T_3.

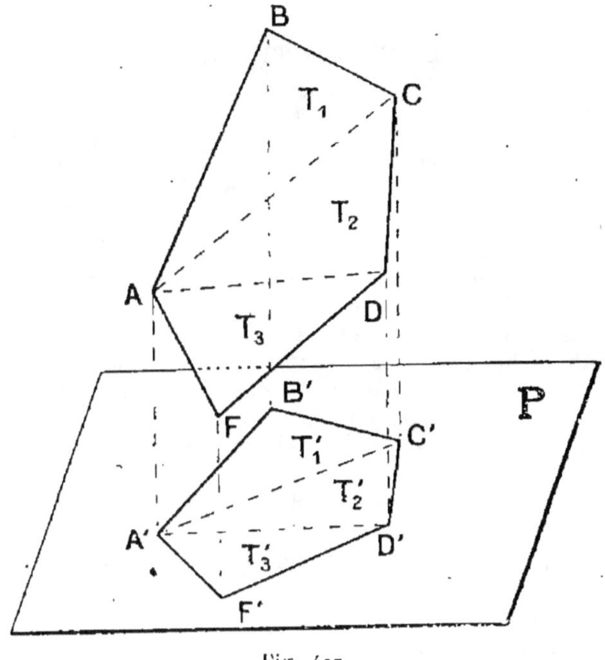

Fig. 427.

Sa projection est décomposée en triangle d'aire T'_1, T'_2, T'_3, on a :

$$T'_1 = T_1 \cos \alpha$$
$$T'_2 = T_2 \cos \alpha$$
$$T'_3 = T_3 \cos \alpha$$

d'où, par addition :

$$T'_1 + T'_2 + T'_3 = (T_1 + T_2 + T_3) \cos \alpha$$

ou :

$$\text{aire } A'B'C'D'F' = (\text{aire } ABCDF) \times \cos \alpha.$$

714. — Corollaire. — Étant donnée une *courbe plane*, on peut *l'assimiler* à un polygone plan dont les côtés sont *très petits et très nombreux*. On est ainsi amené à *admettre* que :

L'aire de la projection d'une courbe plane fermée est égale à l'aire de cette courbe multipliée par le cosinus de l'angle de son plan avec le plan de projection.

EXERCICES THÉORIQUES

§ 1 et 2.

881. Deux droites D et D′ étant orthogonales, on abaisse d'un point A de D la droite Δ perpendiculaire sur D′; démontrer que le plan de D et Δ est perpendiculaire à D′.

882. Lieu des milieux des segments limités à deux plans parallèles donnés.

883. Trouver le lieu géométrique des points équidistants de deux plans donnés soit parallèles, soit sécants.

884. Lieu géométrique des points dont la somme des distances, à deux plans parallèles donnés, est égale à une longueur donnée.

885. Lieu géométrique des points dont la différence des distances à deux plans parallèles donnés est égale à une longueur donnée.

886. A quelle condition existe-t-il des points équidistants de quatre droites parallèles?

887. Trouver le lieu géométrique des points équidistants de deux droites parallèles données.

888. Trouver le lieu géométrique des points équidistants de trois droites parallèles données.

889. Construire une droite orthogonale à deux droites D et D′ et rencontrant deux droites Δ et Δ′.

890. Si une droite XY est orthogonale à trois droites D, D′. D″ ces trois droites sont parallèles à un même plan.

891. Construire théoriquement, sans user de déplacement, un plan perpendiculaire à une droite donnée D et passant par un point A donné hors de la droite D.

892. Construire théoriquement, sans user de déplacement, une droite perpendiculaire à un plan P et passant par un point A hors du plan P.

893. Lieu géométrique des milieux des segments de longueur constante limités à deux droites orthogonales données.

894. Quelle est la condition nécessaire et suffisante pour qu'on puisse mener par une droite D un plan perpendiculaire sur une droite D′ quelconque par rapport à D.

895. Étant donnée une droite OX qui pivote dans un plan fixe autour du point O on mène d'un point A fixe un plan perpendiculaire sur la droite OX, lieu géométrique du point de rencontre de ce plan et de la droite OX, quand cette droite pivote autour de O.

896. Par un point fixe O de l'axe d'un cercle C on mène les perpendiculaires aux plans déterminés par le point O et une tangente quelconque au cercle, trouver le lieu géométrique des points où ces perpendiculaires rencontrent le plan du cercle.

897. Démontrer que les angles formés par les perpendiculaires à deux plans sont égaux aux rectilignes des angles dièdres formés par les deux plans.

898. On considère trois plans qui se coupent en un point O, deux d'entre eux étant rectangulaires; démontrer que la somme des deux angles dièdres formés par le troisième plan avec les deux faces du dièdre droit est supérieure à 90°.

899. Étant donnés deux plans P et Q perpendiculaires, on mène par un point O de leur intersection dans P une droite OX qui fait avec l'intersection un angle α et dans Q une droite OY qui fait avec l'intersection un angle β : calculer, connaissant α et β, l'angle XOY par une de ses lignes trigonométriques.

900. Les projections de deux droites D et D' sur deux plans sécants P et Q formant deux couples de droites parallèles, démontrer que les droites D et D' sont parallèles.

901. Étant donné dans un plan fixe un angle XOY de grandeur constante qui pivote autour de son sommet O fixe, on abaisse d'un point A extérieur au plan P des perpendiculaires AB et AC sur OX et OY, trouver le lieu du milieu M de BC.

902. Rechercher le lieu géométrique des points équidistants de deux droites concourantes données.

903. Rechercher le lieu géométrique des points équidistants de trois droites concourantes données.

904. Trouver le lieu géométrique des points M également distants d'une part de deux points donnés A et B, d'autre part de deux droites concourantes données OX, OY.

905. Rechercher le lieu géométrique des droites issues d'un point fixe O et faisant des angles égaux avec deux droites quelconques données D et D'.

906. Rechercher le lieu géométrique des droites issues d'un point fixe O et faisant des angles égaux avec trois droites quelconques données D, D', D''.

907. Si une droite D est perpendiculaire à un plan P la projection orthogonale de cette droite sur un plan Q est perpendiculaire à l'intersection XY de P et de Q.

908. Démontrer que, si A'B'C' est la projection orthogonale du triangle ABC, ni le centre O' du cercle circonscrit au triangle A'B'C', ni le point de concours H' des hauteurs du triangle A'B'C' ne sont les projections des points analogues O et H du triangle ABC. Cas d'exception.

909. Deux droites D et D' ont des projections orthogonales sur un plan P parallèles, démontrer que les projections sur le plan P des parallèles au plan P qui rencontrent D et D' passent par un point fixe.

910. Étant donné un triangle ABC, lieu géométrique des droites issues de A et telles que les projections orthogonales de B et de C sur ces droites soient confondues.

911. Rechercher le lieu géométrique de l'extrémité M d'un segment OM de longueur donnée l ayant l'origine O fixe, sachant que les projections de ce segment sur deux droites données D et D′ sont égales.

912. Déterminer la position d'un segment OA dont les projections sur trois droites données OX, OY, OZ sont égales.

913. Comment doit être dirigé le plan de projection pour que la projection orthogonale d'un angle $\widehat{ABC}$ admette pour bissectrice la projection de la bissectrice de l'angle donné $\widehat{ABC}$.

914. À quelle condition un triangle isocèle se projette-t-il orthogonalement sur un plan suivant un triangle isocèle.

915. Démontrer que la projection orthogonale d'un angle droit sur un plan P est 1° un angle obtus, si zéro ou deux côtés rencontrent le plan P ; 2° un angle aigu, si un seul des côtés et le prolongement de l'autre rencontrent le plan P ; 3° un angle droit si au moins un des côtés est parallèle au plan P.

916. Quelle est la projection orthogonale d'un carré ABCD sur un plan P. Appelant XY l'intersection du plan du carré et du plan P et sachant : 1° que la diagonale AC du carré est égale à $0^m,15$; 2° que la diagonale AC fait avec XY un angle de 45° ; 3° que l'angle du plan du carré et du plan P est de 60°, calculer l'aire du polygone projection du carré ABCD.

Appelant **angle d'une droite et d'un plan** *l'angle d'une droite et de la projection orthogonale de cette droite sur un plan, résoudre les exercices suivants :*

917. L'angle d'une droite et d'un plan est le plus petit des angles que fait la droite avec une droite quelconque du plan.

918. Étant donnés deux plans P et Q qui se coupent suivant une droite XY les droites du plan P qui font le plus grand angle avec le plan Q sont les perpendiculaires à l'intersection XY.

919. Tracer une droite qui passe par un point donné A hors d'un plan P et qui fasse avec ce plan un angle donné : le problème admet une infinité de solutions, déterminer celles des droites répondant à la question qui rencontrent une droite donnée D. Discuter alors la possibilité de la construction.

920. Étant donnés deux plans perpendiculaires P et Q se coupant suivant XY et un point A du plan P, mener par A une droite AB faisant avec le plan P un angle α et avec le plan Q un angle β. Discuter la possibilité de la construction.

921. Lieu géométrique des droites issues d'un point donné A et qui font des angles égaux avec deux plans sécants donnés P et Q.

922. Déterminer la droite issue d'un point donné A qui fait des angles égaux avec trois plans donnés concourant en un point O. Lieu géométrique de cette droite quand A décrit une droite donnée.

923. On donne trois droites D, D′, D″ dont deux quelconques ne sont pas dans un même plan. Construire une quatrième droite Δ qui les rencontre en A, B, C de manière que l'un des points de rencontre soit le milieu de la distance entre les deux autres. Généraliser, en construisant Δ pour que le rapport $\dfrac{CA}{BA}$ soit égal à un nombre donné k.

924. Soit OXYZ un trièdre trirectangle dont les arêtes sont coupées en A, B, C par un plan quelconque, sur lequel le point O se projette en I. Démontrer :

1° Que le triangle ABC n'a que des angles aigus;

2° Que le triangle AOB est moyenne proportionnelle entre les triangles AIB et ACB.

3° Que le carré de l'aire du triangle ABC est égal à la somme des carrés des aires des triangles AOB, BOC, COA;

4° Que $\dfrac{1}{\overline{OI}^2} = \dfrac{1}{\overline{OA}^2} + \dfrac{1}{\overline{OB}^2} + \dfrac{1}{\overline{OC}^2}$.

LIVRE VI

PRISME ET CYLINDRE. — PYRAMIDE ET CÔNE — SPHÈRE.

715. — Polyèdre. — *On appelle polyèdre un solide limité de toutes parts par des polygones plans.*

Ces polygones s'appellent les *faces du polyèdre*, les côtés de ces polygones sont les *arêtes du polyèdre*, et leurs sommets sont les *sommets du polyèdre.*

Chaque arête du polyèdre est commune à deux faces et deux seulement qui forment un *angle dièdre* du polyèdre.

On appelle *diagonale* d'un polyèdre une droite qui joint deux sommets non situés dans la même face.

Un polyèdre est dit **convexe** *s'il est situé tout entier du même côté du plan de chacune de ses faces.*

§ 1. — Prisme.

716. — Surface prismatique. — Soit un polygone plan ABCDE et une droite XY *non parallèle* au plan de ce polygone (fig. 428).

Soit une *droite indéfinie* GG' qui se déplace en restant *parallèle* à XY et en s'appuyant constamment sur le polygone.

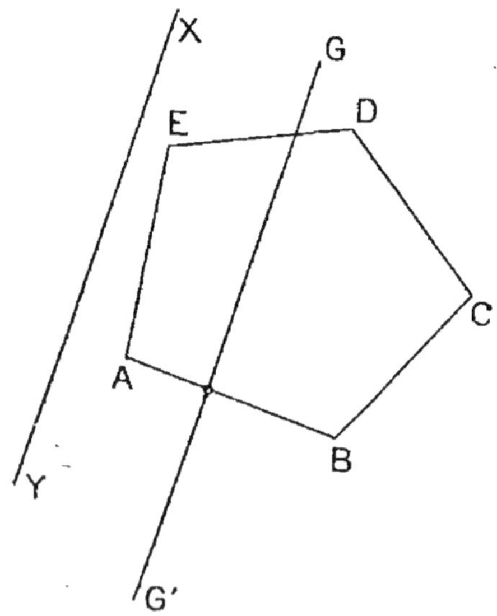

Fig. 428.
Génération d'une surface prismatique.

Elle engendre *une surface indéfinie* ayant la forme d'un *tube* que l'on appelle une *surface prismatique.*

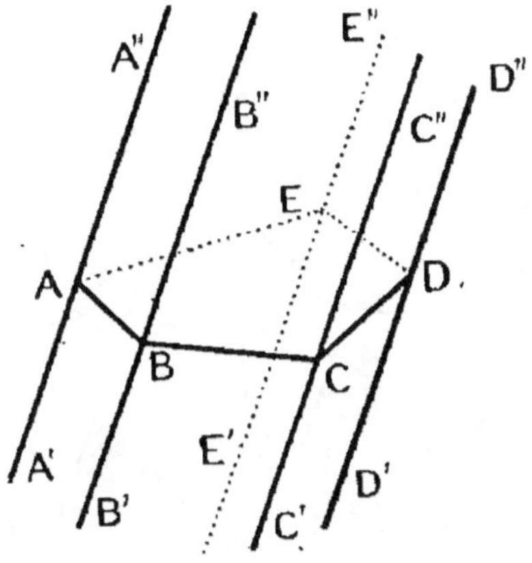

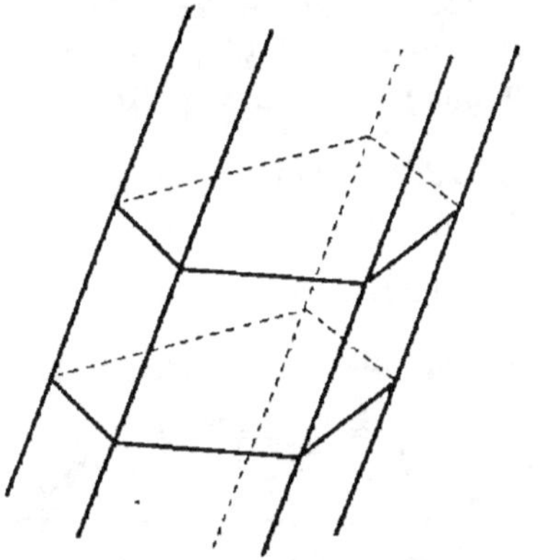

Fig. 429. — Surface prismatique.

Les positions A'A'', B'B'', C'C'', D'D'', E'E'' prises par la droite mobile lorsqu'elle passe par les sommets du polygone s'appellent les *arêtes de la surface prismatique.*

Deux arêtes consécutives limitent une portion de plan que l'on appelle une *face de la surface prismatique.*

717. — Dans une *translation rectiligne* dont les glissières sont parallèles à XY, *la surface prismatique glisse sur elle-même.*

718. — **Théorème**. — *Les sections d'une surface prismatique par deux plans parallèles sont égales* (fig. 430).

C'est évident, car elles se déduisent l'une de l'autre par une translation dont les glissières sont les arêtes de la surface prismatique.

719. — **Définition.** — *On appelle* **section droite** *d'une surface prismatique une section dont le plan est perpendiculaire aux arêtes.*

Fig. 430.

Toutes les sections droites d'une surface prismatique sont égales.

720. — **Prisme**. — *Soit une surface prismatique.* Coupons-la par deux plans *parallèles.*

Le solide limité par la portion de surface prismatique comprise entre les deux plans et par les polygones de section s'appelle un *prisme* (fig. 431).

Ces deux sections égales s'appellent les *bases du prisme*.

Les autres faces du prisme sont les **faces latérales du prisme**.

Toutes les faces latérales sont des parallélogrammes.

Toutes les arêtes latérales d'un prisme sont égales.

721. — La *hauteur* d'un prisme est la *distance* des plans des deux bases.

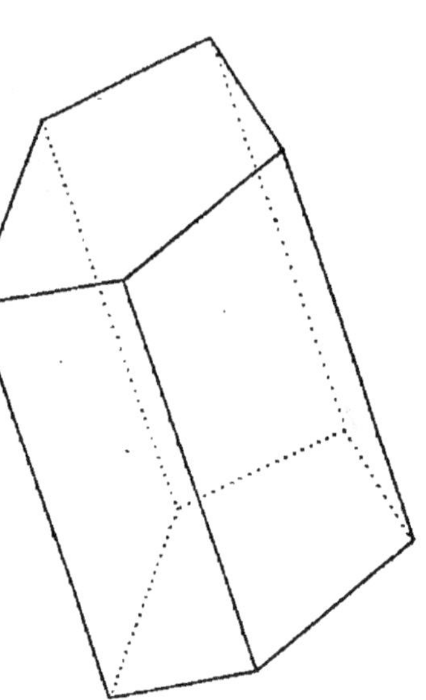

Fig. 431. — Prisme.

722. — **Prisme droit.** — *Un prisme est dit* **droit** *lorsque les arêtes latérales sont perpendiculaires aux plans des bases ; il est dit* **oblique** *dans le cas contraire.*

723. — Dans un prisme droit, les arêtes latérales sont égales à la hauteur du prisme et les faces latérales sont des rectangles.

724. — **Parallélépipède.** — *On appelle* **parallélépipède** *un prisme dont les deux bases sont des parallélogrammes.*

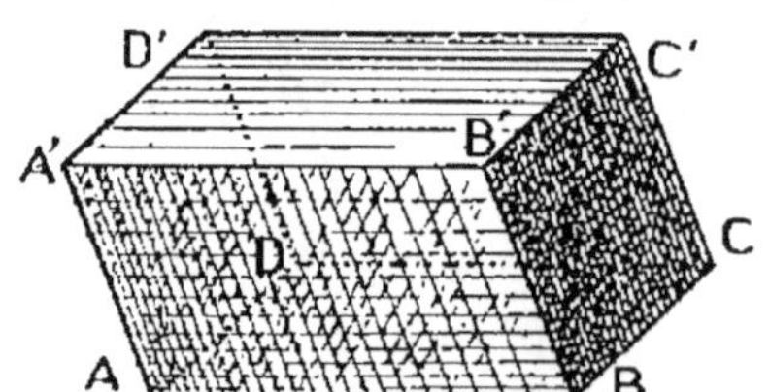

Fig. 432. — Parallélépipède.

Un parallélépipède a six faces qui sont toutes des parallélogrammes.

Il en résulte qu'un parallélépipède peut être considéré de *trois manières différentes* comme un prisme.

Soit le parallélépipède ABCD A'B'C'D' dont les bases sont les deux parallélogrammes ABCD et A'B'C'D' (fig. 432).

Nous pouvons aussi le considérer *comme un prisme* dont les *bases* sont les deux parallélogrammes ADD'A' et BCC'B' et *comme un prisme* dont les *bases* sont les deux parallélogrammes ABB'A' et DCC'D'.

725. — Diagonales d'un parallélépipède. — *Un parallélépipède a quatre diagonales*

$$AC', \quad BD', \quad CA' \ \text{et} \ DB'.$$

726. — Théorème. — *Les diagonales d'un parallélépipède se coupent en un même point qui est le milieu de chacune d'elles.*

Ce théorème est une *conséquence* du suivant :

Un parallélépipède a un centre de symétrie qui est le point de concours des diagonales.

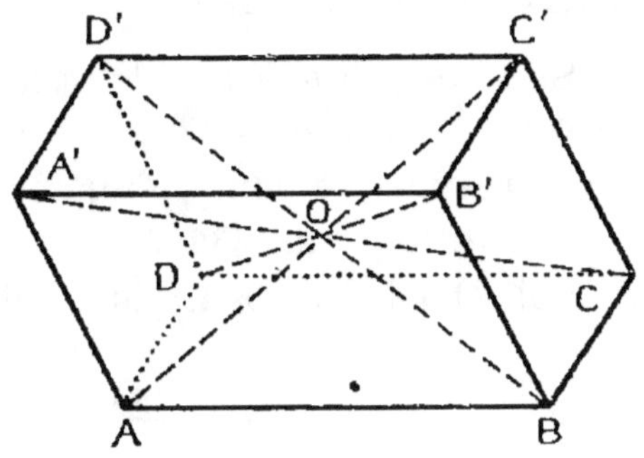

Fig. 433.

Soit en effet la diagonale AC' et O son milieu (fig. 433). Les deux plans ABCD et A'B'C'D' *étant parallèles*, sont *symétriques* par rapport au point O.

Il en est de même des plans des deux faces

$$ADA'D' \ \text{et} \ BCB'C'$$

et des plans des deux faces

$$ABA'B' \ \text{et} \ DCD'C'.$$

Ainsi les plans des six *faces* sont *symétriques deux à deux par rapport au point* O. Le point O est donc *centre de symétrie* et les sommets sont *symétriques deux à deux par rapport au point* O.

727. — Parallélépipède rectangle. — *On appelle paral-*

lélépipède **rectangle** un prisme droit dont les deux bases sont des rectangles (fig. 434).

Toutes les faces d'un parallélépipède rectangle sont des *rectangles*.

728. — On appelle **cube** un parallélépipède rectangle dont les arêtes sont toutes égales.

Les faces d'un cube sont des **carrés égaux**.

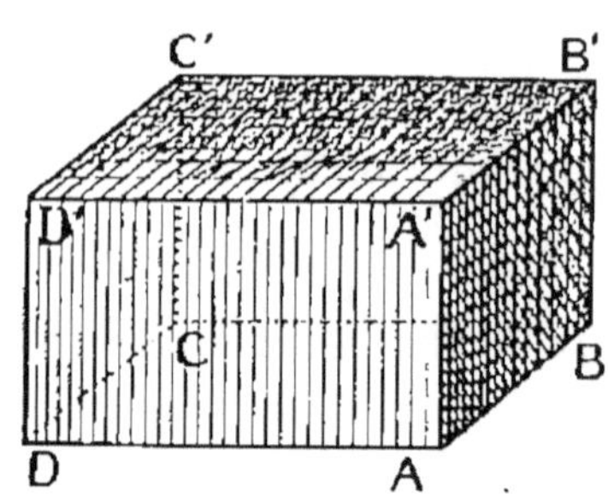

Fig. 434.
Parallélépipède rectangle.

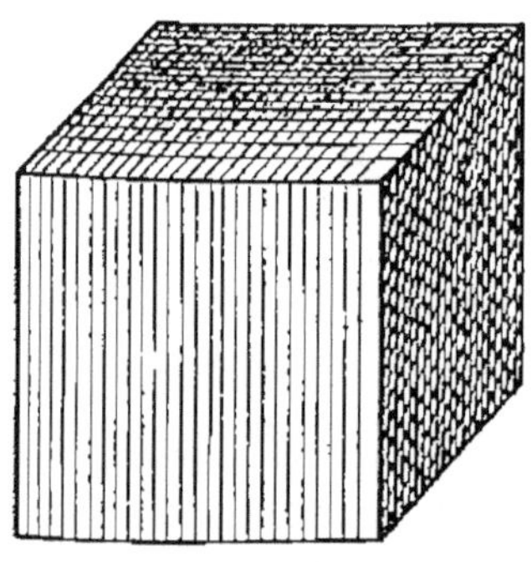

Fig. 435. — Cube.

729. — **Théorème.** — *Dans un parallélépipède rectangle, le carré d'une quelconque des diagonales est égal à la somme des carrés des trois arêtes.*

Soit un *parallélépipède rectangle* dont les arêtes OA, OB, OC ont respectivement pour longueur a, b, c (fig. 436).

Soit OD la *diagonale* issue du sommet O.

Nous allons démontrer que

$$\overline{OD}^2 = a^2 + b^2 + c^2.$$

Le triangle ODF est *rectangle* et donne

$$\overline{OD}^2 = \overline{OF}^2 + \overline{DF}^2$$
$$= \overline{OF}^2 + c^2.$$

Le triangle OFA est aussi *rectangle* et donne

$$\overline{OF}^2 = \overline{OA}^2 + \overline{AF}^2$$
$$= a^2 + b^2.$$

Donc

$$\overline{OD}^2 = a^2 + b^2 + c^2.$$

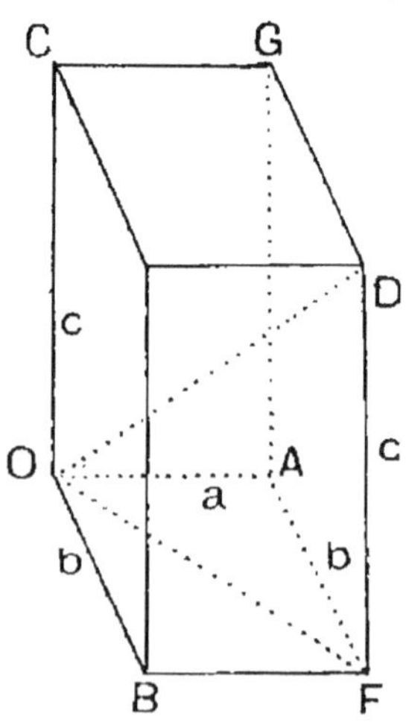

Fig. 436.

730. — **Corollaire.** — *Soit un cube d'arête a, OD sa diagonale.*

$$\overline{OD}^2 = a^2 \times 3,$$
$$OD = a\sqrt{3}.$$

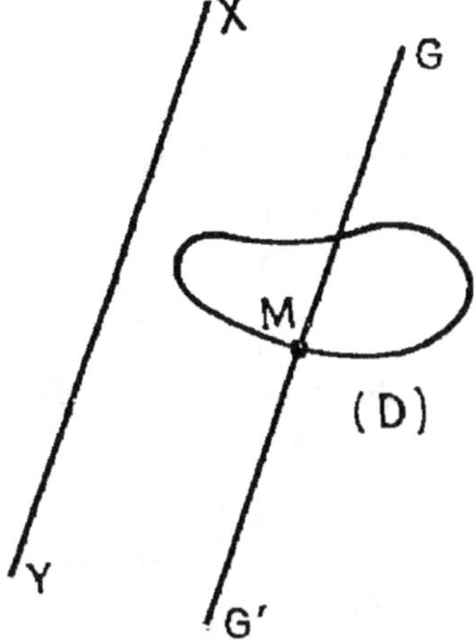

Fig. 437. — Génératrice d'une surface cylindrique.

§ 2. — Cylindre.

731. — **Surface cylindrique.** — Soit une *courbe plane fermée* (D) et une *droite* XY *non parallèle* au plan de la courbe (D) (fig. 437).

Considérons une droite indéfinie GG' qui se déplace en *restant parallèle* à XY et en *s'appuyant constamment sur la courbe* (D).

La droite GG' engendre *une surface indéfinie qu'on* appelle une **surface cylindrique.**

Chaque position de la droite mobile GG' s'appelle une *génératrice* de la surface. — La courbe (D) s'appelle la *directrice* de la surface cylindrique.

732. — *Une surface cylindrique peut glisser sur elle-même.*

733. — *Les sections d'une surface cylindrique par deux plans parallèles sont égales, car une translation les superpose.*

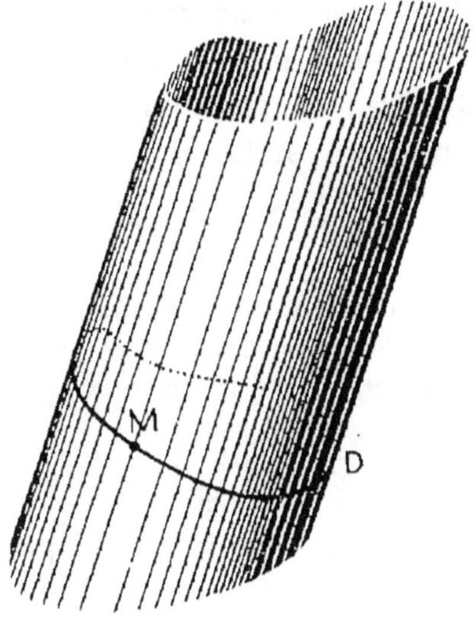

Fig. 438. — Surface cylindrique.

734. — On appelle *section droite* d'une surface cylindrique, une section de cette surface par un plan *perpendiculaire aux génératrices.*

*Toutes les sections droites d'une surface cylindrique sont
égales.*

735. — Surface cylindrique de révolution. — Soit
un cercle de centre O. Menons *l'axe de ce cercle*, c'est-
à-dire la *perpendiculaire* XY élevée à son plan par son
centre.

Considérons une surface cylindrique ayant le cercle
pour *directrice* et dont les génératrices sont parallèles
à XY.

Cette surface cylindrique est dite de *révolution*, car elle
est engendrée par la *rotation* autour de XY d'une droite
GG' *parallèle* à XY et *invariablement liée* à XY.

736. — Cylindre. — Coupons une surface cylindrique
par *deux plans parallèles* non parallèles aux génératrices.

Le solide limité par *les deux sections* et par la *portion
de surface cylindrique comprise entre les plans* de ces deux
sections s'appelle un *cylindre*.

Les deux sections égales s'appellent les *bases du cylindre*. Leur distance est la *hauteur*
du cylindre.

737. — Cylindre droit. — *Un
cylindre est **droit** lorsque les plans
des deux sections sont perpendiculaires aux génératrices.*

**738. — Cylindre de révolu-
tion.** — Soit une *surface cylindrique de révolution*, coupons-la
par deux plans perpendiculaires
aux génératrices. Le cylindre
obtenu est un *cylindre de révolution* (fig. 439).

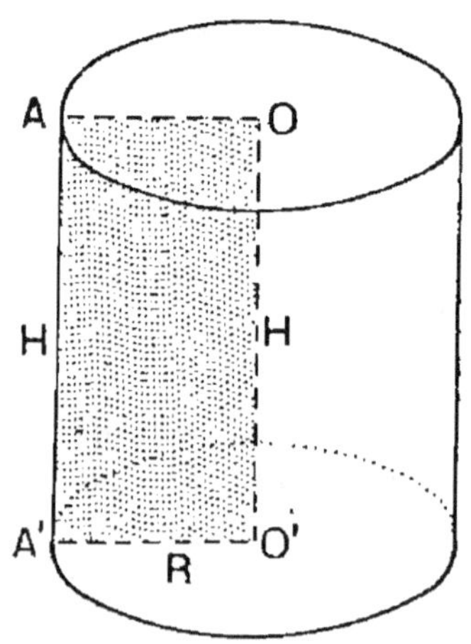

Fig. 439.
Cylindre de révolution.

Un *cylindre de révolution* est
un *cylindre droit* dont les bases *sont des cercles*.

Il peut être engendré par la rotation d'un rectangle OA O'A' tournant autour du côté OO' supposé fixe (fig. 439).

En effet, les deux côtés OA et O'A' engendrent les *surfaces de deux cercles* dont les plans sont perpendiculaires à la droite OO'. La droite AA' se déplace en restant *parallèle* à OO'. Elle engendre donc une *surface cylindrique* qui a pour directrice l'un quelconque des cercles précédents.

Le *cylindre de révolution* limité par cette surface et les plans des deux cercles est le corps *engendré par la rotation du rectangle.*

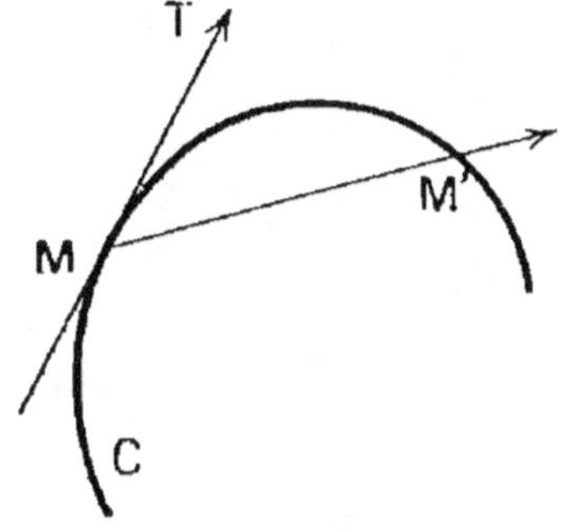

Fig. 440.
Tangente à une courbe.

739. — **Tangente à une courbe.** — Nous avons défini, en *géométrie plane*, la **tangente** à une courbe plane quelconque.

La *même définition* s'applique à une courbe qui n'est pas située dans un plan.

Soit une *courbe* C et un point *fixe* M sur cette courbe (fig. 440). Soit M' un point de la *courbe* C voisin du point M.

La tangente MT au point M est la droite avec laquelle vient se confondre la droite MM' lorsque le point M' vient se confondre avec le point M en décrivant la courbe.

740. — **Plan tangent à une surface.** — Soit un point M pris sur une surface S (fig. 441). Traçons sur la surface S *différentes courbes* $C_1,\ldots\ C_2, C_3,$ passant par le point M, et considérons les *tangentes* $MT_1,\ MT_2,\ MT_3,\ldots$ à ces différentes courbes :

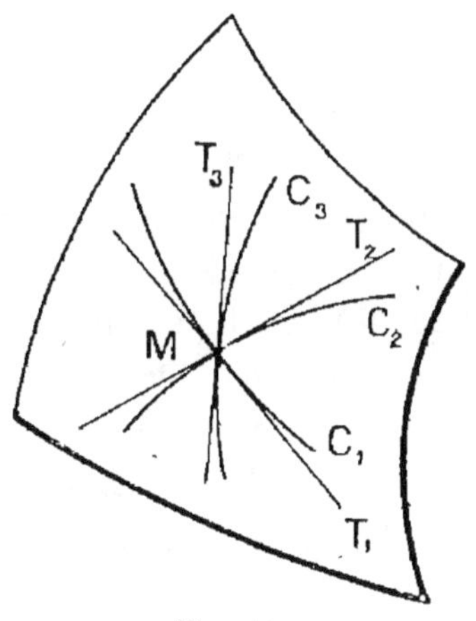

Fig. 441.

On démontre qu'en général toutes ces tangentes sont dans

un même plan qui s'appelle le **plan tangent** *à la surface* S *au point* M.

741. — Théorème. — *En un point* M *d'une surface cylindrique, il y a un plan tangent défini de la manière suivante :*

On mène la *génératrice* MG passant par le point **M** (fig. 442). Elle rencontre la directrice (D) en un point G. On mène la *tangente* GT à la directrice (D).

Le plan passant par les deux droites MG et GT est le plan tangent à la surface au point M.

Traçons sur la surface cylindrique une *courbe*

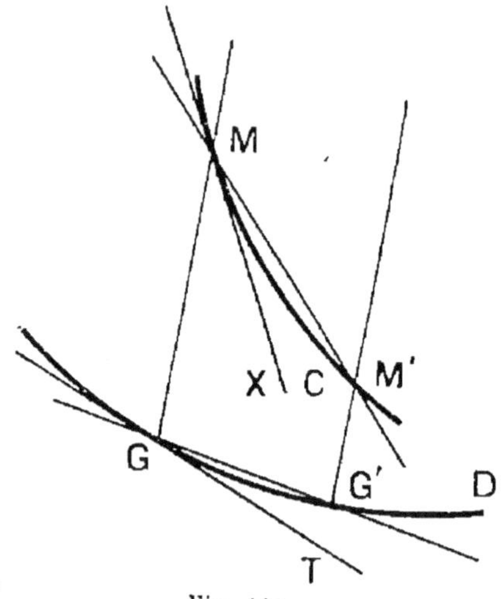

Fig. 442.
Plan tangent à une surface cylindrique.

quelconque (C) passant par M. Soit MX la *tangente* à cette courbe. *Il s'agit de démontrer que MX est dans le plan MGT, ou encore que les deux droites MX et GT sont dans un même plan.*

Soit M' un point de la *courbe* (C) voisin du point M. La *génératrice* passant par le point **M'** rencontre la *directrice* au point G'.

Lorsque M' vient se confondre avec M, G' vient se confondre avec G. Alors la droite MM' vient se confondre avec MX et la droite GG' avec GT.

Or, les deux droites MM' et GG' sont *constamment dans un même plan,* qui est le plan contenant les deux génératrices parallèles MG et M'G'. Donc les droites MX et GT avec lesquelles *elles viennent se confondre sont* également *dans un même plan.*

742. — Corollaire. — *Les plans tangents à une surface cylindrique aux différents points d'une même génératrice coïncident.*

§ 3. — Pyramide.

743. — Angle polyèdre. — Soit un *polygone plan* ABCDF et un point S *extérieur* au plan de ce polygone.

Considérons une demi-droite *mobile SX limitée au point fixe* S et qui se déplace en *s'appuyant constamment sur le polygone.*

Elle engendre une surface indéfinie qu'on appelle un **angle polyèdre.**

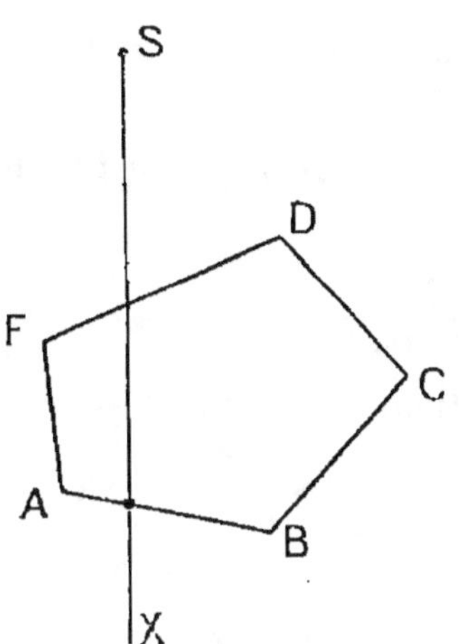

Fig. 443.
Génération d'un angle polyèdre.

744. — Le point S est le *sommet* de l'angle polyèdre ; les demi-droites SA, SB, SC, SD, SF en sont les *arêtes* ; les angles saillants $\widehat{ASB}$, $\widehat{BSC}$, $\widehat{CSD}$, $\widehat{DSF}$, $\widehat{FSA}$ sont les *faces* de l'angle polyèdre. Deux faces consécutives forment un *dièdre* de l'angle polyèdre.

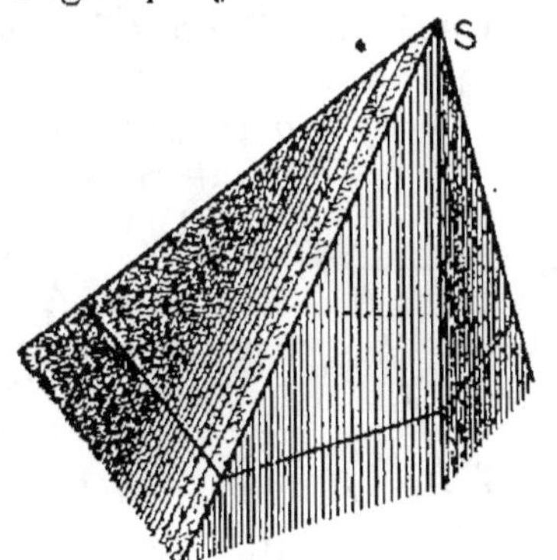

Fig. 444. — Angle polyèdre.

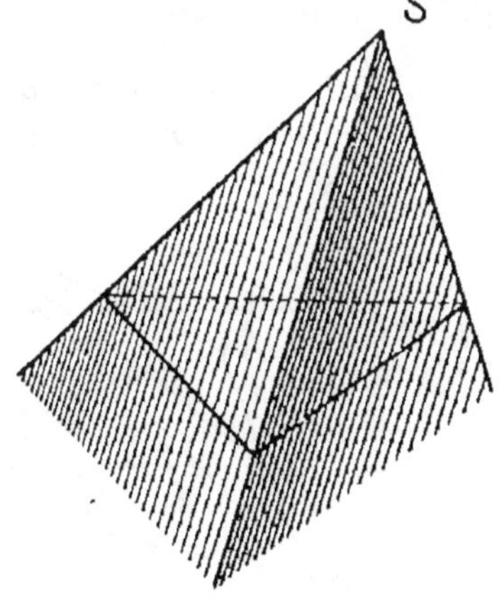

Fig. 445. — Angle trièdre.

745. — Angle trièdre. — En particulier, on appelle angle trièdre (fig. 445), un angle polyèdre qui a trois arêtes.

On obtient un angle trièdre en menant les demi-droites qui joignent un point S extérieur au plan d'un triangle aux trois sommets de ce triangle.

Un *angle trièdre a trois faces et trois dièdres*.

*746. — **Théorème**. — *La somme des faces d'un angle trièdre est inférieure à 4 angles droits.*

Lemme I. — *Soit S′ un point pris dans le plan du triangle* ABC.

La somme $\quad \widehat{AS'B} + \widehat{BS'C} + \widehat{CS'A}$

ne dépasse pas quatre angles droits.

En effet, si S′ est intérieur au triangle ABC, la somme de ces trois angles est égale à 4 droits.

Et si S′ est extérieur au triangle ABC (fig. 446), l'un des trois angles est égal à la somme des deux autres. La somme des trois angles est donc égale au double du plus grand, et par suite plus petite que 4 droits.

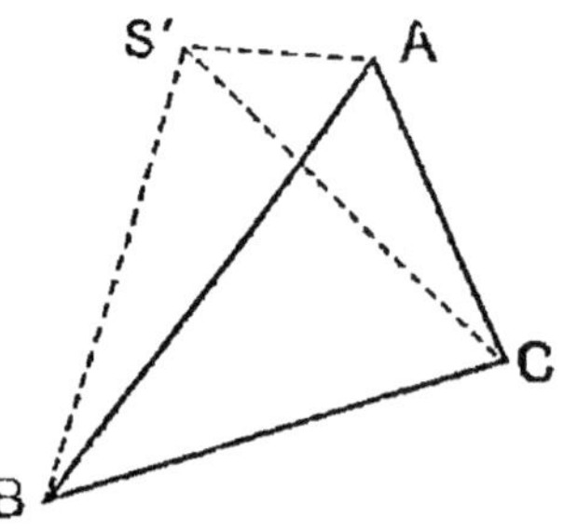

Fig. 446.

Lemme II. — *Soit un triangle isocèle SAB dont la base* AB *est située dans un plan* P *(fig. 447). Soit S′ la projection orthogonale du point S sur le plan P.*

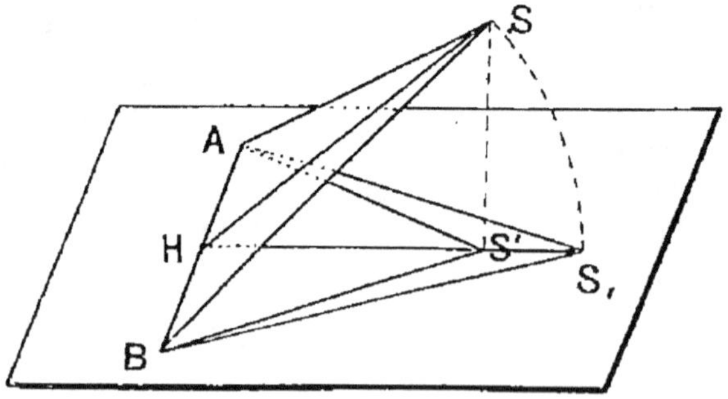

L'angle $\widehat{AS'B}$ est plus grand que l'angle $\widehat{ASB}$.

En effet, abaissons S′H perpendiculaire sur AB. La

Fig. 447.

droite SH est *perpendiculaire* sur AB (théorème des trois perpendiculaires).

Si donc on fait pivoter le plan ASB autour de AB pour l'appliquer sur le plan P, le point S viendra tomber sur la droite HS' en un point S_1.

Il tombera d'ailleurs *au delà* du point S', car HS *est plus grand que* HS'. En effet, HS' est *perpendiculaire* à la droite SS', tandis que HS est une *oblique* à cette même droite.

On voit alors que l'angle $\widehat{AS'H}$ *extérieur* au triangle $AS'S_1$ est *plus grand que l'angle intérieur* non adjacent $\widehat{AS_1S'}$.

$$\widehat{AS'H} > \widehat{AS_1S'}$$

et en multipliant par 2

$$\widehat{AS'B} > \widehat{AS_1B}$$

c'est-à-dire

$$\widehat{AS'B} > \widehat{ASB}.$$

Démonstration. — Cela posé, soit un angle trièdre SABC (fig. 448). Sur les arêtes prenons trois longueurs égales SA, SB et SC.

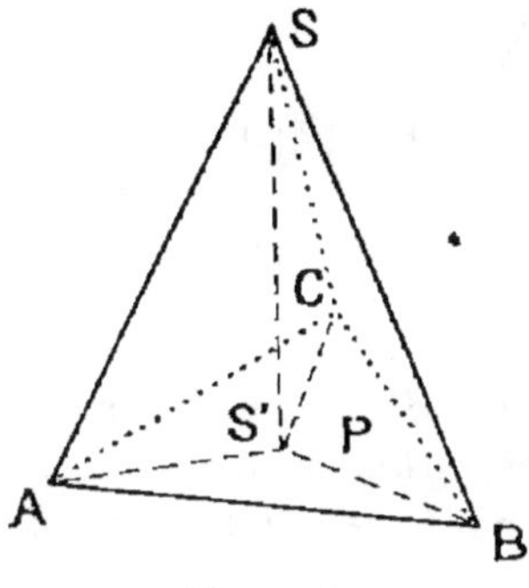

Fig. 448.

Menons le plan P passant par les trois points A, B, C et abaissons SS' perpendiculaire sur ce plan.

D'après le lemme II, on a

$$\widehat{ASB} < \widehat{AS'B},$$
$$\widehat{BSC} < \widehat{BS'C},$$
$$\widehat{CSA} < \widehat{CS'A},$$

d'où par addition

$$\widehat{ASB} + \widehat{BSC} + \widehat{CSA} < \widehat{AS'B} + \widehat{BS'C} + \widehat{CS'A}.$$

Le théorème est donc démontré puisqu'on vient de voir (lemme 1) que la somme

$$\widehat{AS'B} + \widehat{BS'C} + \widehat{CS'A}$$

ne dépasse pas 4 angles droits.

*** 747. — Théorème.** — *Dans un trièdre une face quelconque est plus petite que la somme des deux autres.*

Soit le trièdre SABC (fig. 449).

Nous allons démontrer par exemple que

$$\widehat{ASB} < \widehat{ASC} + \widehat{BSC}.$$

Soit SC' le *prolongement* de l'arête SC.

Appliquons le théorème précédent au trièdre SABC'.

On a

$$\widehat{ASB} + \widehat{ASC'} + \widehat{BSC'} < 4\,dr.$$

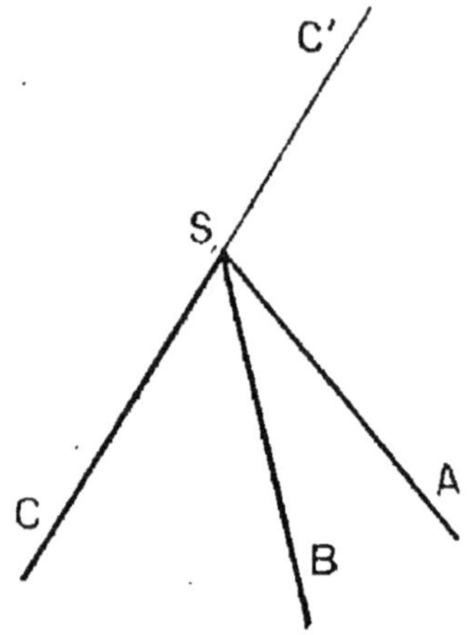

Or

$$\widehat{ASC'} = 2\,dr - \widehat{ASC},$$

$$\widehat{BSC'} = 2\,dr - \widehat{BSC}.$$

L'inégalité précédente s'écrit donc

$$\widehat{ASB} + 2\,dr - \widehat{ASC} + 2\,dr - \widehat{BSC} < 4\,dr$$

ou

$$\widehat{ASB} < \widehat{ASC} + \widehat{BSC}.$$

Fig. 449.

748. — Théorème. — *Les sections d'un angle trièdre par deux plans parallèles sont deux triangles semblables. Le rapport de similitude est égal au rapport des distances des deux plans aux sommets.*

Soient ABC, A'B'C' les *sections planes* d'un angle trièdre par *deux plans parallèles* (fig. 450).

Les deux triangles ont leurs côtés *parallèles* comme intersections de plans parallèles par un troisième. Deux angles ont donc leurs côtés parallèles et de même sens : ils sont par suite *égaux* et les deux triangles sont *semblables*.

Cherchons le *rapport de similitude*.

Sa valeur est

$$\frac{A'B'}{AB}.$$

A'B' étant parallèle à AB, on a

$$\frac{A'B'}{AB} = \frac{SA'}{SA}.$$

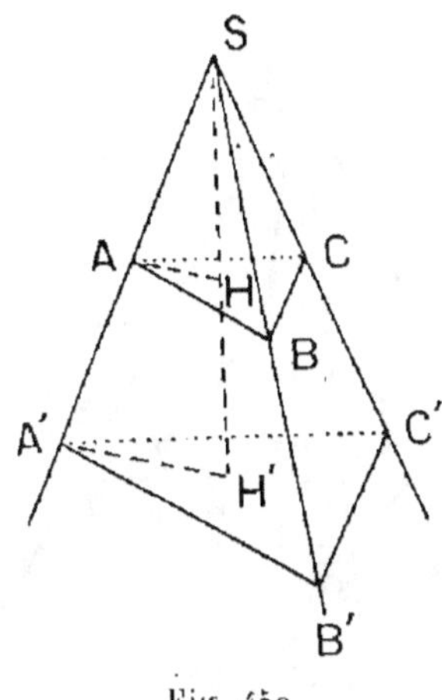

Fig. 450.

Abaissons la *perpendiculaire* du sommet S sur les deux plans de section, et soient H et H' les points où elle les rencontre ; les deux triangles SAH et SA'H' sont *semblables*, puisque AH et A'H' sont *parallèles* (comme sections de deux plans parallèles par le plan ASH).

Donc

$$\frac{SA'}{SA} = \frac{SH'}{SH},$$

et on a :

$$\frac{A'B'}{AB} = \frac{SH'}{SH}.$$

749. — Théorème. — *Les sections d'un angle polyèdre par deux plans parallèles sont deux polygones semblables. Le rapport de similitude est égal au rapport des distances des deux plans au sommet.*

Soient ABCD, A'B'C'D' les sections d'un *angle polyèdre* S par deux plans *parallèles* P et P' (fig. 451).

Abaissons du point S la *perpendiculaire* sur les deux plans qui la rencontrent en H et H'.

Nous allons démontrer que les deux polygones sont semblables et ont pour rapport de similitude $\frac{SH'}{SH}$.

Projetons *orthogonalement* le polygone A'B'C'D' sur le plan P.

La projection est un polygone $A_1B_1C_1D_1$ égal à A'B'C'D'.

Le point A_1 est sur la droite HA, le point B_1 est sur la droite HB, etc.

De plus A_1B_1 est *parallèle* à AB, B_1C_1 est *parallèle* à BC....

Les deux polygones $ABCD$ et $A_1B_1C_1D_1$ sont donc *homothétiques* par rapport au point H. Le polygone $A'B'C'D'$ étant égal à $A_1B_1C_1D_1$ est *semblable* à $ABCD$.

Le rapport de similitude est

$$\frac{HA_1}{HA} = \frac{H'A'}{HA} = \frac{SH'}{SH}.$$

750. — Pyramide. — Soit un *angle polyèdre*, coupons-le par un plan rencontrant *toutes les arêtes*.

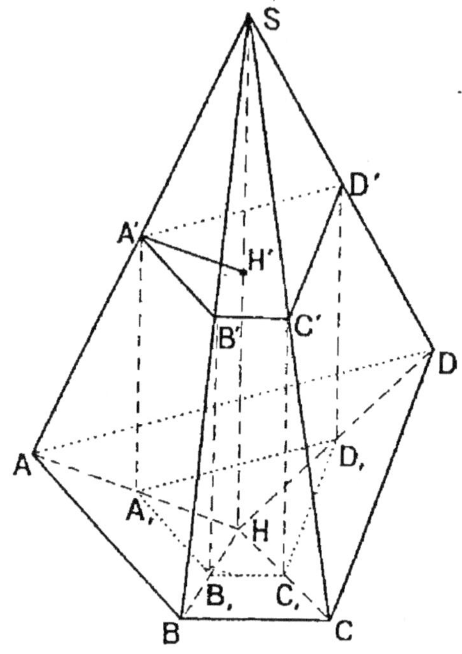

Fig. 451.

Le solide limité par le *polygone de section* et par la *portion de l'angle polyèdre* qui contient le sommet s'appelle une pyramide (fig. 452).

751. — Le *sommet* de l'angle polyèdre est le **sommet de la pyramide**.

Le *polygone* de section est la **base de la pyramide**.

Les *autres faces* sont des *triangles* qu'on appelle les **faces latérales de la pyramide**.

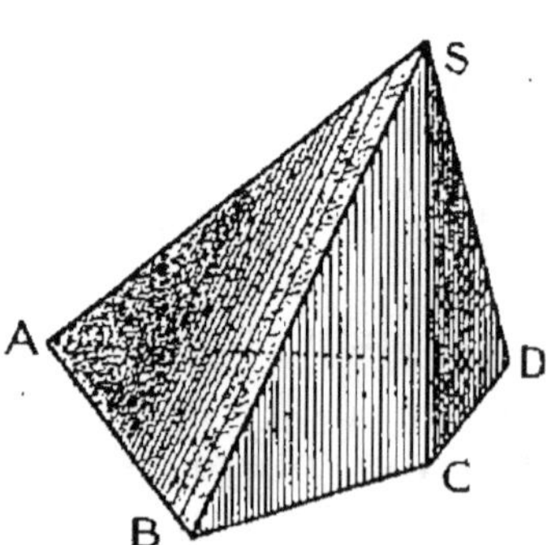

Fig. 452. — Pyramide.

La *distance du sommet* au plan de base est la **hauteur** de la pyramide.

752. — Une pyramide dont la base est un triangle s'appelle un *tétraèdre* parce qu'elle a 4 faces.

Un *tétraèdre* peut être considéré de *4 manières différentes* comme une pyramide, parce qu'on peut prendre pour base l'une quelconque des faces.

753. — **Tronc de pyramide.** — Si on coupe un angle polyèdre par *deux plans parallèles*, le solide limité par les deux polygones de section et par la portion de l'angle polyèdre comprise entre les deux plans s'appelle un *tronc de pyramide.*

La *distance des deux plans* est la *hauteur* du tronc de pyramide.

Les *deux sections* sont les *bases du tronc de pyramide.*

Les autres faces sont des *trapèzes* qu'on appelle les *faces latérales du tronc de pyramide.*

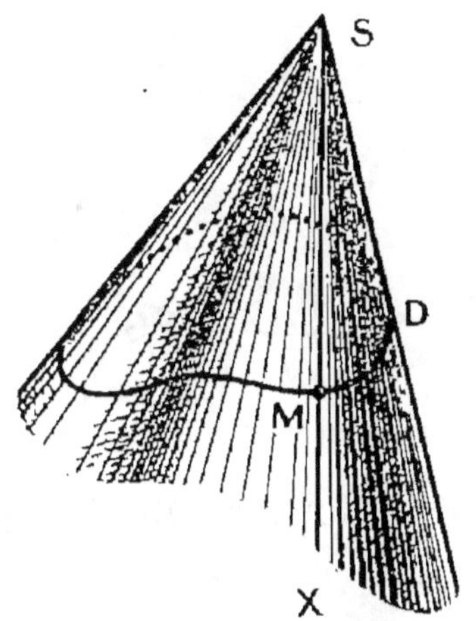

Fig. 453. — Surface conique.

§ 4. — Cône.

754. — **Surface conique.** — Soient une *courbe plane fermée* (D) et un point S pris *hors de son plan* (fig. 453).

Considérons une demi-droite SX *issue du point* S et qui se déplace en *s'appuyant constamment* sur la courbe (D).

Elle *engendre une surface qu'on appelle une surface conique.*

755. — S est le *sommet* de la *surface conique.*

La courbe (D) s'appelle la *directrice.*

Chaque position de la demi-droite mobile s'appelle une *génératrice* de la surface.

756. — **Théorème.** — *Les sections d'une surface conique par deux plans parallèles sont semblables et le rapport de* *similitude est égal au rapport des distances des deux plans au sommet.*

On *admettra* ce théorème, en remarquant qu'on peut assimiler une surface conique à un *angle polyèdre* dont les *faces* sont *très nombreuses* et sont des angles très petits.

757. — Surface conique de révolution.

Soit un cercle O, XY *l'axe* de ce cercle, c'est-à-dire la perpendiculaire élevée au plan du cercle par le centre de ce cercle (fig. 454).

Prenons un point *fixe* quelconque S sur cet axe.

La *surface conique* qui a pour *sommet* le point S et pour *directrice* le cercle est dite **surface conique de révolution.**

Elle est en effet *engendrée* par la **rotation**

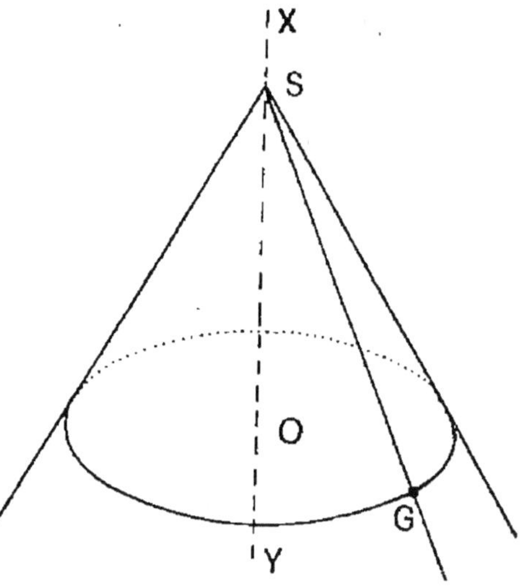

Fig. 454. — Surface conique de révolution.

du côté SG d'un angle constant OSG, dont le côté SO est fixe.

758. — *Tout plan perpendiculaire à l'axe coupe la surface conique de révolution suivant un cercle ayant son centre sur l'axe.*

759. — **Cône.** — Considérons une *surface conique de* sommet S. Coupons-la par un plan *rencontrant toutes les arêtes.*

Le solide limité par le plan de section et la portion de la surface conique qui contient le sommet s'appelle un **cône.**

La section s'appelle la *base* du cône, le point S le *sommet* du cône. La *hauteur* du cône est la distance du sommet au plan de base.

760. — Cône de révolution. — C'est le solide obtenu en coupant une *surface conique de révolution* par un plan *perpendiculaire* à l'axe.

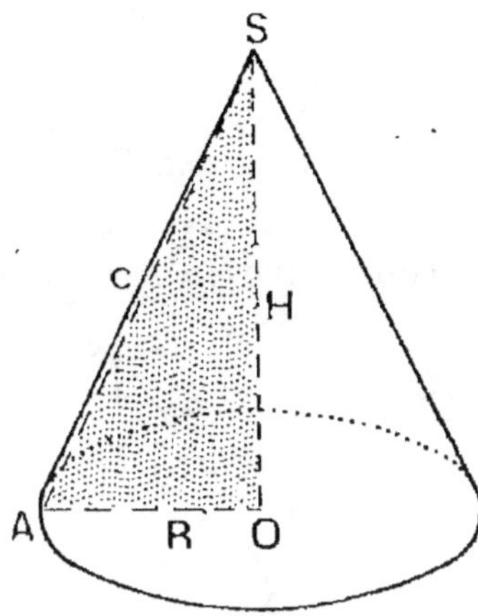

Fig. 455. — Cône de révolution.

Un cône de révolution peut être considéré comme engendré par un triangle rectangle qui tourne autour d'un des côtés de l'angle droit supposé fixe.

Soit le triangle *rectangle SOA* rectangle en O (fig. 455).

Si on *fixe* le *côté* SO, le segment OA engendre en tournant la *surface d'un cercle*, dont l'axe est SO, et SA engendre une *surface conique de révolution*, de sorte que le *volume balayé par le triangle mobile est un cône de révolution*.

761. — Tronc de cône. — Si on coupe une *surface conique par deux plans parallèles*, le solide limité par les *deux sections* et par la *portion de surface conique comprise entre les deux plans* est un *tronc de cône*.

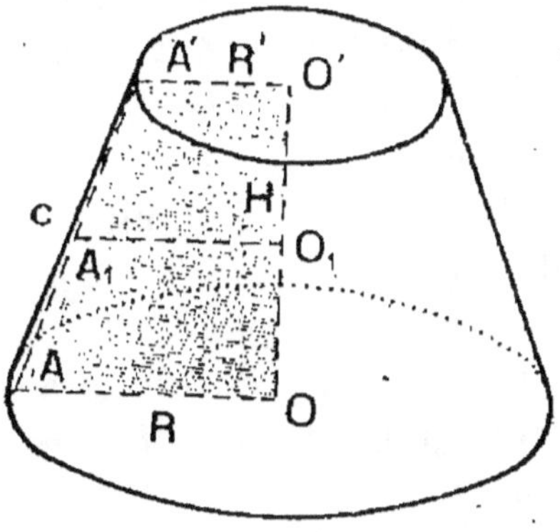

Les deux *sections* en sont les *bases*.

La distance des deux sections est la *hauteur* du tronc de cône.

Fig. 456.
Tronc de cône de révolution.

762. — Tronc de cône de révolution. — Si on coupe une *surface conique de révolution* par deux plans *perpen-*

diculaires à son axe, on obtient un *tronc de cône de révolution* (fig. 456).

Un tronc de cône de révolution peut être considéré comme engendré par un trapèze OAO'A' dont les deux angles Ô et Ô' sont droits et qui tourne autour du côté OO' supposé fixe.

763. — Théorème. — *En un point M d'une surface conique, il existe un plan tangent défini de la manière suivante :*

On mène la *génératrice* SM, qui rencontre la *directrice* (D) en un point G. Puis on mène la *tangente* GT à la directrice.

Le plan passant par les deux droites SG et GT est le plan tangent à la surface au point M.

La démonstration est la *même* que pour la *surface cylindrique.*

Traçons sur la *surface conique* une courbe *quelconque* (C) passant par le point M. Soit MX la *tangente* à cette courbe.

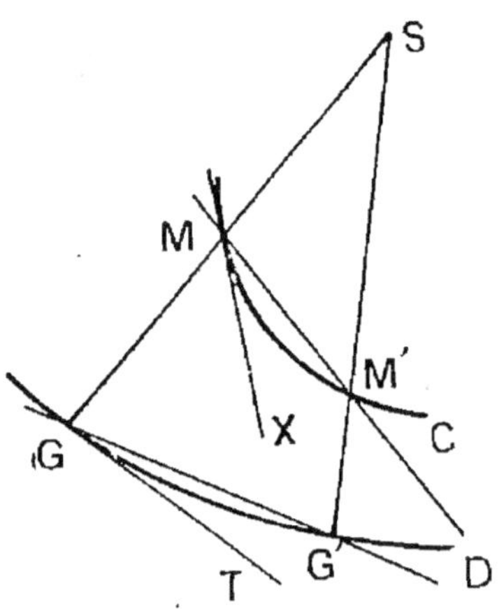

Fig. 457.
Plan tangent à une surface conique

Il s'agit de démontrer que MX *est dans le plan* SGT, c'est-à-dire que MX et GT sont dans *un même plan.*

Soit M' un point de la courbe (C) voisin du point M.

La génératrice SM' *rencontre* la directrice (D) en un point G'.

Lorsque M' *vient se confondre* avec M, G' vient se confondre avec G. La droite MM' vient alors se confondre avec la *tangente* MX et la droite GG' vient se confondre avec la tangente GT.

Les deux droites MM' et GG' *sont constamment dans un même plan*, qui est le plan de deux génératrices SG .

et SG'. Les droites MX et GT avec lesquelles elles viennent se confondre *sont donc dans un même plan.*

764. — Corollaire. — *Les plans tangents à une surface conique aux différents points d'une même génératrice coïncident.*

§ 5. — La sphère.

765. — Surface de révolution. — *On appelle* **surface de révolution** *la figure engendrée par la rotation d'une ligne autour d'un axe auquel elle est invariablement liée.*

Nous avons déjà rencontré deux surfaces de révolution :

La *surface cylindrique de révolution* engendrée par une droite parallèle à l'axe de rotation.

La *surface conique de révolution* engendrée par une droite qui rencontre l'axe de révolution.

Les exemples de surface de révolution sont extrêmement fréquents ; tous les objets faits au tour sont limités par des surfaces de révolution.

Dans une rotation autour de son axe, une surface de révolution glisse sur elle-même.

766. — Parallèle. — Soit une *surface de révolution* engendrée par la rotation d'une ligne L autour de l'axe XY. *Tout point* M *de la ligne* L *décrit un cercle dont le plan est perpendiculaire à l'axe et dont le centre est sur l'axe.*

Ce cercle s'appelle un *parallèle* de la surface.

Les *sections* d'une surface de révolution par des plans perpendiculaires à l'axe sont donc des *parallèles.*

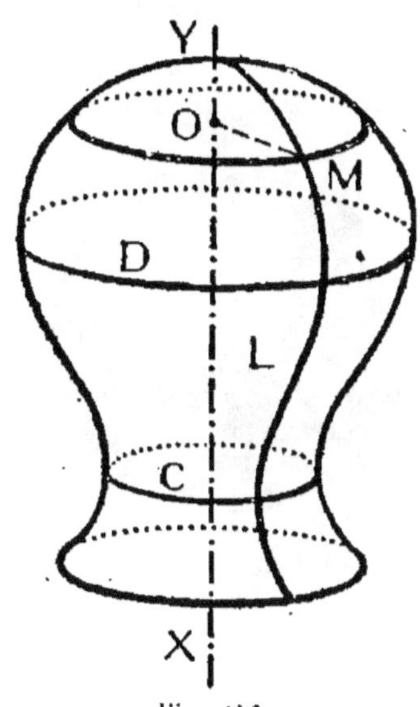

Fig. 458.
Surface de révolution.

767. — Plan méridien. — *On appelle* **plan méridien** *d'une surface de révolution un plan passant par l'axe.*

Un plan méridien coupe la surface de révolution suivant une ligne appelée *méridienne*.

Toutes les méridiennes d'une surface de révolution sont égales.

Car on peut les faire *coïncider* par une rotation autour de l'axe.

768. — *La méridienne complète d'une surface de révolution admet l'axe de la surface comme axe de symétrie.*

Car une *rotation* de 180°, effectuée autour de l'axe, fait *coïncider* la méridienne avec *elle-même*.

Dans une *surface conique* de révolution, la *méridienne* est un **angle** dont *l'axe de révolution est la bissectrice*.

Dans une *surface cylindrique* de révolution, la *méridienne* est formée de **deux droites parallèles**; l'axe de révolution est la parallèle à ces deux droites *équidistante de ces deux droites*.

769. — **Sphère**. — *On appelle* **sphère** *la figure formée par l'ensemble des points de l'espace équidistants d'un point appelé centre* (fig. 459).

770. — *La distance constante* OM du centre O à un point quelconque M de la sphère est le *rayon de la sphère*.

Fig. 459. — Sphère.

Un rayon d'une sphère est le segment rectiligne ayant pour *origine* le centre de la sphère et pour *extrémité* un *point quelconque de la sphère*.

Tous les rayons sont égaux.

Une corde est un segment rectiligne ayant pour *extrémité deux points de la sphère*.

Un diamètre est une corde passant par le centre. La longueur d'un diamètre est égale au double du rayon.

771. — Théorème. — *La section d'une sphère par un plan passant par le centre O est un cercle dont le rayon est égal à celui de la sphère (fig. 460).*

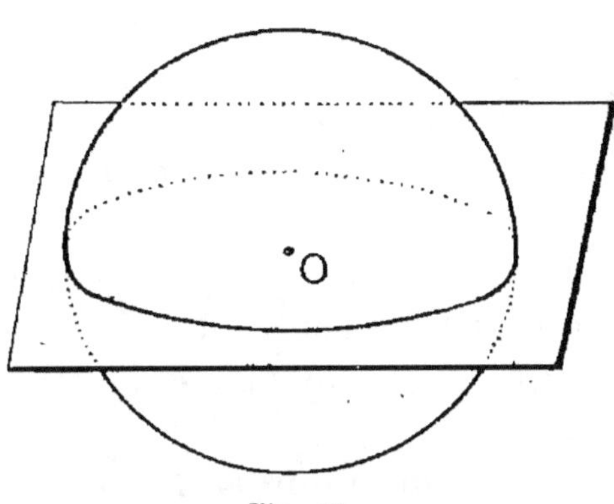

Fig. 460.

Car les *points communs à la sphère et au plan* sont les *points du plan dont la distance au point* O est *égale* au *rayon* de la sphère.

772. — Théorème. — *Une sphère est une surface de révolution qui a pour axe n'importe quel diamètre.*

Soit AOB un *diamètre* de la sphère (fig. 461). Menons par cette droite *un plan* P : il coupe *la sphère suivant un cercle.*

Si on fait tourner le plan P *autour de* AB, *le cercle engendrera la sphère.*

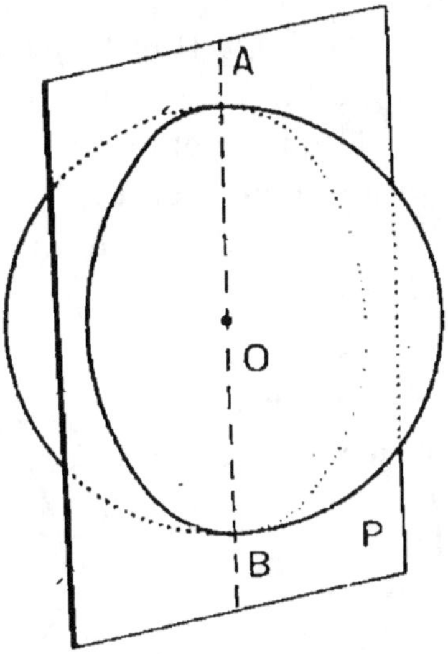

773. — Théorème. — *Dans tout déplacement qui laisse son centre fixe, une sphère glisse sur elle-même.*

Soit une sphère *fixe* S de centre O et une sphère *mobile* S′ de même centre et de même rayon.

Ces deux sphères coïncident, car tout point de la première est un point de la seconde et réciproquement.

Si on *déplace* la sphère S′ de façon que son centre *reste au point* O, elle ne *cessera pas de coïncider avec la sphère fixe* S.

Fig. 461.

Pour abréger nous dirons que la *sphère S' glisse sur elle-même.*

774. — Intérieur et extérieur d'une sphère. — Soit

une *sphère* de centre O et de *rayon* R. *Elle partage l'espace en deux régions distinctes.*

L'une est formée par les points dont *la distance au centre est plus petite que le rayon.* Le centre de la sphère appartient à cette région qui s'appelle *l'intérieur de la sphère.*

L'autre est formée par les points dont *la distance au centre est plus grande que le rayon.* Elle s'appelle *l'extérieur de la sphère.*

775. — Intersection d'une droite et d'une sphère.

— Soit une *droite* D et une *sphère* de centre O et de *rayon* R.

Par la *droite* D et le *point* O, faisons passer un *plan* P : il coupe la sphère suivant un *cercle de rayon* R.

Tout point commun à la droite et au cercle est commun à la droite et à la sphère et réciproquement.

Soit OH la distance du centre à la droite D.

1° Si OH $<$ R, la droite et le cercle ont *deux points communs symétriques par rapport à OH* (fig. 462).

La *sphère et la droite ont donc deux points communs.*

2° Si OH $=$ R, la droite et le cercle ont *un seul point commun, le point* H.

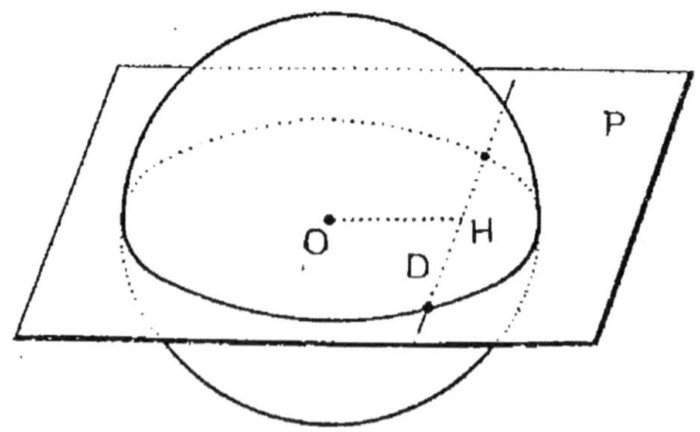

Fig. 462.

La sphère et la droite ont donc un seul point commun.

3° Si $OH > R$, la droite et le cercle n'ont pas de point

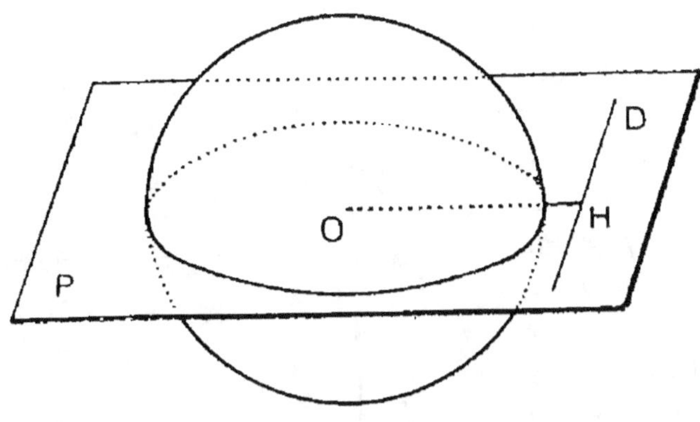

Fig. 463.

commun; la droite et la sphère n'ont donc pas de point commun (fig. 463).

Ainsi *une droite et une sphère ont deux points communs, un seul point commun ou pas de point commun, selon que la distance du centre à la droite est inférieure, égale ou supérieure au rayon de la sphère.*

776. — **Les réciproques sont vraies** (raisonnement par réduction à l'absurde).

777. — **Corollaire.** — *Une droite et une sphère ne peuvent avoir plus de deux points communs.*

778. — **Intersection d'une sphère et d'un plan.** — Soit un *plan* P et une *sphère* de centre O et de *rayon* R (fig. 464).

Abaissons la *perpendiculaire* OH sur le plan, et par cette droite faisons passer un plan quelconque Q.

Il coupe la sphère suivant un *cercle de rayon* R, le plan P suivant une *droite XY perpendiculaire* à OH.

Si on fait *tourner* le plan Q autour de OH, le cercle engendre la sphère et la droite XY *engendre* le plan P.

Si OH < R (fig. 464), la droite et le *cercle ont deux points communs* A et B *symétriques par rapport à OH.*
Dans la rotation ces deux *points engendreront un cercle de centre* H, *situé à la fois sur la sphère* O *et dans le plan* P, *et dont l'axe est la droite OH.* Il est clair que la sphère et le plan P n'ont pas *d'autres points* communs que les points de ce cercle.

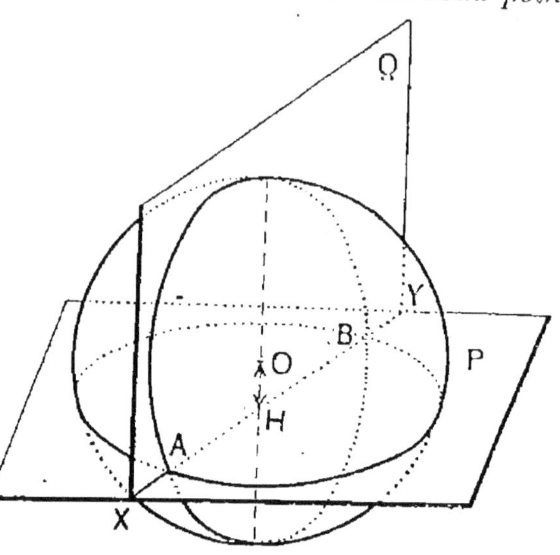

Fig. 464.

Si OH = R, la *droite et le cercle ont un seul point* commun. Dans la rotation ce point ne bouge pas : la *sphère et le plan ont en commun le point* H *et n'en ont pas d'autre.*

Si OH > R, la droite et le *cercle n'ont pas de point commun,* la *sphère et le plan n'en ont pas non plus.*

Ainsi un plan et une sphère ont un cercle en commun, ou un seul point commun, ou n'ont pas de point commun suivant que la distance du centre au plan est inférieure, égale ou supérieure au rayon.

779. — Calcul du rayon de la section. — Soit un *plan* P dont la *distance* OH *au centre de la sphère est inférieure au rayon.*

La section est un *cercle de centre* H (fig. 465).

Soit M un point de ce cercle.

Le triangle OHM est *rectangle.* Donc :

$$\overline{OM}^2 = \overline{OH}^2 + \overline{HM}^2.$$

Désignons par R le rayon de la sphère, par d la *distance de son centre au plan sécant*, par r *le rayon de la section*.

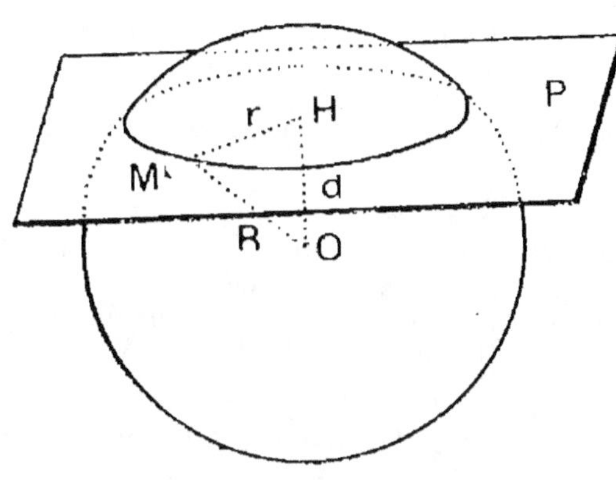

Fig. 465.

L'égalité précédente s'écrit :

$$R^2 = d^2 + r^2$$

ou :

$$r^2 = R^2 - d^2.$$

$$r = \sqrt{R^2 - d^2}.$$

Si d n'est pas nul, c'est-à-dire si *le plan ne passe pas par le centre*, r est *plus petit* que R.

Si d est nul, $r = R$.

D'après cela la *section de la sphère par un plan passant par son centre* s'appelle un **grand cercle**.

La section de la sphère par un plan ne passant pas par son centre s'appelle un **petit cercle**.

780. — Pôles d'un cercle de la sphère. — Soit un cercle *tracé sur la sphère* (fig. 466).

Soit P le plan de ce cercle.

Menons la *perpendiculaire* OH sur le plan P.

H est le *centre du cercle*, la *droite* OH est donc son axe.

Cet axe rencontre la sphère en deux points A et A' *symétriques par rapport au point* O.

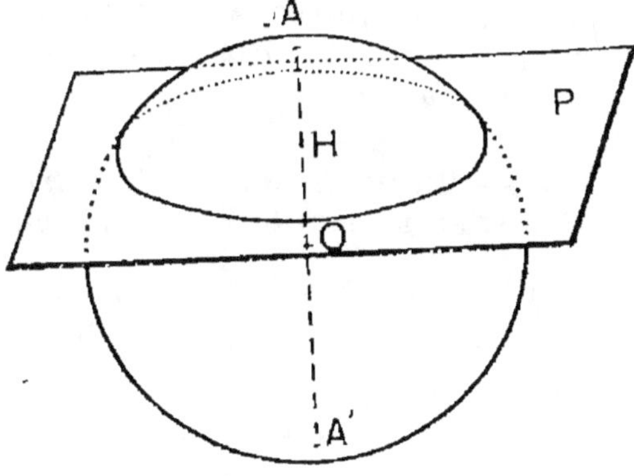

Fig. 466.

On les appelle les **pôles** *du cercle considéré.*

On sait que tout point de l'axe d'un cercle est équidistant de tous les points de ce cercle.

Donc chacun des pôles d'un cercle est équidistant de tous les points de ce cercle.

Cette propriété permet de tracer un cercle sur une sphère solide : on se sert d'un compas dont les pointes sont recourbées.

Si on place une de ces pointes en un point A d'une sphère et qu'on déplace l'autre sur la sphère, elle y trace un cercle de pôle A.

781. — Théorème. — *Par trois points quelconques pris sur une sphère il passe un cercle tracé sur la sphère.*

C'est le cercle de section de la sphère par le plan passant par ces trois points.

Ce cercle est *généralement* un **petit cercle.**

782. — Théorème. — *Par deux points de la sphère non situés sur un même diamètre il passe un grand cercle et un seul.*

C'est le grand cercle dont le plan passe par le *centre* et les *deux points* donnés.

783. — Tangente à une surface. — *Toute droite tangente à une courbe tracée sur une surface est dite* **tangente** *à cette surface.*

784. — Théorème. — *Une droite de X tangente à une sphère O en un point M est perpendiculaire au rayon OM.*

La droite de X est par hypothèse tangente en M à une courbe tracée sur la sphère (fig. 467).

Soit M' un point de la courbe C voisin du point M. Lorsque M' vient se confondre avec M en décrivant la courbe C, la corde MM' vient se confondre avec MX.

Il s'agit de démontrer que l'angle $\widehat{OMM'}$ devient un angle droit.

Le triangle OMM' est *isoscèle*. Si α est la *valeur commune* des deux angles à la base, on a

$$\alpha + \alpha + \widehat{MOM'} = 2\,dr$$

ou

$$2\alpha + \widehat{MOM'} = 2\,dr$$

$$\alpha = 1\,dr - \frac{\widehat{MOM'}}{2}.$$

Si M' vient se confondre avec M, l'angle $\dfrac{\widehat{MOM'}}{2}$ devient *égal à zéro*, et, par suite, l'angle α *devient égal à* 1 *droit*.

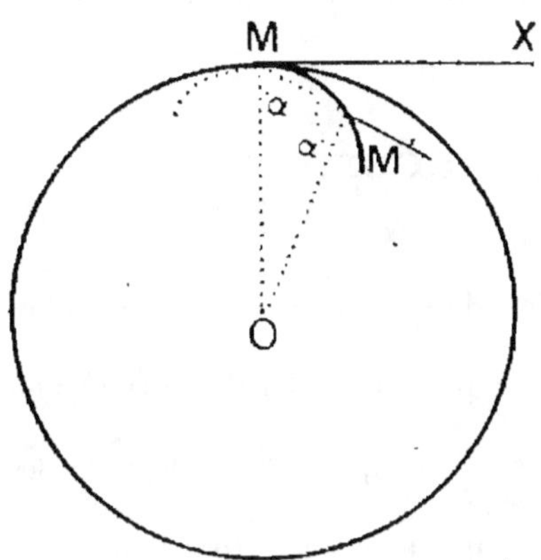

Fig. 467. — Tangente à une sphère.

785. — Corollaire. — *La distance du centre à une tangente à la sphère est égale au rayon.*

786. — Théorème. — *Le plan tangent en un point* M *d'une sphère est perpendiculaire au rayon* OM.

En effet, les *tangentes* en M aux *différentes* courbes *tracées sur la sphère* et passant par ce point sont *perpendiculaires* au rayon OM (fig. 468).

Elles sont donc toutes situées dans le plan P *perpendiculaire au point* M *au rayon* OM.

D'après la définition du plan tangent (§ 740), le plan P est le *plan tangent* en M à la sphère.

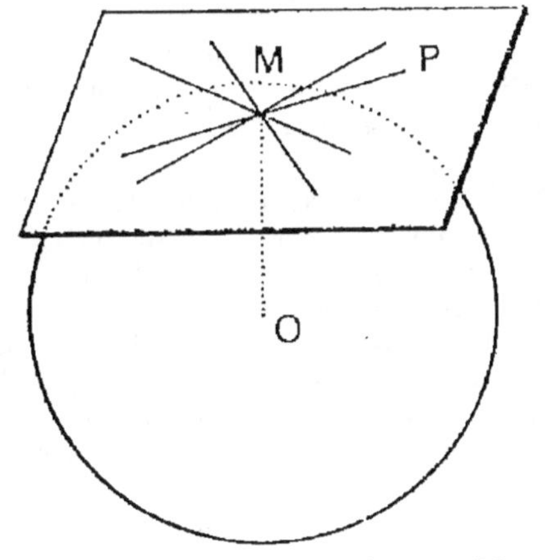

Fig. 468. — Plan tangent à une sphère.

787. — Corollaire. — *La distance du centre à un plan tangent est égale au rayon.*

et réciproquement :

Si la distance du centre à un plan est égale au rayon, ce plan est tangent à la sphère.

EXERCICES THÉORIQUES

§ 1 et 2.

925. A quelle condition les diagonales d'un parallélépipède sont-elles égales ?

926. Indiquer les différentes formes que peut présenter la section d'un parallélépipède par un plan.

927. Démontrer qu'il n'existe pas de parallélépipède rectangle dont les diagonales forment un angle trièdre trirectangle.

928. Calculer la plus grande diagonale d'un rhomboèdre (parallélépipède oblique à bases losanges) connaissant la longueur a des arêtes et les trois angles aigus d'un angle trièdre égaux tous trois à $60°$.

[Évaluer la projection d'une arête sur le plan formé par les deux arêtes qui concourent avec la première.]

929. Étant donné un cube ABCD A'B'C'D', on projette les points B, D et A', extrémités des arêtes AB, AD, AA', orthogonalement sur la diagonale AC' du cube ; démontrer que les trois projections sont confondues en un même point, situé au tiers de la diagonale AC' à partir de A.

930. On projette orthogonalement les sommets et les arêtes d'un cube sur un plan perpendiculaire à une diagonale de ce cube, démontrer que la projection obtenue est formée d'un hexagone régulier et de ses diagonales centrales. Calculer les dimensions de cet hexagone connaissant l'arête a du cube.

[Utiliser l'exercice précédent.]

931. Trouver les lieux géométriques des sommets d'un cube dont on fixe deux sommets A et B, extrémités soit d'une diagonale de face, soit d'une diagonale du cube.

932. Construire un parallélépipède rectangle connaissant la position des centres de trois faces formant un trièdre du solide cherché.

933. Construire un parallélépipède dont trois arêtes non parallèles sont des segments donnés de trois droites quelconques données D, D', D".

934. Construire un parallélépipède connaissant quatre sommets non situés dans un même plan. Indiquer le nombre de solutions ; que faut-il supposer sur les données pour que, parmi les parallélépipèdes trouvés, il y en ait un qui soit ou droit ou rectangle ?

935. Construire un cube connaissant deux droites orthogonales D et D' sur lesquelles se trouvent respectivement deux arêtes du cube cherché.

936. Trouver le lieu géométrique des points distants d'une droite donnée d'une longueur donnée.

937. Trouver le lieu des points équidistants d'un point A et d'un point quelconque du cercle de centre A et de rayon donné R.

938. Lieux géométriques des sommets et des arêtes d'un cube dont on donne les sommets A et B extrémités d'une arête.

939. Construire théoriquement une surface cylindrique de révolution connaissant deux plans tangents non parallèles et le rayon de ce cylindre.

940. Construire théoriquement une surface cylindrique de révolution connaissant un plan tangent, la génératrice de contact et le rayon de ce cylindre.

941. Construire théoriquement une surface cylindrique de révolution connaissant trois de ses génératrices.

942. Construire une surface cylindrique de révolution connaissant deux plans tangents non parallèles et un point de ce cylindre.

943. Trouver le lieu géométrique des axes des cylindres de révolution dont on connaît deux plans tangents parallèles.

944. Trouver le lieu géométrique des axes des cylindres de révolution dont on donne : 1° une génératrice et le rayon R du cylindre ; 2° une génératrice et le plan tangent le long de cette génératrice ; 3° une génératrice et un point ; 4° deux génératrices.

§ 3 et 4.

945. Démontrer que dans un trièdre, une face quelconque est inférieure à la somme des deux autres, sans se servir du fait que la somme des angles du trièdre est inférieure à 4 droits.

946. En utilisant le fait que dans un trièdre une des faces est inférieure à la somme des deux autres, démontrer que la somme des faces est inférieure à 4 droits.

947. Couper un angle polyèdre à 4 faces par un plan passant par un point donné et tel que la section obtenue soit un parallélogramme.

Que faut-il supposer sur l'angle donné pour que la section puisse être un losange ou un rectangle ?

948. Construire théoriquement un tétraèdre régulier SABC (pyramide triangulaire régulière dont les arêtes de base sont égales aux arêtes latérales) connaissant un sommet S, le pied H de la hauteur SH et un plan dans lequel se trouve le sommet A.

949. Étant données deux droites orthogonales, construire le tétraèdre régulier dont deux arêtes opposées sont portées par ces droites.

950. Étant donné un hexagone régulier de côté R, on le prend pour base d'une pyramide régulière. Quelle hauteur doit-on donner à la pyramide pour que les faces latérales soient des triangles équilatéraux ?

951. Construire théoriquement une surface conique de révolution connaissant trois de ses génératrices, *ox*, *oy*, *oz*.

952. Construire théoriquement une surface conique de révolution connaissant trois de ses plans tangents.

953. Trouver le lieu géométrique des axes des surfaces coniques de révolution dont on donne le sommet S et deux points A et B.

954. Rechercher le lieu géométrique des droites passant par un point donné et situées à une distance donnée d'un point donné.

955. Comment se coupent deux surfaces coniques de révolution ayant même sommet?

[Considérer les sections des cônes par une sphère ayant son centre au sommet commun.]

§ 5.

956. Démontrer que toute corde d'une sphère est inférieure au diamètre de cette sphère.

957. Construire théoriquement une sphère passant soit par 4 points, soit par un point et un cercle, le point n'étant pas dans le plan du cercle.

958. Construire théoriquement une sphère connaissant un plan tangent et trois points.

959. Construire théoriquement une sphère connaissant deux plans tangents non parallèles, un point et le rayon de cette sphère.

960. Lieu des points situés à des distances données de deux points donnés.

961. Lieu des centres des sphères tangentes ou aux plans de faces ou aux arêtes d'un trièdre.

962. Quelle est la distance du pôle d'un grand cercle à un point de ce grand cercle tracé sur une sphère de rayon R?

963. Construire théoriquement une sphère tangente à deux droites données non parallèles en deux points donnés.

964. Construire théoriquement une sphère passant par un cercle donné et tangente à une droite donnée.

965. Lieu géométrique du centre d'une sphère tangente à deux droites concourantes ou parallèles.

966. Étant donné un triangle isocèle PAB (PA = PB) construire la sphère dont un grand cercle passant en A et B admet pour pôle le point P.

967. Construire théoriquement une sphère connaissant un petit cercle (C) de cette sphère et le point P où le plan tangent à la sphère en un point A du petit cercle coupe l'axe de ce cercle.

968. Mener un plan tangent à une sphère donnée par une droite donnée: Discuter la possibilité de la construction.

969. Démontrer qu'il existe deux points sur la ligne des centres de deux sphères par où on peut leur mener des plans tangents communs; en déduire une construction des plans tangents communs à deux sphères passant par un point donné.

970. Trouver le lieu géométrique des milieux des cordes de longueur donnée dans une sphère donnée.

971. Trouver le lieu géométrique des milieux des cordes d'une sphère passant par un point donné.

972. Trouver le lieu géométrique des cordes d'une sphère de longueur donnée passant par un point donné.

LIVRE VII

AIRES

§ 1. — Aire du prisme.

788. — **Théorème.** — *L'aire de la surface latérale d'un prisme* **droit** *est égale au produit du périmètre de base par la hauteur.*

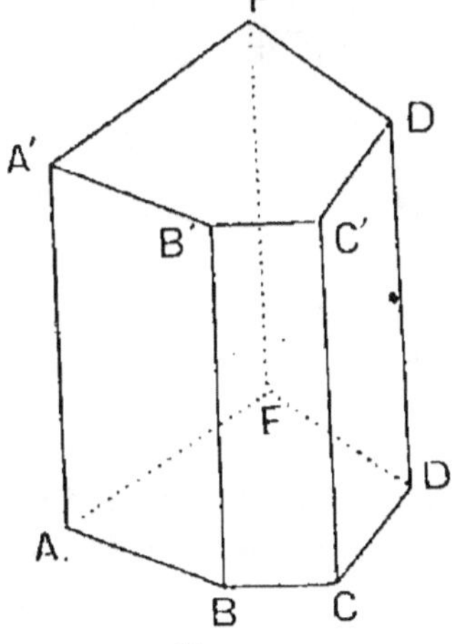

Fig. 469.

Soit un prisme *droit* ABCDF A'B'C'D'F' de hauteur h (fig. 469).

La surface *latérale* de ce prisme se compose de plusieurs *rectangles* qui ont tous pour hauteur h.

$$\text{Aire } AB\,A'B' = AB \times h,$$
$$\text{Aire } BC\,B'C' = BC \times h,$$
$$\text{Aire } CD\,C'D' = CD \times h,$$
$$\text{Aire } DF\,D'F' = DF \times h,$$
$$\text{Aire } FA\,F'A' = FA \times h.$$

Par addition on a

$$\text{Aire latérale du prisme} = (AB + BC + CD + DF + FA) \times h.$$

789. — **Théorème.** — *L'aire de la surface latérale d'un prisme* **oblique** *est égale au produit du périmètre de la section droite par la longueur des arêtes latérales.*

Soit le prisme *oblique* ABCD, dont les arêtes latérales ont pour longueur commune a (fig. 470).

La surface latérale de ce prisme se compose de plusieurs *parallélogrammes*.

Menons la section droite du prisme $\alpha\beta\gamma\delta$.

Le parallélogramme AB A'B' a pour base $AA' = a$ et pour hauteur $\alpha\beta$.

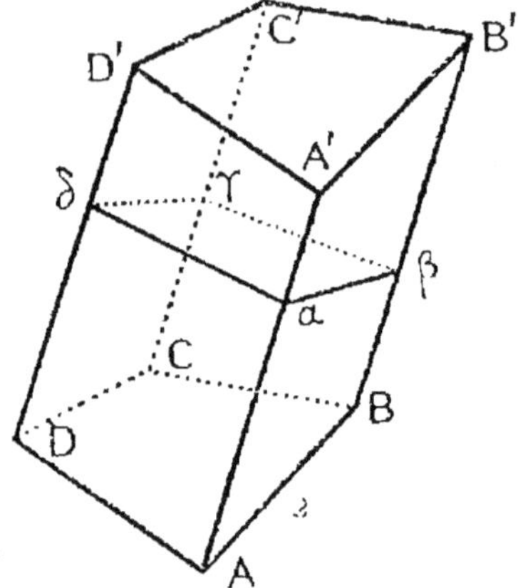

$$\text{Aire } AB\,A'B' = a \times \alpha\beta.$$

De même

$$\text{Aire } BC\,B'C' = a \times \beta\gamma.$$
$$\text{Aire } CD\,C'D' = a \times \gamma\delta.$$
$$\text{Aire } DA\,D'A' = a \times \delta\alpha.$$

Par addition on a :

$$\text{Aire latérale prisme } ABCD = (\alpha\beta + \beta\gamma + \gamma\delta + \delta\alpha) \times a.$$

AIRE DU CYLINDRE.

En assimilant un *cylindre* à un prisme dont les faces latérales sont très nombreuses et très étroites, on est amené à *admettre* les théorèmes suivants :

790. — Théorème. — *L'aire de la surface latérale d'un cylindre droit est égale au produit du périmètre de base par la hauteur.*

791. — Théorème. — *L'aire de la surface latérale d'un cylindre oblique est égale au produit du périmètre de la section droite par la longueur commune des génératrices.*

792. — Remarque. — Ayant évalué l'aire de la surface latérale d'un prisme ou d'un cylindre, on obtient l'aire de la *surface totale* en lui ajoutant les aires des deux bases.

793. — Application au cylindre de révolution.

Soit un cylindre de révolution, R le rayon de base et h sa hauteur.

Le périmètre de base est $2\pi R$.

La surface latérale est donc $2\pi R h$.

Chaque base a pour aire πR^2.

La surface totale est donc

$$2\pi R h + 2\pi R^2.$$

§ 2. — Aire de la pyramide régulière.

794. — L'aire latérale d'une pyramide n'a une expression simple que *dans le cas où elle est régulière.*

795. — Définition. — On dit qu'une pyramide est *régulière* lorsque sa base est un *polygone régulier convexe* et que son *sommet est situé sur la perpendiculaire élevée au plan de base par le centre de cette base* (fig. 471).

Les faces latérales d'une pyramide régulière sont des triangles isocèles égaux.

Leur *hauteur commune* s'appelle *l'apothème* de la pyramide régulière. Ainsi SH est l'apothème de la pyramide régulière de la figure 471.

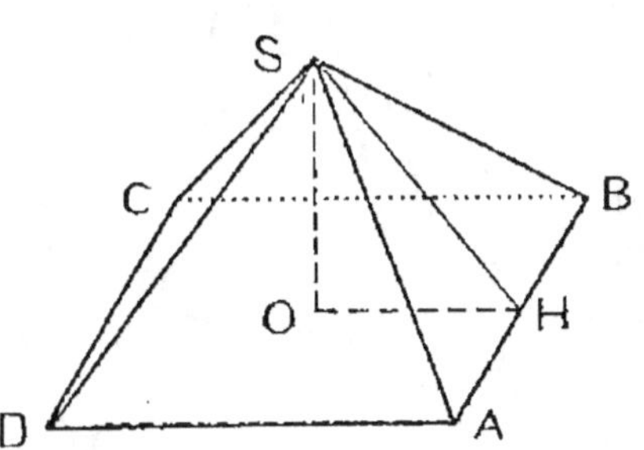

Fig. 471. — Pyramide régulière.

796. — Théorème. — *L'aire de la surface latérale d'une pyramide régulière est égale à la moitié du produit du périmètre de base par l'apothème.*

Soit la pyramide régulière S ABCDF (fig. 471). Les faces latérales ont pour hauteur commune *l'apothème* de la pyramide régulière que nous désignerons par a.

$$\text{Aire } SAB = \frac{1}{2} AB \times SH = \frac{1}{2} AB \times \alpha.$$

De même

$$\text{Aire } SBC = \frac{1}{2} BC \times \alpha.$$

$$\text{Aire } SCD = \frac{1}{2} CD \times \alpha.$$

$$\text{Aire } SDF = \frac{1}{2} DF \times \alpha.$$

$$\text{Aire } SFA = \frac{1}{2} FA \times \alpha :$$

d'où par addition.

$$\text{Aire latérale pyr.} = \frac{1}{2} (AB + BC + CD + DF + FA) \times \alpha.$$

AIRE DU CÔNE DE RÉVOLUTION.

797. — Soit un *cône de révolution* de sommet S.

Circonscrivons au cercle de base un polygone *régulier* et considérons la pyramide régulière ayant pour sommet S et pour base le polygone régulier. Elle est dite *circonscrite* au cône (fig. 472). Son *apothème* SA est égale à la *génératrice du cône*.

Si le nombre des côtés du polygone de base est *très grand* cette pyramide est *pratiquement indiscernable* du cône, le périmètre de sa base est indiscernable de celui du cercle de base du cône.

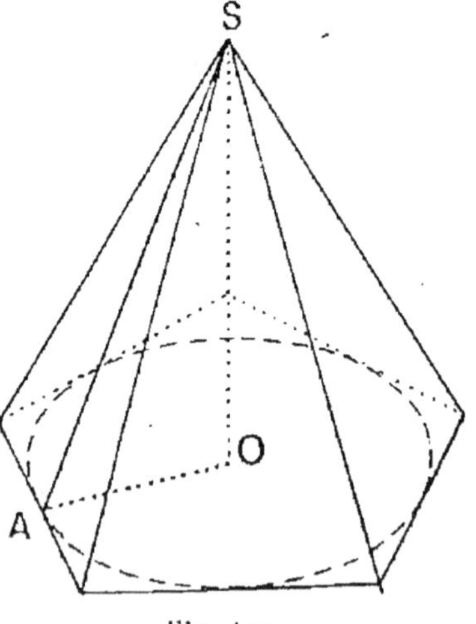

Fig. 472.

On est donc amené à *admettre* le théorème suivant :

798. — **Théorème.** — *L'aire de la surface latérale d'un* cône de révolution est égale à la moitié du produit du périmètre du cercle de base par la longueur commune des génétrices.

Soit R le rayon du cercle de base, c la longueur de la génératrice SA.

La *surface latérale* du cône est

$$\frac{1}{2} \cdot 2 \pi R.c$$

ou

$$\pi Rc$$

La *surface totale* du cône de révolution est

$$\pi Rc + \pi R^2.$$

AIRE DU TRONC DE PYRAMIDE RÉGULIER.

799. — Définition. — En coupant une pyramide *régulière* par un plan parallèle au plan de base on obtient un **tronc de pyramide** qui est dit *régulier* (fig. 473).

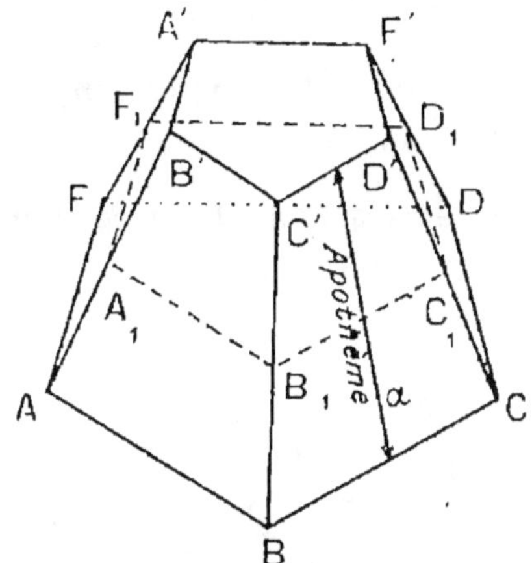

Fig. 473. — Tronc de pyramide régulier.

Sa surface latérale se compose de *trapèzes égaux*.

Leur hauteur commune α s'appelle l'*apothème* du tronc de pyramide régulier.

800. — Théorème. — *L'aire de la surface latérale d'un tronc de pyramide régulier est égale au produit du périmètre de la section moyenne par l'apothème.*

Soit le tronc de pyramide régulier ABCDFA'B'C'D'F' (fig. 473).

Menons la section *parallèle* aux bases et *équidistante* des bases. Soit $A_1B_1C_1D_1F_1$ cette section.

L'aire du trapèze $ABA'B'$ est égale au produit de la droite A_1B_1 qui joint les milieux des côtés non parallèles par la hauteur α du trapèze.

$$\text{Aire } ABA'B' = A_1B_1 \times \alpha$$

De même

$$\text{Aire } BCB'C' = B_1C_1 \times \alpha,$$
$$\text{Aire } CDC'D' = C_1D_1 \times \alpha,$$
$$\text{Aire } DFD'F' = D_1F_1 \times \alpha,$$
$$\text{Aire } FAF'A' = F_1A_1 \times \alpha.$$

D'où par addition :

Aire latérale tronc de pyramide

$$= (A_1B_1 + B_1C_1 + C_1D_1 + D_1F_1 + F_1A_1) \times \alpha.$$

AIRE DU TRONC DE CÔNE DE RÉVOLUTION.

En procédant comme pour le cône de révolution, on est amené à admettre le théorème suivant :

801. — Théorème. — *L'aire de la surface latérale d'un tronc de cône de révolution est égale au produit du périmètre de la section moyenne par la longueur commune des génératrices.*

Considérons le tronc de **cône de révolution** engendré par la révolution autour de OO' du **trapèze** $OO'AA'$ *rectangle* en O et O'.

Soit $OA = R$, $O'A' = R'$ les rayons de base; $AA' = c$ la longueur de la *génératrice*.

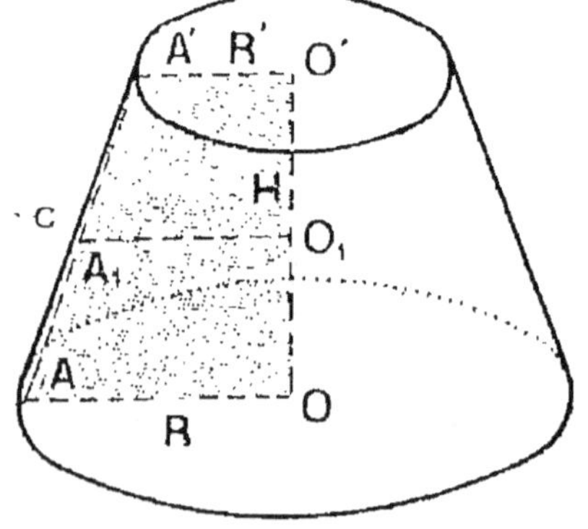

Fig. 471.
Tronc de cône de révolution.

La *section moyenne* est un cercle de rayon $O_1A_1 = \dfrac{R + R'}{2}$.

Le périmètre de la section moyenne est donc

$$2\pi \frac{R + R'}{2}$$

et la *surface latérale* est

$$\pi (R + R') c.$$

§ 3. — Aire de la sphère.

802. — Lemme. — Soit un *segment rectiligne* AB tangent en son milieu M à un *cercle* de centre O et de rayon R.

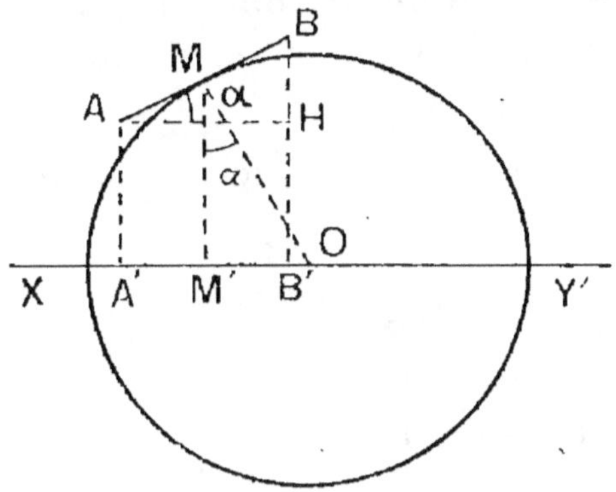

Fig. 175.

Supposons que cette figure tourne autour d'un diamètre XY ne *traversant pas le segment* AB.

Le segment AB engendre la *surface latérale* d'un *tronc de cône de révolution*.

Soit A'B' la projection du segment AB sur l'axe.

L'aire de la surface engendrée par AB est $2\pi R \times A'B'$.

En effet le rayon de la section moyenne du tronc de cône est MM'.

La surface considérée a donc pour aire

$$2\pi MM' \times AB.$$

Abaissons AH perpendiculaire sur BB'.

Les deux angles $\widehat{OMM'}$ et $\widehat{BAH}$ sont égaux comme ayant même complément $\widehat{AMM'}$: soit α leur valeur commune.

Dans le triangle OMM' on a

$$MM' = OM \cos\alpha = R \cos\alpha.$$

Par suite
$$\text{Surface } AB = 2\pi R \times AB \cos\alpha.$$

Mais dans le triangle ABH on a
$$AB \cos\alpha = AH = A'B'.$$

Donc enfin
$$\text{Surface } AB = 2\pi R \times A'B'.$$

Cette formule subsiste si AB est parallèle à XY, car alors AB engendre la surface latérale d'un cylindre de révolution de rayon R et de hauteur A'B'.

803. — Aire de la sphère. — Considérons une sphère de centre O et de rayon R engendrée par la rotation du demi-cercle $\widehat{AMB}$ autour du diamètre AB.

Partageons ce demi-cercle en parties égales et menons des tangentes aux points de division, ainsi qu'aux points A et B. Nous formons une ligne brisée ACDEGHB dont les côtés, sauf le premier et le dernier, sont égaux et tangents au cercle en leur milieu.

En tournant autour de AB le premier et le dernier côté de cette brisée engendrent les surfaces de *deux*

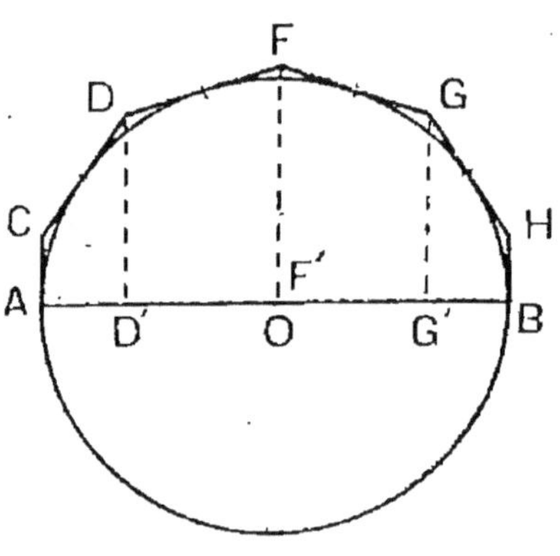

Fig. 476.

cercles égaux, les autres engendrent les surfaces latérales de différents *troncs de cônes de révolution*.

On a
$$\text{Surface } AC = \pi \,\overline{AC}^2,$$
$$\text{Surface } CD = 2\pi R \times AD'.$$
$$\text{Surface } DF = 2\pi R \times D'F'.$$
$$\text{Surface } FG = 2\pi R \times F'G'.$$
$$\text{Surface } GH = 2\pi R \times G'B.$$
$$\text{Surface } HB = \pi \,\overline{AC}^2.$$

par addition

$$\text{Surface (ACDFGHB)}$$
$$= 2\pi\,\overline{AC}^2 + 2\pi\,R\,(AD' + D'F' + F'G' + G'B).$$

Or

$$AD' + D'F' + F'G' + G'B = 2R.$$

Donc

$$\text{Surface (ACDFGHB)} = 2\pi\,\overline{AC}^2 + 4\pi\,R^2.$$

Si le nombre des points de division du demi-cercle est *très grand*, la ligne brisée devient pratiquement *indiscernable* du demi-cercle, la *surface* qu'elle engendre devient indiscernable de la *sphère*. D'autre part le terme $2\pi\,\overline{AC}^2$ devient *négligeable*.

On est donc amené à énoncer le théorème suivant :

804. — Théorème. — *L'aire de la surface d'une sphère de rayon R est égale à* $4\pi\,R^2$.

805. — Corollaire. — *L'aire de la surface d'une sphère est égale à quatre fois l'aire d'un grand cercle.*

EXERCICES THÉORIQUES

§ 1, 2, 3.

973. Calculer l'arête d'un cube sachant que si on augmentait cette arête de 1 centimètre la surface latérale augmenterait de $1^{dm\acute{e}}$.98.

974. Calculer les dimensions d'un parallélépipède rectangle dont une diagonale est égale à 4 mètres, la surface latérale à 20 mètres carrés, sachant de plus que la somme des deux plus petites arêtes est égale à la plus grande.

975. Une pyramide régulière a pour base un hexagone régulier de côté R. Calculer la hauteur et l'apothème connaissant la surface totale qui est égale à $6R^2$.

976. Étant donnée une pyramide régulière ayant pour base un polygone de périmètre $2p$ et pour sommet un point S situé à une distance h du plan de base, à quelle distance de S faut-il mener un plan parallèle à la base pour diviser la pyramide en une nouvelle pyramide et un tronc de pyramide dont les aires latérales soient équivalentes?

977. On donne le rayon r de la sphère tangente aux quatre plans de face d'un tétraèdre régulier, calculer l'aire totale de ce tétraèdre.

978. Calculer le rayon d'une sphère sachant que son aire est 1 mètre carré.

979. La différence des surfaces de deux sphères est égale à la surface d'une sphère de rayon a, la différence des rayons est égale à la longueur b : calculer les rayons des deux sphères.

980. On considère un cylindre de révolution de hauteur R et de rayon de base R et la demi-sphère de même base; montrer que la surface latérale du cylindre est égale à la surface de la demi-sphère.

981. Quel est le rayon d'une sphère dont la surface est égale à la surface latérale d'un cône ayant un rayon et une hauteur égales à un nombre donné R.

982. Étant donné dans un plan un segment AB et sa projection A'B' sur un axe XY, on mène l'axe du segment OM qui coupe ce segment en M et l'axe XY en O ; calculer, connaissant la longueur $A'B' = a$ et la longueur $OM = b$, la surface latérale du tronc de cône engendré par la rotation de AB autour de XY.

983. Trouver la surface engendrée par le périmètre d'un carré tournant d'un tour complet autour d'une de ses diagonales.

984. On donne dans un plan un carré ABCD et on mène par A la perpendiculaire XAY à la diagonale AC, évaluer la surface engendrée par le périmètre du carré tournant d'une révolution complète autour de XAY. On connaît le côté $AB = a$ du carré.

985. On considère un carré ABCD et on joint le sommet A au milieu M du côté BC; calculer, connaissant le côté a du carré, la surface engendrée par le contour polygonal ADCM tournant d'une révolution complète autour de AM.

936. On donne dans un rectangle la longueur l des diagonales et leur angle α : calculer la surface engendrée dans une rotation complète autour d'une diagonale, par le demi-périmètre du rectangle situé d'un même côté de la diagonale, axe de rotation.

LIVRE VIII

VOLUMES

CHAPITRE I

VOLUME DU PRISME

§ 1. Prisme droit.

806. — Volume d'un corps. — *La mesure de l'étendue occupée par un corps est un nombre qu'on appelle le volume de ce corps.*

807. — Choix de l'unité de volume. — *On convient de prendre pour* **unité de volume,** *le volume d'un* **cube** *dont le côté est égal à l'unité de longueur.*

L'unité de longueur étant le mètre, l'unité de volume s'appelle le *mètre cube*, de même que *l'unité de surface est le mètre carré.*

Pour *mesurer* l'étendue occupée par un corps on cherche combien il renferme de mètres cubes, de décimètres cubes, de centimètres cubes.

Le nombre ainsi obtenu est le *volume du corps.*

VOLUME DU PRISME DROIT A BASE RECTANGULAIRE
(PARALLÉLÉPIPÈDE RECTANGLE).

808. — Théorème. — *Le volume d'un parallélépipède rectangle est égal au produit des longueurs de ses trois arêtes.*

Soit le parallélépipède *rectangle* dont les trois arêtes OA, OB, OC ont pour longueur :

$$a, b, c.$$

Nous allons démontrer que son volume V est égal à :

$$a \times b \times c.$$

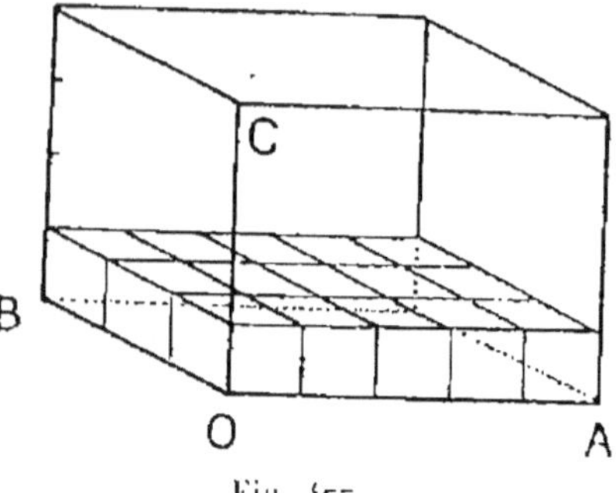

Fig. 477.

1ᵉʳ CAS. — **Supposons que** a, b et c **soient des nombres entiers.** Pour fixer les idées supposons que :

$$a = 5 \text{ mètres}; \quad b = 3 \text{ mètres}, \quad c = 4 \text{ mètres} \quad (\text{fig. 477}).$$

Il s'agit de faire voir que :

$$V = 5 \times 3 \times 4.$$

Divisons OA, OB, OC respectivement en 5, en 3 et en 4 parties égales : chacune de ces parties *est égale à* 1 *mètre*.

Par les points de division de OA et de OB, menons des parallèles à OB et à OA. Nous partagerons ainsi la base en 5×3 carrés. Chacun d'eux est un *mètre carré*.

Sur chacun de ces mètres carrés posons un mètre cube. Nous formons ainsi une assise contenant 5×3 mètres cubes.

Comme le parallélépipède a 4 mètres de hauteur, on pourra le remplir exactement avec 4 assises identiques superposées.

Le parallélépipède contient donc $5 \times 3 \times 4$ fois l'unité de volume.

La *mesure de son volume* est donc :

$$5 \times 3 \times 4.$$

2ᵉ CAS. — a, b et c sont des **fractions.**

On peut les supposer réduites au même dénominateur.
Soit par exemple :

$$OA = \frac{5}{6}, \quad OB = \frac{3}{6}, \quad OC = \frac{4}{6} \quad \text{(fig. 178)}.$$

Figurons le mètre cube.

Partageons ses trois arêtes ωx, $\omega \beta$, $\omega \gamma$ en 6 parties égales.

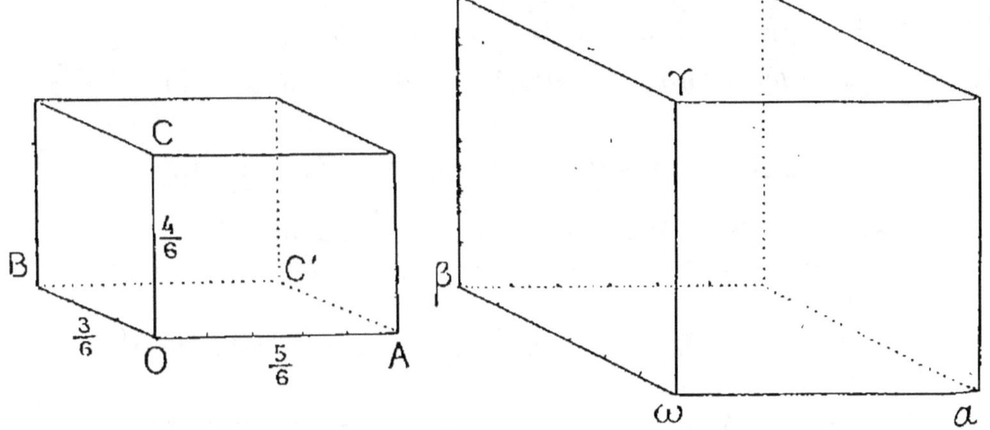

Fig. 178.

Partageons de même OA, OB et OC respectivement en
5, 3 et 4 parties égales.

Toutes ces parties sont *égales entre elles*.

De ce qui précède, il résulte que l'on pourra décomposer le mètre cube en $6 \times 6 \times 6$ cubes plus petits, et le
parallélépipède en $5 \times 3 \times 4$ cubes égaux aux précédents.

Le *parallélépipède* contient donc $5 \times 3 \times 4$ fois le cube
obtenu en *partageant l'unité de volume* en $6 \times 6 \times 6$ parties
égales.

La mesure de son volume sera donc :

$$\frac{5 \times 3 \times 4}{6 \times 6 \times 6}$$

ou :

$$\frac{5}{6} \times \frac{3}{6} \times \frac{4}{6}$$

ou enfin :

$$a \times b \times c.$$

809. — Théorème. — *Le volume d'un parallélépipède rectangle est égal au produit de l'aire de sa base par sa hauteur.*

Car la formule $V = a \times b \times c$ peut s'écrire :

$$V = (a \times b) \times c.$$

Si on prend la face OABC′ comme base :

$a \times b$ est l'aire de cette base, et c est la hauteur.

VOLUME DU PRISME DROIT A BASE TRIANGULAIRE.

810. — Théorème. — *Le volume d'un prisme droit à base triangulaire est égal au produit de l'aire de la base par la hauteur.*

Soit un prisme *triangulaire droit* ABC A′B′C′, dont la base ABC a pour aire B et dont la *hauteur* est AA′ = H (fig. 479).

Soit M et N les *milieux* des côtés AB et AC. Abaissons les perpendiculaires AH, BP et CQ sur MN.

Considérons le *parallélépipède rectangle* BCQP B′C′Q′P′ qui a pour *base* BPCQ et pour *hauteur* H. Comme on l'a vu en géométrie plane, l'aire de la base BCPQ est égale à l'aire B du triangle ABC.

Le volume de ce parallélépipède est donc :

$$B \times H.$$

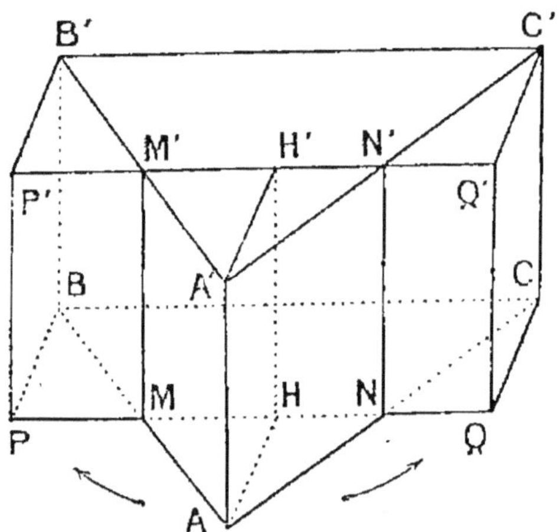

Fig. 479.
Volume du prisme triangulaire droit.

Le théorème sera démontré si on fait voir que le volume du *prisme triangulaire* est *égal* au volume de ce *parallélépipède*.

Les deux triangles AMH et BPM sont *égaux*.

Si donc on détache du prisme triangulaire le prisme AMH A'M'H' et qu'on le fasse tourner de 180° autour de MM', il *vient occuper la position* BPM B'P'M'.

De même si on détache le prisme triangulaire ANH A'N'H' et qu'on le fasse tourner de 180° autour de NN', il *vient occuper la position* CQN C'Q'N'.

Ainsi en *assemblant autrement* les parties du prisme *triangulaire* on a formé le *parallélépipède*. Ces deux solides ont donc le *même volume*.

VOLUME DU PRISME DROIT A BASE QUELCONQUE.

811. — **Théorème.** — *Le volume d'un prisme droit est égal au produit de l'aire de la base par la hauteur.*

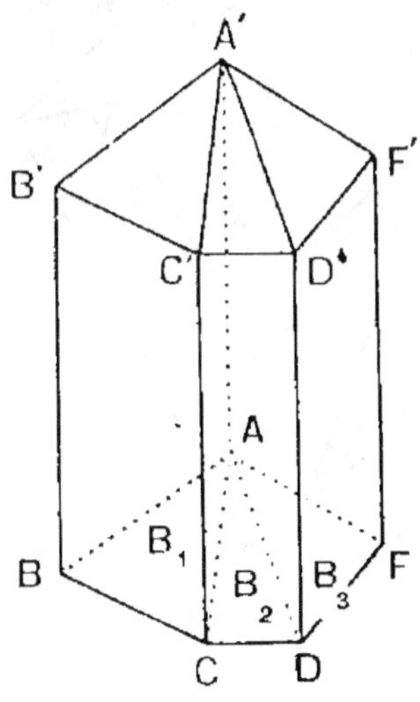

Fig. 480.
Volume du prisme droit.

Soit un prisme droit ABCDF A'B'C'D'F' (fig. 480) dont la base ABCDF a pour aire B et dont la hauteur est AA'$=$H.

En menant des plans par l'arête AA', nous pouvons le *décomposer* en prismes *triangulaires droits* dont les bases ont respectivement pour aire B_1, B_2 et B_3.

D'après le théorème précédent on a :

$$\text{Vol (ABC A'B'C')} = B_1 \times H,$$
$$\text{Vol (ACD A'C'D')} = B_2 \times H,$$
$$\text{Vol (ADF A'D'F')} = B_3 \times H,$$

et par addition :

$$\text{Volume prisme (ABCDF A'B'C'D'F')} = (B_1 + B_2 + B_3) \times H$$
$$= B \times H.$$

VOLUME DU CYLINDRE DROIT.

812. — En assimilant un *cylindre droit* à un *prisme droit*, on est amené à admettre le théorème suivant :

Théorème. — *Le volume d'un cylindre droit est égal au produit de l'aire de la base par la hauteur.*

813. — **Volume du cylindre de révolution.** — Soit R le rayon de base, H la hauteur du cylindre.

L'aire de la base est πR^2.

Le *volume* est donc :

$$V = \pi R^2 H.$$

§ 2. — Volume du prisme oblique.

814. — **Théorème.** — *Un prisme oblique a le même volume qu'un prisme droit ayant pour base la section droite du prisme oblique, et pour arête latérale celle du prisme oblique.*

Soit le prisme *oblique* ABCD A'B'C'D' (fig. 481).

Menons une *section droite* $\alpha\beta\gamma\delta$ de la surface prismatique. Nous la choisissons de façon que son plan *ne traverse pas le prisme.*

Sur l'arête AA' prenons le segment $\alpha\alpha'$ *égal à* AA' et de même sens que lui, et par le point α' menons la *section droite* $\alpha'\beta'\gamma'\delta'$.

Considérons les deux polyèdres :

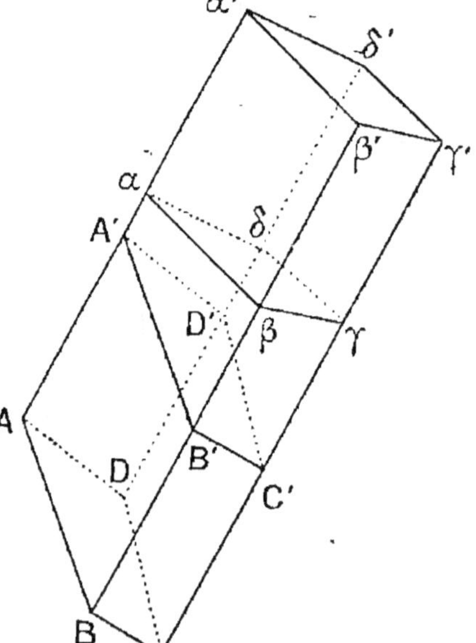

Fig. 481.

$$ABCD\,\alpha\beta\gamma\delta \text{ et } A'B'C'D'\,\alpha'\beta'\gamma'\delta'.$$

Ils sont *égaux*, car la *translation qui amène le point* A *au point* A' *les superpose.*

Si on *enlève* le polyèdre *commun* A'B'C'D'αβγδ, les polyèdres restants *ne sont pas égaux*, mais leurs *volumes le sont.*

Or les polyèdres obtenus sont le prisme oblique donné et le prisme droit αβγδα'β'γ'δ'.

Le théorème est donc démontré.

PREMIÈRE EXPRESSION DU VOLUME D'UN PRISME OBLIQUE.

815. — Théorème. — *Le volume d'un prisme oblique est égal au produit de l'aire de la section droite par la longueur de l'arête latérale.*

En effet, le prisme oblique ABCDA'B'C'D' a même volume que le prisme droit αβγδα'β'γ'δ' (fig. 481).

Or ce dernier a pour volume le produit de l'aire de sa base, c'est-à-dire de la section droite, par sa hauteur αα', qui est égale à l'arête du premier prisme.

816. — Volume du cylindre oblique. — En assimilant un *cylindre oblique* à un *prisme oblique*, on est amené à admettre le théorème suivant :

Théorème. — *Le volume d'un cylindre oblique est égal au produit de l'aire de la section droite par la longueur des génératrices.*

DEUXIÈME EXPRESSION DU VOLUME D'UN PRISME OBLIQUE.

817. — Théorème. — *Le volume d'un prisme oblique est égal au produit de l'aire de la base par la hauteur.*

Ce théorème peut être rendu *intuitif* de la manière suivante :

Considérons un empilement de feuilles de carton *très minces* et toutes égales entre elles.

Ce sera, par exemple, un paquet de cartes de visite.

On peut donner au paquet la forme d'un **prisme droit**, son volume sera égal à sa base B multipliée par sa hauteur H.

Mais on peut aussi donner au paquet la forme d'un *prisme oblique*. Son volume n'a pas changé (c'est le volume des feuilles de carton), sa base est B, la hauteur est encore H (c'est la somme des épaisseurs des feuilles de carton).

Le volume du prisme oblique obtenu est donc $B \times H$. Nous allons maintenant *démontrer* le théorème.

LEMME.— *L'angle aigu de deux plans qui se coupent est égal à l'angle aigu que forment deux perpendiculaires à ces deux plans.*

Soient deux plans P et Q qui se *coupent* suivant la droite XY. Ils forment un *dièdre aigu* dont le *rectiligne* est l'angle aigu $\widehat{AOB}$.

Par le point O menons la *perpendiculaire* OC au plan P et la *perpendiculaire* OD au plan Q.

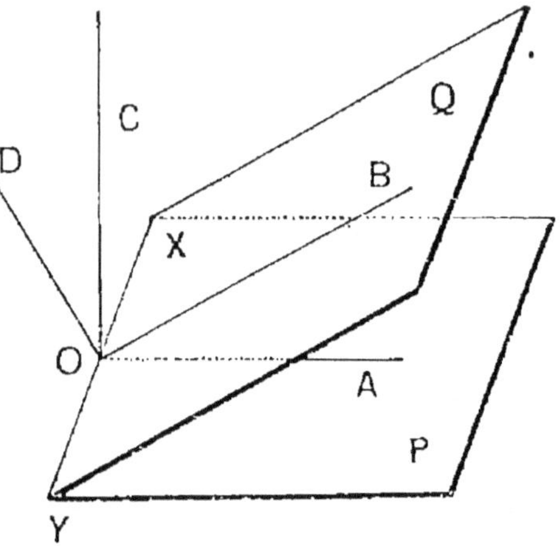

Fig. 482.

Elles forment un angle aigu $\widehat{COD}$. Il s'agit de montrer que les deux angles $\widehat{AOB}$ et $\widehat{COD}$ sont *égaux*.

En effet, ces angles sont dans un même plan perpendiculaire au point O à la droite XY; ils ont le *même complément* $\widehat{BOC}$ et sont par suite égaux.

Cela posé, considérons un *prisme oblique* ABCD A'B'C'D' dont la base ABCD a pour aire B et dont la *hauteur* $AK' = H$.

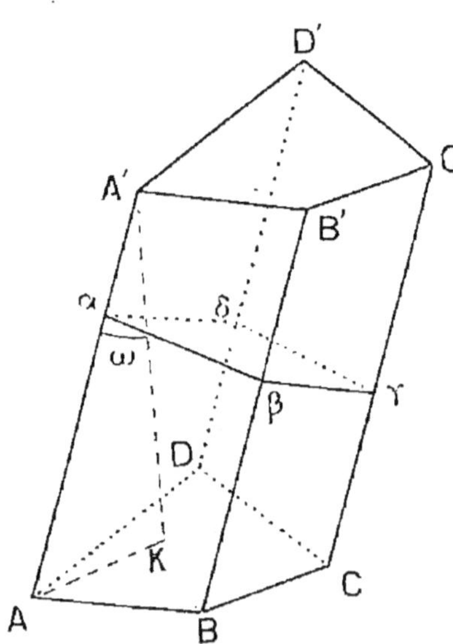

Fig. 483.

Menons la *section droite* $\alpha\beta\gamma\delta$.

Le *volume du prisme* est

$$V = \text{aire } \alpha\beta\gamma\delta \times AA'. \qquad (1)$$

Soit ω l'angle $\widehat{AA'K}$.

On a dans le *triangle rectangle* $AA'K$

$$H = AA' \cos \omega$$

et par suite

$$AA' = \frac{H}{\cos \omega}. \qquad (2)$$

La surface $\alpha\beta\gamma\delta$ est la *projection orthogonale* du polygone de base ABCD sur le plan de la section droite.

L'aire $\alpha\beta\gamma\delta$ est donc égale à B multipliée par le *cosinus de l'angle des plans des deux polygones* (§ 888).

Mais l'angle aigu de ces deux plans est le même que l'angle aigu des deux perpendiculaires A'K et A'A à ces deux plans. Il est donc égal à ω.

Par suite

$$\text{aire } \alpha\beta\gamma\delta = B \times \cos \omega \qquad (3)$$

En tenant compte des égalités (2 et 3), l'égalité (1) devient :

$$V = (B \times \cos \omega) \times \frac{H}{\cos \omega}$$

ou

$$V = B.H.$$

818. — REMARQUE. — Nous avons *deux expressions* du volume d'un prisme quelconque, qui se *réduisent l'une à l'autre* lorsque le prisme est *droit.*

819. — **Volume du cylindre oblique.** — En assimilant un cylindre oblique à un prisme oblique, on est amené à admettre le théorème suivant:

Théorème. — *Le volume d'un cylindre oblique est égal au produit de l'aire de la base par la hauteur.*

CHAPITRE II

VOLUME DE LA PYRAMIDE

§ 1. — Volume de la pyramide.

PYRAMIDE TRIANGULAIRE.

820. — Théorème. — *Deux pyramides triangulaires dont la hauteur et les bases sont égales ont des volumes égaux.*

Ce théorème peut être rendu *intuitif* de la manière suivante :

Considérons un empilement de feuilles de carton *très minces*, dans lequel on aura taillé au ciseau une *pyramide triangulaire*. Cette

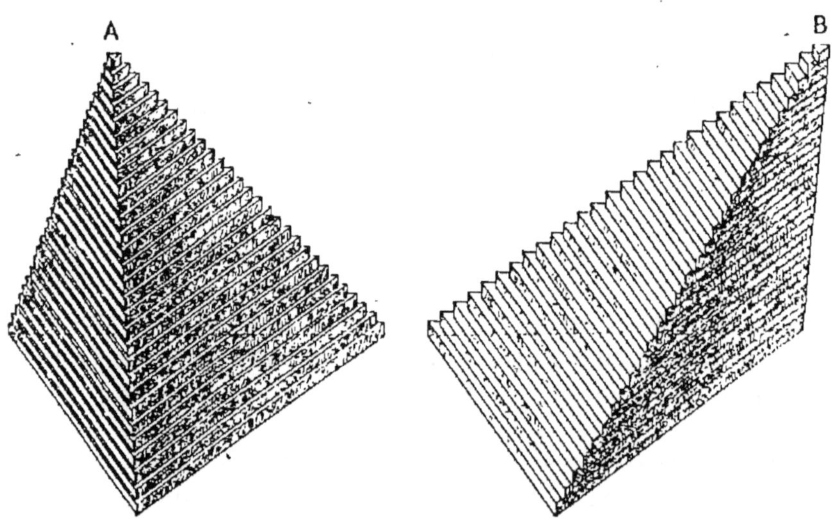

Fig. 484.

pyramide triangulaire est formée de feuilles triangulaires superposées qui vont en diminuant régulièrement depuis la base jusqu'au sommet.

On peut faire glisser les feuilles de carton les unes sur les autres, de manière à former une autre pyramide. Elle aura la *même base*, la *même hauteur* (somme des épaisseurs des feuilles de carton), le *même volume* que la première (somme du volume des feuilles de carton).

Ce théorème comporte le cas particulier suivant, qui seul sera utilisé dans la suite et dont nous indiquerons une démonstration plus précise.

821. — **Théorème.** — *Soit une pyramide SABCD dont la base ABCD est un parallélogramme (fig. 485). Le plan SAC la partage en deux pyramides triangulaires SACB et SACD qui ont des volumes égaux.*

Soit O le centre du parallélogramme de base. Si on coupe la pyramide par un *plan parallèle* au plan de base, la section A'B'C'D' est un *parallélogramme* que la diagonale A'C' partage en deux triangles *égaux*.

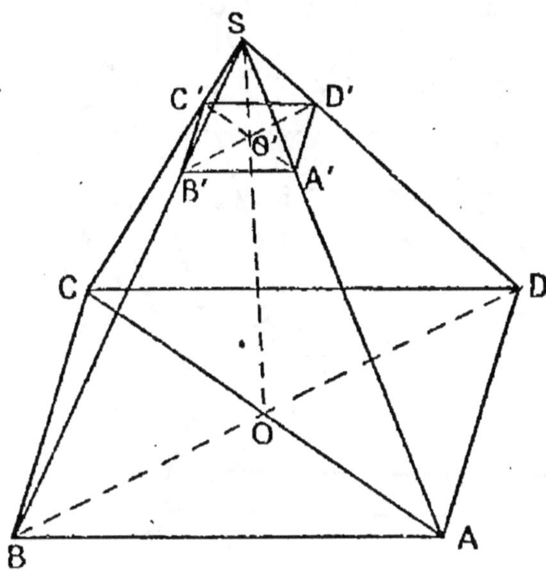

Fig. 485.

Le point de concours O' des diagonales se trouve sur la droite SO.

Cela posé, partageons SO en parties égales, par exemple en quatre parties égales (fig. 486).

Par les points de division O_1, O_2, O_3, menons des plans parallèles au plan ABCD.

Considérons un prisme dont la base supérieure est la

section $A_1B_1C_1D_1$ et dont les arêtes latérales sont égales et parallèles à O_1O_2.

Le plan |SAC partage ce prisme en deux prismes triangulaires $A_1C_1B_1$ $A'_1C'_1B'_1$ et $A_1C_1D_1$ $A'_1C'_1D'_1$. qui ont des *volumes égaux* car ils ont des bases *égales* et des *hauteurs égales*.

Le premier est dit *inscrit* dans la pyramide SACB. le second est dit inscrit dans la pyramide SACD.

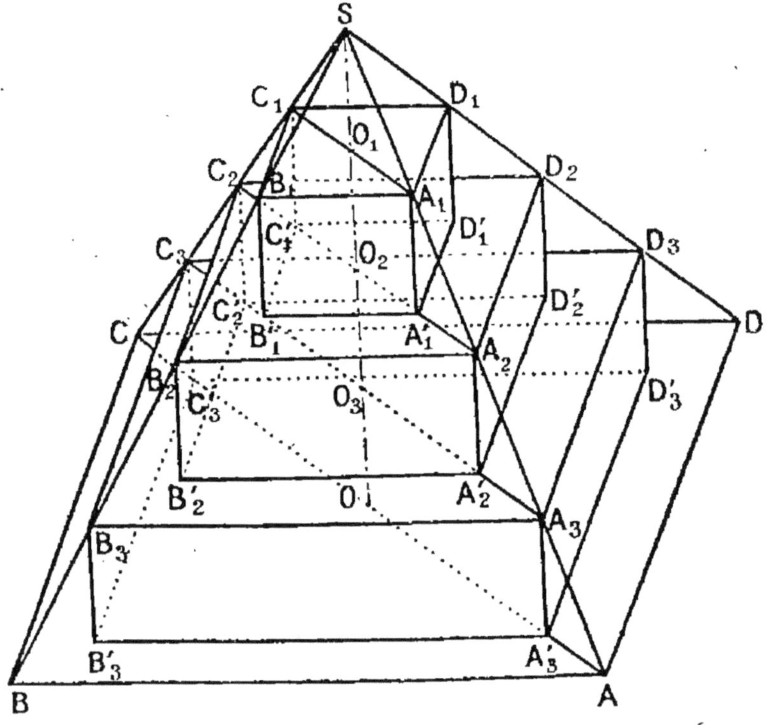

Fig. 486.

Considérons un deuxième prisme dont la base supérieure est le parallélogramme $A_2B_2C_2D_2$ et dont les arêtes latérales sont égales et parallèles à O_2O_3.

Le plan SAC le partage en deux prismes triangulaires dont les volumes sont *égaux*; l'un est inscrit dans la pyramide SACB, l'autre est inscrit dans la pyramide SACD.

Considérons un dernier prisme dont la base supérieure est $A_5B_5C_5D_5$ et dont les arêtes latérales sont égales et parallèles à O_1O. Le plan SAC le partage en deux prismes triangulaires respectivement inscrits dans la pyramide SACB et dans la pyramide SACD et dont les volumes sont *égaux*.

Les prismes inscrits dans la pyramide SACB forment un polyèdre P, les prismes inscrits dans la pyramide SACD forment un polyèdre Q tels que

$$\text{Vol. } P = \text{Vol. } Q.$$

Si le nombre de divisions de SO *augmente indéfiniment*, le polyèdre P devient *pratiquement indiscernable* de la pyramide SACB, le polyèdre Q devient pratiquement indiscernable de la pyramide SACD.

Comme P et Q ont *toujours* des volumes *égaux*, on est amené à dire que

$$\text{Vol. pyramide SACB} = \text{Vol. pyramide SACD}.$$

822. Théorème. — *Le volume d'une pyramide triangulaire est égal au tiers du produit de l'aire de la base par la hauteur.*

Soit une *pyramide triangulaire* SABC (fig. 487) dont la base a pour aire B et dont la hauteur SP a pour longueur H.

Nous allons *démontrer* que son volume est égal à $\frac{1}{3} B \times H$.

Construisons le *prisme* triangulaire de base ABC et d'arête latérale AS. Soit ABCSDF ce prisme.

Son volume est $\qquad B \times H$.

Pour démontrer le théorème, il *suffit* donc de faire voir

que ce prisme est la somme de trois pyramides ayant chacune le *même volume* que la pyramide donnée.

Le plan SBC détache du prisme la pyramide SABC qui est la pyramide donnée.

Il reste la pyramide SBCFD. Le plan SDC la partage en deux pyramides triangulaires SDCB et SDCF.

Le prisme est donc la somme des trois tétraèdres

SABC, SDCB et SDCF.

Chaque tétraèdre a une face commune avec le suivant.

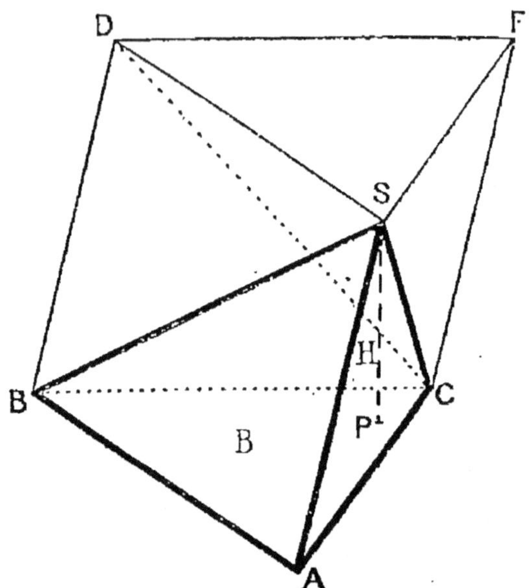

Fig. 487.
Volume de la pyramide triangulaire.

Considérons les deux premiers tétraèdres. Par leur juxtaposition ils forment une pyramide ayant pour sommet C et pour base le *parallélogramme* ABDS. Leurs volumes sont donc *égaux* (§ 821).

Considérons les deux derniers tétraèdres. Par leur juxtaposition ils forment une pyramide ayant pour sommet S et pour base le *parallélogramme* BCFD. Ils ont donc des volumes *égaux* (§ 821).

Les trois tétraèdres ont donc des volumes *égaux*, et comme le premier est la *pyramide donnée*, le théorème est démontré.

PYRAMIDE QUELCONQUE.

822. — **Théorème.** — *Le volume d'une pyramide quelconque est égal au tiers du produit de l'aire de la base par la hauteur.*

Soit la pyramide SABCDF, dont la base ABCDF a pour aire B et dont la *hauteur* SS′ est égale à H.

Nous allons montrer que le volume de la pyramide est

$$\frac{1}{3} B \times H.$$

Découpons la pyramide donnée en pyramides *triangulaires* en menant des plans par l'arête SA.

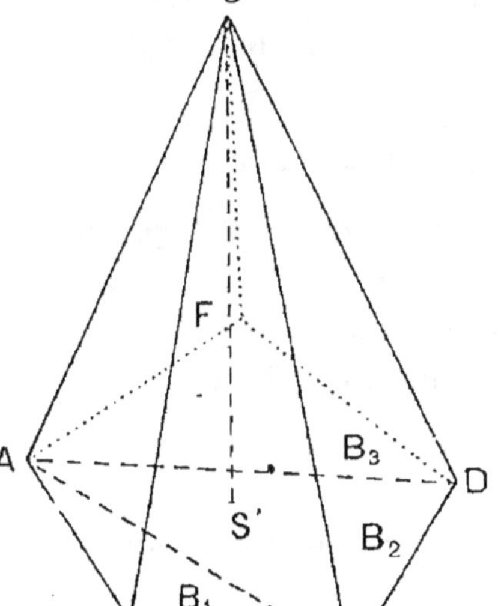

Soient B_1, B_2, B_3 les *aires* des bases de ces pyramides.

Leur *hauteur commune* est H.

On a

$$\text{Vol. pyr. } SABC = \frac{1}{3} B_1 . H,$$

$$\text{Vol. pyr. } SACD = \frac{1}{3} B_2 . H,$$

$$\text{Vol. pyr. } SADF = \frac{1}{3} B_3 . H.$$

Fig. 488. — Volume de la pyramide.

D'où, par addition,

$$\text{volume pyramide } SABCDF = \frac{1}{3} (B_1 + B_2 + B_3) \times H$$

$$= \frac{1}{3} B . H.$$

Corollaire. — *Deux pyramides dont les bases ont des aires égales et dont les hauteurs sont égales ont des volumes égaux.*

Si B est l'aire commune des deux bases et H la hauteur des deux pyramides, leurs volumes sont tous les deux égaux à

$$\frac{B.H}{3}$$

En particulier. — Le volume d'une pyramide ne change pas lorsque sa base restant fixe son sommet se déplace dans un plan parallèle au plan de base.

CÔNE.

823. **Volume d'un cône.** — En assimilant un *cône* à une *pyramide* dont le nombre de faces latérales est *très grand* on est amené à *admettre* le théorème suivant :

824. **Théorème.** — *Le volume d'un cône est égal au tiers du produit de l'aire de la base par la hauteur.*

825. — EXEMPLE. — **Volume du cône oblique à base circulaire.**

Soit R le *rayon de base*, *h* la *hauteur*.

L'*aire* de base est πR^2. Le *volume* est donc

$$V = \frac{1}{3}\pi R^2 h.$$

Cette formule s'applique en particulier au *cône de révolution.*

§ 2. — Volume d'un polyèdre quelconque.

826. — Pour évaluer le volume d'un polyèdre quelconque, on le décompose en *pyramides* dont on évalue le volume *séparément.* On additionne ensuite les volumes obtenus.

Appliquons cette méthode à un polyèdre circonscrit à une sphère.

827. — **Théorème.** — *Le volume d'un polyèdre convexe* *circonscrit à une sphère est égal au tiers du produit de la surface du polyèdre par le rayon de la sphère.*

Soit par exemple un *tétraèdre* circonscrit à une sphère de centre O et de rayon R.

Soit A', B', C', D' les points de contact.

Le tétraèdre considéré est la *somme de quatre pyramides* de sommet O et ayant pour bases les faces du

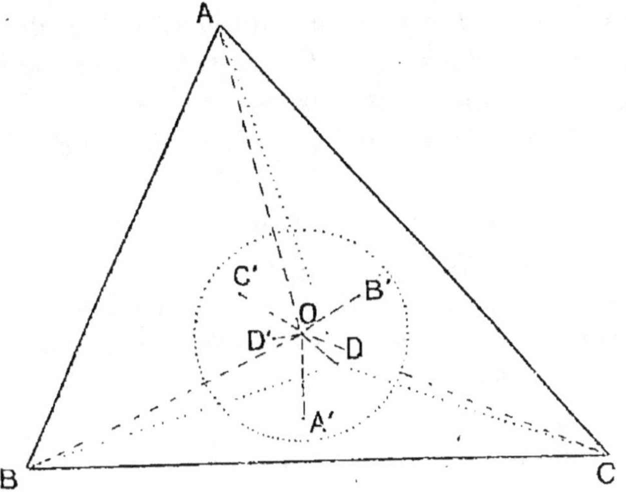

Fig. 489.

tétraèdre. Leurs hauteurs OA', OB', OC', OD' *sont toutes égales au rayon* R *de la sphère.*

Donc

$$\text{Volume OABC} = \frac{1}{3}\ \text{surface ABC} \times \text{R}.$$

$$\text{Volume OACD} = \frac{1}{3}\ \text{surface ACD} \times \text{R}.$$

$$\text{Volume OABD} = \frac{1}{3}\ \text{surface ABD} \times \text{R},$$

$$\text{Volume OBCD} = \frac{1}{3}\ \text{surface BCD} \times \text{R}.$$

D'où, par *addition,*

$$\text{Volume ABCD} = \frac{1}{3}\ \text{surface ABCD} \times \text{R}.$$

§ 3. — **Volume de la sphère**.

828. — Soit une sphère de centre O et de rayon R.

Menons un diamètre AB. Par ce diamètre faisons passer une série de *plans méridiens* faisant des angles *égaux* et menons une série de *parallèles* dont les plans *équidistants* sont *perpendiculaires* à AB. Nous avons ainsi tracé sur la sphère une série de *méridiens* et de *parallèles*.

Menons les *plans tangents* à la *sphère aux points d'intersection de ces différentes courbes*.

Nous formons ainsi un polyèdre *convexe circonscrit à la sphère*.

Le volume de ce polyèdre convexe est égal *au tiers du produit de sa surface par le rayon de la sphère*.

Or si le réseau de méridiens et de parallèles est suffisamment serré, la surface de ce polyèdre est *indiscernable de* celle de la *sphère*, et il en est de même de son *volume* et de celui de la *sphère*.

On est donc amené à *admettre* le théorème suivant :

829. — **Théorème.** — *Le volume d'une sphère est égal au tiers du produit de la surface de la sphère par son rayon.*

La *surface* de la sphère est

$$S = 4\pi R^2.$$

Son *volume* V est donc

$$V = \frac{1}{3} \cdot 4\pi R^2 \cdot R$$

ou

$$V = \frac{4}{3}\pi R^3.$$

EXERCICES THÉORIQUES

Chap. I, II.

987. Calculer le volume d'un cube connaissant la distance d'un sommet au milieu d'une arête ne passant pas par ce sommet : distinguer deux cas.

988. Couper un cube par deux plans symétriques par rapport au centre de ce cube et perpendiculaires à une diagonale, de façon à diviser le cube en trois portions équivalentes.

Nota. — On nomme solides équivalents des solides qui ont même volume.

989. On donne la hauteur h d'un tétraèdre régulier; calculer son volume.

990. Étant donnée une pyramide, la découper en deux polyèdres équivalents par un plan parallèle à la base.

991. Calculer le volume d'une pyramide régulière triangulaire connaissant la longueur des arêtes de base b et celle des arêtes latérales a.

992. Partager un tétraèdre en trois parties équivalentes par deux plans passant par une arête.

993. Trouver à l'intérieur d'un tétraèdre régulier ABCD un point M tel que les quatre pyramides MABC, MBCD, MCDA, MDAB soient équivalentes.

994. Étant donné un prisme triangulaire droit à base équilatérale, on prend les homothétiques directes de toutes ses arêtes, le milieu de la droite qui joint les centres des deux bases étant centre d'homothétie, le rapport d'homothétie étant 2. Calculer le volume compris entre le nouveau prisme et l'ancien; on donne la hauteur h du prisme primitif ainsi que le côté a de la base.

995. Étant donnée une pyramide triangulaire ABCD, calculer le volume de la pyramide dont les sommets sont les points de concours des médianes des faces de ABCD, connaissant le volume de la pyramide ABCD.

996. Quel est le volume du tétraèdre formé en prenant pour sommets quatre sommets d'un cube dont deux n'appartiennent pas à une même arête? On donne la longueur d'arête a du cube.

997. Calculer le volume *du tas de sable*, tronc de pyramide à base rectangle dont une dimension est double de l'autre, dont la hauteur est égale au plus petit côté de base et dont la petite base a des dimensions moitié de ceux de la grande base, les centres des deux bases étant sur une même perpendiculaire à ces bases.

998. Étant donné un tétraèdre ABCD on prolonge ses arêtes au delà des différents sommets et on partage ainsi l'espace en quinze régions : 1° l'intérieur du tétraèdre lui-même; 2° les angles trièdres symétriques des angles du tétraèdre, au nombre de quatre; 3° les angles trièdres eux-mêmes du tétraèdre dont on a enlevé le tétraèdre, au nombre de quatre; 4° les autres régions nommées *combles*, au nombre de six.

Prenant alors un point dans une région de chaque espèce, on considère les pyramides ayant pour sommet ce point et pour bases les faces du tétraèdre; démontrer que si on appelle S_a, S_b. S_c, S_d les volumes des pyramides en question de bases BCD, ACD, ABD et ABC et S le volume du tétraèdre donné on a une des égalitéssuivantes ;

$$S = S_a + S_b + S_c + S_d$$
$$S = S_a - S_b - S_c - S_d$$
$$S = S_b + S_c + S_d - S_a$$
$$S = S_a + S_c - S_b - S_d$$

selon que le point est choisi dans la région 1° ou dans la région 2° correspondant au sommet A. ou dans la région 3° correspondant au sommet A. ou dans la région 4° correspondant au dièdre opposé par l'arête du dièdre AC.

999. Un cône et un cylindre de révolution ont même hauteur. quel doit être le rapport de leurs rayons de bases pour qu'ils aient même volume?

1000. Une toupie est formée d'un cylindre et d'un cône de même rayon et de même hauteur accolés par la base. calculer le volume de la toupie connaissant le rayon commun R et la hauteur commune h. Quelle valeur faut-il donner à h pour que ce volume soit celui d'une sphère de rayon R?

1001. Étant donné un cône de révolution de hauteur h ayant pour base un cercle de centre O et de rayon R. quel doit être le rayon de la petite base d'un tronc de cône de révolution ayant pour hauteur $\dfrac{h}{2}$ et pour grande base le cercle de base du cône précédent, pour que son volume soit égal à celui du cône?

1002. Étant donné un cercle de centre O, de rayon R. on fait subir à ce cercle une translation de longueur l dont la direction fait un angle α avec le plan du cercle O; quel est le volume du cylindre engendré par le déplacement du cercle?

1003. Deux plans parallèles sont distants de la longueur h; calculer le volume d'un cylindre oblique dont les bases sont des cercles de rayon R dans les deux plans donnés.

1004. Quel est le rayon de la sphère dont le volume est 1 litre *(on calculera par tâtonnement un nombre a dont le cube sera donné)*?

1005. Quel est le rayon d'une sphère équivalente à un cylindre de rayon R et de hauteur 2R?

1006. On considère un cylindre de révolution de rayon R et de hauteur R. la demi-sphère ayant pour cercle de base la base du cylindre et un cône admettant lui aussi même base et pour sommet le centre de la base supérieure du cylindre. Démontrer que les volumes du cylindre. de la sphère et du cône sont en progression arithmétique.

1007. Une sphère est tangente aux génératrices et aux deux bases d'un cylindre de hauteur h. Calculer, connaissant h. le volume du cylindre évidé par la sphère.

1008. On considère un triangle équilatéral ABC. calculer le volume engendré par ce triangle tournant d'un tour complet autour d'un de ses côtés. On donne le côté **a** du triangle ABC.

1009. Quel est le volume engendré par un hexagone régulier tournant d'une révolution complète autour d'une de ses diagonales passant par le centre?

1010. On donne un carré ABCD et on mène dans son plan la perpendiculaire XAY à la diagonale AC; calculer le volume engendré par la surface de ce carré tournant d'un tour complet autour de XAY; on connaît le côté AB = *a* du carré.

1011. On donne un triangle ABC et un axe XAY de son plan passant en A ne coupant pas ABC; connaissant la hauteur AH = *h* et le côté BC = *a*, ainsi que l'angle α que fait ce côté BC avec XY, calculer le volume engendré par le triangle ABC tournant d'un tour complet autour de XAY [*Examiner d'abord le cas où B est aussi sur XY*].

1012. On connaît l'hypoténuse *a* d'un triangle rectangle ABC et les volumes *v* et *v'* des cônes engendrés par le triangle tournant d'un tour complet autour de AB, puis autour de AC; calculer les côtés du triangle.

1013. Étant donné un triangle équilatéral ABC on mène la parallèle B'C' au côté BC par le point de concours G des médianes du triangle, B' étant sur AB et C' sur AC; évaluer, connaissant le côté *a* du triangle, le volume engendré par le trapèze B'C'CB tournant d'un tour complet autour de B'C'.

1014. On connaît la longueur *a* des côtés et l'angle $\widehat{\text{BAD}}$ = α d'un losange ABCD, trouver le volume engendré par la surface du losange tournant d'une révolution complète autour d'un de ses côtés.

1015. On considère un demi-cercle de diamètre AB = 2 R, les tangentes en A et B et une tangente en un point M qui coupe les deux précédentes en A' et B'. Calculer, connaissant R et l'angle α du rayon OM avec AB, la surface latérale et le volume du tronc de cône engendré par la rotation du contour AA'B'B autour de AB.

LIVRES VII ET VIII

EXERCICES THÉORIQUES

1016. Un parallélépipède rectangle a une aire totale mesurée par un nombre double du nombre qui mesure la longueur d'une arête et un volume triple du nombre qui mesure une seconde arête, sachant que la troisième arête a pour longueur a, calculer les longueurs des deux autres arêtes, la surface du solide et son volume.

1017. On donne l'arête a d'un tétraèdre régulier, calculer son aire, son volume, son angle dièdre, le rayon de la sphère circonscrite et le rayon de la sphère inscrite, la distance de deux arêtes opposées, la hauteur des faces et la hauteur du tétraèdre.

1018. On joint deux à deux les centres des faces non opposées d'un cube, on forme ainsi un solide appelé ***octaèdre régulier*** dont on demande de calculer le volume, et l'aire latérale, connaissant la longueur a du côté du cube.

1019. Quel est le rapport des volumes et des aires latérales d'un cube et d'un tétraèdre régulier ayant même longueur de côté.

1020. On donne trois points O', O'', O''' qui sont les centres de trois faces concourantes d'un parallélépipède rectangle, construire ce solide et en calculer l'aire latérale et le volume connaissant les côtés du triangle O', O'', O'''. Cas où le triangle O' O'' O''' est équilatéral.

1021. Calculer le volume et l'aire totale du cubo-octaèdre, c'est-à-dire du cube tronqué par les huit plans passant chacun par les milieux de trois arêtes concourantes en un des sommets du cube.

1022. Étant donnés deux droites orthogonales D et D' on fait glisser sur ces deux droites deux segments égaux AB et CD; montrer que le volume du tétraèdre $ABCD$ reste constant, quelles que soient les positions des deux segments sur D et D'; étudier la variation de l'aire totale de ce tétraèdre en supposant que le segment AB reste fixe, son milieu étant le pied sur D de la perpendiculaire commune à D et D', l'autre segment variant sur D'.

1023. Dans un cône de révolution le rayon de base est égal à la hauteur, quel est le rapport de la surface latérale à la surface de la base, calculer les dimensions, la surface latérale et le volume de ce cône sachant que le nombre qui mesure le volume est le double du nombre qui mesure la surface latérale.

1024. On donne les rayons de base R et R' et la hauteur h d'un tronc de pyramide hexagonal régulier. Calculer son volume, son aire latérale et son aire totale. Application : $R = 6$, $R' = 3$, $h = 4$.

1025. Dans un cylindre de révolution la hauteur est égale au rayon de base; démontrer que l'aire totale est le double de l'aire latérale. Calculer les dimensions de ce cylindre, son volume et son aire, sachant que le nombre qui mesure le volume est le triple du nombre qui mesure la surface totale.

1026. Quel est le rapport des volumes d'un cône et d'un cylindre dont le rayon de base de l'un est la hauteur de l'autre; calculer les volumes de ces deux solides sachant que le rapport de leurs volumes est m et le rapport de leurs aires latérales est k.

1027. Quelle est la hauteur d'un tronc de cône de révolution, sachant que le rapport des aires des bases est k^2, que l'aire latérale est πm^2 et que le volume est $\frac{4}{3} \pi a^3$.

APPENDICE

OPÉRATIONS SUR LE TERRAIN

§ 1. — Arpentage.

834. — Mesure des surfaces sur le terrain. — Un terrain n'a de valeur que par l'usage qu'on en peut faire. Pour le cultivateur, qui y sème du grain, un terrain a d'autant plus de valeur qu'il peut y pousser plus d'épis. Or (fig. 490), les plantes poussent *verticalement*; il en résulte que la quantité de blé qui peut pousser sur un champ AB est la même que celle qui peut pousser sur la projection horizontale *ab* de ce champ sur un plan horizontal HH'. De même, si l'on bâtit une maison sur un terrain CD, les murs étant verticaux, la largeur et la longueur de la maison sont les mêmes que si on l'avait construite sur la projection horizontale *cd* du terrain sur

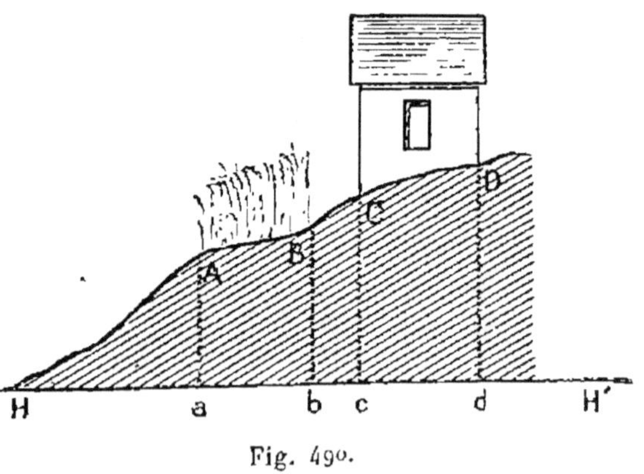

Fig. 490.

le plan horizontal HH'. Deux terrains *pratiquement* équivalents sont donc deux terrains ayant même projection horizontale.

L'arpentage *a pour objet la mesure des aires, projections horizontales des surfaces des terrains.*

832. — Unités. — Nous avons appris dans l'étude du système métrique que l'unité d'aire sur le terrain est l'*are* qui vaut 100^{m^2}.

L'*are* a un multiple : l'*hectare* $= 100^a$,

et un sous-multiple : le *centiare* $= \dfrac{1}{100}$ *are* $= 1^{m^2}$.

Arpenter *un terrain c'est savoir combien sa projection horizontale contient d'hectares, d'ares et de centiares.*

833. — Opérations. — L'arpentage comprend trois opérations principales :

1° *Le tracé d'une droite horizontale sur le terrain ou jalonnement;*

2° *La mesure de la longueur de cette droite ou chaînage;*

3° *Le tracé d'une perpendiculaire menée d'un point sur une droite tracée sur le terrain.*

834. — Jalonnement. — La position d'une droite sur le terrain est indiquée au moyen de *jalons.*

Le *jalon* est une tige mince en bois de 2 mètres environ de haut, peinte en blanc et rouge, les couleurs étant alternées pour les rendre visibles au loin. L'extrémité inférieure du jalon est munie d'une pointe de fer pour le planter en terre.

A défaut de jalons de ce type, on peut se servir de baguettes bien rectilignes portant à l'extrémité supérieure un petit morceau de papier pour les rendre visibles.

Pour jalonner une droite AB, on plante deux jalons verticaux en A et B. L'opérateur se place en A et vise B. Un aide vient se placer entre A et B avec un nouveau jalon C et, par tâtonnements, guidé par l'opérateur, il place ce jalon C entre A et B de façon que l'opérateur, visant en A, voie le jalon A cacher exactement à la fois les jalons B et C. On recommence plusieurs fois et on place ainsi une série de jalons entre A et B.

Tous ces jalons forment un *plan vertical* qui contient l'horizontale AB.

Cette opération peut aisément se faire sur un terrain légèrement ondulé. Lorsque le sol est trop en pente, il faut employer des procédés spéciaux que nous passons sous silence.

835. — Chaînage. — La mesure de la longueur d'une droite horizontale tracée sur le terrain se fait au moyen de la *chaîne d'arpenteur* et de *fiches*.

La *chaîne d'arpenteur* est formée de 5o chaînons de gros fil de fer reliés les uns autres par des anneaux. La distance des centres de deux anneaux consécutifs, lorsque la chaîne est tendue, est de 2o centimètres; de telle sorte que la longueur totale de la chaîne tendue est de 1 décamètre ou 10 mètres. De cinq en cinq les anneaux sont en cuivre, ce qui permet de reconnaître les longueurs de

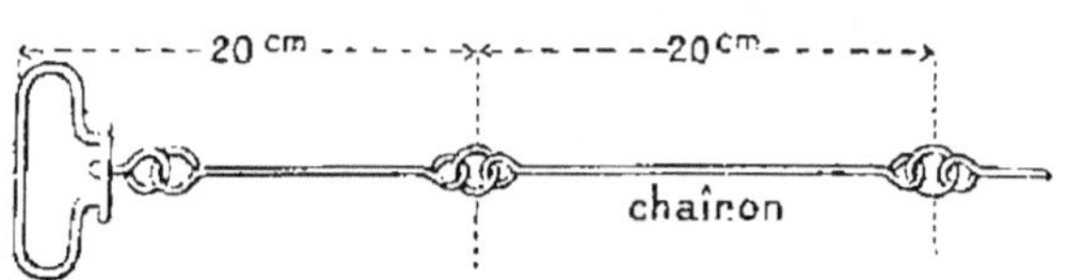

Fig. 491. — Chaîne d'arpenteur.

1 mètre, 2 mètres, 3 mètres, etc. Les chaînons extrêmes portent des poignées (fig. 491) ayant une partie rectiligne munie d'une gorge que l'on peut appliquer le long d'une fiche verticale tandis que la chaîne est tendue horizontalement. La longueur des chaînons extrêmes (y compris les poignées) est encore de 2o centimètres comptés de la gorge de la poignée au centre du premier anneau.

Au lieu de la chaîne d'arpenteur on se sert aussi d'un décamètre en ruban d'acier que l'on peut enrouler sur un tambour en bois et qui porte, de mètre en mètre, des index en cuivre.

Les *fiches* (fig. 492) sont des tiges de fer terminées en pointe. A chaque jeu de dix fiches est jointe une *fiche plombée*.

Pour mesurer une droite, en terrain horizontal, l'opérateur applique une poignée de la chaîne, près de terre, contre une première fiche plantée à la place du premier jalon. L'aide tient l'autre poignée avec une fiche dans la gorge; il tient dans l'autre main les huit autres fiches et la fiche plombée.

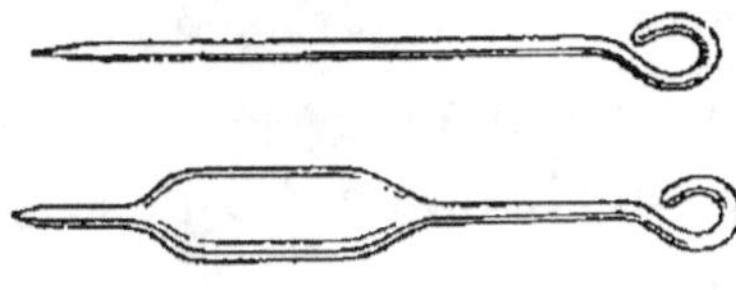

Fig. 492. — Fiches.

L'aide tend la chaîne en appliquant la poignée près de terre et en s'effaçant de façon que l'opérateur puisse viser la fiche que tient l'aide et le second jalon. Lorsque, après tâtonnements, la fiche est alignée avec les deux premiers jalons, l'aide l'enfonce en terre et l'opérateur s'y transporte après avoir arraché la première. On recommence l'opération à partir. de cette fiche. Quand la troisième fiche est plantée, l'opérateur arrache la seconde et se rend à la troisième; et ainsi de suite.

Chaque fois que l'opérateur arrache une fiche, c'est qu'on a mesuré 10 mètres. Quand le jeu des fiches est épuisé, l'aide plante la fiche plombée et revient vers l'opérateur qui lui remet les dix fiches et inscrit un trait sur son carnet. C'est ce qu'on appelle *faire l'échange des fiches*; chaque échange correspond à une longueur de 100 mètres mesurée sur le terrain. L'aide arrache la fiche plombée, la remplace par une autre fiche et on continue l'opération.

Lorsqu'on rencontre un jalon intermédiaire on le dépasse sans en tenir compte.

Quand l'aide arrive au dernier jalon, il le dépasse et ne

s'arrête que lorsque l'opérateur a atteint la dernière fiche. On tend alors la chaîne et on note la distance de la dernière fiche au jalon.

Supposons, par exemple, qu'on ait fait 3 échanges de fiches, et qu'au moment où l'aide a dépassé le dernier jalon, l'opérateur ait 7 fiches en mains. Enfin supposons que la distance de la dernière fiche au dernier jalon soit de 5 mètres et 3 chaînons, soit $5^m,60$, on a alors :

$$
\begin{array}{lr}
3\ \textit{échanges} & 300^m \\
7\ \textit{fiches} & 70^m \\
5\ \textit{mètres et 3 chaînons} & 5^m,60 \\
\hline
\text{Total} & 375^m,60.
\end{array}
$$

Lorsque l'on opère en terrain incliné (fig. 493), le procédé est le même. La distance horizontale AB des deux jalons extrêmes est la somme des distances horizontales $a\,a_1$, $a_2\,a_3$, $a_4\,a_3$, etc... des diverses fiches. Il suffit donc d'avoir soin de tendre la chaîne *horizontalement*, comme en $a_2\,a_3$, l'une des poignées a_2 près du sol et l'autre

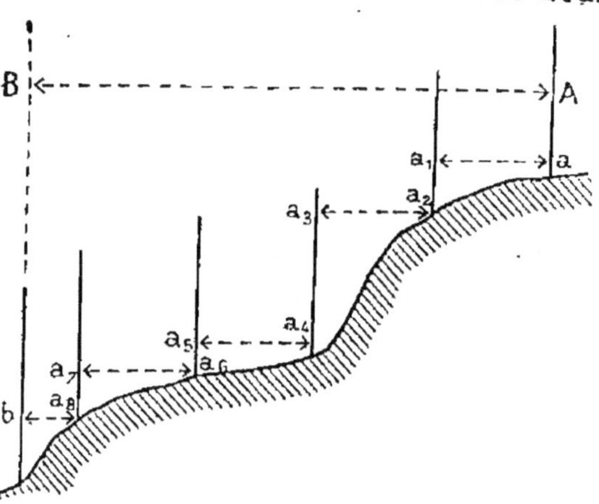

Fig. 493.

a_3 au-dessus du sol. On opère d'ordinaire en descendant. Au lieu de planter une fiche ordinaire, l'aide fait glisser la fiche plombée le long de la poignée de la chaîne. Cette fiche, à cause de son poids, s'enfonce verticalement dans le sol. On la remplace ensuite par une fiche ordinaire.

836. — **Perpendiculaires.** — Pour mener une perpendiculaire à une droite sur le terrain, on se sert de l'*équerre d'arpenteur*.

L'*équerre d'arpenteur* (fig. 494) a la forme d'un prisme octogonal régulier en laiton.

Les axes des huit faces sont percés de huit fentes qui sont deux à deux opposées.

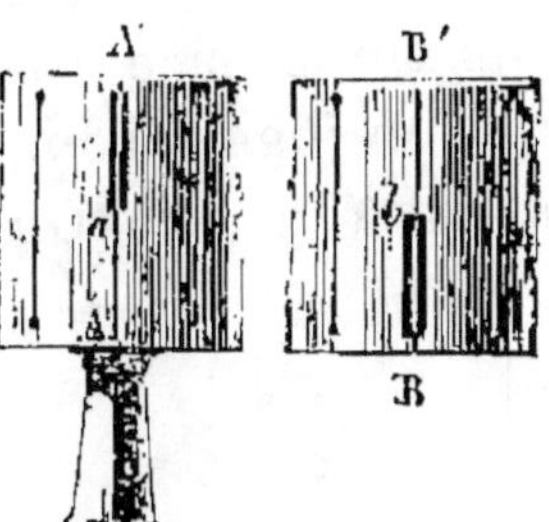

Quatre de ces fentes, situées dans deux plans rectangulaires, sont constituées chacune d'une moitié étroite et d'une autre moitié plus large dans l'axe de laquelle est tendu un crin, en prolongement de la partie étroite.

La partie étroite d'une fente AA′ est placée en face du crin de la partie large de la fente opposée BB′ et inversement. Dans ces conditions, le crin d'une fente et la partie étroite de la fente opposée forment, par visée, un plan.

Les quatre fentes intermédiaires sont rarement utilisées; elles peuvent servir à déterminer des directions à 45 degrés.

Fig. 494.
Équerre
d'arpenteur.

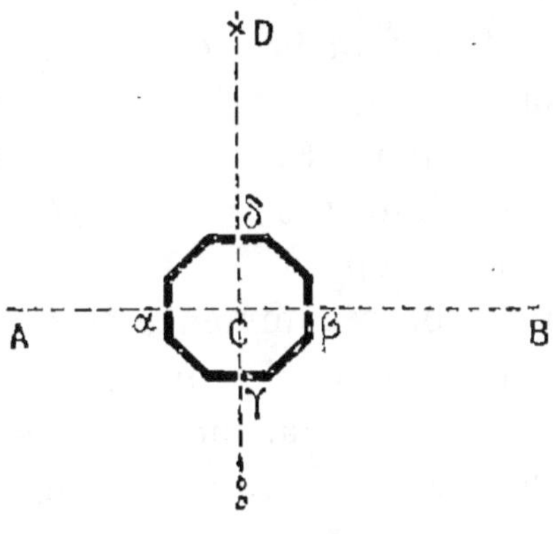

Fig. 495.

L'équerre est fixée sur un pied fiché en terre.

Pour élever une perpendiculaire en un point C d'une droite AB jalonnée sur le terrain (fig. 495), on plante verticalement l'équerre en C et on vérifie qu'elle est bien verticale au moyen du fil aplomb ou d'un niveau d'eau. On dirige l'équerre de façon que, quand on vise par la fente β, le crin α cache le jalon A et que, quand on vise par la fente α le crin β cache le jalon B.

L'opérateur se place alors en γ et l'aide, par tâtonnements, vient placer un jalon de façon qu'en le visant par la fente γ il soit caché par le crin δ. Ce jalon D détermine, avec C, la perpendiculaire CD.

Pour mener une perpendiculaire d'un point extérieur C à la droite AB, on opère par tâtonnements. On se place d'abord à peu près en un point D' de AB que l'on juge, à l'œil, être voisin du pied D de la perpendiculaire (fig. 496). On mène la perpendiculaire en D' comme tout à l'heure et on voit si elle passe en C. Si, par hasard, elle passait en C, l'opération serait faite; mais ceci n'a presque jamais lieu. Si on constate que D' est trop à gauche, on recommence en se déplaçant vers la droite. Le nouveau point D" peut alors être trop à droite, on revient alors vers la gauche; et, après quelques essais méthodiques, on détermine le point exact D.

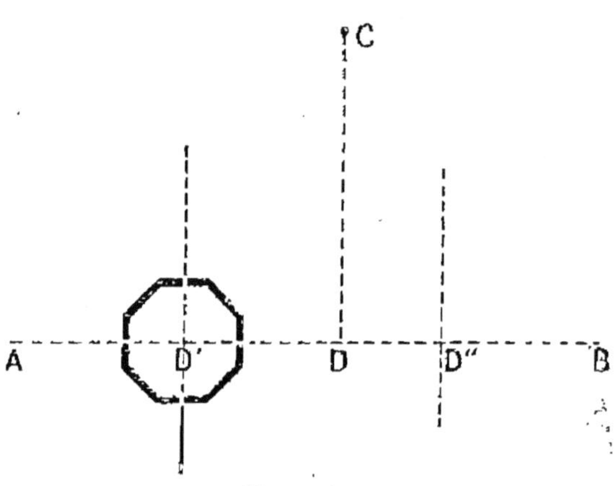

Fig. 496.

837. — Mesure de l'aire d'un terrain accessible. — Si le terrain est triangulaire on mesure sa base (n° 835), on mène la hauteur (n° 836) et on la mesure.

Dans le cas général on emploie la méthode des trapèzes indiquée en Géométrie plane (n° 544).

Soit à arpenter sur le terrain le polygone ABCDEFG (fig. 497). Nous choisissons une droite XY facile à jalonner (n° 834); puis des sommets A, B, C, etc., nous abaissons (n° 836) les perpendiculaires A*a*, B*b*, C*c*, etc.; enfin nous mesurons à la chaîne (n° **835**) les longueurs ai, ig, gb, bf, etc., et les distances Aa, Bb, etc.

L'aire totale est alors la somme des aires des trapèzes et triangles en lesquels la surface est décomposée.

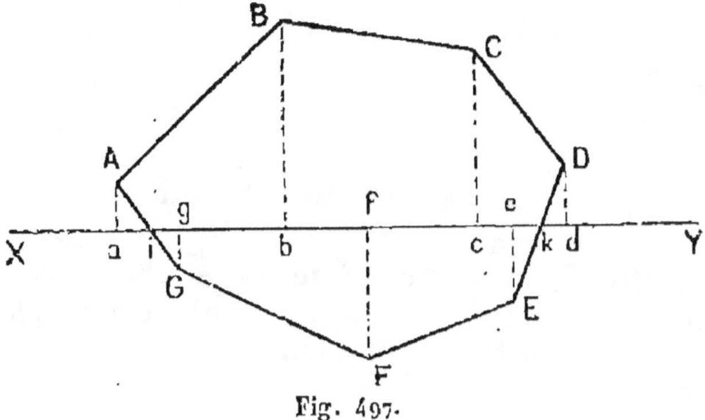

Fig. 497.

Si le contour du terrain n'est pas polygonal, mais courbe, on l'assimile à un polygone en choisissant les sommets assez voisins pour que l'erreur commise soit insignifiante.

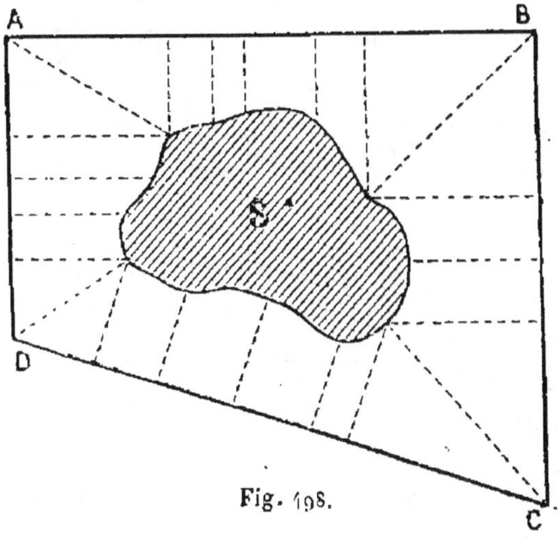

838. — Mesure de l'aire d'un terrain inaccessible. — Il peut arriver que l'on ne puisse pas pénétrer à l'intérieur d'un terrain soit parce qu'il est boisé, soit parce que c'est une pièce

Fig. 498.

d'eau, etc. Dans ce cas on modifie le procédé précédent.

On jalonne sur le terrain un polygone ABCD (fig. 498) entourant le terrain S à mesurer.

Ce polygone sera, par exemple, un trapèze ABCD ou tout autre polygone facile à mesurer.

On applique alors le procédé précédent des trapèzes au terrain intérieur à ABCD mais extérieur à S.

L'aire S cherchée est alors égale à l'aire de ABCD *diminuée* des aires des trapèzes et des triangles que l'on vient de mesurer.

§ 2. — Levés de plans.

839. — Définition. — Lever le plan *d'un terrain de faible étendue, c'est représenter, à une échelle connue, la projection de ce terrain sur un plan horizontal.*

Comme les projections d'une même figure sur deux plans parallèles sont identiques, le *levé de plan* est indépendant du plan horizontal de comparaison choisi.

840. — Levé au mètre. — Pour lever le plan d'un terrain *au mètre*, c'est-à-dire avec la chaîne d'arpenteur, on choisit (fig. 499), à l'intérieur du terrain, une droite AB facile à mesurer, appelée *base*. Pour déterminer la position d'un point M du terrain, soit sur son contour, soit à l'intérieur, on mesure ses distances MA et MB aux extrémités de la base. Il est, alors, facile de construire, à l'*échelle*, sur la carte, un trian-

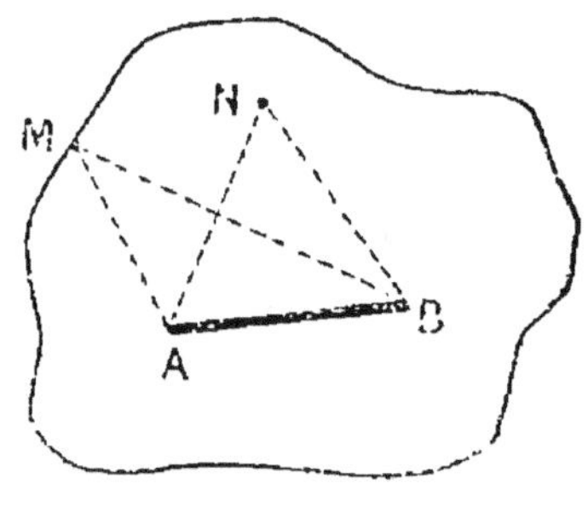

Fig. 199.

gle *amb* semblable au triangle AMB du terrain, puisqu'on en connaît les trois côtés. En recommençant pour un autre point N, et pour autant de points que l'on veut, on détermine ainsi le plan du terrain.

841. — Alignements. — Lorsque, par le levé précédent, on a déterminé les points principaux du contour du

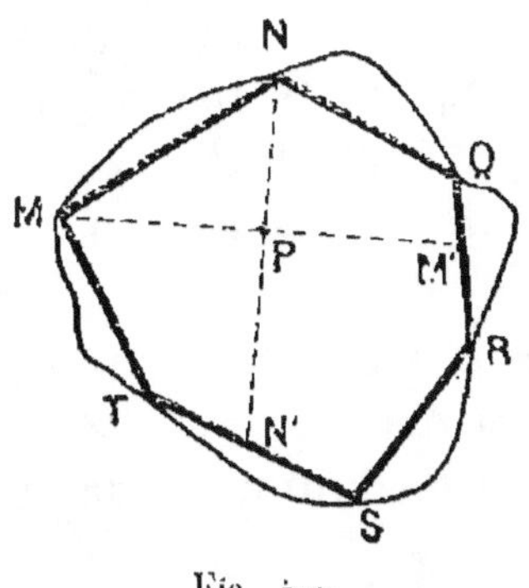

Fig. 500.

terrain, on peut, un peu plus rapidement, déterminer les points intérieurs par *alignements*. Soit P (fig. 500) un point intérieur, et soit MNQRST le polygone formé par les points principaux du contour du terrain, points déterminés précédemment. Joignons NP qui coupe ST en N′ et MP qui coupe QR en M′. En mesurant QM′ et SN′ on fixe, sur la carte, les positions des points M′ et N′. Il suffit alors, sur la carte, de tracer les droites MM′ et NN′, qui se coupent en P.

842. — Levé par abscisses et ordonnées. — On choisit sur le terrain une droite fixe OX (fig. 501) facile à

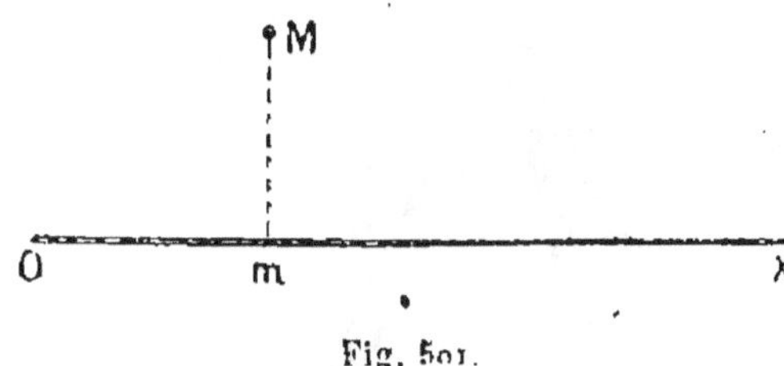

Fig. 501.

mesurer et à parcourir. Sur cette droite prenons un point O dit *origine des abscisses*. Pour déterminer la position d'un point M on abaisse, à l'équerre d'arpenteur (n° **836**), une perpendiculaire M*m* sur OX et on mesure, à la chaîne, O*m*, appelée *abscisse*, et *m*M, appelée *ordonnée*. En reportant ces données sur la carte, à l'échelle, on aura la position de M sur la carte. On recommencera pour autant de points qu'il faudra.

843. — Remarque. — Les procédés précédents, qui utilisent uniquement les instruments d'arpentage, sont très précis; mais ils sont longs et ne s'appliquent guère qu'à un terrain de petites dimensions et bien découvert.

Lorsqu'on opère sur un terrain plus étendu, que le levé n'a pas besoin d'être très précis et qu'on veut aller plus vite, on emploie des procédés plus expéditifs basés sur des mesures d'angles. Ces mesures n'étant jamais très précises, les levés ainsi obtenus sont moins fidèles.

844. — **Graphomètre**. — Les mesures d'angles sur le terrain se font au moyen du *graphomètre*.

Il se compose d'un demi-cercle ACB en laiton, évidé et gradué en degrés et minutes (fig. 502), appelé *limbe*. Ce cercle est monté sur un pied au moyen d'un *genou* G autour duquel il peut tourner. On commence par le rendre horizontal et on immobilise le genou en serrant la vis V. Aux extrémités du diamètre AB sont placées deux lames métalliques verticales A et B appelées *pinnules*. Ces pinnules

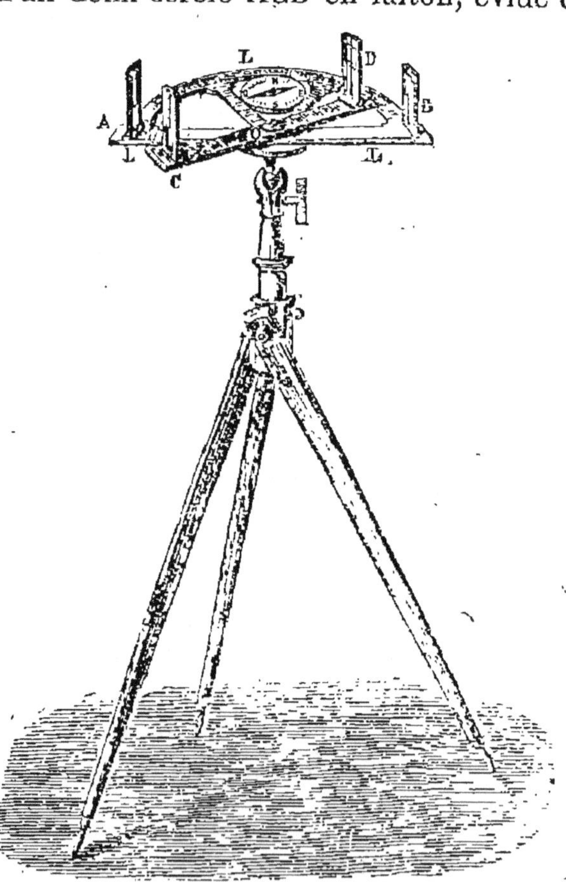

Fig. 502. — Graphomètre.

sont munies de fentes comme l'équerre d'arpenteur. Chacune des fentes comprend deux parties, l'une étroite, l'autre large traversée par un crin en prolongement de l'axe de la partie étroite. La partie étroite de A est en face du crin de B et vice versa. Le crin de l'une des pinnules détermine avec la fente étroite de l'autre un plan de visée qui passe par la ligne 0° — 180° du limbe, appelée *ligne de foi.*

Sur le limbe, autour de son centre, peut se mouvoir une seconde lame DE, appelée *alidade*, portant deux pinnules. Ses extrémités portent un index, ou mieux un *vernier* permettant d'apprécier les minutes d'angle, sur le limbe.

Pour mesurer un angle MON, on rend, à l'aide d'un niveau à bulle d'air, le limbe horizontal et de façon que son centre soit sur la verticale du point O d'où l'on veut viser. Ceci posé, on vise d'abord à l'aide des pinnules AB le premier point M du terrain, de façon à orienter la ligne de foi AB suivant la direction OM. On vise ensuite à l'aide de l'alidade DE le second point du terrain N. L'angle $\widehat{MON}$ sur le terrain est alors égal à l'angle de DE et AB, angle dont on lit la mesure sur le limbe gradué comme sur un rapporteur.

845. — Levé par intersections. — On choisit sur le terrain (fig. 503) une *base* AB facile à mesurer et d'où l'on

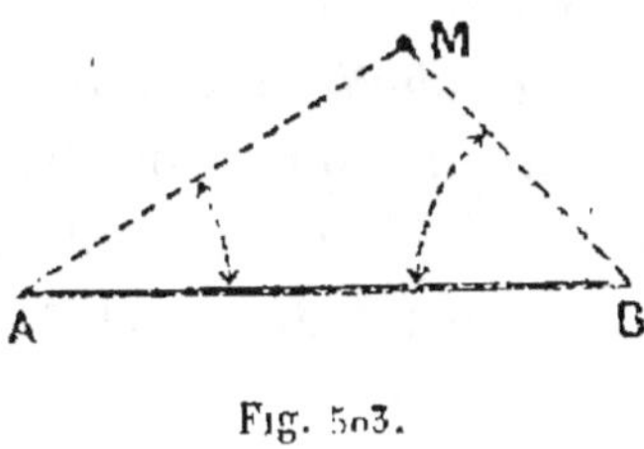

Fig. 503.

peut voir tous les points que l'on veut représenter sur la carte et préalablement jalonnés. Soit M un point à figurer. On met d'abord le graphomètre en A de façon que la ligne de foi soit dirigée suivant AB et on

mesure l'angle $\widehat{MAB}$. On transporte le graphomètre en B et on mesure l'angle $\widehat{MBA}$. Le triangle MBA est ainsi déterminé car on en connaît un côté AB et les deux angles adjacents. Il est donc facile de le dessiner, à l'échelle voulue, sur la carte.

Ce procédé est très rapide. En effet, le graphomètre étant placé en A, la ligne de foi suivant AB, il suffit de viser avec l'alidade mobile successivement tous les points à relever pour mesurer tous les angles tels que $\widehat{MAB}$; de même, en B, on mesure successivement tous les angles tels que $\widehat{ABM}$. On n'a donc qu'*une* mesure de longueur et deux mises en station du graphomètre à effectuer.

846. — Levé par cheminement. On n'emploie ce procédé que lorsque le précédent n'est pas applicable, ou encore, comme vérification du précédent. Soit ABCD un polygone sur le terrain. On mesure AB à la chaîne. On mesure l'angle $\widehat{ABC}$ au graphomètre, on mesure à la chaîne BC, puis au graphomètre l'angle $\widehat{BCD}$, et ainsi de suite. Le polygone est déterminé puisqu'on en connaît les longueurs des côtés et les angles.

Comme les mesures d'angles sont peu précises, l'accumulation des erreurs faites sur les angles cause souvent de graves erreurs dans la carte établie par ce procédé.

847. — Levé à la planchette. — C'est le procédé le plus expéditif, employé par les officiers dans les levers topographiques rapides. Il n'exige aucune *mesure* d'angle et donne, de suite, directement la carte du terrain.

Les instruments employés sont *la planchette* et *l'alidade*.

La *planchette* est une planche à dessin de 40 centimètres sur 60 centimètres de côtés, montée sur un trépied comme le graphomètre, de façon qu'on puisse la rendre horizontale.

L'alidade à pinnules est analogue à celui du graphomètre. Il comprend une règle plate, avec un bord biseauté divisé en centimètres et millimètres, terminé par deux pinnules telles que le plan de visée passe exactement par le bord de la règle.

Pour faire un levé, on choisit sur le terrain une base

AB que l'on mesure. On *met* la planchette *en station* en A.
A cet effet (fig. 5o4) on transporte la planchette en A et
on la rend hori-
zontale en se
servant du ni-
veau d'eau que
porte d'ordi-
naire l'alidade.
Si on n'a pas de
niveau d'eau,
on peut simple-
ment se servir
d'un crayon
rond. On orien-
te la table jus-

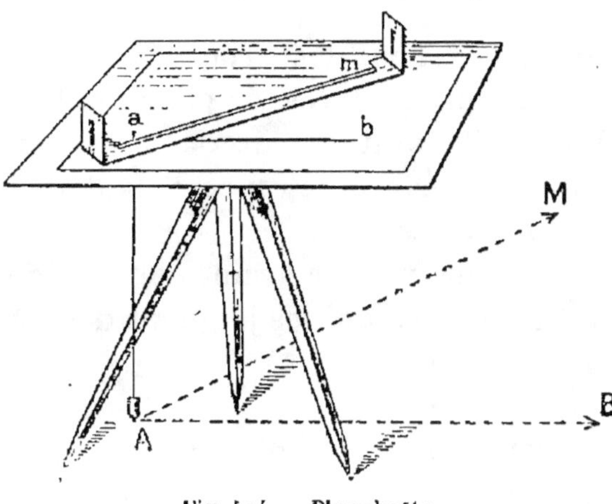

Fig. 5o4.—Planchette.

qu'à ce que le crayon, placé dans n'importe quelle direction, ne roule plus sur la table. On fixe la table. On
marque sur la feuille à dessin le point *a* situé sur la
verticale du point A. En *a* on plante une épingle dans
la planchette. Appuyant le bord biseauté de l'alidade
sur l'épingle *a* servant d'axe de rotation, on vise d'abord
B et on trace sur le papier la ligne *ab* parallèle à AB.
Sur cette ligne, à l'échelle, on porte une longueur *ab*
égale à la mesure de AB. On vise ensuite successivement
tous les points que l'on veut marquer sur la carte. Ainsi
l'alidade pivotant autour de *a*, on vise le point M et on
trace au crayon la droite *am*. L'angle $\widehat{bam}$ est égal à
l'angle $\widehat{BAM}$; on applique la *méthode des intersections*
(n° 845); mais, au lieu de mesurer l'angle $\widehat{BAM}$ au graphomètre et de le reporter sur le dessin, on le trace directement.

Tous les points ayant été visés, en A, on transporte la
planchette et on la met en station en B, de façon que le
point *b* soit sur la verticale de B et que la ligne *ba* soit

dirigée suivant BA. On recommence les visées en B et les intersections des rayons issus de *a* et *b*, sur le dessin, déterminent, sur la carte, les divers points.

848. — **Triangulation**. — Tous les procédés décrits plus haut ne s'appliquent qu'aux levés de plans de terrains peu étendus. Lorsqu'il s'agit de faire la carte d'un grand pays, par exemple la carte de France, il faut employer des méthodes plus précises.

A cet effet, on fixe avec soin un certain nombre de points élevés du pays. Les droites qui les joignent deux à deux forment sur le terrain (fig. 505) un réseau de triangles. On choisit un premier côté AB pour *base* qu'on mesure avec grand soin; puis, par des opérations très précises et longues, avec de fréquents contrôles, on détermine, par des mesures d'angles, de proche en proche, tous les triangles ABC, BCE, etc., du réseau. C'est ce qu'on appelle faire une *triangulation*.

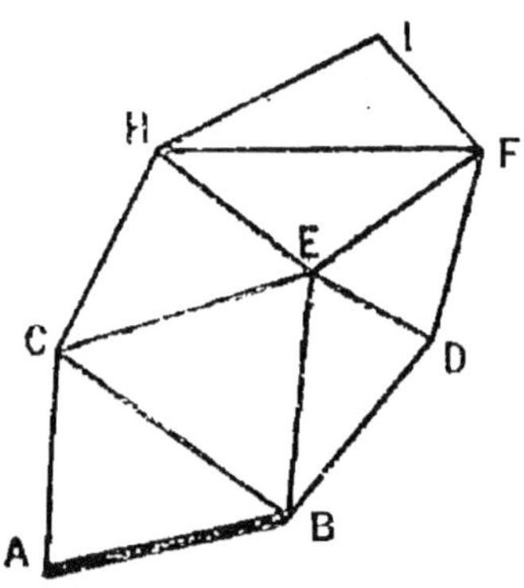

Fig. 505. — Triangulation.

Lorsque cette triangulation a été faite avec beaucoup de précision et reportée sur la carte, on fait ensuite, par les procédés indiqués plus haut, le levé des détails situés dans chaque triangle.

§ 3. — **Nivellement**.

849. — **Altitudes**. — Le *plan* d'un terrain est la projection de ce terrain sur un plan horizontal. Or, la projection d'une figure de l'espace sur un plan ne suffit pas à déterminer cette figure et il faut en outre connaître les distances des divers points à ce plan de projection. Pour

définir complètement un terrain, pour en avoir la *carte*, il faut donc non seulement en *lever le plan*, mais encore connaître les distances de ses divers points à un plan horizontal de comparaison.

Pour définir ce plan de comparaison, sur la terre, on imagine que l'on prolonge, en tous sens, à l'intérieur des continents, la surface du niveau moyen des mers. Cette surface est aplatie aux pôles, mais diffère très peu d'une sphère. Si l'on considère une portion restreinte de cette surface, elle diffère très peu de son plan tangent en un point intérieur, de telle sorte que l'on peut considérer, *dans une région peu étendue*, la surface du niveau moyen des mers comme formant un plan horizontal (perpendiculaire à la verticale, direction du fil à plomb). C'est cette surface que l'on prend comme plan de comparaison.

*On appelle **altitude** d'un lieu sur la terre sa hauteur (sa cote) au-dessus du plan formé par le niveau moyen des mers.*

La *carte* complète d'une région se compose donc :

1° De sa projection sur un plan horizontal, projection que l'on détermine à l'aide des levés dont nous avons parlé dans le paragraphe précédent;

2° Des *altitudes* de ses points principaux.

*Le **nivellement** consiste dans la détermination des altitudes des divers points d'un terrain.*

Pratiquement, on détermine l'altitude d'*un* point au-dessus du niveau de la mer, et il suffit ensuite de mesurer les *différences d'altitude* des autres points entre eux.

Ainsi, par exemple, si nous savons que l'altitude d'un point A est de 150 mètres et qu'un second point B est à 235 mètres d'altitude au-dessus de A, l'altitude de B, au-dessus du niveau de la mer, sera $150^m + 235^m = 385^m$.

850. — Instruments. — Les instruments dont on se sert

dans la méthode du *nivellement direct* sont le *niveau d'eau*
et la *mire*.

851. — Niveau d'eau. — Le niveau d'eau se compose
d'un tube de cuivre cylindrique T (fig. 506) d'environ
$1^m,20$ de longueur, en communication avec deux fioles de

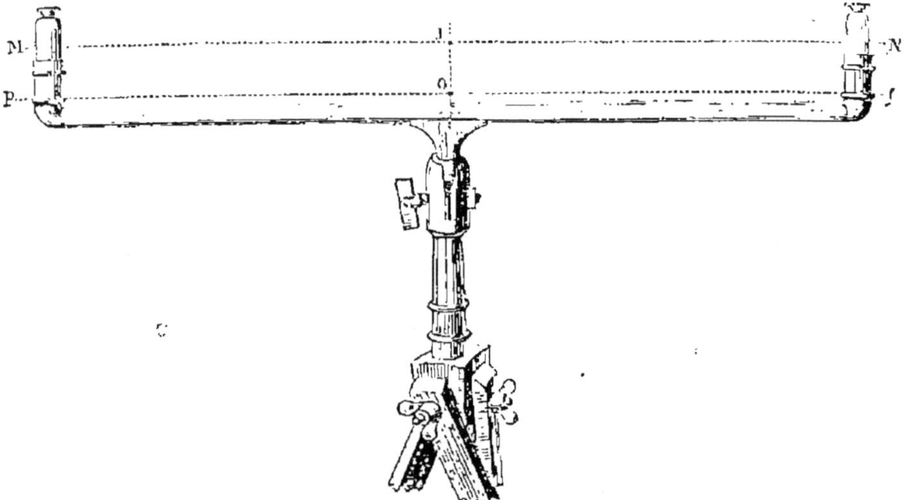

Fig. 506. — Niveau d'eau.

verre F et F' dont les axes sont perpendiculaires à celui
du tube. Ces cylindres de verre ont environ 3 centimètres
de diamètre et 15 centimètres de hauteur. L'appareil est
fixé par le centre du tube sur un trépied au moyen d'une
articulation O que l'on peut immobiliser par une vis de
serrage. Lorsqu'on verse de l'eau dans les fioles et le
tube, en quantité suffisante pour que l'eau monte dans
chacune des fioles de verre, les deux niveaux de l'eau
dans les deux fioles sont situés, d'après le principe des
vases communiquants, dans un même plan *horizontal* AB
et cela, quelle que soit l'inclinaison de l'appareil. On a
ainsi facilement un plan de visée *horizontal* AB.

852. — Mire. — La *mire* se compose (fig. 507) d'une

règle R de 2 mètres de longueur, graduée en centimètres sur la face postérieure. Le long de cette règle glisse un curseur portant une plaque rectangulaire V, appelée *voyant*, partagée en quatre rectangles égaux alternativement peints en rouge et en blanc. Le centre O du voyant est ainsi bien visible et peut être, par suite, facilement visé.

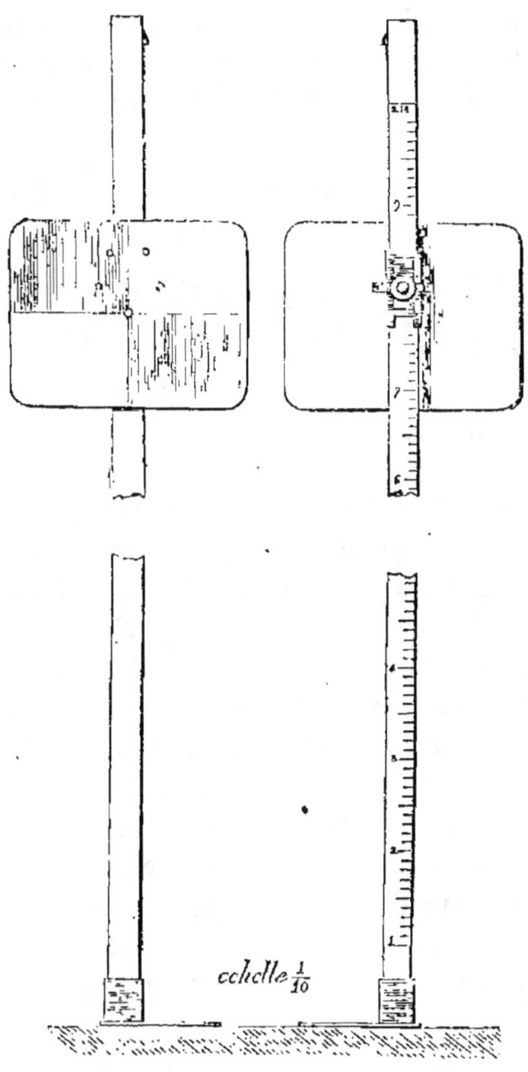

Fig. 507. — Mire.

853. — Nivellement direct. — Pour mesurer la différence d'altitude de deux points A et B (fig. 508), on place en A et B deux aides chacun avec une mire tenue verticalement. L'opérateur place le niveau d'eau entre les deux. Il vise d'abord la mire A et par des commandements au premier aide fait monter ou baisser le voyant A jusqu'à

ce que son centre soit dans le plan de visée du niveau.
Il vise ensuite la mire B et fait amener le centre de son
voyant également dans le plan de visée du niveau. Dans
ces conditions les centres des deux voyants des deux
mires sont dans un même plan horizontal. Les aides

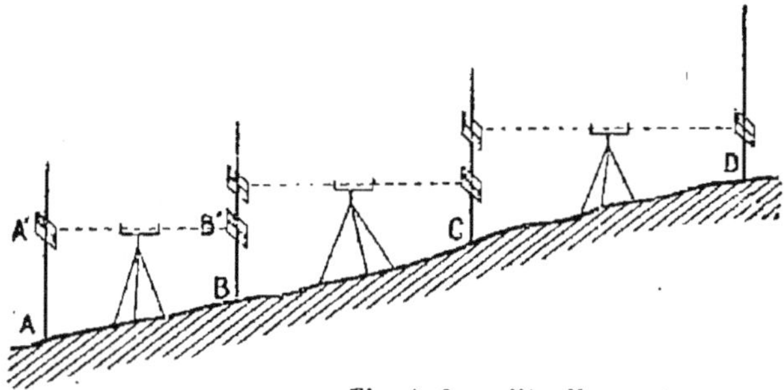

Fig. 508. — Nivellement.

lisent alors les hauteurs sur les graduations des règles. Si
la hauteur AA′ est de $1^m,22$ et celle de BB′ $0^m,83$, cela veut
dire que A est au-dessous du plan horizontal A′B′ à la
distance de $1^m,22$ et que B est au-dessous de ce plan à la
distance de $0^m,83$. Le point B est donc *au-dessus* de A avec
une différence de niveau de $1^m,22 — 0^m,83 = 0^m,39$.

Lorsque les deux points dont on veut mesurer les différences d'altitude sont trop éloignés, on se sert de points
intermédiaires. Ainsi (fig. 508) pour mesurer la différence
de niveau entre A et D, on mesure celle entre A et B,
puis entre B et C, puis entre C et D et on fait la somme.
L'opérateur avance de A vers D accompagné de ses deux
aides, l'un en arrière, l'autre en avant. Le premier aide se
place d'abord en A, l'opérateur vise sa mire et fait ainsi
ce qu'on appelle un *coup arrière*. Le second aide se place
en B et l'opérateur, en visant sa mire, fait un *coup avant*.

Ensuite le premier aide se transporte en B et le second
en C. L'opérateur fait encore un coup arrière et un coup
avant; et ainsi de suite.

Chaque aide inscrit ses coups sur un carnet, c'est-à-
dire qu'il inscrit les hauteurs du voyant à chaque coup.

Voici alors comment on fait le calcul. Soient h_1, h_2, h_3, les coups arrière, k_1, k_2, k_3 les coups avant. Soient d_1, d_2, d_3 les différences de niveau. On a :

$$d_1 = k_1 - h_1,$$
$$d_2 = k_2 - h_2,$$
$$d_3 = k_3 - h_3.$$

En additionnant, on a la différence de niveau totale entre A en D :

$$d_1 + d_2 + d_3 = k_1 + k_2 + k_3 - (h_1 + h_2 + h_3).$$

Ce qui exprime que :

La différence de niveau est égale à l'excès de la somme des coups avant sur la somme des coups arrière.

Il suffit donc de faire la somme des coups marqués sur le carnet de l'aide avant et d'en retrancher la somme des coups marqués sur le carnet de l'aide arrière.

Pour des opérations plus précises, on remplace le niveau d'eau par une lunette terrestre dont l'axe est rendu horizontal par un niveau à bulle d'air. Dans ce cas la graduation de la mire est sur la face antérieure et c'est l'opérateur qui la lit dans la lunette.

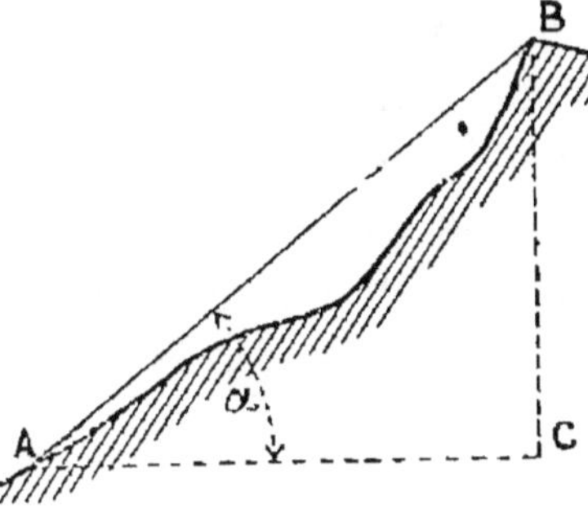

Fig. 509.

854. — **Nivellement indirect**. — Soient (fig. 509) A et B deux points. Considérons le triangle rectangle ABC dont l'hypoténuse est AB et qui a pour côtés de l'angle droit l'horizontale AC et la verticale BC. La différence d'altitude des deux points A et B est BC. Or, si dans le triangle ABC on connaît le côté BC et l'angle $\alpha = \widehat{CAB}$, on a :

$$(1) \qquad BC = AC . \operatorname{tg} \alpha.$$

A cet effet, on mesure :

1° La distance AC, qui est la distance *horizontale* des points A et C, par le jalonnement et la chaîne (n°s 834 et 835);

2° L'angle $\widehat{CAB} = \alpha$, au moyen d'un *théodolite* ou d'un *éclimètre*.

La différence de niveau BC est donnée par la formule (1).

Le théodolite se compose essentiellement d'une lunette astronomique qui tourne dans un plan vertical sur un cercle gradué. Ce cercle gradué est mobile autour d'un axe que l'on peut facilement rendre rigoureusement vertical. Dans ces conditions la ligne $0° - 180°$ du cercle est verticale. Ayant installé le théodolite en A, on vise avec la lunette le point B; on lit sur le cercle gradué l'angle qu'elle fait avec la verticale et le complément de cet angle est l'angle α.

En montagne, on fait encore des mesures de différences d'altitude au moyen du baromètre. On sait, en effet, que, lorsqu'on s'élève dans l'atmosphère, la colonne de mercure dans le baromètre s'abaisse. Une formule établie par Laplace permet de calculer la différence de niveau connaissant la variation de la hauteur de la colonne barométrique. Ce procédé n'est pas très précis et sert surtout pour avoir une première valeur approximative de la hauteur d'une montagne.

EXERCICES DE DESSIN GRAPHIQUE

(Voir page 557 les Exercices de dessin graphique
de Géométrie plane.)

Dans les exercices de dessin graphique et lavis qui suivent toutes les cotes sont exprimées en millimètres ; on suppose que le cadre est rectangulaire, formé d'un seul trait fin, ayant 270 de long sur 200 de large avec 20 de marge sur les quatre côtés. Le titre principal hors cadre sera à 6 de ce dernier, composé de lettres de 6 de hauteur sur 4 de largeur séparées par des intervalles de 2 excepté I qui n'a que 1 de largeur et M qui a 6. Ces lettres doivent être tracées à la règle et au tire-ligne. Les titres secondaires seront placés hors cadre aux quatre coins du cadre à 4 de celui-ci en lettres minuscules d'imprimerie de 2 de hauteur en général, légèrement penchées. On les disposera comme suit : en haut à gauche le nom de l'établissement, en haut à droite le nom de la division et le n° de la planche, en bas à gauche la date, en bas à droite, le nom de l'élève. On tracera le cadre à l'aide des deux axes de la feuille, en menant des parallèles à ces deux axes, aux distances indiquées et on nommera à moins d'indication contraire X'OX le grand axe et Y'OY le petit axe, X étant à droite et Y en haut de la feuille.

1. Titre : « **Ombre d'un triangle** ». — On considère un triangle ABC dont le point A situé à 75 au-dessus du plan de la feuille se projette sur cette feuille en un point a de OX tel que $Oa = 75$, dont le point B situé à 50 au-dessus du plan de la feuille se projette en b sur Oy tel que $Ob = 37,5$ et dont le point C situé à 50 au-dessus de la feuille se projette en c, quatrième sommet du rectangle $aObc$. Étant donné de plus un point S situé à 150 au-dessus du plan de la feuille et projeté en s sur Oc à une distance $Os = 142,5$, tracer l'ombre portée sur le plan de la feuille en supposant le point S lumineux et le triangle opaque.

On tracera le triangle et le contour d'ombre extérieur à la projection du triangle en trait noir fin continu, la partie du contour d'ombre cachée par le triangle en pointillé noir et on mettra des hachures noires fines parallèles équidistantes de 1 dans la partie visible de l'ombre portée. Les constructions en trait fin continu à l'encre rouge.

2. Titre : « **Ombres** ». — On donne un dièdre de 150°, d'arête Y'OY, un plan de face est la demi-feuille où se trouve OX' l'autre face étant au-dessus de la feuille. On prend sur Y'OY deux points a et b, symétrique de O, $Oa = 45$ et on construit dans le demi-plan où est OX' un carré de côté ab. Ce carré est la projection d'un quadrilatère ABCD dont les sommets sont situés au-dessus du plan de la feuille à des distances

$Aa = 60$, $Bb = 50$, $Cc = 25$, $Dd = 35$. On éclaire ce quadrilatère par des rayons lumineux descendant de gauche, à droite faisant 45° avec le plan de la feuille dans des plans perpendiculaires à la feuille et parallèles à X'OX : tracer les ombres portées par ce quadrilatère sur les deux faces du dièdre, en représentant, ou ces ombres elles-mêmes, ou leurs projections orthogonales sur le plan de la feuille selon qu'elles sont sur l'une ou l'autre face du dièdre donné. Exécuter les tracés comme il a été indiqué à l'exercice précédent.

3. Titre : « **Ombres d'une pyramide** ». — Une pyramide SABCDEF a pour base un hexagone régulier de centre O dans le plan de la feuille, le sommet A situé sur OX à une distance de O égale à 66, le sommet S est projeté en A et situé au-dessus du plan de la feuille à une distance $AS = 80$. On éclaire cette pyramide par des rayons lumineux parallèles à la direction SS'. S' étant le symétrique de S par rapport au milieu de OE ; 1° représenter la pyramide par sa projection orthogonale sur le plan de la feuille ;

2° Indiquer par des hachures les ombres propres de la pyramide ;

3° Dessiner le contour d'ombre portée par la pyramide sur le plan de la feuille et hachurer l'intérieur de ce contour.

Exécution suivant indications analogues à celles des exercices précédents.

4. Titre : « **Ombres d'un prisme** ». — Le prisme a pour section droite un carré situé dans le plan perpendiculaire à la feuille mené par Y'OY, le centre de ce carré est projeté en O, sa distance au-dessus de la feuille est 60 et la diagonale AC est horizontale et a pour longueur 52,5. La longueur des arêtes est 180 et leurs milieux sont les sommets du carré ABCD ; 1° Représenter ce carré par sa projection orthogonale sur le plan de la feuille ;

2° Tracer l'ombre propre et l'ombre portée sur le plan de la feuille du prisme éclairé par un point lumineux S projeté sur la feuille au milieu I de OA et situé au dessus de la feuille à une distance $IS = 600$. Exécution analogue à celle des exercices précédents.

5. Titre : « **Ombres** ». — On considère un cube dont la base EFGH repose sur le plan de la feuille, E et F sur X'X et G et H au-dessus ; $OE = 127,5$, $OF = 52,5$; sur la base supérieure est posée une pyramide octogonale régulière dont la base est un octogone régulier convexe inscrit dans la face supérieure du cube et dont la hauteur est égale à l'arête du cube. Rechercher les ombres propres et portées de l'ensemble du cube et de la pyramide les rayons lumineux étant parallèles à la direction UV. Le point U, étant centre de la face supérieure du cube, le point V sur X'X à droite de O tel que $OV = 30$. Exécution suivant les principes habituels.

6. Titre : « **Ombres** ». — On donne dans le plan de la feuille deux cercles de centres C_1 et C_2 de même rayon $R = 45$ tangents extérieurement ; C_1 et C_2 sont sur X'X symétriques par rapport à α : $O\alpha = 30$ à gauche de O. Ces cercles sont les bases d'un cylindre de hauteur $h = 90$

et d'un cône de révolution de hauteur $h = 67,5$ la base du cylindre étant le cercle C_1. Représenter les deux solides et leurs ombres propres et portées sur le plan de la feuille, les rayons lumineux étant parallèles à la direction AB; A étant le point de la base supérieure du cylindre où la tangente est parallèle à OX et rencontre la demi-droite OY et le point B étant le point de la base inférieure du cône symétrique de O par rapport à C_2. Exécution suivant indications des exercices précédents.

7. Titre : « **Carrelage** ». — Dessiner dans un cadre tracé à l'intérieur du cadre ordinaire à 20 des côtés de ce cadre un carrelage formé de carrés et d'octogones réguliers convexes (voir ex.   ) dont le côté commun a 3o de longueur, les côtés des carrés étant parallèles aux bissectrices des axes de la feuille. Tracer ensuite dans chaque octogone des carrés concentriques à ces octogones et déplacés des carrés du carrelage par translation; passer une teinte d'encre de chine très noire dans les carrés.

8. Titre : « **Décoration** ». — Couvrir un cadre de dimensions 23o/18o, concentrique au cadre ordinaire, d'un réseau de triangles équilatéraux

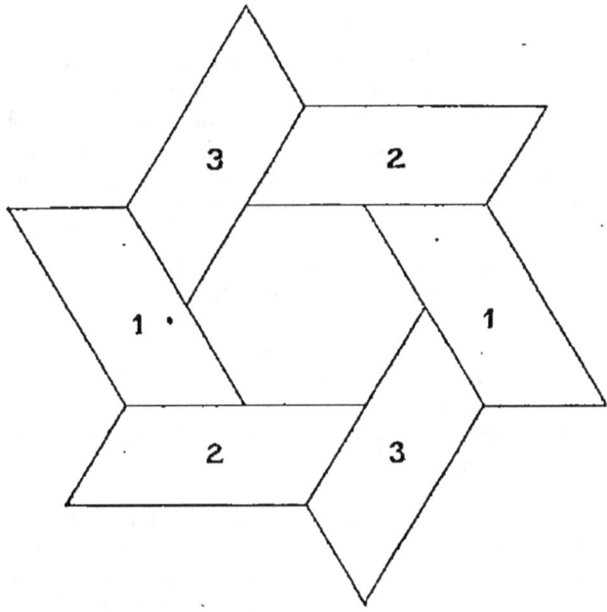

Fig. A.

ayant 12 de côté dont l'un a pour centre le centre de la feuille et un côté parallèle au grand axe. A l'aide de ce réseau, dessiner un réseau d'étoiles dont la forme est indiquée à l'exercice 142 et fig. A. Passer ensuite dans les régions marquées (1) une teinte de couleur bleue claire, dans les régions (2) une teinte de couleur verte claire et dans les régions (3) une teinte jaune claire (fig. A).

9. Titre : « *Mosaïque* ». — Dessiner dans le cadre ordinaire un carrelage de carrés ayant 7,5 de côté et former d'abord deux bandes rectangulaires de 7,5 d'épaisseur avec les carrés du tour et les carrés situés à 7 rangs des carrés du tour. Dans la grande bande ayant une épaisseur de 6 carrés comprise entre les deux précédentes on fera courir un dessin ayant la forme représentée (fig. B) et tracé à l'aide du carrelage primitif.

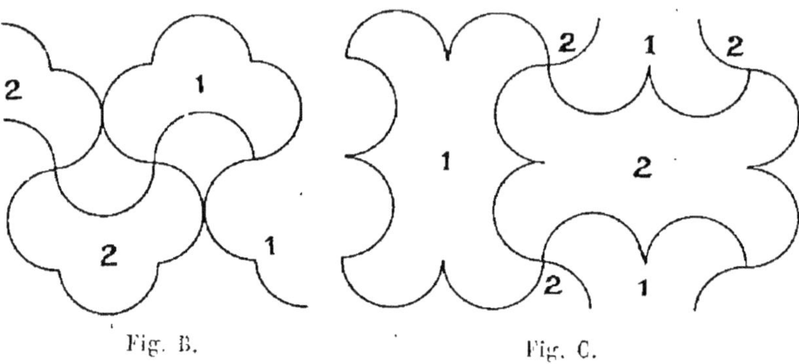

Fig. B.   Fig. C.

On couvrira la partie centrale d'une mosaïque dont le dessin est représenté (fig. C) et tracé également à l'aide du carrelage primitif en dessinant un des motifs dans le rectangle de 4/6 carrés situé au centre de la feuille. Exécuter ensuite le lavis à deux teintes noire et grise de l'ensemble en passant la teinte noire dans les régions marquées (2) et la teinte grise dans les régions marqués (1), les régions non marquées étant laissées en blanc.

10. Titre : « *Dallage* ». — Dessiner dans un cadre tracé à l'intérieur du cadre ordinaire à 20 des côtés de ce cadre un dallage formé de triangles équilatéraux dont le côté a 40 de longueur. Tracer à l'intérieur de ces triangles d'autres triangles homothétiques et concentriques ayant 20 de côtés et joindre les sommets correspondants. Passer dans les triangles centraux une teinte d'encre de Chine noire et passer dans les trois trapèzes adjacents à un triangle, mais de deux en deux triangles seulement, une teinte d'encre de Chine grise.

11. Titre : « *Rose des vents* ». — Décrire un cercle de centre O et de rayon 90, et le diviser en 4, 8, 16 puis 32 parties égales ; numéroter les points de division de 1 à 32 en tournant dans le sens des aiguilles d'une montre à partir du premier point de division pris sur OY. Dessiner alors une étoile à quatre branches de la forme (fig. D), dont les sommets sont les points 1, 9, 17, 25. Tracer la même étoile en lui donnant les sommets 5, 13, 21, 29 en la supposant placée sous la première et en partie cachée par elle, puis la même étoile dans deux positions de sommets 3, 11, 19, 27 et de sommets 7, 15, 23, 30, ces deux nouvelles étoiles étant supposées placées sous les précédentes, enfin la même étoile dans 4 positions de sommets 2, 10, 18, 26 — 4, 12, 20, 28 — 6, 14, 22, 30 — 8, 16, 24, 32. Ces dernières étant à nouveau placées sous toutes les précédentes. Fabriquer alors quatre teintes d'encre de chine de teintes sensiblement équidistantes depuis le noir très foncé jusqu'au gris très clair et passer la teinte la plus claire dans les régions marquées (1) (fig. D) de la première étoile tracée, puis la seconde teinte dans l'ordre, dans les mêmes régions de l'étoile tracée en second lieu, puis la troisième teinte dans les mêmes régions des deux étoiles tracées en troisième lieu, enfin la teinte la plus foncée dans les mêmes régions des quatre étoiles tracées en dernier lieu. Marquer ensuite les initiales des différents rhumbs du vent aux pointes correspondantes des étoiles.

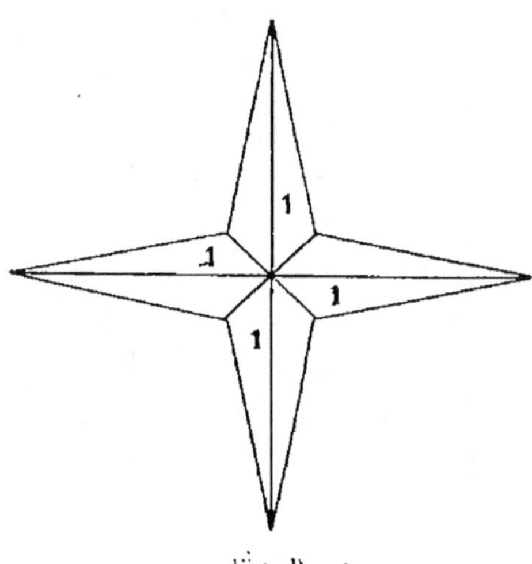

Fig. D.

12. Titre : « *Etoile* ». — Tracer de O comme centre deux cercles de rayon 75 et 71 et inscrire dans le plus petit un décagone régulier convexe (ex. 10, page 349) E. Numéroter de 1 à 10 les sommets du décagone en tournant dans le sens des aiguilles d'une montre et tracer les arcs de cercle tangents aux couples de rayons du décagone qui aboutissent aux sommets 1 — 4, 2 — 5, 3 — 6, 4 — 7, 5 — 8, 6 — 9, 7 — 10, 8 — 1, 9 — 2, 10 — 3. Tracer ensuite les arcs de cercle concentriques aux premiers et ayant 4 de rayon en plus et en moins, en limitant ces nouveaux cercles à leurs intersections mutuelles. Passer ensuite dans la couronne formée par les deux cercles primitifs donnés et dans les bandes comprises entre les différents arcs concentriques tracés une teinte d'encre de chine foncée.

13. Titre : « *Rosace* ». — Tracer un triangle équilatéral OAB de côté OA = 22,5 ; O centre de la feuille, A sur OX, puis sur AB construire un triangle rectangle ABC d'angle droit B, de côté BC = 37,5, enfin construire sur AC un triangle isocèle ACD, AC = CD, CD étant le prolongement de BC. Tracer alors : 1° l'arc OB du cercle circonscrit au triangle OAB ; 2° Le demi-cercle de diamètre BC qui coupe AC puis l'arc CD du cercle circonscrit au triangle ACD, enfin l'arc du cercle DE de centre A limité en E sur OA. On obtient ainsi un contour mixtiligne OBCDEO dont seul le côté OE est rectiligne. On fait alors tourner ce contour autour de O dix fois d'un angle de 36° et on trace les contours obtenus à chaque fois en supposant que le nouveau obtenu recouvre le précédent, le dernier étant recouvert par le premier.

Passer de deux en deux alternativement une teinte d'encre de chine foncée puis claire dans les parties visibles des contours ainsi obtenus.

Table des lignes trigonométriques de demi-degré en demi-degré.

Arcs	Sinus	Cosinus	Tang.	Cotg.	Arcs
0°00'	0,0000	1,0000	0,0000	∞	90°00'
30'	0087	0000	0087	114,5887	30'
1°00'	0175	0,9998	0175	57,2900	89°00'
30'	0262	9997	0262	38,1885	30'
2°00'	0349	9994	0349	28,6363	88°00'
30'	0436	9990	0436	22,9038	30'
3°00'	0523	9986	0524	19,0811	87°00'
30'	0610	9981	0612	16,3499	30'
4°00'	0698	9976	0699	14,3007	86°00'
30'	0785	9969	0787	12,7062	30'
5°00'	0872	9962	0875	11,4301	85°00'
30'	0958	9954	0963	10,3854	30'
6°00'	1045	9945	1051	9,5144	84°00'
30'	1132	9936	1139	8,7769	30'
7°00'	1219	9925	1228	1443	83°00'
30'	1305	9911	1317	7,5958	30'
8°00'	1392	9903	1405	1154	82°00'
30'	1478	9890	1495	6,6912	30'
9°00'	1564	9877	1584	3138	81°00'
30'	1650	9863	1673	5,9758	30'
10°00'	1736	9848	1763	5,6713	80°00'
30'	1822	9833	1853	3955	30'
11°00'	1908	9816	1944	1446	79°00'
30'	1994	9799	2035	4,9152	30'
12°00'	2079	9781	2126	7026	78°00'
30'	2164	9763	2217	5107	30'
13°00'	2250	9744	2309	3315	77°00'
30'	2334	9724	2401	1653	30'
14°00'	2419	9703	2493	0108	76°00'
30'	2504	9681	2586	3,8667	30'
15°00'	2588	9654	2679	7321	75°00'
30'	2672	9636	2773	6059	30'
16°00'	2756	9613	2867	4874	74°00'
30'	2840	9588	2962	3759	30'
17°00'	2924	9563	3057	2709	73°00'
30'	3007	9537	3153	1716	30'
18°00'	3090	9511	3249	0777	72°00'
30'	3173	9483	3346	2,9887	30'
19°00'	3256	9455	3443	9012	71°00'
30'	3338	9426	3541	8239	30'
20°00'	3420	9397	3640	2,7475	70°00'
30'	3502	9367	3739	6746	30'
21°00'	3584	9336	3839	6051	69°00'
30'	3665	9304	3939	5386	30'
22°00'	3746	9272	4040	4751	68°00'
30'	0,3827	0,9239	0,4142	2,4142	30'

Arcs	Sinus	Cosinus	Tang.	Cotg.	Arcs
23°00'	0,3907	0,9205	0,4245	2,3559	67°00'
30'	3987	9171	4348	2998	30'
24°00'	4067	9135	4452	2460	66°00'
30'	4147	9100	4557	1943	30'
25°00'	4226	9063	4663	1445	65°00'
30'	4305	9026	4770	0965	30'
26°00'	4384	8988	4877	0503	64°00'
30'	4462	8949	4986	0057	30'
27°00'	4540	8910	5095	1,9626	63°00'
30'	4617	8870	5206	9210	30'
28°00'	4695	8829	5317	8807	62°00'
30'	4772	8788	5430	8418	30'
29°00'	4848	8716	5543	8040	61°00'
30'	4924	8704	5658	7675	30'
30°00'	5000	8660	5774	7321	60°00'
30'	5075	8616	5890	6977	30'
31°00'	5150	8570	6009	6643	59°00'
30'	5225	8526	6128	6319	30'
32°00'	5299	8480	6249	6003	58°00'
30'	5373	8434	6371	5697	30'
33°00'	5446	8387	6494	5399	57°00'
30'	5519	8339	6619	5108	30'
34°00'	5592	8290	6745	4826	56°00'
30'	5664	8241	6873	4550	30'
35°00'	5736	8192	7002	4281	55°00'
30'	5807	8141	7133	4019	30'
36°00'	5878	8090	7265	3764	54°00'
30'	5948	8039	7400	3514	30'
37°00'	6018	7986	7536	3270	53°00'
30'	6088	7934	7673	3032	30'
38°00'	6157	7880	7813	2799	52°00'
30'	6225	7826	7954	2572	30'
39°00'	6293	7771	8098	2349	51°00'
30'	6361	7716	8243	2131	30'
40°00'	6428	7670	8391	1918	50°00'
30'	6494	7604	8541	1708	30'
41°00'	6561	7547	8693	1504	49°00'
30'	6626	7490	8847	1303	30'
42°00'	6691	7431	9004	1106	48°00'
30'	6756	7373	9163	0913	30'
43°00'	6820	7314	9325	0724	47°00'
30'	6884	7254	9490	0538	30'
44°00'	6947	7193	9657	0355	46°00'
30'	7009	7133	9827	0176	30'
45°00'	0,7071	0,7071	1,0000	1,0000	45°00'

Arcs	Cosinus	Sinus	Cotg.	Tang.	Arcs	Arcs	Cosinus	Sinus	Cotg.	Tang.	Arcs

Table des lignes trigonométriques de demi-grade en demi-grade.

Arcs	Sinus	Cosinus	Tang.	Cotg.	Arcs	Arcs	Sinus	Cosinus	Tang.	Cotg.	Arcs
0G,00	0,0000	1,0000	0,0000	∞	100G,00	25G,00	0,3827	0,9239	0,4142	2,4142	75G,00
50	0079	0,9999	0079	127,321	50	50	3899	9208	4234	3616	50
1G,00	0157	9999	0157	63,657	99G,00	26G,00	3971	9178	4327	3109	74G,00
50	0236	9997	0236	42,434	50	50	4043	9146	4421	2620	50
2G,00	0314	9995	0314	31,821	98G,00	27G,00	4115	9114	4515	2148	73G,00
50	0393	9992	0393	25,452	50	50	4187	9081	4610	1692	50
3G,00	0471	9989	0472	21,205	97G,00	28G,00	4258	9048	4706	1251	72G,00
50	0550	9985	0550	18,171	50	50	4329	9015	4802	0825	50
4G,00	0628	9980	0629	15,895	96G,00	29G,00	4399	8980	4899	0413	71G,00
50	0706	9975	0708	14,124	50	50	4470	8945	4997	0013	50
5G,00	0785	9969	0787	12,706	95G,00	30G,00	4540	8910	5095	1,9626	70G,00
50	0863	9963	0866	11,546	50	50	4610	8874	5195	9251	50
6G,00	0941	9956	0945	10,579	94G,00	31G,00	4679	8838	5295	8887	69G,00
50	1019	9948	1025	9,7601	50	50	4749	8801	5396	8533	50
7G,00	1097	9940	1104	0579	93G,00	32G,00	4818	8763	5498	8190	68G,00
50	1175	9931	1184	8,4490	50	50	4886	8725	5600	7856	50
8G,00	1253	9921	1263	7,9158	92G,00	33G,00	4955	8686	5704	7532	67G,00
50	1331	9911	1343	4451	50	50	5023	8647	5808	7216	50
9G,00	1409	9900	1423	0264	91G,00	34G,00	5090	8607	5914	6909	66G,00
50	1487	9889	1503	6,6514	50	50	5158	8567	6020	6610	50
10G,00	1564	9877	1584	6,3138	90G,00	35G,00	5225	8526	6128	6319	65G,00
50	1642	9864	1664	0080	50	50	5292	8485	6237	6034	50
11G,00	1719	9851	1745	5,7297	89G,00	36G,00	5358	8443	6346	5757	64G,00
50	1797	9837	1826	4754	50	50	5424	8401	6457	5487	50
12G,00	1874	9823	1908	2422	88G,00	37G,00	5490	8358	6569	5224	63G,00
50	1951	9808	1989	0273	50	50	5556	8315	6682	4966	50
13G,00	2028	9792	2071	4,8288	87G,00	38G,00	5621	8271	6796	4715	62G,00
50	2105	9776	2153	6448	50	50	5686	8226	6911	4469	50
14G,00	2181	9759	2235	4737	86G,00	39G,00	5750	8181	7028	4229	61G,00
50	2258	9742	2318	3143	50	50	5814	8136	7146	3994	50
15G,00	2334	9724	2401	1653	85G,00	40G,00	5878	8090	7265	3764	60G,00
50	2411	9705	2484	0257	50	50	5941	8044	7386	3539	50
16G,00	2487	9686	2568	3,8947	84G,00	41G,00	6004	7997	7508	3319	59G,00
50	2563	9666	2651	7715	50	50	6067	7949	7632	3103	50
17G,00	2639	9646	2736	6551	83G,00	42G,00	6129	7902	7757	2892	58G,00
50	2714	9625	2820	5457	50	50	6191	7853	7883	2683	50
18G,00	2790	9603	2905	4420	82G,00	43G,00	6252	7804	8012	2482	57G,00
50	2865	9581	2991	3438	50	50	6314	7755	8141	2283	50
19G,00	2940	9558	3076	2506	81G,00	44G,00	6374	7705	8273	2088	56G,00
50	3015	9535	3163	1620	50	50	6435	7655	8406	1896	50
20G,00	3090	9511	3249	3,0777	80G,00	45G,00	6494	7604	8541	1708	55G,00
50	3165	9486	3336	2,9974	50	50	6554	7553	8678	1524	50
21G,00	3239	9461	3424	9208	79G,00	46G,00	6613	7501	8816	1343	54G,00
50	3313	9435	3512	8476	50	50	6672	7449	8957	1165	50
22G,00	3387	9409	3600	7776	78G,00	47G,00	6730	7396	9099	0990	53G,00
50	3461	9382	3689	7106	50	50	6788	7343	9244	0818	50
23G,00	3535	9354	3779	6464	77G,00	48G,00	6845	7290	9391	0649	52G,00
50	3608	9326	3869	5848	50	50	6903	7236	9540	0483	50
24G,00	3681	9298	3959	5257	76G,00	49G,00	6959	7181	9691	0319	51G,00
50	3754	9269	4050	4689	50	50	7015	7126	9844	0158	50
25G,00	0,3827	0,9239	0,4142	2,4142	75G,00	50G,00	0,7071	0,7071	1,0000	1,0000	50G,00
Arcs	Cosinus	Sinus	Cotg.	Tang.	Arcs	Arcs	Cosinus	Sinus	Cotg.	Tang.	Arcs

TABLE DES MATIÈRES

(Iᵉʳ VOLUME)

PREMIÈRE PARTIE

GÉOMÉTRIE PLANE

LIVRE I

Chap. I. — Les figures fondamentales. — Les instruments de dessin et de mesure.

Chap. II. — Symétrie par rapport à une droite.

Chap. II. — Théorème des projections. — Théorème de Thalès.

Chap. III. — Triangles semblables.

Chap. IV. — Homothétie et similitude.

Chap. V. — Polygones réguliers.

LIVRE IV

Aire d'une surface plane.

LIVRE VIII

VOLUMES

Chap. I. — Volume du prisme

Chap. II. — Volume de la pyramide

Appendice. — Opération sur le terrain.

71434. — Imprimerie Lahure, 9, rue de Fleurus, à Paris.